Josef Mayr **Rettungswege mit Konzept**

Rettungswege mit Konzept

Sichere Planung und Ausführung im Detail

mit 308 Abbildungen und 21 Tabellen

Auszug aus dem Brandschutzatlas

Dipl.-Ing. (FH) Josef Mayr

Sachverständiger für Brandschutz
Gründer des Feuertrutz Verlags
Hauptautor des Brandschutzatlas

FeuerTrutz

RM Rudolf Müller

Bibliografische Information der Deutschen Nationalbibliothek
Die Deutsche Nationalbibliothek verzeichnet diese Publikation in der Deutschen Nationalbibliografie; detaillierte bibliografische Daten sind im Internet über http://dnb.dnb.de abrufbar.

Maßgebend für das Anwenden von Normen ist deren Fassung mit dem neuesten Ausgabedatum, die bei der Beuth Verlag GmbH, Burggrafenstraße 6, 10787 Berlin, erhältlich ist. Maßgebend für das Anwenden von Regelwerken, Richtlinien, Merkblättern, Hinweisen, Verordnungen usw. ist deren Fassung mit dem neuesten Ausgabedatum, die bei der jeweiligen herausgebenden Institution erhältlich ist. Zitate aus Normen, Merkblättern usw. wurden, unabhängig von ihrem Ausgabedatum, in neuer deutscher Rechtschreibung abgedruckt.

Aus Gründen der besseren Lesbarkeit wird bei Personenbezeichnungen und personenbezogenen Hauptwörtern die männliche Form verwendet. Entsprechende Begriffe gelten im Sinne der Gleichbehandlung grundsätzlich für alle Geschlechter. Die verkürzte Sprachform hat nur redaktionelle Gründe und beinhaltet keine Wertung.

Wir freuen uns, Ihre Meinung über dieses Fachbuch zu erfahren. Bitte teilen Sie uns Ihre Anregungen, Hinweise oder Fragen per E-Mail: fachmedien.architektur@rudolf-mueller.de oder Telefax: 0221 5497-6114 mit.

Lektorat: Dr. Carolina Pasamonik, Köln
Umschlaggestaltung: Satz+Layout Werkstatt Kluth GmbH, Erftstadt
Satz: Hardy Kettlitz, Berlin
Druck und Bindearbeiten: Westermann Druck Zwickau GmbH, Zwickau
Printed in Germany

ISBN 978-3-86235-534-1 (Buch-Ausgabe)
ISBN 978-3-86235-535-8 (E-Book-Ausgabe als PDF)
ISBN 978-3-86235-536-5 (Buch + E-Book)

MIX
Papier aus verantwortungsvollen Quellen
FSC® C110508
FSC
www.fsc.org

Inhalt

Vorwort

Die Flucht- und Rettungswege müssen stimmen!

Stimmen sie nicht, sind im **günstigsten** Fall Ärger und Mehrkosten vorprogrammiert. Unter ungünstigen Umständen drohen sogar **erheblicher Ärger und eklatante Mehrkosten** bis hin zum Worstcase in Form einer **Nutzungsuntersagung** – und das sind nur die rein materiellen Aspekte. Sind im **Brandfall** wegen mangelhafter Rettungswege Verletzte oder gar Tote zu beklagen, so können neben den materiellen noch erhebliche strafrechtliche Konsequenzen dazukommen.

Deshalb kommt den Flucht- und Rettungswegen sowohl im Brandschutzkonzept als auch bei allen genutzten Bestandsgebäuden eine **besondere Bedeutung** zu. Bei der Konzeption der Rettungswege bzw. einer Überprüfung in Bestandsgebäuden besteht allerdings die Schwierigkeit, dass der Rettungswegparagraf und die dazugehörigen Paragrafen für notwendige Treppen und notwendige Flure teilweise relativ allgemein gehalten sind und für die jeweilige Situation **richtig interpretiert** werden müssen.

Grundsätzlich gilt: Die allgemein gehaltenen Schutzzielvorgaben der Bauordnung geben lediglich eine Zielrichtung vor. In den einzelnen Paragrafen der LBOs und ergänzenden Vorschriften/Verordnungen wird dann konkretisiert, **mit welchen Anforderungen** diese Schutzziele eingehalten bzw. umgesetzt werden können.

Wichtig zu wissen ist, dass mit den Schutzzielvorgaben und konkreten Brandschutzanforderungen der Bauordnung ein bestimmtes **Sicherheitsniveau** erreicht werden soll, das von der Gesellschaft in Deutschland als **akzeptiert** gilt. Damit wird jedoch **keine 100-prozentige Sicherheit** im Brandschutz erreicht! Vielmehr wird dabei ein bestimmtes Risiko akzeptiert, das als **gesellschaftlich akzeptiertes Risiko** gilt.

Dieses gesellschaftlich akzeptierte Risiko in Deutschland besteht zurzeit etwa darin, dass eine **bestimmte Anzahl** von Bränden mit einem **bestimmten wirtschaftlichen Schaden** und einer **bestimmten Anzahl** von Verletzten und Toten von der Gesellschaft gerade noch akzeptiert wird.

Wie groß diese bestimmte Anzahl jeweils ist, weiß man wegen der fehlenden bzw. vollkommen unzureichenden Statistiken nicht oder nur sehr ungenau. Man kann z. B. nicht genau feststellen, wie viele Wohnungsbrände es in Deutschland im Jahr gibt und wie viele Tote und Verletzte daraus zu beklagen sind. Sinngemäß gilt das Gleiche für unsere Sonderbauten wie Schulen, Krankenhäuser, Hotels, Verkaufsstätten usw.

Es ist lediglich bekannt, dass es in etwa 150.000 bis 200.000 Brandschäden (Feuerwehreinsätze) und ca. 300 bis 400 Tote bei Bränden im Jahr in Deutschland gibt (Statistik des Deutschen Feuerwehrverbands).

Solange bei einem Gebäude die materiellen bauaufsichtlichen Anforderungen eingehalten werden, befinden sich die am Bau Beteiligten sozusagen auf der sicheren Seite. Das heißt, dass es unwahrscheinlich ist, dass jemand – wenn es trotzdem zu einem Brandschaden kommt und in ungünstigen Fällen Verletzte oder gar Tote zu beklagen sind – zur Verantwortung gezogen wird. Wurden die baurechtlichen Anforderungen und Vorschriften dagegen nicht eingehalten, so kann dies für die Verantwortlichen zu erheblichen materiellen und auch strafrechtlichen Konsequenzen führen.

Deshalb fällt es bei den Rettungswegen und insbesondere beim zweiten Rettungsweg vielen in Deutschland zunehmend schwerer, ein bestimmtes (in der Bauordnung enthaltenes) Versagensrisiko zu akzeptieren. Dies führt z. B. dazu, dass in einzelnen Ländern entsprechend den dortigen meinungsbildenden Brandschützern die bauaufsichtliche Anforderung, dass die Rettung „möglich sein muss", zunehmend unterschiedlich interpretiert wird und immer häufiger darüber hinausgehende Anforderungen in Richtung „gewährleistet sein muss" gestellt werden.

Erschwerend kommt hinzu, dass wir heute zunehmend in einer „Vollkaskogesellschaft" leben: In bestimmten Bereichen des täglichen Lebens darf nichts passieren. Passiert dann doch etwas, wird schnell nach Schuldigen gesucht, die zur Verantwortung gezogen werden können.

Deshalb ist es so wichtig, dass sowohl bei der Erstellung von Brandschutzkonzepten als auch in Bestandsgebäuden die Rettungswege stimmen. Dieses Buch enthält das hierfür erforderliche Praxiswissen in Wort, Bild und zahlreichen Praxisbeispielen.

Als Grundlage wird das bauaufsichtliche System der Rettungswege in Teil A ausführlich erläutert. In den Teilen B bis E wird dargelegt, wie die zur Erfüllung der Grundlagen dienenden bauaufsichtlichen Vorschriften fachgerecht umgesetzt werden können. Teil F enthält als Beispiel ein visualisiertes Brandschutzkonzept mit Angabe der Rettungswege.

Abschließend noch ein Wort zu den Kosten und dem richtigen Zeitpunkt: Insbesondere bei den Rettungswegen ist es bei Neubauten von elementarer Bedeutung, dass bereits in der Vorplanungsphase die richtigen Weichen gestellt werden. Geschieht dies rechtzeitig, kann der für die Rettungswege erforderliche Brandschutz meist ohne oder mit nur geringen Mehrkosten realisiert werden. Je später dies geschieht bzw. berücksichtigt wird, umso aufwendiger und damit auch teurer wird der Brandschutz.

Auch hierfür finden sich in diesem Buch Beispiele: Ein notwendiger Flur kann für jede Menge Ärger sorgen und auch richtig teuer werden. Erfolgt jedoch bereits in der Vorplanungsphase eine Konzeption, die keinen notwendigen Flur benötigt, wird dies vermieden (siehe Kapitel D.3.1.5, D.3.1.6 und D.3.3).

April, 2023 Josef Mayr

A. Rettungswege

A.1 Grundsätzliche Anforderungen und Schutzziele

A.1.1 Bauaufsichtliche Anforderungen

§ 33 MBO (2002): Erster und zweiter Rettungsweg

(1) Für Nutzungseinheiten mit mindestens einem Aufenthaltsraum wie Wohnungen, Praxen, selbstständige Betriebsstätten müssen in jedem Geschoss mindestens zwei voneinander unabhängige Rettungswege ins Freie vorhanden sein; beide Rettungswege dürfen jedoch innerhalb des Geschosses über denselben notwendigen Flur führen.

(2) Für Nutzungseinheiten nach Absatz 1, die nicht zu ebener Erde liegen, muss der erste Rettungsweg über eine notwendige Treppe führen. Der zweite Rettungsweg kann eine weitere notwendige Treppe oder eine mit Rettungsgeräten der Feuerwehr erreichbare Stelle der Nutzungseinheit sein. Ein zweiter Rettungsweg ist nicht erforderlich, wenn die Rettung über einen sicher erreichbaren Treppenraum möglich ist, in den Feuer und Rauch nicht eindringen können (Sicherheitstreppenraum).

(3) Gebäude, deren zweiter Rettungsweg über Rettungsgeräte der Feuerwehr führt und bei denen die Oberkante der Brüstung von zum Anleitern bestimmten Fenstern oder Stellen mehr als 8 m über der Geländeoberfläche liegt, dürfen nur errichtet werden, wenn die Feuerwehr über die erforderlichen Rettungsgeräte wie Hubrettungsfahrzeuge verfügt. Bei Sonderbauten ist der zweite Rettungsweg über Rettungsgeräte der Feuerwehr nur zulässig, wenn keine Bedenken wegen der Personenrettung bestehen.

Die vorstehenden Anforderungen der MBO und der LBOs behandeln lediglich das bauaufsichtliche Prinzip der Rettungswege. Im bauaufsichtlichen System sind sowohl **horizontale** als auch **vertikale** Rettungswege vorgesehen.

Der Rettungswegparagraf regelt jedoch im Wesentlichen **nur die vertikalen Rettungswege**, die voneinander unabhängig sein müssen (notwendige Treppen bzw. Rettung mit Rettungsgeräten der Feuerwehr). Die Anforderungen an horizontale Rettungswege werden nur am Rande geregelt.

Eine **Konkretisierung** erfolgt durch die entsprechenden Vorschriften der LBOs und ergänzende Verordnungen, Richtlinien und Technische

Baubestimmungen. Dort wird angegeben, welche genauen Anforderungen bestehen, z. B. an

- notwendige Flure und Laubengänge,
- notwendige Treppen,
- notwendige Treppenräume bzw. sichere Außentreppen,
- Sicherheitstreppenräume,
- Ausgänge ins Freie,
- maximale Länge von Rettungswegen,
- Größe und Anordnung von Fenstern bzw. mit Rettungsgeräten erreichbaren Stellen,
- Rettungsgeräte der Feuerwehr,
- Feuerwehrflächen.

Die Anforderungen der MBO wurden in den wesentlichen Teilen und Inhalten in den einzelnen LBOs übernommen. In einigen Ländern weichen jedoch einige Regelungen ab bzw. wurden ergänzt. Diese betreffen z. B. folgende Themen:

- Nur ein Rettungsweg erforderlich bei (bestimmten) ebenerdigen Nutzungseinheiten (NE) mit Aufenthaltsräumen (siehe Kapitel A.10.2.2)
- „Sicherheitstreppenraum light“ bei Gebäuden, die keine Sonderbauten sind (= Standardgebäude) (siehe Kapitel A.6)
- Überprüfung auch bei Standardgebäuden, ob bei einem zweiten Rettungsweg (2. RW) über Rettungsgeräte der Feuerwehr Bedenken wegen der Personenrettung bestehen (siehe Kapitel A.5.3.1 bis A.5.3.3)

A.1.2 Kurzübersicht

Tabelle A.1: Kurzübersicht über die wichtigsten Anforderungen an Rettungswege von Standardgebäuden (Gebäude, die keine Sonderbauten sind), nach MBO

Kriterium	Kurzinfo
Messung der Entfernung:	Gemessen wird die kürzeste Entfernung in Lauflinie, jedoch nicht durch feste Einbauten und Wände.
1. RW aus NE ohne AR:	Bei NE ohne AR ist **nur ein RW** erforderlich. Dieser führt über die ohnehin vorhandenen Erschließungswege. **Zulässige Entfernung:** • Im KG: Von jeder Stelle in ≤ 35 m Entfernung: Ausgang in notw. Treppenraum, zur Außentreppe oder ins Freie. • In allen anderen Geschossen (außer KG): Für Gebäude, die keine Sonderbauten sind, wird die max. zulässige Entfernung nicht begrenzt.
1. RW aus NE mit AR:	Der **1. RW muss immer baulich** sein (Ausgang mit Türe). **Max. zulässige Entfernung** vom entferntesten Punkt des entferntesten AR einer jeden NE bis zum Ausgang in den notw. Treppenraum oder zur notw. Außentreppe oder ins Freie: ≤ 35 m. Beispiele für die Rettungswegführung: • Im EG: – Ausgang ins Freie oder – Ausgang in den notw. Flur und von dort ins Freie. • In OG: – Ausgang in den notw. Treppenraum und von dort ins Freie oder – Ausgang zur sicheren notw. Außentreppe oder – Ausgang in den notw. Flur und von dort in den notw. Treppenraum und von dort ins Freie oder zur sicheren notw. Außentreppe
2. RW aus NE ohne AR:	I.d.R. nicht erforderlich, da keine AR vorhanden sind.

Kriterium	Kurzinfo
2. RW aus NE mit AR:	Grundsätzlich bestehen zwei Möglichkeiten, den 2. RW herzustellen: Entweder über Rettungsgeräte der Feuerwehr oder baulich (mit zweiter notw. Treppe). **2. RW über Rettungsgeräte der Feuerwehr:** • Die Feuerwehr muss über die erforderlichen Rettungsgeräte verfügen (Höhe der anleiterbaren Stelle $h \leq 8$ m: tragbare Leitern, $h > 8$ m: Hubrettungsfahrzeuge). • Bei **Sonderbauten** dürfen keine Bedenken wegen der Personenrettung bestehen. **Achtung:** In mehreren Ländern bestehen hier zur MBO abweichende Regelungen für Gebäude, die keine Sonderbauten sind (siehe Punkte 5.3.1 bis 5.3.3 in diesem Kapitel). • In jeder NE mit AR ist eine mit Rettungsgeräten der Feuerwehr erreichbare Stelle erforderlich (z.B. Fenster oder anleiterbare Stelle). • Mindestgröße im Lichten: 0,90 m × 1,20 m[1]). Brüstungshöhe ≤ 1,20 m. In Dachschrägen Abstand zur Traufe (horizontal gemessen) ≤ 1,0 m. • Die Feuerwehr muss ihre Rettungsgeräte einsetzen können (Flächen für die Feuerwehr). **2. RW baulich (über weitere notw. Treppe(n)):** • Ausführung grundsätzlich wie erster baulicher RW. Auf horizontaler Ebene dürfen beide RW innerhalb des Geschosses über denselben notw. Flur führen. • Bei einem der beiden baulichen RW muss die Entfernung ≤ 35 m sein, beim anderen darf sie länger sein.
2. RW nicht erforderlich:	• Bei Sicherheitstreppenräumen • Bei zu ebener Erde liegenden Räumen bzw. NE, die einen unmittelbaren Ausgang ins Freie haben. **Achtung:** Nach MBO und MBO-konformen LBOs ist hierfür eine Abweichung/Erleichterung erforderlich. Einige LBOs haben unterschiedliche Regelungen, siehe Punkt 10.2 in diesem Kapitel.
2. RW über Sonderformen:	• Bei Rettungswegen über Nottreppen, Notleitern, Fluchtbalkonen usw. ist eine bescheinigungs-/prüf- bzw. genehmigungspflichtige Abweichung/Erleichterung erforderlich. Eine frühzeitige Abstimmung mit der brandschutzprüfenden Stelle ist empfehlenswert.

[1]) In einigen Ländern anders, z. B. Bayern b × h ≥ 0,6 m × 1,0 m, in Baden-Württemberg ist unter bestimmten Voraussetzungen minimal b × h ≥ 0,6 m × 0,9 m möglich. Weitere Informationen siehe Punkt 5.3.7 in diesem Kapitel

RW: Rettungsweg

NE: Nutzungseinheit

AR: Aufenthaltsraum

A.1.3 Schutzziele

Eine Angabe der bauaufsichtlichen Schutzziele, so wie dies in den LBOs, z. B. bei Brandwänden, Trennwänden, notwendigen Treppenräumen und notwendigen Fluren erfolgt, ist bei den Rettungswegen relativ schwierig, da diese vom jeweiligen Brandszenario abhängig sind. Nachfolgend werden die im Rettungswegparagrafen behandelten grundsätzlichen Schutzziele vereinfacht beschrieben. Eine genauere Erläuterung der wesentlichen Brandszenarien und den sich daraus ergebenden Schutzzielen erfolgt in Kapitel A.3.

A.1.3.1 Das gesellschaftlich akzeptierte Risiko

Das grundlegende Schutzziel der MBO (und sinngemäß der LBOs) lautet:

> **§ 14 MBO: Brandschutz**
>
> *Bauliche Anlagen sind so anzuordnen, zu errichten, zu ändern und instand zu halten, dass*
>
> - *der Entstehung eines Brandes und*
> - *der Ausbreitung von Feuer und Rauch (Brandausbreitung)*
>
> *vorgebeugt wird und bei einem Brand*
>
> - *die Rettung von Menschen und Tieren sowie*
> - *wirksame Löscharbeiten*
>
> *möglich sind.*

Die entscheidenden Wörter lauten **vorgebeugt** und **möglich**!

Die MBO fordert hier nicht, dass die Brandentstehung und -ausbreitung **verhindert** und bei einem Brand die Rettung und das wirksame Löschen **gewährleistet** sein müssen. Sie fordert zur Einhaltung des von ihr definierten gesellschaftlich akzeptierten Risikos lediglich die **Vorbeugung** und **Möglichkeit**!

Werden jetzt die allgemein gehaltenen Schutzzieldefinitionen der Bauordnung im konkreten Einzelfall zur Ermittlung der erforderlichen Brandschutzmaßnahmen herangezogen, z. B.:

- bei der Beurteilung und Bewertung von Abweichungen und den dadurch erforderlichen Kompensationsmaßnahmen

oder

- bei der Ermittlung der konkreten Anforderungen, die sich aus den teilweise allgemein gehaltenen Formulierungen der Bauordnung im jeweiligen Einzelfall ergeben,

so hängt das Ergebnis wesentlich davon ab, wie die Interpretation und Wertung von **vorbeugen** und **möglich** erfolgt. Je weiter man sich hier in Richtung **verhindert** und **gewährleistet** bewegt, umso höher werden die ermittelten Anforderungen!

Die allgemein gehaltenen **Schutzzielvorgaben** der Bauordnung geben lediglich eine **Zielrichtung** vor. In den einzelnen Paragrafen der LBOs wird dann **konkretisiert,** mit welchen Anforderungen diese Schutzziele bei Gebäuden, die keine Sonderbauten sind, eingehalten bzw. umgesetzt werden können. Die Schutzzielanforderungen der Bauordnung **gelten als eingehalten,** wenn die in den jeweiligen Paragrafen formulierten materiellen Anforderungen eingehalten werden.

Das gesellschaftlich akzeptierte Risiko wurde in der Einleitung dieses Buches bereits angesprochen.

A.1.3.2 Schutzziel: Erster Rettungsweg

Das vorrangige Schutzziel der MBO und sinngemäß der LBOs besteht darin, dass bei einem Brand möglichst alle Bewohner bzw. Nutzer das Gebäude möglichst aus eigener Kraft und möglichst schnell und sicher über **ihren ersten (baulichen) Rettungsweg = Fluchtweg** = Erschließungsweg verlassen können. Bei nicht zu ebener Erde liegenden Gebäuden muss dieser über eine notwendige Treppe = vertikaler Teil des ersten Rettungswegs (Fluchtwegs) führen.

Das bauaufsichtliche Schutzziel bezüglich des ersten baulichen Rettungswegs = Fluchtwegs gilt als erfüllt, wenn alle bauordnungsrechtlichen Brandschutzvorschriften, die für die Funktion dieses Rettungswegs relevant sind, eingehalten werden. Dazu gehören z. B. Anforderungen an Tragwerk, Abschottungsprinzip, notwendige Treppen, notwendige Treppenräume, notwendige Flure und Rauchwarnmelder in Wohnungen.

A.1.3.3 Schutzziel: Zweiter Rettungsweg

Fällt in nicht zu ebener Erde liegenden Geschossen von Gebäuden, die keine Sonderbauten sind (Standardgebäude), für Wohnungen bzw. Nutzungseinheiten mit **mindestens einem Aufenthaltsraum** der vertikale Teil des ersten (baulichen) Rettungswegs = notwendige Treppe = Fluchtwegs aus, so besteht das Schutzziel darin, dass ein weiterer, von dieser notwendigen Treppe unabhängiger (redundanter) vertikaler Rettungsweg vorhanden sein muss.

Dieser kann **entweder** eine weitere notwendige Treppe sein = weiterer baulicher Rettungsweg = **Fluchtweg oder** er kann mit Rettungsgeräten der Feuerwehr = **Rettungsweg** hergestellt werden. Bei **Sonderbauten** ist der zweite Rettungsweg über Rettungsgeräte der Feuerwehr nur zulässig, wenn keine Bedenken wegen der Personenrettung bestehen.[1]

[1] In einigen Ländern muss grundsätzlich immer (also auch bei Gebäuden, die keine Sonderbauten sind) geprüft werden, ob Bedenken wegen der Personenrettung bestehen (siehe Punkte A.5.3.1 bis A.5.3.3). Im Zweifelsfall ist eine frühzeitige Abstimmung mit der den Brandschutz prüfenden/bescheinigenden/genehmigenden Stelle erforderlich.

Anmerkung

Nach aktueller MBO (2002, geändert September 2019) gilt das grundsätzliche Prinzip der **zwei voneinander unabhängigen Rettungswege** auch für Wohnungen und NE, die zu ebener Erde liegen, nicht jedoch für Sicherheitstreppenräume (siehe hierzu auch Kapitel A.1.3.4 sowie A.10.2).

Das bauaufsichtliche Schutzziel bezüglich des zweiten **baulichen** Rettungswegs = **Fluchtwegs** gilt als erfüllt, wenn er wie der erste bauliche Rettungsweg ausgeführt wird, siehe vorstehenden Kapitel A.1.3.2.

Das bauaufsichtliche Schutzziel bezüglich des zweiten Rettungswegs über **Rettungsgeräte der Feuerwehr** gilt nach **MBO**[2] bei Gebäuden, die **keine Sonderbauten** sind (Standardbauten), als erfüllt, wenn jede Nutzungseinheit mit Aufenthaltsräumen mindestens **eine** mit Rettungsgeräten der Feuerwehr erreichbare Stelle aufweist, die in ihrer Größe, Beschaffenheit und Anordnung den bauordnungsrechtlichen Vorschriften entspricht (Mindestgröße, max. Brüstungshöhe, Erreichbarkeit in Dachschrägen und Dachaufbauten usw.).

Außerdem muss die Feuerwehr über die erforderlichen Rettungsgeräte (bis 8 m tragbare Leitern bzw. ab 8 m Drehleitern (Hubrettungsfahrzeuge) verfügen und sie muss sie auch einsetzen können (Flächen für die Feuerwehr, Hilfsfrist).

Wichtig

Bei Sonderbauten ist der zweite Rettungsweg über Rettungsgeräte der Feuerwehr nur zulässig, wenn keine Bedenken wegen der Personenrettung bestehen.[3]

A.1.3.4 Schutzziel: Sicherheitstreppenraum

Das Schutzziel besteht darin, den Treppenraum so sicher auszubilden, dass er nicht ausfallen kann (im Sinne der Bauordnung) und Feuer und Rauch nicht eindringen können = Sicherheitstreppenraum. In diesem Fall ist kein zweiter **(vertikaler)** Rettungsweg = Fluchtweg erforderlich.

Das bauaufsichtliche Schutzziel gilt als eingehalten, wenn ein entsprechender Sicherheitstreppenraum angeordnet wird. In diesem Fall wird der notwendige Flur, der zum Sicherheitstreppenraum führt, automatisch zum **Stichflur**, an den besondere Anforderungen bestehen.

Anmerkung 1

Sinngemäß könnte diese Regelung auch für zu ebener Erde liegenden NE mit mindestens einem Aufenthaltsraum und direktem Ausgang ins Freie angewandt werden. Dies ist in der MBO und in den MBO-konformen LBOs (noch) nicht vorgesehen, siehe Kapitel A.10.2.

2 Siehe Fußnote 1.
3 Siehe Fußnote 1.

> **Anmerkung 2**
>
> Da in der MBO und sinngemäß auch in den LBOs an keiner Stelle angegeben ist, wie so ein Sicherheitstreppenraum genau auszubilden ist, wurde in der Vergangenheit bezüglich der Anforderungen auf den in der Muster-Hochhaus-Richtlinie geregelten Sicherheitstreppenraum zurückgegriffen. In der Zwischenzeit wird jedoch teilweise darüber diskutiert, für Gebäude, die keine Sonderbauten sind (Standardgebäude) auch eine abgeminderte Form zu akzeptieren, siehe Kapitel A.6.

A.1.3.5 Schutzziel: Brandbekämpfung

> Neben ihrer Funktion zur Erschließung, Flucht und Rettung besteht ein weiteres Schutzziel der Rettungswege darin, dass sie auch als **Angriffswege für die Feuerwehr** dienen.

Das bauaufsichtliche Schutzziel bezüglich der Eignung der Rettungswege als Angriffswege für die Feuerwehr gilt als erfüllt, wenn alle bauordnungsrechtlichen Brandschutzvorschriften, die für die Funktion dieser Rettungsweg relevant sind, eingehalten werden. Dazu gehören z. B. Anforderungen an Tragwerk, Abschottungsprinzip, notwendige Treppen, notwendige Treppenräume, notwendige Flure, Lage, Zugänge und Zufahrten auf dem Grundstück und Flächen für die Feuerwehr.

> **Hinweis**
>
> Sind z. B. bei Gebäuden der Gebäudeklassen (GK) 4 und 5 die Rettungswege baulich sichergestellt (das Gebäude hat zwei oder mehrere notwendige Treppen), so sind für die Brandbekämpfung (Angriffswege der Feuerwehr) grundsätzlich keine Feuerwehrzufahrten und Aufstellflächen notwendig.

Allerdings können in besonderen Situationen, z. B. bei Gebäuden der GK 4 und 5 nach der neuen MHolzBauRL Abschnitt 6.3 bei Außenwandbekleidungen aus Holz auch bezüglich wirksamer Löscharbeiten durch die Feuerwehr besondere Anforderungen bestehen.

A.2 Begriffe

Die jeweiligen Anforderungen an Rettungswege sind teilweise eng an verschiedene Begriffe gekoppelt bzw. ergeben sich aus deren Interpretation. Deshalb werden hier Begriffe erläutert, die im Zusammenhang mit Rettungswegen von Bedeutung sind.

A.2.1 Rettungswege

Unter dem Begriff **Rettungswege** werden die wichtigsten und baurechtlich unbedingt notwendigen Teile des Gebäudes, über die Personen das Gebäude **selbst verlassen** oder über die sie **gerettet werden** können, zusammengefasst.

Zusätzlich sind Rettungswege auch die **Angriffswege** der Feuerwehr. Grundsätzlich sind alle Wege, die für die Erschließung bzw. Nutzung des Gebäudes erforderlich sind, i. d. R. auch Rettungswege (nach dem Motto „wie rein, so raus").

Rettungswege dienen in erster Linie der Flucht und sind dann Fluchtwege. Ist diese (selbstständiges Verlassen des Gefahrenbereichs) nicht bzw. wegen Feuer und Rauch nicht mehr möglich, dienen Rettungswege zur Rettung von Menschen und Tieren durch die Rettungskräfte (gerettet werden).

Die Anforderungen an die Rettungswege sind abhängig von der Nutzung, den jeweiligen Nutzungseinheiten (NE) und den darin enthaltenen Aufenthaltsräumen. An die Rettungswege werden gemäß den LBOs, ihren ergänzenden Vorschriften und Richtlinien, den „Technische Anforderungen hinsichtlich Planung, Bemessung und Ausführung" in der MVV TB Abschnitte 2 und 2.2 sowie weiteren Vorschriften, z. B. ASR A2.3, besondere Anforderungen gestellt.

In NE ohne Aufenthaltsräume genügt **ein Rettungsweg**, der zugleich auch als Fluchtweg dient.

In NE mit mindestens einem Aufenthaltsraum sind grundsätzlich zwei voneinander unabhängige Rettungswege erforderlich (ausgenommen NE mit Sicherheitstreppenraum und nach einigen LBOs auch NE mit zu ebener Erde liegenden Geschossen bzw. Räumen). Die Unabhängigkeit bezieht sich dabei i. d. R. auf die **vertikalen** Rettungswege (notwendige Treppen).

Der erste Rettungsweg = Fluchtweg muss immer baulich sein (eine ständig vorhandene feste bauliche Einrichtung) und ohne fremde Hilfe jederzeit begangen werden können. Er kann sich aus dem horizontalen Rettungsweg (notwendiger Flur), dem vertikalen Rettungsweg (notwendige Treppe) sowie ihren Ein- und Ausgängen zusammensetzen und muss i. d. R. auf eine öffentliche Verkehrsfläche führen.

Der zweite Rettungsweg kann entweder baulich sein = **Fluchtweg** (eine weitere ständig vorhandene feste bauliche Einrichtung) und muss dann ohne fremde Hilfe jederzeit begangen werden können oder er wird im Gefahrenfall durch Rettungsgeräte der Feuerwehr hergestellt = **Rettungsweg**.

Falls der zweite Rettungsweg erst über Rettungsgeräte der Feuerwehr hergestellt wird, muss die Feuerwehr über die erforderlichen Rettungsgeräte verfügen, sie auch einsetzen können (Flächen für die Feuerwehr) und bei Sonderbauten dürfen keine Bedenken wegen der Personenrettung bestehen (siehe hierzu Kapitel A.1.3.3 Fußnote 1).

A.2.2 Retten

Retten ist das Abwenden eines lebensbedrohlichen Zustandes durch Befreien aus einer Zwangslage. Retten in diesem Sinne erfordert damit immer die aktive Hilfe Dritter (Feuerwehr, Rettungskräfte), die zur Beseitigung einer lebensbedrohenden Notlage von Menschen und Tieren eingreifen.

A.2.3 Fluchtwege

Der erste bauliche Rettungsweg bzw. (wenn mehrere notwendige Treppen vorhanden sind) die baulichen Rettungswege sind in erster Linie auch **Fluchtwege**, die ein rasches Fliehen ohne fremde Hilfe (selbstständiges Verlassen des Aufenthaltsbereichs) im Gefahrenfall ermöglichen sollen. Die Fluchtwege sind damit ständig vorhandene, feste bauliche Einrichtungen, die ohne fremde Hilfe jederzeit begangen werden können.

An sie werden gemäß LBOs, ihren ergänzenden Vorschriften und Richtlinien sowie weiteren Vorschriften (z. B. ASR A2.3) besondere Anforderungen gestellt:

> **ASR A2.3 Abschnitt 3.1**
>
> *Fluchtwege sind Verkehrswege, an die besondere Anforderungen zu stellen sind und die der Flucht aus einem möglichen Gefährdungsbereich und in der Regel zugleich der Rettung von Personen dienen. Fluchtwege führen ins Freie oder in einen gesicherten Bereich. Fluchtwege im Sinne dieser Regel sind auch die im Bauordnungsrecht definierten Rettungswege, sofern sie selbstständig begangen werden können.*
>
> *Den ersten Fluchtweg bilden die für die Flucht erforderlichen Verkehrswege und Türen, die nach dem Bauordnungsrecht notwendigen Flure und Treppenräume für notwendige Treppen sowie die Notausgänge.*
>
> *Der zweite Fluchtweg führt durch einen zweiten Notausgang, der als Notausstieg ausgebildet sein kann.*

A.2.4 Fliehen

Fliehen ist das schnelle selbstständige Verlassen eines Ortes aufgrund einer Gefahr, also das selbstständige Sich-in-Sicherheit-bringen von Personen aus einem Gefahrenbereich.

A.2.5 Zweiter Ausgang

Für eine Nutzungseinheit bzw. einen Aufenthaltsraum kann auch ein **zweiter Ausgang** erforderlich sein. Dieser muss aber nicht zwingend ein zweiter Rettungsweg sein. Er kann auch zum ersten Rettungsweg der betreffenden Nutzungseinheit bzw. des betreffenden Aufenthaltsraums führen. In diesem Fall muss dann für diese Nutzungseinheit ein (anderer) zweiter Rettungsweg vorhanden sein.

A.2.6 Angriffs- und Rückzugsweg für die Feuerwehr

Der Angriffsweg ist der Weg, den die Feuerwehr benutzt, um Menschen und Tiere zu retten, den Brand zu bekämpfen, Gefahren abzuwenden und Sachwerte zu bergen. Die bauaufsichtlich geregelten Rettungswege sind immer auch **Angriffswege** und natürlich auch **Rückzugswege**.

Deutlich sichtbar wird dies z. B. beim **notwendigen Treppenraum**: Damit dieser als Flucht- und Rettungsweg dienen kann, muss er z. B. in GK 5 feuerbeständige und nichtbrennbare Trennwände haben. Dies würde für die **Flucht** der Gebäudenutzer ausreichen.

Da der Treppenraum danach auch als **Angriffsweg** dient, müssen die Wände die **Bauart von Brandwänden** haben, ihre Brandschutzanforderungen also auch unter zusätzlicher mechanischer Beanspruchung erfüllen.

Sinngemäß gilt das ebenso für den **oberen Abschluss des Treppenraums**. Auch dieser muss so ausgeführt werden, dass die Feuerwehr für eine bestimmte Zeit einen sicheren Löschangriff durchführen kann und im Ernstfall noch die Möglichkeit für einen sicheren Rückzug hat (Ausführung der Treppenraumwände bis unter die Dachhaut oder Treppenraumabschluss von oben nach unten feuerbeständig).

Auch **notwendige Flure** in größeren Nutzungseinheiten dienen nicht nur als horizontale gesicherte Fluchtwege, sondern auch als **Angriffswege** für die Feuerwehr. Damit wird z. B. auch verständlich, dass die Türen in feuerhemmenden Flurtrennwänden nur dichtschließend sein müssen.

Für die (horizontale) Flucht der Nutzer reicht diese dichtschließende Anforderung i. d. R. aus. Für die brandbekämpfende Feuerwehr dient der relativ sichere (feuerhemmende) notwendige Flur auch als Angriffsweg. Mit Türöffnungen von dichten Türen, die versagt haben bzw. offen stehen, kann die Feuerwehr umgehen, solange die Flurtrennwände nicht versagen.

A.2.7 Rettungsgeräte der Feuerwehr

Rettungsgeräte der Feuerwehr sind Geräte, die geeignet sind, Menschen und Tiere aus einem Gefahrenbereich herauszuführen oder aus einer lebensbedrohlichen Zwangslage zu befreien. Zu ihnen gehören z. B. tragbare Leitern, Drehleitern, Hubrettungsfahrzeuge und andere Einsatzmittel wie Rauchschutzhauben.

Flucht- und Rettungswege werden kurz als

Rettungswege bezeichnet.

Der Rettungsweg dient als

- ❑ **Fluchtweg**

  Weg für die Flucht der Bewohner, Beschäftigten, Kunden und anderer Personen

  Über diesen Weg können Sie sich selbst in Sicherheit bringen.

  Beispiele:
  - notwendiger Flur
  - notwendige Treppe mit notwendigem Treppenraum
  - nicht notwendige Treppen*)
  - Notleitern*)

- ❑ **Rettungsweg**

  Weg, über den Rettungskräfte zu den in Not befindlichen Personen vordringen können, um von diesen unmittelbare Gefahr abzuwenden.

  Retten = abwenden eines lebensbedrohenden Zustandes.

  Beispiele:
  - Rettungsgeräte der Feuerwehr
  - notwendiger Flur
  - notwendige Treppe mit notwendigem Treppenraum
  - nicht notwendige Treppen*
  - Notleitern*

- ❑ **Angriffsweg**

  Weg, den die Feuerwehr benutzt, um Menschen und Tiere zu retten, den Brand zu bekämpfen, Gefahren abzuwenden und Sachwerte zu bergen.

*) In der Regel ist hierfür eine Abweichung/Erleichterung erforderlich. Eine frühzeitige Abstimmung mit der den Brandschutz prüfenden bzw. bescheinigenden Stelle ist empfehlenswert.

Abb. A.1: Begriffe rund um Rettungswege

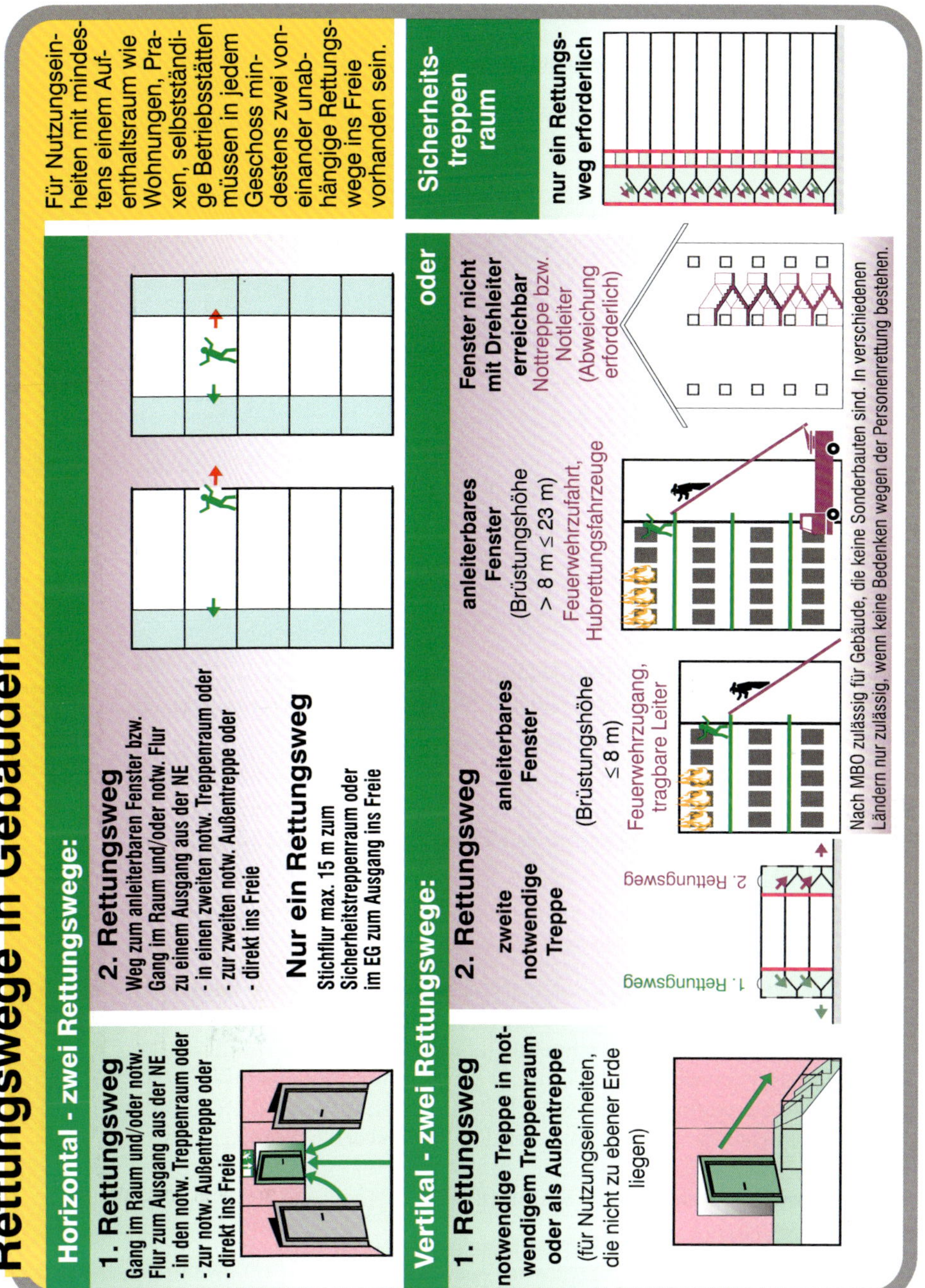

Abb. A.2: Übersicht: Rettungswege in Gebäuden

A.2.8 Standardbauten und Sonderbauten

Zur einfacheren Definition werden Gebäude in Standardbauten und Sonderbauten aufgeteilt.

Standardbauten

Standardbauten sind Gebäude, die keine Sonderbauten sind und deren Brandschutzanforderungen abschließend in der MBO bzw. den entsprechenden LBOs geregelt sind. Darüber hinausgehende Brandschutzanforderungen bestehen i. d. R. nicht.

Eine aktuelle Definition findet sich im Entwurf der neuen MHolzBauRL (Stand Oktober 2020):

MHolzBauRL Abschnitt 2.2

Ein Standardgebäude nach Abschnitt 5 dieser Richtlinie ist ein Gebäude, das keine Anlagen oder Räume besonderer Art oder Nutzung nach § 2 Abs. 4 MBO enthält. Es darf mit Mittel- oder Großgaragen nach § 1 Abs. 8 MGarVO verbunden sein.

Sonderbauten

Sonderbauten sind in der MBO (§ 2 Abs. 4) bzw. den LBOs konkret aufgezählt, dabei wird zwischen geregelten und nicht geregelten Sonderbauten unterschieden.

Für **geregelte Sonderbauten** bestehen meist weitergehende Brandschutzanforderungen, die in den entsprechenden Sondervorschriften geregelt sind (aufgelistet in MVV TB Abschnitt A 2.2 bzw. den entsprechenden landesspezifischen TBs).

Werden dort für bestimmte Bereiche keine besonderen Anforderungen gestellt, gilt grundsätzlich die MBO bzw. die jeweilige LBO.

Alle anderen Sonderbauten werden als **nicht geregelte Sonderbauten** bezeichnet. Für diese bestehen keine Sondervorschriften bzw. sie sind im jeweiligen Bundesland nicht eingeführt. Die erforderlichen Brandschutzmaßnahmen werden dann im Rahmen eines Brandschutznachweises/-konzepts im Einzelnen festgelegt. Als Basis hierzu dienen i. d. R. die LBO und (falls vorhanden) die entsprechenden Mustervorschriften.

Unterscheidung Sonderbau – Standardbau

Die Unterscheidung ist deshalb wichtig, da es bezüglich des zweiten Rettungswegs über Rettungsgeräte der Feuerwehr in der MBO und in den LBOs teilweise **abweichende Formulierungen** gibt, die jedoch **große Auswirkungen** im Verfahren haben können, siehe hierzu Kapitel A.5.3.1 bis A.5.3.3.

A.2.9 Nutzungseinheiten

Der Begriff Nutzungseinheit (NE) ist für die Rettungswege von großer Bedeutung, da diese immer aus der jeweiligen NE hinausführen. Außerdem sind Nutzung und Größe der NE wichtige Kriterien für die Ausbildung der horizontalen Rettungswege. Deshalb muss vor einer Festlegung und Dimensionierung der Rettungswege immer genau bekannt sein, wie die jeweilige NE beschaffen ist, aus der sie hinausführen.

In § 33 (1) MBO und sinngemäß in den LBOs werden **übliche NE** genannt:

- Wohnungen
- Praxen
- selbstständige Betriebsstätten

Schwieriger ist dagegen die Definition und auch Festlegung der NE bei verschiedenen Sonderbauten wie Schulen, Pflegeheimen, Krankenhäusern und Hotels.

> Allgemein werden Nutzungseinheiten definiert als ein in sich **abgeschlossener Bereich** von einem oder mehreren Räumen, die einer Person oder einem Personenkreis zur Benutzung zur Verfügung stehen. Wichtig ist dabei das **Abgeschlossenheitsprinzip**. Die jeweilige NE muss von anderen NE brandschutztechnisch mit raumabschließenden feuerwiderstandsfähigen Bauteilen (Wänden und Decken) abgetrennt sein.

Beispiel Hotel

Grundsätzlich gilt das gesamte Hotel als eine NE. Unabhängig davon sieht die MBeVO 2000 vor, dass bezüglich der Rettungswege jeder Beherbergungsraum als eigene NE behandelt wird, d. h., für jeden Beherbergungsraum müssen mindestens zwei voneinander unabhängige Rettungswege vorhanden sein, die jedoch innerhalb eines Geschosses über denselben notwendigen Flur führen dürfen.

Außerdem müssen die Trennwände zwischen den Beherbergungsräumen sowie zwischen Beherbergungsräumen und sonstigen Räumen mindestens feuerhemmend sein.

Beispiel Schule

Wie beim Hotel gilt die gesamte Schule als eine NE. Unabhängig davon gelten bezüglich der Rettungswege aus den Klassenzimmern gemäß MSchulbauR 2009 besondere Anforderungen. Danach müssen für jeden Unterrichtsraum in demselben Geschoss mindestens zwei voneinander unabhängige Rettungswege zu Ausgängen ins Freie oder zu notwendigen Treppenräumen vorhanden sein. Eine raumabschließende feuerwiderstandsfähige Trennung der Unterrichtsräume untereinander ist jedoch nicht vorgeschrieben. Neue Konzepte zu den Rettungswegen in Schulen siehe auch Kapitel A.9.7.

Definition der NE in Hessen

> **Eine ausführliche Definition der NE findet sich in Punkt 2.3.1.1 der Handlungsempfehlungen zum Vollzug der Hessischen Bauordnung 2011 (HE-HBO):**
>
> *Als „Nutzungseinheit" gilt eine in sich abgeschlossene Folge von Aufenthaltsräumen, die einer Person oder einem gemeinschaftlichen Personenkreis zur Benutzung zur Verfügung stehen (z. B. abgeschlossene Wohnungen, Einliegerwohnungen, Büros, Praxen, Gewerbeeinheiten). Innerhalb der Nutzungseinheit muss der direkte Zugang zu den Rettungswegen jederzeit gewährleistet sein.*
>
> *Bei gewerblich genutzten Aufenthaltsräumen wird die maximale Größe der Nutzungseinheit durch die notwendigen Brandabschnitte begrenzt. Nutzungseinheiten sind nur brandschutztechnisch abgegrenzte Einheiten, die gegeneinander geschützt sind und den Feuerwehreinsatz durch räumlich definierte Abschnitte für die Brandbekämpfung begünstigen. Für sie wird zudem jeweils ein eigenes Rettungswegsystem verlangt (siehe § 13 Abs. 3 [HBO]).*
>
> *Soweit Garagen keine Aufenthaltsräume enthalten, sind sie keine Nutzungseinheiten, unabhängig davon, ob sie in Gebäude integriert, angebaut oder freistehend sind. In Gebäude integrierte Garagen sind aber anders genutzte Räume i. S. des § 26 Abs. 1 [HBO]. Die Anforderungen an Trennwände sind einzuhalten.*
>
> *Ein separat zugängliches Büro in einem Wohngebäude ist eine eigene Nutzungseinheit. Findet die Büronutzung innerhalb einer Wohnung statt, handelt es sich nicht um eine selbstständige Nutzungseinheit.*
>
> *Auch Flächen von brandschutztechnisch abgetrennten Bereichen einer Nutzungseinheit (z. B. Lagerräume, Technikräume, Archive) sind bei der Berechnung der Fläche der Nutzungseinheit einzubeziehen.*

Messung der Größe von NE

Die Grundflächen der NE sind gemäß MBO die Brutto-Grundflächen. Bei deren Berechnung zur Bestimmung der Gebäudeklasse bleiben die Flächen in den Kellergeschossen außer Betracht.

Beispiel

Die Trennwand zwischen zwei Teilnutzungseinheiten (Teil-NE) ist zweimal zu berücksichtigen: Einmal bei der Größenberechnung von Teilnutzungseinheit 1 und einmal bei der Größenberechnung von Teilnutzungseinheit 2.

A.2.10 Teilnutzungseinheiten

Der Begriff Teil-NE wird in erster Linie für NE definiert, die einer Büro- und Verwaltungsnutzung dienen.

Der Sinn von Teil-NE einer Büro- und Verwaltungsnutzung besteht darin, dass innerhalb dieser Teil-NE **keine notwendigen Flure** erforderlich sind, was aus der Sicht des baulichen Brandschutzes i. d. R. zu erheblichen Vereinfachungen und damit auch Kosteneinsparungen führt.

Dabei ist jedoch unbedingt darauf zu achten, dass die Teile die diesbezüglichen bauaufsichtlichen Anforderungen einhalten. Insbesondere muss jeder Teil unabhängig von anderen Teilen (zwei voneinander unabhängige) Rettungswege (nach § 33 (1) MBO) haben.

Grundsätzlich besteht jedoch auch bei anderen NE, z. B. größeren Arzt-Gemeinschaftspraxen, die Möglichkeit einer Aufteilung in Teil-NE, allerdings mit einer Größe der einzelnen Teil-NE bis zu 200 m². Hierfür ist eine möglichst frühzeitige Abstimmung mit der den Brandschutz prüfenden/bescheinigenden/genehmigenden Stelle empfehlenswert und eine entsprechende Abweichung/Erleichterung erforderlich.

Teilnutzungseinheit bei Standardgebäude der GK 4 und 5 mit feuerwiderstandsfähigen Bauteilen in Massivholzbauweise

Der Begriff Teil-NE wird auch in der neuen MHolzBauRL (Fassung Oktober 2020) gebraucht. Hier geht es allerdings darum, dass bei feuerwiderstandsfähigen Bauteilen in **Massivholzbauweise** in den GK 4 und 5 das **Brandrisiko durch die Brandlast „Holz“** durch die Anordnung von NE ≤ 200 m² reduziert werden soll.

Dies gilt auch für Gebäude mit größeren NE, wenn diese durch entsprechend feuerwiderstandsfähige Trennwände in Abschnitte von nicht mehr als 200 m² unterteilt sind. Allerdings bestehen bei diesen Teil-NE (nach MHolzBauRL) keine besonderen Anforderungen an die Rettungswege.

Beispiel

Bei einer 400 m² großen Büro- und Verwaltungs-NE, die in zwei Teil-NE nach MHolzBauRL Abschnitt 5.1 aufgeteilt wurde, dürfen die Rettungswege auch durch diese Teil-NE führen.

A.2.11 Aufenthaltsraum

Es gibt keine eigenständige bauordnungsrechtliche Bestimmung für eine exakte Definition des Aufenthaltsraums. In der MBO 2002 und sinngemäß in den LBOs wird er nur allgemein definiert.

> **§ 2 (5) MBO**
>
> *Aufenthaltsräume sind Räume, die zum nicht nur vorübergehenden Aufenthalt von Menschen bestimmt oder geeignet sind.*

Wesentlich sind dabei die Begriffe *„nicht nur vorübergehenden Aufenthalt“* und *„bestimmt oder geeignet“*.

Nicht nur vorübergehender Aufenthalt

Maßgebend für die Einstufung als Aufenthaltsraum ist, dass der Aufenthalt von Menschen nicht nur vorübergehend ist. Daraus lässt sich schließen, dass der Aufenthalt regelmäßig und dann auch für eine gewisse Zeit stattfinden muss.

Bestimmt oder geeignet

Aus dieser Angabe ergibt sich, dass sowohl die **Bestimmung** als auch die **Eignung** dazu führen kann, dass ein Raum als Aufenthaltsraum zu bewerten ist.

Die Bestimmung als Aufenthaltsraum, also die Entscheidung darüber, ob ein Raum ein Aufenthaltsraum sein soll oder nicht, ist grundsätzlich Sache des Bauherrn. Er kann entscheiden, für welchen Zweck der Raum bestimmt ist (Aufenthaltsraum oder kein Aufenthaltsraum).

Allerdings darf er dann für die Lebensdauer des Gebäudes nur entsprechend genutzt werden. In solchen Fällen ist es immer empfehlenswert, die Bestimmung mit dem Bauherrn zweifelsfrei abzustimmen, klarzustellen und zu dokumentieren.

Entscheidet z. B. der Bauherr, dass der Raum nicht als Aufenthaltsraum bestimmt ist, dann sollte das schriftlich dokumentiert und auch deutlich im Brandschutznachweis/-konzept festgehalten werden (mit zusätzlicher Bestätigung und Unterschrift des Bauherrn). In diesem Zusammenhang ist es entsprechend empfehlenswert, die Räume im Brandschutznachweis/-konzept mit einer eindeutigen Raumbezeichnung zu versehen.

Das gilt allerdings nur, wenn der Raum nicht als Aufenthaltsraum **geeignet** ist (siehe Formulierung der Bauordnung). Ist der Raum als Aufenthaltsraum geeignet, weil alle diesbezüglichen bauaufsichtlichen Voraussetzungen erfüllt sind (lichte Raumhöhe, Belüftung und Belichtung, Anbindung an die notwendige Treppe, Mindestraumgröße), dann ist er auch als **Aufenthaltsraum zu bewerten**.

Empfehlung

Im Zweifelsfall ist es empfehlenswert, die Bewertung, ob der Raum ein Aufenthaltsraum ist oder nicht, mit dem Nutzer und evtl. auch der für den Brandschutz zuständigen Stelle zu klären bzw. abzustimmen. Ist dies nicht zweifelsfrei möglich, empfiehlt es sich, auf die sichere Seite zu gehen und den fraglichen Raum als Aufenthaltsräume zu bewerten (natürlich mit entsprechender Erläuterung im Brandschutznachweis/-konzept).

Beispiele für Aufenthaltsräume

Aufenthaltsräume sind: Wohnzimmer, Wohnküchen, Küchen, Esszimmer, Schlafräume, Büros, Praxen, Werkstätten, Restaurants, Kantinen, Seminarräume, Läden.

Sogenannte **Hobbyräume** im KG von Gebäuden der GK 1 und 2 werden in Fachkreisen unterschiedlich beurteilt. Aus brandschutztechnischer Sicht kommt es hier auf die tatsächliche Bestimmung, Eignung und Nutzung an.

Bei wärmegedämmten, beheizten, belüfteten und (mehr oder weniger) belichteten Hobbyräumen im KG kann nicht ausgeschlossen werden, dass solche Räume tatsächlich als Aufenthaltsräume benutzt werden, auch wenn sie gemäß den baurechtlichen Vorgaben nicht in allen Punkten geeignet sind (z. B. Gästezimmer, Kinderspielzimmer, Computerzimmer). Deshalb ist es im Zweifelsfall empfehlenswert, sie bezüglich der Rettungswege (nach Abstimmung mit dem Bauherrn bzw. Auftraggeber) auch als Aufenthaltsräume zu bewerten (auch wenn sie nicht alle bauaufsichtlichen Anforderungen an Aufenthaltsträume (Mindesthöhe, Belichtung) erfüllen).

> Sollen dagegen Hobbyräume nicht als Aufenthaltsräume bewertet werden, ist es empfehlenswert, dies eindeutig und zweifelsfrei festzulegen, zu dokumentieren und vom Bauherrn bzw. Auftraggeber schriftlich bestätigen zu lassen.

Beispiele für Räume, die keine Aufenthaltsräume sind

Keine Aufenthaltsräume sind: Flure, Gänge, Bäder, Toiletten, Abstellräume, Lagerräume, Waschmaschinenräume, Trockenräume, Teeküchen, Duschen, Technikräume.

Es ist auch eine unterschiedliche Bewertung in Abhängigkeit zur Nutzung möglich, z. B. bei Lagerräumen und Umkleideräumen. Werden diese Räume nicht regelmäßig und nur vorübergehend genutzt, sind sie nicht als Aufenthaltsräume zu bewerten. Halten sich dort dagegen Personen regelmäßig und nicht nur vorübergehend auf, führt dies zu einer Bewertung als Aufenthaltsräume (z. B. Umkleide- und Duschräume einer Schulturnhalle).

> **Empfehlung**
>
> Im Zweifelsfall ist es sinnvoll, die Bewertung, ob ein Aufenthaltsraum bzw. Nichtaufenthaltsraum vorliegt, mit der den Brandschutz prüfenden/bescheinigenden/genehmigenden Stelle und dem Nutzer zu klären bzw. abzustimmen.

A.3 Das bauaufsichtliche System der Rettungswege

A.3.1 Grundsätze des Rettungswegsystems

Nach dem bauaufsichtlichen Rettungswegekonzept ist der erste (bauliche) Rettungsweg i. d. R. auch der Erschließungsweg, der für die Nutzung des Gebäudes ohnehin erforderlich ist und gemäß LBO zahlreiche Brandschutzanforderungen erfüllen muss (Tragwerk, Abschottungsprinzip, notw. Treppe, notw. Treppenraum, notw. Flur, max. Entfernung).

Dieser Erschließungsweg dient vorrangig nicht als Rettungsweg im Sinne von „gerettet werden“, sondern in erster Linie als Fluchtweg im Sinne von „fliehen“ (Selbstrettung).

Erfolgt die Erschließung über mehrere notwendige Treppen, so gilt sinngemäß das Gleiche. Die Erschließungswege dienen dann vorrangig ebenfalls nicht als Rettungswege, sondern als Fluchtwege. In diesem Fall spricht man nicht mehr vom ersten und zweiten Rettungsweg, sondern von **baulichen Rettungswegen**. Einer davon muss auf horizontaler Ebene dann die 35 m Entfernung (bis zum Ausgang in den notwendigen Treppenraum bzw. zur notwendigen Außentreppe bzw. ins Freie) einhalten. Der zweite bzw. die weiteren dürfen länger sein.

Die Erschließungswege = Fluchtwege können allerdings in ungünstigen Fällen auch zu **Rettungswegen** werden (z. B. Rettung durch die Feuerwehr mit Rettungstragen oder Fluchthauben). Außerdem dienen sich als **Angriffswege** für die Feuerwehr.

Die bauaufsichtlichen Anforderungen an Rettungswege haben das grundsätzliche Schutzziel, dass der erste (bauliche) Rettungsweg möglichst sicher und deshalb auch möglichst lange für die Selbstrettung (Flucht) als Fluchtweg benutzbar ist.

Dies ist eine **Idealvorstellung**, die in der Praxis nicht bzw. nur mit relativ großem Aufwand realisiert werden kann. Deshalb geht der Gesetzgeber in seinem bauaufsichtlich geregelten **System der Rettungswege** davon aus, dass unter ungünstigen Umständen der erste vertikale Rettungsweg = notwendige Treppe = Fluchtweg durch Feuer und Rauch unpassierbar werden kann.

Er akzeptiert also dessen Totalausfall und fordert deshalb, dass jede nicht zu ebener Erde liegende NE mit Aufenthaltsräumen über einen zweiten vertikalen, vom ersten vertikalen Rettungsweg **unabhängigen** Rettungsweg verfügen muss.

Für den Fall, dass der erste **vertikale** Rettungsweg = Fluchtweg im Brandfall ausfällt und nicht mehr benutzt werden kann (wenn z. B. Feuer und/oder Rauch in den notwendigen Treppenraum eindringen), muss eine Rettung über den zweiten **vertikalen** Rettungsweg möglich sein (Redundanz). Damit dieser im Ernstfall immer zur Verfügung steht, muss er **unabhängig** vom ersten sein. Davon ausgenommen sind Sicherheitstreppenräume.

I. d. R. kann der **zweite unabhängige vertikale Rettungsweg** über eine weitere notwendige Treppe als **Fluchtweg** oder über Rettungsgeräte der Feuerwehr als „echter“ **Rettungsweg** hergestellt werden. Eine weitere notwendige Treppe muss möglichst entgegengesetzt angeordnet werden, so dass die Rettungswege möglichst kurz sind.

> Allerdings wird diese **Unabhängigkeit** nur für die **vertikalen Teile** der baulichen Rettungswege verlangt. An die horizontalen Rettungswege werden von den LBOs deutlich geringere Anforderungen gestellt.

Innerhalb von Wohnungen, NE $\leq 200\ m^2$ und Büro-/Verwaltungs-NE $\leq 400\ m^2$ bestehen keine besonderen Anforderungen an die **horizontalen** Rettungswege (mit Ausnahme der Entfernung ≤ 35 m). Das heißt, es wird dort bei einem **Brand innerhalb der genannten NE** praktisch dem Zufall überlassen, ob bzw. wie man den Ausgang aus dieser erreichen kann und wenn nicht, ob bzw. wie man die **anleiterbare Stelle** erreichen und dort das Eintreffen der rettenden Feuerwehr abwarten kann. Das zeigt, wie wichtig die **Rauchwarnmelder** in Wohnungen sind (siehe auch Kapitel A.4.2).

Aber auch bei NE mit zwei oder mehreren baulichen (vertikalen) Rettungswegen (einer zweiten oder mehreren notwendigen Treppen) bestehen nach den LBOs für den notwendigen Flur als **horizontalen Rettungsweg** keine Anforderungen an seine **Unabhängigkeit**, da in diesem Fall beide Rettungswege innerhalb des Geschosses über **denselben** notwendigen Flur führen dürfen.

Natürlich ist der zweite Rettungsweg über Rettungsgeräte der Feuerwehr nur möglich, wenn die Feuerwehr über die erforderlichen Rettungsgeräte verfügt (bei einer Oberkante der Brüstung von zum Anleitern bestimmten Fenstern oder Stellen bis 8 m über der Geländeoberfläche: tragbare Leitern und bei mehr als 8 m bis 23 m: Drehleiter oder Hubrettungsfahrzeuge) und diese auch einsetzen kann (Flächen für die Feuerwehr). Außerdem dürfen nach MBO bei Sonderbauten keine Bedenken wegen der Personenrettung bestehen.

Achtung

In mehreren Ländern bestehen hier zur MBO abweichende Regelungen für Gebäude, die keine Sonderbauten sind (siehe Kapitel A.5.3.1 bis A.5.3.3).

Die Tabelle A.2 zeigt die Grundlagen des bauaufsichtlichen Rettungswegsystems als Übersicht.

Tabelle A.2: Übersicht über die Grundlagen des bauaufsichtlichen Rettungswegsystems

Brand in einem Gebäude	Flucht und/oder Rettung	
Idealfall: Feuerwehr ist für die Rettung (Flucht) nicht erforderlich.	Erster vertikaler RW (notwendige Treppe) ist benutzbar.	Flucht ohne fremde Hilfe! (wie rein, so raus) • Flucht über Erschließungsweg • **Erschließungsweg = Fluchtweg** • Selbstrettung ohne Hilfe der Feuerwehr
	Erster vertikaler RW (notwendige Treppe) ist **nicht** (mehr) benutzbar. Es sind jedoch weitere (von der ersten unabhängige) notwendigen Treppen verfügbar.	Flucht ohne fremde Hilfe! (anders raus!) (zweiter oder weiterer baulicher Fluchtweg) • Flucht über weitere (von der ausgefallenen notwendigen Treppe unabhängige) notwendige Treppe(n). • **Erschließungsweg(e) = Fluchtweg(e)** • Selbstrettung ohne Hilfe der Feuerwehr
Notfall: Feuerwehr ist für die Rettung erforderlich.	Erster vertikaler RW (notwendige Treppe) ist **nicht** mehr benutzbar. Es sind **keine** weiteren (unabhängigen) notwendigen Treppen vorhanden.	Rettung mit Hilfe der Feuerwehr über Rettungsgeräte (Leitern, Hubrettungsfahrzeuge)![1)] • Flucht über Erschließungsweg(e) (Fluchtwege) ist nicht (mehr) möglich. • **Zweiter RW ist erforderlich** = mindestens eine mit Rettungsgeräten der Feuerwehr erreichbare Stelle je NE mit AR.
	Erster vertikaler RW (notwendige Treppe) ist **nicht** mehr benutzbar. Es sind weitere (unabhängige) notwendigen Treppen vorhanden; diese können jedoch aus eigener Kraft nicht erreicht werden.	Rettung mit Hilfe der Feuerwehr über Fluchtwege! • Flucht über Erschließungsweg(e) (Fluchtwege) ist nicht (mehr) möglich. • **Rettung über die Erschließungswege** mit Hilfe der Feuerwehr (z.B. Fluchthauben) • **Erschließungsweg(e) = Rettungsweg(e)**

[1)] Gemäß MBO für Standardbauten grundsätzlich möglich (ohne weitere Überprüfung). Bei Sonderbauten nur möglich, wenn keine Bedenken wegen der Personenrettung bestehen. In einigen Ländern muss grundsätzlich immer (also auch bei Gebäuden, die keine Sonderbauten sind) geprüft werden, ob Bedenken wegen der Personenrettung bestehen (siehe Kapitel A.5.3.1 bis A.5.3.3).

A.3.2 Situationen und Szenarien des Rettungswegsystems

Vorbemerkung: Nachfolgend werden zur Erläuterung des bauaufsichtlichen Rettungswegsystems und auch als Diskussionsgrundlage die häufigsten Situationen und die jeweils möglichen Brandszenarien systematisch dargestellt.

Damit soll aufgezeigt werden, wie sich die bauaufsichtlichen Regelungen der Rettungswege bei bestimmten Situationen und Brandszenarien auswirken können. Es wird dabei auch deutlich, dass das bauaufsichtliche System der Rettungswege keine hundertprozentige Sicherheit bieten kann. Je nach Situation und Brandszenario verbleibt immer ein bestimmtes (Rest-)Risiko, das gesellschaftlich als akzeptiert gilt, wenn alle Brandschutzanforderungen der jeweiligen LBOs eingehalten werden (siehe hierzu Kapitel A.1.3.1).

Da es in unserer Gesellschaft immer unpopulärer wird, Risiken zu akzeptieren, die in einer bestimmten Form thematisiert werden, sind die Regelungen der LBOs und auch deren Interpretation insbesondere beim zweiten Rettungsweg über Rettungsgeräte der Feuerwehr in den einzelnen Ländern teilweise unterschiedlich und werden auch unterschiedlich interpretiert (siehe hierzu Kapitel A.5.3.1 bis A.5.3.4).

Bei diesen landesspezifischen, individuell eigenen Risikobetrachtungen wird als Lastfall häufig angesetzt, wie viele Personen in einer bestimmten Zeit mit Rettungsgeräten der Feuerwehr aus einer NE gerettet werden können. Die nachfolgend systematisch dargestellten Situationen und Brandszenarien sollen hierzu eine Hilfestellung geben, insbesondere darüber, welche Risikosituationen jeweils bestehen. Sie zeigen auch, dass es selbst bei Einhaltung aller bauaufsichtlichen Anforderungen relativ ungünstige Risikosituationen geben kann, die jedoch baurechtlich akzeptiert werden.

In allen betrachteten Fällen (Situationen und Szenarien) wird jedoch eine Tatsache deutlich. Die Umstände der Flucht und Rettung können im Brandfall sehr unterschiedlich sein und hängen von zahlreichen Faktoren ab.

Einige wichtige Faktoren werden im bauaufsichtlichen System der Rettungswege durch entsprechende Vorschriften berücksichtigt. Bestimmte Faktoren werden auch ausführlich und durchaus auch kontrovers diskutiert.

Der wichtigste Faktor ist jedoch der betroffene Mensch und der kommt bei allen noch so genauen und wissenschaftlichen Betrachtungsweisen immer zu kurz. Das **richtige Verhalten der betroffenen Personen im Brandfall** ist grundlegende Voraussetzung für eine maximale Risikoreduzierung im bauaufsichtlichen System der Rettungswege.

Neben dem richtigen Verhalten im Brandfall ist auch der richtige Umgang mit den Sicherheitseinrichtungen in den Gebäuden, Wohnungen und NE wichtig, z. B. Aufrechterhaltung der Funktion von selbstschließenden Wohnungseingangstüren, Funktion und Wartung der Rauchwarnmelder, keine Brandlasten in den notwendigen Fluren und Treppenräumen.

A.3.2.1 Situation 1: Wohnungen/NE direkt an notwendige Treppe angeschlossen

Anmerkung: Die nachfolgenden Abbildungen gelten sinngemäß auch für sonstige NE ≤ 200 m² oder Büro-/Verwaltungs-NE ≤ 400 m².

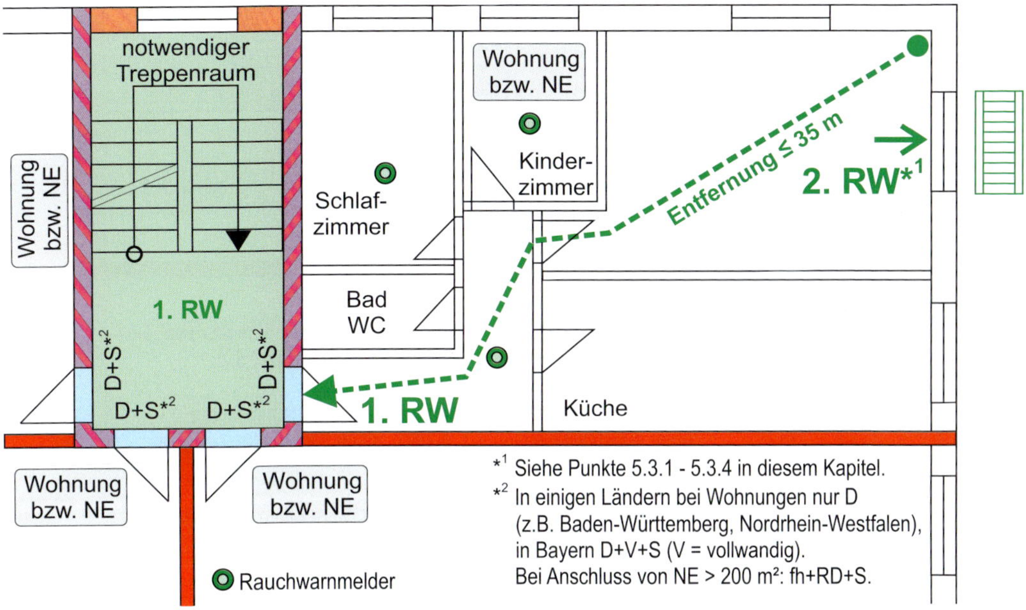

Abb. A.3: Situation 1: Wohnung direkt an den notwendigen Treppenraum angeschlossen

1. RW: Der horizontale Teil des 1. RW = Fluchtwegs führt von der entferntesten Stelle des entferntesten AR zum Ausgang in den notwendigen Treppenraum. Dieser muss in höchstens 35 m Entfernung erreichbar sein. Der vertikale Teil des 1. RW = Fluchtwegs beginnt am Ausgang zum notwendigen Treppenraum.

2. RW: Der horizontale Teil des 2. RW = Fluchtwegs führt von jeder beliebigen Stelle eines AR zu mindestens einer geeigneten, mit Rettungsgeräten der Feuerwehr erreichbaren (anleiterbaren) Stelle. Die Lage dieser Stelle ist beliebig, sie muss jedoch innerhalb der Wohnung jederzeit zugänglich sein. Der vertikale Teil des 2. RW = Rettungswegs wird von der Feuerwehr mit ihren Rettungsgeräten (Leitern, Hubrettungsfahrzeuge) hergestellt.

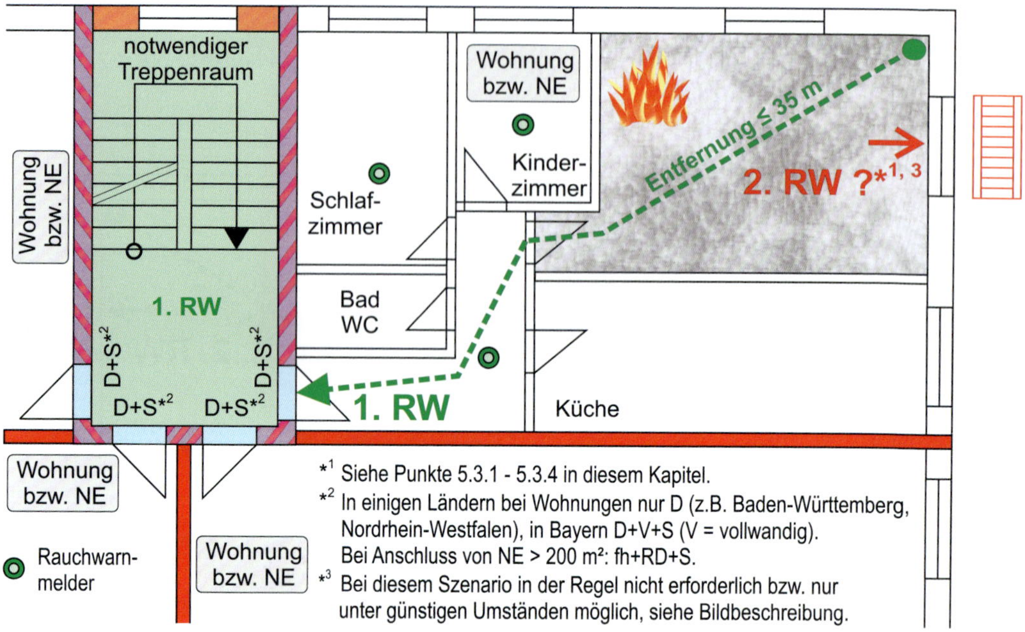

Abb. A.4: Situation 1 mit Szenario 1A: Brand in der Wohnung wird rechtzeitig erkannt

Grundsätzliche Beschreibung siehe Abb. A.3

Stark vereinfacht besteht das Schutzziel der LBO vorrangig darin, dass bei einem Brand innerhalb der betrachteten Wohnung, NE ≤ 200 m² und Büro-/Verwaltungs-NE ≤ 400 m² die Bewohner ihre Wohnung möglichst aus eigener Kraft über ihre Erschließungswege = Fluchtwege verlassen können.

Bei diesem Szenario ist für die brandbetroffene Wohnung i. d. R. kein 2. RW erforderlich, da es innerhalb der Wohnung brennt und damit die Rettungswege = Fluchtwege außerhalb der Wohnung brandfrei sind.

Das **Problem** besteht jedoch darin, den Ausgang aus der Wohnung aus eigener Kraft zu erreichen. Sind die Bewohner wach und bemerken sie den Brand rechtzeitig, so ist i. d. R. davon auszugehen, dass dies möglich ist. Die zwischenzeitlich in Wohnungen vorgeschriebenen Rauchwarnmelder tragen hier wesentlich zur Verbesserung der Situation bei.

1. RW: Wird der Brand frühzeitig bemerkt und kann er nicht durch Selbsthilfe gelöscht werden, so können sich die Bewohner i. d. R. durch Flucht in Sicherheit bringen. Die Rettungswege werden damit zu Fluchtwegen.

An den horizontalen Teil des Fluchtwegs werden von der LBO (mit Ausnahme der Entfernung ≤ 35 m) keine besonderen Anforderungen gestellt. Da es in der Wohnung brennt, steht der notwendige Treppenraum = vertikaler Rettungsweg zumindest für die Flucht aus der brandbetroffenen Wohnung i. d. R. rauch- und feuerfrei zur Verfügung.

2. RW: Ein 2. RW über Rettungsgeräte der Feuerwehr ist bei diesem Szenario nicht relevant, wenn die Bewohner die brandbetroffene Wohnung über ihre Fluchtwege aus eigener Kraft verlassen können.

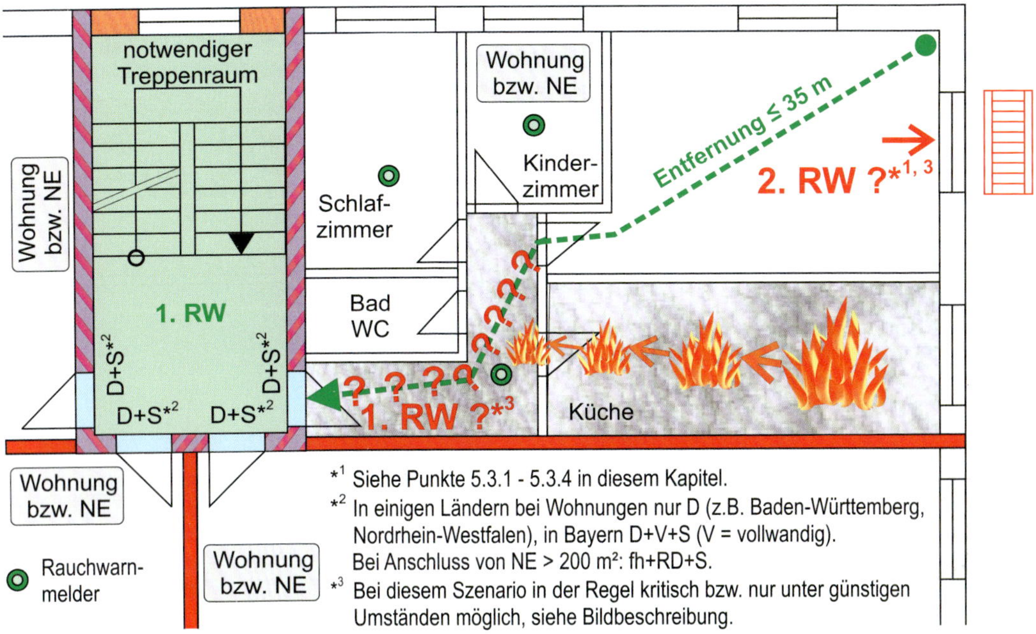

Abb. A.5: Situation 1 mit Szenario 1B: Brand in der Wohnung wird nicht rechtzeitig erkannt

Grundsätzliche Beschreibung siehe Abb. A.3 und A.4

1. RW: Deutlich ungünstiger wird die Situation, wenn die Bewohner den Brand nicht rechtzeitig bemerken, wenn sie z. B. im Schlaf vom Brand überrascht werden.

Können sie ihren Ausgang aus der Wohnung nicht erreichen, weil dieser Weg durch das Feuer versperrt wird (z. B. unbemerkter Brandausbruch in der Küche oder auch im Wohnzimmer und darauf folgende schlagartige Brandausbreitung in den Flur), so entsteht sofort eine lebensbedrohliche Situation. Die Flucht über den 1. RW ist dann nicht mehr möglich (obwohl der Treppenraum feuer- und rauchfrei zur Verfügung steht).

Dieses Szenario zeigt auch, wie wichtig es ist, in Wohnungen möglichst alle Aufenthaltsräume mit Rauchwarnmeldern und die Küchen mit Warnmeldern auszustatten (siehe Kapitel A.4.2.1).

2. RW: Folgt man der grundsätzlichen Logik des Rettungswegparagrafen, wäre bei diesem Szenario ein 2. RW (von der notwendigen Treppe unabhängig) nicht relevant, da der 1. vertikale RW = notwendige Treppenraum nicht ausgefallen ist. Das Problem besteht jedoch darin, dass der Ausgang zu ihm nicht erreicht werden kann.

In diesem Fall besteht für die Bewohner zwar noch die Möglichkeit des zweiten Rettungswegs der Wohnung in Form einer mit Rettungsgeräten der Feuerwehr erreichbaren Stelle. Ob sie aber die Rettung abwarten und darüber gerettet werden können, hängt von vielen Faktoren ab, siehe hierzu auch Kapitel A.4.2.1.

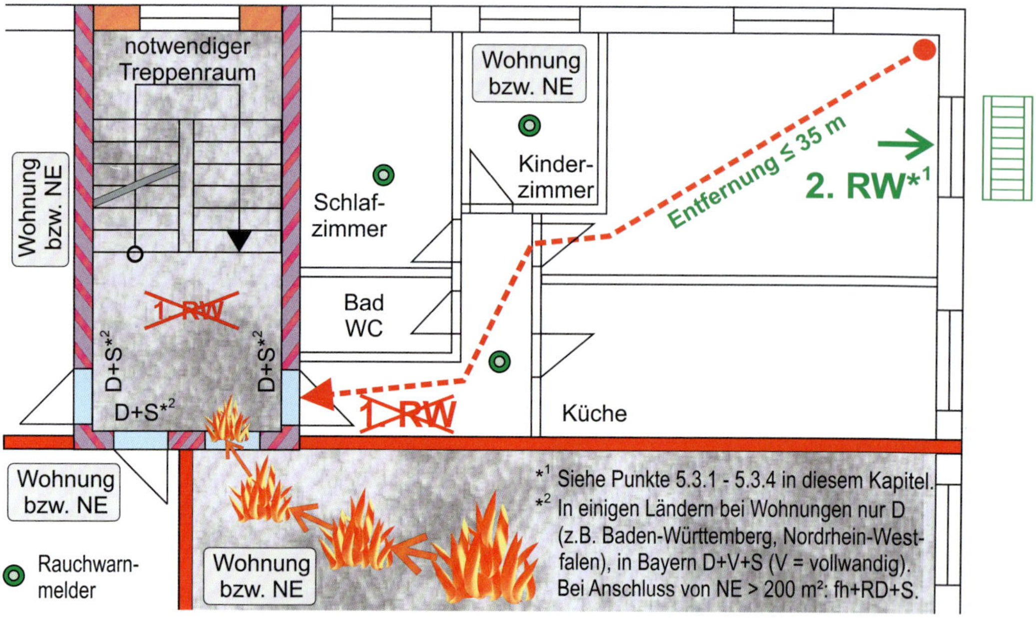

Abb. A.6: Situation 1 mit Szenario 2: Ausfall des notwendigen Treppenraums durch Brand einer anderen Wohnung im gleichen oder in einem anderen Geschoss

Grundsätzliche Beschreibung siehe Abb. A.3

1. RW: Ausgefallen (durch einen Brand in einer anderen Wohnung im gleichen oder in einem anderen Geschoss).

2. RW: Der 2. RW ist möglich über eine mit Rettungsgeräten der Feuerwehr erreichbare Stelle. Grundsätzliche Information zur Möglichkeit des 2. RW siehe Kapitel A.5.3.1 bis A.5.3.4.

Für die betrachtete Wohnung ist das ungünstige Szenario dargestellt, da es direkt neben ihr brennt und die Wohnungseingangstüren nach Baurecht nur dicht und selbstschließend (in einigen Ländern bei Wohnungen nur dichtschließend bzw. in Bayern dicht, vollwandig und selbstschließend) sein müssen.

Damit besteht das grundsätzliche Risiko, dass sich das Feuer über diese Türen auf die angrenzende(n) Wohnung(en) ausbreiten kann. Die Schadenerfahrung zeigt jedoch, dass dieses Risiko relativ gering ist, da geschlossene dichte (und i. d. R. auch vollwandige Türen) einen ausreichenden Widerstand und damit innerhalb des gesellschaftlich akzeptierten Risikos eine ausreichende Sicherheit bieten.

Während der Zeit, in der der notwendige Treppenraum ausgefallen ist, kann der 2. RW für alle anderen Wohnungen bei unmittelbarer Gefahr über Rettungsgeräte der Feuerwehr hergestellt werden. Nach erfolgreicher Brandbekämpfung und Entrauchung des Treppenraums können alle übrigen Bewohner über diesen evakuiert werden.

A.3.2.2 *Situation 2: Wohnungen/NE über notwendigen Flur an eine notwendige Treppe angeschlossen*

Anmerkung: Die nachfolgenden Abbildungen gelten sinngemäß auch für sonstige NE ≤ 200 m^2 oder Büro-/Verwaltungs-NE ≤ 400 m^2.

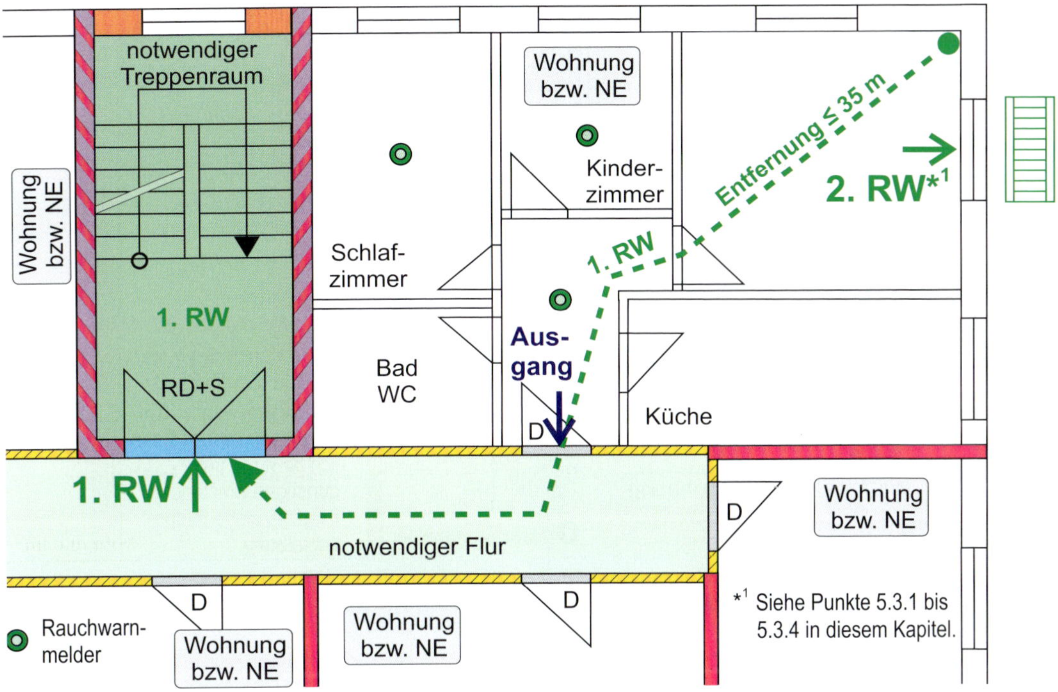

Abb. A.7: Situation 2: Wohnung mit Anschluss an den notwendigen Treppenraum über einen notwendigen Flur

1. RW: Der horizontale Teil des 1. RW = Fluchtwegs führt von der entferntesten Stelle des entferntesten AR über den Ausgang in den notwendigen Flur und von dort zum Ausgang in den notwendigen Treppenraum. Der Ausgang in den notwendigen Treppenraum muss in höchstens 35 m Entfernung erreichbar sein.

Der notwendige Flur liegt außerhalb der daran angeschlossenen Wohnungen. Er bildet den geschützten horizontalen Teil des 1. RW = Fluchtwegs. Der vertikale Teil des 1. RW = Fluchtwegs besteht aus der notwendigen Treppe und beginnt am Ausgang zum notwendigen Treppenraum (bzw. zu einer notwendigen Außentreppe).

2. RW: Siehe sinngemäß bei Abb. A.3. Jede an den notwendigen Flur angeschlossene Wohnung benötigt einen 2. RW. Dies hat den Vorteil, dass sowohl bei einem Ausfall des notwendigen Treppenraums als auch des notwendigen Flurs immer noch eine Rettung über Rettungsgeräte der Feuerwehr möglich ist.

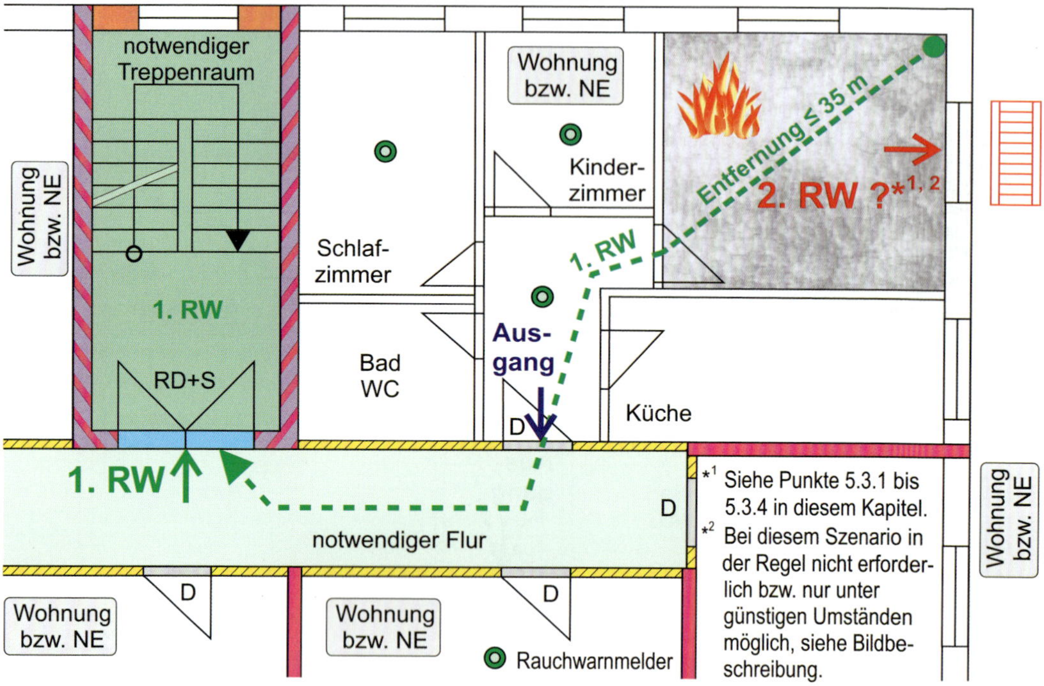

Abb. A.8: Situation 2 mit Szenario 1A: Brand in der Wohnung wird rechtzeitig erkannt

1. RW: Siehe sinngemäß bei Abb. A.4 mit dem Unterschied, dass der horizontale Teil des 1. RW = Fluchtwegs vom Ausgang der Wohnung zuerst in den notwendigen Flur und von dort zum Ausgang in den notwendigen Treppenraum führt.

2. RW: Siehe sinngemäß bei Abb. A.4.

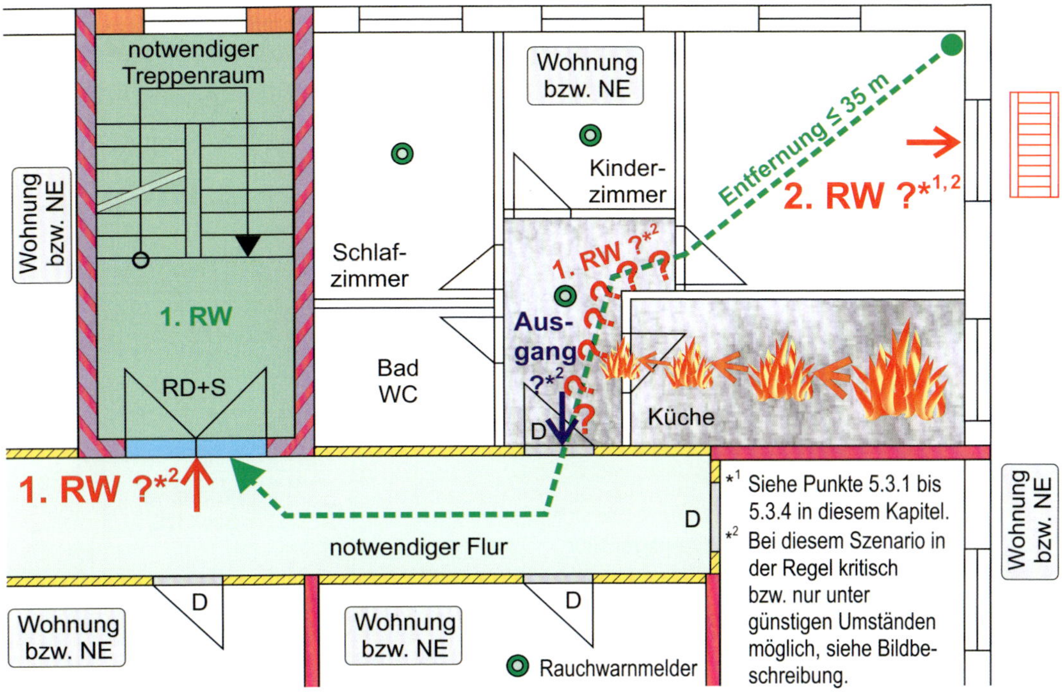

Abb. A.9: Situation 2 mit Szenario 1B: Brand in der Wohnung wird nicht rechtzeitig erkannt

1. RW: Siehe sinngemäß bei Abb. A.5 mit dem Unterschied, dass der Ausgang in den notwendigen Flur nicht erreicht werden kann. Der notwendige Flur und auch der notwendige Treppenraum würden als Fluchtweg feuer- und rauchfrei zur Verfügung stehen, können aber wegen der ungünstigen Situation in der brandbetroffenen Wohnung nicht erreicht werden.

2. RW: Siehe sinngemäß bei Abb. A.5.

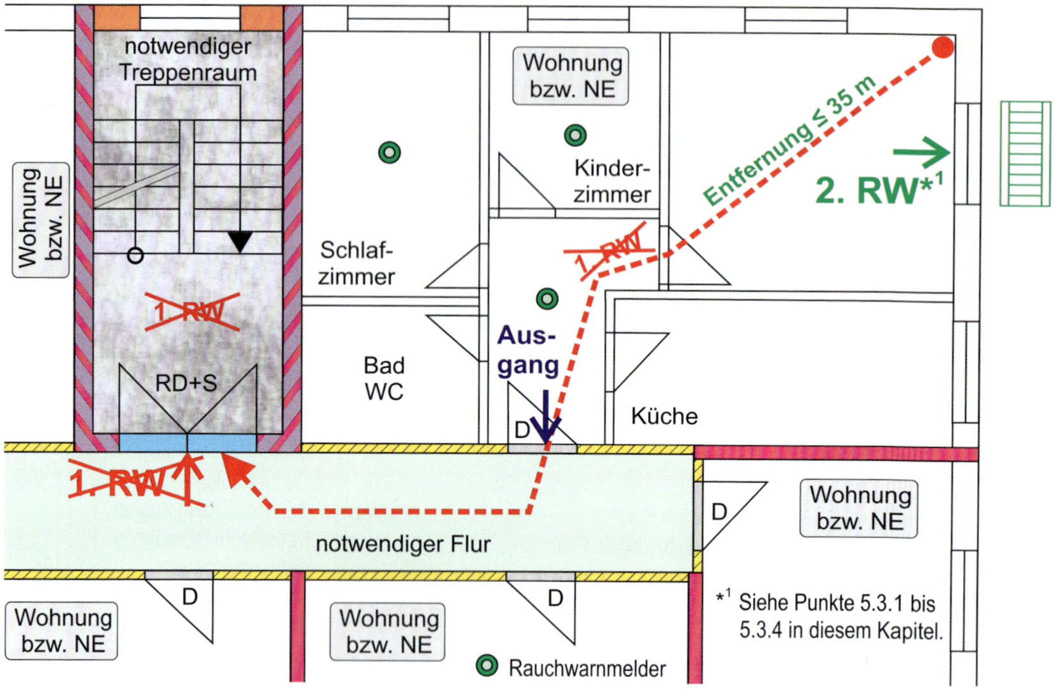

Abb. A.10: Situation 2 mit Szenario 2: Ausfall des notwendigen Treppenraums durch Brand in einem anderen Geschoss

1. RW: Der erste vertikale Rettungsweg (die notwendige Treppe) ist ausgefallen. Durch den „dazwischengeschalteten" notwendigen Flur besteht für die betrachtete Wohnung jedoch eine relativ günstige Situation, da es unwahrscheinlich ist, dass sie vom Brandereignis direkt berührt wird.

2. RW: Siehe sinngemäß bei Abb. A.6; der 2. RW ist möglich über eine mit Rettungsgeräten der Feuerwehr erreichbare Stelle.

Allerdings muss die Feuerwehr diesen Rettungsweg für die betrachtete Wohnung i. d. R. nicht herstellen, da durch die günstige Situation keine unmittelbare Gefahr droht. Dieselbe günstige Situation besteht auch in allen anderen, nicht vom Brand betroffenen Geschossen.

Alle Personen in Wohnungen, die nicht direkt vom Brand betroffen sind, können i. d. R. so lange in ihren Wohnungen verbleiben, bis der Brand gelöscht ist und der Treppenraum anschließend mit den Geräten der Feuerwehr entraucht wird. Anschließend steht dieser für die Evakuierung aller sich noch im Gebäude befindlichen Personen zur Verfügung.

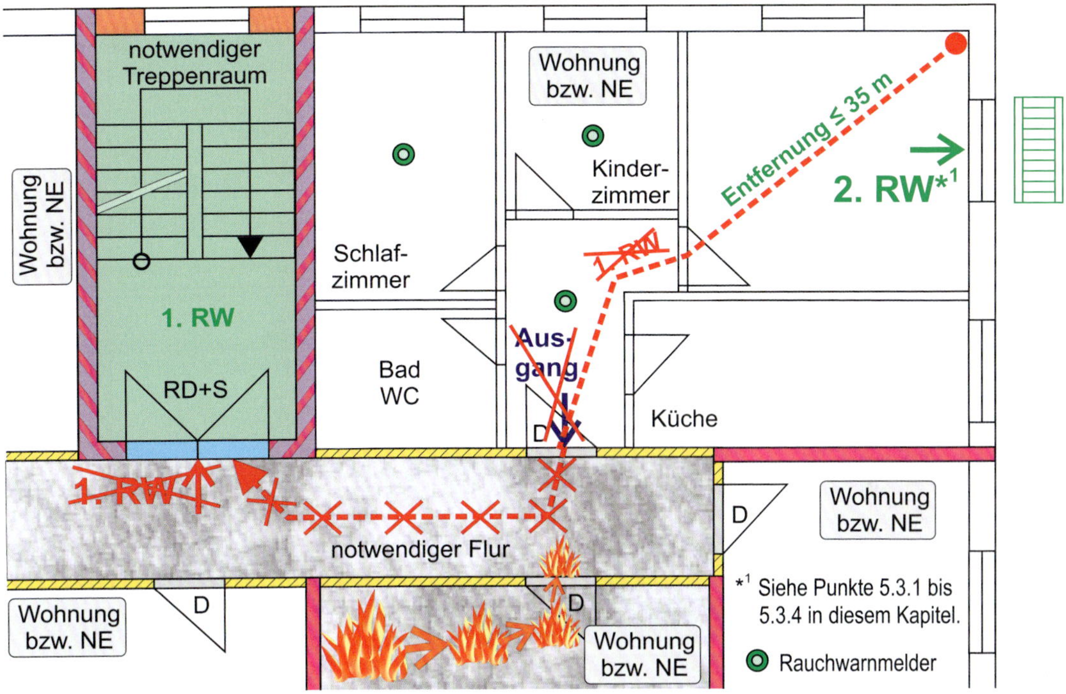

Abb. A.11: Situation 2 mit Szenario 3: Ausfall des notwendigen Flurs durch Brand in einer anderen Wohnung im gleichen Geschoss

1. RW: Der 1. vertikale RW = notwendiger Treppenraum ist zwar feuer- und rauchfrei und würde als baulicher Rettungsweg = Fluchtweg zur Verfügung stehen. Er kann jedoch von der betrachteten Wohnung aus nicht gefahrlos erreicht werden, da der notwendige Flur als horizontaler Teil des Rettungswegs ausgefallen ist. Sinngemäß gilt das auch für alle anderen, nicht vom Brand betroffenen Wohnungen in diesem Geschoss.

Die Wohnungen in allen anderen Geschossen können i. d. R. den notwendigen Treppenraum benutzen, da dieser (noch) zur Verfügung steht. Falls auch der Treppenraum ausfallen sollte (siehe Abb. A.12), haben sie aber immer noch ihren 2. RW.

2. RW: Siehe sinngemäß bei Abb. A.6. Der 2. RW ist möglich über eine mit Rettungsgeräten der Feuerwehr erreichbare Stelle.

In allen anderen, nicht vom Brand betroffenen Geschossen besteht eine relativ günstige Situation.

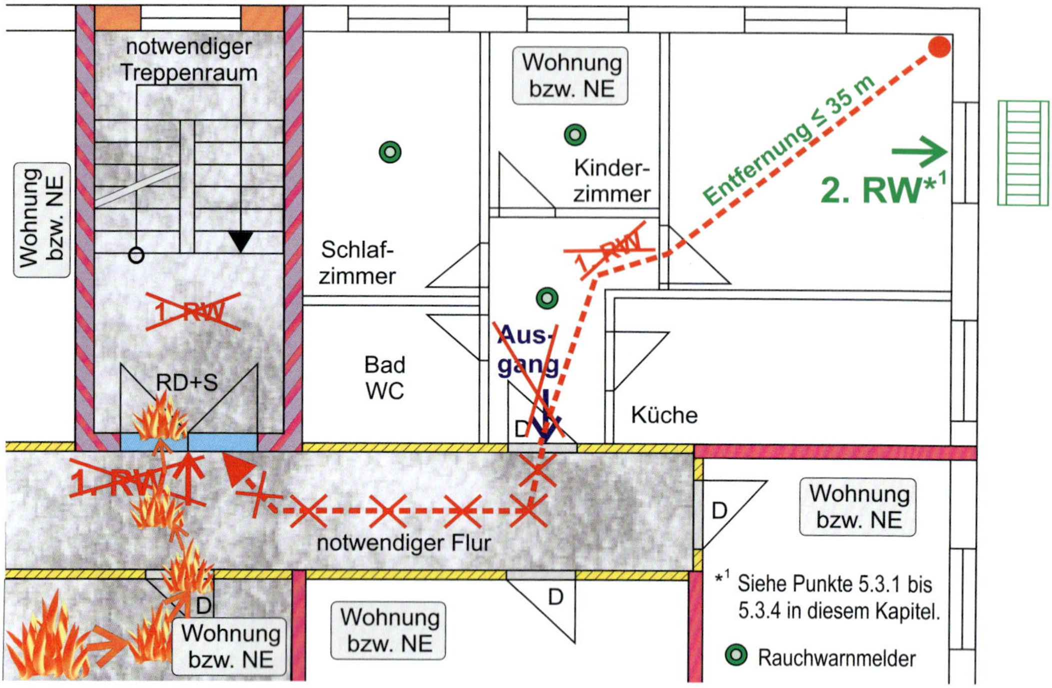

Abb. A.12: Situation 2 mit Szenario 4: Ausfall des notwendigen Flurs und des notwendigen Treppenraums durch Brand in einer anderen Wohnung im gleichen Geschoss

Dieses Szenario ist relativ unwahrscheinlich und nur unter sehr ungünstigen Umständen zu erwarten.

1. RW: Durch die Brandausbreitung in den notwendigen Flur und von dort in den notwendigen Treppenraum sind sowohl der horizontale Teil (notwendiger Flur) als auch der vertikale Teil (notwendiger Treppenraum des 1. RW = Fluchtwegs ausgefallen. Für die betrachtete Wohnung steht jedoch der 2. RW zur Verfügung.

2. RW: Siehe sinngemäß bei Abb. A.6; der 2. RW ist möglich über eine mit Rettungsgeräten der Feuerwehr erreichbare Stelle.

A.3.2.3 Situation 3: Wohnungen/NE über denselben notwendigen Flur an zwei notwendige Treppen angeschlossen

Anmerkung: Die nachfolgenden Abbildungen gelten sinngemäß auch für sonstige NE ≤ 200 m² oder Büro-/Verwaltungs-NE ≤ 400 m².

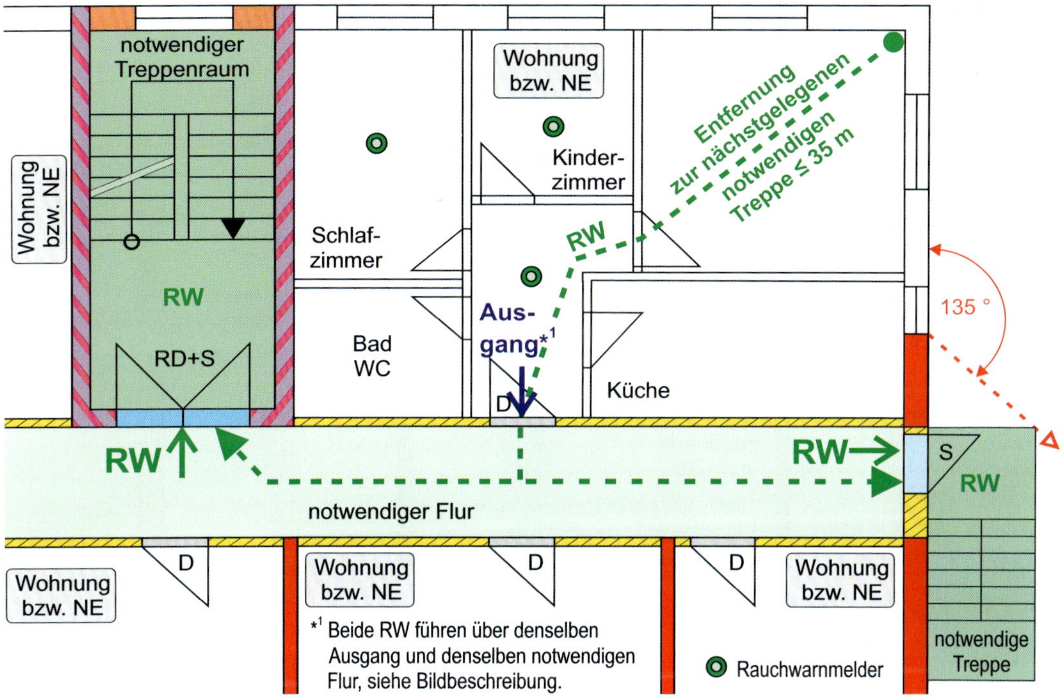

Abb. A.13: Situation 3: Wohnung mit Anschluss an zwei notwendige Treppen über denselben notwendigen Flur

1. RW und 2. RW: Beide Rettungswege = Fluchtwege werden baulich hergestellt. Dies bedeutet, dass ihre vertikalen Teile über zwei voneinander unabhängige notwendige Treppen führen, die möglichst entgegengesetzt liegen müssen, so dass die RW möglichst kurz sind.

Beide horizontalen Teile der Rettungswege = Fluchtwege dürfen jedoch innerhalb des Geschosses über denselben notwendigen Flur führen. Aus der Formulierung, dass sie über denselben notwendigen Flur führen dürfen, ergibt sich zwangsläufig, dass sie auch aus denselben Ausgang aus der jeweiligen NE zum notwendigen Flur führen dürfen.

Sind beide RW baulich, wird nicht mehr zwischen 1. RW und 2. RW unterschieden. Einer der baulichen RW muss die Entfernung (≤ 35 m) zur nächstgelegenen notwendigen Treppe einhalten. Der andere darf auch länger sein.

Die Situation innerhalb der Wohnung wird vom bauaufsichtlichen System der RW nicht betrachtet. Sie ist im Gegensatz zu Abb. A.24 deutlich ungünstiger, da es sich hier um mehrere unterschiedliche NE handelt, die von den anderen NE durch feuerwiderstandsfähige Trennwände abgetrennt sind und damit keinen unmittelbaren Kontakt untereinander haben. Außerdem können Bewohner nachts auch im Schlaf von einem Brandausbruch überrascht werden. Damit wird ein evtl. Ausfall des notwendigen Flurs unter ungünstigen Umständen nicht rechtzeitig bemerkt, siehe Abb. A.17.

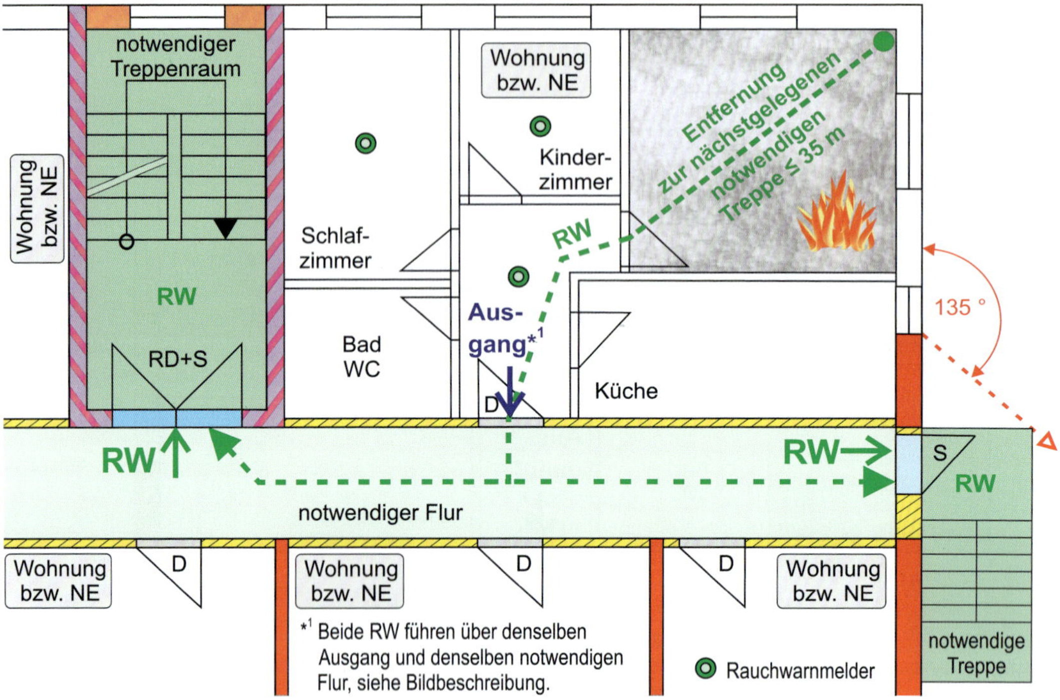

Abb. A.14: Situation 3 mit Szenario 1A: Brand in der Wohnung wird rechtzeitig erkannt

Die **Rettungswege = Fluchtwege** führen über denselben Ausgang aus der betrachteten Wohnung über denselben notwendigen Flur zur nächstgelegenen notwendigen Treppe, die in einer Entfernung von maximal 35 m Entfernung erreichbar sein muss. Ein zweiter Rettungsweg ist nicht erforderlich, da beide notwendigen Treppen als vertikale Rettungswege = Fluchtwege zur Verfügung stehen.

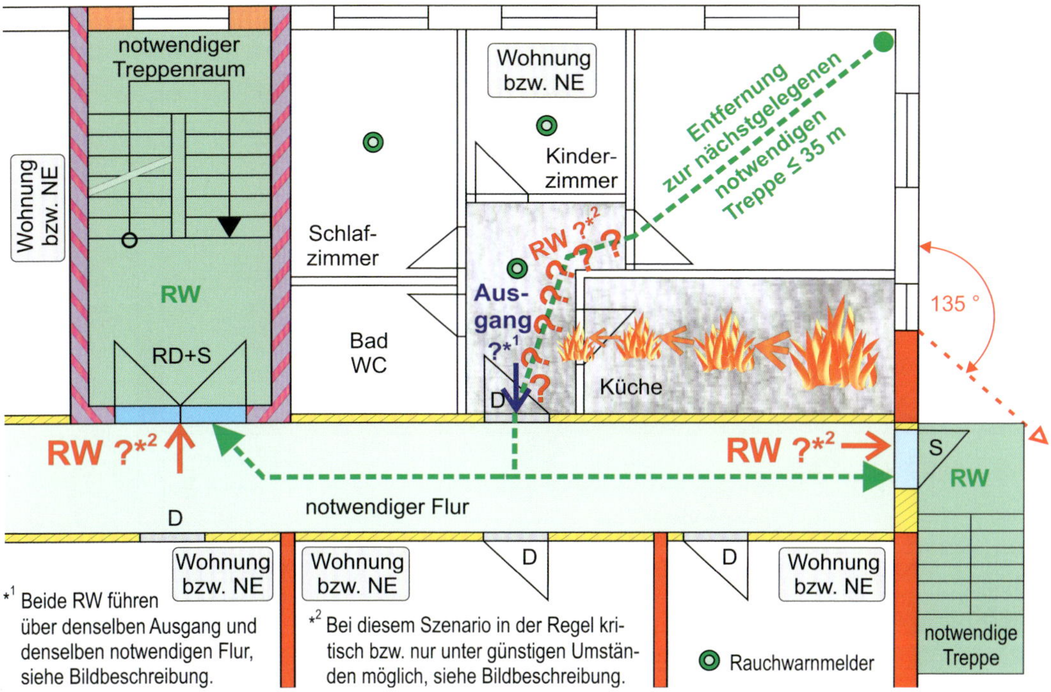

Abb. A.15: Situation 3 mit Szenario 1B: Brand in der Wohnung wird nicht rechtzeitig erkannt

Bei diesem Szenario besteht außerhalb der Wohnung eine sehr gute Situation der beiden baulichen Rettungswege, da sowohl der horizontale Teil (notwendiger Flur) als auch der vertikale Teil (zwei notwendige Treppen) feuer- und rauchfrei sind. Das Problem für die betrachtete Wohnung besteht jedoch darin, diese Rettungswege zu erreichen.

Wird der Weg zum gemeinsamen Ausgang aus der Wohnung bei einem zu spät erkannten Brand in der Wohnung durch Feuer und Rauch unpassierbar, so entsteht für die Bewohner sofort eine **lebensbedrohliche Situation**. Ihre beiden feuer- und rauchfreien Rettungswege beginnen erst ab der gemeinsamen Ausgangstüre aus der Wohnung, die sie jedoch nicht erreichen können.

Da zwei bauliche Rettungswege vorhanden sind, ist eine Rettung über Rettungsgeräte der Feuerwehr in diesem Fall nicht vorgesehen. Für eine grundsätzliche Beschreibung der Situation und des Risikos bei einem Brand innerhalb der betrachteten Wohnung siehe sinngemäß bei Abb. A.5.

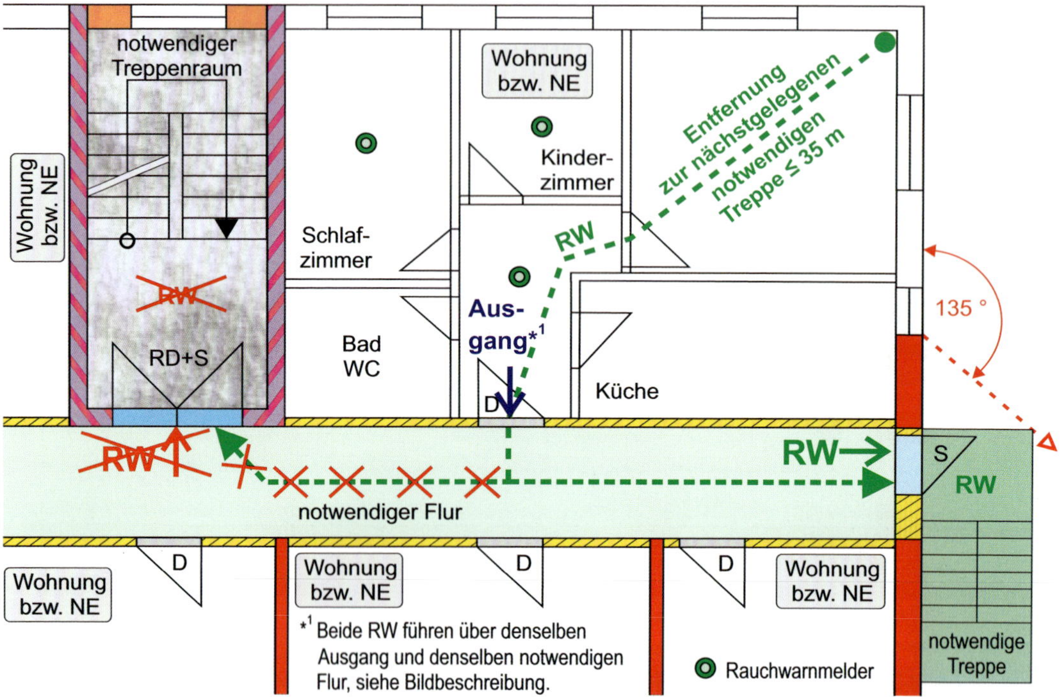

Abb. A.16: Situation 3 mit Szenario 2: Ausfall des notwendigen Treppenraums durch Brand in einem anderen Geschoss

Bei diesem Szenario besteht eine sehr gute Situation der Rettungswege in der betrachteten Wohnung. Da eine notwendige Treppe ausgefallen ist, führt der Rettungsweg über denselben Ausgang aus der Wohnung und denselben notwendigen Flur zur zweiten, möglichst entgegengesetzt liegenden notwendigen Treppe.

Für alle anderen Wohnungen bzw. NE in nicht vom Brand betroffenen Geschossen gilt das sinngemäß.

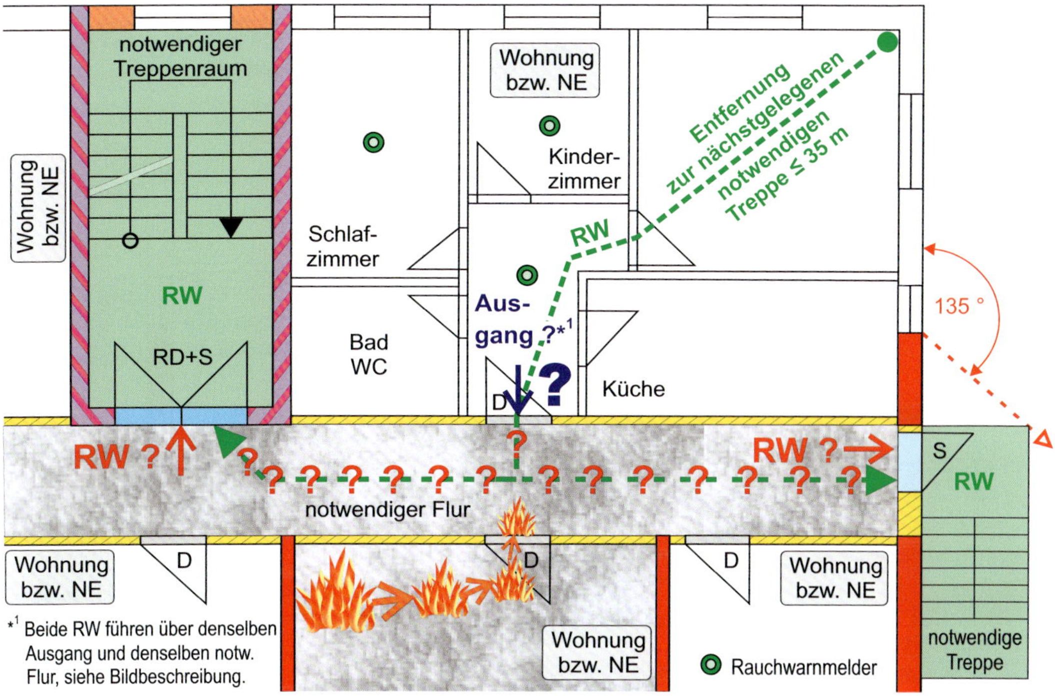

Abb. A.17: Situation 3 mit Szenario 3: Ausfall des notwendigen Flurs durch Brand in einer anderen Wohnung im gleichen Geschoss

Das Szenario stellt im bauaufsichtlichen System der Rettungswege den „Worst Case" dar. Es sind zwei feuer- und rauchfreie vertikale Rettungswege = notwendige Treppen = Fluchtwege vorhanden. Sie können jedoch wegen des verrauchten notwendigen Flurs nicht bzw. nicht sicher erreicht werden. Dieses Risiko wird vom Baurecht akzeptiert, siehe Kapitel A.1.3.1.

In diesem Fall wird der notwendige Flur, der eigentlich als Fluchtweg gedacht ist, zum Rettungsweg. Die Bewohner der betrachteten Wohnung, aber auch alle Bewohner im gleichen Geschoss sind auf die Rettung durch die Feuerwehr angewiesen (z. B. mit Fluchthauben). Wichtig ist in diesem Zusammenhang auch das richtige Verhalten der betroffenen Bewohner.

Bei unklaren Verhältnissen und einem zu stark verrauchten notwendigen Flur ist es beim dargestellten Szenario voraussichtlich besser, in der betrachteten Wohnung das Eintreffen und die Rettung durch die Feuerwehr abzuwarten, als eine Flucht zu versuchen.

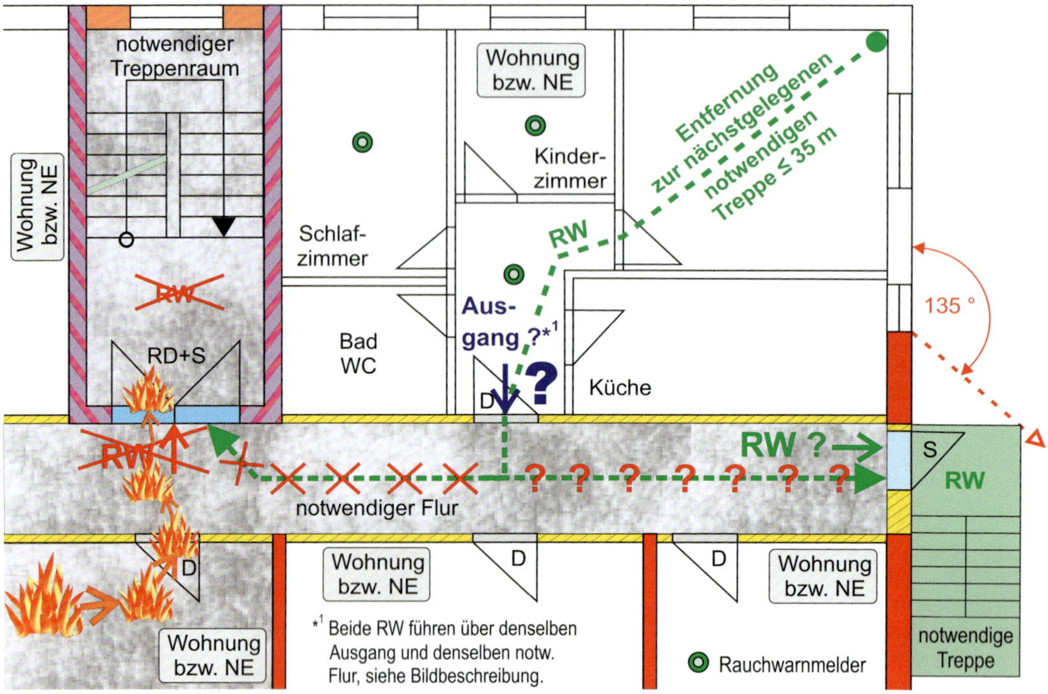

Abb. A.18: Situation 3 mit Szenario 4: Ausfall des notwendigen Flurs und des notwendigen Treppenraums durch Brand in einer anderen Wohnung im gleichen Geschoss

Dieses Szenario ist relativ unwahrscheinlich und nur unter sehr ungünstigen Umständen zu erwarten (siehe auch Abb. A.12).

Da eine zweite feuer- und rauchfreie notwendige Treppe zur Verfügung steht, ist zwar ein benutzbarer vertikaler Fluchtweg vorhanden. Das Problem besteht jedoch darin, diesen über denselben verrauchten notwendigen Flur zu erreichen, siehe sinngemäß Erläuterungen zu Abb. A.17.

Allerdings ist dieses Szenario noch deutlich ungünstiger als das in Abb. A.17, da unter ungünstigen Umständen nicht erkannt werden kann, welcher der beiden notwendigen Treppenräume feuer- und rauchfrei ist und damit als vertikaler Rettungsweg = Fluchtweg zur Verfügung steht.

A.3.2.4 Situation 4: NE > 200 m² bzw. Büro-/Verwaltungs-NE > 400 m² über notwendigen Flur innerhalb der NE an notwendige Treppe angeschlossen

Wichtig

Die nachfolgend beschriebenen Szenarien gelten grundsätzlich für Gebäude, die **keine Sonderbauten** sind (= Standardgebäude) und bei denen nach MBO (bzw. entsprechend umgesetzter LBO) die Rettung über Rettungsgeräte der Feuerwehr nur **möglich** sein muss (siehe Kapitel A.5.3.2).

Allerdings ist in mehreren Ländern nach jeweiliger LBO auch bei **Standardbauten** der zweite Rettungsweg über Rettungsgeräte der Feuerwehr nur zulässig, wenn **keine Bedenken wegen der Personenrettung** bestehen (siehe Kapitel A.5.3.1 und A.5.3.3). In diesen Ländern ist bei den dargestellten Situationen immer dann eine frühzeitige Abstimmung mit der den Brandschutz prüfenden/bescheinigenden/genehmigenden Stelle empfehlenswert, wenn der zweite Rettungsweg über Rettungsgeräte der Feuerwehr führen soll.

In der Regel sind bei **Sonderbauten** mit Aufenthaltsräumen bauliche Rettungswege erforderlich. Soll bei bestimmten Sonderbauten der zweite Rettungsweg über Rettungsgeräte der Feuerwehr führen, so ist dies nur möglich, wenn die entsprechende Sonderbauvorschrift dies zulässt oder wenn **keine Bedenken wegen der Personenrettung** bestehen.

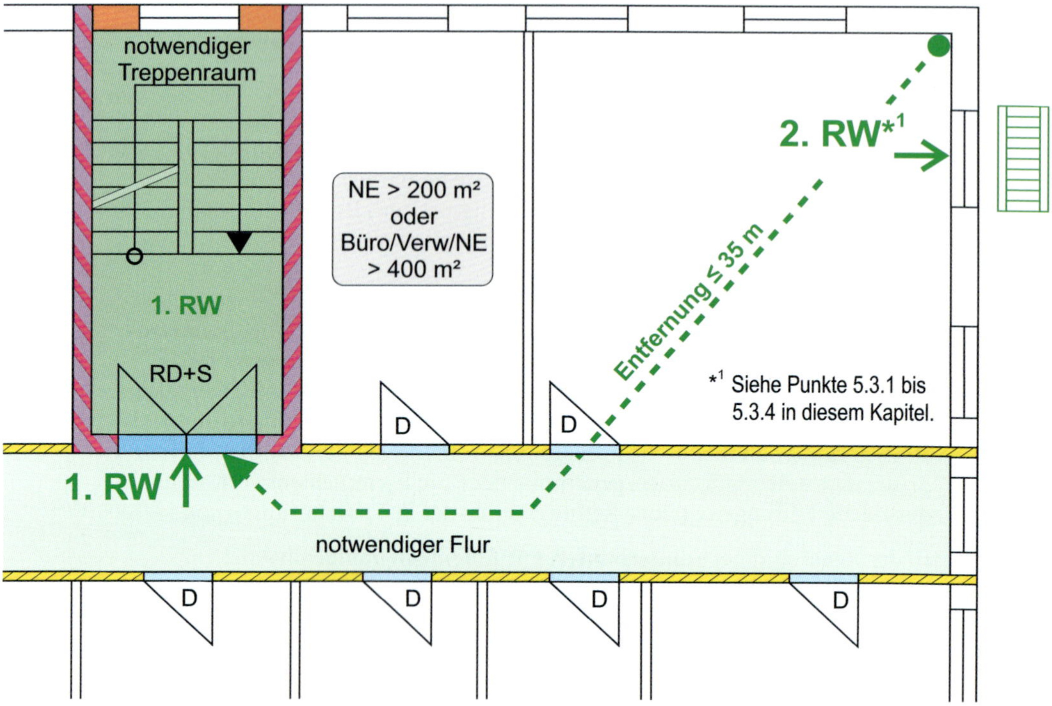

Abb. A.19: Situation 4: NE > 200 m^2 bzw. Büro/Verwaltungs-NE > 400 m^2 mit notwendigem Flur innerhalb der NE an einen notwendigen Treppenraum angeschlossen

1. RW: Der horizontale Teil des 1. RW = Fluchtwegs führt von der entferntesten Stelle des entferntesten AR über den Ausgang in den notwendigen Flur und von dort zum Ausgang in den notwendigen Treppenraum. Der Ausgang in den notwendigen Treppenraum muss in maximal 35 m Entfernung erreichbar sein.

Der notwendige Flur liegt innerhalb der NE und bildet für den gemeinsamen Nutzerkreis den geschützten horizontalen Teil des 1. RW = Fluchtwegs. Die einzelnen Räume innerhalb der NE sind nicht brandschutztechnisch untereinander getrennt. Der vertikale Teil des 1. RW = Fluchtwegs beginnt am Ausgang zum notwendigen Treppenraum.

2. RW: Der 2. RW kann nach MBO eine mit Rettungsgeräten der Feuerwehr erreichbare Stelle der NE sein. An deren Lage werden jedoch keine besonderen Anforderungen gestellt, sie ist somit beliebig innerhalb der NE frei wählbar, muss jedoch innerhalb der NE jederzeit zugänglich sein (und sollte nicht im notwendigen Flur angeordnet werden, siehe Erläuterungen zu Abb. A.22).

Achtung: In einigen Ländern muss grundsätzlich immer (also auch bei Gebäuden, die keine Sonderbauten sind) geprüft werden, ob Bedenken wegen der Personenrettung bestehen (siehe Kapitel A.5.3.1 bis A.5.3.3). Im Zweifelsfall ist eine frühzeitige Abstimmung mit der den Brandschutz prüfenden/bescheinigenden/genehmigenden Stelle erforderlich.

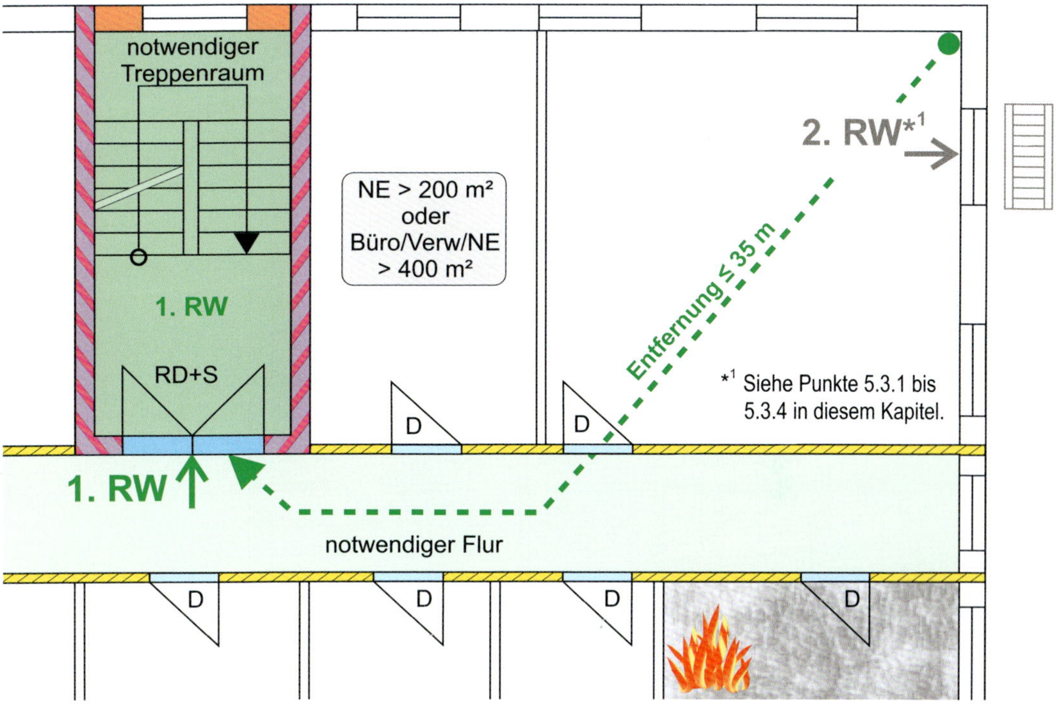

Abb. A.20: Situation 4 mit Szenario 1: Brand in NE ohne Verrauchung des notwendigen Flurs

1. RW: Siehe sinngemäß bei Abb. A.19. Solange Feuer und Rauch nicht in den notwendigen Flur eindringen, steht er als horizontaler Teil des 1. RW = Fluchtwegs zur Verfügung.

Da der notwendige Treppenraum feuer- und rauchfrei ist, kann er problemlos von allen Personen des brandbetroffenen Geschosses als 1. vertikaler RW = Fluchtweg benutzt werden. Dies gilt sinngemäß auch für alle anderen Geschosse.

2. RW: Wird bei diesem Szenario nicht benötigt.

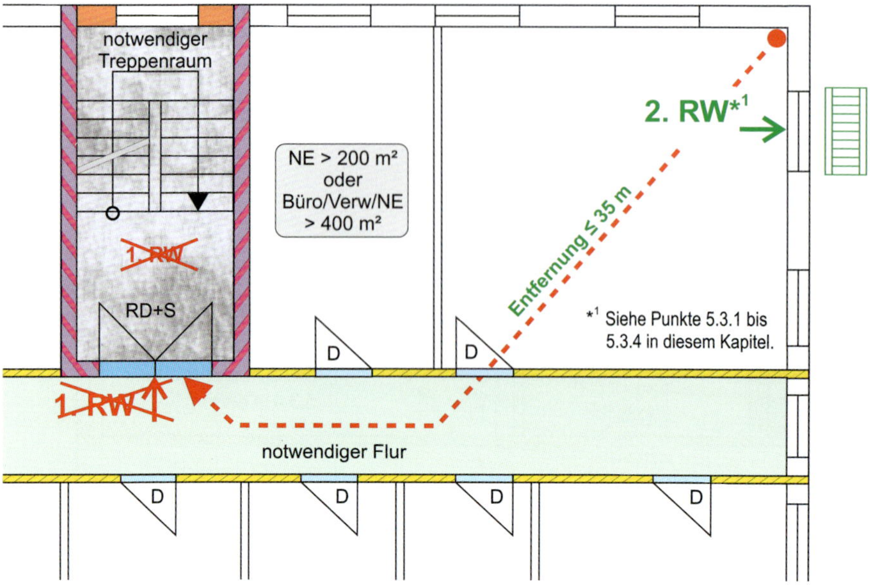

Abb. A.21: Situation 4 mit Szenario 2: Brand in einem anderen Geschoss mit Ausfall des notwendigen Treppenraums

1. RW: Der 1. vertikale RW (notwendige Treppe) ist ausgefallen und steht damit als Rettungsweg = Fluchtweg nicht mehr zur Verfügung.

2. RW: Der 2. RW ist über eine mit Rettungsgeräten der Feuerwehr erreichbare Stelle möglich. Ihre Stelle innerhalb der NE kann beliebig sein (jedoch nicht im notwendigen Flur, siehe bei Abb. A.22), sie muss von den Nutzern jedoch jederzeit erreicht werden können.

In der NE können sich auch mehr Personen aufhalten, als bei kleineren Büro-/Verwaltungs-NE ≤ 400 m^2 üblich sind. Nach MBO und den MBO-konformen LBOs muss jedoch nicht geprüft werden, ob Bedenken wegen der Personenrettung bestehen, sondern es wird davon ausgegangen, dass auch in solchen Fällen der 2. RW über Rettungsgeräte der Feuerwehr möglich ist (siehe auch Kapitel A.1.3.1 und A.5.3.1 bis A.5.3.4).

Grundsätzlich kann davon ausgegangen werden, dass die Feuerwehr den 2. RW für die betrachtete NE in den meisten Fällen gar nicht herstellen muss.

Es handelt es sich hier i. d. R. um Gebäude, in denen gearbeitet, aber nicht geschlafen wird. Kommt es hier zu einem Brand, wird dieser schnell bemerkt. Gelingt es nicht, ihn zu löschen, werden i. d. R. alle Nutzer der NE und auch des gesamten Gebäudes so rechtzeitig informiert, dass sie das Gebäude über ihre Rettungswege = Fluchtwege verlassen können.

Sollte unter ungünstigen Umständen in einigen NE den Nutzern die Selbstrettung = Flucht nicht gelungen sein, besteht für sie eine relativ günstige Situation, da es in einem anderen Geschoss oder zumindest in einer anderen NE brennt und die NE und Geschosse untereinander feuerwiderstandsfähig abgeschottet sind.

Damit droht für die betrachtete NE keine unmittelbare Gefahr und alle Personen, die nicht direkt vom Brand betroffen sind, können i. d. R. so lange darin verbleiben, bis sie gerettet werden können oder bis der Brand gelöscht ist und der Treppenraum mit den Geräten der Feuerwehr entraucht wird. Anschließend steht dieser für die Evakuierung aller sich noch im Gebäude befindlichen Personen zur Verfügung.

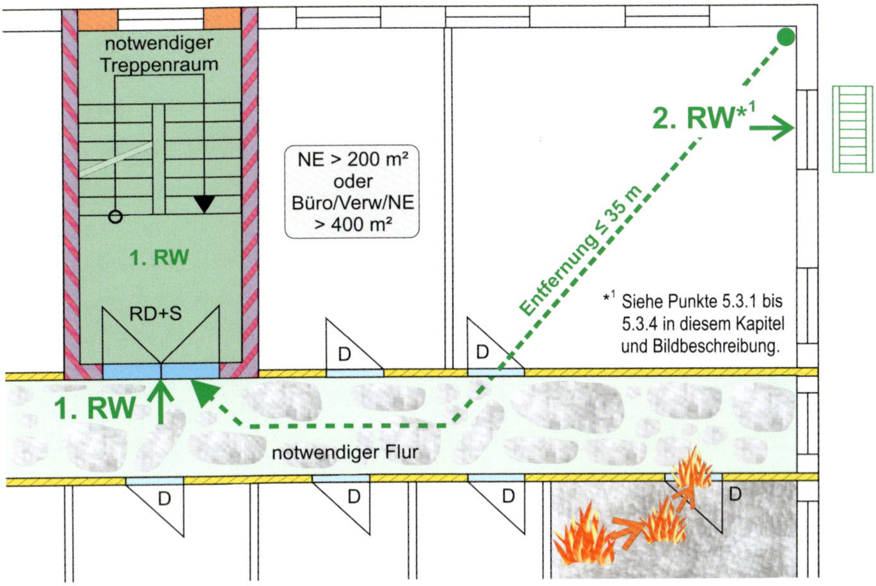

Abb. A.22: Situation 4 mit Szenario 3: Brand in der NE mit Verrauchung des notwendigen Flurs

1. RW: Bei diesem Szenario geht die Bauordnung entsprechend ihrem System der Rettungswege (zwei voneinander unabhängige vertikale RW) grundsätzlich davon aus, dass der 1. vertikale RW = notwendige Treppe nicht ausgefallen ist und deshalb zur Verfügung steht. Die sichere Erreichbarkeit des Ausgangs in den notwendigen Treppenraum soll aus baurechtlicher Sicht durch den hierfür geforderten notwendigen Flur ermöglicht werden.

Natürlich wird die Situation im notwendigen Flur in der brandbetroffenen NE in dem Umfang ungünstiger, in dem Feuer und insbesondere Rauch dort eindringen. Sie hängt letztendlich davon ab, wie schnell der Entstehungsbrand von den Nutzern erkannt wird und mit welcher Geschwindigkeit er sich ausbreitet.

Grundsätzlich kann jedoch davon ausgegangen werden, dass sich die Nutzer i.d.R. durch Flucht über den notwendigen Flur zum feuer- und rauchfreien 1. baulichen RW in Sicherheit bringen können. Begründung und Beschreibung siehe Kapitel A.4.2.3.

2. RW: Gelingt es einigen Nutzern der brandbetroffenen NE unter ungünstigen Umständen nicht, diese über den notwendigen Flur zu verlassen, haben sie noch die Möglichkeit des 2. RW über Rettungsgeräte der Feuerwehr. Ob und wie dieser möglich ist, hängt von zahlreichen Faktoren ab, z.B. Lage der Brandausbruchstelle, Lage und Erreichbarkeit der anleiterbaren Stelle, räumliche Trennung zwischen Brandausbruchsbereich und anleiterbarer Stelle.

Das Baurecht stellt zwar keine Anforderungen an die Lage der anleiterbaren Stelle, aber es geht davon aus, dass sie sinngemäß wie ein 2. baulicher RW (eine zweite notwendige Treppe) erreicht werden kann. Dies wird deutlich aus dem Halbsatz des Rettungswegparagrafen: *„beide Rettungswege dürfen jedoch innerhalb des Geschosses über denselben notwendigen Flur führen“.* Damit ist es nach Baurecht auch zulässig, den Weg zur anleiterbaren Stelle des 2. RW über den (bei diesem Szenario verrauchten) notwendigen Flur zu führen (siehe sinngemäß Abb. A.27).

Für den Lastfall, dass der 2. RW über die anleiterbare Stelle geführt werden soll, ergibt es jedoch keinen Sinn, diese im notwendigen Flur anzuordnen, da dieses Szenario nur bei einem verrauchten notwendigen Flur – der dann als anleiterbare Stelle ausfällt – relevant wird.

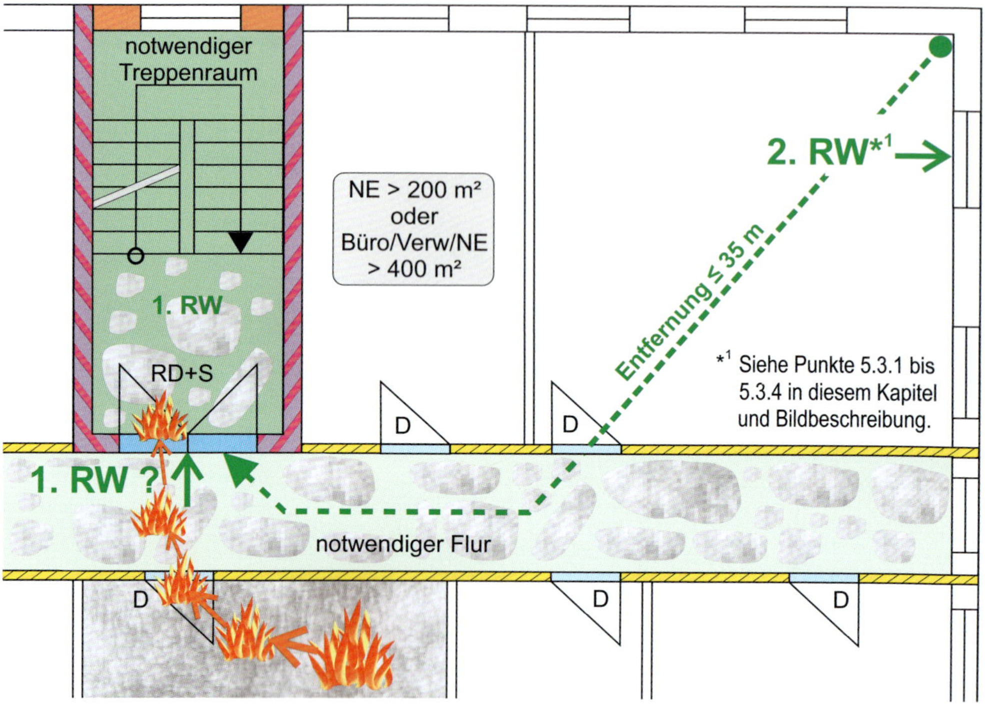

Abb. A.23: Situation 4 mit Szenario 4: Brand in der NE mit Verrauchung des notwendigen Flurs und des notwendigen Treppenraums

1. RW: Siehe sinngemäß bei Abb. A.22; da der notwendige Treppenraum erst durch den Brand in der betrachteten NE verraucht wird, steht er zumindest in der Anfangsphase für die Nutzer der betrachteten NE als 1. baulicher RW = Fluchtweg zur Verfügung.

Wie bei Abb. A.22 beschrieben, kann davon ausgegangen werden, dass alle Nutzer in der betrachteten NE diese über den notwendigen Flur und den notwendigen Treppenraum aus eigener Kraft verlassen können.

2. RW: Siehe sinngemäß bei Abb. A.22; wird der Treppenraum nach Verlassen der betrachteten NE verraucht, so ist für alle NE in den anderen Geschossen der 2. RW möglich bzw. sie müssen die erfolgreiche Brandbekämpfung durch die Feuerwehr abwarten (siehe sinngemäß Abb. A.21).

A.3.2.5 *Situation 5: NE > 200 m² bzw. Büro-/Verwaltungs-NE > 400 m² über denselben notwendigen Flur innerhalb der NE an zwei notwendige Treppen angeschlossen*

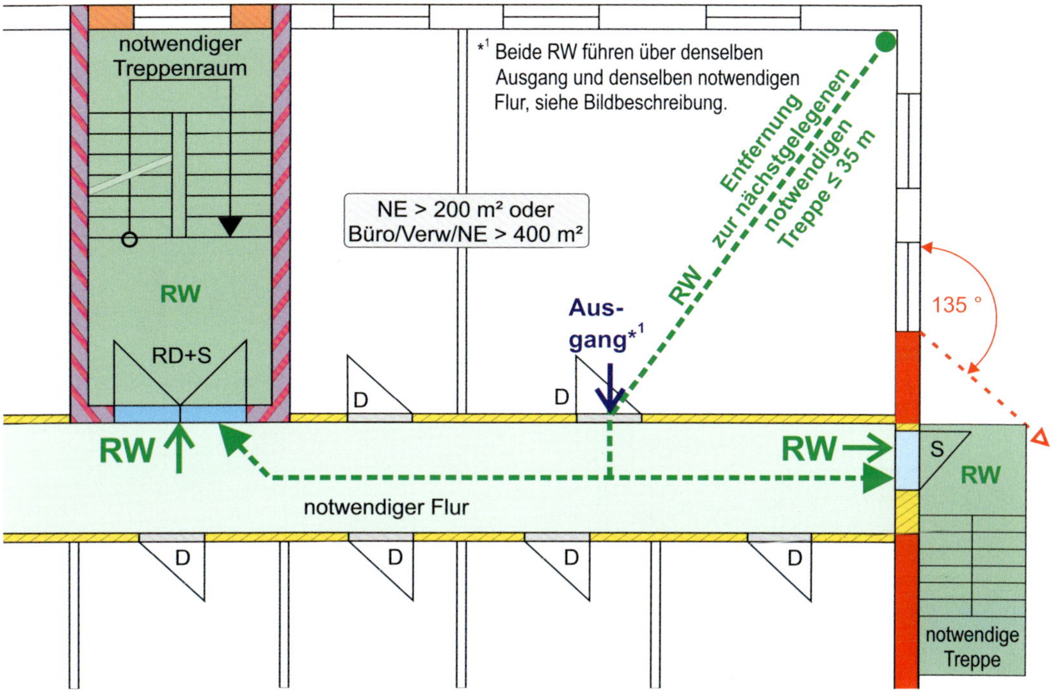

Abb. A.24: Situation 5: NE > 200 m² bzw. Büro-/Verwaltungs-NE > 400 m² mit demselben notwendigen Flur an zwei notwendige Treppen angeschlossen

1. RW und 2. RW: Beide Rettungswege = Fluchtwege werden baulich hergestellt. Dies bedeutet, dass ihre vertikalen Teile über zwei notwendige Treppen führen, die möglichst entgegengesetzt liegen müssen, so dass die RW möglichst kurz sind.

Beide horizontalen Teile der Rettungswege = Fluchtwege dürfen jedoch innerhalb des Geschosses über denselben notwendigen Flur führen. Aus der Formulierung, dass sie über denselben notwendigen Flur führen dürfen, ergibt sich zwangsläufig, dass sie auch aus denselben Ausgang aus dem jeweiligen Raum zum notwendigen Flur führen dürfen.

Sind beide RW baulich, wird nicht mehr zwischen 1. RW und 2. RW unterschieden. Einer der baulichen RW muss die Entfernung zur nächstgelegenen notwendigen Treppe (≤ 35 m) einhalten, der andere darf auch länger sein.

Die hier dargestellte Situation ist im Gegensatz zu Abb. A.13 deutlich günstiger, da es sich um eine NE handelt, die von den Nutzern gemeinsam genutzt wird. Damit haben die Nutzer unmittelbaren Kontakt untereinander und können sich im Gefahrenfall schnell gegenseitig warnen. Außerdem wird in derartigen NE i. d. R. auch nicht geschlafen.

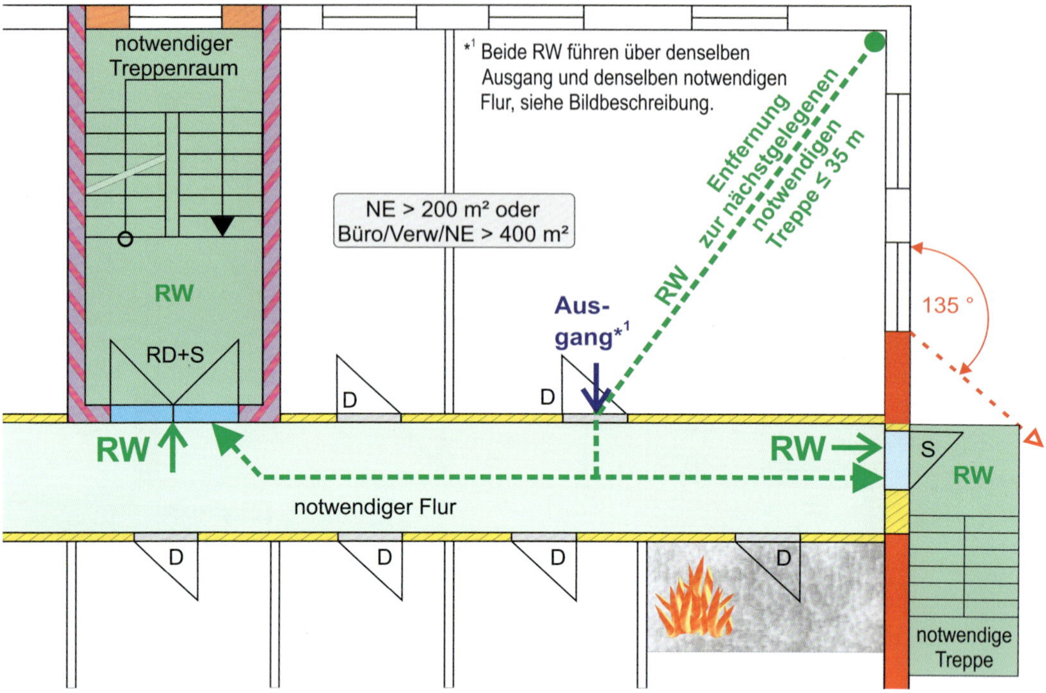

Abb. A.25: Situation 5 mit Szenario 1: Brand in der NE ohne Verrauchung des notwendigen Flurs

Der **Rettungsweg = Fluchtweg** führt über den Ausgang aus dem betrachteten Raum über den notwendigen Flur zur nächstgelegenen notwendigen Treppe, die in einer Entfernung von maximal 35 m erreichbar sein muss.

Die zweite notwendige Treppe (2. bauliche RW) steht zwar zur Verfügung, wird aber bei diesem Szenario nicht benötigt.

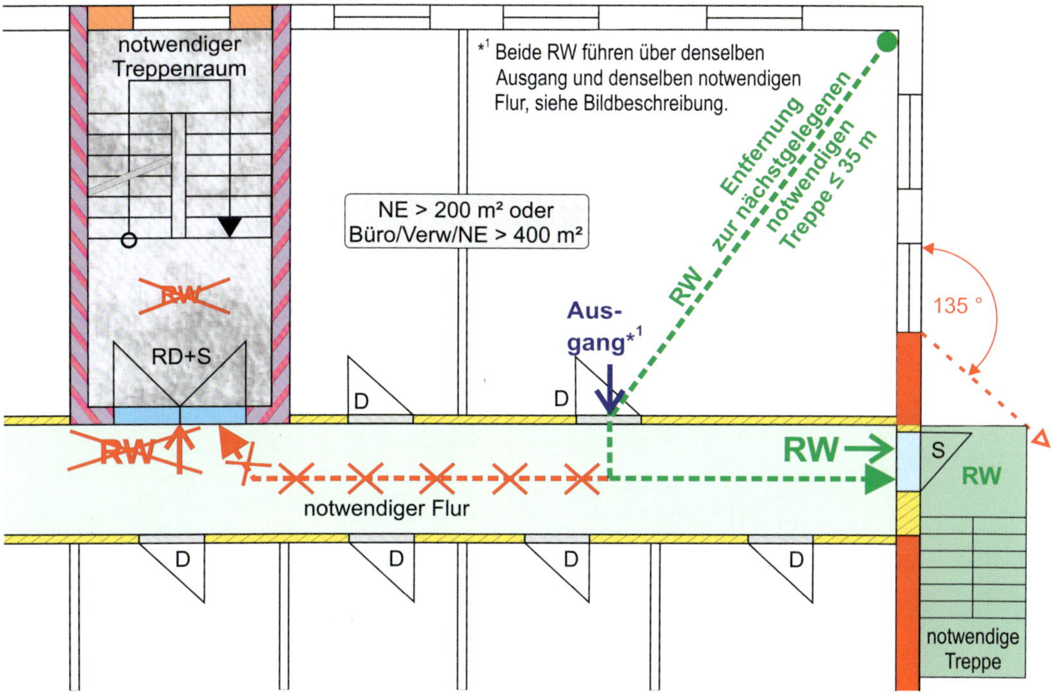

Abb. A.26: Situation 5 mit Szenario 2: Brand in der NE mit Ausfall des notwendigen Treppenraums durch einen Brand in einem anderen Geschoss

Es besteht eine optimale Situation der Rettungswege.

Eine notwendige Treppe (RW) ist durch einen Brand in einem anderen Geschoss ausgefallen. Der 2. RW führt über denselben Ausgang und denselben notwendigen Flur zur zweiten unabhängigen notwendigen Treppe, die möglichst entgegengesetzt liegen muss.

Für alle anderen Wohnungen bzw. NE in den nicht vom Brand betroffenen Geschossen gilt das sinngemäß.

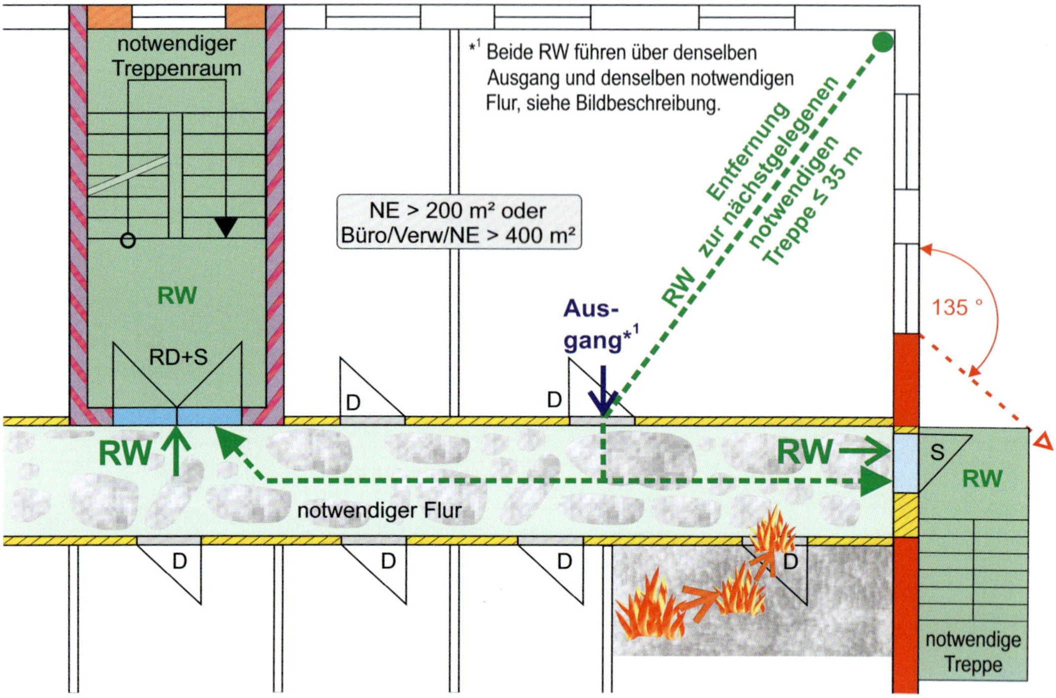

Abb. A.27: Situation 5 mit Szenario 3: Brand in der NE mit Verrauchung des notwendigen Flurs

Bei diesem Szenario stehen zwar zwei rauch- und feuerfreie notwendige Treppen zur Verfügung, das Problem im brandbetroffenen Geschoss besteht jedoch darin, diese über den verrauchten Flur zu erreichen. Hierzu heißt es in der MBO und sinngemäß in den LBOs (MBO § 33 (1) Halbsatz 2): *„beide Rettungswege dürfen jedoch innerhalb des Geschosses über denselben notwendigen Flur führen".*

Für die grundsätzliche Beschreibung der Problematik, dass ein Teil des horizontalen Rettungswegs = Fluchtwegs über einen verrauchten notwendigen Flur führt, siehe bei Abb. A.18 und Abb. A.22. Es wird vom Baurecht akzeptiert, dass beide RW über denselben notwendigen Flur führen, der unter ungünstigen Umständen verrauchen kann.

Dabei ist diese Situation deutlich besser als die in Abb. A.18, da es sich hier um einen **gemeinsamen Nutzerkreis** handelt und in der NE i. d. R. auch nicht geschlafen wird. Sie ist auch besser als die in Abb. A.22, da jeweils eine Flucht in zwei Richtungen möglich ist.

Für die Nutzer in allen anderen, nicht vom Brand betroffenen Geschossen besteht dagegen eine sehr gute Situation, da diesen zwei sicher benutzbare notwendige Treppen zur Verfügung stehen.

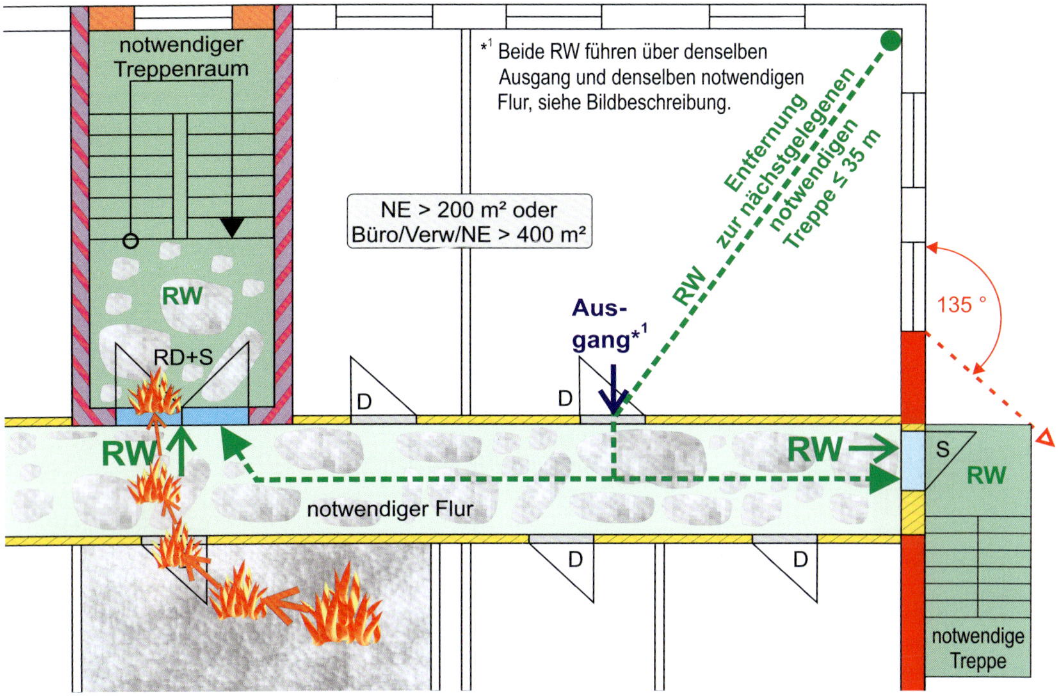

Abb. A.28: Situation 5 mit Szenario 4: Brand in der NE mit Verrauchung des notwendigen Flurs und des notwendigen Treppenraums

Rettungswege siehe sinngemäß bei Abb. A.23 und A.27. Beide Rettungswege dürfen über denselben notwendigen Flur führen.

Da der notwendige Flur und auch der notwendige Treppenraum erst durch den Brand in der betrachteten NE verraucht werden, stehen sie zumindest in der Anfangsphase für die Nutzer noch als erster baulicher RW = Fluchtweg zur Verfügung.

Außerdem führt ein weiterer möglicher baulicher Rettungsweg über die möglichst entgegengesetzt liegende notwendige Außentreppe.

Die Nutzer in allen anderen Geschossen können, nachdem der notwendige Treppenraum ausgefallen ist, die notwendige Außentreppe als baulichen Rettungsweg benutzen.

A.3.2.6 Situation 6: Sonderbau mit Großraumbüro > 400 m² mit zwei Ausgängen an zwei notwendige Treppen angeschlossen

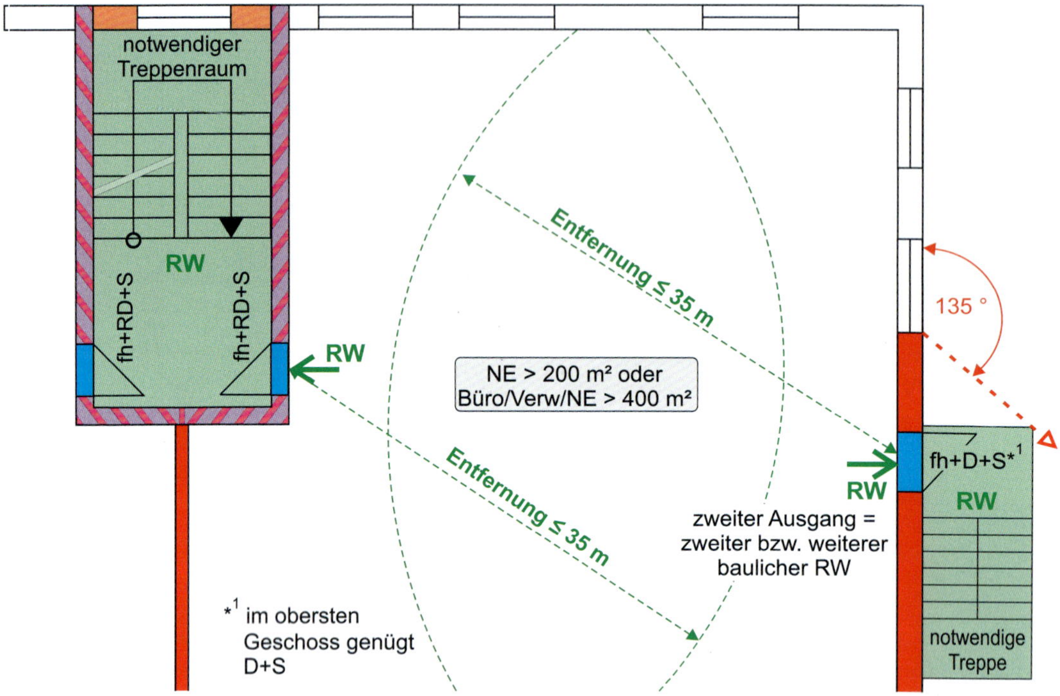

Abb. A.29: Situation 6: Großraumbüro > 400 m² mit zwei Ausgängen an zwei notwendige Treppen angeschlossen

Nach MBO § 2 (4) Nr. 5 sind *„Gebäude mit Räumen, die einer Büro- oder Verwaltungsnutzung dienen und einzeln eine Grundfläche von mehr als 400 m² haben"*, als Sonderbau zu bewerten. Bei Sonderbauten ist nach MBO und auch den LBOs der 2. RW über Rettungsgeräte der Feuerwehr nur zulässig, wenn keine Bedenken wegen der Personenrettung bestehen.

Zur Gewährleistung der horizontalen Rettungswege ist hier ein zweiter, möglichst entgegengesetzt liegender Ausgang erforderlich (für den Fall, dass ein Ausgang wegen eines Brandes nicht mehr benutzt werden kann).

Der zweite Ausgang könnte grundsätzlich an das Rettungswegsystem des Gebäudes angeschlossen werden, also auch in den notwendigen Treppenraum führen. Dies wäre aber nur möglich, wenn keine Bedenken bestehen, den 2. RW mit Rettungsgeräten der Feuerwehr herzustellen (siehe Abb. A.106 in Kapitel A.10.9).

Da im vorliegenden Fall wegen der besonderen Situation und Zahl der Nutzer Bedenken wegen der Personenrettung mit Rettungsgeräten der Feuerwehr bestehen, ist ein 2. baulicher RW (notwendige Außentreppe) erforderlich. Damit besteht der 2. bauliche RW aus einem zweiten Ausgang, der zu einer zweiten notwendigen Treppe führt (weiteres Beispiel siehe Abb. A.107 in Kapitel A.10.9).

A.4 Erster Rettungsweg

A.4.1 Grundlagen und Sicherheitskonzept

Stark vereinfacht ausgedrückt ist der erste Rettungsweg (1. RW) der Weg aus der NE ins Freie. Seine Anforderungen hängen u. a. von der Größe, Lage und Nutzung der jeweiligen NE ab.

NE ohne Aufenthaltsräume (AR) benötigen nur einen RW. Für NE mit AR sind zwei voneinander unabhängige Rettungswege oder ein Sicherheitstreppenraum vorgeschrieben. Bei zu ebener Erde liegenden NE mit AR genügt in einigen Ländern auch ein Rettungsweg.

Der 1. RW ist i. d. R. auch der **Erschließungsweg** und muss immer baulich hergestellt und begehbar sein. Er ist damit elementarer Bestandteil des Gebäudes und besteht in NE, die nicht zu ebener Erde liegen, aus einem horizontalen und vertikalen Teil. In NE, die zu ebener Erde liegen, ist er nur horizontal.

> Die Anforderungen an das Sicherheitskonzept des ersten baulichen Rettungswegs gelten als erfüllt, wenn neben den grundlegenden Bestimmungen für Rettungswege alle weiteren bauaufsichtlichen Vorschriften eingehalten werden, insbesondere an
>
> - Tragwerk,
> - Abschottungsprinzip (raumabschließende Trennwände),
> - notwendige Treppen und Treppenräume,
> - sichere Außentreppen,
> - sichere Ausgänge,
> - notwendige Flure,
> - Rauchwarnmelder in Wohnungen.

A.4.2 Horizontaler Teil der Rettungswege

Der horizontale Teil der Rettungswege setzt sich in Abhängigkeit von der Größe, Lage und Nutzung der jeweiligen NE aus ungesicherten Wegen (Wege innerhalb der Aufenthaltsräume bzw. NE) und gesicherten Wegen (notwendige Flure, Ausgänge ins Freie) zusammen. Dabei können grundsätzlich folgende Situationen unterschieden werden:

- Wohnungen, NE $\leq 200\ m^2$ und Büro-/Verwaltungs-NE $\leq 400\ m^2$ ohne notwendigen Flur
- Wohnungen und NE mit notwendigem Flur außerhalb der NE
- NE $> 200\ m^2$ und Büro-/Verwaltungs-NE $> 400\ m^2$ mit notwendigem Flur innerhalb der NE
- NE $> 200\ m^2$ und Büro-/Verwaltungs-NE $> 400\ m^2$ ohne notwendigen Flur innerhalb der NE

A.4.2.1 Wohnungen, NE ≤ 200 m² und Büro-/Verwaltungs-NE ≤ 400 m²

Wohnungen, NE ≤ 200 m² und Büro-/Verwaltungs-NE ≤ 400 m² haben i. d. R. keinen notwendigen Flur innerhalb ihrer NE. Der **horizontale** 1. RW besteht aus dem **Weg zum Ausgang** aus der Wohnung bzw. NE.

Wird der zweite Rettungsweg **baulich** hergestellt, besteht er i. d. R. aus dem gleichen Weg zum **gleichen Ausgang**. Wird der zweite RW über **Rettungsgeräte der Feuerwehr** geführt, besteht er aus dem Weg zur anleiterbaren Stelle, wobei je Wohnung bzw. NE nur eine solche Stelle vorhanden sein muss.

An die Sicherheit und sichere Benutzbarkeit dieser Wege und Erreichbarkeit des Ausgangs bzw. der anleiterbaren Stelle werden vom Baurecht keine besonderen Anforderungen gestellt. Fällt der erste Weg zum Ausgang aus, muss der zweite Weg zur anleiterbaren Stelle davon nicht unabhängig sein, so dass unter ungünstigen Umständen bei einem Brand in der NE weder der Ausgang noch die anleiterbare Stelle erreicht werden können.

Aber selbst wenn bei einem Brand in der Wohnung bzw. NE die anleiterbare Stelle noch erreicht werden kann, muss immer noch **das Eintreffen und die Rettung durch die Feuerwehr** abgewartet werden können (Größenordnung nach Alarmierung ca. 10 bis 15 Minuten). Unter günstigen Umständen ist dann vielleicht noch eine Rettung möglich, andernfalls kommt die Hilfe für die Betroffenen zu spät.

Diese zugegeben ungünstige, aber durchaus mögliche Situation fällt unter das im Baurecht berücksichtigte, gesellschaftlich akzeptierte Risiko.

In diesem Zusammenhang wird deutlich ersichtlich, wie wichtig für die brandbetroffene Wohnung die in der Zwischenzeit vorgeschriebenen **Rauchwarnmelder** in Wohnungen (Schlafräumen, Kinderzimmern und Fluren, die zu Aufenthaltsräumen führen) sind. Sie verbessern die vorbeschriebene Situation wesentlich, da sie bei einem Brand innerhalb der Wohnung die Bewohner rechtzeitig warnen, so dass sie aus eigener Kraft ihre Wohnung verlassen können.

Wünschenswert und auch sinnvoll wären in diesem Zusammenhang Rauchwarnmelder in allen für dieses Szenario relevanten Räumen (ausgenommen Bad/WC) und **Warnmelder** in der Küche (da dort besonders häufig mit einer Brandentstehung zur rechnen ist, siehe auch Kapitel A.3.2.1 A.5). In Räumen, in denen Rauchwarnmelder nicht geeignet sind (z. B. in der Küche), können auch Wärmemelder oder geeignete Mehrfunktionsmelder verwendet werden.

Für eine vollständige Reduzierung dieses Risikos müssten z. B. alle Aufenthaltsräume einer Wohnung bzw. NE an Fluchtbalkone mit Fluchttreppen oder -leitern angeschlossen sein. Da dies einen extrem hohen Aufwand bedeuten und zudem noch andere sicherheitstechnische Probleme mit sich bringen würde (Einbruchschutz), sind solche Maßnahmen in Deutschland nicht vorgesehen.

Zusammenfassung: Aus dem Vorgesagten ergibt sich, dass in den hier behandelten Wohnungen bzw. NE der erste horizontale RW nach Baurecht nur möglich sein muss. Er muss vom zweiten horizontalen RW auch nicht unabhängig sein und kann damit (mit einem vertretbaren Aufwand) auch nicht gewährleistet werden. Dies gilt jedoch als gesellschaftlich akzeptiert.

Diese Situation ist in Wohnungen bzw. Räumen, in denen geschlafen wird, am ungünstigsten, da die Nutzer dort im Schlaf vom Feuer überrascht werden können. In sonstigen NE ist sie dagegen deutlich günstiger, da es sich dabei meist um einen gemeinsamen Nutzerkreis handelt und dort i. d. R. auch nicht geschlafen wird. Damit ist mit einer sehr frühzeitigen Brandererkennung zu rechnen und die Nutzer können in dieser frühen Phase ihren vertikalen Rettungsweg = notwendige Treppe erreichen.

Für alle anderen, nicht vom Brand betroffenen Wohnungen, NE ≤ 200 m² und Büro-/Verwaltungs-NE ≤ 400 m² besteht jedoch eine vergleichsweise günstige Situation, da diese brandschutztechnisch abgetrennt sind und damit bei einem Ausfall ihres 1. vertikalen baulichen RW = notwendige Treppe der 2. RW über Rettungsgeräte der Feuerwehr möglich ist.

A.4.2.2 Wohnungen und NE mit notwendigem Flur außerhalb der NE

Bezüglich des 1. horizontalen RW innerhalb der NE siehe sinngemäß vorstehenden Kapitel A.4.2.1. Für den horizontalen Rettungsweg bzw. die horizontalen Rettungswege über notwendige Flure gilt sinngemäß Kapitel A.4.2.3, allerdings mit folgenden Änderungen.

Notwendige Flure bilden die baurechtlich gesicherten **horizontalen Teile** der Rettungswege außerhalb der NE und sollen es den Nutzern im Brandfall ermöglichen, von jeder Wohnung bzw. NE

- den Ausgang zur notwendigen Treppe (1. baulicher RW) oder
- den Ausgang zu einer weiteren notwendigen Treppe (2. oder weiterer baulicher RW)

möglichst schnell und sicher zu erreichen.

Außerdem dienen sie als Rettungs- und Angriffsweg für die Feuerwehr.

Wohnungen und NE mit einem 2. RW über Rettungsgeräte der Feuerwehr

Die Situation ist vergleichbar mit vorstehendem Kapitel A.4.2.1 mit dem Unterschied, dass der horizontale Teil des 1. RW außerhalb der Wohnungen bzw. NE ab deren Ausgang über den notwendigen Flur zum Ausgang zur notwendigen Treppe führt.

Fällt der notwendige Flur aus, z. B. durch einen Brand in einer anderen Wohnung bzw. NE im **gleichen Geschoss**, so ist für alle nicht vom Brand betroffenen Wohnungen bzw. NE der 2. RW über Rettungsgerät der Feuerwehr möglich. Dies gilt natürlich auch dann, wenn die notwendige Treppe z. B. bei einem Brand in einem anderen Geschoss ausfällt.

NE mit einem 2. baulichen RW

Für die notwendigen Flure wird **keine Unabhängigkeit der horizontalen Rettungswege** verlangt, siehe sinngemäß nachfolgendes Kapitel A.4.2.3. Beide horizontalen Teile der Rettungswege führen über denselben notwendigen Flur. Allerdings besteht im Gegensatz zu Kapitel A.4.2.3 der wesentliche Unterschied darin, dass der notwendige Flur nicht in der NE liegt, sondern mehrere Wohnungen bzw. NE erschließt.

Da in diesem Fall beide vertikalen RW baulich hergestellt werden, also über zwei oder mehrere notwendige Treppen führen, benötigen die Wohnungen bzw. NE keine anleiterbare Stellen und eine Rettung über Rettungsgeräte der Feuerwehr ist nicht vorgesehen bzw. nicht möglich.

Fällt jetzt bei einem Brand in einem Geschoss der (gemeinsame) notwendige Flur aus, so besteht für die daran angrenzenden Wohnungen bzw. NE das Problem, dass sie zwar zwei rauch- und feuerfreie notwendige Treppen haben, diese aber durch den verrauchten Flur nicht erreichen können.

In einer solchen Situation ist das **richtige Verhalten** der Bewohner überlebenswichtig! Dies hängt ganz besonders vom jeweiligen Szenario ab. Wird der Brand schnell bemerkt, ist die Situation noch hinreichend übersichtlich und der notwendige Flur noch einigermaßen passierbar und damit eine notwendige Treppe erreichbar, eine Flucht kann hier die richtige Lösung sein. Andernfalls kann es besser sein, in der betrachteten Wohnung das Eintreffen und die Rettung durch die Feuerwehr (z. B. mit Fluchthauben) abzuwarten.

Für alle anderen Geschosse besteht jedoch eine vergleichsweise günstige Situation, da diese brandschutztechnisch abgetrennt sind und sie über zwei voneinander unabhängige bauliche RW verfügen.

A.4.2.3 NE > 200 m² und Büro-/Verwaltungs-NE > 400 m² mit notwendigem Flur innerhalb der NE

Bei NE > 200 m² und Büro-/Verwaltungs-NE > 400 m² wird die Situation der horizontalen Rettungswege **innerhalb der jeweiligen NE** vom Baurecht ungünstiger bewertet als bei kleineren NE. Deshalb müssen Flure, über die Rettungswege aus Aufenthaltsräumen oder aus NE mit Aufenthaltsräumen zu Ausgängen in notwendige Treppenräume oder ins Freie führen, als **notwendige Flure** ausgebildet werden.

Die notwendigen Flure bilden die baurechtlich gesicherten **horizontalen Teile** der Rettungswege innerhalb der NE und sollen es den Nutzern im Brandfall ermöglichen, von jedem Aufenthaltsraum

- den Ausgang zur notwendigen Treppe (1. baulicher RW) und
- den Zugang zum Raum mit der anleiterbaren Stelle (2. RW, wenn dieser über Rettungsgeräte der Feuerwehr geführt wird) oder
- den Ausgang zu einer zweiten bzw. weiteren notwendigen Treppe (bei baulichen RW)

möglichst schnell und sicher zu erreichen.

Außerdem dienen sie als Rettungs- und Angriffsweg für die Feuerwehr.

Bei diesen notwendigen Fluren wird **keine Unabhängigkeit der horizontalen Rettungswege** verlangt. Dies wird deutlich in der Formulierung der Bauordnung (MBO § 33 Absatz 1): „*beide Rettungswege dürfen jedoch innerhalb des Geschosses über denselben notwendigen Flur führen*"

Daraus kann Folgendes abgeleitet werden:

- Wird der 2. RW über Rettungsgeräte der Feuerwehr hergestellt, führt der horizontale Teil des **1. RW** über den notwendigen Flur zum Ausgang zur notwendigen Treppe. Der horizontale Teil des **2. RW** führt in diesem Fall über denselben notwendigen Flur zur Zugangstüre des Raums mit der anleiterbaren Stelle.
- Werden die Rettungswege baulich hergestellt, führen **beide horizontalen Teile der Rettungswege** über denselben notwendigen Flur zu den dann möglichst entgegengesetzt liegenden Ausgängen zu notwendigen Treppen.

Die horizontalen Teile der Rettungswege sind jedoch nur bedingt sicher, da z. B. Türen in notwendigen Fluren nur dichtschließend sein müssen. Sie sind auch nicht redundant, weil beim Ausfall des **gemeinsamen** notwendigen Flurs kein weiterer baurechtlich gesicherter horizontaler Rettungsweg vorhanden ist.

Interessant wird die Situation für NE, bei denen der **2. RW über Rettungsgeräte der Feuerwehr** hergestellt werden soll, was nach MBO und den Ländern mit MBO-konformen LBOs für Gebäude, die keine Sonderbauten sind, grundsätzlich möglich ist (siehe Kapitel A.5.3.1 bis A.5.3.3).

Da es sich um eine gemeinsam genutzte NE handelt, wird vom Baurecht i. d. R. davon ausgegangen, dass die Brandentstehung bereits in der Anfangsphase ausreichend **kommuniziert** wird. Damit können sich alle Nutzer über den notwendigen Flur und die notwendige Treppe in Sicherheit bringen. Dies ist so lange möglich, wie der notwendige Flur noch nicht komplett verraucht ist und im unteren Bereich eine raucharme Schicht aufweist, die eine Orientierung und Flucht zulässt.

Ein 2. (vertikaler) RW wird in diesem Fall baurechtlich auch gar nicht benötigt, da der 1. RW bei diesem Szenario (Brandausbruch in der betrachteten NE) noch gar nicht ausgefallen ist.

Sollte in diesem Fall unter ungünstigen Umständen der notwendige Flur so schnell verraucht werden, dass einige Nutzer **den Ausgang zu ihrem 1. RW** (notwendige Treppe) nicht mehr erreichen können, haben sie das gleiche Problem mit dem **Zugang zum Raum der anleiterbaren Stelle**, da dieser i. d. R. ebenfalls nur über den notwendigen Flur erreicht werden kann.

Außerdem können weitere Unwägbarkeiten bestehen, z. B. durch die „beliebige" Lage der anleiterbaren Stelle, so dass es letztendlich von den Umständen und der jeweiligen Situation abhängt, wie und ob eine Rettung durch die Feuerwehr möglich ist.

Zusammenfassung: Auch bei diesen NE ergibt sich, dass der 1. horizontale RW nach Baurecht nur möglich sein muss. Er muss vom 2. horizontalen RW auch nicht unabhängig sein und kann damit (mit einem vertretbaren Aufwand) auch nicht gewährleistet werden. Dies gilt jedoch als gesellschaftlich akzeptiert.

Kritisch wird die Situation der horizontalen Rettungswege immer dann, wenn die Nutzer ihren vertikalen Rettungsweg = die notwendige Treppe nicht aus eigener Kraft erreichen können. Allerdings ist das Eintrittsrisiko einer solchen Situation sehr gering und gilt deshalb als gesellschaftlich akzeptiert.

Dies gilt auch für NE, die mehrere bauliche Rettungswege haben, da das Baurecht die Unabhängigkeit der Rettungswege nur für die vertikalen Teile vorschreibt.

Für alle anderen Geschosse und nicht vom Brand betroffenen NE besteht jedoch eine vergleichsweise günstige Situation, da diese brandschutztechnisch abgetrennt sind und damit bei einem Ausfall ihres 1. baulichen RW der 2. RW möglich ist.

A.4.2.4 NE > 200 m² und Büro-/Verwaltungs-NE > 400 m² ohne notwendigen Flur innerhalb der NE

Bei diesen NE sind i. d. R. bezüglich des horizontalen Teils der Rettungswege weitere Maßnahmen erforderlich. Diese sind abhängig von zahlreichen Faktoren wie Größe der NE, Art der Nutzung, Führung der Rettungswege innerhalb der Nutzung usw. Weitere Informationen enthält Kapitel D. Beispiele siehe Kapitel A.3.2.6 Abb. A.29 und Kapitel A.10.9 Abb. A.106 und A.107.

A.4.2.5 Gefangene Räume

Gefangene Räume sind Aufenthaltsräume, die keinen direkten Ausgang ins Freie, in einen notwendigen Treppenraum oder in einen notwendigen Flur haben. Anforderungen und Ausführung enthält Kapitel D.

A.4.3 Vertikaler Teil des ersten Rettungswegs

Der vertikale Teil des 1. RW muss für NE, die nicht zu ebener Erde liegen, immer über eine **notwendige Treppe** führen. Diese kann entweder in einem notwendigen Treppenraum liegen oder auch als sichere Außentreppe ausgeführt werden.

Das Besondere am vertikalen Teil des 1. (baulichen) RW besteht darin, dass er **redundant** sein muss. Fällt die notwendige Treppe aus, so muss entweder ein weiterer baulicher vertikaler RW vorhanden sein (eine weitere notwendige Treppe) oder die ausgefallene notwendige Treppe wird durch die Rettungsgeräte der Feuerwehr ersetzt (siehe Kapitel A.5.3).

A.4.4 Verlauf des ersten Rettungswegs

Vom Grundsatz her muss der 1. RW = Fluchtweg mit zunehmender Länge immer sicherer werden. An seinen Anfang bestehen keine bzw. nur sehr geringe Anforderungen. An sein Ende (Ausgang ins Freie) werden die höchsten Anforderungen gestellt.

Innerhalb von Wohnungen, NE ≤ 200 m^2 und Büro-/Verwaltungs-NE ≤ 400 m^2, werden bauordnungsrechtliche Anforderungen **erst ab der Tür** gestellt, die aus der jeweiligen NE zum 1. RW bzw. zu den baulichen Rettungswegen führt (mit Ausnahme der maximal zulässigen Entfernung ≤ 35 m). **Erst ab dieser Ausgangstür** beginnt der baurechtlich gesicherte Bereich.

Dies bedeutet, dass es aus der Sicht des Brandschutzes praktisch dem Zufall überlassen wird, ob und wie sicher diese Ausgangstür zum 1. baulichen RW = Fluchtweg erreicht werden kann. Die Lage dieser Tür (bezogen auf die NE) ist beliebig.

Allerdings besteht bei Gebäuden, die dem Arbeitsstättenrecht unterliegen, die Problematik der „gefangenen Räume" (siehe hierzu Kapitel A.4.2.5).

Außerhalb der Wohnungen, NE ≤ 200 m^2 und Büro-/Verwaltungs-NE ≤ 400 m^2 sowie in NE mit notwendigen Fluren innerhalb der NE wird der 1. RW = Fluchtweg gesichert, indem er entlang seines Weges durch raumabschließende feuerwiderstandsfähige Trennwände und Decken von den angrenzenden NE bzw. Gebäudeteilen abgetrennt wird.

Außerdem bestehen weitergehende Anforderungen, z. B. an die Sicherung der Öffnungsverschlüsse (Türen, Sichtöffnungen), das Brandverhalten der Bauteile (Wände, Decken, Unterdecken, Bodenbeläge, Dämmstoffe) und an die Brandlasten durch brennbare Leitungen. In notwendigen Fluren und notwendigen Treppenräumen sind z. B. nur brennbare Leitungen zulässig, die zur unmittelbaren Versorgung dienen.

A.4.5 Bestandteile des ersten Rettungswegs

Verfolgt man gedanklich den 1. RW aus einer nicht zu ebener Erde liegenden NE mit einem Aufenthaltsraum, ergibt sich der in Abb. A.30 dargestellte Zusammenhang. Die Tabelle kann auch für NE mit AR, die zu ebener Erde liegen, verwendet werden. In diesen Fällen entfallen notwendige Treppe und notwendiger Treppenraum.

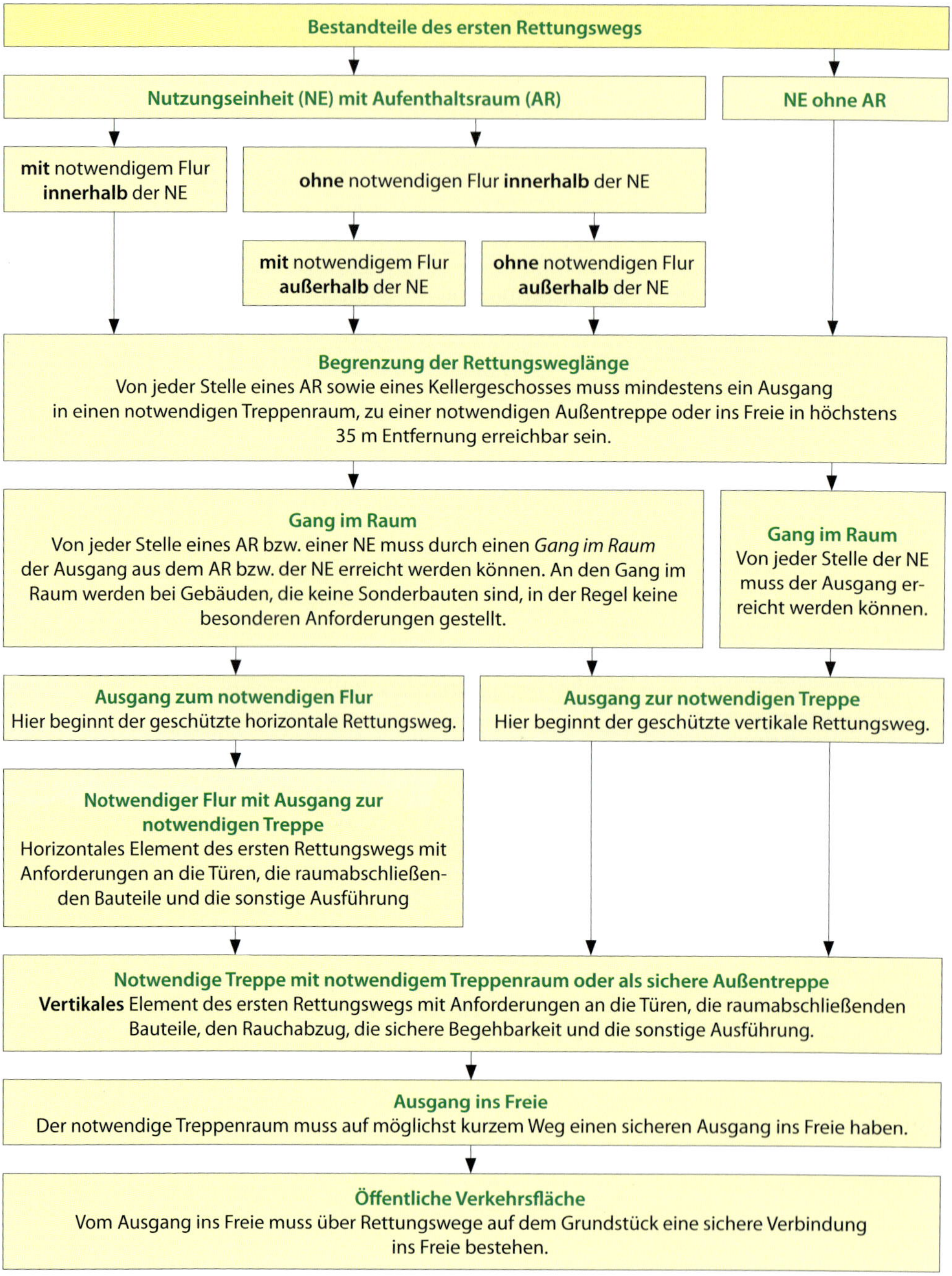

Abb. A.30: Bestandteile des 1. RW gemäß MBO für Gebäude, die keine Sonderbauten sind

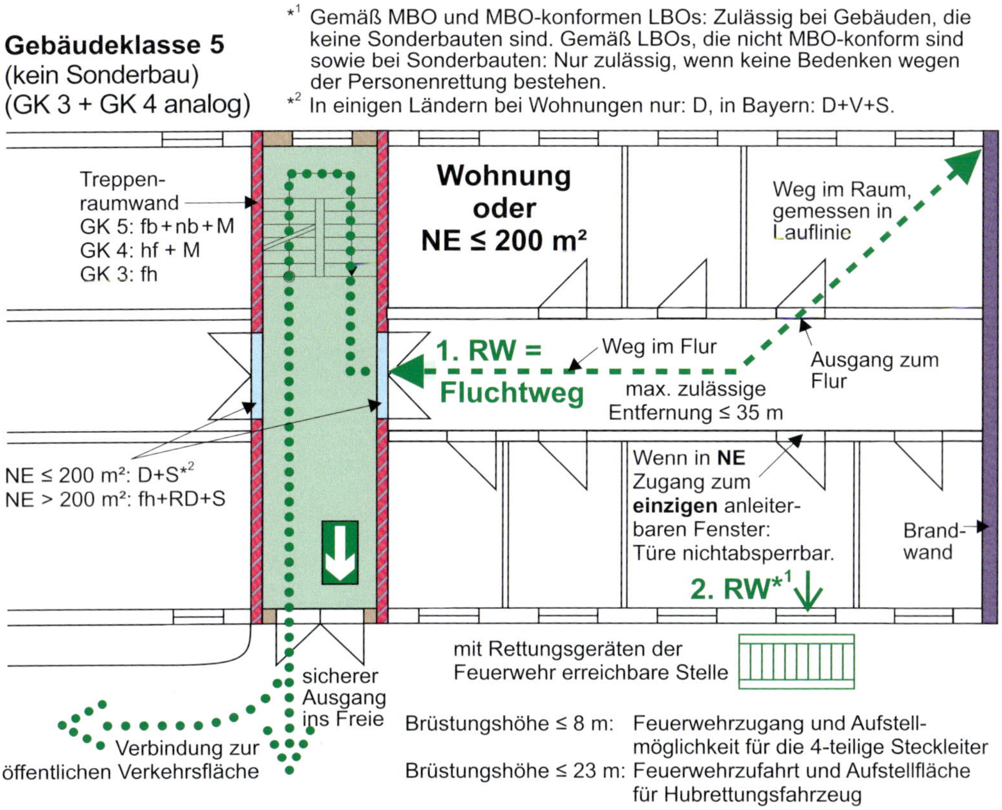

Abb. A.31: Beispiel für die Bestandteile der Rettungswege aus einer Wohnung oder NE mit AR ≤ 200 m²

1. RW: An die Ausbildung des horizontalen Teils des 1. RW = Fluchtwegs werden mit Ausnahme der maximal zulässigen Entfernung ≤ 35 m keine weiteren Anforderungen gestellt. Sein gesicherter Teil beginnt an der Ausgangstüre zum notwendigen Treppenraum.

2. RW: Der 2. RW wird über Rettungsgeräte der Feuerwehr hergestellt. Es ist nur ein anleiterbares Fenster je Wohnung/NE erforderlich. Kann in einer NE nur ein ganz bestimmtes Fenster angeleitert werden, ist eine entsprechende Kennzeichnung empfehlenswert. Außerdem sollte die Türe zu diesem Raum dann nichtabsperrbar sein.

Bei Gebäuden, die keine Sonderbauten sind, ist nach MBO und MBO-konformen LBOs der 2. RW über Rettungsgeräte der Feuerwehr zulässig, wenn die Feuerwehr über die erforderlichen Rettungsgeräte wie Hubrettungsfahrzeuge verfügt. Bei Sonderbauten ist er nur zulässig, wenn keine Bedenken wegen der Personenrettung bestehen.

Wichtig: In einigen Ländern bestehen hier abweichende Regelungen, siehe Kapitel A.5.3.1 und A.5.3.1.

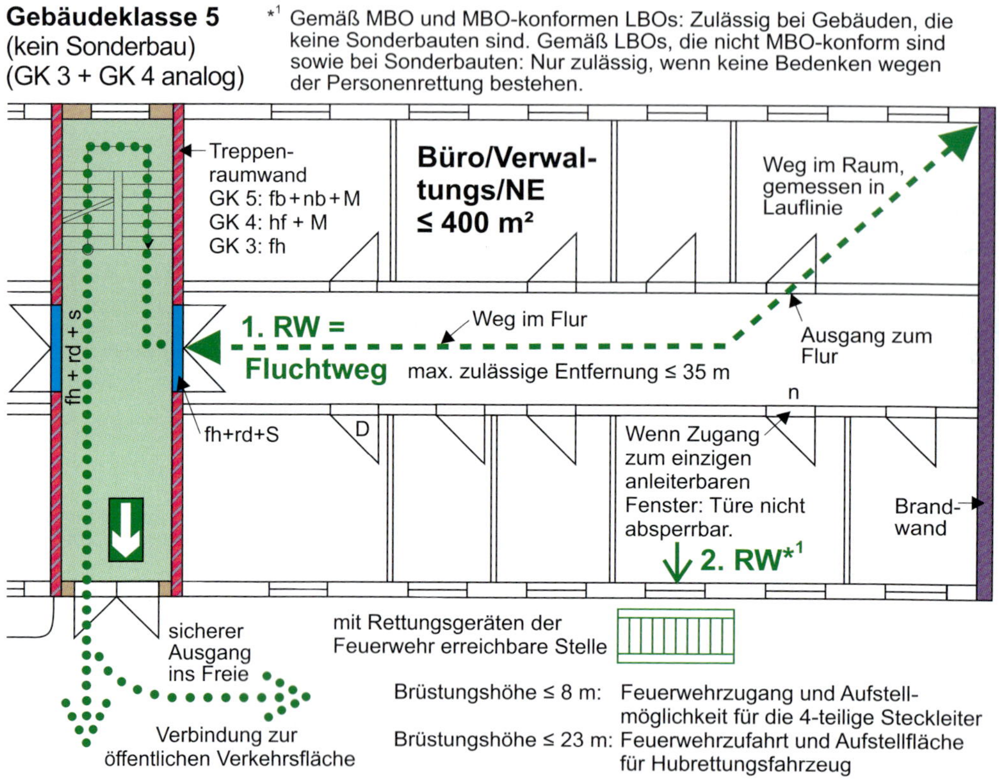

Abb. A.32: Beispiel für die Bestandteile der Rettungswege aus einer Büro-/Verwaltungs-NE ≤ 400 m²

Erläuterungen siehe Abb. A.31.

Da diese NE keinen notwendigen Flur benötigt, bestehen ebenfalls keine besonderen Anforderungen an den horizontalen Teil des 1. RW = Fluchtwegs.

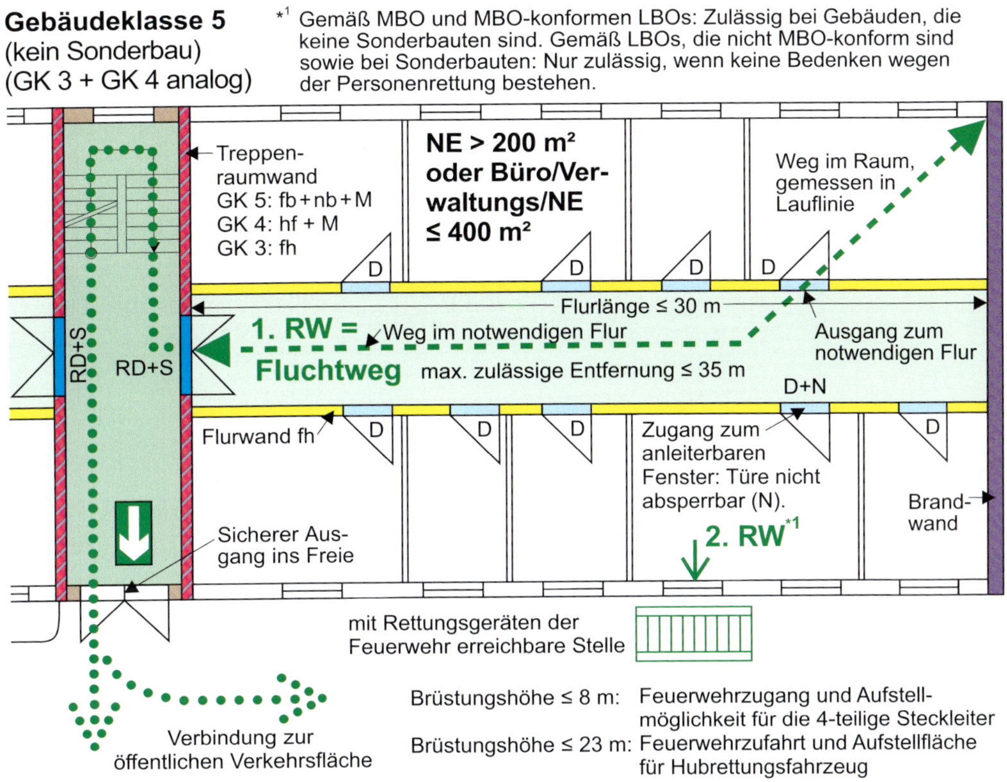

Abb. A.33: Beispiel für die Bestandteile der Rettungswege aus einer NE > 200 m² bzw. Büro-/Verwaltungs-NE > 400 m² bei einem Gebäude, das kein Sonderbau ist

Erläuterungen siehe Abb. A.31. Allerdings bestehen hier durch den notwendigen Flur auch Anforderungen an den horizontalen Teil des 1. baulichen RW = Fluchtwegs.

Auch bei NE mit notwendigem Flur verlangen die MBO und MBO-konformen LBOs bezüglich des 2. RW bei Gebäuden, die keine Sonderbauten sind, nur eine mit Rettungsgeräten der Feuerwehr erreichbare Stelle. Für Erläuterungen hierzu siehe Kapitel A.4.2.3.

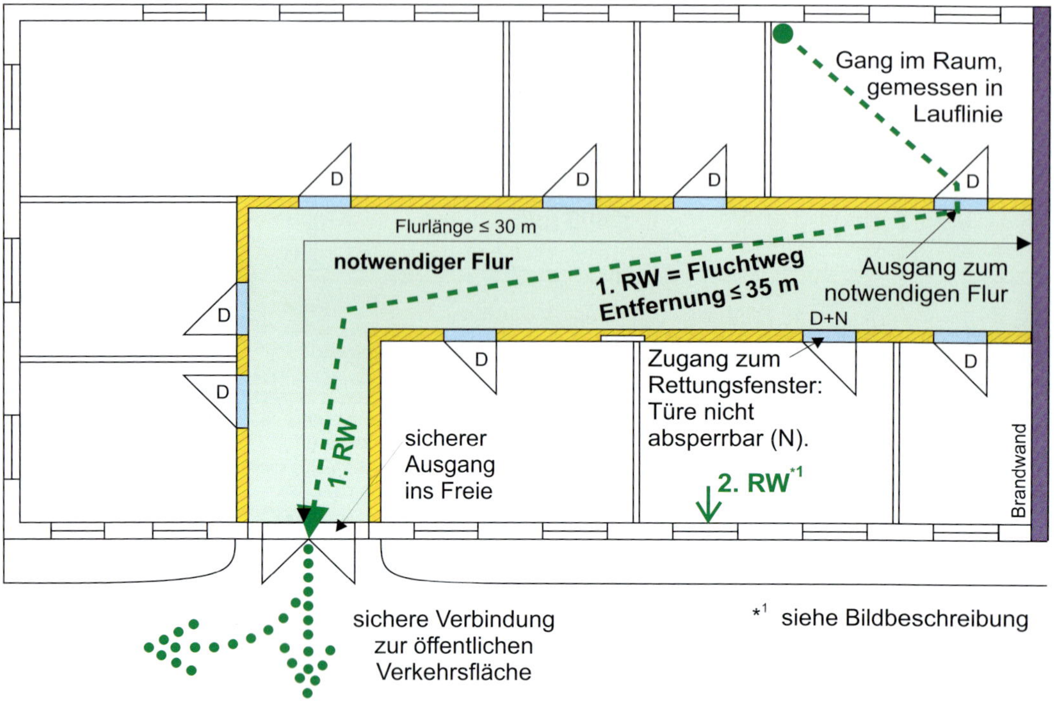

Abb. A.34: Beispiel für die Bestandteile des 1. RW aus einer NE mit Aufenthaltsraum im EG

Für Erläuterungen siehe Abb. A.33; für den 2. RW bei ebenerdigen Geschossen siehe Kapitel A.10.2.

A.4.6 Rettungsweglänge

Der 1. bauliche RW = Fluchtweg ist

- im EG der Weg von jeder Stelle des entferntesten Aufenthaltsraums bis zum Ausgang ins Freie,
- in den OG der Weg von jeder Stelle des entferntesten Aufenthaltsraums bis zum Ausgang in den nächstgelegenen notwendigen Treppenraum oder zur nächstgelegenen notwendigen Außentreppe oder zum Sicherheitstreppenraum und
- in KG der Weg von jeder Stelle des KG bis zum Ausgang in den nächstgelegenen notwendigen Treppenraum oder zur nächstgelegenen notwendigen Außentreppe oder ins Freie.

Er wird begrenzt durch die maximal zulässige **Entfernung** (Rettungsweglänge). Diese ist für Gebäude, die keine Sonderbauten sind, auf 35 m festgelegt. Zudem ist für notwendige Stichflure zu **Sicherheitstreppenräumen** die maximale Stichflurlänge auf 15 m begrenzt. In Sonderbauten bestehen je nach Sonderbau andere und zum Teil auch weitergehende Anforderungen, die in den jeweiligen Sondervorschriften geregelt werden (siehe hierzu auch Kapitel A.9).

Wichtig

Die maximal zulässige Entfernung (Rettungsweglänge) bestimmt u. a., ob eine notwendige Treppe oder ein Ausgang ins Freie ausreichend ist oder ob davon zwei oder mehrere benötigt werden. In diesem Zusammenhang ist es natürlich auch von großer Bedeutung, wie die Entfernung gemessen wird. Dabei werden die Begriffe Luftlinie und Lauflinie verwendet.

Messung der maximal zulässigen Entfernung

Lauflinie

Bei Gebäuden, die keine Sonderbauten sind, wird die maximal zulässige Entfernung in der Lauflinie ermittelt. Gemessen wird die **kürzeste Entfernung in Lauflinie ohne Berücksichtigung der Raumausstattung, jedoch nicht durch feste Einbauten und Wände**. Die Möblierung braucht dabei nicht berücksichtigt zu werden, da diese im Planungsstadium nicht bekannt ist und auch später jederzeit verändert werden kann. Wände und feste Einbauten (z. B. Einbauschränke, Labortische, im Boden fest verankerte Bestuhlungen) müssen jedoch berücksichtigt werden.

Luftlinie

Die Messung in der Luftlinie berücksichtigt weder die Raumaufteilung (Grundrissgestaltung) noch die Raumausstattung (Möblierung). Gemessen wird jeweils der kürzeste Abstand zwischen zwei Punkten = Zirkelschlag. Damit ergibt die Luftlinie i. d. R. einen niedrigeren Wert als die tatsächlich zurückzulegende Rettungsweglänge.

Teilweise wird für Sonderbauten verlangt, dass die Entfernung in der Luftlinie, nicht jedoch durch feste Bauteile zu messen ist. In diesen Fällen ist zwar ebenfalls der kürzeste Abstand zwischen zwei Punkten maßgebend, durch feste Bauteile wird jedoch nicht gemessen.

Messung der Entfernung bei noch nicht feststehender Grundrisseinteilung innerhalb einer NE

Teilweise steht in der Planungsphase, insbesondere bei Büro- und Verwaltungsnutzungen bis 400 m² und NE, die nicht dem Wohnen dienen, bis 200 m², die spätere Grundrisseinteilung noch nicht fest oder sie wird ständig verändert.

In diesen Fällen ist es empfehlenswert, beim Nachweis der maximalen Rettungsweglänge von der ungünstigsten Situation auszugehen, ansonsten besteht die Gefahr, dass bei einer Grundrissänderung die zulässige Entfernung ≤ 35 m überschritten wird (siehe z. B. Abb. A.36).

Ist zum Zeitpunkt der Erstellung des Brandschutznachweises/-konzepts noch nicht abzusehen, wie die Grundrisseinteilung erfolgt, sollte die Problematik mit dem Planer kommuniziert und nach Fertigstellung die Entfernung festgelegt und überprüft werden.

Dabei ist zu berücksichtigen, dass Abweichungen bzw. Erleichterungen gerade beim Überschreiten der maximal zulässigen Entfernung bzw. Rettungsweglänge problematisch sind, da bei einem Personenschaden eventuell nachgewiesen werden muss, dass die Abweichung bzw. Erleichterung nicht ursächlich war. Deshalb ist es empfehlenswert, dies bei der Festlegung von Kompensationsmaßnahmen besonders zu berücksichtigen.

Arbeitsstätten

Für Gebäude bzw. Räume, die dem Arbeitsstättenrecht unterliegen, ist ASR A2.3 zu beachten.

ASR A2.3 Abschnitt 5

Die Fluchtweglänge muss möglichst kurz sein und darf

a) für Räume ohne oder mit normaler Brandgefährdung, ausgenommen Räume nach b) bis f) bis zu 35 m

b) für Räume mit erhöhter Brandgefährdung mit selbsttätigen Feuerlöscheinrichtungen bis zu 35 m

c) für Räume mit erhöhter Brandgefährdung ohne selbsttätige Feuerlöscheinrichtungen bis zu 25 m

d) für giftstoffgefährdete Räume bis zu 20 m

e) für explosionsgefährdete Räume, ausgenommen Räume nach f) bis zu 20 m

f) für explosivstoffgefährdete Räume bis zu 10 m

betragen (bezüglich der Begriffsbestimmungen der Brandgefährdungen siehe ASR A2.2 „Maßnahmen gegen Brände"). Die tatsächliche Laufweglänge darf jedoch nicht mehr als das 1,5-fache der Fluchtweglänge betragen. Sofern es sich bei einem Fluchtweg nach a), b) oder c) auch um einen Rettungsweg handelt und das Bauordnungsrecht der Länder für diesen Weg eine von Satz 1 abweichende längere Weglänge zulässt, können beim Einrichten und Betreiben des Fluchtweges die Maßgaben des Bauordnungsrechts angewandt werden.

Sonderbauten

Maximal zulässige Rettungsweglängen von Sonderbauten siehe Kapitel A.9.

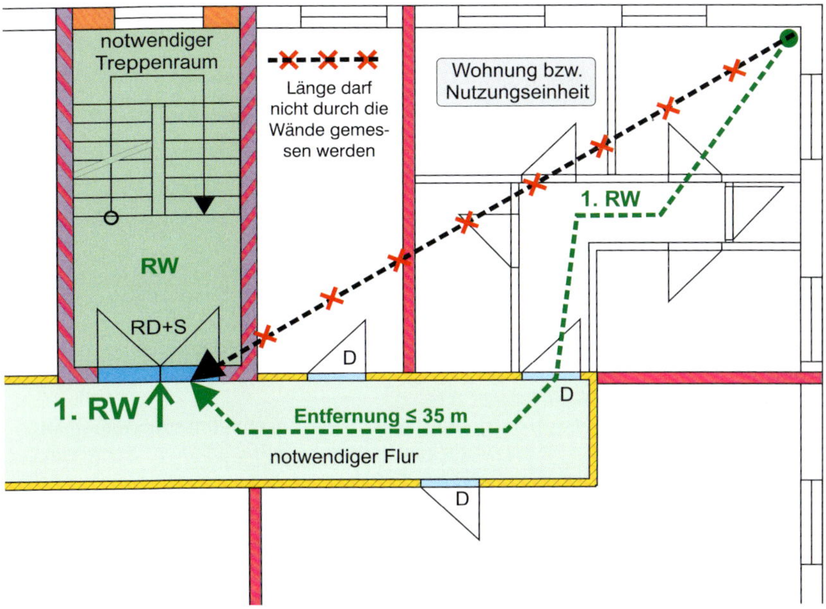

Abb. A.35: Es darf nicht durch Wände der Wohnung/NE gemessen werden.

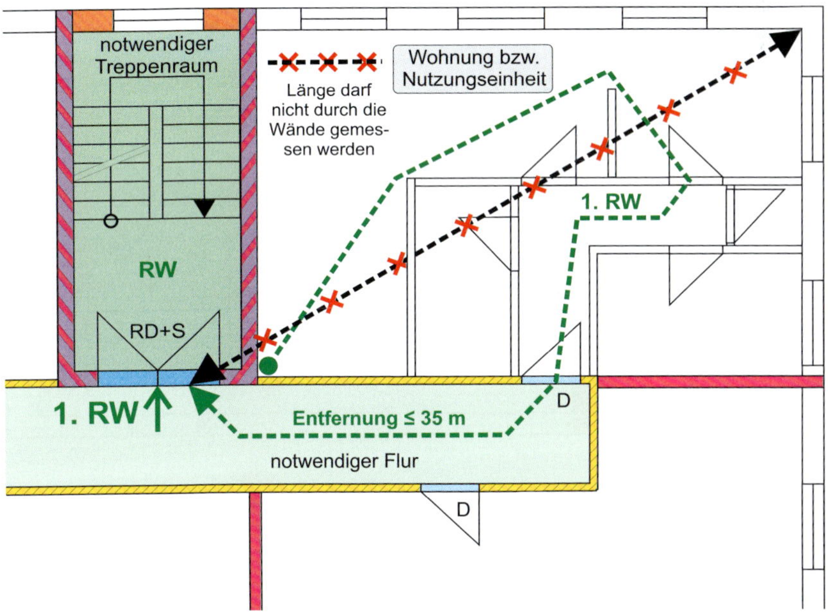

Abb. A.36: Die maximal zulässige Entfernung von 35 m muss von der ungünstigsten Stelle der NE aus eingehalten werden.

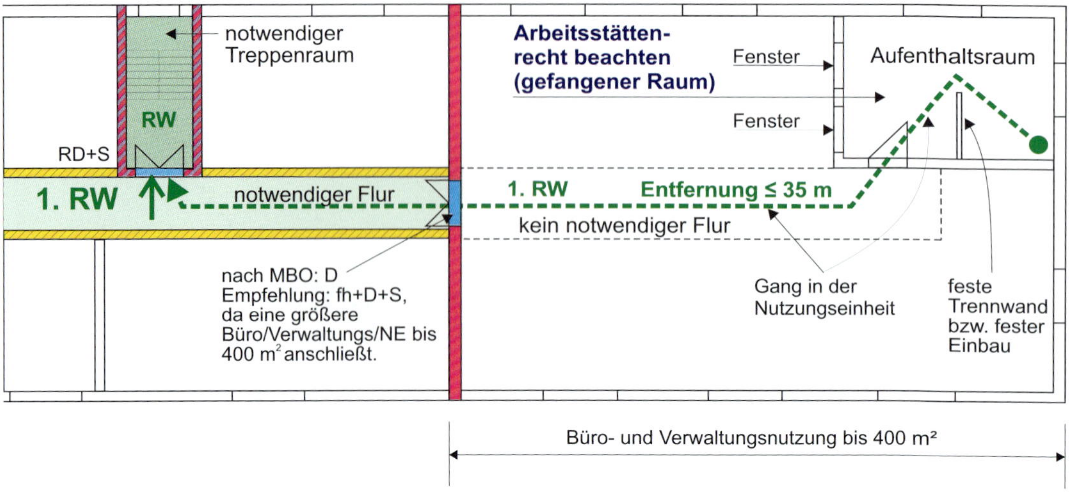

Abb. A.37: Die Entfernung ist von der ungünstigsten Stelle des entferntesten Aufenthaltsraums der Büro-/Verwaltungs-NE bis zur Tür zum notwendigen Treppenraum zu messen.

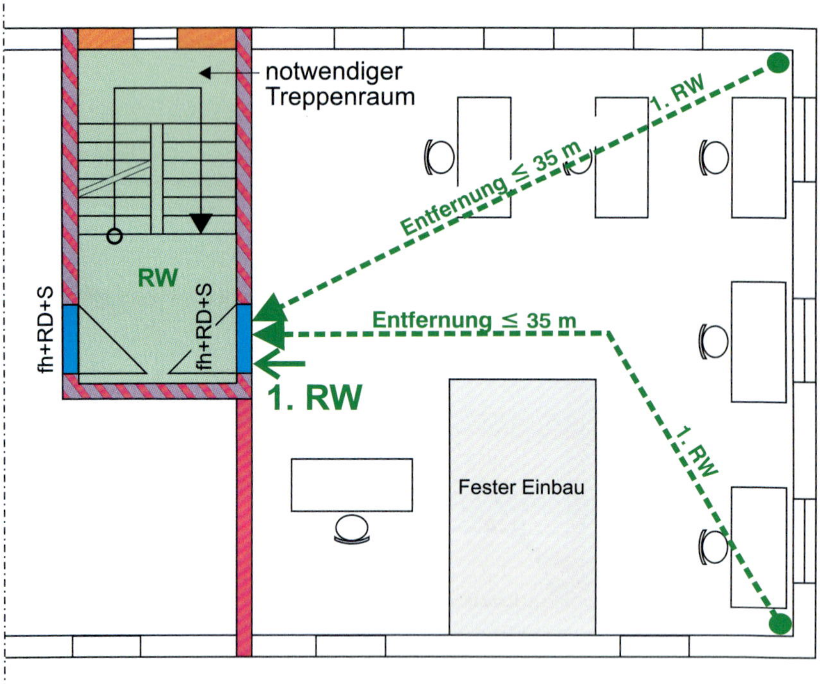

Abb. A.38: Gemessen wird die kürzeste Entfernung, jedoch nicht durch Wände und feste Einbauten. Die Möblierung kann übermessen werden, der feste Einbau nicht.

A.4.7 Rettungswegbreite

Die erforderliche Rettungswegbreite wird in der MBO 2002 und in den meisten LBOs nur allgemein beschrieben: Die grundsätzliche Anforderung lautet, dass sie für den größten zu erwartenden Verkehr ausreichen muss.

Weitere Informationen hierzu enthält Kapitel B.8; Mindestbreiten von Rettungswegen in Sonderbauten siehe auch Kapitel A.9.

A.4.8 Türen in Rettungswegen

Türen in Rettungswegen müssen jederzeit geöffnet werden können. Häufig bereitet jedoch die Aufschlagrichtung der Türen Probleme. Die MBO und die LBOs enthalten keine bestimmten Anforderungen an die Aufschlagrichtung von Türen in Rettungswegen. Danach kann bei Gebäuden, die keine Sonderbauten sind, die Aufschlagrichtung entsprechend den funktionellen Anforderungen festgelegt werden. Wichtig ist dabei, dass die Mindestbreiten von Rettungswegen eingehalten werden.

Für Sonderbauten wird die bauaufsichtlich erforderliche Aufschlagrichtung, wenn diesbezüglich Anforderungen bestehen, in den Sondervorschriften geregelt.

Achtung

Für Gebäude bzw. Räume, die dem Arbeitsstättenrecht unterliegen, bestehen besondere Anforderungen an die Aufschlagrichtung von Türen in Fluchtwegen und Notausgängen. Es ist unbedingt erforderlich, dies bei der Planung des Gebäudes zu berücksichtigen.

In diesem Zusammenhang sollte eindeutig geregelt werden, ob bei der Erstellung von Brandschutznachweisen/-konzepten das Arbeitsstättenrecht berücksichtigt werden soll oder nicht. Falls es nicht berücksichtigt werden soll, ist der Hinweis empfehlenswert, dass es zusätzlich berücksichtigt werden muss und sich dadurch auch andere, vom Baurecht abweichende Anforderungen ergeben können, z. B. an die Aufschlagrichtung von Türen in Fluchtwegen und Notausgängen.

A.4.9 Notwendige Flure und Laubengänge

Notwendige Flure und Laubengänge sind das horizontale Element des ersten baulichen Rettungswegs = Fluchtwegs. Sie verbinden die Aufenthaltsräume bzw. NE mit der notwendigen Treppe bzw. dem Ausgang ins Freie. Ob innerhalb einer NE ein notwendiger Flur erforderlich ist, hängt von ihrer Nutzung, Größe und Konzeption der Rettungswegführung ab.

Laubengänge sind eine besonders sichere Form des horizontalen Rettungswegs. Ihr großer Vorteil besteht darin, dass man praktisch von der jeweiligen NE ins Freie gelangen kann. Allerdings wird dann noch die vertikale Fortsetzung des baulichen Rettungswegs in Form einer notwendigen Treppe benötigt, um das sichere Freie zu erreichen.

Weist der Laubengang nur eine Fluchtrichtung auf, so bestehen Brandschutzanforderungen, z. B. an die Laubengangwand, Brüstungswand und

Fensterbrüstungen. An Laubengänge, die in zwei Fluchtrichtungen verlassen werden können, werden (mit Ausnahme der Decken) solche Anforderungen von der Bauordnung nicht gestellt.

Zu Anforderungen und Ausführung notwendiger Flure und Laubengänge Kapitel D.6.

A.4.10 Notwendige Treppen und Treppenräume

Notwendige Treppen sind das vertikale Element des 1. baulichen RW = Fluchtwegs. Sie verbinden die Ausgänge aus den NE bzw. notwendigen Fluren und Laubengängen mit dem Ausgang ins Freie und müssen entweder in einem notwendigen Treppenraum liegen oder können als Außentreppen ausgeführt werden, wenn ihre Nutzung ausreichend sicher ist und im Brandfall nicht gefährdet werden kann.

Zu Anforderungen und Ausführung von Treppen siehe Teile B und C.

A.4.11 Ausgang ins Freie

Die baulichen Rettungswege = Fluchtwege enden erst im Freien und benötigen hierzu sichere Ausgänge ins Freie. Das Freie in diesem Sinne ist eine öffentliche Verkehrsfläche, auf der die fliehenden Personen die Möglichkeit haben, sich vom Gebäude beliebig weit zu entfernen.

Führen die baulichen Rettungswege auf eine nichtbebaute Stelle des Grundstücks, muss diese einen sicheren Zugang zur öffentlichen Verkehrsfläche haben und von der Feuerwehr im Brandfall leicht erreichbar sein.

Rettungswege, die in Innenhöfe ohne Anschluss an die öffentliche Verkehrsfläche führen, sind kein sicherer Ausgang ins Freie. Sie sind unter bestimmten Umständen, z. B. bei Sonderbauten, möglich. In diesen Fällen ist hierfür eine Abweichung/Erleichterung erforderlich und eine frühzeitige Abstimmung mit der den Brandschutz prüfenden/bescheinigenden/genehmigenden Stelle empfehlenswert.

Weitere Informationen zum sicheren Ausgang ins Freie siehe Kapitel C.8 in diesem Werk.

A.4.12 Rettungswege und Rauch

Damit Rettungswege für die Selbstrettung = Fluchtwege benutzt werden können, müssen sie möglichst rauchfrei sein. Sind nur geringe Mengen an Rauchgasen eingedrungen bzw. ist eine raucharme Schicht vorhanden, die eine Orientierung noch ermöglicht und sind die Rettungswege nicht zu lang, übersichtlich und bekannt, kann man davon ausgehen, dass eine Flucht noch möglich ist.

Anders sieht es jedoch bei in größerem Umfang verrauchten Rettungswegen aus. Hier ist eine Selbstrettung = Flucht nicht mehr möglich bzw. mit erheblichen Risiken für Gesundheit und Leben verbunden.

In den Grundsätzen zur Auslegung des § 14 MBO heißt es zum Thema Rauchableitung u. a. wie folgt:

§ 14 Abs. 3 bis 5 MBO

3. *Grundlagen der bauordnungsrechtlichen Anforderungen zur Rettung von Personen sind*
   - *die innere Abschottung von Gebäuden,*
   - *die Führung, Bemessung und bauliche Ausbildung von Rettungswegen sowie*
   - *betriebliche/organisatorische und ggf. anlagentechnische Maßnahmen einschließlich der Alarmierung.*
4. *Sind diese grundlegenden bauordnungsrechtlichen Anforderungen eingehalten (= im Normalfall), ist eine Rauchableitung nur zur Unterstützung der Brandbekämpfung durch die Feuerwehr vorgesehen.*
5. *Die MBO sieht für die Personenrettung keine Maßnahmen zur Rauchableitung vor. Solche Maßnahmen (bei denen z. B. die rechtzeitige und sichere Funktion der Rauchabzugsanlagen Voraussetzung für die Benutzbarkeit der Rettungswege ist) können allenfalls im Einzelfall, zur Kompensation für eine Abweichung von bauordnungsrechtlichen Anforderungen in Betracht kommen.*

Daraus kann abgeleitet werden: Werden bei Gebäuden, die keine Sonderbauten sind, die konkreten Anforderungen der LBOs und bei geregelten Sonderbauten die konkreten Anforderungen der entsprechenden Sondervorschriften eingehalten, gilt das bauordnungsrechtliche Schutzziel als eingehalten. Weitere Maßnahmen sind i. d. R. dann nicht notwendig. Dies gilt auch für die Rauchableitung in notwendigen Treppenräumen.

Vertikale Rettungswege

Das bauordnungsrechtliche System der Rettungswege geht grundsätzlich davon aus, dass vertikale Rettungswege (notwendige Treppen in notwendigen Treppenräumen), die stärker verraucht sind, nicht mehr für die Selbstrettung = Flucht geeignet sind, und schreibt für diesen Fall den zweiten, vom ersten unabhängigen, vertikalen Rettungsweg vor.

Eine Entrauchung der vertikalen Rettungswege mit dem Ziel, die Selbstrettung = Flucht zu ermöglichen, ist im Bauordnungsrecht nicht vorgesehen. Die im Bauordnungsrecht vorgeschriebenen Öffnungen zur Rauchableitung in notwendigen Treppenräumen dienen lediglich zur Unterstützung der brandbekämpfenden Feuerwehr.

Mit einfachen Maßnahmen zur **Rauchableitung** lässt sich keinesfalls ein Treppenraum herstellen, der im Brandfall so entraucht werden kann, dass er als sicherer (rauchfreier bzw. raucharmer) vertikaler Rettungsweg zur Selbstrettung benutzt werden kann.

Ein notwendiger Treppenraum kann im Brandfall nur dann sicher als vertikaler Rettungsweg zur Verfügung stehen, wenn Maßnahmen zur **Rauchfreihaltung** getroffen werden, d. h., die Maßnahmen müssen bewirken, dass Feuer und Rauch gar nicht erst in den Treppenraum eindringen können. Dieses Schutzziel wird mit Sicherheitstreppenräumen erreicht, bei denen dann kein 2. vertikaler RW notwendig ist (siehe Kapitel A.6).

Horizontale Rettungswege

In Gebäuden, die keine Sonderbauten sind, werden an die horizontalen Rettungswege innerhalb der eigenen Wohnung, NE ≤ 200 m^2 und Büro-/Verwaltungs-NE ≤ 400 m^2 keine besonderen Anforderungen gestellt.

Die aus der Sicht der baulichen Rettungswege ungünstigste Situation besteht dann, wenn beide Rettungswege über denselben notwendigen Flur führen, was nach Bauordnung zulässig ist. Damit kann im Brandfall unter ungünstigen Umständen der notwendige Flur verraucht werden, bevor eine Selbstrettung = Flucht möglich bzw. abgeschlossen ist. Dieses Risiko wird jedoch vom Bauordnungsrecht akzeptiert. Für notwendige Flure werden keine besonderen Maßnahmen zur Rauchableitung bzw. Rauchfreihaltung vorgeschrieben, um eine Selbstrettung = Flucht sicher zu ermöglichen.

Für die Brandbekämpfung geht man davon aus, dass die Feuerwehr im betroffenen Geschoss bzw. in der betroffenen NE den Rauch durch das Öffnen von Fenstern ableiten kann. Hat der notwendige Flur selbst keine Fenster, ist eine Rauchableitung über die Fenster der angrenzenden Räume möglich.

Rettungswege in Sonderbauten

Sind bei geregelten Sonderbauten Maßnahmen zur Rauchableitung erforderlich, werden diese in der jeweiligen Sondervorschrift gefordert. Bestehen dort keine diesbezüglichen Bestimmungen, sind Maßnahmen zur Entrauchung bzw. Rauchfreihaltung i. d. R. nicht notwendig, es sei denn, sie dienen innerhalb eines Brandschutznachweises/-konzepts der Kompensation oder der Einhaltung entsprechender Schutzziele.

Bei Industriebauten gemäß Muster-Industriebau-Richtlinie (MIndBauRL) dienen Einrichtungen zum Rauchabzug primär der Unterstützung der Brandbekämpfung. Die Selbstrettung wird durch Anforderungen an die Rettungswege sowie an die Alarmierungseinrichtungen und nicht durch Rauchabzugseinrichtungen sichergestellt.

Bei nicht geregelten Sonderbauten ergeben sich die Anforderungen zur Entrauchung bzw. Rauchfreihaltung aus dem schutzzielorientierten Brandschutznachweis/-konzept.

Gemäß den Grundsätzen zur Auslegung des § 14 MBO können in Gebäuden und Räumen mit vielen Menschen Maßnahmen zur Rauchableitung für eine schnelle Evakuierung keinen Beitrag leisten. Maßgebend für eine schnelle Evakuierung sind danach in erster Linie die Anordnung (Lage, Anzahl) und Breite der Ausgänge und ggf. der Gänge im Raum.

A.5 Zweiter Rettungsweg

A.5.1 Grundlagen und Sicherheitskonzept

Das Baurecht schreibt für jede Nutzungseinheit mit mindestens einem Aufenthaltsraum in jedem Geschoss einen 2. RW vor. Davon ausgenommen sind Gebäude mit einem Sicherheitstreppenraum und in einigen Ländern auch bestimmte zu ebener Erde liegende Räume/Geschosse (siehe Kapitel A.10.2).

Der 2. RW muss vom 1. RW **unabhängig** sein. Diese Unabhängigkeit bezieht sich bei Gebäuden, die keine Sonderbauten sind, im Wesentlichen auf den **vertikalen** Teil des 2. RW.

Der 1. RW = Fluchtweg muss immer baulich hergestellt werden. Beim zweiten **vertikalen** Rettungsweg besteht eine Wahlmöglichkeit. Er kann ebenfalls baulich (durch eine weitere notwendige Treppe) hergestellt werden.

Alternativ sind aber auch Rettungsgeräte der Feuerwehr möglich. Dann wird bei einem Brand die Hilfe der Feuerwehr für die Rettung erforderlich. Diese stellt den 2. RW mit ihren Rettungsgeräten dort her, wo der 1. RW nicht mehr benutzbar ist oder wo Hilfe benötigt wird.

Voraussetzung hierfür ist natürlich, dass die Feuerwehr über die erforderlichen Rettungsgeräte verfügt und diese auch einsetzen kann. Weiter ist es von entscheidender Bedeutung, dass die auf die Hilfe der Feuerwehr angewiesenen Personen die Rettung durch die Feuerwehr abwarten können.

Deshalb ist bei Sonderbauten der 2. RW über Rettungsgeräte der Feuerwehr nur zulässig, wenn keine Bedenken wegen der Personenrettung bestehen.

> **Achtung**
>
> In einigen Ländern ist der 2. RW über Rettungsgeräte der Feuerwehr bei allen Gebäuden (also auch bei Gebäuden, die keine Sonderbauten sind) nur zulässig, wenn keine Bedenken wegen der Personenrettung bestehen (siehe Kapitel A.5.3.1 und A.5.3.2).

Als dritte Möglichkeit besteht die Anordnung eines sicher erreichbaren Treppenraums, in den Feuer und Rauch nicht eindringen können (Sicherheitstreppenraum), weil dann ein zweiter vertikaler Rettungsweg nicht erforderlich ist.

A.5.2 Zweiter Rettungsweg baulich

Wird der zweite **vertikale** Rettungsweg baulich, d. h. durch eine weitere notwendige Treppe hergestellt, hat dies den Vorteil, dass im Brandfall i. d. R. eine Selbstrettung = Flucht der betroffenen Personen möglich ist.

Fällt also der 1. vertikale RW = die erste notwendige Treppe aus, steht ein weiterer vertikaler baulicher Rettungsweg = eine weitere notwendige Treppe zur Verfügung. Diese muss von der ersten notwendigen Treppe baulich unabhängig sein (Redundanz) und möglichst entgegengesetzt liegen, so dass die Rettungswege möglichst kurz sind.

Bei Sonderbauten mit ausschließlich baulichen Rettungswegen bedarf es nach den Grundsätzen zur Auslegung des § 14 MBO für die Personenrettung in aller Regel nicht der Mitwirkung der Feuerwehr. Die Gebäude sind so zu planen, dass sich die Personen darin im Gefahrenfall selbst in Sicherheit bringen können. Ist dagegen bei bestimmten Sonderbauten die eigenständige Flucht der Nutzer ohne fremde Hilfe nicht gewährleistet, sind weitere Maßnahmen erforderlich, siehe Kapitel A.9.1.

Abb. A.39: Optimale Situation der Flucht- und Rettungswege bei einem Laborgebäude durch zwei endständige Treppenräume sowie Fluchtbalkone mit zwei endständigen Notleitern

Abb. A.40: Das Bürogebäude wird im mittleren Bereich durch Aufzüge und einen vom Aufzugvorraum direkt zugänglichen an einer Außenwand liegenden Treppenraum erschlossen. Der 2. RW wurde baulich in Form der zu beiden Seiten angeordneten endständigen Treppenräume ausgeführt.

Abb. A.41: Büro und Verwaltungsgebäude mit 2. baulichem RW durch endständigen Treppenraum

Maximal zulässige Entfernung

Die Einhaltung einer maximalen Entfernung (Rettungsweglänge) ist für den 2. baulichen RW nicht vorgeschrieben. Werden beide oder mehrere Rettungswege baulich hergestellt, also durch zwei oder mehrere notwendige Treppen, ist eine **Unterscheidung** zwischen 1. RW und 2. RW **nicht notwendig**, da beide Rettungswege gleichwertig sind und alle bauaufsichtlichen Anforderungen (z. B. an notwendige Treppen, notwendige Treppenräume, sichere Außentreppen) erfüllen müssen.

In diesem Fall genügt es, wenn von jeder Stelle eines Aufenthaltsraums mindestens ein Ausgang zu einer notwendigen Treppe (in einen notwendigen Treppenraum bzw. zu einer notwendigen Außentreppe) oder ins Freie innerhalb der maximal zulässigen Entfernung (i. d. R. 35 m) erreichbar ist.

Der zweite (weitere) bauliche Rettungsweg darf dann auch länger sein, wobei natürlich die maximal zulässige Flurlänge notwendiger Flure (i. d. R. 30 m) zu berücksichtigen ist.

Ausführung einer weiteren notwendigen Treppe

Eine zweite (weitere) notwendige Treppe als 2. baulicher RW muss alle diesbezüglichen bauaufsichtlichen Anforderungen erfüllen (in einem notwendigen Treppenraum liegen oder als sichere notwendige Außentreppe, die im Brandfall nicht gefährdet werden kann).

Werden diese Anforderungen nicht eingehalten, dann handelt es sich um eine Nottreppe, die in der Bauordnung nicht vorgesehen und dort auch nicht geregelt ist. Diese benötigt immer eine Abweichung/Erleichterung. Angaben zu Nottreppen und -leitern enthält Kapitel A.5.4.

A.5.3 Zweiter Rettungsweg über Rettungsgeräte der Feuerwehr

A.5.3.1 Zulässigkeit des zweiten Rettungswegs über Rettungsgeräte der Feuerwehr

In den Grundsätzen zur Auslegung des § 14 MBO heißt es zum Thema „Rettung von Menschen ermöglichen“ u. a. wie folgt:

> **§ 14 Abs. 1 Sätze 2 und 4**
>
> 1.2 *Bei Standardbauten darf der zweite Rettungsweg regelmäßig über Rettungsgeräte der Feuerwehr führen. Dabei geht die MBO davon aus, dass jede öffentliche Feuerwehr über Rettungsgeräte verfügt, mit denen Brüstungen in einer Höhe von bis zu 8 m über der Geländeoberfläche erreicht werden können. Gebäude, deren zweiter Rettungsweg über Geräte der Feuerwehr führt und bei denen die Oberkante der Brüstung von zum Anleitern bestimmten Stellen mehr als 8 m über der Geländeoberfläche liegt, dürfen nur errichtet werden, wenn die örtliche Feuerwehr über die hierfür erforderlichen Rettungsgeräte (wie Hubrettungsfahrzeuge) verfügt.*
>
> 1.3 *Bei Sonderbauten (mit Aufenthaltsräumen), die in den Geltungsbereich einer eigenen Muster-Verordnung oder Muster-Richtlinie fallen (Beherbergungsstätten, Schulen, Verkaufsstätten, Versammlungsstätten) werden i. d. R. zwingend bauliche Rettungswege verlangt.*
>
> 1.4 *Bei Sonderbauten darf der zweite Rettungsweg nur dann über Geräte der Feuerwehr führen, wenn keine Bedenken wegen der Personenrettung bestehen (§ 33 Abs. 3 Satz 2 MBO).*

Allerdings wird die in der MBO und den MBO-konformen LBOs enthaltene Regelung, dass in Gebäuden, die keine Sonderbauten sind (Standardbauten), der 2. RW regelmäßig über Rettungsgeräte der Feuerwehr führen darf, in Deutschland teilweise kontrovers diskutiert und in einigen LBOs auch unterschiedlich behandelt.

Der wesentliche Unterschied besteht darin, ob bei Standardgebäuden bei der Erstellung des Brandschutznachweises/-konzepts geprüft und damit nachgewiesen werden muss, ob bei einem 2. RW über Rettungsgeräte der Feuerwehr Bedenken wegen der Personenrettung bestehen oder nicht.

- Gemäß MBO und den MBO-konformen LBOs ist bei Gebäuden, die **keine Sonderbauten** sind, eine solche **Überprüfung nicht vorgesehen**, siehe Kapitel A.5.3.2.
- Einige Länder weisen hierzu jedoch eine abgeänderte Formulierung auf, aus der sich ergibt, dass dort auch bei Gebäuden, die **keine Sonderbauten** sind, eine solche **Überprüfung immer erforderlich** ist, siehe Kapitel A.5.3.3.
- Erläuterung zur Überprüfung, ob **Bedenken wegen der Personenrettung** bestehen, siehe Kapitel A.5.3.4.
- Eine **Übersicht** über die Situation der entsprechenden Regelungen in Deutschland enthält die Tabelle A.3.

Tabelle A.3: Übersicht der Regelungen zur Überprüfung der Zulässigkeit des 2. RW über Rettungsgeräte der Feuerwehr

Land	LBO	letzte Änderung	Regelung der MBO	Davon abweichende LBOs
			Bei **Sonderbauten** ist der 2. RW über Rettungsgeräte der Feuerwehr nur zulässig, wenn keine Bedenken wegen der Personenrettung bestehen.	Der **2. RW** über Rettungsgeräte der Feuerwehr ist nur zulässig, wenn keine Bedenken wegen der Personenrettung bestehen.
Muster	MBO	09.2019	•	
Baden-Württemberg	LBO BW	03.2021	•[1])	
Bayern	BayBO	12.2020	•	
Berlin	BauO Bln	10.2020	•	
Brandenburg	BbgBO	02.2021	•	
Bremen	LBO Brem	09.2020	•	
Hamburg	HBauO	02.2020	•	
Hessen	HBO	06.2020	•	
Mecklenburg-Vorpommern	LBauO M-V	11.2019	•	
Niedersachsen	NBauO	11.2020		•[2])
Nordrhein-Westfalen	BauO NRW	12.2020		•
Rheinland-Pfalz	LBauO RP	02.2021	•[3])	
Saarland	LBO Saarl	12.2019	•	
Sachsen	SächsBO	12.2018		•
Sachsen-Anhalt	BauO LSA	11.2020		•
Schleswig-Holstein	LBO SH	10.2019	•	
Thüringen	ThürBO	11.2020		•

[1]) Diesbezüglich ist keine besondere Regelung in der LBO enthalten.

[2]) Ein 2. RW über eine von der Feuerwehr erreichbare Stelle der NE ist geeignet, wenn Bedenken in Bezug auf die Eignung des Rettungswegs für die Rettung der Menschen nicht bestehen; für ein Geschoss einer NE nach Satz 1, ausgenommen Geschosse von Wohnungen, das für die Nutzung durch mehr als zehn Personen bestimmt ist, ist die Eignung des Rettungswegs zu prüfen.

[3]) Bei Gebäuden, die nicht Hochhäuser sind, darf der 2. RW über mit vorhandenen Rettungsgeräten der Feuerwehr erreichbare Stellen (Oberkante der Brüstung eines notwendigen Fensters oder sonstige geeignete Stellen) führen.

A.5.3.2 Überprüfung der Zulässigkeit des zweiten Rettungswegs über Rettungsgeräte ist nur bei Sonderbauten vorgesehen

In der MBO und den meisten LBOs (siehe Tabelle A.3) gibt es maßgebende Formulierungen.

> **§ 33 Abs. 3 Satz 2 MBO**
>
> *Bei Sonderbauten ist der zweite Rettungsweg über Rettungsgeräte der Feuerwehr nur zulässig, wenn keine Bedenken wegen der Personenrettung bestehen.*

Daraus ergibt sich, dass bei Gebäuden, die **keine** Sonderbauten sind, der 2. RW über Rettungsgeräte der Feuerwehr **regelmäßig zulässig** ist (also **ohne weitere Überprüfung**), wenn die Feuerwehr über die erforderlichen Rettungsgeräte verfügt und diese innerhalb der Hilfsfrist auch einsetzen kann. Es muss dann nicht **eigens geprüft** werden, ob **Bedenken wegen der Personenrettung** bestehen.

Damit gelten die bauaufsichtlichen Schutzziele und das gesellschaftlich akzeptierte Risiko (siehe Kapitel A.1.3.1) als eingehalten, wenn bei Gebäuden, die **keine Sonderbauten** sind, die Rettung über Rettungsgeräte der Feuerwehr möglich ist.

> **Anmerkung**
>
> Die vorstehende Regelung, dass nur bei Sonderbauten eine konkrete Überprüfung von Bedenken wegen der Personenrettung erforderlich ist, heißt jedoch nicht, dass überhaupt keine Prüfung erfolgen muss. Bei **besonderen (atypischen) Sonderfällen**, wenn z. B. bezüglich der Rettungswege eine besondere Situation besteht, bei der das Risiko einer Rettung mit Rettungsgeräten der Feuerwehr (gesellschaftlich) nicht mehr akzeptiert werden kann (um die Anforderungen der bauaufsichtlichen Schutzziele zu erfüllen), ist eine solche Prüfung natürlich notwendig.

Sonderbauten

Bei Sonderbauten ist der 2. RW über Rettungsgeräte der Feuerwehr nur zulässig, wenn keine Bedenken wegen der Personenrettung bestehen. Dies bedeutet, dass bei **Sonderbauten immer geprüft werden muss**, ob solche Bedenken bestehen.

Daraus ergibt sich aber nicht automatisch, dass immer Bedenken bestehen müssen und damit immer bauliche Rettungswege erforderlich sind, sondern lediglich, dass bei einer vorgesehenen Führung des 2. RW über Rettungsgeräte der Feuerwehr im jeweiligen Einzelfall geprüft werden muss, ob Bedenken wegen der Personenrettung bestehen. Allerdings sind bei Sonderbauten bauliche Rettungswege eher die Regel.

A.5.3.3 Überprüfung der Zulässigkeit des zweiten Rettungswegs über Rettungsgeräte bei allen Gebäuden vorgesehen

In einigen Ländern (siehe Tabelle A.3) ist der Satz nur geringfügig anders formuliert. Dies muss nicht, **kann aber erhebliche Konsequenzen** nach sich ziehen. Er lautet dann:

> *Der zweite Rettungsweg über Rettungsgeräte der Feuerwehr ist nur zulässig, wenn keine Bedenken wegen der Personenrettung bestehen.*

In Niedersachsen erfolgt eine weitere Konkretisierung:

> *Ein zweiter Rettungsweg über eine von der Feuerwehr erreichbare Stelle der Nutzungseinheit ist geeignet, wenn Bedenken in Bezug auf die Eignung des Rettungsweges für die Rettung der Menschen nicht bestehen; für ein Geschoss einer Nutzungseinheit nach Satz 1, ausgenommen Geschosse von Wohnungen, das für die Nutzung durch mehr als 10 Personen bestimmt ist, ist die Eignung des Rettungsweges zu prüfen.*

Damit ist der 2. RW über Rettungsgeräte der Feuerwehr grundsätzlich, also auch bei Gebäuden, die keine Sonderbauten sind, **nur zulässig, wenn keine Bedenken wegen der Personenrettung** bestehen. Das Problem bzw. die Schwierigkeit bzw. ein nicht zu unterschätzendes Risiko ergibt sich aus der Formulierung, dass eine Zulässigkeit nur dann gegeben ist, wenn keine Bedenken bestehen.

Es muss also immer geprüft werden, ob Bedenken wegen der Personenrettung bestehen. In Niedersachsen muss eine solche Überprüfung bereits bei NE (ausgenommen Wohnungen) erfolgen, die für mehr als zehn Personen bestimmt sind.

> Soll also in diesen Ländern der zweite Rettungsweg über Rettungsgeräte der Feuerwehr führen, und ist es nicht zweifelsfrei bekannt (und ggf. auch dokumentiert), dass keine **Bedenken wegen der Personenrettung** bestehen, ist es empfehlenswert, dies möglichst frühzeitig mit den Stellen abzustimmen, die den Brandschutz prüfen/bescheinigen/genehmigen.

Dies soll jetzt nicht heißen, dass in den vorgenannten Fällen immer ein zweiter baulicher Rettungsweg verlangt wird bzw. erforderlich ist. Aber es besteht für den Ersteller von Brandschutznachweisen/-konzepten eine bestimmte Unsicherheit, ab wieviel Personen oder unter welchen Umständen bzw. bei welchen Faktoren ein solcher verlangt wird. Dies kann von Fall zu Fall unterschiedlich sein. Deshalb ist eine möglichst frühzeitige Klärung erforderlich.

Es kann grundsätzlich nicht Sinn einer Bauordnung sein, dass man in jedem Fall immer erst mit den zuständigen, den Brandschutz prüfenden/bescheinigenden/genehmigenden Stellen abklären muss, ob im jeweiligen Fall solche Bedenken bestehen oder nicht. Die Schwierigkeit besteht jedoch darin, dies im Vorfeld zuverlässig abzuschätzen.

Hier wäre es sehr hilfreich, wenn diesbezüglich eine allgemeine Hilfestellung gegeben wird, wie dies z. B. in Thüringen geschehen ist.

VollzBekThürBO Abschnitt 33.3.2

Bedenken wegen der Personenrettung können sich insbesondere in Abhängigkeit von der Zahl der regelmäßig gleichzeitig anwesenden Nutzer ergeben. Unter der Voraussetzung, dass Einsatzkräfte in Zugstärke (mindestens 16 Mann) am Einsatzort zur Verfügung stehen, ist faustformelartig erst bei einer Zahl von mehr als 40 Personen, die sich gleichzeitig in einer Nutzungseinheit aufhalten, eine nähere Prüfung erforderlich. Zu berücksichtigen sind dabei nicht nur die Zahl der zu rettenden Personen, sondern auch eventuelle Besonderheiten des Nutzerkreises (besondere Hilfsbedürftigkeit) und die Ausstattung der örtlichen Feuerwehr einschließlich der Möglichkeit, bei Bedarf kurzfristig weitere Feuerwehrkräfte einsetzen zu können. Eine entsprechende Forderung kommt bei Wohngebäuden und anderen Standardbauten regelmäßig nicht in Betracht.

Mit dieser Hilfestellung ließe sich recht gut arbeiten, insbesondere auch, weil der letzte Satz in Richtung der MBO-Regelung weist. Doch **Vorsicht**: Ob dies dann z. B. in Niedersachsen, wo ja eine Prüfung bereits ab zehn Personen gesetzlich vorgeschrieben wird, anwendbar ist, wird die Praxis zeigen.

Anmerkung

Legt man die Thüringer Interpretation zugrunde und auch die Schutzziele der Bauordnung (siehe Kapitel A.1.3.1), kann grundsätzlich davon ausgegangen werden, dass für Gebäude, die keine Sonderbauten sind, i. d. R. keine Bedenken bestehen.

Allerdings ist im Zweifelsfall, z. B. bei NE mit einer größeren Personenzahl (wobei z. B. „größer" in Niedersachsen bereits bei zehn Personen und in Thüringen bei 40 Personen anfängt), eine frühzeitige Abstimmung mit der den Brandschutz prüfenden/bescheinigenden Stelle empfehlenswert bzw. notwendig.

A.5.3.4 Bedenken wegen der Personenrettung

Unabhängig davon, ob nur bei Sonderbauten (siehe Kapitel A.5.2.2) oder auch bei Gebäuden, die keine Sonderbauten sind (siehe Kapitel A.5.2.3), zu prüfen ist, ob bei einem vorgesehenen 2. RW über Rettungsgeräte der Feuerwehr Bedenken wegen der Personenrettung bestehen, stellt sich die Frage, wie diese Überprüfung erfolgen soll und wann bzw. unter welchen Umständen Bedenken bestehen.

Hierbei können die in Kapitel A.3.2 dargestellten Situationen und Brandszenarien eine Hilfestellung geben. Aus ihnen geht deutlich hervor, dass auch bei einer baurechtlich konformen Ausführung von Gebäuden, Wohnungen und NE bezüglich der Rettungswege zahlreiche kritische Situationen möglich sind und eine Rettung unter ungünstigen Umständen keineswegs immer gewährleistet ist. **Das gilt auch bei bestimmten Szenarien in Gebäuden mit zwei baulichen Rettungswegen.**

Wird die Frage gestellt, ob Bedenken wegen der Personenrettung bestehen, ist es notwendig, dies möglichst frühzeitig mit den für den Brandschutz zuständigen Stellen abzustimmen bzw. zu klären. Eine grundsätzliche Tatsache ist dabei unbestritten. Bei der Überprüfung muss natürlich die Feuerwehr beteiligt werden. **Ohne die Feuerwehr geht hier nichts!**

Allerdings ist die Situation in Deutschland so, dass bei einer derartigen Überprüfung die Situation teilweise stark unterschiedlich diskutiert, bewertet und beurteilt werden kann und die Ergebnisse entsprechend teilweise stark voneinander abweichen können.

Dies ist durchaus nachvollziehbar. Schließlich geht es dabei um Sicherheit bzw. wieviel Sicherheit es für ein bestimmtes Szenario sein soll. Dabei sind die grundsätzlichen bauaufsichtlichen Schutzziele und das der Bauordnung zugrunde gelegte gesellschaftlich akzeptierte Risiko zu berücksichtigen (siehe Kapitel A.1.3.1).

Bei den Ländern mit LBOs, die nur bei Sonderbauten eine Überprüfung der Zulässigkeit des 2. RW über Rettungsgeräte der Feuerwehr vorsehen (Kapitel A.5.3.2), wird dieses Risiko bei Gebäuden, die keine Sonderbauten sind, praktisch vom jeweiligen Land übernommen. Hier besteht für alle Beteiligten die relativ komfortable Situation, dass bei Standardbauten die Anforderungen bezüglich des 2. RW über Rettungsgeräte der Feuerwehr als eingehalten gelten, wenn eine Rettung möglich ist. Sie muss in diesen Fällen aber nicht besonders geprüft und nachgewiesen werden.

Aktuelle Situation

Zurzeit wird die Frage, wann Bedenken wegen der Personenrettung bestehen, in Deutschland kontrovers diskutiert. Nach MBO und den MBO-konformen LBOs liegt die theoretische Grenze derzeit bei 101 Personen in einem Raum oder einem Raum > 400 m², da ein Gebäude, das ansonsten kein Sonderbau ist, ab dieser Nutzung zum **Sonderbau** wird.

Am extremsten sind derzeit die Regelungen in Niedersachsen, die bei NE, die keine Wohnungen sind, ab einer Personenzahl von mehr als zehn Personen verlangen, dass die Eignung des Rettungswegs über Leitern der Feuerwehr zu prüfen ist.

Erfolgt jedoch im Einzelfall eine Prüfung der Feuerwehr, ob Bedenken wegen der Personenrettung bestehen, wird zurzeit häufig davon ausgegangen, dass solche Bedenken ab ca. zehn Personen je NE bestehen. Spätestens ab 30 Personen innerhalb einer NE hält die AGBF Bund einen zweiten baulichen Rettungsweg für erforderlich.

Die aktuelle Fragestellung

Die vorgenannten Werte sind bei der Fragestellung „wie viele Personen kann die Feuerwehr in einer bestimmten Zeit mit ihren Rettungsgeräten retten“ sicher realistisch.

Es wäre jedoch zu prüfen, ob die **Fragestellung bzw. deren Anwendung richtig** ist. Die Fragestellung ist bei Gebäuden, die keine Sonderbauten sind mit NE < 200 m^2 und Büro-/Verwaltungs-NE < 400 m^2 für den **Lastfall, dass es in der jeweiligen NE brennt**, nicht von Bedeutung.

Wenn es in einer solchen Nutzungseinheit brennt, in der sich z. B. 40 Personen aufhalten, dann muss die Feuerwehr i. d. R. dort niemanden retten, da alle Nutzer ihren Fluchtweg benutzen und die NE verlassen können, siehe z. B. Kapitel A.3.2 Abb. A.4, A.6 und A.20.

Können dagegen die Nutzer ihre NE nicht aus eigener Kraft über ihren Fluchtweg verlassen, dann besteht unter ungünstigen Umständen eine kritische Situation (siehe Kapitel A.3.2 Abb. A.5, A.9 und A.22). In diesen Fällen kann auch ein 2. baulicher RW die Situation nicht verbessern (siehe Abb. A.15 und A.27).

Fällt dagegen im Gebäude der 1. bauliche RW = Fluchtweg aus, sind alle Personen auf die Hilfe der Feuerwehr angewiesen (siehe Kapitel A.3.2 Abb. A.6, A.10 und A.21). In diesem Fall ist bei allen Wohnungen und NE ein 2. RW über anleiterbare Stellen möglich. Allerdings hat die Feuerwehr (abhängig von der Gebäudegröße und Personenzahl) häufig das Problem, dass sie nicht alle Personen retten kann und konzentriert sich deshalb mit der Rettung auf besonders gefährdete Personen. Das gilt natürlich auch für Wohnblocks, siehe weiter unten.

Ein Großteil der Personen ist **nicht in unmittelbarer Gefahr**, da es in einer anderen NE bzw. einem anderen Geschoss brennt und die Geschosse und NE untereinander feuerwiderstandsfähig abgetrennt sind. I. d. R. kann die Feuerwehr das Feuer schnell löschen. Danach können alle Personen das Gebäude über den dann entrauchten Treppenraum verlassen.

Auch bei den Brandszenarien mit zwei baulichen Rettungswegen kann eine ungünstige Situation bestehen, wenn der (gemeinsam zu nutzende) notwendige Flur ausfällt (siehe Kapitel A.3.2 Abb. A.17 und A.27).

In diesem Zusammenhang ist es interessant, dass die Feuerwehr auch bei einem Brand in einem Wohnblock mit z. B. 18 Wohnungen und 40 Personen bei einem Ausfall des notwendigen Treppenraums all diese 40 Personen ebenso wenig mit ihren Rettungsgeräten retten kann. Ob diese 40 Personen auf 18 NE verteilt sind oder bei der vorgenannten NE 40 Personen sich in einer NE aufhalten, spielt in diesem Zusammenhang nur eine untergeordnete Rolle, da sowohl die 40-Personen-NE als auch die 18 NE (mit insgesamt 40 Personen) jeweils feuerbeständig vom brandbetroffenen Raum bzw. Bereich bzw. Geschoss abgetrennt sind.

Im Gegenteil: Eine Rettung aus der 40-Personen-NE ist deutlich einfacher und wesentlich schneller zu bewerkstelligen, als wenn 40 Personen aus 18 verschiedenen Wohnungen gerettet werden müssen. Dazu kommt noch, dass der in der 40-Personen-NE vorhandene Personenkreis deutlich einfacher zu retten ist als 40 Personen in 18 Wohnungen, die eventuell Kleinkinder bei sich haben oder auch in ihrer Bewegungsfähigkeit eingeschränkte ältere Menschen sein können.

Das Risiko

Leider haben wir in Deutschland keine repräsentativen Schadenstatistiken. Einige Aussagen und Annahmen sollen jedoch nachfolgend (grob überschlägig geschätzt) getroffen werden: Wir haben in Deutschland ca. 400 Tote bei Bränden im Jahr. Davon sicher mehr als 300 in Wohngebäuden und Wohnungen. In Büro- und Verwaltungsgebäuden haben wir dagegen keine Toten.

Daraus ergibt sich, dass das größte Risiko, bei einem Brand zu sterben, in **Wohngebäuden** besteht, also gerade in den Gebäuden, in denen es in Deutschland unstrittig ist, dass der 2. RW über **Rettungsgeräte der Feuerwehr** hergestellt werden kann.

In allen anderen Gebäuden, in denen regelmäßig darüber diskutiert wird, ob und wie viele Personen über Rettungsgeräte der Feuerwehr gerettet werden können, sind dagegen die wenigsten Toten zu beklagen. Beispielsweise kann davon ausgegangen werden, dass in Deutschland bei Bränden in Bürogebäuden praktisch keine Toten zu erwarten sind. Allerdings wissen wir das nicht genau, da entsprechende aussagefähige Statistiken fehlen.

Mit anderen Worten: Wenn die Feuerwehr bei einem 2. RW über Rettungsgeräte der Feuerwehr, z. B. bei einem Sonderbau Bürogebäude (keine Schule) mit einem Besprechungsraum für 40 Personen in einem Obergeschoss Bedenken wegen der Personenrettung hat, dann müsste sie diese Bedenken z. B. bei einem Wohnblock mit 40 und mehr Bewohnern, aber auch bei einem Einfamilienhaus oder Reihenhaus (ohne Treppenraum) noch deutlich stärker haben.

Der einzige Grund, dass die Feuerwehr bei dem Wohnblock mit 40 und mehr Bewohnern sowie bei den Einfamilienhäusern und Reihenhäusern keine Bedenken hat, liegt darin, dass diese Frage nicht gestellt wird und die jährlich 300 Toten in diesen Gebäuden als gesellschaftlich akzeptiertes Risiko hingenommen werden, siehe hierzu auch Kapitel A.1.3.1.

Die „richtige" Fragestellung in diesem Beispiel müsste also lauten: Bestehen unter Berücksichtigung des der MBO zugrunde gelegten gesellschaftlich akzeptierten Risikos Bedenken wegen der Personenrettung, wenn bei einem Sonderbau Bürogebäude mit einem Besprechungsraum für 40 Personen in einem OG der 2. RW über Leitern der Feuerwehr möglich sein soll?

Zusammenfassung

Bedenken wegen der Personenrettung bestehen i. d. R. bei Sonderbauten, wenn aufgrund einer großen Personenzahl oder der „Personenart" (z. B. Kranke, Menschen mit Behinderung, Schulkinder, Kleinkinder) oder der Nutzung (Hotel mit mehr als 60 Gastbetten in mehr als zwei Geschossen, Verkaufsstätten, Industriebauten) eine Rettung mit Rettungsgeräten der Feuerwehr nicht mehr möglich bzw. vertretbar ist.

A.5.3.5 Bestandteile des zweiten Rettungswegs über Rettungsgeräte der Feuerwehr

Ist es zulässig, den 2. RW über Rettungsgeräte der Feuerwehr zu führen, z. B. bei

- Gebäuden, die keine Sonderbauten sind (entsprechend den Regelungen der MBO und MBO-konformen LBOs, siehe Kapitel A.5.3.1 und A.5.3.2 oben),
- Gebäuden, die keine Sonderbauten sind und bei denen keine Bedenken wegen der Personenrettung bestehen (entsprechend den Regelungen einiger Länder, die immer eine Überprüfung der Zulässigkeit des 2. RW über Rettungsgeräte der Feuerwehr vorsehen, siehe Kapitel A.5.3.1 und A.5.3.3) und
- Sonderbauten, bei denen keine Bedenken wegen der Personenrettung bestehen, siehe Kapitel A.5.3.4,

müssen folgende Voraussetzungen eingehalten werden:

- Jede NE mit mindestens einem Aufenthaltsraum muss in jedem Geschoss mindestens eine mit Rettungsgeräten der Feuerwehr erreichbare Stelle haben (siehe Kapitel A.5.3.7).
- Die Feuerwehr muss über die erforderlichen Rettungsgeräte (Leitern, Hubrettungsgeräte) verfügen (siehe Kapitel A.5.3.6).
- Die Feuerwehr muss innerhalb einer bestimmten Zeit vor Ort sein können (Zeitfaktor bzw. Hilfsfrist, siehe Kapitel A.5.3.8).
- Die Feuerwehr muss die anleiterbaren Stellen mit ihren Rettungsgeräten erreichen können (Feuerwehrflächen, siehe Kapitel A.5.3.9).

A.5.3.6 Erforderliche Rettungsgeräte der Feuerwehr

Die Rettung über Rettungsgeräte der Feuerwehr ist nur möglich, wenn die Feuerwehr über die erforderlichen Rettungsgeräte verfügt. Welche Rettungsgeräte jeweils notwendig sind bzw. eingesetzt werden können, ergibt sich in erster Linie aus der Brüstungshöhe der für die Rettung erreichbaren Stelle.

Die erste wichtige Grenze liegt hier bei 8 m. Die LBOs gehen davon aus, dass jede öffentliche Feuerwehr i. d. R. über Rettungsgeräte verfügt, mit denen Brüstungen in einer Höhe von bis zu 8 m über Geländeoberfläche erreicht werden können.

Über eine Brüstungshöhe von 8 m hinaus bestehen besondere Anforderungen an die Rettungsgeräte der Feuerwehr. Sie muss dann i. d. R. über geeignete Hubrettungsgeräte verfügen.

Eine weitere Grenze liegt bei 23 m, da die üblichen Hubrettungsgeräte nur eine Rettungshöhe von maximal 23 m erreichen können. Bei einer darüber hinausgehenden Rettungshöhe muss deshalb der 2. RW baulich (i. d. R. durch weitere notwendige Treppen) hergestellt werden. Alternativ ist auch ein Sicherheitstreppenraum möglich. In Hochhäusern mit mehr als 60 m Höhe müssen alle notwendigen Treppenräume als Sicherheitstreppenräume ausgebildet sein.

Erforderliche Rettungsgeräte bei Brüstungshöhen ≤ 8 m über Gelände

- Bis zu einer Brüstungshöhe von maximal 8 m ist i. d. R. die **vierteilige Steckleiter** möglich.
- Die zum Anleitern bestimmten Stellen oder Fenster müssen für die tragbaren Leitern zugänglich sein.
- Die tragbaren Leitern müssen aufgestellt werden können.

Bei Brüstungshöhen bis 3,70 m kann die 2-teilige Steckleiter angesetzt werden, welche i. d. R. bei allen Feuerwehren vorhanden ist. Bei Brüstungshöhen größer 3,70 m bis 8 m kann meist davon ausgegangen werden, dass die Feuerwehr über eine 4-teilige Steckleiter verfügt. In besonderen Fällen, z. B. in ländlichen Gegenden, kann es jedoch sein, dass eine 4-teilige Steckleiter innerhalb der Hilfsfrist nicht verfügbar ist. Dann sind weitere bzw. besondere Maßnahmen zur Sicherstellung des 2. RW notwendig.

Erforderliche Rettungsgeräte bei Brüstungshöhen > 8 m ≤ 23 m über Gelände

- Nach MBO und den MBO-konformen LBOs dürfen Gebäude, deren 2. RW über Rettungsgeräte der Feuerwehr führt und bei denen die Oberkante der Brüstung von zum Anleitern bestimmten Fenstern oder Stellen mehr als 8 m über der Geländeoberfläche liegt, nur errichtet werden, wenn die Feuerwehr über die erforderlichen Rettungsgeräte wie Hubrettungsfahrzeuge verfügt.
- Die zum Anleitern bestimmten Stellen oder Fenster müssen für die Hubrettungsfahrzeuge zugänglich sein.
- Die Hubrettungsfahrzeuge müssen aufgestellt und die zum Anleitern bestimmten Stellen erreicht werden können.

Damit die Hubrettungsfahrzeuge eingesetzt werden können, sind die **Richtlinien über Flächen für die Feuerwehr** einzuhalten (MVV TB Abschnitt A 2.2.1.1).

I. d. R. sind als Rettungsgeräte der Feuerwehr nur die **Drehleiter** der Feuerwehr (z. B. DLK 23/12) bzw. **Hubrettungsfahrzeuge** möglich.

Anmerkung

Bei einer Rettungshöhe über 8 m bis 12 m würde als Rettungsgerät der Feuerwehr grundsätzlich auch die **dreiteilige Schiebleiter** in Betracht kommen. Allerdings wird diese in der Zwischenzeit in den meisten Ländern nicht mehr als geeignetes Rettungsgerät zur Herstellung des 2. RW angesehen. Deshalb kann deren Gebrauch für Neubauten i. d. R. nicht angesetzt werden. Im Zweifelsfall ist eine frühzeitige Abstimmung mit der für den Brandschutz zuständigen Stelle empfehlenswert.

Erforderliche Rettungsgeräte bei Bestandsgebäuden mit Brüstungshöhen > 8 m ≤ 12 m über Gelände

- In besonderen Fällen ist unter Umständen eine 3-teilige Schiebeleiter möglich, z. B. in bestandsgeschützten Gebäuden und/oder nach entsprechender Abstimmung mit der den Brandschutz prüfenden/ bescheinigenden/genehmigenden Stelle.
  Wichtig: In Neubauten ist die 3-teilige Schiebleiter als 2. RW i. d. R. nicht (mehr) zulässig bzw. möglich.
- Die zum Anleitern bestimmten Stellen oder Fenster müssen für die Schiebeleiter zugänglich sein.
- Die Schiebeleiter muss aufgestellt werden können (Aufstellflächen für die 3-teilige Schiebeleiter).

Wurde bei bestehenden Gebäuden mit einer Rettungshöhe über 8 m bis maximal 12 m zum Zeitpunkt ihrer Errichtung die dreiteilige Schiebeleiter als 2. RW angesetzt und auch **genehmigt**, besteht grundsätzlich Bestandsschutz. Dies kann man auch aus der Formulierung in § 33 Abs. 3 MBO und den MBO-konformen Ländern ableiten: *„Gebäude, deren [...] mehr als 8 m über der Geländeoberfläche liegt, dürfen nur* errichtet *werden, wenn [...]"* [Herv. d. Verf.]

Damit bezieht sich die entsprechende Anforderung, dass für solche Rettungshöhen Hubrettungsgeräte erforderlich sind, auf zu errichtende Neubauten.

Für bestehende Gebäude (z. B. in Hinterhöfen, bei Baudenkmälern oder in dicht bebauten Altstadtbereichen) besteht grundsätzlich Bestandsschutz. Voraussetzung hierfür ist jedoch, dass die zuständige Feuerwehr über eine tragbare 3-teilige Schiebleiter verfügt und die für den abwehrenden Brandschutz zuständigen Stellen zustimmen.

Bei Bestandsgebäuden mit Rettungshöhen über 12 m, die durch Rettungsgeräte der Feuerwehr nicht erreicht werden können, besteht jedoch kein Bestandsschutz mehr. Sie benötigen den bauaufsichtlich vorgeschriebenen 2. RW.

Kann dieser mit Hubrettungsgeräten nicht hergestellt werden (z. B. wegen fehlender bzw. unzureichender Feuerwehrflächen), sind entsprechende Kompensationsmaßnahmen erforderlich (z. B. zweite notwendige Treppe, Nottreppe, Notleiter usw.). In solchen Fällen ist eine Abstimmung mit den für den Brandschutz zuständigen Stellen notwendig. Bei Nottreppen, Notleitern und sonstigen Maßnahmen ist eine entsprechende Abweichung/ Erleichterung erforderlich.

Brüstungshöhe über 23 m

Bei diesen Gebäuden handelt es sich gemäß MBO um Sonderbauten (Hochhäuser). Da die üblichen Hubrettungsgeräte nur bis zu einer Rettungshöhe von 23 m angesetzt werden können, sind mindestens zwei bauliche Rettungswege (zwei notwendige Treppen) oder ein Sicherheitstreppenraum erforderlich.

A.5.3.7 Anleiterbare Fenster (mit Rettungsgeräten der Feuerwehr erreichbare Stellen)

Anzahl und Lage der erreichbaren Stellen

In der Regel genügt pro Wohnung bzw. NE in jedem Geschoss eine Stelle, die mit Rettungsgeräten der Feuerwehr erreichbar ist. An die Lage und Erreichbarkeit dieser Stelle innerhalb der Wohnung bzw. NE (über die horizontalen Teile der Rettungswege = Fluchtwege) werden vom Baurecht keine besonderen Anforderungen gestellt.

Die mit Rettungsgeräten der Feuerwehr erreichbare Stelle kann damit an einer beliebigen Stelle innerhalb der NE liegen, also z. B. auch direkt neben dem Ausgang in den notwendigen Treppenraum. Es muss lediglich sichergestellt sein, dass sie von den Nutzern jederzeit erreichbar, also immer zugänglich ist.

Erläuterung: Im bauaufsichtlichen System der Rettungswege wird in Gebäuden, die keine Sonderbauten sind, für Wohnungen, NE bis 200 m² und Büro-/Verwaltungs-NE bis 400 m² nur der Fall geregelt, dass es außerhalb der jeweiligen Wohnung/NE brennt und dadurch der erste vertikale Rettungsweg = die notwendige Treppe = Fluchtweg nicht mehr benutzbar ist. Ein Brand in der eigenen Wohnung/NE bleibt dabei unberücksichtigt.

Deshalb geht es hier nicht um eine zweite Möglichkeit, die Wohnung bzw. NE zu verlassen, wenn es innerhalb der Wohnung/NE selbst brennt, sondern darum, bei einem Ausfall des 1. vertikalen RW = notwendigen Treppe einen davon unabhängigen 2. vertikalen RW = Rettungsgeräte der Feuerwehr aus der NE heraus zu ermöglichen. Für Beispiele siehe Abb. A.42 sowie Kapitel A.3.2 Abb. A.4 bis A.6 und A.8 bis A.10.

*[1] Gemäß MBO und MBO-konformen LBOs: Zulässig bei Gebäuden, die keine Sonderbauten sind. Gemäß LBOs, die nicht MBO-konform sind sowie bei Sonderbauten: Nur zulässig, wenn keine Bedenken wegen der Personenrettung bestehen.

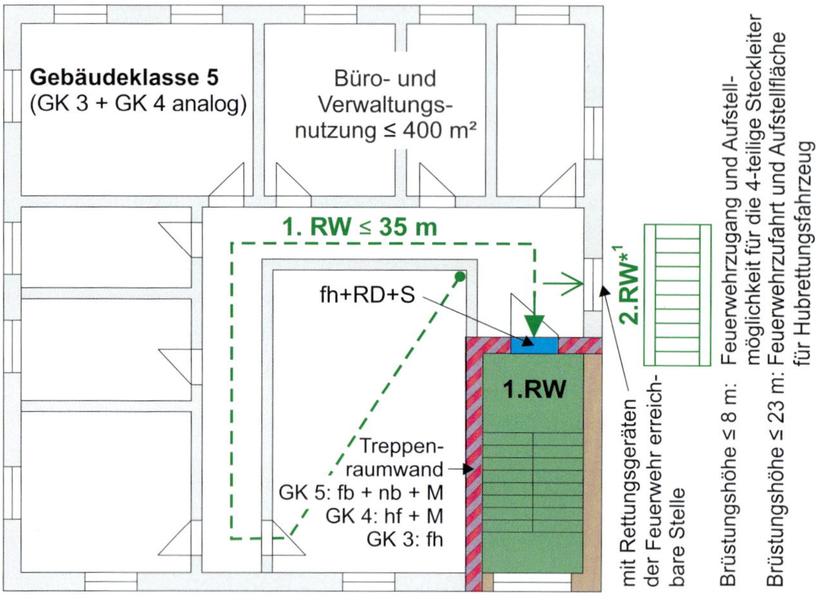

Abb. A.42: Beispiel für die Lage der anleiterbaren Stelle einer Büro-/Verwaltungs-NE ≤ 400 m² ohne notwendigen Flur

1. RW: Der horizontale Teil des 1. RW = Fluchtwegs verläuft ungeschützt (kein notwendiger Flur erforderlich) von der ungünstigsten Stelle der NE bis zur Türe zum notwendigen Treppenraum. Ab dieser Türe beginnt der vertikale Teil des 1. RW = notwendige Treppenraum.

2. RW: Für den 2. RW ist eine mit Rettungsgeräten der Feuerwehr erreichbare Stelle der NE notwendig. Diese darf auch direkt neben dem Zugang zum 1. RW liegen.

Gemäß dem Rettungswegsystem der Bauordnung wird ein Brand innerhalb der NE nicht berücksichtigt. Der zweite (vertikale) Rettungsweg ist erforderlich, wenn der erste (vertikale) Rettungsweg = die notwendige Treppe ausfällt. In diesem Fall spielt es keine Rolle, wo die anleiterbare Stelle liegt.

Mindestgröße und Mindest-Brüstungshöhe von anleiterbaren Fenstern

Gemäß MBO und den meisten LBOs müssen Fenster, die als Rettungswege (anleiterbare Stellen) dienen, im Lichten mindestens 0,90 m × 1,20 m groß und nicht höher als 1,20 m über der Fußbodenoberkante angeordnet sein.

In einigen Ländern bestehen auch andere Mindestmaße, z. B.:

- In Baden-Württemberg müssen Fenster, die als Rettungswege dienen, im Lichten mindestens 0,90 m breit und 1,20 m hoch sein und nicht höher als 1,20 m über der Fußbodenoberkante angeordnet sein; eine Unterschreitung dieser Maße bis minimal 0,60 m Breite im Lichten und 0,90 m Höhe im Lichten ist im Benehmen mit der für den Brandschutz zuständigen Dienststelle dann möglich, wenn das Rettungsgerät der Feuerwehr die betreffende Öffnung nicht einschränkt.
- In Bayern müssen Fenster, die als Rettungswege dienen, in der Breite mindestens 0,60 m, in der Höhe mindestens 1 m groß, von innen zu öffnen und nicht höher als 1,20 m über der Fußbodenoberkante angeordnet sein.

Erreichbare Stellen in Obergeschossen

Die für die Rettungsgeräte erreichbare Stelle kann in den Obergeschossen ein anleiterbares Fenster, ein Balkon, eine Dachterrasse oder eine sonstige Stelle sein, an die die Feuerwehr mit ihren Rettungsgeräten anleitern kann. Bei Wohn- und vergleichbaren Gebäuden handelt es sich i. d. R. um ein anleiterbares Fenster mit der vorgeschriebenen Mindestgröße und Brüstungshöhe.

Natürlich müssen die anleiterbaren Fenster jederzeit und ohne fremde Hilfe von innen und ohne Hilfsmittel zu öffnen sein. Dies gilt auch für Türen, die zu den geeigneten Stellen führen, z. B. Balkon- und Terrassentüren.

> **Anmerkung**
>
> Ist in einer NE nur ein einziges, ganz bestimmtes Fenster mit Rettungsgeräten der Feuerwehr erreichbar, muss man darauf achten, dass dieses jederzeit zugänglich ist. Die Tür zum Raum mit diesem Fenster sollte nichtabschließbar sein bzw. muss sich jederzeit ohne Hilfsmittel öffnen lassen. Außerdem ist eine entsprechende Kennzeichnung notwendig.

Balkone als erreichbare Stelle in Obergeschossen

Natürlich kann auch ein Balkon eine anleiterbare Stelle sein, für die Anforderungen siehe vorstehende Absätze. In der Praxis wird bei Balkonen häufig die Frage gestellt, ob die Balkonplatte bestimmte Anforderungen erfüllen muss.

An Balkonplatten, die als anleiterbare Stelle dienen, bestehen nach MBO und den meisten LBOs keine besonderen Anforderungen an ihre Feuerwiderstandsfähigkeit. Hier Anforderungen zu stellen, ergibt auch keinen Sinn, da bei einer evtl. Brandbeanspruchung, die eine solche Anforderung begründen würde, die Balkonplatte als anleiterbare Stelle ausfällt.

Eine Ausnahme davon gibt es: In Niedersachsen müssen Balkonplatten, die als Rettungswege dienen, die gleichen Anforderungen wie die Geschossdecken erfüllen (Allgemeine Durchführungsverordnung zur Niedersächsischen Bauordnung (DVO-NBauO) § 10 Abs. 1 Satz 2).

Erreichbare Stellen in Erdgeschossen

In EG ist bei üblichen Brüstungshöhen eine Anleiterbarkeit nicht erforderlich. Bezüglich der Mindestgröße und Zugänglichkeit gilt das Gleiche wie bei den OG.

Allerdings stellt sich die Frage, ob im EG überhaupt ein 2. RW in Form von geeigneten Fenstern erforderlich ist, siehe Kapitel A.10.2.

Außerdem besteht im EG unter Umständen auch die Möglichkeit einer Abweichung, siehe weiter unten.

Erreichbare Stellen in Keller- und Dachgeschoss

Zur Mindestgröße und Zugänglichkeit siehe bei den OG.

Erreichbare Stellen in KG siehe Kapitel A.10.3 und in DG Kapitel A.10.4.

Abweichungen von der Mindestgröße

Abweichungen von den in den LBOs vorgeschriebenen Mindestgrößen werden i. d. R. kritisch gesehen. Deshalb ist es dringend erforderlich, die Möglichkeit von Abweichungen/Erleichterungen möglichst frühzeitig mit der den Brandschutz prüfenden/bescheinigenden/genehmigenden Stelle abzustimmen.

Bei geeigneten Fenstern im EG sind Abweichungen weniger kritisch zu sehen. Da hier nicht angeleitert werden muss, sollten auch kleinere Öffnungen möglich sein. Aber auch hier gilt, dass eine Abweichung/Erleichterung erforderlich und frühzeitige Abstimmung empfehlenswert ist.

A.5.3.8 Zeitfaktor bzw. Hilfsfrist

Wird der 2. RW nicht baulich ausgeführt, spielt der Zeitfaktor eine große Rolle. Die zu rettenden Personen müssen die Hilfe und Rettung durch die Feuerwehr abwarten können.

Grundsätzlich wird vorausgesetzt, dass die Feuerwehr mit ihren Rettungsgeräten innerhalb der Hilfsfrist an der Brandstelle eintrifft und dort Hilfe leisten kann. Die Hilfsfrist ist in den jeweiligen Brandschutz- und Feuerwehrgesetzen vorgeschrieben und beträgt i. d. R. zehn Minuten.

Beispiel für die Regelung der Hilfsfrist in der Vollzugsbekanntmachung zum Bayerischen Feuerwehrgesetz:

> Zu Art. 1 Aufgaben der Gemeinden
>
> *1.2 Hilfsfrist*
>
> *Um ihre Aufgaben im abwehrenden Brandschutz und im technischen Hilfsdienst erfüllen zu können, müssen die Gemeinden ihre Feuerwehren so aufstellen und ausrüsten, dass diese möglichst schnell Menschen retten, Schadenfeuer begrenzen und wirksam bekämpfen sowie technische Hilfe*

leisten können. Hierfür ist es notwendig, dass grundsätzlich jede an einer Straße gelegene Einsatzstelle von einer gemeindlichen Feuerwehr in höchstens zehn Minuten nach Eingang einer Meldung bei der alarmauslösenden Stelle erreicht werden kann (Hilfsfrist). Die Hilfsfrist setzt sich zusammen aus der Gesprächs- und Dispositionszeit der alarmauslösenden Stelle sowie der Ausrücke- und Anfahrtszeit der Feuerwehr. Die Gemeinden legen bei der Feuerwehrbedarfsplanung grundsätzlich eine Ausrücke- und Anfahrtszeit der gemeindlichen Feuerwehr von höchstens achteinhalb Minuten ab dem Abschluss ihrer Alarmierung zugrunde.

Wichtig

Im Zweifelsfall (wenn z. B. dem Verfasser des Brandschutznachweises/-konzepts die Verhältnisse der örtlichen Feuerwehr nicht genau bekannt sind) ist es empfehlenswert bzw. notwendig, mit der Feuerwehr abzuklären, welche Rettungsgeräte innerhalb der Hilfsfrist eingesetzt werden können.

A.5.3.9 Feuerwehrflächen

Es muss gewährleistet sein, dass die Feuerwehr die zum Anleitern bestimmten Stellen nicht nur erreichen, sondern die Rettungsgeräte dort auch aufstellen kann. Hierzu sind gemäß den Muster-Richtlinien über Flächen für die Feuerwehr (MVV TB A 2 2.1.1)

- bis zu einer Brüstungshöhe von 8 m Feuerwehrzugänge oder -durchgänge und
- ab einer Brüstungshöhe von mehr als 8 m bis 23 m Feuerwehrzufahrten und -durchfahrten sowie entsprechende Aufstell- und Bewegungsflächen

erforderlich.

Wichtig

In bestimmten Fällen, z. B.

- bei Gebäuden in ländlichen und/oder einsamen Gegenden,
- Reihenhauszeilen ohne Zugänge zu den Gärten,
- Wohnanlagen ohne Straßen, die durch Tiefgaragen erschlossen werden, oder
- Wohngebäuden, die auf andere großflächige Gebäude aufgesetzt sind,

ist es auch bei einer Höhe der anleiterbaren Stelle von unter 8 m notwendig, zu prüfen, ob die vorstehenden Anforderungen eingehalten werden und eine Rettung mit der 4-teiligen Steckleiter möglich ist. Im Zweifelsfall ist eine Abstimmung mit der für den Brandschutz prüfenden/bescheinigenden/genehmigenden Stelle empfehlenswert.

A.5.3.10 Dokumentation des zweiten Rettungswegs über Rettungsgeräte der Feuerwehr

Wird der 2. RW über Rettungsgeräte der Feuerwehr hergestellt, muss der Ersteller des Brandschutznachweises/-konzepts insbesondere bei einer Rettungshöhe über 8 m bis 23 m die vorstehenden Punkte prüfen und nachweisen. Hierzu ist es u. a. auch notwendig, die erforderlichen Feuerwehrflächen in die Brandschutzpläne einzutragen und den Bauherrn (schriftlich) darauf hinzuweisen, dass er diese für die Betriebsdauer des Gebäudes gewährleisten muss (siehe auch Kapitel A.11).

Als Mindestmaßnahme sollten hierzu alle erforderlichen, mit Rettungsgeräten der Feuerwehr erreichbaren Stellen angegeben werden. Außerdem ist anzugeben, an welchen Stellen jeweils Feuerwehrzugänge, Feuerwehrzufahrten, Aufstellflächen für Rettungsgeräte der Feuerwehr und ggf. auch Bewegungsflächen erforderlich sind.

In diesem Zusammenhang ist es natürlich sinnvoll, bereits im Auftrag für die Erstellung des Brandschutznachweises/-konzepts zu regeln, ob und ggf. in welchem Umfang eine weitergehende Planung der Feuerwehrflächen erfolgen soll.

A.5.4 Nottreppen und Notleitern

Kann bei Gebäuden, die keine Sonderbauten sind, im Bestand der 2. RW nicht durch Rettungsgeräte der Feuerwehr hergestellt werden, weil z. B.

- bei Brüstungshöhen von mehr als 8 m bis 23 m die Feuerwehrzufahrten und -durchfahrten und/oder Aufstellflächen für Hubrettungsgeräte der Feuerwehr nicht möglich sind,
- bei Brüstungshöhen von mehr als 8 m bis 12 m die Feuerwehr keine 3-teilige Schiebeleiter hat bzw. diese nicht einsetzen kann oder will,
- bei Brüstungshöhen bis 8 m die Feuerwehrzugänge und -durchgänge für tragbare Leitern fehlen,
- bei zweistufig ausgebauten DG die oberen Dachflächenfenster nicht mit Feuerwehrleitern erreicht werden können,
- die Rettungsgeräte der Feuerwehr nicht innerhalb der Hilfsfrist verfügbar sind,

wäre ein zweiter baulicher Rettungsweg in Form einer notwendigen Treppe erforderlich. In Bestandsgebäuden ist es jedoch oft nicht möglich, eine solche Treppe nachträglich herzustellen. Für diese Fälle kann der 2. RW durch Nottreppen und/oder Notleitern hergestellt werden.

> **Wichtig**
>
> Sowohl für Notleitern als auch für Nottreppen ist eine Abweichung/Erleichterung erforderlich und eine frühzeitige Abstimmung mit der den Brandschutz prüfenden/bescheinigenden/genehmigenden Stelle dringend empfehlenswert.

Weitere Informationen zu Nottreppen und Notleitern sind enthalten in den Kapiteln B und C.

Notleitern

Notleitern müssen gemäß den Bestimmungen der DIN 14094-1:2017-04 „Feuerwehrwesen – Notleiteranlagen – Teil 1: Ortsfeste Notsteigleitern mit Rückenschutz, Haltevorrichtung, Podeste“ entsprechen und sicher benutzbar sein.

Abb. A.43 bis A.48: Nottreppen und Notleitern: Hierfür ist jeweils eine Abweichung/ Erleichterung erforderlich. In der Reihenfolge von links nach rechts am Gesamtkomplex und in den Einzelbildern: Wendeltreppe mit Anschluss in jedem Geschoss (A.44), Notausgang mit Podest und kleiner Treppe (A.45), zweiläufige Nottreppe (A.46), Notausstieg mit Notleiter (A.47), Wendeltreppe ohne weiteren Anschluss in jedem Geschoss (A.48).

A.5.5 Zweiter Ausgang

A.5.5.1 Grundsätzliche Erläuterungen

Der zweite Ausgang kann, muss aber nicht mit dem 2. RW identisch sein. Er stellt eine zweite (weitere) Möglichkeit dar, einen größeren Raum zu verlassen. Das Schutzziel besteht darin, bei einem Ausfall des ersten Ausgangs, z. B. wegen eines Brandes vor oder hinter der Ausgangstür, eine weitere Möglichkeit zum Verlassen des Raums zu gewährleisten.

Dieser zweite Ausgang sollte deshalb möglichst entgegengesetzt zum ersten liegen. Er muss an das Rettungswegsystem der NE eingebunden sein, aber nicht zwingend zu einem zweiten oder weiteren unabhängigen baulichen Rettungsweg führen. Sind in Sonderbauten ohnehin zwei oder mehrere bauliche Rettungswege vorhanden, dann führt er i. d. R. auch zu einem zweiten oder weiteren baulichen Rettungsweg.

Räume mit zwei Ausgängen sind nicht zu verwechseln mit Räumen, für die ein zweiter baulicher Rettungsweg erforderlich ist und die hierzu auch einen zweiten Ausgang benötigen. Dieser muss dann zu einem zweiten baulichen Rettungsweg (Redundanz) führen, der zudem vom ersten unabhängig ist. Beispiele hierfür sind größere Versammlungsräume, Verkaufsräume, Hallen und Industrieräume, die einen zweiten bauliche Rettungsweg benötigen.

Beispiel siehe die nachfolgenden Abbildungen sowie Kapitel A.3.2 Abb. A.29 und Kapitel A.10.9 Abb. A.106 und A.107.

A.5.5.2 Laborräume

In Laboratorien müssen unter Berücksichtigung der örtlichen Gegebenheiten, der verwendeten Stoffe und der Arbeitsverfahren Rettungswege und Ausgänge in ausreichender Zahl vorhanden sein. Rettungswege (Notausgänge) dürfen nur über einen benachbarten Raum führen, wenn dieser auch im Gefahrfall während des Betriebs ein sicheres Verlassen ohne fremde Hilfe ermöglicht. Die Türen von Laboratorien müssen nach außen aufschlagen und wegen des Personenschutzes mit einem Sichtfenster ausgerüstet sein.

Neben den jeweils erforderlichen Rettungswegen müssen Laborräume mit Explosions- oder erhöhter Brandgefahr grundsätzlich jeweils zwei Ausgänge haben, die möglichst weit auseinanderliegen sollten. Beide Ausgänge können jedoch zu den gleichen baulichen Rettungswegen (z. B. zum notwendigen Flur) führen (siehe Abb. A.51). Es sind jedoch auch Sonderlösungen, z. B. über Fluchtbalkone, möglich (siehe Kapitel A.7.1.3 Abb. A.52 und Abb. A.56).

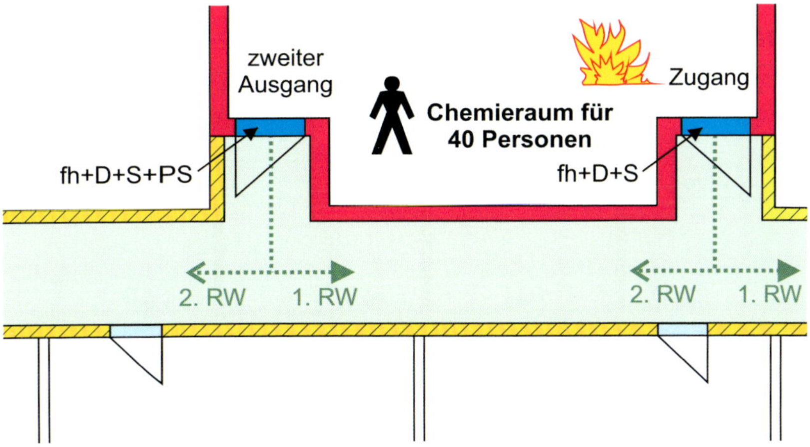

Abb. A.49: Beispiel für einen Chemieraum für 40 Personen mit zweitem Ausgang in einer Schule

Falls der Zugang = Ausgang durch ein Brandereignis versperrt sein sollte, steht ein zweiter Ausgang aus dem Raum zur Verfügung. Dieser führt in den gleichen notwendigen Flur, ist also kein zweiter baulicher Rettungsweg. Von demselben notwendigen Flur aus können dann zwei (möglichst entgegengesetzt liegende) notwendige Treppen erreicht werden.

Die Türe zum zweiten Ausgang darf während des Betriebs nicht abgeschlossen sein. Deshalb ist es empfehlenswert, hier eine Türe mit Panikschließung (PS) anzuordnen.

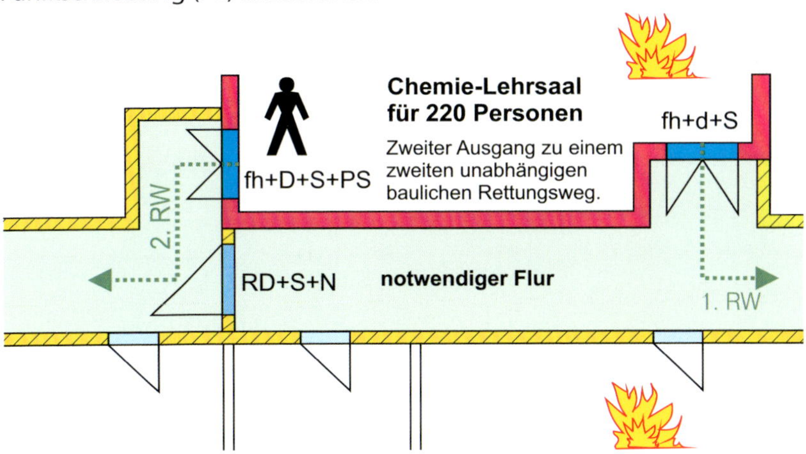

Abb. A.50: Beispiel für einen Chemie-Lehrsaal mit zwei baulichen Rettungswegen

Hier führt der zweite Ausgang zugleich auch in einen zweiten baulichen Rettungsweg, der vom ersten unabhängig ist. Damit weist der Raum zwei Ausgänge auf, die zu zwei baulichen Rettungswegen führen. Bezüglich der Panikschließung des zweiten Ausgangs siehe Abb. A.49.

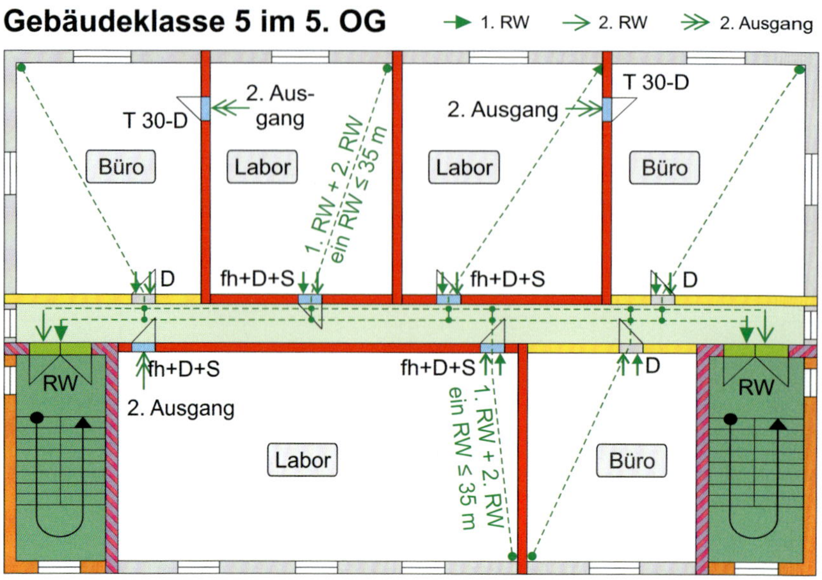

Abb. A.51: Beispiel für ein Gebäude der GK 5 mit Büro- und Labornutzung

Die beiden oberen Labors haben jeweils einen zweiten Ausgang, der über die benachbarten Büros führt. Dies ist möglich, da die Büros auch im Gefahrfall während des Betriebs ein sicheres Verlassen ohne fremde Hilfe ermöglichen.

Das untere Labor hat zwei entgegengesetzt liegende Ausgänge zum notwendigen Flur. Beide Rettungswege führen über den notwendigen Flur und sind an zwei notwendige Treppen angeschlossen.

Es muss gewährleistet sein, dass die Labor- und Bürotüren, die als zweiter Ausgang aus den Labors dienen, jederzeit von innen geöffnet werden können, z. B. mit einer Panikschließung.

Weiteres Beispiel mit Fluchtbalkon siehe Kapitel A.7.1.3 Abb. A.52.

A.5.5.3 Chemieräume in Schulen

In Schulen müssen gemäß den Unfallverhütungsvorschriften für Fachräume mit erhöhter Brandgefahr (z. B. Chemieräume, Holzwerkräume) mindestens zwei sichere Fluchtmöglichkeiten vorhanden sein. Diese können durch zwei möglichst weit auseinanderliegende Ausgänge hergestellt werden.

Beide Ausgänge können in den gleichen notwendigen Flur führen. Alternativ kann der zweite Ausgang auch über einen benachbarten Raum in den notwendigen Flur führen.

Es ist darauf zu achten, dass die Türen in Fluchtrichtung aufschlagen und jederzeit ohne fremde Hilfe zu öffnen sind (siehe Abb. A.49).

A.5.5.4 Aufenthalts- und Versammlungsräume > 100 m^2 in Versammlungsstätten

Gemäß Muster-Versammlungsstättenverordnung (MVStättVO) müssen Ver-sammlungsräume und sonstige Aufenthaltsräume, die für mehr als 100 Besucher bestimmt sind oder mehr als 100 m^2 Grundfläche haben, jeweils mindestens zwei möglichst weit auseinander und entgegengesetzt liegende Ausgänge ins Freie oder zu Rettungswegen haben.

Es ist nicht ohne Weiteres zulässig, einen Ausgang über einen benachbarten Raum und von dort zum notwendigen Flur zu führen (Bypass). Für eine solche Lösung ist eine Abstimmung mit der für den Brandschutz prüfenden/bescheinigenden/genehmigenden Stelle empfehlenswert. I. d. R. wird hierfür eine Abweichung/Erleichterung benötigt.

A.5.5.5 Verkaufsräume > 100 m^2

Gemäß Muster-Verkaufsstättenverordnung (MVKVO) müssen jeder Verkaufsraum, Aufenthaltsraum und jede Ladenstraße mindestens zwei Ausgänge haben, die zum Freien oder zu Treppenräumen notwendiger Treppen führen. Für Verkaufs- und Aufenthaltsräume, die eine Fläche von nicht mehr als 100 m^2 haben, genügt ein Ausgang.

A.5.5.6 Produktions- und Lagerräume von Industriebauten > 200 m^2

Gemäß Muster-Industriebaurichtlinie (MIndBauRL) muss jeder Raum (z. B. Produktions- oder Lagerraum) mit einer Fläche von mehr als 200 m^2 mindestens zwei Ausgänge haben. Diese Ausgänge sollen möglichst entgegengesetzt angeordnet sein und können auch über einen benachbarten Raum führen. Sie müssen nicht unmittelbar auf Rettungswege führen,

Die betreffenden Räume müssen jedoch an das Rettungswegsystem der MIndBauRL angeschlossen sein und alle diesbezüglichen Anforderungen erfüllen. Dazu gehört z. B. auch, dass ein Hauptgang nach (Abschnitt 5.6.4 MIndBauRL) nach 15 m erreicht sein soll.

A.6 Sicherheitstreppenraum

Gemäß Bauordnung ist ein 2. RW nicht erforderlich, wenn die Rettung über einen sicher erreichbaren Treppenraum möglich ist, in den Feuer und Rauch nicht eindringen können (Sicherheitstreppenraum).

Diese Regelung bezieht sich ausschließlich auf den vertikalen Teil des baulichen Rettungswegs. Entsprechend der bauaufsichtlichen Rettungswegesystematik folgt diese Regelung der Logik, dass ein zweiter vertikaler Rettungsweg nicht erforderlich ist, wenn der erste vertikale Rettungsweg = notwendige Treppe (Fluchtweg) so sicher ist, dass er nicht ausfallen kann (Sicherheitstreppenraum).

Wie dieser Sicherheitstreppenraum für Gebäude, die keine Sonderbauten sind, ausgebildet werden soll, wird in der Bauordnung nicht genannt. Dies führte in der Vergangenheit und führt auch noch heute dazu, dass man in Ermangelung einer genaueren Regelung auf den einzigen Sicherheitstreppenraum zurückgreift, der bauaufsichtlich geregelt ist, nämlich auf den Sicherheitstreppenraum für Hochhäuser.

Allerdings werden an den Sicherheitstreppenraum für Hochhäuser besonders hohe Anforderungen gestellt, da er für den **Sonderbau Hochhaus** bestimmt ist.

Sicherheitstreppenräume für Hochhäuser sind so beschaffen, dass Feuer und Rauch nicht eindringen können. Diese Anforderung kann entweder baulich oder technisch realisiert werden.

Bei einer baulichen Realisierung erfolgt der Zugang zum Treppenraum in jedem Geschoss über das Freie, z. B. über einen offenen Gang oder Balkon. Damit wird das Risiko einer Verrauchung des Sicherheitstreppenraums praktisch ausgeschlossen.

Eine technische Realisierung ist z. B. durch Zugänge über ein überdruckbelüftetes Schleusensystem möglich. Dabei wird im Brandfall der Volumenstrom in der Sicherheitsschleuse so vergrößert bzw. geregelt, dass das Eindringen von Rauchgasen ausgeschlossen wird.

Bei einer technischen Lösung ist darauf zu achten, dass diese ein aufwändiges Lüftungssystem erfordert, das systembedingt anfälliger ist als eine bauliche Lösung und natürlich eine regelmäßige Überprüfung und Wartung benötigt.

Notwendige Flure mit nur einer Fluchtrichtung zu Sicherheitstreppenräumen (Stichflure) dürfen nicht länger als 15 m sein. Außerdem bestehen nach Muster-Hochhaus-Richtlinie (MHHR) noch zahlreiche weitere Anforderungen an Sicherheitstreppenräume und Rettungswege.

Sicherheitstreppenräume für Gebäude, die keine Sonderbauten sind

Es ist fraglich und wird zunehmend kontrovers diskutiert, ob ein derartig sicherer Sicherheitstreppenraum nach MHHR, der für Hochhäuser gedacht ist, auch bei Gebäuden, die keine Sonderbauten sind, erforderlich ist.

Mit anderen Worten wäre es durchaus denkbar, dass ein Sicherheitstreppenraum, der nicht für Hochhäuser, sondern für Gebäude, die keine Sonderbauten sind, eingesetzt werden soll, auch mit geringeren Anforderungen möglich ist. Dieser Gedanke wird für Wohngebäude, z. B. in Berlin mit den „Anforderungen an Sicherheitstreppenräume (SiTrR Bln)“, bereits umgesetzt.

Der Berliner Lösungsansatz ist sehr vielversprechend, hat aber das Problem, dass dort zur Sicherung der Öffnungen in den notwendigen Fluren zu Wohnungen feuerhemmende, rauchdichte und selbstschließende Türen mit Feststellanlage und Freilauffunktion erforderlich sind. Das Problem sind dabei die **Feststellanlagen mit Freilauffunktion**, da diese sehr wartungsintensiv sind und auch regelmäßig von einer Fachkraft geprüft werden müssen, mit schriftlicher Dokumentation der Prüfungsergebnisse. Ob dies für Wohnungen auf Dauer praktikabel ist, erscheint fraglich.

Interessant ist in diesem Zusammenhang, dass gemäß OIB Richtlinie 2 in Tabelle 2b eine ähnliche Lösung möglich ist, jedoch mit Türen EI230-C ohne Feststellanlagen mit Freilauffunktion.

Hier wäre sicher wünschenswert, auch in Deutschland über eine ähnlich praktikable Lösung zumindest einmal nachzudenken. Allerdings besteht dabei das große Problem, dass es in Deutschland keine repräsentativen Schadenstatistiken gibt.

Führt der einzige Rettungsweg (Fluchtweg) über einen Sicherheitstreppenraum, so haben die daran angeschlossenen Wohnungen bzw. NE nur die Möglichkeit, über einen notwendigen Stichflur zum Sicherheitstreppenraum zu fliehen. Die Länge dieses Flurs wird nach Bauordnung deshalb auf 15 m begrenzt.

A.7 Besondere Formen der Rettungswege

A.7.1 Rettungsbalkone

Rettungsbalkone haben, ähnlich wie Laubengänge, den großen Vorteil, dass man von der jeweiligen NE über die Balkontür praktisch ins Freie gelangen kann. Allerdings ist es von Bedeutung, wie der weitere Verlauf des Rettungsbalkons gestaltet ist.

Grundsätzlich sind die drei in den folgenden Punkten beschriebenen Situationen bei Flucht- und Rettungsbalkonen möglich.

A.7.1.1 Rettungsbalkone ohne Anschluss an eine notwendige Treppe

Solche Balkone werden zwar oft als Rettungsbalkone bezeichnet, sind aber in Wirklichkeit nichts anderes als eine mit den Rettungsgeräten der Feuerwehr erreichbare Stelle. Sie haben jedoch gegenüber anleiterbaren Fenstern den Vorteil, dass die fliehenden Personen bei einem Brand in der eigenen Nutzungseinheit nicht in der NE selbst auf die Feuerwehrleiter warten müssen, sondern sich über den Rettungsbalkon auf horizontaler Ebene schon etwas von der Brandstelle entfernen können.

Dies gilt sinngemäß auch bei einem Brand in der unteren NE, wenn die Flammen nach oben schlagen. Auch hier bietet der Rettungsbalkon eine etwas größere Wahlmöglichkeit.

Da dieser Balkon jedoch keinen Anschluss an eine notwendige Treppe hat und lediglich als eine mit den Rettungsgeräten der Feuerwehr erreichbare Stelle gilt, werden an seine bauliche Ausführung nach MBO die gleichen Anforderungen gestellt wie an übliche Balkone, siehe hierzu auch Kapitel A.5.3.7.

A.7.1.2 Rettungsbalkone mit einseitigem Anschluss an eine notwendige Treppe

Auf den ersten Blick sieht die Situation für einen Rettungsbalkon, der an einer Seite an eine notwendige Treppe angeschlossen ist, schon besser aus, da betroffene Personen ihn auf diesem Weg ohne Hilfe der Feuerwehr verlassen können. Dies ist allerdings nur möglich, wenn dieser Weg nicht durch einen Brand und aus dem Fenster schlagende Flammen (entweder aus dem gleichen oder darunterliegenden Geschoss) versperrt wird.

Dadurch bestehen zwei Möglichkeiten für die Herstellung des Balkons:

- Der Rettungsbalkon wird ohne besondere Anforderungen hergestellt, z. B. aus Stahl ohne klassifizierte Feuerwiderstandsdauer und mit Gitterrosten. In diesem Fall ist unter ungünstigen Umständen eine Flucht zur notwendigen Treppe nicht möglich und es gilt sinngemäß das unter Kapitel A.7.1.1 Aufgeführte.
- Der Rettungsbalkon wird als notwendiger Flur in Form eines offenen Gangs vor den Außenwänden mit nur einer Fluchtrichtung (= Laubengang) hergestellt. Dann müssen alle Anforderungen, die an notwendige Flure als Laubengänge bestehen, erfüllt werden (siehe Kapitel A.4.9) und der Laubengang kann als baulicher horizontaler Teil des Rettungswegs bewertet werden. Eine Abweichung/Erleichterung ist nicht erforderlich, da die Anforderungen an einen notwendigen Laubengang erfüllt werden. Allerdings ist in diesem Fall noch der zweite vertikale Rettungsweg zu klären. Führt der Rettungsbalkon als Laubengang zur gleichen notwendigen Treppe, die auch dem ersten baulichen Rettungsweg dient, ist noch ein zweiter (von der notwendigen Treppe unabhängiger) vertikaler Rettungsweg erforderlich, z. B. durch Rettungsgeräte der Feuerwehr (siehe Kapitel A.5.3.1 bis A.5.3.3).
  Führt der Rettungsbalkon als Laubengang dagegen zu einer zweiten notwendigen Treppe, kann er auch als zweiter baulicher Rettungsweg gewertet werden.

A.7.1.3 Rettungsbalkone mit beidseitigem Anschluss an eine notwendige Treppe (Fluchtbalkone)

Ein Rettungsbalkon mit beidseitigem Anschluss an eine notwendige Treppe ist ein besonders günstiger und auch sicherer 2. RW. Wichtig ist, dass er von jedem beliebigen Punkt in zwei Richtungen verlassen werden kann und jeweils zu einer notwendigen Treppe führt.

An seine Ausführung bestehen dann keine besonderen Anforderungen und er kann z. B. aus Stahl ohne klassifizierte Feuerwiderstandsdauer und mit Gitterrosten hergestellt werden.

Es ist jedoch eine Abweichung/Erleichterung erforderlich, da diese Art des Rettungswegs im Bauordnungsrecht nicht behandelt wird. Da der Rettungsbalkon in beide Richtungen verlassen werden kann und jeweils zu einer notwendigen Treppe führt, bestehen keine Bedenken wegen der Personenrettung, so dass die Abweichung/Erleichterung problemlos möglich sein sollte.

Bezüglich der Bewertung als 2. RW ist dabei jedoch von Bedeutung, ob der Rettungsbalkon an eine oder an zwei notwendige Treppen angeschlossen wird.

Bei einer umlaufenden Ausführung mit Anschluss an die gleiche notwendige Treppe, die auch den 1. baulichen RW darstellt, kann der Rettungsbalkon nur als sicherer horizontaler Rettungsweg bewertet werden. Für die NE ist dann ein 2. vertikaler RW erforderlich, z. B. durch Rettungsgeräte der Feuerwehr (siehe Kapitel A.5.3.1 bis 5.3.3).

Wird der Rettungsbalkon dagegen beidseitig an zwei unabhängige notwendige Treppen angeschlossen, kann er auch als Lösung mit zwei baulichen Rettungswegen gewertet werden. Diese Art der Rettungswegführung gehört zu den besten und sichersten Rettungswegen und ist z. B. ideal für Laborgebäude, an die besonders hohe Anforderungen in Bezug auf die Rettungswege bestehen (siehe Kapitel A.5.5.2).

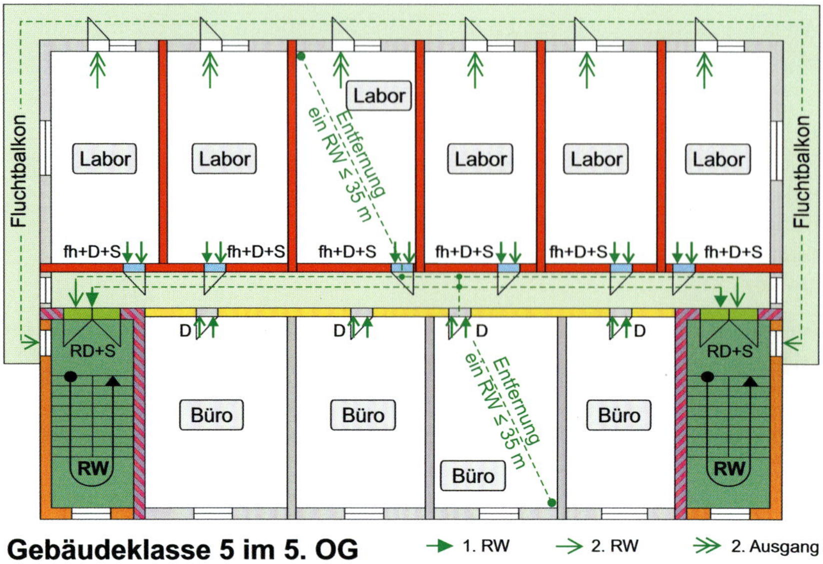

Abb. A.52: Beispiel für ein Gebäude der GK 5 mit Büro- und Labornutzung sowie einem Fluchtbalkon für die Labors

Jeder Laborraum hat gemäß Bauordnung zwei voneinander unabhängige Rettungswege (zwei notwendige Treppenräume), die über denselben notwendigen Flur und damit auch über denselben Ausgang zum notwendigen Flur führen. Damit sind die grundsätzlichen bauaufsichtlichen Anforderungen an zwei bauliche Rettungswege erfüllt.

Wegen der besonderen Nutzung weist jedes Labor einen zweiten Ausgang auf. Dieser soll es ermöglichen, den Laborraum auch dann noch zu verlassen, wenn der erste Ausgang durch ein Schadenereignis ausfällt.

Der zweite Ausgang muss nicht zwingend auch zu einem zweiten baulichen Rettungsweg führen. Er kann auch an das bauliche Rettungswegsystem angeschlossen werden. In diesem Beispiel wurde er besonders sicher angeordnet, da er zu einem umlaufenden Fluchtbalkon führt, der unabhängig vom notwendigen Flur an die beiden notwendigen Treppenräume angeschlossen ist. Durch die beidseitige Fluchtmöglichkeit bestehen keine besonderen Anforderungen an die Ausbildung des Fluchtbalkons. Er kann z. B. auch mit Gitterrosten ausgeführt werden.

Abb. A.53 bis A.56: Rettungsbalkone eines Laborgebäudes; Abb. A.54: Auch die Aufenthaltsräume im KG weisen einen 2. RW zum EG auf; Abb. A.56: Gesicherter Einstieg zur endständigen Nottreppe mit Beleuchtung

Da jeder Fluchtbalkon über zwei entgegengesetzt liegende Notleitern verlassen werden kann, bestehen keine besonderen Anforderungen an den Boden und die Fensterbrüstung. Für die gesamte Ausführung des 2. RW ist eine Abstimmung mit der für den Brandschutz prüfenden/bescheinigenden/genehmigenden Stelle sowie eine entsprechende Abweichung/Erleichterung erforderlich.

A.7.2 Rettungstunnel

Rettungstunnel sollen in Situationen, in denen es schwierig bzw. nicht möglich ist, die im bauaufsichtlichen System geforderten Rettungswege herzustellen, als bauliche Rettungswege den Ausgang ins Freie gewährleisten. Kann in einem Geschoss der sichere Ausgang ins Freie in der vorgeschriebenen Entfernung nicht realisiert werden, können die Rettungstunnel auch ein Geschoss höher oder tiefer angeordnet werden.

Grundsätzlich müssen Rettungstunnel die gleichen Anforderungen erfüllen, die gemäß MBO und sinngemäß LBOs an den Raum zwischen dem notwendigen Treppenraum und dem Ausgang ins Freie gestellt werden. Abhängig von der jeweiligen Situation bestehen jedoch weitere Anforderungen, die mit der den Brandschutz prüfenden/bescheinigenden/genehmigenden Stelle abgestimmt werden sollten. Diese können z. B. sein:

- Ausführung geradlinig und stufenlos zum Ausgang bzw. zu einer notwendigen Treppe oder Rampe führend
- feuerbeständige und öffnungslose Abtrennung zu allen angrenzenden NE, Geschossen und Räumen
- Anschluss nur an notwendige Treppen oder Rampen, die ausschließlich für den Rettungstunnel genutzt werden; Verbindung mit anderen Rettungswegen möglichst vermeiden, andernfalls Abtrennung durch feuerhemmende, rauchdichte und selbstschließende Türen
- Mindestbreite 2,50 m, Mindesthöhe 2,30 m, maximale Länge 50 m
- keine brennbaren Bau- und Dämmstoffe
- mit Ausnahme der unmittelbar für den Betrieb des Fluchttunnels erforderlichen Leitungen keine brennbaren Leitungsanlagen
- Zugänge über Sicherheitsschleusen (Verhinderung des Rauchzutritts)
- Beleuchtung und Sicherheitskennzeichnung mit Funktionserhalt
- ausreichende und sichere Lüftungsmöglichkeit
- sicherer Ausgang ins Freie
- günstige optische Hervorhebung und farbliche Gestaltung

Auch wenn Rettungstunnel noch so sicher ausgeführt werden, sind sie aus brandschutztechnischer Sicht eher umstritten. Personen, die im Brandfall gefährdet sind, versuchen unter Stressbelastung meist, das Gebäude auf den bekannten, also den täglich benutzten Wegen zu verlassen. Deshalb sind für Rettungstunnel ergänzend zu den baulichen auch betriebliche und organisatorische Maßnahmen erforderlich (z. B. Übungen).

A.7.3 Flucht in andere Brandabschnitte

Als besondere Form des Rettungswegs gibt es die Fluchtmöglichkeit in einen anderen Brandabschnitt. Für Krankenhäuser ist diese sogar vorgeschrieben. Auch in Industriebauten ist eine Flucht in andere Brandabschnitte unter bestimmten Voraussetzungen möglich.

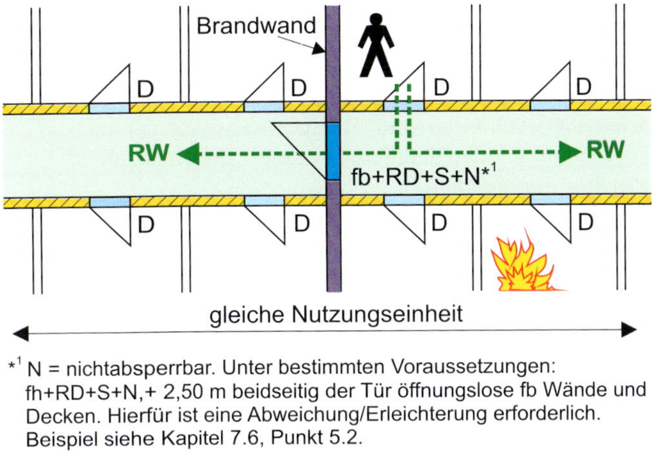

Abb. A.57: Beispiel für baulichen Rettungsweg über einen anderen Brandabschnitt

Diese Ausführung ist nur möglich, wenn beide Brandabschnitte der gleichen NE angehören. Als Tür in der Brandwand ist eine nichtabschließbare feuerbeständige, rauchdichte und selbstschließende Tür erforderlich, da diese Tür gleichzeitig der Unterteilung des notwendigen Flurs in Rauchabschnitte dient.

Anmerkung: Anstelle einer fb+RD+S+N-Tür kann im Rahmen einer Abweichung/Erleichterung auch eine fh+RD+S+N-Tür angeordnet werden, wenn die Flurwände und Decken auf 2,50 m Länge auf beiden Seiten der Brandwand öffnungslos sind bzw. eventuell vorhandene Öffnungen mit fh+D+S-Abschlüssen gesichert werden (siehe Kapitel D).

A.7.4 Sonderformen des zweiten Rettungswegs

Neben den in den Kapitel A.5.2 und 5.3 behandelten Möglichkeiten, den 2. RW herzustellen, gibt es noch Sonderformen, die entweder von der Feuerwehr eingesetzt oder baulich fest montiert werden.

Rettungsgeräte der Feuerwehr

- Sprungtuch (nicht mehr zeitgemäß und durch Sprungkissen und Sprungpolster ersetzt)
- Sprungkissen und Sprungpolster (werden nur als letztes Mittel eingesetzt, wenn alle anderen Rettungsgeräte nicht möglich sind)
- besondere Hubrettungsgeräte
- mobile Fluchtröhren

Rettungsgeräte mit fester Montage

- Rettungsrutschen
- Rettungsschläuche
- Abseilgeräte

> **Wichtig**
>
> Die aufgeführten Sonderformen des 2. RW sind i. d. R. nicht geeignet, den bauordnungsrechtlich vorgeschriebenen Rettungsweg zu gewährleisten. Wenn sie im Einzelfall unter Berücksichtigung besonderer Umstände eingesetzt werden sollen, ist dies nur mit Abstimmung der prüfenden/bescheinigenden/genehmigenden Stelle und einer entsprechenden Abweichung/Erleichterung möglich.

A.8 Rettungswege für Personen mit Mobilitätseinschränkung

A.8.1 Grundsätzliche Anforderungen

Gemäß MBO und den LBOs müssen bauliche Anlagen, die öffentlich zugänglich sind, in den dem allgemeinen Besucher- und Benutzerverkehr dienenden Teilen barrierefrei sein. Das heißt, sie müssen von Menschen mit Mobilitätseinschränkungen, alten Menschen und Personen mit Kleinkindern barrierefrei erreicht und ohne fremde Hilfe zweckentsprechend genutzt werden können. Diese Anforderungen gelten insbesondere für

- Einrichtungen der Kultur und des Bildungswesens,
- Sport- und Freizeitstätten,
- Einrichtungen des Gesundheitswesens,
- Büro-, Verwaltungs- und Gerichtsgebäude,
- Verkaufs-, Gast- und Beherbergungsstätten,
- Stellplätze, Garagen und Toilettenanlagen.

In besonderem Maße gilt dies natürlich für Gebäude und Einrichtungen, die überwiegend bzw. ausschließlich von älteren und Menschen mit Mobilitätseinschränkung genutzt werden, z. B. Tagesstätten, Werkstätten und Heime für Behinderte sowie Seniorenheime, Seniorenwohnheime, Seniorenpflegeheime und Wohnanlagen für betreutes Wohnen.

Konkrete Anforderungen über Rettungswege für Behinderte in Form bauaufsichtlicher Vorschriften bestehen in Deutschland bis auf wenige Ausnahmen nicht. In Berlin gab es eine Behindertenrettungswegeverordnung von 1996, die jedoch zurückgezogen und 2000 durch die Verordnung über die Evakuierung von Rollstuhlbenutzern ersetzt wurde – diese wurde im Oktober 2007 jedoch ebenfalls außer Kraft gesetzt.

In den Grundsätzen zur Auslegung des § 14 MBO heißt es: Soweit es sich (bei Sonderbauten) um Gebäude handelt, die überwiegend von Personen genutzt werden, die sich nicht oder nur eingeschränkt selbst retten können (z. B. Personen mit Mobilitätseinschränkung, Kinder, alte Menschen oder Patienten), muss die Evakuierung (Räumung) als Teil der Personenrettung im Brandfall Gegenstand geeigneter betrieblicher/organisatorischer

Maßnahmen sein (in aller Regel eingewiesenes Personal/Verbringen in einen sicheren Bereich).

Grundsätzlich sollte differenziert werden, ob eine durchschnittliche oder überdurchschnittliche Nutzung durch Personen mit Mobilitätseinschränkungen bzw. Behinderungen vorliegt (bezogen auf den Bevölkerungsanteil). Werden bauliche Anlagen und Einrichtungen oder Teile davon überdurchschnittlich von Personen mit Mobilitätseinschränkungen bzw. Behinderungen genutzt, sind neben den in den LBOs vorgeschriebenen Rettungswegen weitere Maßnahmen erforderlich. Art und Umfang dieser Maßnahmen richten sich u. a. nach Zahl, Mobilitätseinschränkungen, Behinderungen und Betreuung der Benutzer.

A.8.2 Gebäude, die keine Sonderbauten sind

Bei Gebäuden, die keine Sonderbauten sind, wird die Konstitution und Mobilität der zu rettenden Personen i. d. R. nicht berücksichtigt. Man geht davon aus, dass diese Personen die Erschließungswege auch als Rettungswege = Fluchtwege nutzen können und sie im Ernstfall von den anderen im Gebäude anwesenden Personen Hilfe und Unterstützung erhalten.

Ist unter ungünstigen Umständen eine Rettung erforderlich, wird davon ausgegangen, dass die Feuerwehr mit ihren Rettungsgeräten auch die Rettung von Kindern, Personen mit Mobilitätseinschränkungen und älteren gebrechlichen oder auch bettlägerigen Personen bewerkstelligen kann.

Allerdings sollte bei Gebäuden, die zwar (noch) keine Sonderbauten sind, bei denen aber davon ausgegangen werden kann, dass überdurchschnittlich viele Personen eine Mobilitätseinschränkung haben (z. B. betreutes Wohnen), im Einzelfall genau geprüft werden, ob eine Rettung mit Rettungsgeräten der Feuerwehr möglich ist. Für diese Gebäude ist es i. d. R. notwendig, den 2. RW baulich herzustellen. Im Zweifelsfall ist eine Abstimmung mit der den Brandschutz prüfenden/bescheinigenden/genehmigenden Stelle empfehlenswert.

A.8.3 Sonderbauten

Handelt es sich bei den betreffenden Gebäuden um Sonderbauten, ergeben sich die jeweils erforderlichen, auf das Gebäude und seine Nutzung bezogenen Maßnahmen aus dem Brandschutznachweis/-konzept, das idealerweise sehr frühzeitig mit der den Brandschutz prüfenden/bescheinigenden/genehmigenden Stelle abgestimmt werden sollte.

Aus der Sicht des vorbeugenden baulichen Brandschutzes sind i. d. R. zwei bzw. mehrere bauliche vertikale Rettungswege notwendig. Die weiteren erforderlichen baulichen Maßnahmen ergeben sich u. a. aus der Zahl, Mobilitätseinschränkung, Behinderung und Betreuung der Nutzer.

Wichtig sind in diesem Zusammenhang vor allem auch betriebliche und organisatorische Maßnahmen wie Unterweisungen, Räumungsübungen und eine Brandschutzordnung, die sicherstellen, dass die mobilitätseingeschränkten bzw. behinderten Personen mithilfe anwesender gehfähiger Personen bzw. Betreuer im Brandfall gerettet werden können. Dabei sollen die betroffenen Personen soweit möglich und sinnvoll in eine entsprechende Brandschutzaufklärung einbezogen werden.

Besonders wichtig ist auch eine Abstimmung der jeweils erforderlichen Maßnahmen mit der zuständigen Feuerwehr. Hierfür ist eine entsprechende Einsatzplanung mit Brandschutzplänen, Feuerwehreinsatzplänen und Flucht- und Rettungsplänen notwendig.

A.9 Rettungswege in Sonderbauten

A.9.1 Grundsätzliche Anforderungen

Gemäß dem Grundsatzpapier der Fachkommission Bauaufsicht kann die Feuerwehr in Sonderbauten mit vielen Menschen die Personenrettung nicht sicherstellen. Sie ist darauf angewiesen, dass die Personen bei ihrem Eintreffen das Gebäude bereits weitgehend verlassen haben oder sich in sicheren Bereichen befinden.

Deshalb besteht bei Sonderbauten das grundsätzliche Schutzziel, dass die baulichen Rettungswege = Fluchtwege so ausgebildet werden und ggf. betriebliche und organisatorische Maßnahmen so getroffen werden, dass es für die Flucht und Evakuierung der Nutzer i. d. R. **keiner Mitwirkung der Feuerwehr** bedarf.

Bei Sonderbauten, in denen i. d. R. die **eigenständige Flucht der Nutzer ohne fremde Hilfe gewährleistet** ist, gilt dieses Schutzziel als erfüllt, wenn für Rettungswege = Fluchtwege die in der LBO geregelten Anforderungen an bauliche Rettungswege eingehalten werden. Zusätzlich sind je nach Sonderbau noch weitere Anforderungen zu erfüllen, die sich bei geregelten Sonderbauten aus der jeweiligen Sonderbauverordnung bzw. -richtlinie und bei ungeregelten Sonderbauten aus dem jeweiligen Brandschutznachweis/-konzept ergeben.

Ist dagegen bei bestimmten Sonderbauten **die eigenständige Flucht der Nutzer ohne fremde Hilfe nicht gewährleistet** (z. B. Krankenhäuser, Pflegeheime, Kindergärten, Gebäude mit Personen mit Mobilitätseinschränkungen bzw. Behinderungen, die sich im Gefahrenfall nicht oder nur eingeschränkt in Sicherheit bringen können, Schulen, Versammlungsstätten, Gebäude, die von sehr vielen Personen genutzt werden, Verkaufsstätten usw.), sind für den „Lastfall Evakuierung" neben der entsprechenden baulichen Ausbildung der Rettungswege = Fluchtwege zusätzlich (je nach den besonderen Anforderungen) **technische, betriebliche und organisatorische Maßnahmen** erforderlich. Rettungswege für Personen mit Mobilitätseinschränkung siehe Kapitel A.8.

A.9.2 Beherbergungsstätten

Für Beherbergungsstätten bestehen gemäß Muster-Beherbergungsstättenverordnung (MBeVO) bezüglich der Rettungswege unter anderem folgende besonderen Anforderungen:

- Für jeden Beherbergungsraum müssen mindestens zwei voneinander unabhängige Rettungswege vorhanden sein, sie dürfen jedoch innerhalb eines Geschosses über denselben notwendigen Flur führen.
- Der 1. RW muss für Beherbergungsräume, die nicht zu ebener Erde liegen, über eine notwendige Treppe führen.
- Der 2. RW muss für Beherbergungsräume, die nicht zu ebener Erde liegen, über eine weitere notwendige Treppe oder eine Außentreppe führen.
- In Beherbergungsstätten mit insgesamt nicht mehr als 60 Gastbetten genügt als 2. RW eine mit Rettungsgeräten der Feuerwehr erreichbare Stelle des Beherbergungsraums; dies gilt nicht, wenn in einem Geschoss mehr als 30 Gastbetten vorhanden sind.
- An Abzweigungen notwendiger Flure, an den Zugängen zu notwendigen Treppenräumen und an den Ausgängen ins Freie ist durch Sicherheitszeichen auf die Ausgänge hinzuweisen; diese müssen beleuchtet sein.
- Je nach Beherbergungsstätte bestehen noch weitere Anforderungen, z. B. an Sicherheitsbeleuchtung, Sicherheitsstromversorgung, Alarmierungseinrichtungen, Brandmeldeanlagen, Brandfallsteuerung von Aufzügen, Freihaltung von Rettungswegen, Brandschutzordnung und verantwortliche Personen.

Die konkreten Anforderungen ergeben sich aus der im jeweiligen Land geltenden Beherbergungsstättenverordnung bzw. den entsprechenden Sondervorschriften.

A.9.3 Garagen

Für Mittel- und Großgaragen bestehen gemäß Muster-Garagenverordnung (M-GarVO) bezüglich der Rettungswege u. a. folgende besonderen Anforderungen:

- Jede Mittel- und Großgarage muss in jedem Geschoss mindestens zwei voneinander unabhängige Rettungswege haben.
- Der 2. RW darf auch über eine Rampe führen.
- In oberirdischen Mittel- und Großgaragen genügt ein Rettungsweg, wenn ein Ausgang ins Freie in höchstens 10 m Entfernung erreichbar ist.
- Bei oberirdischen Mittel- und Großgaragen, deren Einstellplätze im Mittel nicht mehr als 3 m über der Geländeoberfläche liegen, sind Treppenräume für notwendige Treppen nicht erforderlich.
- Von jeder Stelle einer Mittel- und Großgarage muss in demselben Geschoss mindestens ein Treppenraum einer notwendigen Treppe oder, wenn ein Treppenraum nicht erforderlich ist, mindestens eine notwendige Treppe oder ein Ausgang ins Freie
  1. bei offenen Mittel- und Großgaragen in einer Entfernung von höchstens 50 m,

2. bei geschlossenen Mittel- und Großgaragen in einer Entfernung von höchstens 30 m

erreichbar sein.
Die Entfernung ist in Luftlinie, jedoch nicht durch Bauteile zu messen.
- In Mittel- und Großgaragen müssen dauerhafte und leicht erkennbare Hinweise auf die Ausgänge vorhanden sein.
- In Großgaragen müssen die zu den notwendigen Treppen oder zu den Ausgängen ins Freie führenden Wege auf dem Fußboden durch dauerhafte und leicht erkennbare Markierungen sowie an den Wänden durch beleuchtete Hinweise gekennzeichnet sein.
- Außerdem bestehen (je nach Garagengröße) noch weitere Anforderungen, z. B. an Sicherheitsbeleuchtung und Betriebsvorschriften.

Die konkreten Anforderungen ergeben sich aus der im jeweiligen Land geltenden Garagenverordnung bzw. den entsprechenden Sondervorschriften, siehe auch Kapitel 8.4 in diesem Werk.

A.9.4 Hochhäuser

Gebäude mit einer Höhe der Fußbodenoberkante des höchstgelegenen Geschosses, in dem ein Aufenthaltsraum möglich ist, über der Geländeoberfläche im Mittel von mehr als 22 m werden als Hochhäuser bezeichnet und sind Sonderbauten. Ihre besonderen Anforderungen werden in der Muster-Hochhausrichtlinie (MHHR) bzw. den im jeweiligen Land eingeführten Sondervorschriften geregelt.

Da Rettungsgeräte der Feuerwehr nur bis zu einer Höhe von 23 m eingesetzt werden können, bestehen für die Rettungswege bei Hochhäusern gemäß der MHHR u. a. folgende besonderen Anforderungen:

- Für NE und für Geschosse ohne Aufenthaltsräume müssen in jedem Geschoss mindestens zwei voneinander unabhängige bauliche Rettungswege ins Freie vorhanden sein, die zu öffentlichen Verkehrsflächen führen.
- Beide Rettungswege dürfen innerhalb des Geschosses über denselben notwendigen Flur führen. Die Rettungswege aus den oberirdischen Geschossen und den Kellergeschossen müssen getrennt ins Freie führen.
- Die lichte Breite eines jeden Teils von Rettungswegen muss mindestens 1,20 m betragen. Die lichte Breite der Türen aus NE auf notwendige Flure muss mindestens 0,90 m betragen.
- Rettungswege müssen durch Sicherheitszeichen dauerhaft und gut sichtbar gekennzeichnet sein.
- In Hochhäusern mit nicht mehr als 60 m Höhe genügt anstelle von zwei notwendigen Treppenräumen ein Sicherheitstreppenraum.
- In Hochhäusern mit mehr als 60 m Höhe müssen alle notwendigen Treppenräume als Sicherheitstreppenräume ausgebildet sein.
- Innen liegende notwendige Treppenräume von oberirdischen Geschossen und notwendige Treppenräume von Kellergeschossen mit Aufenthaltsräumen müssen als Sicherheitstreppenraum ausgebildet sein.
- Notwendige Treppenräume von Kellergeschossen dürfen mit den Treppenräumen oberirdischer Geschosse nicht in Verbindung stehen.
- Innen liegende Sicherheitstreppenräume dürfen durchgehend sein.

- Außerdem bestehen noch weitere Anforderungen, z. B. an Treppenräume, Vorräume, notwendige Flure, Türen, Kennzeichnung von Rettungswegen, die sicherheitstechnische Gebäudeausrüstung, Sicherheitsbeleuchtung, Sicherheitsstromversorgungsanlagen, Betriebsvorschriften, Brandschutzordnung, Feuerwehrpläne, Flucht- und Rettungswegepläne und verantwortliche Personen.

Die konkreten Anforderungen ergeben sich aus der im jeweiligen Land geltenden Hochhausrichtlinie bzw. den entsprechenden Sondervorschriften.

A.9.5 Industriebauten

Für Industrie- und Gewerbebauten bestehen gemäß MIndBauRL bezüglich der Rettungswege unter anderem folgende besonderen Anforderungen:

- Zu den Rettungswegen in Industriebauten gehören insbesondere die Hauptgänge in den Produktions- und Lagerräumen, die Ausgänge aus diesen Räumen, die notwendigen Flure, die notwendigen Treppen und die Ausgänge ins Freie.
- Für Industriebauten mit einer Grundfläche von mehr als 1600 m^2 müssen in jedem Geschoss mindestens zwei möglichst entgegengesetzt liegende bauliche Rettungswege vorhanden sein. Dies gilt für Ebenen oder Einbauten mit einer Grundfläche von jeweils mehr als 200 m^2 entsprechend.
- Kellergeschosse mit einer Grundfläche von mehr als 200 m^2 müssen in Industriebauten nach MIndBauRL Tabelle 2, Spalte 2 und Tabelle 7 jeweils zwei bauliche Rettungswege haben.
- Jeder Raum mit einer Grundfläche von mehr als 200 m^2 muss mindestens zwei Ausgänge haben.
- Außerdem bestehen noch zahlreiche weiteren Anforderungen und Regelungen, z. B. detaillierte Vorgaben an die Führung der Rettungswege, Hauptgänge, Lauflänge, Entfernungen, Alarmierungseinrichtungen, Einbauten, Ebenen usw.

Die konkreten Anforderungen ergeben sich aus der im jeweiligen Land geltenden Industriebaurichtlinie.

A.9.6 Krankenhäuser

Krankenhäuser sind im Brandfall in Bezug auf die Menschenrettung und Rettungswege besonders problematisch, da für die „ans Bett gefesselten" Personen eine Selbstrettung (Flucht) nicht möglich ist und eine Rettung über vertikale Rettungswege nicht bzw. nur mit sehr hohem Aufwand bewerkstelligt werden kann.

Aufzüge sind als vertikale Rettungswege grundsätzlich nicht geeignet. Deshalb besteht ein wesentlicher Teil des Rettungswegkonzepts in Krankenhäusern und auch in Pflegeheimen darin, dass eine horizontale Evakuierung in andere Brandabschnitte möglich ist.

Um die horizontale Evakuierung zu ermöglichen, müssen immer mindestens zwei Brandabschnitte angeordnet werden. Diese müssen unmittelbar miteinander und jeweils mit einem notwendigen Treppenraum verbunden sein.

Die Muster-Krankenhausbauverordnung (M-KhBauVO) stammt von 1976 und ist weitgehend überholt. Sie wurde in einigen Ländern mit Änderungen und Anpassungen eingeführt (z. B. Brandenburgische Krankenhaus- und Pflegeheim-Bauverordnung (BbgKPBauV)).

Die (teilweise überholte) M-KhBauVO hat folgende Regelungen, wobei zu beachten ist, dass je nach Land und Brandschutzkonzept/-nachweis höhere oder auch andere Anforderungen bestehen können.

- Jedes Obergeschoss im Pflegebereich muss mindestens zwei Brandabschnitte haben.
- Jeder Brandabschnitt muss mit einem anderen Brandabschnitt und mit einem notwendigen Treppenraum unmittelbar verbunden sein und ist bezüglich der möglichen Aufnahme der Personen des angrenzenden Brandabschnitts ausreichend zu bemessen.

Anmerkung

Nach der (überholten) M-KhBauVO ist der Brandabschnitt so zu bemessen, dass zusätzlich mindestens 30 % der Betten des benachbarten Brandabschnitts vorübergehend aufgenommen werden können.

Gemäß BbgKPBauV müssen sie zusätzlich alle Personen aus dem größten benachbarten Brandabschnitt vorübergehend aufnehmen können und die Nutzbarkeit der Rettungswege darf durch die zusätzlich aufgenommenen Rollstühle, Betten und Tragen nicht beeinträchtigt werden.

- Rettungswege (notwenige Flure, notwendige Treppen und Ausgänge ins Freie) müssen in solcher Zahl und Breite vorhanden und so verteilt sein, dass Kranke, Besucher und Personal unmittelbar oder über andere Brandabschnitte, Flure oder Treppenräume ins Freie, auf Rettungswege auf dem Grundstück oder auf öffentliche Verkehrsflächen gelangen können.
- Von jeder Stelle eines zu ebener Erde liegenden Aufenthaltsraums muss mindestens ein unmittelbar ins Freie führender Ausgang oder ein notwendiger Flur in höchstens 30 m Entfernung erreichbar sein.
- Von jeder Stelle eines nicht zu ebener Erde liegenden Aufenthaltsraums muss mindestens ein Treppenraum mit einer notwendigen Treppe in höchstens 30 m Entfernung erreichbar sein.
- Von jedem Aufenthaltsraum in Gebäuden mit mehr als einem Vollgeschoss müssen mindestens zwei voneinander unabhängige und möglichst entgegengesetzt liegende Rettungswege erreichbar sein, die unmittelbar oder über notwendige Treppen und Flure ins Freie führen. Mindestens einer der Rettungswege darf die im vorangehenden Punkt angegebenen zulässigen Längen nicht überschreiten.
- Flure, die nur in einer Richtung verlassen werden können (Stichflure), sind nur bis zu 10 m Länge zulässig.
- Außerhalb des Pflegebereichs kann einer der Rettungswege auch über außen angeordnete Treppen und Gänge (Rettungsbalkone), Terrassen und begehbare Dächer in Verbindung mit Treppen führen, wenn diese Bauteile feuerbeständig hergestellt und ausreichend breit sind.
- An den Kreuzungen und Abzweigungen der Hauptflure sowie an allen Ausgängen und Türen, die im Zuge von Rettungswegen liegen, ist durch

Sicherheitskennzeichen auf die Ausgänge und die notwendigen Treppen hinzuweisen. Die Sicherheitskennzeichen müssen beleuchtet sein. Im Übrigen sind die Rettungswege durch gut sichtbare Richtungspfeile zu kennzeichnen.
- Außerdem bestehen je nach Land, Situation und Brandschutznachweis/-konzept weitere Anforderungen. Diese betreffen z. B. Sicherheitsstromversorgungsanlagen, Sicherheitsbeleuchtung, Brandmelde- und Alarmierungsanlagen, Brandschutzordnungen und Feuerwehrpläne.

Die konkreten Anforderungen ergeben sich aus der im jeweiligen Land geltenden Vorschriften. In den Ländern, die keine eigenen Vorschriften haben, kann die M-KhBauVO bezüglich der Rettungswege i. d. R. als grobe Orientierungshilfe verwendet werden, muss jedoch dazu auf die aktuelle Situation und die jeweilige LBO angepasst werden.

A.9.7 Schulen

Schulen sind Gebäude, in denen sich regelmäßig eine große Anzahl von Kindern und Jugendlichen aufhält. Trotzdem konnte gemäß der früher geltenden Muster-Schulbaurichtlinie (MSchulbauR) bis etwa 1998 unter bestimmten Voraussetzungen der 2. RW über Rettungsgeräte der Feuerwehr hergestellt werden.

Dabei ging man u. a. davon aus, dass die Schüler immer betreut sind und durch betriebliche und organisatorische Maßnahmen eine Evakuierung im Ernstfall so schnell möglich ist, dass dieser 2. RW nur unter besonders ungünstigen Umständen und dann nur für einzelne Räume benötigt würde. Dies führte dazu, dass in Deutschland viele Schulen gebaut wurden und auch noch existieren, die nicht für alle Unterrichtsräume zwei bauliche vertikale Rettungswege haben.

Etwa ab 1998 begann mit der Veröffentlichung der neuen Schulbaurichtlinie ein Umdenkprozess. Die für den Brandschutz zuständigen und in Deutschland maßgebenden Stellen kamen zu dem Schluss, dass bei Unterrichtsräumen wegen der großen Personenzahlen eine Rettung mit Rettungsgeräten der Feuerwehr nicht möglich ist. Deshalb wurde in die MSchulbauR aufgenommen, dass für Unterrichtsräume immer zwei voneinander unabhängige bauliche vertikale Rettungswege erforderlich sind.

Wenn also bei Unterrichtsräumen der 2. RW über Rettungsgeräte der Feuerwehr nach „offizieller Meinung“ (siehe MSchulbauR) nicht möglich ist, bedeutet dies für alle bestehenden Unterrichtsräume, für die in der Vergangenheit von einer Rettungsmöglichkeit durch die Feuerwehr ausgegangen wurde, dass jetzt kein 2. RW mehr vorhanden ist.

Da es für diesen fehlenden zweiten Rettungsweg i. d. R. keinen Bestandsschutz gibt, wurde damit in Deutschland eine beispiellose Sanierungswelle eingeleitet. Dabei würde es bei bestandsgeschützten Schulen eigentlich genügen, nur den (ab der neuen Erkenntnis) fehlenden zweiten baulichen Rettungsweg herzustellen, also die Feuerwehrleiter zu ersetzen, die bis zu diesem Zeitpunkt als Rettungsmittel akzeptiert war. Dies könnte z. B. durch notwendige Treppen als Außentreppen, Bypasstüren zwischen den Unterrichtsräumen, Fluchtbalkone und ähnlichen Maßnahmen geschehen.

Grundsätzlich wären hierfür bei begrenzten Personenzahlen auch Nottreppen geeignet, da es ja nur um den Ersatz der fehlenden Feuerwehrleiter geht.

Außerdem sehen neue Konzepte für Schulen vor, die Flächen zwischen den Unterrichtsräumen und Verkehrsflächen besser zu nutzen und offene Unterrichtsbereiche (ohne notwendige Flure) zu schaffen. Dies erfolgt mithilfe von größeren Kompartments wie z. B. in Hamburg oder Clustern wie z. B. in Berlin. Zur Gewährleistung der Rettungswege bestehen dann zusätzliche Anforderungen an den baulichen (Trennung der Kompartments bzw. Cluster), technischen (Brandmeldeanlagen bzw. besondere Anforderungen für Alarmierungsanlagen), betrieblichen und auch organisatorischen Brandschutz.

Grundsätzliche Anforderungen an die Rettungswege gemäß MSchulbauR:

- Für jeden Unterrichtsraum müssen in demselben Geschoss mindestens zwei voneinander unabhängige Rettungswege zu Ausgängen ins Freie oder zu notwendigen Treppenräumen vorhanden sein.
  Anmerkung: Obwohl es in der Richtlinie nicht eigens erwähnt wird, dürfen, wie in der MBO angegeben, beide Rettungswege innerhalb des Geschosses über denselben notwendigen Flur führen.
- Anstelle eines dieser Rettungswege darf ein Rettungsweg über Außentreppen ohne Treppenräume, Rettungsbalkone, Terrassen und begehbare Dächer auf das Grundstück führen, wenn dieser Rettungsweg im Brandfall nicht gefährdet ist; dieser Rettungsweg gilt als Ausgang ins Freie.
- Einer der beiden Rettungswege darf durch eine Halle führen; diese Halle darf nicht als Raum zwischen einem notwendigen Treppenraum und dem Ausgang ins Freie dienen.
- Notwendige Flure mit nur einer Fluchtrichtung (Stichflure) dürfen nicht länger als 10 m sein.
- Die erforderliche nutzbare Breite der notwendigen Flure und notwendigen Treppen darf durch offen stehende Türen, Einbauten oder Einrichtungen nicht eingeengt werden.
- Ausgänge zu notwendigen Fluren dürfen nicht breiter sein als der notwendige Flur. Ausgänge zu notwendigen Treppenräumen dürfen nicht breiter sein als die notwendige Treppe. Ausgänge aus notwendigen Treppenräumen müssen mindestens so breit sein wie die notwendige Treppe.
- An den Ausgängen zu notwendigen Treppenräumen oder ins Freie müssen Sicherheitszeichen angebracht sein.
- Außerdem bestehen noch weitere Anforderungen, z. B. an Kennzeichnung von Rettungswegen, Sicherheitsbeleuchtung, Sicherheitsstromversorgung, Alarmierungsanlagen, Feuerwehrplan und Brandschutzordnung.

Die konkreten Anforderungen ergeben sich aus der im jeweiligen Land geltenden Schulbaurichtlinie bzw. den entsprechenden Sondervorschriften. In den Ländern, die keine eigenen Vorschriften haben, kann die MSchulbauR i. d. R. als Orientierungshilfe herangezogen werden, muss jedoch an die aktuelle Situation und die jeweilige LBO angepasst werden.

A.9.8 Verkaufsstätten

Für Verkaufsstätten bestehen nach Muster-Verkaufsstättenverordnung (MVKVO) bezüglich der Rettungswege u. a. folgende besonderen Anforderungen:

- Für jeden Verkaufsraum, Aufenthaltsraum und für jede Ladenstraße müssen in demselben Geschoss mindestens zwei voneinander unabhängige Rettungswege zu Ausgängen ins Freie oder zu Treppenräumen notwendiger Treppen vorhanden sein. Anstelle eines dieser Rettungswege darf ein Rettungsweg über Außentreppen ohne Treppenräume, Rettungsbalkone, Terrassen und begehbare Dächer auf das Grundstück führen, wenn hinsichtlich des Brandschutzes keine Bedenken bestehen; dieser Rettungsweg gilt als Ausgang ins Freie.
- Von jeder Stelle
  - eines Verkaufsraums in höchstens 25 m Entfernung,
  - eines sonstigen Raums oder einer Ladenstraße in höchstens 35 m Entfernung
- muss mindestens ein Ausgang ins Freie oder ein Treppenraum notwendiger Treppen erreichbar sein (1. RW).
- Der 1. RW darf, soweit er über eine Ladenstraße führt, auf der Ladenstraße eine zusätzliche Länge von höchstens 35 m haben, wenn
  - der nach MVKVO Abs. 1 erforderliche 2. RW für Verkaufsräume nicht über diese Ladenstraße führt oder
  - der Verkaufsraum eine Fläche von insgesamt nicht mehr als 100 m^2 und eine Raumtiefe von höchstens 10 m hat, großflächige Sichtbeziehungen zur Ladenstraße bestehen und die Ladenstraße in diesem Bereich über zwei entgegengesetzte Fluchtrichtungen ins Freie verfügt.
- In Verkaufsstätten mit Sprinkleranlagen oder in erdgeschossigen Verkaufsstätten darf der in den beiden vorangehenden Punkten genannte Rettungsweg innerhalb von Brandabschnitten eine zusätzliche Länge von höchstens 35 m haben, soweit er über einen notwendigen Flur für Kunden mit einem unmittelbaren Ausgang ins Freie oder in einen Treppenraum notwendiger Treppen führt.
- Von jeder Stelle eines Verkaufsraums muss ein Hauptgang oder eine Ladenstraße in höchstens 10 m Entfernung erreichbar sein.
- In Rettungswegen ist nur eine Folge von mindestens drei Stufen zulässig. Die Stufen müssen eine Stufenbeleuchtung haben.
- An Kreuzungen der Ladenstraßen und der Hauptgänge sowie an Türen im Zuge von Rettungswegen ist deutlich und dauerhaft auf die Ausgänge durch Sicherheitszeichen hinzuweisen. Die Sicherheitszeichen müssen beleuchtet sein.
- Die Entfernungen nach den Abs. 2 bis 5 sind in der Luftlinie, jedoch nicht durch Bauteile zu messen. Die Länge der Lauflinie darf in Verkaufsräumen 35 m nicht überschreiten.
- Außerdem bestehen noch weitere Anforderungen, z. B. an Ausgänge, Türen in Rettungswegen, Sicherheitsbeleuchtung, Sicherheitsstromversorgung, Rettungswege auf dem Grundstück, verantwortliche Personen, Brandschutzordnung und Räumungskonzept.

Die konkreten Anforderungen ergeben sich aus der im jeweiligen Land geltenden Verkaufsstättenverordnung.

A.9.9 Versammlungsstätten

Für Versammlungsstätten bestehen nach der MVStättVO bezüglich der Rettungswege u. a. folgende besonderen Anforderungen:

- Rettungswege müssen ins Freie zu öffentlichen Verkehrsflächen führen. Zu den Rettungswegen von Versammlungsstätten gehören insbesondere die frei zu haltenden Gänge und Stufengänge, die Ausgänge aus Versammlungsräumen, die notwendigen Flure und Treppen, die Ausgänge ins Freie, die als Rettungsweg dienenden Balkone, Dachterrassen und Außentreppen sowie die Rettungswege im Freien auf dem Grundstück.
- Versammlungsstätten müssen in jedem Geschoss mit Aufenthaltsräumen mindestens zwei voneinander unabhängige bauliche Rettungswege haben; dies gilt entsprechend für Tribünen. Die Führung beider Rettungswege innerhalb eines Geschosses durch einen gemeinsamen notwendigen Flur ist zulässig. Rettungswege dürfen über Balkone, Dachterrassen und Außentreppen auf das Grundstück führen, wenn sie im Brandfall sicher begehbar sind.
- Rettungswege dürfen über Gänge und Treppen durch Foyers oder Hallen zu Ausgängen ins Freie geführt werden, soweit mindestens ein weiterer von dem Foyer oder der Halle unabhängiger baulicher Rettungsweg vorhanden ist. Foyers oder Hallen dürfen nicht als Raum zwischen notwendigen Treppenräumen und Ausgängen ins Freie im Sinn des § 35 Abs. 3 Satz 2 MBO dienen.
- Versammlungsstätten müssen für Geschosse mit jeweils mehr als 800 Besucherplätzen nur diesen Geschossen zugeordnete Rettungswege haben.
- Versammlungsräume und sonstige Aufenthaltsräume, die für mehr als 100 Besucher bestimmt sind oder mehr als 100 m^2 Grundfläche haben, müssen jeweils mindestens zwei möglichst weit auseinander und entgegengesetzt liegende Ausgänge ins Freie oder zu Rettungswegen haben. Die nach § 7 Abs. 4 Satz 1 MVStättVO ermittelte Breite ist möglichst gleichmäßig auf die Ausgänge zu verteilen; die Mindestbreiten nach § 7 Abs. 4 Satz 3 und 4 MVStättVO bleiben unberührt.
- Ausgänge und sonstige Rettungswege müssen durch Sicherheitszeichen dauerhaft und gut sichtbar gekennzeichnet sein.
- Die Entfernung von jedem Besucherplatz bis zum nächsten Ausgang aus dem Versammlungsraum von der Tribüne darf nicht länger als 30 m sein. Bei mehr als 5 m lichter Höhe ist je 2,50 m zusätzlicher lichter Höhe über der für Besucher zugänglichen zu entrauchenden Ebene für diesen Bereich eine Verlängerung der Entfernung um 5 m zulässig. Die Entfernung von 60 m bis zum nächsten Ausgang darf nicht überschritten werden. Die vorstehenden Sätze 1 bis 3 gelten für Tribünen außerhalb von Versammlungsräumen sinngemäß.
- Die Entfernung von jeder Stelle einer Bühne bis zum nächsten Ausgang darf nicht länger als 30 m sein. Gänge zwischen den Wänden der Bühne und dem Rundhorizont oder den Dekorationen müssen eine lichte Breite von 1,20 m haben; in Großbühnen müssen diese Gänge vorhanden sein.
- Die Entfernung von jeder Stelle eines notwendigen Flurs oder eines Foyers bis zum Ausgang ins Freie oder zu einem notwendigen Treppenraum darf nicht länger als 30 m sein.

- Die Breite der Rettungswege ist nach der größtmöglichen Personenzahl zu bemessen. Dabei muss die lichte Breite eines jeden Teils von Rettungswegen für die darauf angewiesenen Personen mindestens betragen bei
  1. Versammlungsstätten im Freien sowie Sportstadien 1,20 m je 600 Personen,
  2. anderen Versammlungsstätten 1,20 m je 200 Personen;
- Zwischenwerte sind zulässig. Die lichte Mindestbreite eines jeden Teils von Rettungswegen muss 1,20 m betragen. Bei Rettungswegen von Versammlungsräumen mit nicht mehr als 200 Besucherplätzen und bei Rettungswegen im Bühnenhaus genügt eine lichte Breite von 0,90 m. Für Rettungswege von Arbeitsgalerien genügt eine Breite von 0,80 m.
- Ausstellungshallen müssen durch Gänge so unterteilt sein, dass die Tiefe der zur Aufstellung von Ausstellungsständen bestimmten Grundflächen (Ausstellungsflächen) nicht mehr als 30 m beträgt. Die Entfernung von jeder Stelle auf einer Ausstellungsfläche bis zu einem Gang darf nicht mehr als 20 m betragen; sie wird auf die nach Abs. 1 bemessene Entfernung nicht angerechnet. Die Gänge müssen auf möglichst geradem Weg zu entgegengesetzt liegenden Ausgängen führen. Die lichte Breite der Gänge und der zugehörigen Ausgänge muss mindestens 3 m betragen.
- Die Entfernungen werden in Lauflinie gemessen.
- Außerdem bestehen noch weitere Anforderungen, z. B. an Ausgänge, Türen in Rettungswegen, Sicherheitsbeleuchtung, Sicherheitsstromversorgung, Alarmierungsanlagen, Rettungswege auf dem Grundstück, Betriebsvorschriften, Pflichten der Betreiber, Veranstalter und Beauftragten, Brandsicherheitswache, Brandschutzordnung, Räumungskonzept, Feuerwehrpläne, Sicherheitskonzept und Rettungswegeplan.

Die konkreten Anforderungen ergeben sich aus der im jeweiligen Land geltenden Versammlungsstättenverordnung.

A.9.10 Kindertagesstätten und Kindergärten

Gruppenräume von Kindergärten und Kindertagesstätten benötigen immer zwei bauliche Rettungswege. Im Idealfall liegen die Gruppenräume im EG und haben pro Raum einen direkten Ausgang ins Freie, der unter Umständen (in den meisten Ländern mit einer entsprechenden Abweichung/Erleichterung) auch als derselbe Ausgang für den ersten und zweiten Rettungsweg bewertet werden kann. Für Beispiele hierzu siehe Kapitel A.10.2 Abb. A.70 und A.71.

Gruppenräume, die nicht zu ebener Erde liegen, benötigen zwei voneinander unabhängige vertikale bauliche Rettungswege.

Notrutschen

Insbesondere bei Kindergärten im Bestand mit Gruppenräumen in Obergeschossen und einem fehlenden zweiten baulichen Rettungsweg wird über Notrutschen diskutiert.

Abb. A.58: Zweiter baulicher RW aus dem 1. OG eines Kindergartens

Wichtig

Gemäß MBO 2002 und auch den LBOs sind Notrutschen in Kindertagesstätten und Kindergärten grundsätzlich kein geeigneter 2. RW. Allerdings ist der Einbau von Notrutschen in bestehende Kindergärten nicht grundsätzlich abzulehnen. Die Notrutsche kann den 2. RW jedoch nicht vollständig ersetzen, da sie gegenüber einem zweiten baulichen Rettungsweg einige Nachteile aufweist und auch keine gleichwertige Option für die Rettungskräfte zum Einstieg in das Gebäude bietet.

Insbesondere bei bestehenden Kindergärten mit fehlendem 2. baulichen RW in den Gruppenräumen im 1. OG bieten sich Notrutschen als einfache alternative Lösung an. Dabei ist jedoch zu beachten, dass solche Möglichkeiten in Deutschland kontrovers diskutiert werden. Deshalb müssen derartige Lösungen möglichst frühzeitig mit den für den Brandschutz zuständigen Stellen abgestimmt werden und es ist eine Abweichung/Erleichterung erforderlich.

Beispiel

Für die Rettung (Flucht) der Kinder aus einem Gruppenraum im 1. OG wird eine Notrutsche angeordnet. Zusätzlich ist eine mit Rettungsgeräten der Feuerwehr erreichbare Stelle (i. d. R. ein anleiterbares Fenster) erforderlich, so dass die Feuerwehr bei einem Ausfall des ersten baulichen Rettungswegs den Gruppenraum unabhängig von der Notrutsche erreichen kann.

Anmerkung

Diese anleiterbare Stelle dient nicht der Rettung der Kinder über Rettungsgeräte der Feuerwehr, sondern dem Zugang der Rettungskräfte, um z. B. den Rettungsvorgang über die Notrutsche zu unterstützen oder einzelne verletzte Kinder zu retten.

A.10 Anwendungs- und Fallbeispiele

A.10.1 RW aus NE ohne Aufenthaltsräume

In Geschossen und NE ohne Aufenthaltsräume genügt ein Rettungsweg = Fluchtweg. Dabei handelt es sich i. d. R. um den ohnehin zur Nutzung erforderlichen Erschließungsweg. Besondere Anforderungen bezüglich seiner Ausbildung und der Entfernung zum Ausgang in den notwendigen Treppenraum, zur notwendigen Außentreppe oder zum Ausgang ins Freie werden nicht gestellt. Lediglich im KG bestehen Anforderungen (Entfernung ≤ 35 m, zwei Ausgänge für übereinanderliegende KG), siehe Kapitel A.10.3.

In Sonderbauten und bei besonderen Räumen können weitere Anforderungen bestehen, die sich aus der jeweilige Sonderbauvorschrift bzw. dem Brandschutznachweis/-konzept ergeben.

A.10.2 RW aus ebenerdigen NE, Räumen und Geschossen

A.10.2.1 Anforderung der MBO und MBO-konformen LBOs

Entsprechend der Formulierung des Rettungswegparagrafen sind auch in ebenerdigen NE mit mindestens einem Aufenthaltsraum mindestens zwei voneinander unabhängige Rettungswege ins Freie erforderlich. Soll in bestimmten Fällen nur ein RW angeordnet werden, ist nach MBO und den MBO-konformen LBOs hierfür eine entsprechende Abweichung/ Erleichterung erforderlich. Diese Thematik wird in den nachfolgenden Kapiteln A.10.2.2 und A.10.2.3 behandelt.

Grundsätzlich besteht in ebenerdigen Geschossen eine günstige Situation. Wird der 2. RW über geeignete Fenster hergestellt, muss für die Flucht bzw. Selbstrettung i. d. R. nicht das Eintreffen der Feuerwehr abgewartet werden.

Weist die für den 2. RW vorgesehene Fensteröffnung nicht die gemäß LBO erforderlichen Mindestmaße auf, ist in ebenerdigen NE evtl. eine Abweichung möglich (siehe hierzu Kapitel A.5.3.7).

Sind zwei bauliche Rettungswege erforderlich, ist es im Erdgeschoss relativ einfach, einen zweiten bzw. weiteren baulichen Rettungsweg durch zusätzliche Ausgangstüren ins Freie herzustellen.

Ebenso ist es in ebenerdigen Geschossen relativ einfach, einen zweiten oder weiteren Ausgang ins Freie anzuordnen (z. B. zur Kompensation eines fehlenden notwendigen Flurs oder bei größeren Räumen).

> **Tipp**
>
> Durch Anordnung einer Fenstertüre anstelle eines Fensters kann in ebenerdigen NE oder Aufenthaltsräumen die Situation der Rettungswege deutlich verbessert werden. Unter Umständen besteht dann sogar die Möglichkeit, auf einen 2. RW zu verzichten, siehe nachfolgende Kapitel A.10.2.2 und A.10.2.3.

Gebäudeklasse 5 im EG (GK 3 + GK 4 analog)

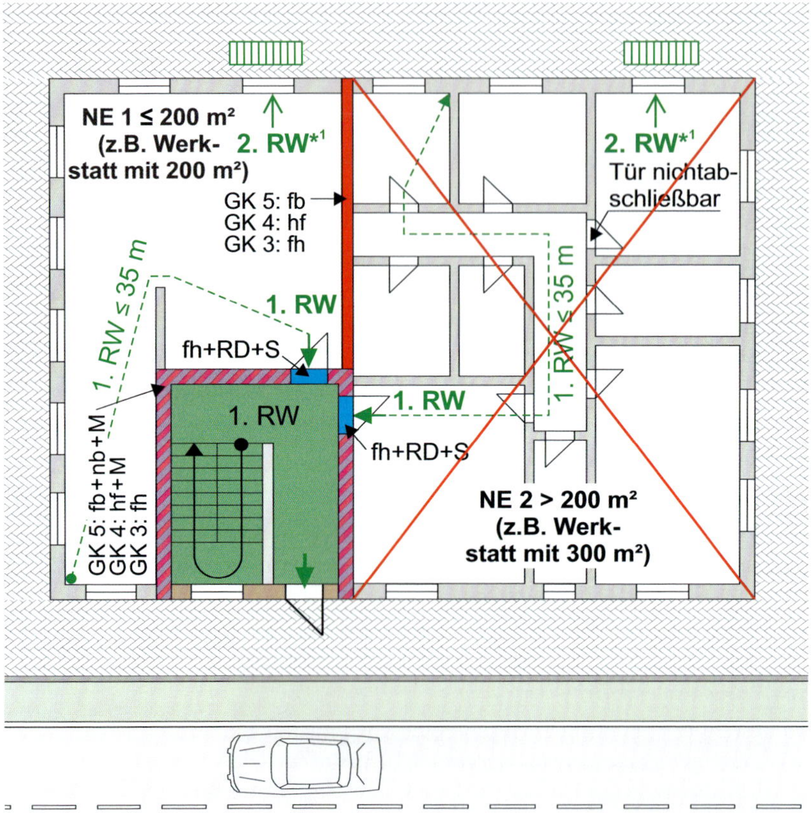

siehe Kap. 7.3/5.3.5 *1 siehe Kap. 7.3/5.3.1

Abb. A.59: Beispiel für Rettungswege von NE 1 ≤ 200 m² und NE 2 > 200 m² im EG ohne notwendigen Flur

NE 1: Benötigt keinen notwendigen Flur

1. RW: Ausgang zum notwendigen Treppenraum

2. RW: Geeignetes Fenster

Anmerkung: Da das Fenster bei einer Brüstungshöhe von maximal 1,20 m nicht angeleitert werden muss, sind evtl. auch kleinere Fenster als die von der Bauordnung geforderten möglich. Allerdings ist hierfür eine bescheinigungs-/genehmigungs-/prüfpflichtige Abweichung erforderlich.

NE 2: Größer als 200 m²; da die Rettungswege über den Flur führen und dieser nicht als notwendiger Flur ausgebildet wurde, ist die Ausführung unzulässig (siehe hierzu auch Kapitel D).

Es fehlt ein notwendiger Flur, der direkt an den Treppenraum oder an einen Ausgang ins Freie angeschlossen ist. Beispiele für fachgerechte Ausführung siehe die nachfolgenden Abbildungen.

Gebäudeklasse 5 im EG (GK 3 + GK 4 analog)

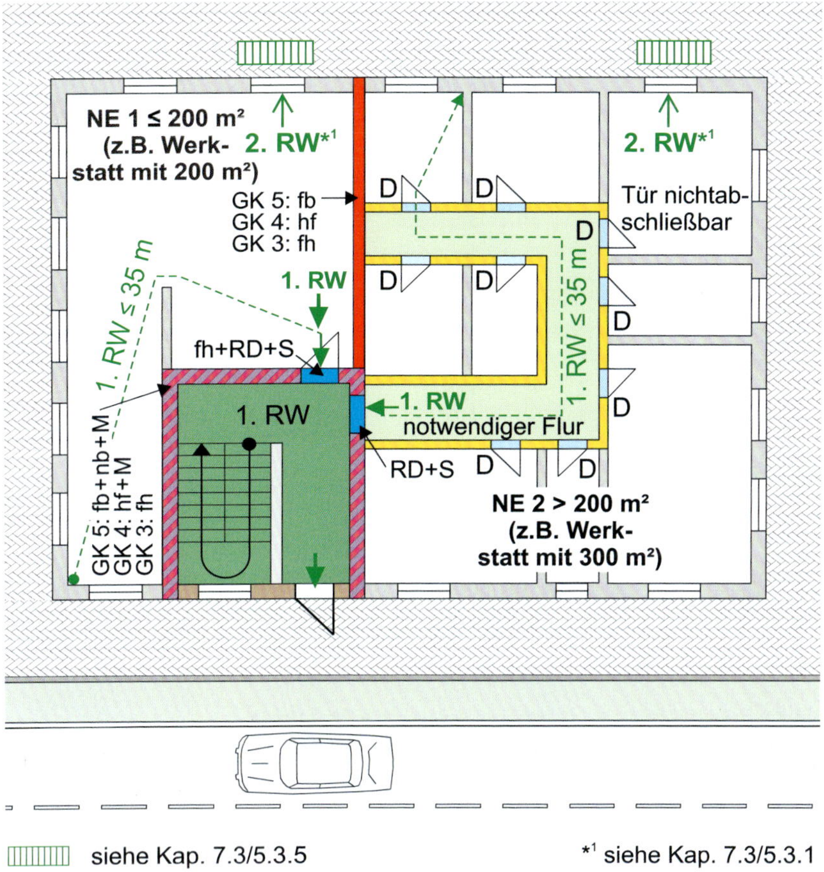

Abb. A.60: Beispiel für Rettungswege von NE 1 ≤ 200 m² und NE 2 > 200 m² im EG mit notwendigem Flur

NE 1: Siehe bei Abb. A.59

NE 2: Da die NE größer als 200 m² ist und die Rettungswege über den Flur führen, wurde dieser als notwendiger Flur ausgebildet.

1. RW: Die maximale Entfernung von der entferntesten Stelle des ungünstigsten Aufenthaltsraums bis zur Türe zum notwendigen Treppenraum darf nicht mehr als 35 m betragen. Der 1. RW führt aus jedem AR über den notwendigen Flur zum notwendigen Treppenraum.

2. RW: Geeignetes Fenster

Anmerkung: Ist in einer NE nur ein ganz bestimmtes Fenster als 2. RW geeignet bzw. vorgesehen, ist darauf zu achten, dass dieses jederzeit zu erreichen ist. Außerdem sollte in diesem Fall eine entsprechende Kennzeichnung erfolgen.

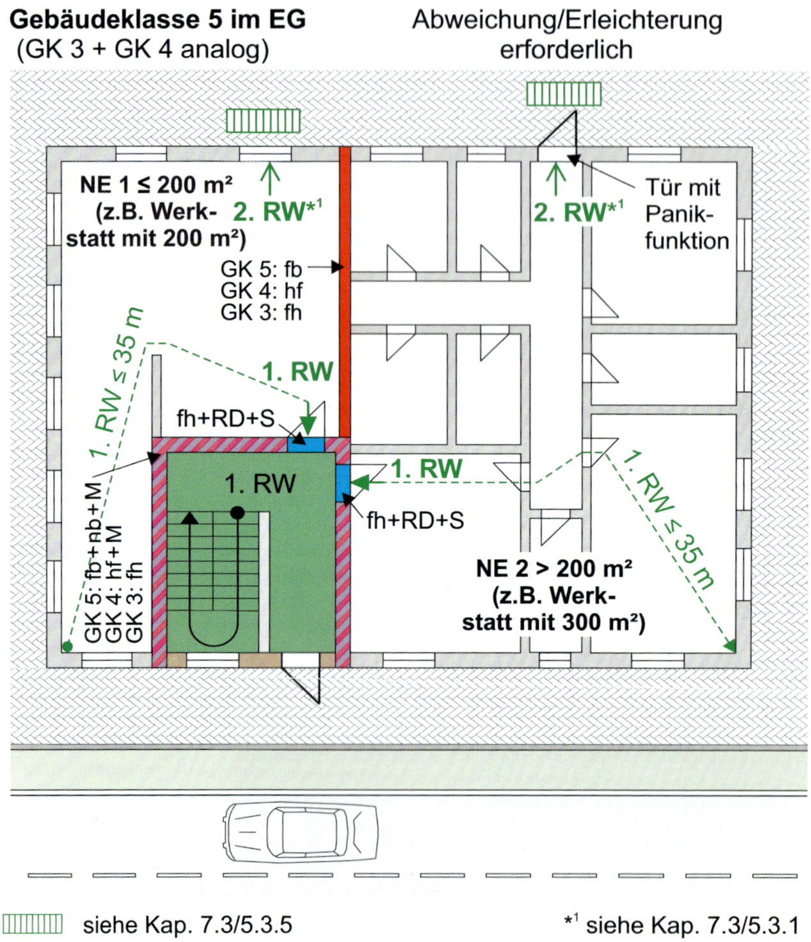

Abb. A.61: Beispiel für Rettungswege von NE ≤ 200 m² und NE 2 > 200 m² im EG ohne notwendigen Flur mit Abweichung

NE 1: Siehe bei Abb. A.59

NE 2: Als Kompensation für den fehlenden notwendigen Flur wurde ein entgegengesetzt liegender zweiter Ausgang angeordnet. Dieser bildet zugleich auch den 2. Baulichen RW ins Freie.

Hierfür ist eine Abweichung/Erleichterung erforderlich und eine frühzeitige Abstimmung mit der den Brandschutz prüfenden/bescheinigenden/genehmigenden Stelle empfehlenswert.

Gebäudeklasse 3 im EG

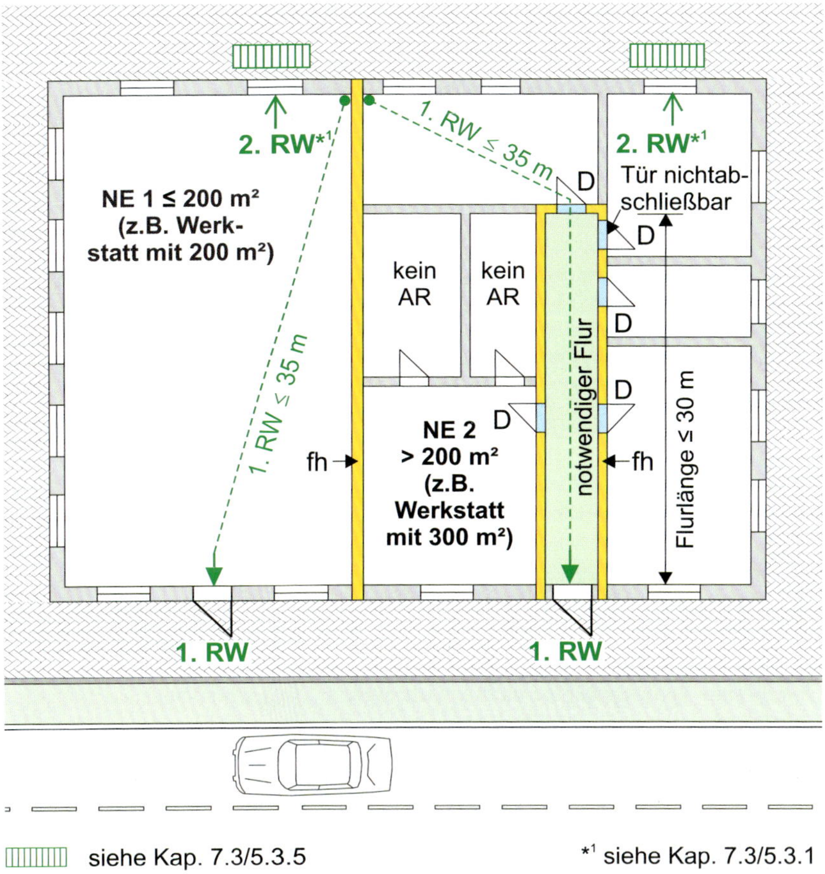

Abb. A.62: Beispiel für Rettungswege von NE 1 ≤ 200 m² und NE 2 > 200 m² im EG nach MBO und MBO-konformen LBOs

NE 1:

1. RW: Türe ins Freie, maximal Entfernung 35 m

2. RW: Geeignetes Fenster

NE 2:

1. RW: Über notwendigen Flur zur Türe ins Freie; maximal Entfernung 35 m; maximal Flurlänge ohne Unterteilung in Rauchabschnitte 30 m

2. RW: Geeignetes Fenster

Anmerkung: Hier werden formal alle Anforderungen der MBO und MBO-konformen LBOs eingehalten. Soll auf den 2. RW verzichtet werden, ist eine entsprechende Abweichung/Erleichterung erforderlich, siehe nachfolgende Kapitel A.10.2.2 und A.10.2.3. In diesem Fall wird der notwendige Flur von NE 2 zum Stichflur und darf nicht länger als 15 m sein.

A.10.2.2 Behandlung in einigen LBOs, die nur einen Rettungsweg vorschreiben

In Deutschland werden die Rettungswege aus ebenerdigen NE, Räumen und Geschossen aktuell (Sommer 2021) wie folgt geregelt (Beispiele):

- **In der MBO und den MBO-konformen LBOs** wird die Thematik nicht eigens behandelt. Soll hier bei ebenerdigen NE, Räumen und Geschossen nur ein RW angeordnet werden, ist dafür eine entsprechende Abweichung/Erleichterung erforderlich.
- **Bayern (BayBO, zuletzt geändert 12.2020, Art. 31 Abs. 1 Satz 2 Nr. 2):** *„Abweichend von […] genügt ein Rettungsweg […] bei zu ebener Erde liegenden Geschossen bis 400 m², wenn dieser aus der Nutzungseinheit unmittelbar ins Freie führt; Art. 34 Abs. 3 Satz 4 (Stichflure ≤ 15 m) gilt entsprechend."*
- **Hessen (HBO, zuletzt geändert 06.2020, § 36 Abs. 1 Satz 2):** *„Ein zweiter Rettungsweg ist für Nutzungseinheiten, die zu ebener Erde liegen, nicht erforderlich, wenn im Brandfall die Rettung* über einen direkten Ausgang ins Freie möglich ist und wenn keine Bedenken wegen der Personenrettung bestehen."
- **Rheinland-Pfalz (LbauO, zuletzt geändert 02.2021, § 15 Abs. 4):** *„Abweichend von Satz 1 genügt ein Rettungsweg, […] für eingeschossige Nutzungseinheiten, die zu ebener Erde liegen, wenn die Rettung über einen direkten Ausgang ins Freie möglich ist und keine Bedenken wegen der Personenrettung bestehen."*
- **Nordrhein-Westfalen (BauO NRW, zuletzt geändert 12.2020, § 33 Abs. 2):** *„Ein zweiter Rettungsweg ist nicht erforderlich, […] für zu ebener Erde liegende Räume, die einen unmittelbaren Ausgang ins Freie haben, der von jeder Stelle des Raums in höchstens 15 m Entfernung erreichbar ist."*
- **Sachsen-Anhalt (BauO LSA, zuletzt geändert 11.2020, § 32 Abs. 1):** *„[…] beide Rettungswege dürfen jedoch innerhalb des Geschosses über denselben notwendigen Flur oder über denselben Ausgang führen."*

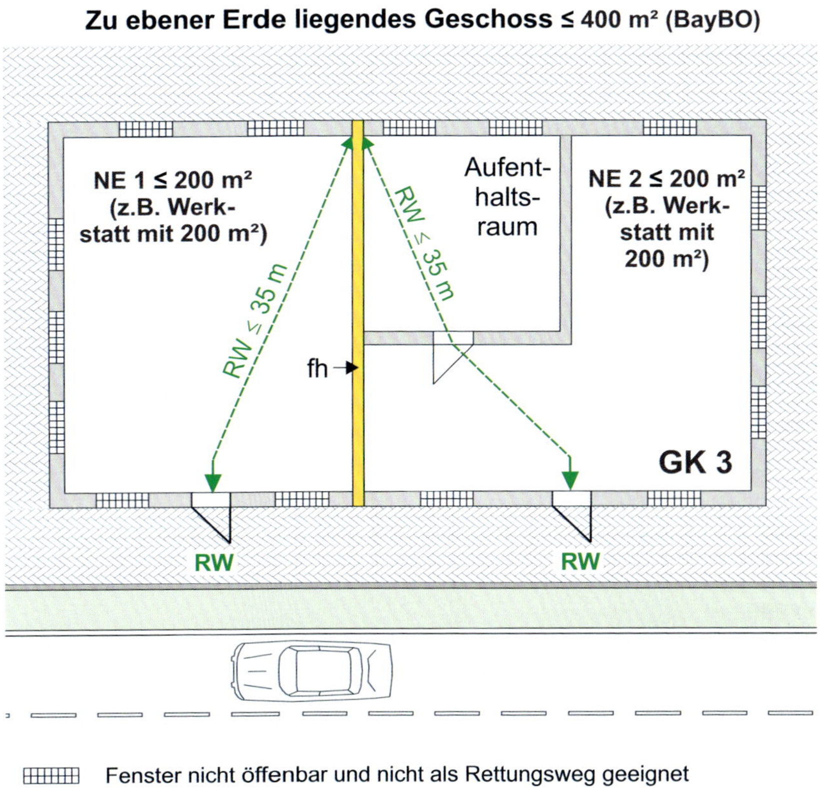

Abb. A.63: Beispiel für ein zu ebener Erde liegendes Geschoss der GK 3 mit zwei NE und nur einem Rettungsweg ins Freie nach BayBO

Nach BayBO ist bei zu ebener Erde liegenden Geschossen bis 400 m^2 kein 2. RW erforderlich, wenn der Rettungsweg aus der NE unmittelbar ins Freie führt.

Anmerkung: Warum bei der „Bayerischen Lösung" die Größe des Geschosses auf 400 m^2 begrenzt wird, ist nicht ohne weiteres nachvollziehbar, da der Rettungsweg innerhalb eines Geschosses immer aus einer NE führt. Grundsätzliche Beschreibung und Erläuterung der Thematik siehe nachfolgendes Kapitel A.10.2.3.

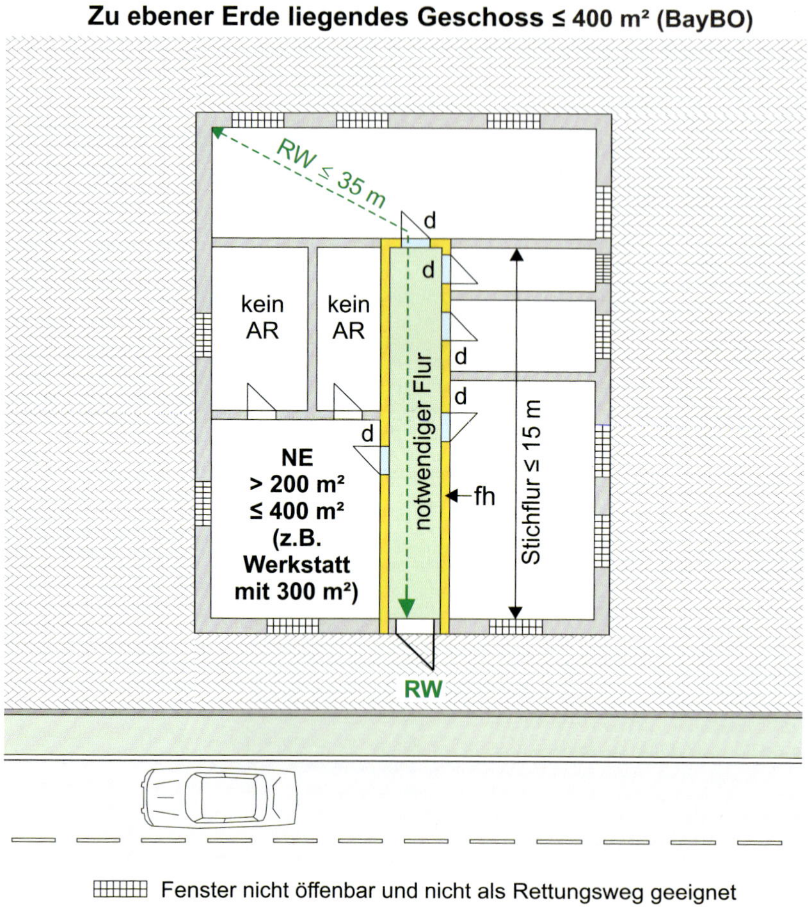

Abb. A.64: Beispiel wie Abb. A.63, jedoch mit Stichflur

Siehe sinngemäß bei Abb. A.63; da der notwendige Flur mit nur einer Fluchtrichtung zum Ausgang ins Freie führt, darf er wie ein notwendiger Flur zu einem Sicherheitstreppenraum nicht länger als 15 m sein.

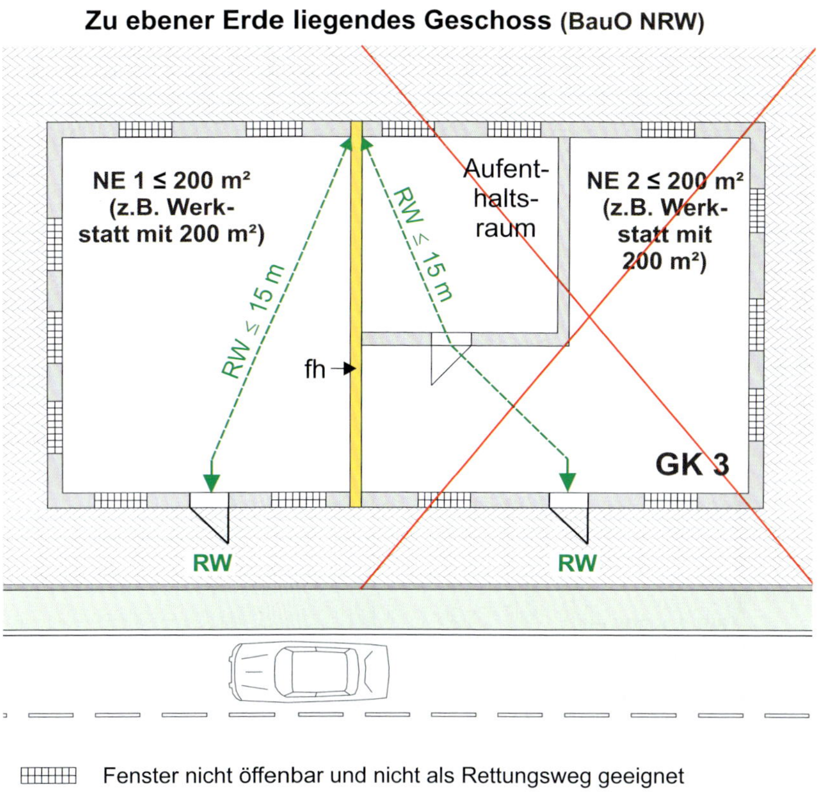

Abb. A.65: Beispiel für zu ebener Erde liegende Räume in einem Gebäude der GK 3 mit 2 NE und nur einem Rettungsweg ins Freie nach BauO NRW

Bei der linken NE 1 ist nur ein Rettungsweg zulässig, da sie einen unmittelbaren Ausgang ins Freie hat, der von jeder Stelle des Raums in höchstens 15 m Entfernung erreichbar ist. Die rechte NE 2 mit nur einem RW ist nach BauO NRW dagegen nicht zulässig, da der Rettungsweg nicht direkt aus dem Raum, sondern über einen anderen Raum ins Freie führt.

Anmerkung: Die Regelung betrifft Räume mit unmittelbarem Ausgang in 15 m Entfernung. Hier wird offensichtlich die Situation innerhalb der NE betrachtet. Dies Regelung ist nicht ohne weiteres nachvollziehbar, da es bei dem Schutzziel bzw. Risiko nicht um einen Brand innerhalb der betrachteten NE geht. Erläuterung des Szenarios eines Brandes in der NE siehe Kapitel A.3.2.1, Abb. A.5 und A.15. Grundsätzliche Beschreibung und Erläuterung der Thematik siehe nachfolgendes Kapitel A.10.2.3.

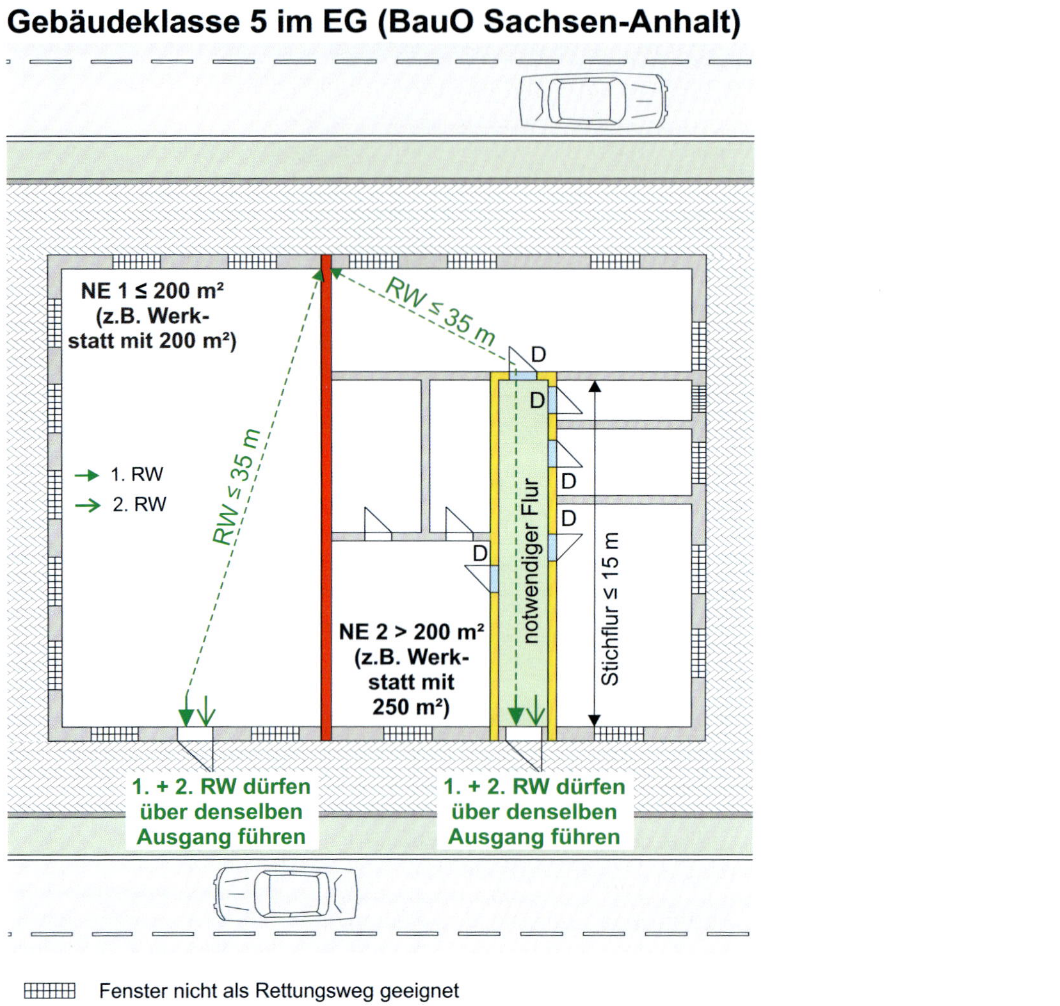

Abb. A.66: Beispiel für zu ebener Erde liegende NE 1 und NE 2, bei denen jeweils beide RW über denselben Ausgang ins Freie führen (nach BauO Sachsen-Anhalt)

Nach der BauO von Sachsen-Anhalt dürfen innerhalb des Geschosses beide Rettungswege über denselben Ausgang führen.

Anmerkung: Diese Formulierung und Lösung sind nach Meinung des Autors am einfachsten und auch plausibelsten. In Gebäuden mit baulichen Rettungswegen ist es bei Wohnungen, NE < 200 m² und Büro-/Verwaltungs-NE < 400 m² immer zulässig, die beiden Rettungswege über denselben notwendigen Ausgang und denselben notwendigen Flur zu führen. Warum sollte das im EG bei einem direkten Ausgang ins Freie nicht auch möglich sein? Nach der Bauordnung von Sachsen-Anhalt ist es möglich.

Ein direkter Ausgang ins Freie ist i. d. R. deutlich sicherer als der (in allen LBOs zulässige) Ausgang in denselben notwendigen Flur, der bei einem Brand im betrachteten Geschoss unter ungünstigen Umständen verraucht werden kann. Grundsätzliche Beschreibung und Erläuterung der Thematik siehe nachfolgendes Kapitel A.10.2.3.

A.10.2.3 Ebenerdige NE bzw. Räume mit nur einem Rettungsweg

Rettungswege aus ebenerdigen Geschossen sind ein gutes Beispiel dafür, wie unterschiedlich der Rettungswegeparagraf bzw. die diesbezüglichen bauaufsichtlichen Schutzziele interpretiert, bewertet und auch verstanden werden können. Es zeigt auch, wie verschieden das sich daraus ergebende Risiko eingeschätzt werden kann, siehe hierzu vorstehendes Kapitel A.10.2.2 mit den Abb. A.63 und A.66.

Warum wird die Frage nach nur einem Rettungsweg im EG überhaupt gestellt bzw. thematisiert? Die Problematik hat z. B. eine Bedeutung bei größeren ebenerdigen NE, in denen kein notwendiger Flur angeordnet werden soll und die dafür direkte Ausgänge ins Freie aufweisen.

Hat dort jeder Aufenthaltsraum und Gruppenraum einen direkten Ausgang ins Freie und wird akzeptiert, dass dann **kein 2. RW** erforderlich ist, kann auf notwendige Flure als 2. Baulicher RW verzichtet werden. Das Problem, dass ein solcher Ausgang ins Freie bei einem evtl. Brand nicht mehr benutzbar ist, kann z. B. dadurch gelöst werden, dass je Raum mindestens ein weiterer Ausgang (nicht 2. RW) in einen anderen angrenzenden Raum oder Bereich möglich ist.

Gemäß dem bauaufsichtlichen Rettungswegkonzept sollte es bei ebenerdigen NE grundsätzlich möglich sein, auf den **2. RW zu verzichten**, wenn die NE bzw. bei größeren NE jeder Aufenthaltsraum der NE einen direkten Ausgang ins Freie hat. Ist diese Möglichkeit in der jeweiligen Bauordnung nicht vorgesehen, wird hierfür eine Abweichung/Erleichterung benötigt. Natürlich empfiehlt sich in solchen Fällen eine frühzeitige Abstimmung mit der für die Bescheinigung/Prüfung/Genehmigung zuständigen Stelle.

Begründung für eine mögliche Abweichung bei nur einem RW in ebenerdigen Wohnungen, NE ≤ 200 m² und Büro-/Verwaltungs-NE ≤ 400 m² sowie in ebenerdigen Räumen

Begründung mit der zulässigen Rettungswegführung über denselben notwendigen Flur

In der Bauordnung werden für NE mit AR in jedem Geschoss mindestens zwei voneinander unabhängige RW ins Freie gefordert. Die geforderte Unabhängigkeit bezieht sich jedoch nur auf den vertikalen Teil der RW, also auf die notwendigen Treppen.

Bestehen zwei bauliche RW, also zwei voneinander unabhängige notwendige Treppen, so dürfen *„beide Rettungswege des Geschosses über denselben notwendigen Flur führen"*. Aus dieser Regelung ergibt sich zwangsläufig, dass die beiden RW dann auch über **denselben Ausgang** in den notwendigen Flur führen dürfen.

Da in diesem Fall beide RW baulich hergestellt werden, benötigen alle an denselben notwendigen Flur angeschlossenen Wohnungen und NE **keinen weiteren („dritten") RW**, also auch keine weitere Möglichkeit, die NE zu verlassen.

Beide RW aus der NE führen über **denselben Ausgang** in den notwendigen Flur und von dort in den notwendigen Treppenraum. Dieser notwendige Flur ist ein baurechtlich geschützter RW und muss entsprechende Anforderungen erfüllen, so dass er als **einigermaßen sicherer** Teil des ersten horizontalen Rettungswegs gilt. Er darf jedoch bis zu 30 m lang sein (Stichflur zum Sicherheitstreppenraum bis 15 m) und kann bei einem Brand in einer anderen NE im gleichen Geschoss unter ungünstigen Umständen auch verrauchen (nur dichtschließende Türen).

Die einzige Frage, die es jetzt zu klären gilt, lautet: Ist bei einem Brand im Geschoss der NE der einzige Ausgang aus der NE (in der es nicht brennt) in den möglicherweise verrauchten notwendigen Flur, sicherer als der einzige Ausgang einer ebenerdigen NE direkt ins Freie (siehe zugrunde gelegtes Brandszenario unter Kapitel A.3.2.3 Abb. A.17)?

Wird diese Frage mit „**ja**" beantwortet, so gilt der direkte Ausgang aus einer ebenerdigen NE ins Freie unsicherer als der Ausgang in denselben notwendigen Flur, über den beide horizontalen RW führen dürfen und die Abweichung ist nicht möglich bzw. es sind entsprechende Kompensationsmaßnahmen erforderlich, z. B. ein zweiter Ausgang (nicht Rettungsweg).

Wird die Frage mit „**nein**" beantwortet, ist die Abweichung möglich, da dann der Ausgang aus der ebenerdigen NE bzw. des ebenerdigen Raums nicht unsicherer bewertet wird als der zulässige Ausgang in denselben notwendigen Flur.

Begründung mit der zulässigen Rettungswegführung bei einem Sicherheitstreppenraum

Bei einem Sicherheitstreppenraum wird vom Baurecht kein 2. RW verlangt. Hier gilt es, die Frage zu beurteilen, ob der Weg aus einer NE zum Sicherheitstreppenraum über einen gemeinsamen (denselben) Stichflur (Länge ≤ 15 m) sicherer oder unsicherer ist als bei einer ebenerdigen NE der direkte Ausgang ins Freie.

Zusammenfassung: Bei der Einschätzung des Risikos von ebenerdigen NE mit nur einem Rettungsweg (Ausgang) aus der NE bzw. dem Raum geht es nicht um das Szenario, dass es in der betrachteten NE brennt und die NE bzw. der Raum sicher verlassen werden kann (siehe Kapitel A.3.2.3 Abb. A.15), sondern darum, ob der Ausgang ins Freie unsicherer ist als der Ausgang in denselben notwendigen Flur, über den beide Rettungswege führen dürfen (siehe Kapitel A.3.2.3 Abb. A.17).

Gebäudeklasse 5 im 5. OG

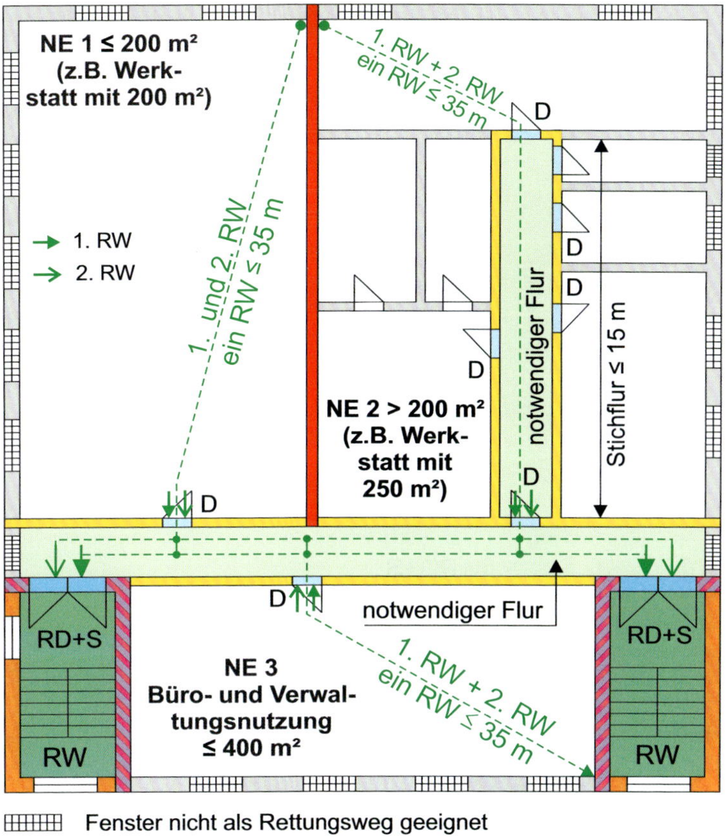

Abb. A.67: Beispiel für Gebäude der GK 5 mit 3 NE und baulichen Rettungswegen

Beide Rettungswege einer jeden NE dürfen über denselben notwendigen Flur führen. Dies bedeutet, dass beide Rettungswege auch denselben Ausgang zum notwenigen Flur haben. Der notwendige Flur in NE 2 ist sinngemäß als Stichflur zu bewerten und darf deshalb nicht länger als 15 m sein.

Anmerkung: Das Bild dient zur Erläuterung der Rettungswegsituation im EG, wenn dort nur ein RW angeordnet werden soll, und ist in Zusammenhang mit den beiden nachfolgenden Abb. A.68 und A.69 zu sehen.

Gebäudeklasse 5 im 5. OG

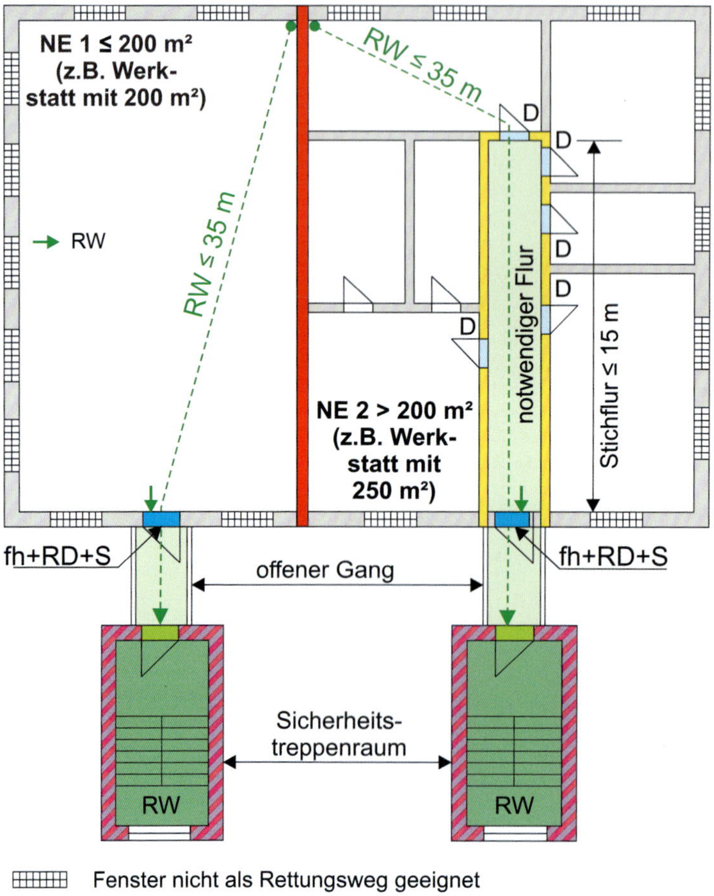

Abb. A.68: Beispiel für Gebäude der GK 5 mit 2 NE und Sicherheitstreppenräumen

Dargestellt sind die Nutzungseinheiten NE 1 und NE 2 wie aus Abb. A.67 mit dem Unterschied, dass bei beiden NE kein 2. RW erforderlich ist, da die Rettung über einen Sicherheitstreppenraum möglich ist.

Anmerkung: Auch dieses Bild dient zur Erläuterung der Rettungswegsituation im EG, wenn dort nur ein RW angeordnet werden soll, und ist in Zusammenhang mit Abb. A.67 und A.69 zu sehen.

Gebäudeklasse 5 im EG

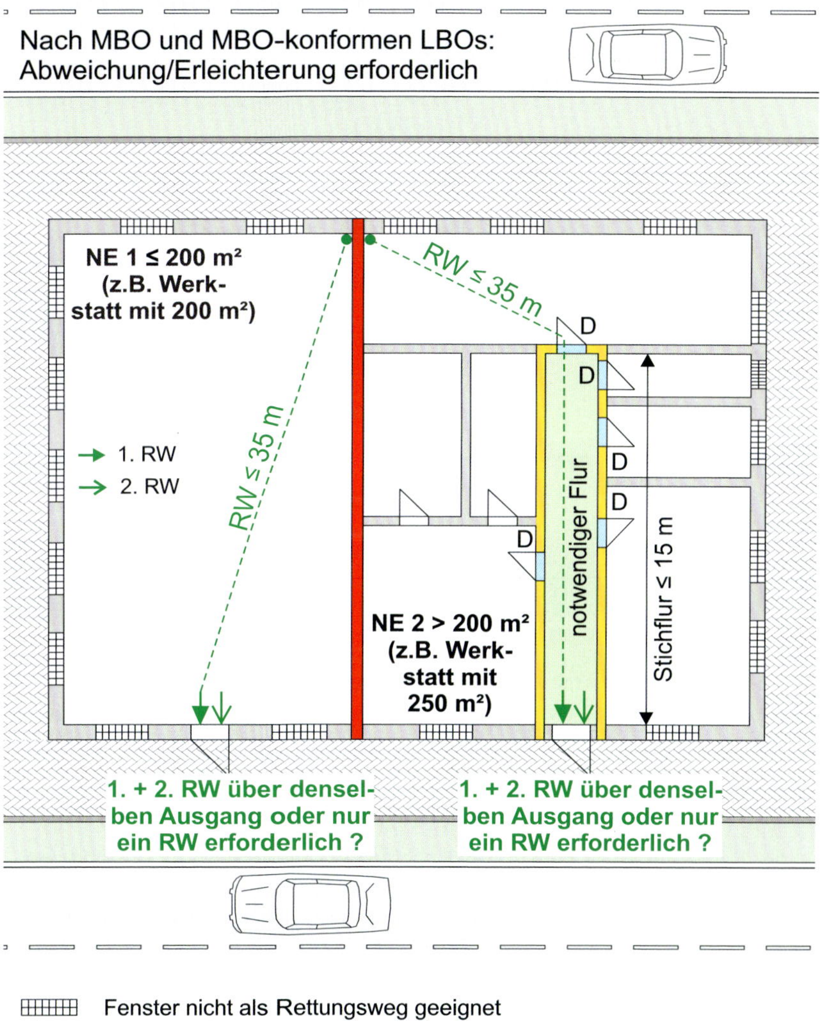

Abb. A.69: Beispiel für das Erdgeschoss eines Gebäudes der GK 5 mit 2 NE, bei dem beide Rettungswege über denselben Ausgang ins Freie führen

Dargestellt sind die Nutzungseinheiten NE 1 und NE 2 wie aus den Abb. A.67 und A.68 mit dem Unterschied, dass sie im Erdgeschoss liegen und damit keine notwendigen Treppen erforderlich sind.

Nach dem Wortlaut der MBO und MBO-konformen LBOs sind grundsätzlich zwei voneinander unabhängige Rettungswege erforderlich. Sollen beide Rettungswege, wie hier dargestellt, über denselben Ausgang führen, so ist hierfür eine Abweichung/Erleichterung erforderlich. Begründung siehe Erläuterungen zu diesem Punkt. In einigen Ländern ist die dargestellte Ausführung nach den jeweiligen LBOs bzw. unter bestimmten Voraussetzungen zulässig, siehe vorstehendes Kapitel A.10.2.2.

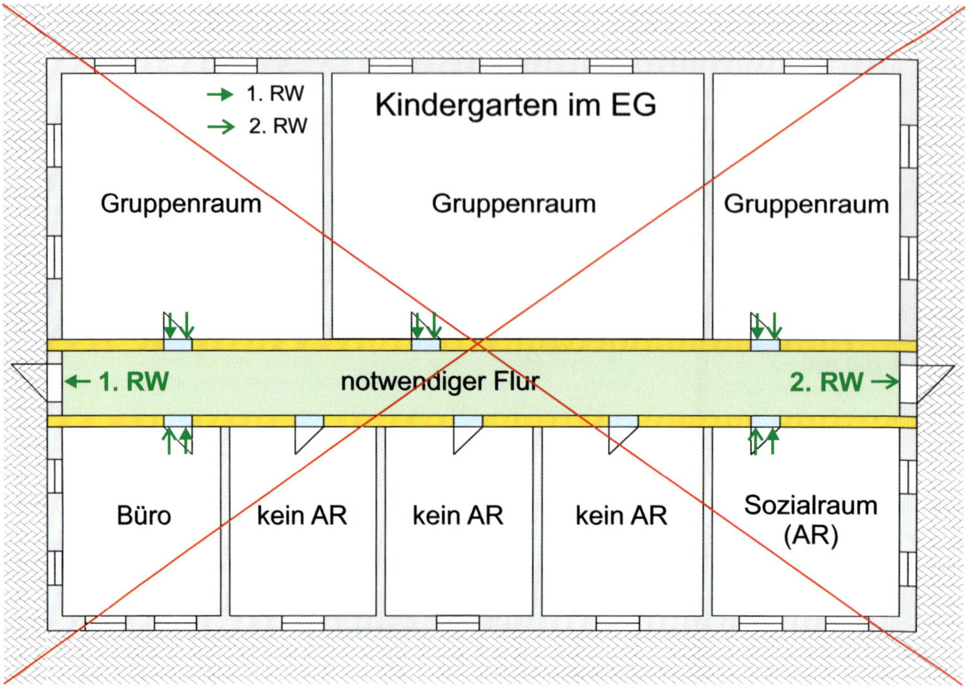

Abb. A.70: Beispiel für erdgeschossigen Kindergarten mit ungeeigneter Rettungswegführung über einen notwendigen Flur

Obwohl die Rettungswegführung den Anforderungen der Bauordnung entspricht, ist die dargestellte Lösung aus folgenden Gründen für Kindergärten ungeeignet:

- Rettungswegkonzepte mit notwendigen Fluren sind für Kindergärten nicht praktikabel. Im täglichen Betrieb wird der Flur auch als Spielflur genutzt werden und es wird nicht gelingen, die bauaufsichtlichen Anforderungen an einen solchen notwendigen Flur auf Dauer zu gewährleisten.
- Die Bauordnung lässt zwar zu, dass beide Rettungswege über einen gemeinsamen notwendigen Flur führen dürfen. Bei Kindergärten ist eine solche Lösung jedoch nicht sinnvoll.

Alternative siehe nächste Abb.

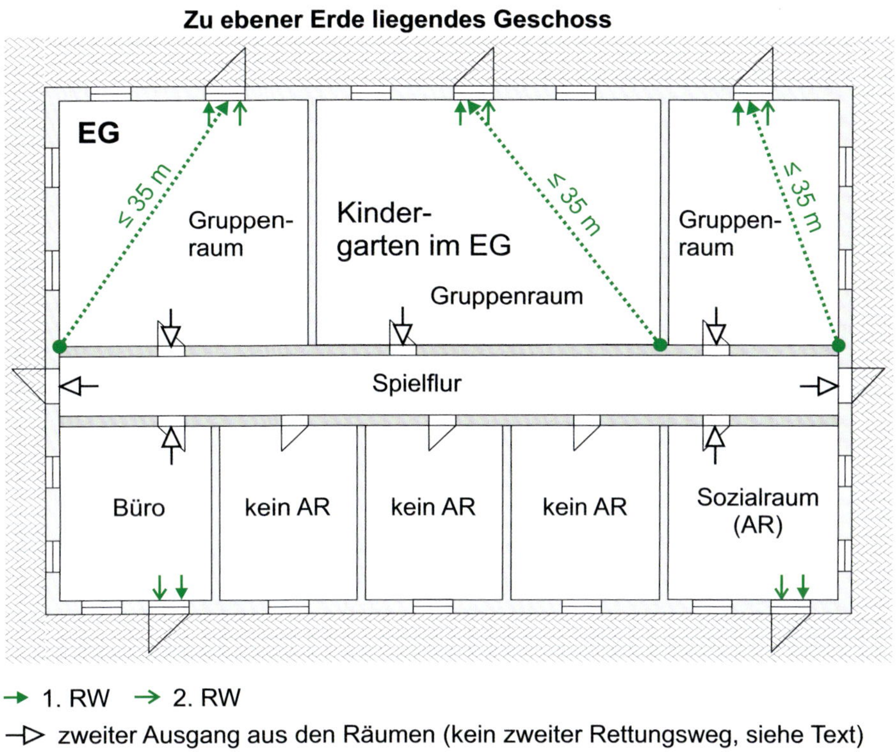

Abb. A.71: Beispiel für erdgeschossigen Kindergarten ohne notwendigen Flur mit beiden Rettungswegen aus Gruppen- und Aufenthaltsräumen über dieselben Ausgänge ins Freie

Dies stellt eine optimale Lösung mit direkten Ausgängen ins Freie dar.

Von jedem Gruppenraum und Aufenthaltsraum führen der 1. Und 2. RW über denselben Ausgang ins Freie. Da sie nicht über einen Flur führen, muss auch kein notwendiger Flur angeordnet werden. Alternativ kann auch argumentiert werden, dass (sinngemäß wie beim Sicherheitstreppenraum) nur ein RW erforderlich ist.

Allerdings ist hierfür nach MBO und MBO-konformen LBOs eine Abweichung/Erleichterung erforderlich. Nach einigen LBOs ist die dargestellte Ausführung möglich bzw. unter bestimmten Voraussetzungen zulässig.

Es bestehen keine Bedenken wegen des Brandschutzes, da derselbe Ausgang ins Freie, über den beide Rettungswege führen, sicherer ist, als es derselbe Ausgang in einen notwendigen Flur wäre (bei zwei baulichen RW). Für den Fall, dass der Ausgang ins Freie blockiert sein sollte, gibt es in jedem Gruppenraum bzw. Aufenthaltsraum noch einen weiteren Ausgang (der kein baulicher Rettungsweg ist) in den nicht notwendigen Flur und somit eine weitere Möglichkeit, den Raum zu verlassen.

Ein notwendiger Flur ist auch für die Feuerwehr nicht erforderlich, da diese für die wirksame Brandbekämpfung alle Räume von außen einfach erreichen kann.

Achtung: Weist bei dieser Lösung ein Aufenthaltsraum (z. B. ein Büro) keinen direkten Ausgang auf, entsteht bei NE > 200 m² wieder die Problematik des notwendigen Flurs.

A.10.3 RW aus Kellergeschossen

A.10.3.1 RW aus Kellergeschossen ohne Aufenthaltsräume

Wenn in KG keine Aufenthaltsräume vorhanden sind, ist nur ein baulicher Rettungsweg erforderlich.

An den horizontalen Teil dieses Rettungswegs bestehen keine besonderen Anforderungen mit Ausnahme der Bestimmung in den LBOs, dass von jeder Stelle eines KG mindestens ein Ausgang in einen notwendigen Treppenraum oder ins Freie in maximal 35 m Entfernung erreichbar sein muss.

Der vertikale Teil des Rettungswegs besteht aus einer notwendigen Treppe, die in einem notwendigen Treppenraum liegen muss oder alternativ als Kelleraußentreppe möglich ist, wenn ihre Nutzung ausreichend sicher ist und im Brandfall nicht gefährdet werden kann.

Für besondere Räume, die häufig in KG angeordnet werden, können noch weitere Anforderungen bestehen, z. B.:

- Lüftungszentrale: Innerhalb der Lüftungszentrale muss gemäß M-LüAR in maximal 35 m Entfernung ein Ausgang erreichbar sein.
- Elektrische Betriebsräume: Der Rettungsweg innerhalb elektrischer Betriebsräume bis zu einem Ausgang darf nach M-EltBauVO nicht länger als 40 m sein.

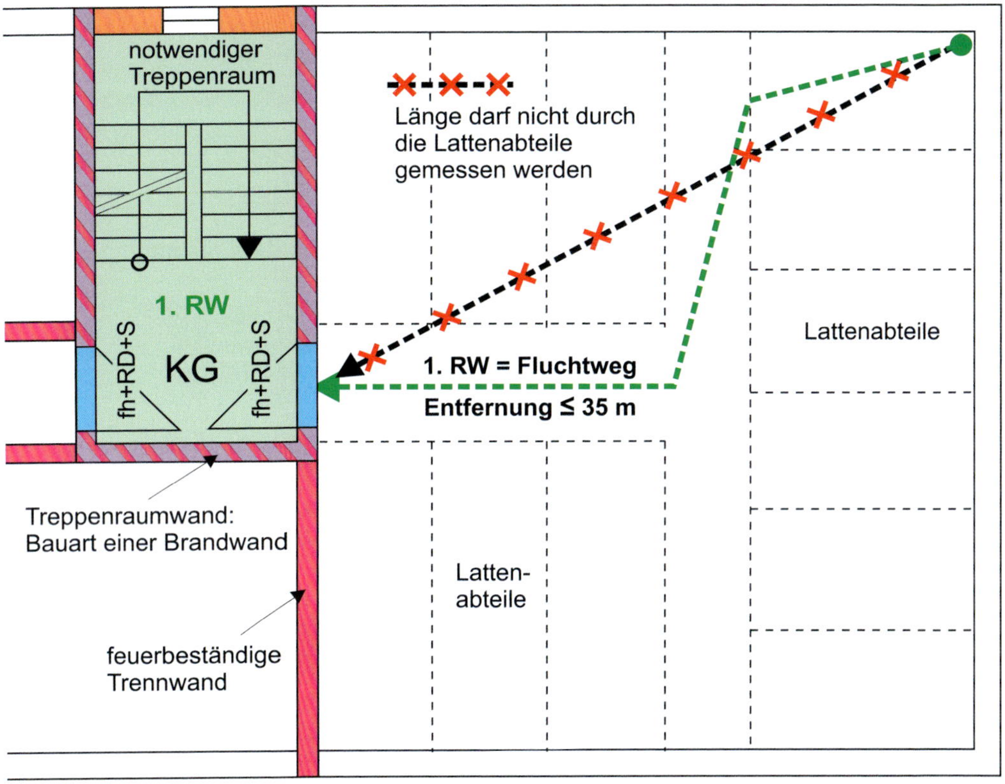

Abb. A.72: Beispiel für die Bestandteile des 1. RW im Kellergeschoss eines Gebäudes der GK 5

Da im KG keine Aufenthaltsräume vorhanden sind, ist nur ein Rettungsweg erforderlich. Dieser darf jedoch gemäß MBO und den LBOs auch im KG die maximale Entfernung von 35 m nicht überschreiten. Gemessen wird in Lauflinie, jedoch nicht durch feste Einbauten und Wände.

A.10.3.2 RW aus Kellergeschossen mit Aufenthaltsräumen

Sind in KG Aufenthaltsräume vorhanden, so gelten für die Rettungswege die gleichen Anforderungen wie an OG. Es bestehen jedoch folgende besondere Schwierigkeiten:

- Mit Rettungsgeräten der Feuerwehr erreichbare Stellen sind in KG, insbesondere wenn diese Stellen in Lichtschächten angeordnet sind, i. d. R. schwieriger herzustellen und auch zu erreichen.
- Personen, die sich im KG aufhalten, können sich nicht so einfach für die Einsatzkräfte bemerkbar machen wie in OG.
- Da in KG üblicherweise die haustechnischen Installationsleitungen offen verlegt werden, ist es deutlich schwieriger, dort notwendige Flure anzuordnen (insbesondere, wenn in Bestandsgebäuden im KG nachträglich Aufenthaltsräume angeordnet werden).
- In üblichen KG können teilweise deutlich größere und auch ungünstigere Brandlasten vorhanden sein als in Normalgeschossen.

Aus diesen Gründen sollte besonders darauf geachtet werden, dass die Rettungswege aus Aufenthaltsräumen in KG fachgerecht ausgebildet werden.

Mit Rettungsgeräten der Feuerwehr erreichbare Stellen

Die Mindestgröße und Zugänglichkeit der für die Rettung erreichbaren Stellen in KG entspricht denen in OG. Von jedem Rettungsfenster muss das Freie erreicht werden können.

Die maximale Brüstungshöhe beträgt 1,20 m. In KG wird diese Höhe häufig überschritten. In diesen Fällen ist eine Abweichung/Erleichterung erforderlich. Eine Kompensation ist i. d. R. problemlos mit entsprechenden Ausstiegshilfen wie Stufen und Tritte möglich. Diese müssen jedoch fest montiert sein.

Führt der Weg vom Kellerfenster nicht direkt ins Freie, sondern über einen Lichtschacht, muss dieser ausreichend groß sein (mindestens so groß wie das Fenster). Ein evtl. vorhandenes Abdeckungsgitter muss sowohl von innen (von den Nutzern) als auch von außen (von der Feuerwehr) jederzeit zu öffnen sein. Als für die Feuerwehr öffenbar gilt grundsätzlich eine Sicherung, die die Feuerwehr mit ihren Geräten (z. B. Bolzenschneider) öffnen kann. Auf solchen Abdeckungen dürfen natürlich keine Gegenstände abgestellt werden.

Die Mindestbrüstungshöhe des Lichtschachtes beträgt ebenfalls 1,20 m. Falls diese nicht eingehalten wird, ist eine entsprechende Abweichung/Erleichterung notwendig. Kompensation ist wie beim Kellerfenster möglich.

Im Zweifelsfall ist eine Abstimmung mit der für den Brandschutz prüfenden/bescheinigenden/genehmigenden Stelle empfehlenswert.

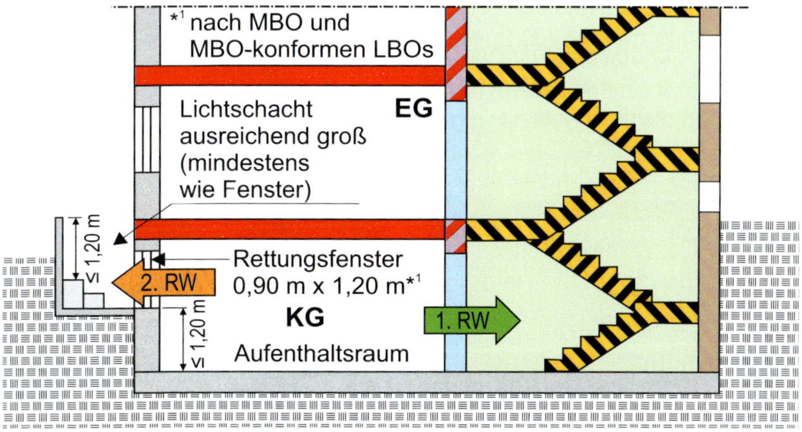

Abb. A.73: Beispiel für Rettungsweg aus dem KG mit einem offenen Lichtschacht

Der Lichtschacht muss ausreichend groß sein (mindestens Größe des Rettungsfensters). Bei einer Brüstungshöhe von mehr als 1,20 m ist eine Ausstiegshilfe erforderlich (z. B. durch fest montierte Stufen oder Tritte). Da das Rettungsfenster den Anforderungen der MBO bzw. MBO-konformen LBOs entspricht, ist keine Abweichung/Erleichterung erforderlich.

*1 Abweichung/Erleichterung (Fenstergröße nach MBO) erforderlich.
*2 Abweichung/Erleichterung (Podest als Ausstiegshilfe) erforderlich
*3 Lichtschachtabdeckung von innen (durch den Nutzer) und von außen (durch die Feuerwehr) jederzeit öffenbar. Darauf darf nichts abgestellt werden.

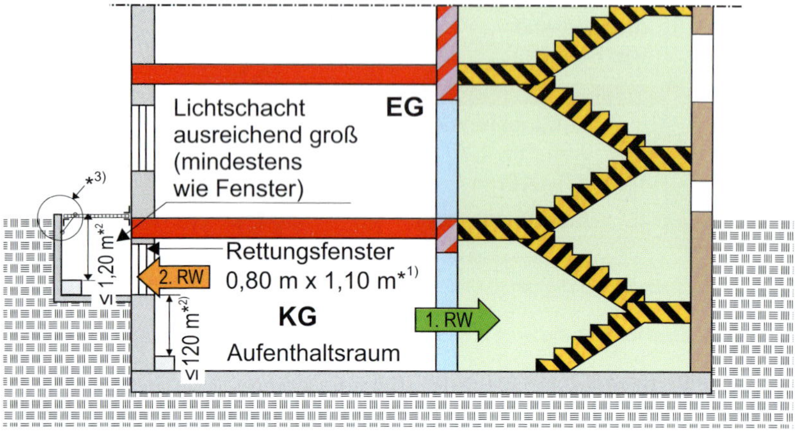

Abb. A.74: Beispiel für Rettungsweg aus dem KG mit kleinerem Rettungsfenster, größerer Brüstungshöhe und abgedecktem Lichtschacht

Für das kleinere Rettungsfenster und die Ausstiegshilfen an der Fensterbrüstung und im Lichtschacht ist eine Abweichung/Erleichterung erforderlich. Eine frühzeitige Abstimmung mit der den Brandschutz prüfenden/bescheinigenden/genehmigenden Stelle ist empfehlenswert.

Da für die Benutzung des Kellerfensters keine Rettungsgeräte der Feuerwehr benötigt werden, sind hier auch evtl. kleinere Fenster ohne Kompensationsmaßnahmen möglich. Die zu hohe Fensterbrüstung und der zu hohe Lichtschacht werden mit einer fest montierten Stufe als Ausstiegshilfe kompensiert.

Der Lichtschacht muss ausreichend groß sein, wobei die in der Bauordnung vorgeschriebene lichte Rettungsfenstergröße einen Anhaltswert bildet.

Die Lichtschachtabdeckung muss sowohl von innen als auch von außen (von der Feuerwehr) jederzeit zu öffnen sein. Darauf darf nichts abgestellt werden.

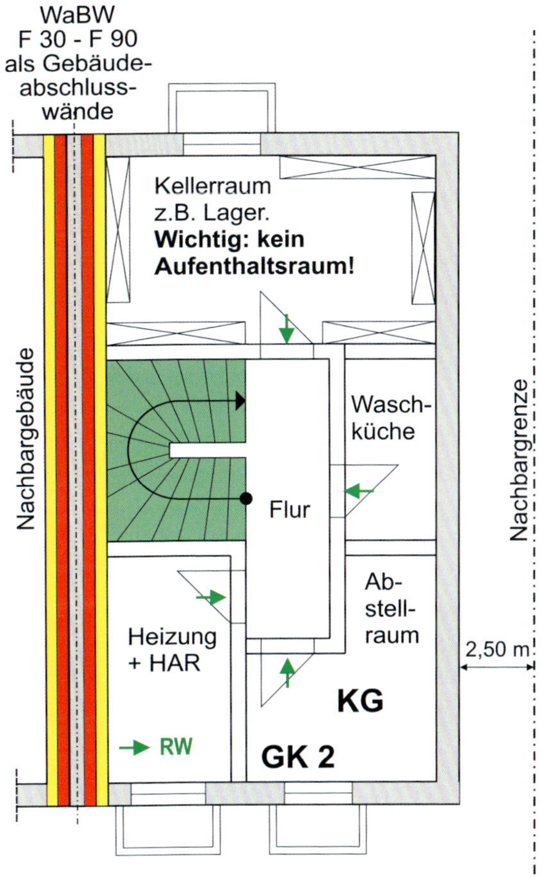

Abb. A.75: Beispiel für ein Reihenhaus ohne Aufenthaltsraum (AR) im KG – nur ein RW erforderlich

1. RW: Im KG ist nur ein Rettungsweg erforderlich, der über die notwendige Treppe führt. Diese muss bei Gebäuden der GK 1 und 2 nicht in einem eigenen Treppenraum liegen. Die maximal zulässige Entfernung wird gemessen von jeder Stelle des KG bis zur Ausgangstüre ins Freie.

2. RW: Da im KG kein Aufenthaltsraum vorhanden ist, muss auch kein zweiter Rettungsweg angeordnet werden.

Wichtig: Das Bild gilt nur für KG ohne Aufenthaltsraum. Bestehen Zweifel, ob es sich bei einem bestimmten Raum um einen AR handelt oder nicht, sollte dies unbedingt vorab geklärt und festgelegt werden (siehe Kapitel A.2.11). Bei einer Einstufung als AR ist ein 2. RW erforderlich, siehe Abb. A.76 und A.77.

Das Bild gilt analog auch für Einfamilienhäuser und Doppelhäuser der GK 1 und 2.

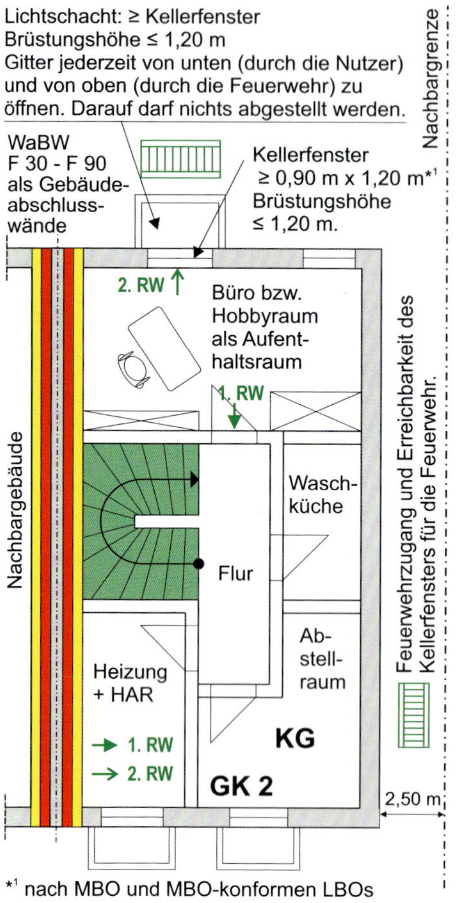

Abb. A.76: Beispiel für ein Reihenhaus mit AR im KG – 2. RW über ein Kellerfenster

1. RW: Siehe Abb. A.75; die maximal zulässige Entfernung wird gemessen von jeder Stelle des KG und des AR bis zur Ausgangstür ins Freie.

2. RW: Kellerfenster mit Lichtschacht; das Fenster muss nach MBO und MBO-konformen LBOs im Lichten mindestens 0,90 m × 1,20 m (b × h) groß und darf nicht höher als 1,20 m über der Fußbodenoberkante angeordnet sein. In einigen Länder bestehen davon abweichende (geringere Anforderungen), siehe Kapitel A.5.3.7.

Falls ein Lichtschacht mit Abdeckung angeordnet wird, muss dieser ausreichend groß sein (Empfehlung: nicht kleiner als das Fenster). Bei einer Brüstungshöhe des Kellerfensters bzw. Lichtschachts von mehr als 1,20 m ist eine Ausstiegshilfe erforderlich und eine Abweichung/Erleichterung. Die Abdeckung muss von unten (von den Nutzern) und von oben (von der Feuerwehr) jederzeit geöffnet werden können. Außerdem darf darauf nichts abgestellt werden.

Das Bild gilt analog auch für Einfamilienhäuser und Doppelhäuser der GK 1 und 2.

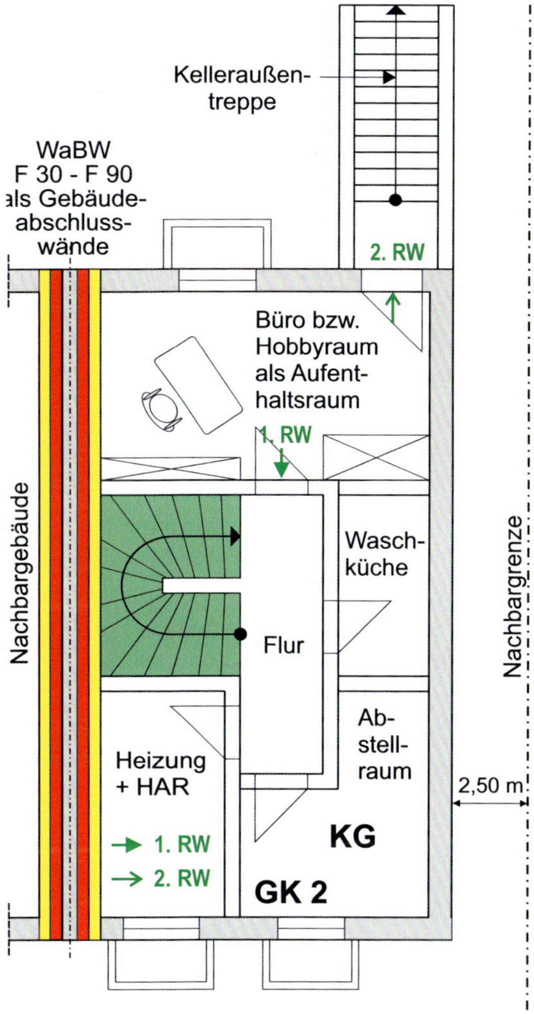

Abb. A.77: Beispiel für ein Reihenhaus mit AR im KG – 2. RW über eine Kelleraußentreppe

1. RW: Siehe Abb. A.76

2. RW: Kelleraußentreppe; optimale Lösung, da die Kelleraußentreppe als sicherer Ausgang ins Freie gilt. Genau genommen wäre dann kein 2. RW erforderlich, siehe Kapitel A.10.2.

Das Bild gilt analog auch für Einfamilienhäuser und Doppelhäuser der GK 1 und 2.

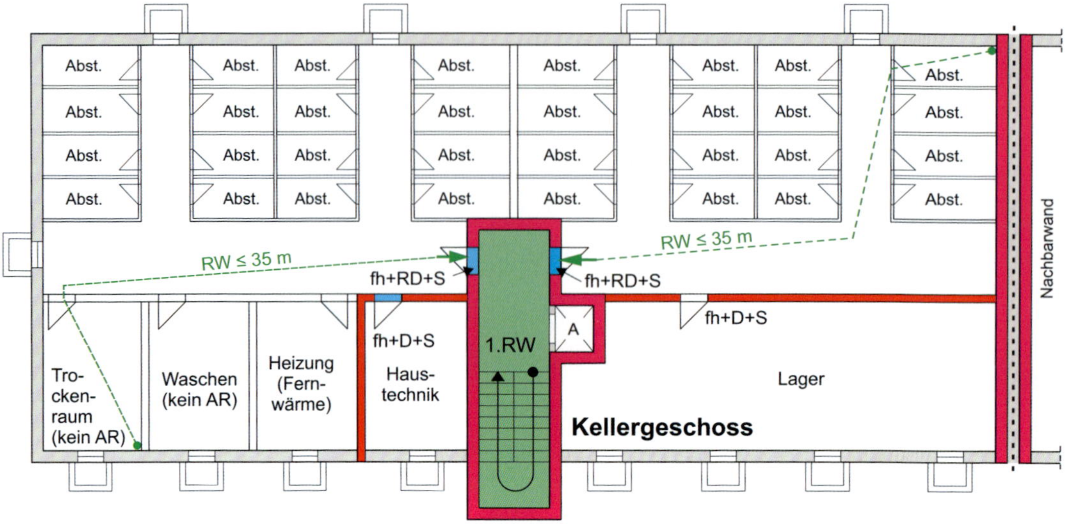

Abb. A.78: Beispiel für größeres KG ohne AR – nur ein Rettungsweg erforderlich

1. RW: Weg von der ungünstigsten Stelle des KG bis zum Ausgang in den notwendigen Treppenraum; Entfernung maximal 35 m. Gemessen wird die kürzeste Entfernung in Lauflinie, nicht durch feste Einbauten und Wände.

2. RW: Nicht erforderlich, da kein AR im KG.

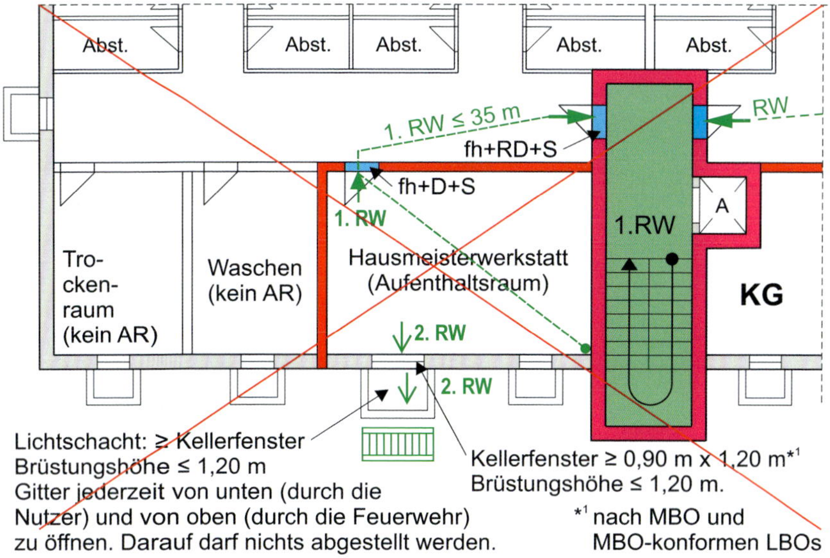

Abb. A.79: Beispiel für ein größeres KG mit unzulässiger Anordnung eines AR

Da die Hausmeisterwerkstatt als Aufenthaltsraum bewertet ist, muss sie zwei voneinander unabhängige Rettungswege haben.

Obwohl der 2. RW den bauaufsichtlichen Anforderungen entspricht, ist die Ausführung unzulässig, weil kein sicherer 1. RW vorhanden ist.

Der 1. (bauliche) RW führt aus dem AR über den unsicheren Kellerraum zum Ausgang in den notwendigen Treppenraum. Dies ist unzulässig, weil bei NE > 200 m^2 eine solche Verbindung nach MBO und den LBOs als notwendiger Flur ausgebildet werden muss.

Für die richtige Ausführung siehe die nächsten Bilder.

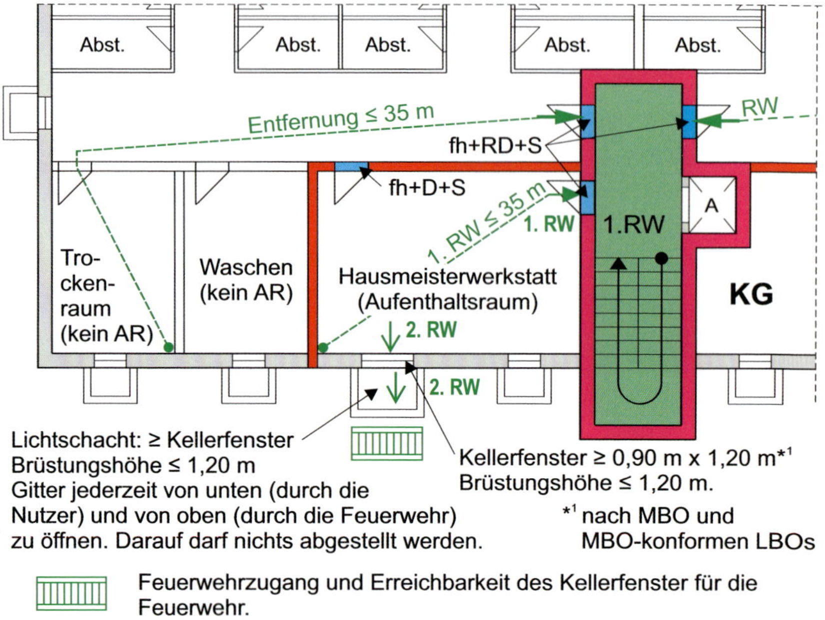

Abb. A.80: Beispiel für größeres KG mit AR – 1. RW durch direkten Anschluss an den notwendigen Treppenraum

1. RW: Von der ungünstigsten Stelle des Aufenthaltsraums bis zum Ausgang in den notwendigen Treppenraum; Entfernung maximal 35 m. Gemessen wird die kürzeste Entfernung in Lauflinie, nicht durch feste Einbauten und Wände.

2. RW: Kellerfenster mit Lichtschacht

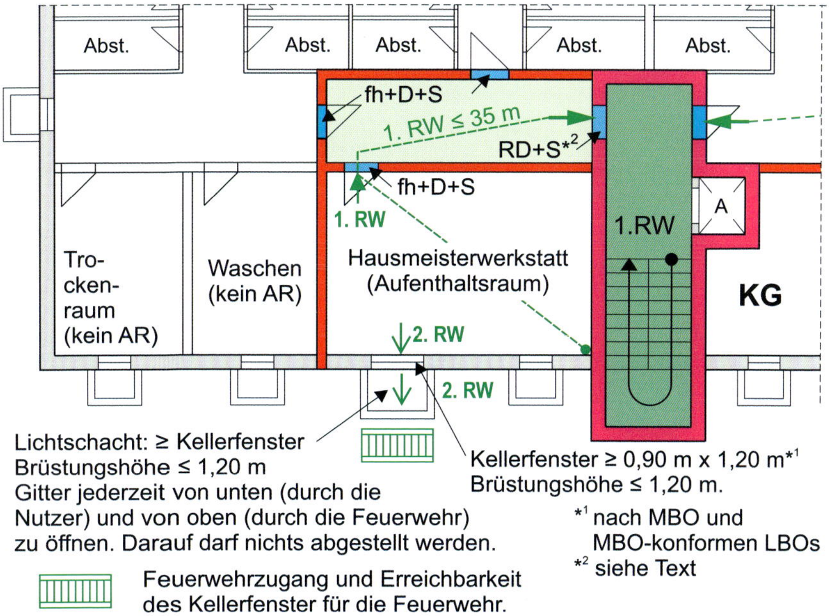

Abb. A.81: Beispiel für größeres KG mit AR – 1. RW über einen notwendigen Flur

1. RW: Von der ungünstigsten Stelle des AR bis zum Ausgang in den notwendigen Flur; von dort zum Ausgang in den Treppenraum; Entfernung maximal 35 m

2. RW: Kellerfenster mit Lichtschacht

Anmerkung: I. d. R. (insbesondere im Bestand) bereitet diese Ausführung Probleme, da es aufwändig ist, in KG einen notwendigen Flur herzustellen.

Zu *2: Die Tür vom notwendigen Treppenraum zum KG müsste nach Bauordnung eine fh+RD+S-Tür sein. Hier kann i. d. R. auch eine RD+S-Tür angeordnet werden (Tür zwischen notwendigem Flur und notwendigem Treppenraum). Genau genommen ist hierfür eine Abweichung/Erleichterung erforderlich.

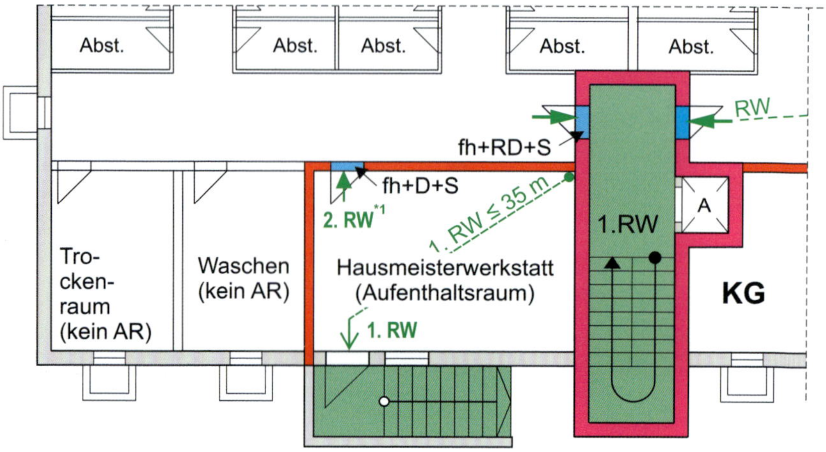

*1) Abweichung/Erleichterung erforderlich, siehe Text.

Abb. A.82: Beispiel für größeres KG mit AR – RW über Kelleraußentreppe

Eine Kelleraußentreppe stellt die optimale Lösung dar.

1. RW: Notwendige Kelleraußentreppe

2. RW: Ausgangstüre zum ungesicherten Kellerraum (zweiter Ausgang) und von dort zum notwendigen Treppenraum

Zu *1: Gemäß MBO und MBO-konformen LBOs ist hierfür eine Abweichung/Erleichterung erforderlich, da der 2. RW nicht der Bauordnung entspricht. Allerdings ist der direkte Ausgang zur notwendigen Außentreppe vergleichbar mit einem direkten Ausgang aus erdgeschossigen Räumen, siehe sinngemäß Kapitel A.10.2.

A.10.3.3 Übereinanderliegende Kellergeschosse

Übereinanderliegende KG müssen jeweils mindestens zwei Ausgänge in notwendige Treppenräume oder ins Freie haben.

A.10.4 RW aus Dachgeschossen

Die Mindestgröße und Zugänglichkeit der für die Rettung erreichbaren Stellen in Dachgeschossen (DG) entspricht denen in Obergeschossen.

A.10.4.1 Dachgeschosse ohne Aufenthaltsräume

Sind im benutzbaren Dachraum keine Aufenthaltsräume vorhanden, ist nur ein baulicher Rettungsweg erforderlich, der an die notwendige Treppe angeschlossen sein muss.

Eine Entfernungsanforderung wie im KG, wo von jeder Stelle in maximal 35 m Entfernung eine notwendige Treppe oder ein Ausgang ins Freie erreichbar sein muss, besteht im DG nicht. Allerdings ist es empfehlenswert, bei einem benutzbaren Dachraum, der ähnlich wie ein KG benutzt wird (Trockenraum, Speicherabteile, Haustechnikräume), diese Entfernung ebenfalls einzuhalten.

Für besondere Räume, die manchmal auch in DG angeordnet werden, können weitere Anforderungen bestehen, z. B. muss bei Lüftungszentralen nach M-LüAR in maximal 35 m Entfernung ein Ausgang erreichbar sein.

A.10.4.2 Ausgebaute Dachgeschosse mit Aufenthaltsräumen

Werden im Dachraum Aufenthaltsräume angeordnet, z. B. bei ausgebauten DG, müssen diese natürlich genauso wie in den übrigen Geschossen alle Anforderungen an den 1. Und 2. RW erfüllen.

Allerdings ist der 2. RW durch mit Rettungsgeräten der Feuerwehr erreichbare Stellen in Dachflächen häufig schwieriger herzustellen.

Bei einstufig ausgebauten DG ist dies i. d. R. noch problemlos möglich. Sollen dagegen höhere DG zweistufig (zweigeschossig oder mehrgeschossig) ausgebaut werden, kann der 2. RW über mit Rettungsgeräten der Feuerwehr erreichbare Stellen in den Dachflächen des oberen Geschosses i. d. R. nicht mehr hergestellt werden bzw. sind entsprechend aufwändige (und meist auch hässliche) Auf- und Einbauten notwendig.

Problematisch kann auch die Nichteinsehbarkeit der anleiterbaren Stellen von unten sein. Die zu rettenden Personen müssen sich bei der Feuerwehr bemerkbar machen können.

Davon ausgenommen sind natürlich Dachgeschosse mit Giebelwänden. Hier besteht bezüglich der Anleiterbarkeit die gleiche Situation wie in Normalgeschossen.

Ungünstig kann sich auch auswirken, dass bei ausgebautem DG das Tragwerk meist aus Holz besteht. Dort ist über die in solchen Konstruktionen oft vorhandenen Hohlräume, in Verbindung mit verwendeten brennbaren Bau- und Dämmstoffen, oft eine relativ schnelle Brandausbreitung möglich.

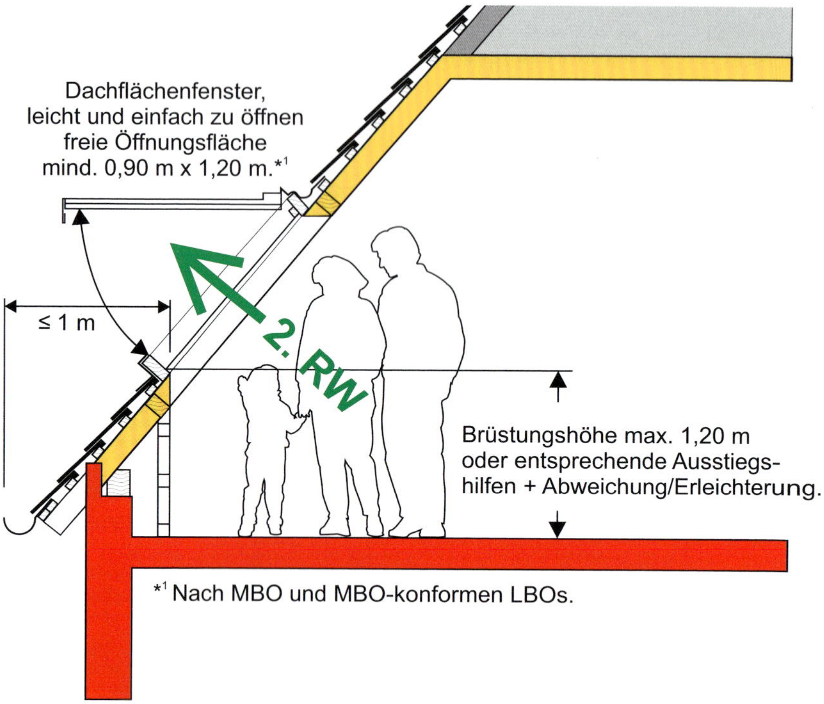

Abb. A.83: Beispiel für die Sicherstellung des 2. RW mit Rettungsgeräten der Feuerwehr durch anleiterbare Dachflächenfenster

Liegt die anleiterbare Stelle in Dachschrägen oder Dachaufbauten, darf ihre Unterkante oder ein davorliegender Auftritt von der Traufkante horizontal gemessen nicht mehr als 1 m entfernt sein. Außerdem müssen die anleiterbaren Stellen von unten ausreichend einsehbar sein, so dass sich die zu rettenden Personen bemerkbar machen können.

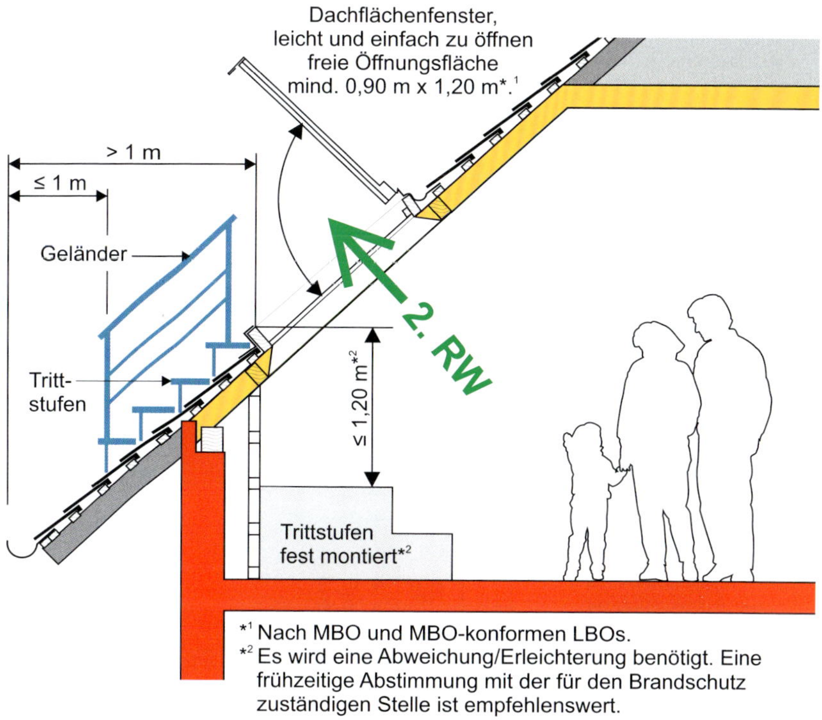

Abb. A.84: Beispiel für die Sicherstellung des 2. RW mit Rettungsgeräten der Feuerwehr bei einem Abstand von mehr als 1 m von der Traufkante

Für diese Ausführung ist eine entsprechende Abweichung/Erleichterung erforderlich, da die Unterkante des Dachflächenfensters von der Traufkante horizontal gemessen mehr als 1 m entfernt ist. Außerdem wird die maximal zulässige Brüstungshöhe überschritten.

Als Kompensationsmaßnahme werden auf der Dachfläche Trittstufen mit Geländer und eine Ausstiegshilfe angeordnet.

Wichtig: Eine frühzeitige Abstimmung mit der den Brandschutz prüfenden/bescheinigenden/genehmigenden Stelle ist empfehlenswert.

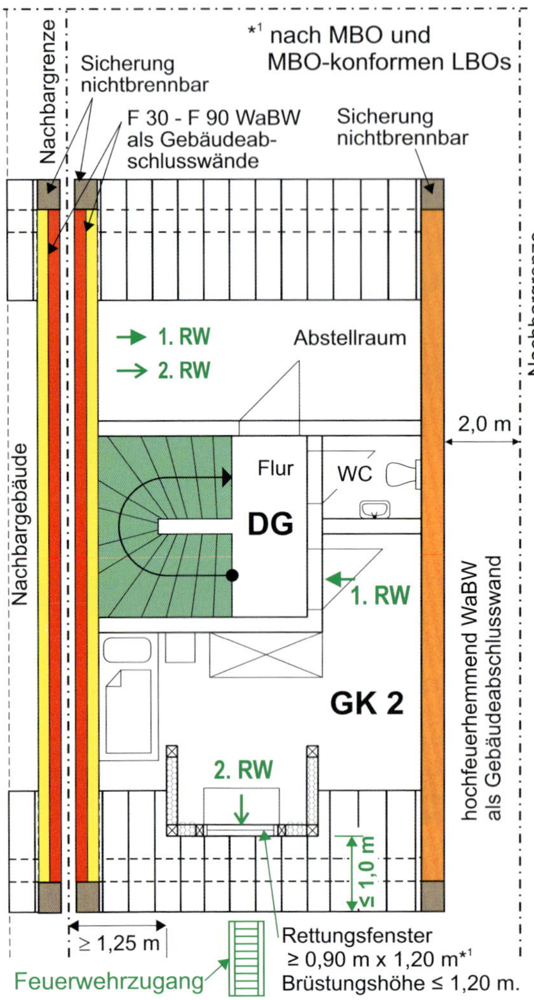

Abb. A.85: Beispiel für ein Reihenhaus mit AR im DG – 2. RW über Dachgaube

1. RW: Der 1. RW führt über die notwendige Treppe. Diese muss in Gebäuden der GK 1 und 2 nicht in einem eigenen Treppenraum liegen. Die maximal zulässige Entfernung (35 m) wird gemessen von der ungünstigsten Stelle des Aufenthaltsraums im DG bis zur Ausgangstüre ins Freie.

2. RW: Das Fenster der Dachgaube muss die nach LBO erforderliche Mindestgröße haben, die Brüstungshöhe darf 1,20 m nicht überschreiten. Es darf von der Traufkante horizontal gemessen nicht mehr als 1 m entfernt sein und muss mit Rettungsgeräten der Feuerwehr erreicht werden können.

Abb. A.86 bis A.88: Dachaustritt mit Austritt, Podest und Leiter – nicht schön, aber besser, als im Brandfall „in der Falle zu sitzen"

Abb. A.89: Unzulässige Ausführung des 2. RW, da das Dachflächenfenster mit der Drehleiter nicht erreichbar ist (Foto: Berufsfeuerwehr München)

Abb. A.90: Problematik: Erreichbarkeit der Dachgeschosswohnung mit Leitern der Feuerwehr (Foto: Berufsfeuerwehr München)

Abb. A.91: Nur eine Notlösung in Bestandsgebäuden, wenn keine andere Möglichkeit besteht, den 2. RW herzustellen – als Regelausführung unzulässig (Benutzbarkeit im Winter)

A.10.5 RW aus Maisonette-Wohnungen bzw. Nutzungseinheiten

Gemäß MBO sind bei Maisonette-Wohnungen und -NE innerhalb derselben NE von insgesamt nicht mehr als 200 m² höchstens zwei Geschosse durch eine offene Treppe miteinander verbunden. Dies ist jedoch nur zulässig, wenn in jedem Geschoss ein anderer Rettungsweg erreicht werden kann.

Die Maisonette-Wohnungen können in beiden Ebenen (der unteren und oberen Ebene) oder jeweils nur in einer Ebene (der unteren oder oberen Ebene) an den notwendigen Treppenraum angeschlossen sein.

A.10.5.1 Maisonette-Wohnungen/-NE, die in beiden Ebenen an den notwendigen Treppenraum -angeschlossen sind

In diesem Fall besteht bezüglich der Rettungswege eine günstige Situation, da die Maisonette-Wohnung bzw. -NE praktisch in jeder Ebene einen Ausgang in den notwendigen Treppenraum hat, was im Brandfall die Flucht und Selbstrettung wesentlich erleichtert.

Der 1. RW führt in jedem Geschoss über diesen Ausgang in den notwendigen Treppenraum. Als 2. RW ist entweder in der oberen oder unteren Ebene eine mit Rettungsgeräten der Feuerwehr erreichbare Stelle erforderlich.

A.10.5.2 Maisonette-Wohnungen/-NE, die nur in einer Ebene an den notwendigen Treppenraum angeschlossen sind

Diese Maisonette-Wohnungen sind bezüglich der Rettungswege deutlich ungünstiger zu bewerten als Geschosswohnungen ohne solche offenen Verbindungstreppen. Die ungesicherte Deckenöffnung in der eigentlich raumabschließenden und feuerwiderstandsfähigen Decke für die innere Verbindungstreppe ermöglicht bei einem eventuellen Brand in der unteren Ebene eine meist ungehinderte und schnelle Ausbreitung von Feuer und Rauch in die obere Wohnungsebene.

Bezüglich des bauaufsichtlichen Systems der Rettungswege gilt für Maisonette-Wohnungen und -NE das Gleiche wie für alle anderen in der MBO geregelten NE von Gebäuden, die keine Sonderbauten sind. Ein eventueller Brand in der eigenen NE wird nicht berücksichtigt (siehe hierzu z. B. Kapitel A.3.2.1 Abb. A.5 und A.9). Bei Maisonette-Wohnungen ist die Situation noch ungünstiger, wenn der Brand in der unteren Ebene ausbricht und sich die Schlafräume in der oberen Ebene befinden.

Handelt es sich bei dem gemäß Bauordnung notwendigen anderen Rettungsweg in der oberen Ebene um ein mit Rettungsgeräten der Feuerwehr erreichbares Fenster (was bei Wohngebäuden bzw. Wohnungen die Regel ist), kann es bei einem eventuellen Brand in der unteren Ebene schnell kritisch für die Personen in der oberen Ebene werden, da oben meist die Schlafräume angeordnet sind.

Besonders nachts besteht die Gefahr, dass die Bewohner vom Feuer überrascht werden und die Flucht über die interne Verbindungstreppe nach unten zum notwendigen Treppenraum nicht mehr möglich ist. In diesem

Fall wäre theoretisch der 2. RW in der oberen Ebene in Form eines mit Rettungsgeräten der Feuerwehr erreichbaren Fensters vorhanden.

Voraussetzung für dessen Nutzung ist jedoch, dass es möglich ist, das Eintreffen der Feuerwehr und den Einsatz der Rettungsgeräte abzuwarten. Die offene Verbindungstreppe wirkt wie ein Schornstein und Feuer und Rauch können sich schnell nach oben ausbreiten, so dass für die Personen in der oberen Maisonette-Ebene die Situation schnell kritisch werden kann.

Durch die in den Kinderzimmern, Schlafräumen und Rettungswegen vorgeschriebenen Rauchwarnmelder wird das Risiko zwar verringert. Ein z. B. in der Küche oder im Wohnzimmer in der unteren Ebene entstehender Brand kann jedoch trotzdem fatale Folgen haben, da dort nach Baurecht keine Warnmelder vorhanden sein müssen.

Eine wesentliche Verbesserung der Situation ließe sich mit Rauchwarnmeldern in allen Räumen (ausgenommen Badezimmern und Küchen) sowie Wärmemeldern bzw. für Küchen geeigneten Meldern in Küchen erreichen (siehe hierzu auch Kapitel A.4.2.1).

Beschreibung der Rettungswege

- **Obere Maisonette-Ebene**
  1. RW: Wohnungsinterne Treppe zur unteren Maisonette-Ebene und von dort zum Ausgang in den notwendigen Treppenraum; die wohnungsinterne Maisonette-Treppe wird dadurch zur notwendigen Treppe.
  2. RW: Eine mit Rettungsgeräten der Feuerwehr erreichbare und geeignete Stelle in der oberen Maisonette-Ebene; liegt diese Stelle in der Dachschräge, so ist darauf zu achten, dass der Abstand der Unterkante bzw. eines davorliegenden Austritts von der Traufkante horizontal gemessen maximal 1 m betragen darf.
  I. d. R. sind deshalb bei zweistufig ausgebauten Dächern in der oberen DG-Ebene nur dann Maisonette-Ebenen möglich, wenn an einem Giebelfenster angeleitert werden kann. Soll in der Dachfläche angeleitert werden, geht das meist nur mit aufwändigen Hilfskonstruktionen, für die eine Abweichung/Erleichterung erforderlich sind.
- **Untere Maisonette-Ebene**
  1. RW: Ausgang zum notwendigen Treppenraum
  2. RW: Eine mit Rettungsgeräten der Feuerwehr erreichbare und geeignete Stelle

Anmerkung

Beschrieben wurden die RW für eine Maisonette-NE, bei der die untere Maisonette-Ebene an den Treppenraum angeschlossen wurde, was z. B. in DG die Regel ist. Wird nur die obere Maisonette-Ebene an den Treppenraum angeschlossen (z. B. bei Maisonette-NE im EG und KG), so gelten die Rettungswege entsprechend vertauscht sinngemäß, siehe Abb. A.94 und A.97.

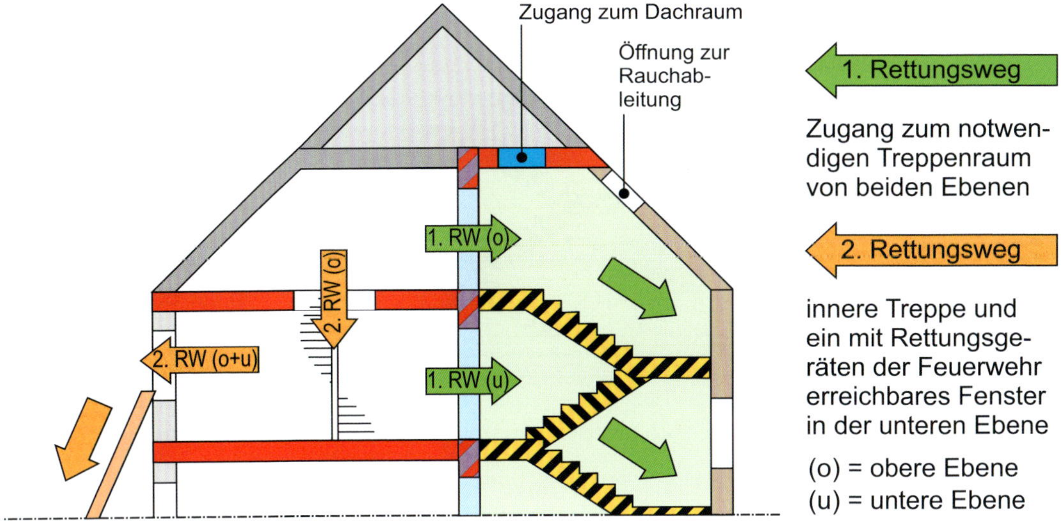

Abb. A.92: Maisonette im OG und DG mit Anschluss beider Geschosse an den notwendigen Treppenraum

In beiden Ebenen (Geschosse) ist ein Zugang zum notwendigen Treppenraum möglich. Für den 2. RW genügt eine mit Rettungsgeräten der Feuerwehr erreichbare Stelle in der unteren Ebene.

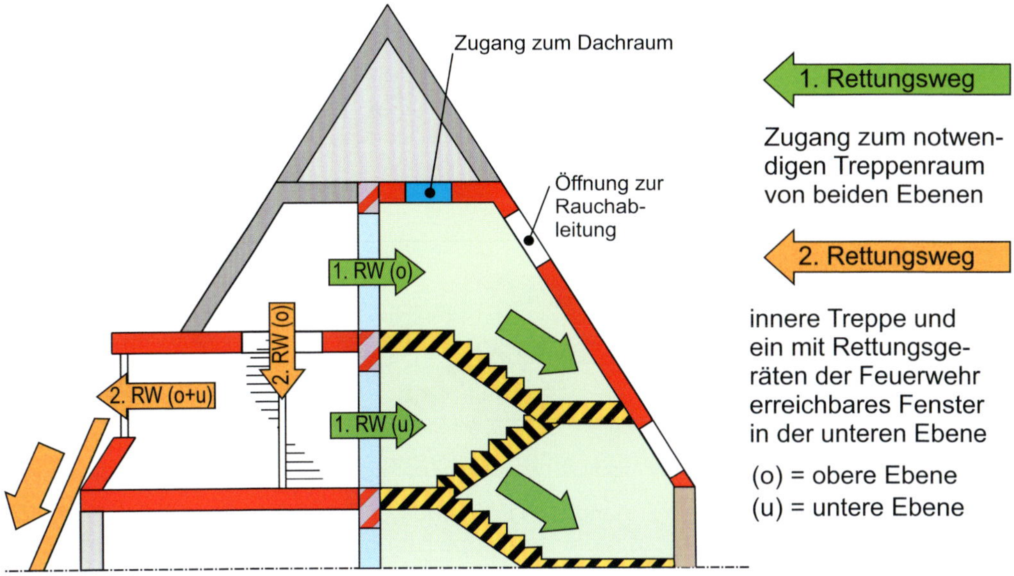

Abb. A.93: Maisonette im zweistufig ausgebauten DG mit Anschluss beider Geschosse an den notwendigen Treppenraum

Siehe sinngemäß Abb. A.92.

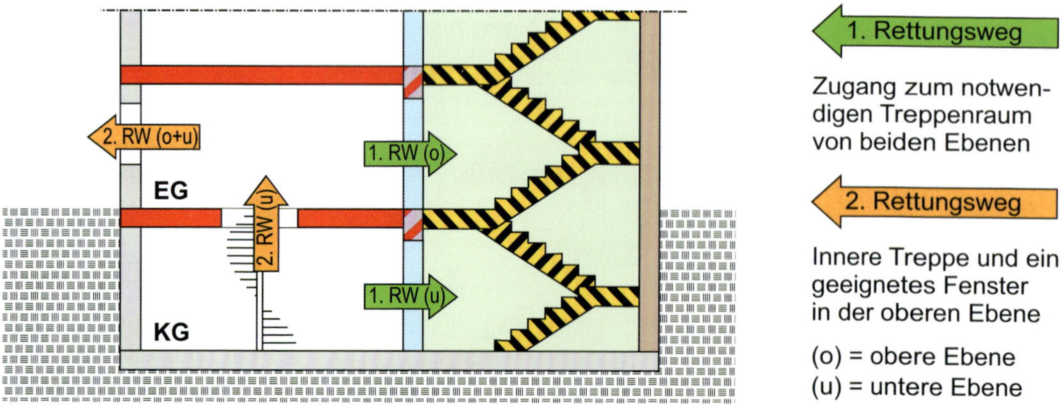

Abb. A.94: Maisonette im EG und KG mit Anschluss beider Geschosse an den notwendigen Treppenraum

In beiden Ebenen ist ein Zugang zum notwendigen Treppenraum möglich. Für den 2. RW genügt eine mit Rettungsgeräten der Feuerwehr erreichbare Stelle in der oberen Ebene.

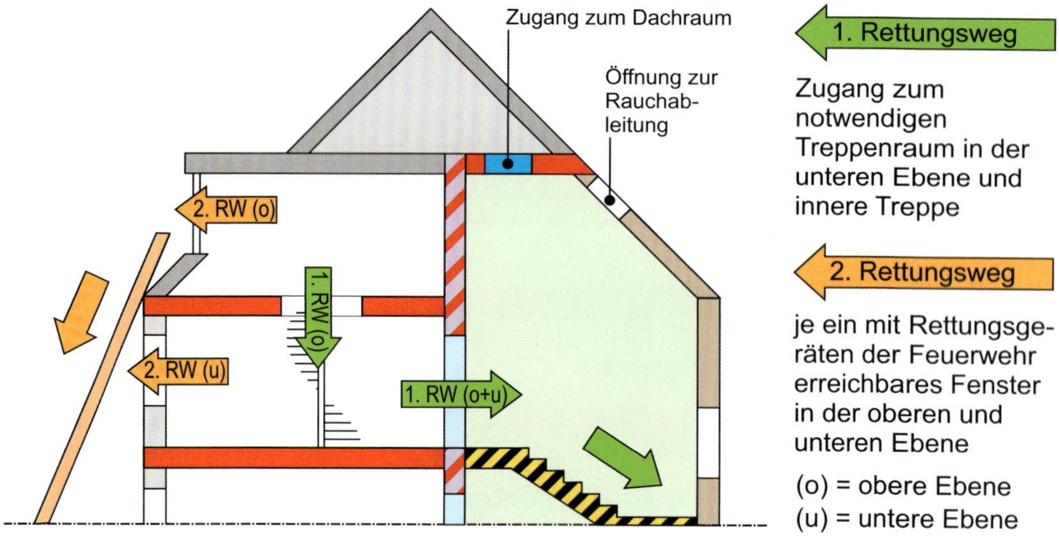

Abb. A.95: Maisonette im OG und DG mit Anschluss des unteren Geschosses an den notwendigen Treppenraum

Da nur in der unteren Ebene ein Zugang zum notwendigen Treppenraum möglich ist, führt der 1. RW der oberen Ebene über die Maisonette-Treppe zur unteren Ebene und von dort zum notwendigen Treppenraum. Die Maisonette-Treppe wird damit zur notwendigen Treppe.

Für den 2. RW ist eine mit Rettungsgeräten der Feuerwehr erreichbare Stelle in der oberen Ebene zwingend erforderlich.

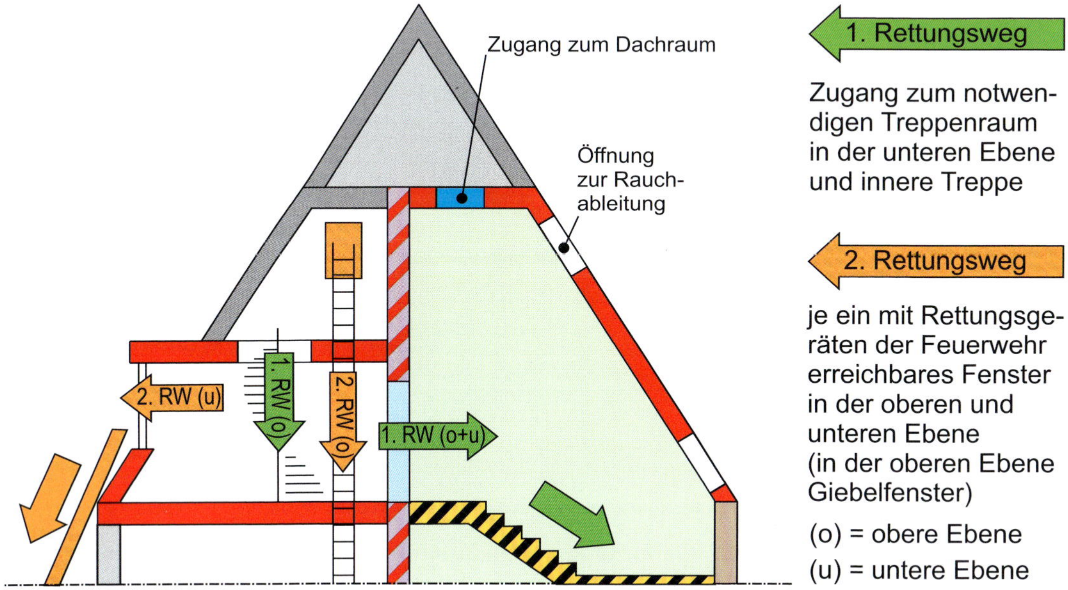

Abb. A.96: Maisonette im zweistufig ausgebauten DG mit Anschluss des unteren Geschosses an den notwendigen Treppenraum

Siehe sinngemäß Abb. A.95.

Voraussetzung für diese Lösung ist, dass in der oberen Maisonette-Ebene eine mit den Rettungsgeräten der Feuerwehr erreichbare Stelle angeordnet wird. Dies ist bei zweistufig ausgebauten Dachgeschossen i. d. R. nur an den Giebelseiten möglich. Soll hier im Bereich der Dachschrägen angeleitert werden, dann geht das i. d. R. nur mit mehr oder weniger aufwändigen „Hilfskonstruktionen", für die immer eine Abweichung/Erleichterung erforderlich ist.

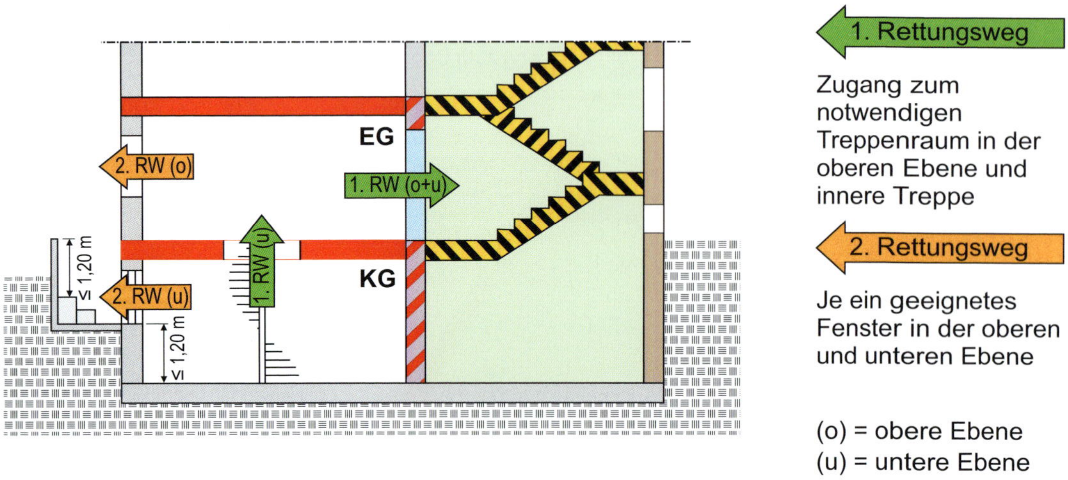

Abb. A.97: Maisonette im EG und KG mit Anschluss des oberen Geschosses an den notwendigen Treppenraum

Da nur in der oberen Ebene ein Zugang zum notwendigen Treppenraum möglich ist, führt der 1. RW der unteren Ebene über die Maisonette-Treppe zur oberen Ebene und von dort zum Treppenraum. Die Maisonette-Treppe wird damit zur notwendigen Treppe.

Für den 2. RW ist eine mit Rettungsgeräten der Feuerwehr erreichbare Stelle in der unteren Ebene zwingend erforderlich.

A.10.6 RW aus Wohngebäuden der GK 1 und 2

Das Risiko einer Gefährdung von Leib und Leben im Brandfall ist bei Wohngebäuden der Gebäudeklassen 1 und 2 am größten. Diese Gebäude haben typischerweise keinen notwendigen Treppenraum. Damit besteht eine mehr oder weniger offene Verbindung vom KG bis zum ausgebauten DG. Ein Entstehungsbrand kann sich damit relativ schnell sowohl horizontal als auch vertikal ausbreiten.

Gemäß dem bauaufsichtlichen System der Rettungswege müssen auch diese Gebäude in jedem Geschoss zwei voneinander unabhängige Rettungswege haben. Gelingt den Bewohnern im Brandfall jedoch nicht die Flucht aus eigener Kraft, so kann schnell eine ungünstige und sogar lebensbedrohliche Situation entstehen. Die Bewohner müssen dann das Eintreffen und die Hilfe der Feuerwehr abwarten können und das kann durch die offene Bauweise und fehlende brandschutztechnische Abtrennungen problematisch werden.

Eine Verbesserung der Situation ergibt sich durch die vorgeschriebenen Rauchwarnmelder in den Rettungswegen, Kinderzimmern und Schlafzimmern. Allerdings bleibt bei dieser Lösung noch das Risiko einer unbemerkten Brandentstehung in anderen Räumen, die dann evtl. erst relativ spät (zu spät?) von den vorgenannten Rauchwarnmeldern gemeldet wird. Dieses Risiko wird gilt derzeit als gesellschaftlich akzeptiert (siehe Kapitel A.1.3.1).

Natürlich ist es in diesem Zusammenhang wichtig, dass auch bei diesen Gebäuden die vorgeschriebenen Rettungswege zur Verfügung stehen.

Besonderes Augenmerk ist dabei auf Aufenthaltsräume im Keller zu richten (siehe Kapitel A.2.11), da bei einem vorhandenen Aufenthaltsraum auch im Keller zwei voneinander unabhängige Rettungswege erforderlich sind. Beispiele siehe Kapitel A.10.3.2 Abb. A.73 bis A.77.

Sind im DG Aufenthaltsräume vorhanden, dann benötigen diese ebenfalls zwei voneinander unabhängige Rettungswege. Hier ist besonders darauf zu achten, dass die Feuerwehr den 2. RW (Dachfenster, Dachgaube) mit ihren Rettungsgeräten erreichen kann (Beispiel siehe Kapitel A.10.4.2 Abb. A.83 bis A.85).

A.10.7 RW aus Wohnungen, NE ≤ 200 m² und Büro-/Verwaltungs-NE ≤ 400 m²

Bei diesen Nutzungen ist nach Bauordnung kein notwendiger Flur innerhalb der jeweiligen NE erforderlich. Deshalb bestehen mit Ausnahme der maximal zulässigen Entfernung keine besonderen Anforderungen an die Ausbildung der horizontalen Rettungswege innerhalb der jeweiligen NE. Die vertikalen Rettungswege (notwendige Treppen, Rettungsgeräte der Feuerwehr) müssen voneinander unabhängig sein.

Für grundsätzliche Erläuterungen siehe Kapitel A.4.2.1.

1. RW = Fluchtweg

Von jeder Stelle eines Aufenthaltsraums muss mindestens ein Ausgang in einen notwendigen Treppenraum, zu einer notwendigen Außentreppe oder ins Freie in höchstens 35 m Entfernung erreichbar sein. Der 1. RW beginnt innerhalb des Geschosses an der ungünstigsten Stelle des am ungünstigsten gelegenen AR und führt über einen Ausgang aus der NE

- in den notwendigen Treppenraum oder
- zu einer notwendigen Außentreppe oder
- ins Freie oder
- in den notwendigen Flur außerhalb der NE und von dort zu einem Ausgang
  - in den notwendigen Treppenraum oder
  - zu einer notwendigen Außentreppe oder
  - ins Freie.

2. RW über Rettungsgeräte der Feuerwehr = Rettungsweg

Der 2. RW führt in jeder Wohnung oder NE ≤ 200 m² oder Büro-/Verwaltungs-NE ≤ 400 m² in jedem Geschoss über eine mit Rettungsgeräten der Feuerwehr erreichbare Stelle (z. B. ein geeignetes Fenster) und wird von dort aus über Rettungsgeräte der Feuerwehr hergestellt. Dabei ist Folgendes zu beachten:

- Nach MBO und MBO-konformen LBOs: Bei Gebäuden, die keine Sonderbauten sind, grundsätzlich (ohne besondere Prüfung) zulässig; bei Sonderbauten nur zulässig, wenn keine Bedenken wegen der Personenrettung bestehen (siehe Kapitel A.5.3.2).

- Nach einigen LBOs: Grundsätzlich (also auch bei Gebäuden, die keine Sonderbauten sind) nur zulässig, wenn keine Bedenken wegen der Personenrettung bestehen (siehe Kapitel A.5.3.1 und A.5.3.3).
- Nur zulässig, wenn die Feuerwehr über die erforderlichen Rettungsgeräte verfügt (bis 8 m vierteilige Steckleiter, bei mehr als 8 m bis 23 m Drehleiter bzw. Hubrettungsfahrzeuge) und diese auch einsetzen kann (Flächen für die Feuerwehr, Hilfsfrist).
- Die Lage der erreichbaren Stelle innerhalb der Wohnung bzw. NE ist beliebig. Sie muss jedoch jederzeit zugänglich sein. Die zu rettenden Personen müssen sich bemerkbar machen können.
- Zu beachten sind Mindestgröße und maximale Brüstungshöhe der Fenster, im DG maximaler Abstand zur Traufe.

Wichtig

Gemäß MBO und MBO-konformen LBOs muss grundsätzlich nur bei Sonderbauten geprüft werden, ob Bedenken wegen der Personenrettung bestehen. In einigen Ländern ist diese Überprüfung jedoch bei allen Gebäuden, also auch bei Gebäuden, die keine Sonderbauten sind, vorgeschrieben (siehe hierzu Kapitel A.5.3.1 bis A.5.3.3).

2. RW baulich – über eine weitere notwendige Treppe = Fluchtweg

Der 2. RW ist ein weiterer, vom 1. Vertikalen RW unabhängiger baulicher RW = zweiter Fluchtweg. Er führt innerhalb des Geschosses über denselben Ausgang aus der NE, aus dem auch der erste RW führt

- in denselben außerhalb der NE liegenden notwendigen Flur und von dort zu einem Ausgang
  - in einen zweiten notwendigen Treppenraum oder
  - zu einer zweiten notwendigen Außentreppe oder
  - zu einem zweiten Ausgang direkt ins Freie.

Alternativ kann er auch aus einem zweiten (möglichst entgegengesetzt liegenden) Ausgang aus der NE

- in einen zweiten notwendigen Treppenraum oder
- zu einer zweiten notwendigen Außentreppe oder
- direkt ins Freie

führen.

Der 2. Bauliche RW = Fluchtweg hat keine Längenbegrenzung. Werden beide Rettungswege baulich hergestellt, so muss einer der beiden die maximale Entfernung von 35 m einhalten, der zweite darf auch länger sein. Beide baulichen RW dürfen über denselben notwendigen Flur führen, jedoch nicht über bzw. durch denselben Treppenraum.

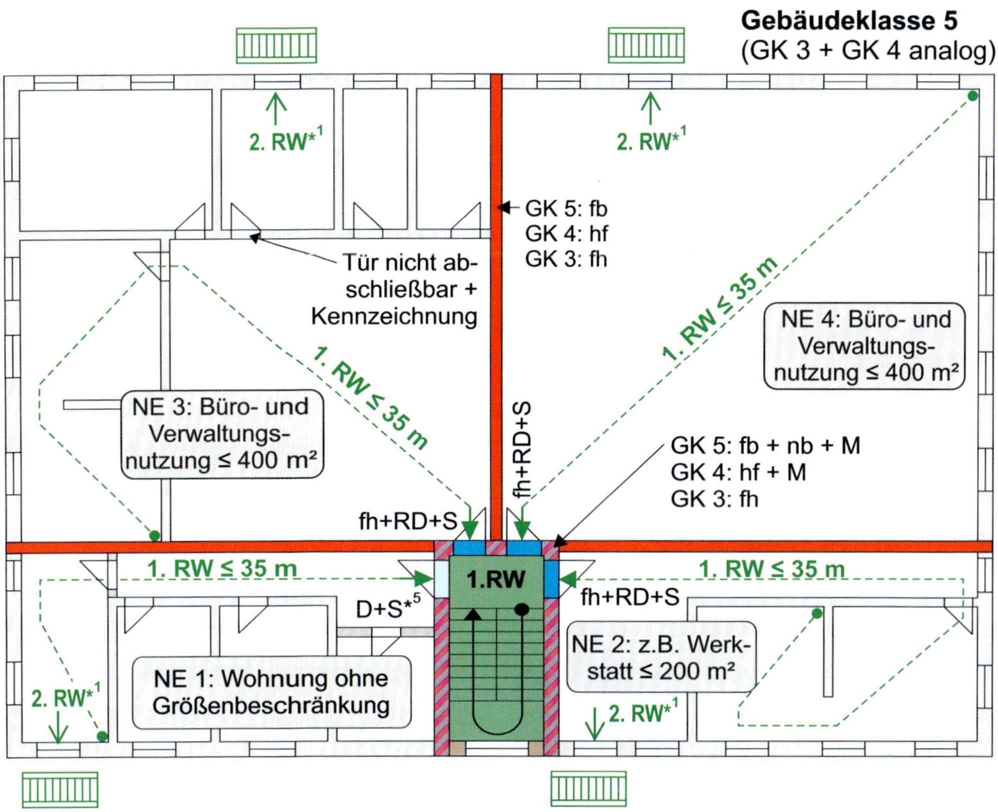

Brüstungshöhe ≤ 8 m: Feuerwehrzugang und Aufstellmöglichkeit für die 4-teilige Steckleiter

Brüstungshöhe ≤ 23 m: Feuerwehrzufahrt und Aufstellfläche für Hubrettungsfahrzeug

*1 Gemäß MBO und MBO-konformen LBOs: Zulässig bei Gebäuden, die keine Sonderbauten sind. Gemäß LBOs, die nicht MBO-konform sind sowie bei Sonderbauten: Nur zulässig, wenn keine Bedenken wegen der Personenrettung bestehen.

*5 In einigen Ländern (z.B. Baden-Württemberg, Nordrhein-Westfalen) bei Wohnungen nur: D. In Bayern: D+V+S (V = vollwandig).

Abb. A.98: Beispiel für Rettungswege von Wohnungen, NE ≤ 200 m² und Büro-/Verwaltungs-NE ≤ 400 m² mit direktem Anschluss an einen Treppenraum

1. RW: Innerhalb der jeweiligen NE ist kein notwendiger Flur erforderlich. Die maximale Rettungsweglänge (Entfernung) von 35 m bis zum Ausgang in den notwendigen Treppenraum bzw. ins Freie muss von der ungünstigsten Stelle eines jeden Aufenthaltsraums eingehalten werden.

2. RW: In jeder NE ist für den 2. RW eine mit Rettungsgeräten der Feuerwehr erreichbare Stelle notwendig. Die Lage der anleiterbaren Stelle innerhalb der NE ist beliebig, sie muss jedoch jederzeit zugänglich sein und mit Rettungsgeräten der Feuerwehr erreicht werden können. Falls nur eine bestimmte Stelle möglich ist, sollte diese gekennzeichnet werden. Zu Bedenken wegen der Personenrettung siehe Kapitel A.5.3.1 bis A.5.3.3.

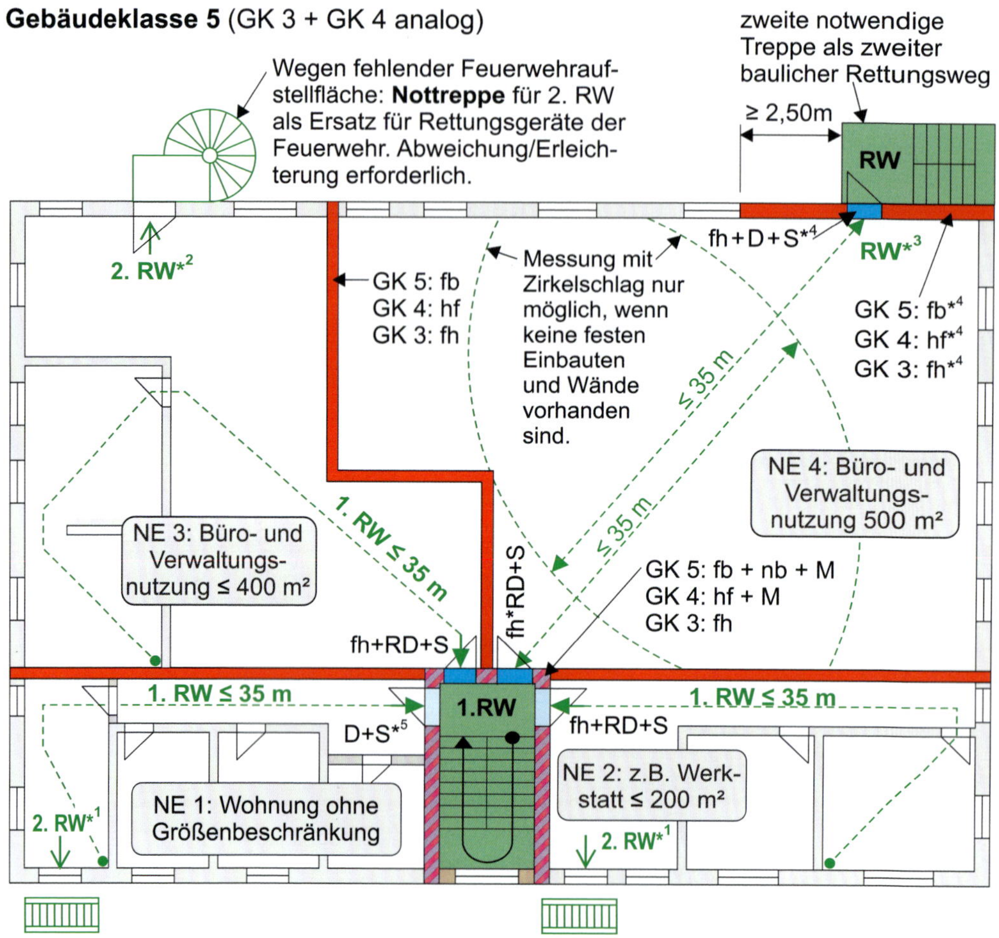

Brüstungshöhe ≤ 8 m: Feuerwehrzugang und Aufstellmöglichkeit für die 4-teilige Steckleiter

Brüstungshöhe ≤ 23 m: Feuerwehrzufahrt und Aufstellfläche für Hubrettungsfahrzeug

*1 Gemäß MBO und MBO-konformen LBOs: Zulässig bei Gebäuden, die keine Sonderbauten sind. Gemäß LBOs, die nicht MBO-konform sind sowie bei Sonderbauten: Nur zulässig, wenn keine Bedenken wegen der Personenrettung bestehen.

*2 *3 *4 siehe Bildbeschreibung

*5 In einigen Ländern (z.B. Baden-Württemberg, Nordrhein-Westfalen) bei Wohnungen nur: D. In Bayern: D+V+S (V = vollwandig).

Abb. A.99: Beispiel für Rettungswege von NE 1 ≤ 200 m² und NE 2 > 200 m² im EG ohne notwendigen Flur (wie Abb. A.59), jedoch mit Nottreppe und notwendiger Außentreppe

NE 1 und NE 2: siehe Abb. A.98

NE 3 und NE 4: Die maximale Entfernung von 35 m wird in Lauflinie gemessen (nicht durch feste Einbauten und Wände).

Zu *2: **NE 3:** Grundsätzlich wäre eine Rettung mit Rettungsgeräten der Feuerwehr möglich. Es ist jedoch keine Feuerwehrzufahrt oder Aufstellfläche vorhanden oder die Feuerwehr hat kein Hubrettungsfahrzeug. Die Nottreppe muss also nur die Feuerwehrleiter ersetzen und kann deshalb ungeschützt vor der Fassade angeordnet werden.

Wichtig: Hierfür ist eine Abweichung/Erleichterung erforderlich.

Zu *3: Zur Kompensation des fehlenden notwendigen Flurs wurde ein entgegengesetzt liegender zweiter Ausgang angeordnet. Dieser führt zu einem 2. Baulichen RW (notwendige Außentreppe), weil bei dieser NE Bedenken bestanden, den 2. RW mit Rettungsgeräten der Feuerwehr herzustellen.

Zu *4: Anforderungen an die notwendige Außentreppe siehe Kapitel B.4 in diesem Werk.

Anmerkung: Die feuerwiderstandsfähige Außenwand vor der notwendigen Treppe und der Feuerschutzabschluss sind im obersten Geschoss des Gebäudes nicht erforderlich.

Gebäudeklasse 5
(GK 3 + GK 4 analog)

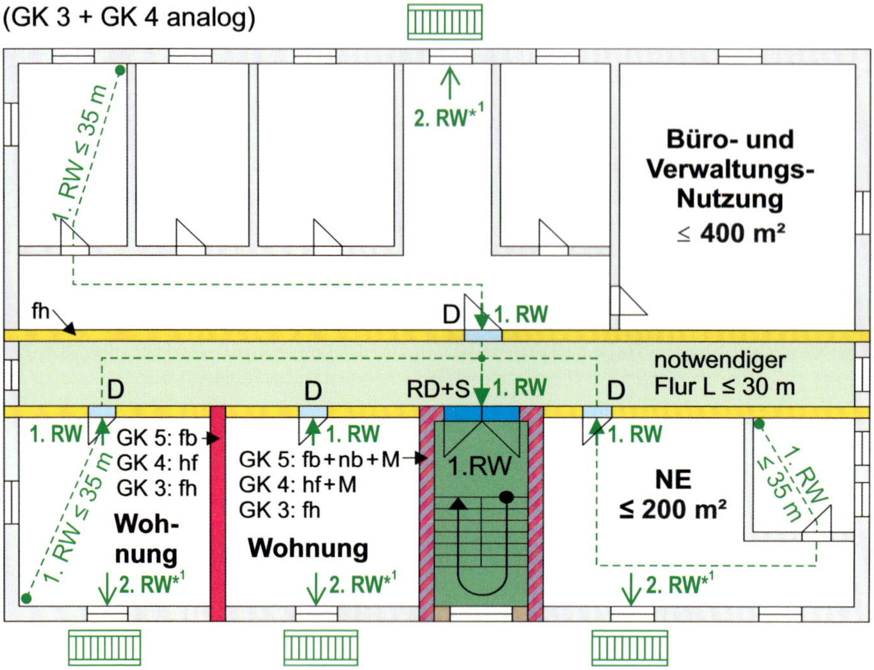

	Brüstungshöhe ≤ 8 m:	Feuerwehrzugang und Aufstellmöglichkeit für die 4-teilige Steckleiter
	Brüstungshöhe ≤ 23 m:	Feuerwehrzufahrt und Aufstellfläche für Hubrettungsfahrzeug

*1 Gemäß MBO und MBO-konformen LBOs: Zulässig bei Gebäuden, die keine Sonderbauten sind. Gemäß LBOs, die nicht MBO-konform sind sowie bei Sonderbauten: Nur zulässig, wenn keine Bedenken wegen der Personenrettung bestehen.

Abb. A.100: Beispiel für Wohnungen, NE ≤ 200 m² und Büro-/Verwaltungs-NE ≤ 400 m² mit Anschluss an den Treppenraum über einen notwendigen Flur

1. RW: Innerhalb der jeweiligen NE ist kein notwendiger Flur erforderlich. Die maximale Entfernung von 35 m bis zum Ausgang in den notwendigen Treppenraum muss von der ungünstigsten Stelle eines jeden Aufenthaltsraums eingehalten werden.

Der bauordnungsrechtlich gesicherte Bereich des 1. Horizontalen RW beginnt an der Tür der jeweiligen NE. Er besteht aus dem notwendigen Flur. Dieser führt zum 1. Vertikalen RW (notwendiger Treppenraum).

2. RW: Siehe sinngemäß Abb. A.98.

Gebäudeklasse 5 (GK 3 + GK 4 analog)

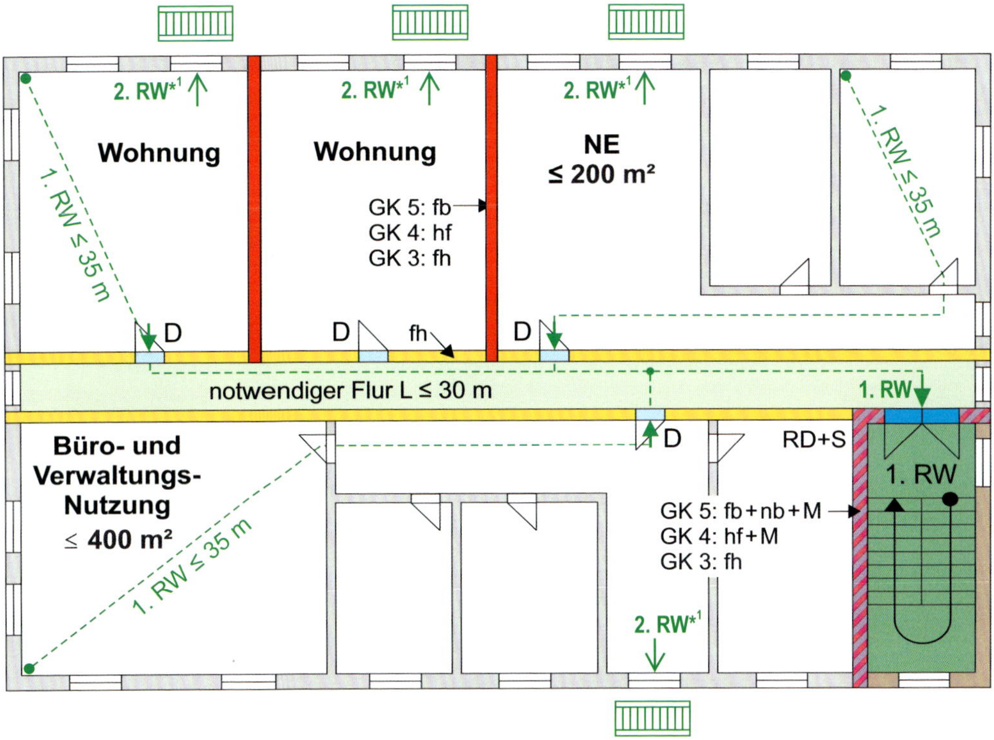

Brüstungshöhe ≤ 8 m: Feuerwehrzugang und Aufstellmöglichkeit für die 4-teilige Steckleiter

Brüstungshöhe ≤ 23 m: Feuerwehrzufahrt und Aufstellfläche für Hubrettungsfahrzeug

*[1] Gemäß MBO und MBO-konformen LBOs: Zulässig bei Gebäuden, die keine Sonderbauten sind. Gemäß LBOs, die nicht MBO-konform sind sowie bei Sonderbauten: Nur zulässig, wenn keine Bedenken wegen der Personenrettung bestehen.

Abb. A.101: Wie Abb. A.100, jedoch Treppenraum „endständig" angeordnet

1. RW: Siehe Abb. A.100; die Lage des Treppenraums ist relativ ungünstig, da der notwendige Flur dadurch praktisch ein Stichflur ist. Die Ausführung ist nach den LBOs jedoch zulässig, da nur an Stichflure, die zu einem Sicherheitstreppenraum führen, Anforderungen gestellt werden.

Im ungünstigsten Fall kann der Stichflur eine Länge von ca. 25 bis 27 m erreichen, da die maximale Entfernung von 35 m bis zum notwendigen Treppenraum eingehalten werden muss. Wird diese Länge überschritten, sind i. d. R. zwei notwendige Treppen erforderlich (siehe Abb. A.102). Würde der Stichflur zu einem Sicherheitstreppenraum führen, wäre seine Länge auf 15 m begrenzt.

2. RW: Siehe sinngemäß Abb. A.98

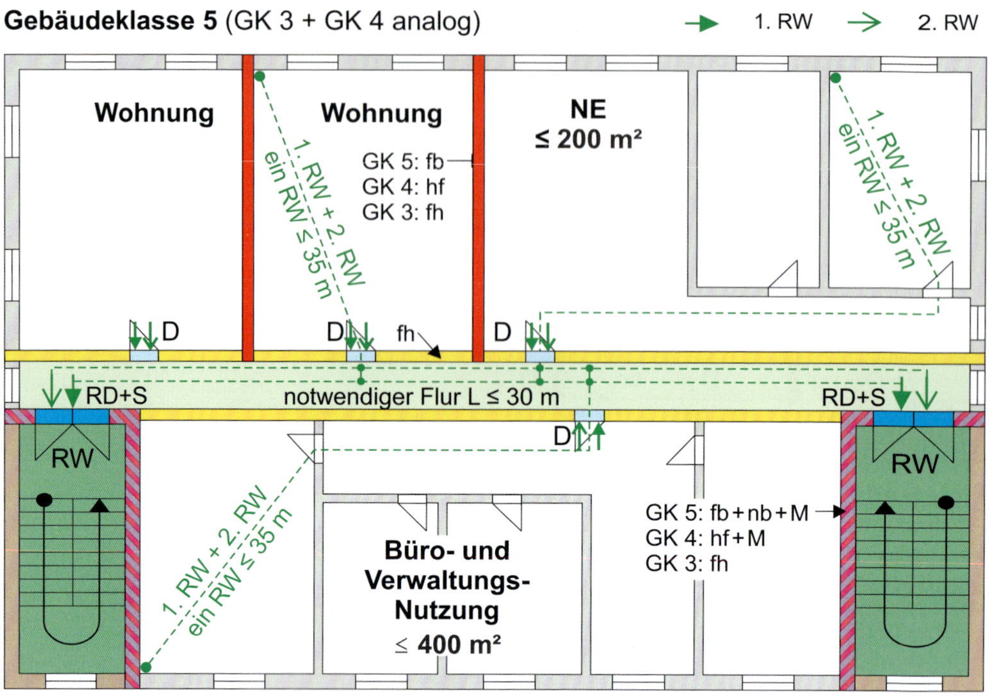

Abb. A.102: Beispiel für Wohnungen, NE ≤ 200 m² und Büro-/Verwaltungs-NE ≤ 400 m² mit baulichen Rettungswegen

Da in diesem Fall beide vertikalen Rettungswege baulich hergestellt werden, ist eine Unterscheidung in 1. RW und 2. RW nicht sinnvoll. Beide RW führen aus der jeweiligen NE über den denselben Ausgang zum notwendigen Flur.

In jeder NE muss dabei ein Rettungsweg die maximale Entfernung von 35 m einhalten. Die Entfernung des anderen RW darf größer sein.

Ab dem gemeinsamen Ausgang beider RW in den notwendigen Flur beginnen die gesicherten horizontalen Rettungswege, wobei beide RW über denselben notwendigen Flur führen dürfen.

Da die maximale Flurlänge nach den LBOs auf 30 m begrenzt ist, beträgt die im ungünstigsten Fall zurückzulegende Strecke maximal 15 m.

Eine Feuerwehrzufahrt und Aufstellflächen für die Hubrettungsfahrzeuge der Feuerwehr sind i. d. R. nicht erforderlich, da die Rettungswege baulich (= Fluchtwege) hergestellt werden. Deshalb wird nur ein Feuerwehrzugang zu den beiden notwendigen Treppen benötigt.

A.10.8 RW aus größeren NE mit notwendigem Flur innerhalb der NE in Gebäuden, die keine Sonderbauten sind

Bei diesen NE > 200 m² oder Büro-/Verwaltungs-NE > 400 m² führen die Rettungswege aus Aufenthaltsräumen über notwendige Flure innerhalb der NE zu Ausgängen in notwendige Treppenräume oder zu notwendigen Außentreppen oder ins Freie.

Damit bestehen neben der maximal zulässigen Entfernung noch weitere Anforderungen an die Ausbildung der horizontalen Rettungswege, da diese über notwendige Flure führen.

1. RW = Fluchtweg

Von jeder Stelle eines Aufenthaltsraums muss mindestens ein Ausgang in einen notwendigen Treppenraum, zu einer notwendigen Außentreppe oder ins Freie in maximal 35 m Entfernung erreichbar sein. Der 1. RW beginnt innerhalb des Geschosses an der ungünstigsten Stelle des am ungünstigsten gelegenen AR und führt über einen notwendigen Flur innerhalb der NE zu einem Ausgang aus der NE

- in den notwendigen Treppenraum oder
- zu einer notwendigen Außentreppe oder
- ins Freie.

2. RW über Rettungsgeräte der Feuerwehr = Rettungsweg

Nach den LBOs kann der 2. RW eine mit Rettungsgeräten der Feuerwehr erreichbare Stelle der NE sein. Anforderungen an die Lage dieser Stelle bestehen nicht.

Das bauaufsichtliche System der Rettungswege geht i. d. R. davon aus, dass der 1. Vertikale RW = die notwendige Treppe bei einem Brand ausfallen kann. Für diesen Fall ist der 2. RW vorgesehen. Dann spielt die Lage auch keine Rolle, da er bei einem Ausfall des 1. Baulichen RW benötigt wird.

Für den Lastfall, dass es in der betrachteten NE selbst brennt, geht das Baurecht davon aus, dass alle Nutzer die NE möglichst aus eigener Kraft verlassen können. Sollte das unter ungünstigen Umständen nicht mehr möglich sein, steht noch der 2. RW zur Verfügung. Es wäre natürlich günstig, wenn dieser dann möglichst entgegengesetzt zur notwendigen Treppe liegen würde. Das ist jedoch nicht vorgeschrieben. Ein anleiterbares Fenster im notwendigen Flur macht keinen Sinn, da dieser als erstes verraucht. Für grundsätzliche Erläuterungen siehe Kapitel A.4.2.3.

> **Wichtig**
>
> Gemäß MBO und MBO-konformen LBOs muss grundsätzlich nur bei Sonderbauten geprüft werden, ob Bedenken wegen der Personenrettung bestehen. In einigen Ländern ist diese Überprüfung jedoch bei allen Gebäuden, also auch bei Gebäuden, die keine Sonderbauten sind, vorgeschrieben (siehe hierzu Kapitel A.5.3.1 bis A.5.3.3).

Tipp

Bei Neubauten ist es empfehlenswert, Lösungen mit notwendigen Fluren möglichst zu vermeiden und stattdessen Teil-NE anzuordnen. Bei Büro-/ Verwaltungs-NE ist dies bis 400 m² möglich. Aber auch bei anderen NE bieten sich solche Lösungen mit Teil-NE an, dann allerdings nur bis 200 m² und einer entsprechenden Abweichung/Erleichterung. Für Beispiele siehe Kapitel D.

2. RW baulich – über eine weitere notwendige Treppe

Der 2. RW ist ein weiterer, vom 1. Vertikalen RW unabhängiger vertikaler baulicher RW = zweiter Fluchtweg. Er führt innerhalb des Geschosses innerhalb der NE über denselben notwendigen Flur und von diesem zu einem zweiten Ausgang

- in einen zweiten notwendigen Treppenraum oder
- zu einer zweiten notwendigen Außentreppe oder
- ins Freie.

Der 2. bauliche RW = Fluchtweg hat keine Längenbegrenzung. Werden beide Rettungswege baulich hergestellt, so muss einer der beiden die 35 m Entfernung einhalten. Der zweite darf auch länger sein. Beide baulichen RW dürfen über denselben notwendigen Flur führen, jedoch **nicht** über bzw. durch denselben Treppenraum.

Gebäudeklasse 5
(GK 3 + GK 4 analog)

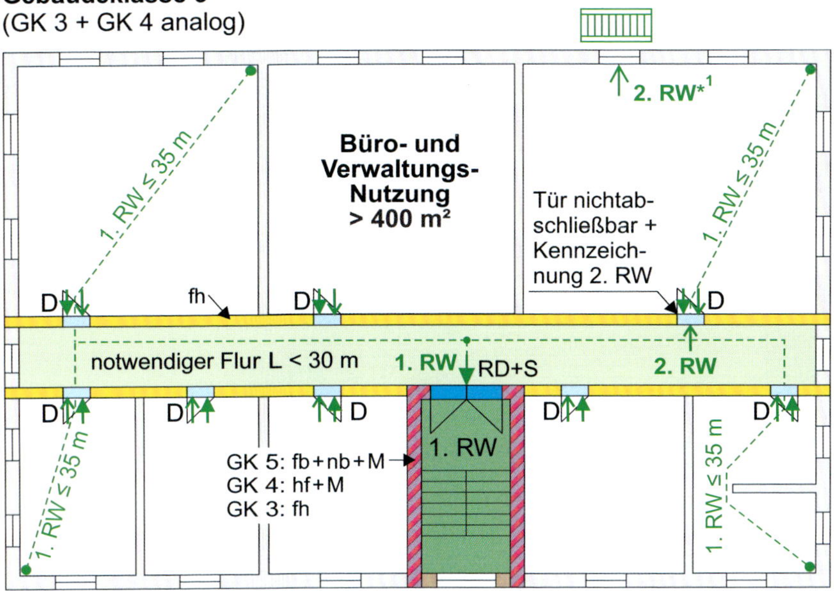

Brüstungshöhe ≤ 8 m: Feuerwehrzugang und Aufstellmöglichkeit für die 4-teilige Steckleiter
Brüstungshöhe ≤ 23 m: Feuerwehrzufahrt und Aufstellfläche für Hubrettungsfahrzeug

*[1] Gemäß MBO und MBO-konformen LBOs: Zulässig bei Gebäuden, die keine Sonderbauten sind. Gemäß LBOs, die nicht MBO-konform sind sowie bei Sonderbauten: Nur zulässig, wenn keine Bedenken wegen der Personenrettung bestehen.

Abb. A.103: Beispiel für größere NE mit notwendigem Flur zum Treppenraum in einem Gebäude, das kein Sonderbau ist – 2. RW über Rettungsgeräte der Feuerwehr

1. RW: Der 1. RW beginnt an der ungünstigsten Stelle im jeweiligen Aufenthaltsraum (AR). An den Weg vom AR zur Tür zum notwendigen Flur werden keine besonderen Anforderungen gestellt. Beide RW führen durch dieselbe Tür.

Die maximale Entfernung von 35 m bis zum Ausgang in den notwendigen Treppenraum muss von der ungünstigsten Stelle eines jeden AR eingehalten werden. Ab der Ausgangstür beginnt der geschützte Bereich (notwendiger Flur, notwendige Treppe).

2. RW: In der NE ist für den 2. RW mindestens eine mit Rettungsgeräten der Feuerwehr erreichbare Stelle notwendig. Die Lage der anleiterbaren Stelle wird in der Bauordnung nicht geregelt. Sie muss jedoch jederzeit zugänglich sein. Falls nur eine bestimmte Stelle möglich ist, sollte darauf mit entsprechenden Fluchtwegkennzeichen hingewiesen werden. Eine bessere Lösung ist in Abb. A.104 dargestellt.

Anmerkung: Es ist nicht zweckmäßig, die anleiterbare Stelle im notwendigen Flur anzuordnen. Für den Lastfall, dass es in der NE brennt und der notwendige Flur verraucht ist, macht eine anleiterbare Stelle im notwendigen Flur keinen Sinn.

Achtung: In einigen Ländern mit LBOs, die diesbezüglich nicht MBO-konform sind, ist der dargestellte 2. RW nur zulässig, wenn keine Bedenken wegen der Personenrettung bestehen (siehe Kapitel A.5.3.1 bis A.5.3.3).

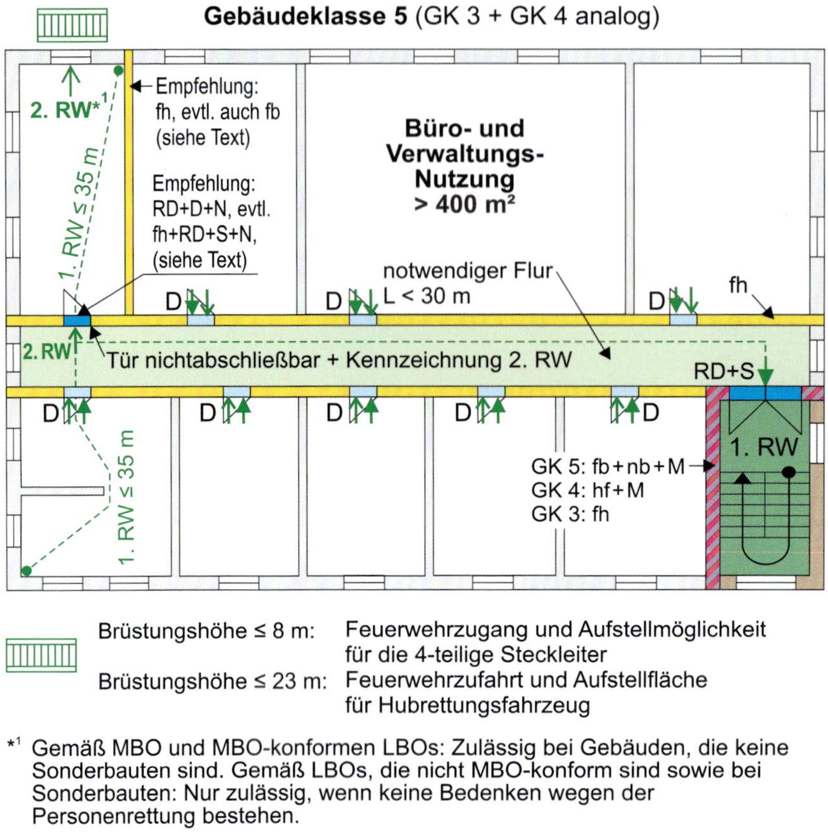

Abb. A.104: Wie Abb. A.103 jedoch mit gesicherter anleiterbarer Stelle (Empfehlung)

1. RW: Siehe Abb. A.103

2. RW: Die in Abb. A.103 dargestellte Rettungswegsituation kann für das Szenario „Brand in der eigenen NE“ deutlich verbessert werden, indem die anleiterbare Stelle in einem zum Treppenraum möglichst entgegengesetzt liegenden Raum angeordnet wird.

Eine weitere Verbesserung, die jedoch in den LBOs nicht vorgesehen ist, kann damit erreicht werden, indem dieser Raum als sicherer Raum ausgebildet wird. Im einfachsten Fall können dazu seine Trennwände feuerhemmend ausgebildet werden (was oft ohne oder mit sehr geringen Mehrkosten möglich ist). Eine weitere Verbesserung ist durch Anordnung einer rauchdichten und selbstschließenden Tür möglich.

Soll dieser Raum noch sicherer gemacht werden, ist dies auch mit einer feuerbeständigen Abtrennung und einer feuerhemmenden, rauchdichten und selbstschließenden Tür möglich. Damit wird fast eine Situation wie mit zwei baulichen RW erreicht, mit dem Unterschied, dass der 2. RW über Rettungsgeräte der Feuerwehr hergestellt wird. Das sollte auch möglich sein, da es bei diesem Szenario nur in der betrachteten NE brennt und die Feuerwehr im Ernstfall nur die Personen retten muss, die sich nicht durch Flucht über den brand- und rauchfreien Treppenraum in Sicherheit bringen konnten.

Natürlich sind eine entsprechende Information der Nutzer (Brandschutzordnung) und Feuerwehr (Feuerwehreinsatzplan) sowie eine Kennzeichnung notwendig. Dieses Konzept kann nur vernünftig funktionieren, wenn die Nutzer sich im Brandfall richtig verhalten. Das gilt natürlich in besonderem Maße auch für die in Abb. A.103 dargestellte Situation.

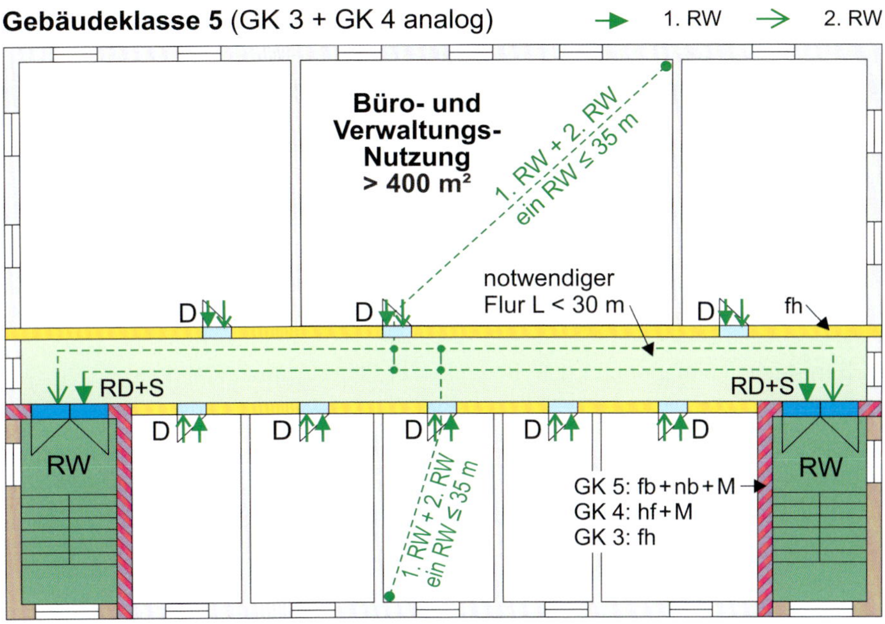

Abb. A.105: Beispiel für größere NE mit baulichen Rettungswegen

Für die Beschreibung siehe sinngemäß Abb. A.102. Die Situation der Rettungswegführung über den gemeinsamen notwendigen Flur ist jedoch günstiger, da es sich hier um eine NE mit einem „gemeinsamen Nutzerkreis" handelt, der i. d. R. nicht schläft. Deshalb ist i. d. R. davon auszugehen, dass ein Entstehungsbrand relativ schnell bemerkt wird und auch die Nutzer entsprechend schnell informiert werden und fliehen können.

A.10.9 RW aus größeren NE ohne notwendigen Flur innerhalb der NE

In diesen Fällen führen die Rettungswege aus Aufenthaltsräumen innerhalb der NE konzeptionell nicht über notwendige Flure. Sie müssen jedoch grundsätzlich die gleiche Sicherheit haben wie Rettungswege, die über notwendige Flure führen, siehe Kapitel D.

I. d. R. sind besondere Maßnahmen bzw. Lösungen erforderlich und das System der RW ist entsprechend anzupassen. Eine frühzeitige Abstimmung mit der den Brandschutz prüfenden/bescheinigenden/genehmigenden Stelle ist empfehlenswert.

Anmerkung

Meist benötigen solche NE bzw. Räume einen zweiten oder mehrere Ausgänge. Dieser bzw. diese sind nicht automatisch auch ein zweiter bzw. weiterer baulicher Rettungsweg, sondern sie dienen in erster Linie dazu, sichere horizontale Rettungswege in der jeweiligen NE zu gewährleisten.

Da jedoch in solchen Situationen i. d. R. Bedenken bestehen, den 2. RW über Rettungsgeräte der Feuerwehr herzustellen, führen diese Ausgänge dann auch zu weiteren baulichen Rettungswegen.

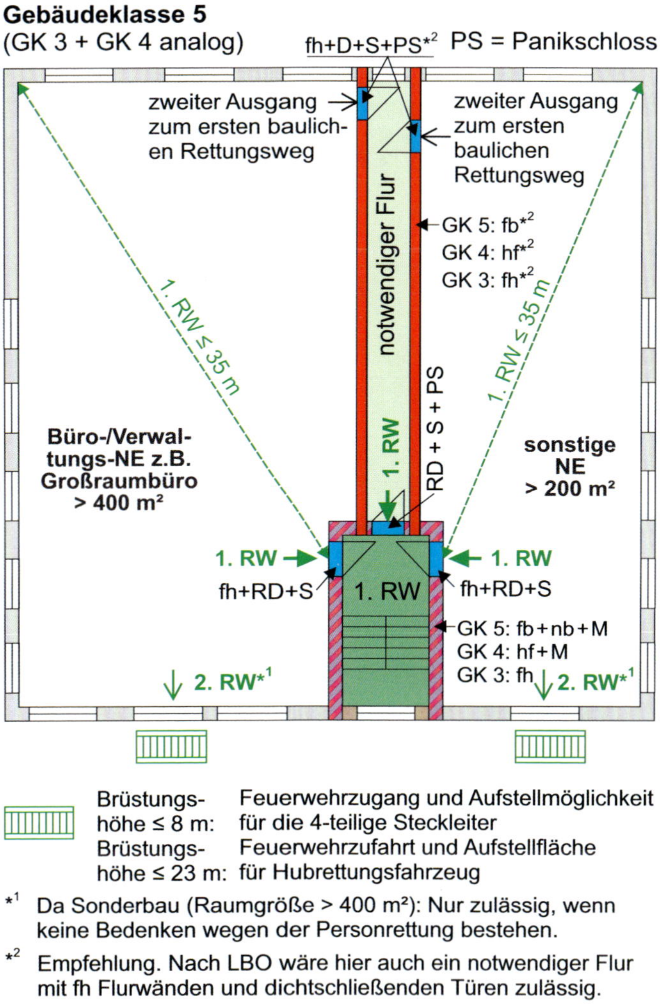

Abb. A.106: Beispiel für größere NE ohne notwendigen Flur und zweiten RW über Rettungsgeräte der Feuerwehr

1. RW: Die maximale Entfernung von 35 m bis zum Ausgang in den notwendigen Treppenraum muss von der ungünstigsten Stelle eines jeden AR eingehalten werden. Zur Kompensation des fehlenden notwendigen Flurs wurde jeweils ein zweiter Ausgang angeordnet. Dieser dient nicht als 2. RW, sondern stellt eine zweite Möglichkeit dar, die NE zu verlassen.

2. RW: Achtung: Da es sich bei dem Gebäude um einen Sonderbau handelt (einzelner Raum mit mehr als 400 m^2), ist der dargestellte 2. RW über Rettungsgeräte der Feuerwehr nur zulässig, wenn keine Bedenken wegen der Personenrettung bestehen.

Wichtig: Dieses Beispiel soll in erster Linie der Erläuterung des Unterschieds zwischen einem zweiten Rettungsweg und einem zweiten Ausgang dienen. I. d. R. ist bei der dargestellten Situation (abhängig von der Nutzung und der Zahl der Nutzer) davon auszugehen, dass Bedenken wegen der Personenrettung bestehen, so dass der zweite Ausgang zu einem 2. Baulichen RW führen muss, siehe nächste Abb. A.107.

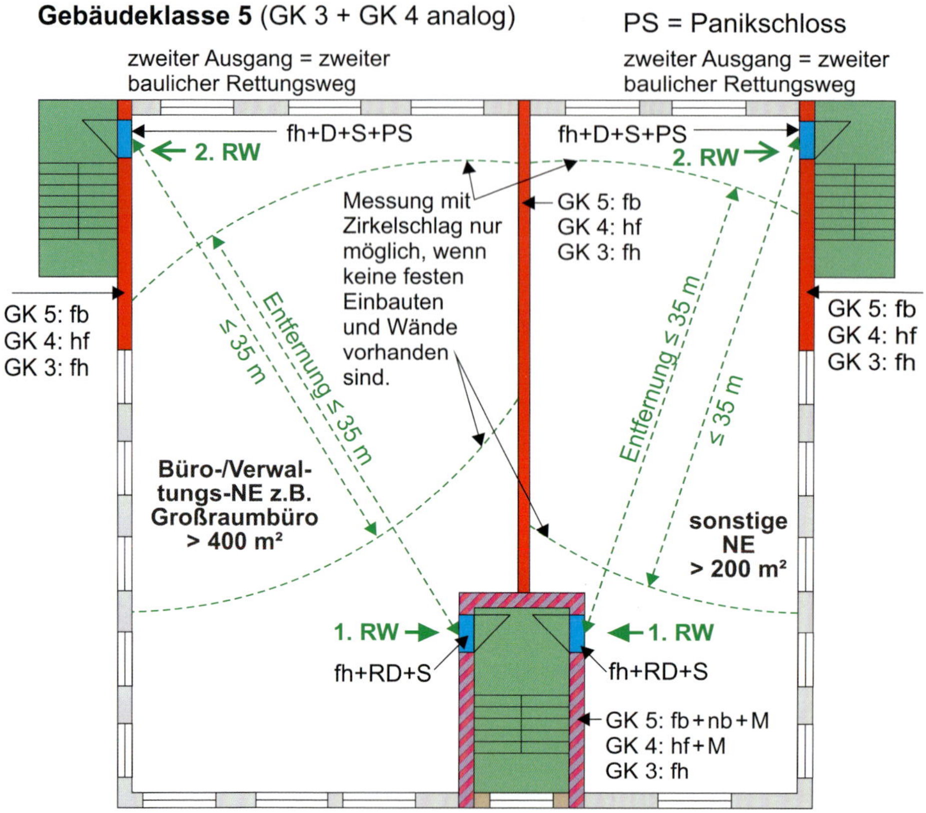

Abb. A.107: Beispiel für größere NE ohne notwendigen Flur mit zwei baulichen Rettungswegen

1. RW: Siehe Abb. A.106. Die Entfernung von jeder Stelle eines Aufenthaltsraums zu einer notwendigen Treppe darf maximal 35 m betragen.

Achtung: Die im Bild eingetragene Messung mit Zirkelschlag ist nur möglich, wenn keine festen Einbauten und Wände vorhanden sind. Die maximal zulässige Entfernung von 35 m wird gemessen in Lauflinie, nicht durch feste Einbauten und Wände.

2. RW: Möglichst entgegengesetzt liegende zweite notwendige Treppe, die über einen zweiten Ausgang (der zur Kompensation des fehlenden notwendigen Flurs erforderlich ist) erreicht werden kann.

Anmerkung: Die Tür zum 2. RW muss jederzeit zu öffnen sein. Dies kann z. B. mit einem Panikschloss gewährleistet werden. Im obersten Geschoss muss sie keine Brandschutzanforderungen erfüllen.

A.11 Nachweis und Visualisierung der Rettungswege

Der Nachweis der bauaufsichtlich geforderten Rettungswege gehört zum wichtigsten Punkt jedes Brandschutznachweises/-konzepts. Sie müssen dort ihrer Bedeutung entsprechend einwandfrei beschrieben, erläutert und dokumentiert werden.

Hierzu ist es i. d. R. immer notwendig, die Rettungswege bzw. das Rettungswegkonzept in Brandschutzplänen zu visualisieren. Nach Meinung des Verfassers ist bei größeren bzw. komplexeren Gebäuden ein Brandschutznachweis/-konzept ohne entsprechende Visualisierung in Brandschutzplänen unzureichend und damit nicht gebrauchstauglich. Beispiele von Brandschutzplänen mit Visualisierungen enthält dieses Kapitel.

Dabei dienen die Brandschutzpläne in Verbindung mit dem Brandschutznachweis/-konzept nicht nur dem Nachweis und der Darstellung des baurechtlich konformen Brandschutzes für die Genehmigungsbehörden bzw. Prüfsachverständigen, sondern sie sind immer auch eine wichtige und unverzichtbare Dokumentation des Brandschutzes für den Bauherrn bzw. Betreiber des Gebäudes.

Verantwortlich für die Bereitstellung und baurechtlich einwandfreie Einhaltung der Rettungswege für das Gebäude ist der Bauherr bzw. Betreiber des Gebäudes. Deshalb ist es wichtig, dass dieser ausreichend über die jeweils erforderlichen Rettungswege informiert ist. Diese Information sollte in erster Linie mit den Brandschutzplänen erfolgen.

In diese müssen dann auch alle für die Gewährleistung der Rettungswege erforderlichen Maßnahmen eingetragen werden, z. B. Türen in Rettungswegen, Notausgangstüren und – wenn der zweite Rettungsweg über Rettungsgeräte der Feuerwehr erfolgt – natürlich auch die hierfür erforderlichen Feuerwehrflächen (z. B. Feuerwehrzufahrten, Aufstellflächen für die Hubrettungsfahrzeuge).

Die Brandschutzpläne dienen damit auch dem Bauherrn als vorrangige Informationsquelle und zur schnellen Übersicht über alle wesentlichen Brandschutzmaßnahmen, die er für sein Gebäude einhalten muss.

Von besonderer Bedeutung und damit unverzichtbar sind die Brandschutzpläne in Verbindung mit dem Brandschutznachweis/-konzept auch für den Betrieb des Gebäudes. Bei allen Nutzungsänderungen, Umbauten und Sanierungen müssen diese Unterlagen entsprechend ergänzt und angepasst werden. Daneben sind z. B. für Sonderbauten noch weitere Brandschutzpläne (z. B. Feuerwehrpläne, Flucht- und Rettungspläne) erforderlich.

Beispiel für ein visualisiertes Brandschutzkonzept siehe Kapitel F.

B. Treppen

B.1 Allgemeines

Bauaufsichtliche Anforderungen an Treppen werden im Wesentlichen wegen der Verkehrssicherheit und des Brandschutzes gestellt. Die grundlegenden Vorschriften sind dabei in den Paragrafen der Landesbauordnungen (LBO) über Brandschutz (§ 14 MBO), Verkehrssicherheit (§ 16 MBO) und Standsicherheit (§ 12 MBO) aufgeführt. Die Paragrafen über Rettungswege, Treppen, notwendige Treppenräume und Ausgänge, notwendige Flure und offene Gänge sowie Öffnungen und Umwehrungen (§§ 33 bis 38 MBO) füllen diese allgemeinen Vorschriften dann aus.

Ergänzt werden die bauaufsichtlichen Anforderungen durch Technische Baubestimmungen. So wird z. B. in der Musterliste der Technischen Baubestimmungen (und sinngemäß in den einzelnen Listen der Bundesländer, die die Musterliste übernommen haben) unter Punkt 7 „Technische Regeln als Planungsunterlagen“ die DIN 18065:2000-01 „Gebäudetreppen; Definitionen, Messregeln, Hauptmaße“ als Technische Baubestimmung eingeführt und muss bei der Planung und Ausführung von Treppen entsprechend beachtet werden.

Die (Muster-)Liste der Technischen Baubestimmungen enthält als Anlage 7.1.1 auch die bauaufsichtlichen Anforderungen an den Einbau von Treppenliften in Treppenräumen notwendiger Treppen in bestehenden Gebäuden.

Zu beachten ist, dass für besondere Personengruppen (Menschen mit Behinderungen, alte Menschen, Mütter mit Kleinkindern) weitergehende Anforderungen bestehen können (§ 50 MBO). Dies gilt insbesondere für öffentlich zugängliche bauliche Anlagen, die dem allgemeinen Besucherverkehr dienen, wie

- Einrichtungen der Kultur und des Bildungswesens
- Sport- und Freizeitstätten
- Einrichtungen des Gesundheitswesens
- Büro-, Verwaltungs- und Gerichtsgebäude
- Verkaufs- und Gaststätten
- Stellplätze, Garagen und Toilettenanlagen.

Tabelle B.1: Anforderungen an Treppen nach § 34 MBO 2002

<table>
<tr><th colspan="2">Gebäudeklasse (GK)</th><th>1 und 2</th><th>3</th><th>4</th><th>5</th></tr>
<tr><td colspan="2">Erfordernis notwendiger Treppen</td><td colspan="4">Jedes nicht zu ebener Erde liegende Geschoss und der benutzbare Dachraum eines Gebäudes müssen über mindestens eine Treppe zugänglich sein = notwendige Treppe.</td></tr>
<tr><td colspan="2">Rampen</td><td colspan="4">Statt notwendiger Treppen sind Rampen mit flacher Neigung zulässig.</td></tr>
<tr><td colspan="2">Rolltreppen</td><td colspan="4">als notwendige Treppen unzulässig</td></tr>
<tr><td colspan="2">Einschiebbare Treppen und Leitern</td><td>zulässig zu Dachräumen ohne AR</td><td colspan="3">als notwendige Treppen unzulässig</td></tr>
<tr><td colspan="2">Verlauf notwendiger Treppen</td><td colspan="2">–</td><td colspan="2">• in einem Zuge zu allen angeschlossenen Geschossen1)
• müssen mit den Treppen zum Dachraum unmittelbar verbunden sein1)</td></tr>
<tr><td rowspan="2">Tragende Teile notwendiger Treppen</td><td>Innentreppen</td><td>–</td><td>fh oder nb</td><td>nb</td><td>fh und nb</td></tr>
<tr><td>Außentreppen</td><td>–</td><td colspan="3">nb</td></tr>
<tr><td colspan="2">Nutzbare Breite notwendiger Treppen</td><td colspan="4">Die nutzbare Breite der Treppenläufe und Treppenabsätze muss für den größten zu erwartenden Verkehr ausreichen.</td></tr>
<tr><td colspan="2">Handlauf</td><td colspan="4">Treppen müssen einen festen und griffsicheren Handlauf haben. Soweit die Verkehrssicherheit dies erfordert, sind Handläufe auf beiden Seiten und Zwischenhandläufe vorzusehen.</td></tr>
<tr><td colspan="2">Beginn einer Treppe</td><td colspan="4">Eine Treppe darf nicht unmittelbar hinter einer Tür beginnen, die in Richtung der Treppe aufschlägt; zwischen Treppe und Tür ist ein ausreichender Treppenabsatz anzuordnen.</td></tr>
</table>

1) Gilt nicht für Treppen, die höchstens zwei Geschosse innerhalb derselben Nutzungseinheit von insgesamt nicht mehr als 200 m^2 verbinden (Maisonette-Treppen), wenn in jedem Geschoss ein anderer Rettungsweg erreicht werden kann.

Abkürzungen:

AR: Aufenthaltsraum

fh: feuerhemmend

nb: nichtbrennbar

B.2 Grundsätzliche Anforderungen der Landesbauordnungen

Die Tabelle B.1 enthält eine Übersicht über die grundsätzlichen Anforderungen der MBO (§ 34) an notwendige Treppen (für genaue Anforderungen siehe LBOs).

B.3 Notwendige Treppen

Treppen dienen im Brandfall als Flucht- und Rettungswege für die Gebäudebenutzer und gleichzeitig als Rettungs- und Angriffswege für Hilfskräfte wie Feuerwehr und Rettungsmannschaften. Deshalb müssen alle Geschosse eines Gebäudes, mit Ausnahme des Erdgeschosses, über mindestens eine Treppe zugänglich sein. Diese Treppe wird von den LBOs als notwendige Treppe bezeichnet und stellt den ersten Rettungsweg dar.

Der § 35 MBO schreibt vor: „*Jede notwendige Treppe muss zur Sicherstellung der Rettungswege aus den Geschossen ins Freie in einem eigenen, durchgehenden Treppenraum liegen*“ = notwendiger Treppenraum (siehe Teil C).

Grundsätzlich müssen von jeder Nutzungseinheit mit mindestens einem Aufenthaltsraum wie Wohnungen, Praxen und selbstständige Betriebsstätten, in jedem Geschoss mindestens zwei voneinander unabhängige Rettungswege ins Freie vorhanden sein. Im Idealfall sind dies zwei bauliche Rettungswege, also zwei voneinander unabhängige notwendige Treppen.

Fehlt ein zweiter baulicher Rettungsweg (eine zweite unabhängige Treppe), müssen die Nutzungseinheiten mit Aufenthaltsräumen mit den Rettungsgeräten der Feuerwehr zu erreichen sein. Allerdings ist dies nur zulässig, wenn damit die Rettung möglich ist. Bei Sonderbauten ist der zweite Rettungsweg über Rettungsgeräte der Feuerwehr nur zulässig, wenn keine Bedenken wegen der Personenrettung bestehen.

Ein zweiter Rettungsweg ist nicht erforderlich, wenn die Rettung über einen Sicherheitstreppenraum möglich ist (siehe Teil A).

Anmerkung

Mit Ausnahme besonders ausgeführter und geschützter Feuerwehraufzüge dürfen Aufzüge im Brandfall nicht benutzt werden, da sie bei einem Brand zur tödlichen Falle werden können (Stromausfall, Türen schließen nicht durch Rauchgase im Bereich der Lichtschranke). Deshalb kommen Aufzüge als Rettungswege nicht in Betracht.

B.4 Weitere Treppen

B.4.1 Weitere notwendige Treppen zur Herstellung eines zweiten baulichen Rettungsweges

Weitere notwendige Treppen sind z. B. erforderlich

- zur Gewährleistung des zweiten Rettungsweges in Gebäuden, in denen sich so viele Menschen oder bestimmte Personengruppen aufhalten, dass im Brandfall eine Rettung mit Rettungsgeräten der Feuerwehr nicht gewährleistet ist (in der Regel bei Sonderbauten),
- bei unterschiedlichen Nutzungen im Gebäude.

Der zweite Rettungsweg in Form von **mit Rettungsgeräten der Feuerwehr erreichbaren Stellen** ist nur für Wohngebäude und Gebäude mit vergleichbarer Nutzung ausreichend. Für Gebäude, bei denen im Brandfall eine ausreichend schnelle Rettung der Gebäudebenutzer über Rettungsgeräte der Feuerwehr nicht möglich ist, sind weitere notwendige Treppen zur Herstellung eines zweiten baulichen Rettungsweges oder ein Sicherheitstreppenraum erforderlich. Dies gilt für Gebäude, die in der Regel Sonderbauten sind und in denen sich mehr Menschen oder andere Personengruppen als bei üblicher Wohnnutzung aufhalten.

Für die meisten Sonderbauten wird deshalb in den entsprechenden Sonderverordnungen und -vorschriften gefordert, dass mindestens zwei notwendige Treppen vorhanden sein müssen, z. B. in

- Beherbergungsstätten ab einer bestimmten Größe (Anzahl von Gastbetten)
- Gaststätten ab einer bestimmten Größe (Anzahl von Gastplätzen)
- Verkaufsstätten ab einer bestimmten Größe
- Hochhäusern
- Schulen
- Versammlungsstätten
- Krankenhäusern usw.

In Hochhäusern kann anstelle von zwei notwendigen Treppen auch eine Treppe in einem Sicherheitstreppenraum ausgeführt werden.

Auch in vielen Sonderbauten, für die es keine Sonderverordnungen und -vorschriften gibt, z. B. in mehrgeschossigen Kindergärten, Heimen und Pflegeheimen usw., müssen im Rahmen des jeweils erforderlichen Brandschutznachweises bzw. Brandschutzkonzeptes in der Regel zwei bauliche Rettungswege (= zwei notwendige Treppen) angeordnet werden, wenn Bedenken wegen der Personenrettung durch Rettungsgeräte der Feuerwehr bestehen.

In den genannten Fällen werden weitere notwendige Treppen als weitere bauliche Rettungswege erforderlich, die möglichst so zu verteilen sind, dass die Rettungswege kurz sind.

B.4.2 Weitere notwendige Treppen bei zu großer Entfernung von Aufenthaltsräumen zum notwendigen Treppenraum

Weitere bzw. mehrere notwendige Treppen sind erforderlich, wenn nicht von jeder Stelle eines Aufenthaltsraums sowie eines Kellergeschosses mindestens ein Ausgang in einen notwendigen Treppenraum oder ins Freie in höchstens 35 m Entfernung erreichbar ist (siehe Teil C).

Die höchstzulässige Rettungsweglänge (in der Regel 35 m, z. B. nach § 35 Abs. 2 MBO 2002) ist in den LBOs festgelegt. Für Sonderbauten bestehen in der Regel besondere Anforderungen an die Rettungsweglängen (siehe entsprechende Sondervorschriften).

Aus den jeweils zulässigen Rettungsweglängen ergeben sich die erforderliche Zahl und die Lage weiterer notwendiger Treppen in Abhängigkeit von ihrer Erreichbarkeit und den jeweils einzuhaltenden Vorschriften.

B.4.3 Nicht notwendige Treppen

Neben den bauaufsichtlich geforderten **notwendigen Treppen**, die immer in einem **notwendigen Treppenraum** liegen müssen, sind unter bestimmten Voraussetzungen auch **nicht notwendige Treppen** möglich. Diese liegen in der Regel nicht in einem notwendigen Treppenraum. Sie können z. B. aus architektonischen, funktionalen oder sonstigen Gründen angeordnet werden.

An die **nicht notwendige Treppen** selbst werden keine besonderen Brandschutzanforderungen gestellt. Da sie meist nicht in einem notwendigen Treppenraum liegen, können sie jedoch nur zusätzlich zu den bauaufsichtlich geforderten notwendigen Treppen angeordnet werden. Dabei ist jedoch zu beachten, dass durch die nicht notwendigen Treppen Deckendurchbrüche entstehen, die zusätzlich brandschutztechnisch gesichert bzw. abgeschottet werden müssen. Hierfür ist in der Regel eine genehmigungspflichtige Abweichung/Erleichterung von der LBO bzw. Sonderverordnung erforderlich, es sei denn, die Treppe ohne eigenen Treppenraum wird in der Sondervorschrift speziell behandelt.

Beispiel

Treppen ohne eigenen durchgehenden notwendigen Treppenraum (in mehrgeschossigen offenen Hallen bzw. Atrien von Kaufhäusern, Bürogebäuden, Schulen, Theatern usw.) sind keine notwendigen Treppen. In diesen Fällen sind in der Regel zusätzlich zu den offenen (nicht notwendigen) Treppen weitere (bauaufsichtlich verlangte) notwendige Treppen erforderlich, die dann jeweils in entsprechend sicheren notwendigen Treppenräumen angeordnet werden müssen. Für die Deckenöffnungen der nicht notwendigen Treppen ist eine genehmigungspflichtige Abweichung/Erleichterung erforderlich (siehe sinngemäß vorstehenden Absatz).

B.4.4 Weitere Treppen (Nottreppen) als Ersatz für Rettungsgeräte der Feuerwehr

Bei Gebäuden, die keine Sonderbauten sind und bei denen es gemäß LBO zulässig wäre, den zweiten Rettungsweg über Rettungsgeräte der Feuerwehr herzustellen, kann der zweite Rettungsweg auch durch

- weitere **notwendige** Treppen oder durch
- weitere Treppen, die keine notwendigen Treppen sind (= **Nottreppen**), hergestellt werden.

Solche Nottreppen können z. B. sinnvoll bzw. erforderlich sein, wenn die anzuleiternden Aufenthaltsräume nicht mit den Hubrettungsgeräten der Feuerwehr erreicht werden können (z. B. ab einer Höhe der anleiterbaren Stelle von mehr als 8 m in einem Innenhof, der mit Hubrettungsfahrzeugen nicht befahren werden kann).

Die Anordnung **weiterer notwendiger Treppen** ist problemlos möglich und in den LBOs auch vorgesehen. Diese müssen dann alle Anforderungen an notwendige Treppen erfüllen (siehe Kapitel C.5).

Dagegen ist die Anordnung sogenannter **Nottreppen**, also weiterer Treppen, die keine notwendigen Treppen sind, in der MBO 2002 nicht vorgesehen. Dies bedeutet, dass für sie eine genehmigungspflichtige Abweichung/ Erleichterung von der Bauordnung erforderlich ist. Hierzu sollten die nachfolgend angegebenen Überlegungen berücksichtigt werden.

Wie erwähnt ersetzt die weitere Treppe (= Nottreppe) für die betroffenen Aufenthaltsräume lediglich die Rettungsgeräte der Feuerwehr. Daraus lässt sich ableiten, dass sie vom Grundsatz her keinen höheren Anforderungslevel zu erfüllen braucht als die geeigneten Rettungsgeräte der Feuerwehr. Sie darf deshalb z. B. auch ungeschützt vor einer Fassade mit Fensteröffnungen angeordnet werden.

Allerdings besteht ein wesentlicher Unterschied zwischen den Rettungsgeräten der Feuerwehr und der Nottreppe: Die Nottreppe ist fest montiert und kann damit im Brandfall nicht flexibel verwendet werden. Daraus ergeben sich z. B. die folgenden grundsätzlichen Anforderungen:

Die Nottreppe sollte

- am oder im Gebäude so platziert bzw. brandschutztechnisch so gesichert sein, dass sie vom Szenarium, das die Haupttreppe (= notwendige Treppe) unpassierbar gemacht hat, nicht in Mitleidenschaft gezogen werden kann (unabhängiger Rettungsweg),
- von den betroffenen Menschen sicher erreicht werden können, ohne dass diese den Luftraum der Haupttreppe durchqueren müssen (siehe Abb. B..1 und B.2),
- so bemessen sein, dass ein Mensch auf einer Krankentrage darauf transportiert werden kann.

Da gemäß MBO 2002 grundsätzlich die Ausführung von Außentreppen aus nichtbrennbaren Baustoffen zulässig ist, genügt auch für die Nottreppen eine Ausführung aus nichtbrennbaren Baustoffen.

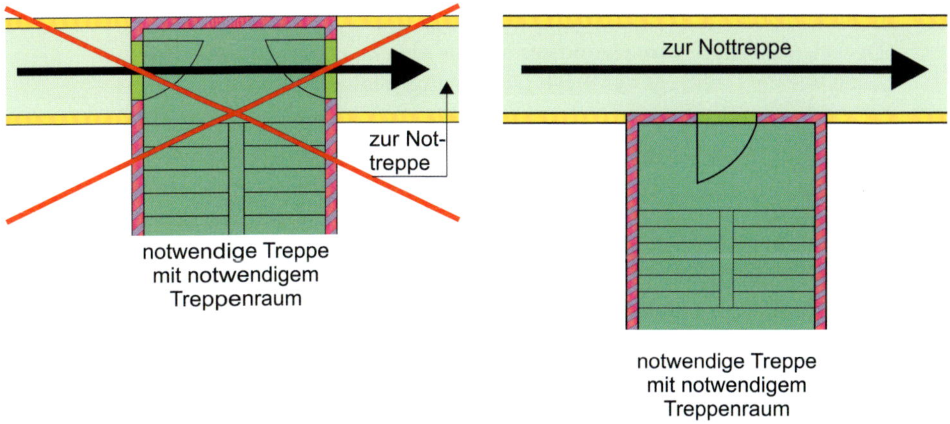

Abb. B.1 und B.2: Beispiel für die Ausbildung des Rettungsweges zur Nottreppe im Bereich der „notwendigen Treppe"

B.4.5 Notleitern aus Metall

Wenn es um den Ersatz von Rettungsgeräten der Feuerwehr geht, wird in den LBOs ausdrücklich nur von „weiteren notwendigen Treppen" gesprochen, nicht von Nottreppen (siehe Kapitel B.4.4), und von fest montierten „Notleitern aus Metall", z. B. nach DIN 14094-1).

Für diese Notleitern gilt damit das Gleiche wie für Nottreppen. Sie sind in der Regel nur unter bestimmten Voraussetzungen zulässig (z. B. bei Bestandsgebäuden in Innenhöfen, die mit Rettungsgeräten der Feuerwehr nicht erreicht werden können). Außerdem benötigen sie immer eine genehmigungspflichtige Abweichung/Erleichterung von der jeweiligen LBO.

Vor einer Ausführung von Notleitern sollte genau geprüft werden, ob damit alle Schutzziele erreicht werden, insbesondere ob sie im jeweiligen Einzelfall als zweiter Rettungsweg für die Rettung der im Gebäude befindlichen Menschen genügen.

B.5 Einschiebbare Treppen und Rolltreppen

Einschiebbare Treppen und Rolltreppen bieten im Brandfall keine Gewähr für eine sichere Benutzung. Sie sind deshalb als notwendige Treppen nicht zulässig und können nur zusätzlich zu notwendigen Treppen – nicht anstelle von – errichtet werden.

Lediglich in Gebäuden der Gebäudeklassen (GK) 1 und 2 sind einschiebbare Treppen und Leitern als Zugang zu einem Dachraum ohne Aufenthaltsraum zulässig.

In den GK 3 bis 5 und in Sonderbauten sind nach MBO 2002 einschiebbare Treppen und Leitern als Zugang zu einem Dachraum ohne Aufenthaltsraum grundsätzlich unzulässig. Sind sie trotzdem erforderlich, z. B. in Bestandsgebäuden, ist hierfür eine genehmigungspflichtige Abweichung/Erleichterung von der entsprechenden LBO erforderlich.

In diesen Fällen muss der Öffnungsverschluss mit der einschiebbaren Treppe (Deckel und Zarge) vom Grundsatz her die gleiche Feuerwiderstandsdauer haben wie die Decke, in der diese Treppe eingebaut ist.

Einschiebbare Treppen sind auch in feuerwiderstandsfähiger Bauweise erhältlich (mit einer Prüfung in Anlehnung an DIN 4102-2:1977-09 „Brandverhalten von Baustoffen und Bauteilen; Bauteile, Begriffe, Anforderungen und Prüfungen"). Dabei ist darauf zu achten, dass sie die erforderliche Feuerwiderstandsdauer grundsätzlich von beiden Seiten aufweisen müssen. Ist das nicht möglich, müssen sie die Feuerwiderstandsdauer von der Seite her aufweisen, von der im Brandfall die Brandbeanspruchung erfolgt.

Beispiel 1

Wird die einschiebbare Treppe in der feuerbeständigen Decke eines notwendigen Treppenraums zum darüberliegenden Speicher angeordnet, muss sie ihre Feuerwiderstandsdauer F 90 in erster Linie von oben nach unten aufweisen, da das Schutzziel darin besteht, dass bei einem Brand im Speicher Feuer und Rauch für 90 Minuten nicht in den Treppenraum eindringen können. Da ein Brand im Treppenraum selbst und eine entsprechende Beanspruchung der einschiebbaren Treppe von unten nach oben eher unwahrscheinlich ist, könnte im Einzelfall mit einer entsprechenden genehmigungspflichtigen Abweichung/Erleichterung auf eine Feuerwiderstandsfähigkeit von unten nach oben verzichtet werden.

Beispiel 2

Wird die einschiebbare Treppe in der feuerhemmenden Decke eines Aufenthaltsraums zum darüberliegenden Speicher angeordnet, muss sie die Feuerwiderstandsdauer F 30 von beiden Seiten aufweisen und entsprechend geprüft sein, wenn das Schutzziel feuerhemmend für die Decke von beiden Seiten besteht.

Anmerkung

Grundsätzlich müssen Öffnungen in raumabschließenden feuerwiderstandsfähigen Decken – wenn sie nach den LBOs bzw. im Rahmen einer genehmigungspflichtigen Abweichung/Erleichterung zulässig sind – in der Feuerwiderstandsdauer der Decke mit selbstschließenden Abschlüssen gesichert werden. Einschiebbare Treppen sind jedoch nicht selbstschließend. Damit ist ihr Einbau nur möglich, wenn sichergestellt ist, dass sie immer geschlossen bleiben. Im Brandfall müssen sie jedoch von der Feuerwehr ohne Probleme geöffnet werden können.

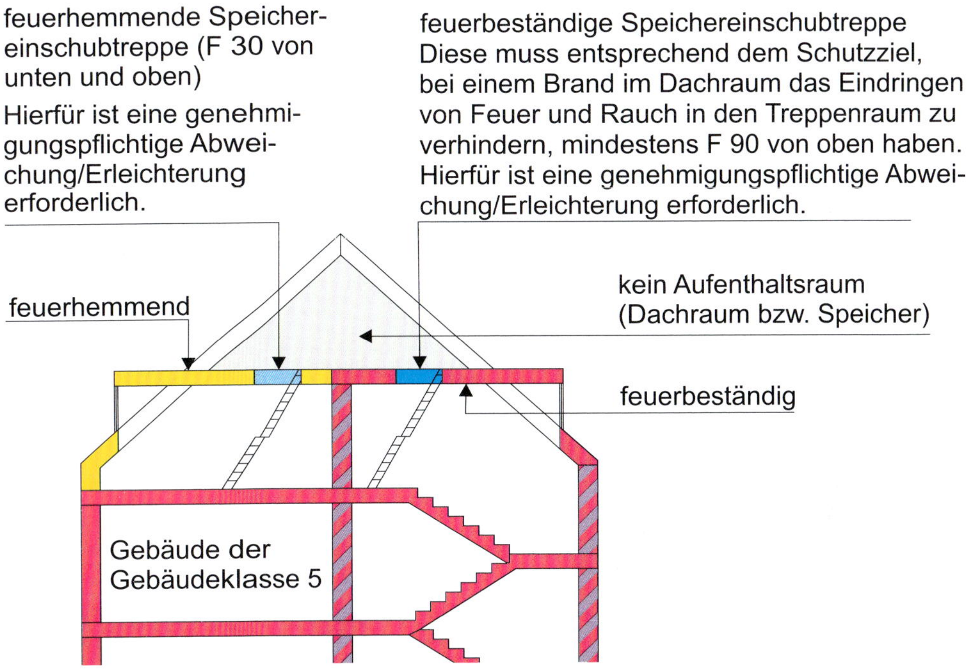

Abb. B.3: Beispiel für die Ausführung einschiebbarer Treppen

B.6 Verlauf notwendiger Treppen

Um einen möglichst sicheren Flucht- und Rettungsweg sowie einen Angriffsweg für die Feuerwehr zu bieten, wird verlangt, dass in Gebäuden der GK 4 und 5 die notwendigen Treppen

- in einem Zuge zu allen angeschlossenen Geschossen führen,
- mit den Treppen zum Dachraum in unmittelbarer Verbindung stehen,
- in einem eigenen Treppenraum liegen,
- auf möglichst kurzem Weg einen sicheren Ausgang ins Freie haben.

B.7 Anforderungen an Feuerwiderstandsdauer und Brandverhalten

Die notwendigen Treppen sind sowohl **Angriffswege** als auch **Rückzugswege** für Feuerwehr- und Rettungskräfte. Sie müssen deshalb auch dann noch für eine gewisse Zeit **gefahrlos** begangen werden können, wenn sich ein Brand schon in den Treppenraum ausgedehnt hat.

Die Anforderungen sind in den einzelnen LBOs teilweise unterschiedlich. Nach der MBO 2002 (siehe Tabelle B.2) müssen in Gebäuden der GK 5 die tragenden Teile notwendiger Treppen feuerhemmend und nichtbrennbar sein. Für Gebäude der GK 4 genügt eine nichtbrennbare Ausführung.
Bei Gebäuden der GK 3 können sie entweder feuerhemmend oder nichtbrennbar ausgeführt werden. Für die GK 1 und 2 bestehen keine besonderen Anforderungen.

Da bei Außentreppen, die als notwendige Treppen angeordnet werden, das Risiko eines Brandes oder Brandeintrags sehr gering ist, genügt hier bei den GK 3 bis 5 für die tragenden Teile eine Ausführung aus nichtbrennbaren Baustoffen.

Die jeweiligen Anforderungen an die Feuerwiderstandsdauer und Baustoffklasse der Treppen gelten sowohl für die Treppen als auch für die Podeste.

Tabelle B.2: Anforderungen an die Feuerwiderstandsdauer und das Brandverhalten von tragenden Teilen notwendiger Treppen gemäß MBO 2002 mit Zuordnung zu den Feuerwiderstands- und Baustoffklassen nach DIN 4102 (nationale Ebene) und DIN EN 13501 (europäische Ebene)

Gebäudeklasse	Innentreppe/ Außentreppe	Bauaufsichtliche Anforderung	Kurzbezeichnung nach DIN 4102	Kurzbezeichnung nach DIN EN 13501
5	Innentreppe	fh und nb	F 30-A	R 30-A 1 oder R 30-A 2-s1-d0
	Außentreppe	nb	A 1 oder A 2	A 1 oder A 2-s1-d0
4	Innentreppe	nb	A 1 oder A 2	A 1 oder A 2-s1-d0
	Außentreppe	nb	A 1 oder A 2	A 1 oder A 2-s1-d0
3	Innentreppe	fh oder nb	F 30-B oder A 1 oder A 2	R 30 oder A 1 oder A 2-s1-d0
	Außentreppe	nb	A 1 oder A 2	A 1 oder A 2-s1-d0
1–2	keine besonderen Anforderungen			

Abkürzungen:

fh: feuerhemmend

nb: nichtbrennbar (aus nichtbrennbaren Baustoffen)

A: und aus nichtbrennbaren Baustoffen

A 1 oder A 2: nationale Baustoffklassen für nichtbrennbare Baustoffe nach DIN 4102-1:1998-05 „Brandverhalten von Baustoffen und Bauteilen – Teil 1: Baustoffe; Begriffe, Anforderungen und Prüfungen"

R: Résistance (Tragfähigkeit) nach DIN EN 13501-2:2016-12 „Klassifizierung von Bauprodukten und Bauarten zu ihrem Brandverhalten - Teil 2: Klassifizierung mit den Ergebnissen aus den Feuerwiderstandsprüfungen, mit Ausnahme von Lüftungsanlagen"

A 1 oder A 2-s1-d0: europäische Baustoffklassen für nichtbrennbare Baustoffe nach DIN EN 13501-1

B.7.1 Nichtbrennbare Treppen

Möglich ist die Ausführung der Treppe aus nichtbrennbaren Baustoffen für Innentreppen in Gebäuden der GK 3 und 4 sowie für Außentreppen von Gebäuden der GK 3 bis 5. Die Anforderung aus nichtbrennbaren Baustoffen wird z. B. durch eine Stahltreppe mit nichtbrennbaren Setz- und Trittstufen erfüllt (siehe Abb. B.4).

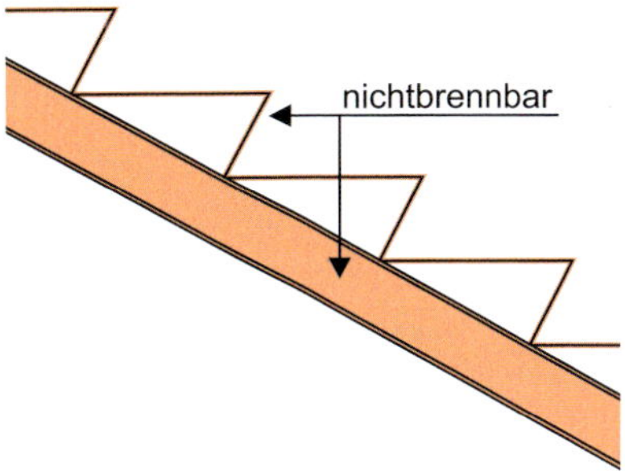

Abb. B.4: Beispiel für eine Treppe aus nichtbrennbaren Baustoffen

B.7.2 Feuerhemmende Treppen

Bei Gebäuden der GK 3 können die tragenden Teile notwendiger Treppen feuerhemmend und aus brennbaren Baustoffen hergestellt werden (= F 30-B). In Gebäuden der GK 5 besteht dagegen die Mindestanforderung feuerhemmend und nichtbrennbar (= F 30-A).

Treppen aus Stahlbeton

Feuerhemmende und nichtbrennbare Treppen aus Stahlbeton werden nach DIN 4102-4:2016-05 „Brandverhalten von Baustoffen und Bauteilen – Teil 4: Zusammenstellung und Anwendung klassifizierter Baustoffe, Bauteile und Sonderbauteile“ in Verbindung mit DIN 4102-4/A1 und DIN 4102-22:2004-11 „Brandverhalten von Baustoffen und Bauteilen – Teil 22: Anwendungsnorm zu DIN 4102-4 auf der Bemessungsbasis von Teilsicherheitsbeiwerten“ [zurückgezogen] bemessen (siehe Abb. B.5).

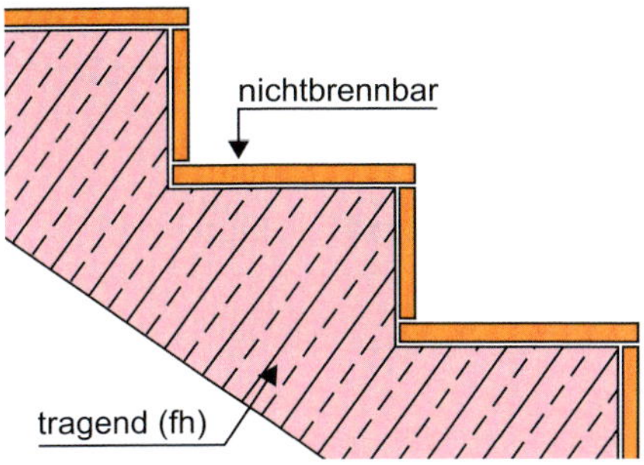

Abb. B.5: Beispiel für eine feuerhemmende und nichtbrennbare (F 30-A-) Treppe aus Stahlbeton nach DIN 4102-4 in Verbindung mit DIN 4102-4/A1 und DIN 4102-22

Treppen aus Stahl

Treppen, deren tragende Teile aus Stahl bestehen, erfüllen die Forderung feuerhemmend, wenn die verwendeten Stahlprofile relativ massig sind (U/A-Verhältniswert ≤ 300 m^{-1}) und mit einer bauaufsichtlich zugelassenen dämmschichtbildenden Brandschutzbeschichtung versehen werden, die bei Einwirkung von Feuer eine isolierende Dämmschicht bildet (siehe Abb. B.6).

Für die tragenden Treppenstufen ist der Nachweis feuerhemmend entweder durch eine Bauart nach DIN 4102-4 oder durch eine allgemeine bauaufsichtliche Zulassung bzw. ein allgemeines bauaufsichtliches Prüfzeugnis zu erbringen.

Die Mindestdicke der im Abb. B.6 dargestellten Treppenstufen aus Holz ist abhängig vom Abstand der tragenden Unterstützungsprofile (= Stützweite), der Stufenbreite und der verwendeten Holzart (z. B. Eiche, Buche, Nadelholz). Nähere Einzelheiten enthält das Holz-Brandschutz-Handbuch.

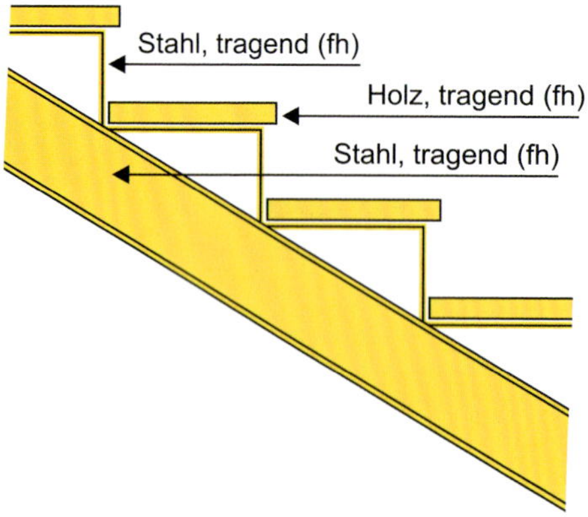

Abb. B.6: Beispiel für eine feuerhemmende Treppe mit Stahltragwerk und Holzstufen

Da diese Treppe Holzstufen aufweist, kann sie nicht in Gebäuden der GK 5 angeordnet werden, weil die Treppen in dieser Gebäudeklasse feuerhemmend und aus nichtbrennbaren Baustoffen bestehen müssen. Eine Verwendung in Gebäuden der GK 5 wäre nur möglich, wenn die Stufen ebenfalls feuerhemmend und aus nichtbrennbaren Baustoffen hergestellt würden.

Treppen aus Holz

Treppen und Treppenpodeste, deren tragende Teile aus Holz bestehen, können ebenfalls feuerhemmend hergestellt werden (siehe Abb. B.7). Bezüglich der Bemessung der einzelnen tragenden Teile und ihrer Verbindungen wird verwiesen auf DIN 4102-4 in Verbindung mit DIN 4102-4/A1 und DIN 4102-22.

Eine brandschutztechnische wirksame Verkleidung der Untersicht einer Holz- oder Stahltreppe allein ist kein Ersatz für eine feuerhemmende Bemessung der tragenden Teile der Treppe, weil nicht bekannt ist, von welcher Seite ein Brand auf eine Treppe einwirkt.

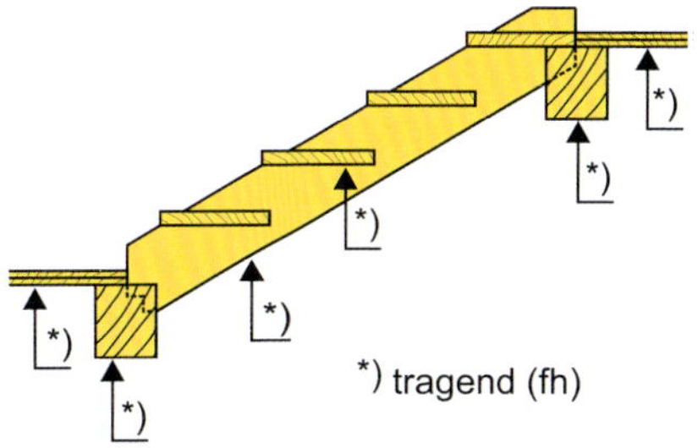

Abb. B.7: Beispiel für eine feuerhemmende Treppe mit Holztragwerk und Holzstufen

B.7.3 Innere Verbindungstreppen von Maisonette-Wohnungen

Nach MBO 2002 sind notwendige Treppen ohne eigenen Treppenraum höchstens zulässig für die Verbindung von zwei Geschossen innerhalb derselben Nutzungseinheit von insgesamt nicht mehr als 200 m^2, wenn in jedem Geschoss ein anderer Rettungsweg erreicht werden kann. Diese inneren Verbindungstreppen werden nachfolgend Maisonette-Treppen genannt.

Für die Ausführung und brandschutztechnische Beurteilung dieser Treppen ist entscheidend, ob beide Maisonette-Ebenen oder nur eine an die notwendige Treppe des Gebäudes (Haupttreppe) angeschlossen ist.

Beide Maisonette-Ebenen mit Anschluss an die notwendige Treppe des Gebäudes (Haupttreppe)

Sind beide Maisonette-Ebenen an die notwendige Treppe des Gebäudes mit notwendigem Treppenraum (Haupttreppe) angeschlossen, bildet die Haupttreppe die notwendige Treppe für jede Maisonette-Ebene. In diesem Fall stellt die innere Maisonette-Treppe zwischen den beiden Ebenen nur die zulässige offene Verbindung zwischen den Ebenen dar. Weitere Anforderungen muss sie deshalb nicht erfüllen, da die eigentliche (bauaufsichtlich notwendige) Erschließung beider Maisonette-Ebenen über die Haupttreppe erfolgt.

Nur eine Maisonette-Ebene mit Anschluss an die notwendige Treppe des Gebäudes (Haupttreppe)

In diesem Fall wird nur jeweils eine Maisonette-Ebene durch die notwendige Treppe des Gebäudes (Haupttreppe) erschlossen. Die Erschließung der zweiten Ebene erfolgt dann über die zulässige offene Verbindung mit der inneren Maisonette-Treppe. Damit wird diese zur notwendigen Treppe, da gemäß MBO 2002 jedes nicht zu ebener Erde liegende Geschoss über mindestens eine notwendige Treppe erschlossen werden muss.

Als notwendige Treppe müsste die innere Maisonette-Treppe grundsätzlich die Anforderungen der LBO an notwendige Treppen einhalten, also auch entsprechend der jeweiligen Gebäudeklasse die Anforderungen an die Feuerwiderstandsklasse und das Brandverhalten der tragenden Teile erfüllen.

Allerdings besteht hier in der Regel die Möglichkeit einer Abweichung/Erleichterung, z. B. für eine Ausführung aus mindestens normal entflammbaren Baustoffen. Gegen eine derartige Abweichung/Erleichterung dürften in der Regel keine Einwände bestehen, da es sich lediglich um eine kleine

Treppe innerhalb einer Nutzungseinheit handelt und damit das Risiko entsprechend begrenzt ist.

In der Verwaltungsvorschrift des Sächsischen Staatsministeriums des Innern zur Sächsischen Bauordnung (VwVSächsBO) vom 18. März 2005 ist z. B. angegeben:

VwVSächsBO Punkt 35.1

Bei einer notwendigen Treppe ohne Treppenraum (für die Verbindung von höchstens zwei Geschossen innerhalb derselben Nutzungseinheit von insgesamt nicht mehr als 200 m^2, wenn in jedem Geschoss ein anderer Rettungsweg erreicht werden kann = Maisonette-Treppe) werden keine Forderungen an den Feuerwiderstand der tragenden Teile gestellt. Sie müssen aus mindestens normal entflammbaren Baustoffen bestehen. Dies gilt auch für notwendige Treppen in Gebäuden der Gebäudeklassen 1 und 2.

B.8 Nutzbare Breite der Treppenläufe und Treppenabsätze

Die nutzbare Breite notwendiger Treppen und ihrer Treppenabsätze muss für den größten zu erwartenden Verkehr genügen.

Im Allgemeinen gilt dies als eingehalten, wenn die Treppenläufe und Treppenabsätze die in DIN 18065 angegebenen Mindestbreiten haben. Die Mindestbreite beträgt danach 1 m.

In Wohngebäuden mit bis zu zwei Wohnungen und innerhalb von Wohnungen, z. B. Maisonette-Wohnungen, sowie für untergeordnete Treppen und Nottreppen kann eine Breite von 80 cm ausreichend sein.

Bei Sonderbauten ergibt sich die Mindestbreite aus der jeweiligen Sonderbauvorschrift. Für Hochhäuser wird z. B. in der Muster-Hochhausrichtlinie (MHHR) eine Mindestbreite von 1,25 m vorgeschrieben. Einen allgemeinen Anhaltswert liefert die in der Muster-Versammlungsstättenverordnung (MVStättVO) geforderte lichte Rettungswegbreite von mindestens 1,20 m je 200 darauf angewiesenen Personen, wobei Staffelungen nur in Schritten von 0,60 m zulässig sind.

Für Gebäude, die dem Arbeitsstättenrecht unterliegen, sind zusätzlich zu den bauaufsichtlichen Anforderungen noch die Technischen Regeln für Arbeitsstätten zu beachten. Gemäß ASR A2.3 vom August 2007 „Fluchtwege und Notausgänge, Flucht- und Rettungsplan", wird die Mindestbreite der Fluchtwege nach der Höchstzahl der Personen bemessen, die im Bedarfsfall den Fluchtweg benutzen. Danach sind die in Tabelle B.3 angegebenen Mindestbreiten vorgeschrieben. Ab 200 Personen gelten die gleichen Breiten wie bei der MVStättVO.

Tabelle B.3: Mindestbreite der Fluchtwege nach ASR A2.3, Ausgabe August 2007

Anzahl der Personen (Einzugsgebiet)	Lichte Breite (m)
bis 5	0,875
bis 20	1,00
bis 200	1,20
bis 300	1,80
bis 400	2,40

Wichtig

Besonders ist darauf zu achten, dass die lichte Mindestbreite der notwendigen Treppen grundsätzlich durch Einbauten oder Einrichtungen sowie in Richtung des Fluchtweges zu öffnende Türen nicht eingeengt werden darf.

B.9 Wendeltreppen und Spindeltreppen

Wendeltreppen (Auftrittsbreite an der schmalsten Stelle ≥ 10 cm) und Spindeltreppen (Auftrittsbreite an der schmalsten Stelle < 10 cm) sind in Gebäuden, die keine Sonderbauten sind, grundsätzlich als notwendige Treppen zulässig, wenn sie alle Anforderungen der DIN 18065 erfüllen.

Bei **Sonderbauten** bestehen jedoch teilweise besondere Anforderungen. So sind z. B. nach MVStättVO Wendeltreppen (und damit auch Spindeltreppen) als notwendige Treppen unzulässig. Auch in anderen Sonderbauvorschriften werden Wendel- und Spindeltreppen als notwendige Treppen nicht zugelassen.

Im **Arbeitsstättenrecht** wird die Verwendung von Wendeltreppen und Spindeltreppen als notwendige Treppen eingeschränkt. So heißt es z. B. in den unter 8 genannten Technischen Regeln ASR A2.3: *„Treppen im Verlauf von ersten Fluchtwegen müssen, Treppen im Verlauf von zweiten Fluchtwegen sollen über gerade Läufe verfügen.“*

Allgemein kann davon ausgegangen werden, dass Wendel- und Spindeltreppen als notwendige Treppen für den zweiten Rettungsweg immer dann unzulässig sind, wenn

- eine größere Personenzahl darauf angewiesen ist (z. B. Versammlungsstätten, Geschäftshäuser, Schulen, Kindergärten)
- sie von bestimmten Personengruppen begangen werden (z. B. Heime, Krankenhäuser, Schulen, Kindergärten, Seilbahngebäude)
- gemäß Arbeitsstättenrecht die Verwendung von Wendel- und Spindeltreppen unzulässig ist.

Wichtiger Hinweis

Da die Verwendung von Wendel- und Spindeltreppen teilweise unterschiedlich akzeptiert wird, ist es dringend empfehlenswert, die Anwendbarkeit von Wendel- und Spindeltreppen als notwendige Treppen bzw. Nottreppen frühzeitig mit den zuständigen Stellen abzusprechen und zu klären.

Beispiel

Gemäß der Verwaltungsvorschrift des sächsischen Staatsministeriums des Innern zur Sächsischen Bauordnung (VwVSächsBO) vom 18. März 2005 *„sind an Gebäuden, die keine Sonderbauten sind, Außentreppen mit gewendelten Treppenläufen als zweiter notwendiger Rettungsweg zulässig, soweit nur eine geringe Anzahl von Personen auf die Treppe als Rettungsweg angewiesen ist. Als Richtwert gelten zehn Personen pro Geschoss. Eine größere Anzahl von Personen ist zulässig, wenn im Hinblick auf die konkreten Nutzer keine Bedenken wegen der Personenrettung bestehen."*

B.10 Schadenerfahrung

Abb. B.8: Brandverhalten einer ungeschützten Stahltreppe

Abb. B.9: Brandverhalten von Treppen; im unteren Geschoss Massivtreppe, im oberen Geschoss Holztreppe

Abb. B.11: Brandausbreitung über Holztreppe: Das Schadenfeuer breitete sich vom EG über die Holztreppe bis in das DG über dem 2. OG aus.

Abb. B.10: Brandverhalten einer Holztreppe: Es ist deutlich zu sehen, wie die Brandbeanspruchung und -zehrung von unten nach oben zunimmt.

Abb. B.12 und B.13: Brandverhalten von einschiebbaren Treppen. Die in Bild B.12 dargestellte einschiebbare Treppe wurde von unten beansprucht. Sie war geschlossen und konnte eine Brandweiterleitung in den Dachraum verhindern. Bild B.13 zeigt eine einschiebbare Treppe, die von oben beansprucht worden ist. Da die Feuerwehr den Speicherbrand rechtzeitig löschen konnte, traten an der Treppe selbst keine thermischen Beschädigungen auf.

Abb. B.14: Thermische Beanspruchung einer Stahlbetontreppe durch einen Zimmerbrand mit Putzabplatzungen an der Treppenlaufunterseite.

C. Notwendige Treppenräume, Außentreppen und Ausgänge

C.1 Übersicht, Kurzinformationen und Checkliste

Die Übersicht mit Kurzinformationen zeigt die wichtigsten Anforderungen der MBO, die bis auf wenige Ausnahmen in den meisten Ländern übernommen wurden. Die rechte Spalte der Tabelle C.1 enthält Verweise auf die entsprechenden Punkte in diesem Kapitel.

C.1.1 Übersicht und Kurzinformationen zu den wichtigsten Anforderungen an -notwendige Treppenräume, Außentreppen und Ausgänge

Tabelle C.1: Übersicht und Kurzinformationen zu den wichtigsten Anforderungen an notwendige Treppenräume, Außentreppen und Ausgänge (gemäß MBO 2002, Fassung November 2002, zuletzt geändert September 2020)

	Anforderungen	**Kapitel in Teil C**
Schutzziel	Notwendige Treppenräume (nTR) müssen so angeordnet und ausgebildet sein, dass die Nutzung der notwendigen Treppen im Brandfall ausreichend lang möglich ist.	2.2, 7.1, 11.1
Erfordernis	Mit Ausnahme von • Treppen in GK 1 und GK 2, • Maisonette-Treppen ≤ 2 Geschosse in NE ≤ 200 m² mit jeweils zwei RW in jeder Maisonette-Ebene, • sicher nutzbaren Außentreppen, die im **Brandfall nicht gefährdet** werden können, muss jede notwendige Treppe zur Sicherstellung der Rettungswege aus den Geschossen ins Freie in einem **eigenen, durchgehenden Treppenraum** (notwendigen Treppenraum) liegen.	3
Erreichbarkeit	Von jeder Stelle eines AR sowie eines KG muss in ≤ **35 m Entfernung** mindestens erreichbar sein: Ein Ausgang • in einen notwendigen Treppenraum oder • zu einer notwenigen Außentreppe oder • ins Freie.	4.1
Messung der Entfernung	Gemessen wird die kürzeste Entfernung in Lauflinie, nicht durch feste Einbauten und Wände.	4.2

<table>
<tr><th></th><th colspan="4">Anforderungen</th><th>Kapitel in Teil C</th></tr>
<tr><td>Übereinander-liegende KG</td><td colspan="4">Übereinanderliegende KG müssen jeweils mindestens zwei Ausgänge in
• notwendige Treppenräume oder
• zu sicher nutzbaren Kelleraußentreppen oder
• ins Freie haben.</td><td>4.3</td></tr>
<tr><td>Mehrere notwendige Treppenräume, Außentreppen, Ausgänge</td><td colspan="4">Sind mehrere
• notwendige Treppenräume oder
• sicher nutzbare notwendige Außentreppen oder
• Ausgänge ins Freie
erforderlich, müssen sie so verteilt sein, dass sie möglichst entgegengesetzt liegen und die RW möglichst kurz sind.</td><td>4.4</td></tr>
<tr><td>Unmittelbarer Ausgang ins Freie</td><td colspan="4">Jeder notwendige Treppenraum muss einen unmittelbaren Ausgang ins Freie haben. Andernfalls bestehen für den Raum zwischen dem notwendigen Treppenraum und dem Ausgang ins Freie folgende Anforderungen:
1. Mindestbreite wie die dazugehörigen Treppenläufe
2. Wände wie die Treppenraumwände
3. Abschlüsse zu notwendigen Fluren: rauchdicht und selbstschließend
4. keine Öffnungen zu anderen Räumen (ausgenommen zu notwendigen Fluren)
5. Für Bekleidungen, Putze, Dämmstoffe, Unterdecken und Einbauten sowie Wände und Decken aus brennbaren Baustoffen gelten die gleichen Anforderungen wie an notwendige Treppenräume.</td><td>5</td></tr>
<tr><td rowspan="6">Anforderungen an die Wände notwendiger Treppenräume als raumabschließende Bauteile</td><td rowspan="2">GK</td><td rowspan="2">Innenwände von notwendigen Treppenräumen (nTR)</td><td colspan="2">Außenwände (AW) von nTR, die durch andere an diese AW anschließenden Gebäudeteile im Brandfall …</td><td rowspan="6">6</td></tr>
<tr><td>… gefährdet werden können</td><td>… nicht gefährdet werden können</td></tr>
<tr><td>5</td><td colspan="2">Bauart von Brandwänden (fb + nb + M)</td><td rowspan="3">aus nichtbrennbaren Baustoffen (nb)</td></tr>
<tr><td>4</td><td colspan="2">auch unter zusätzlicher mechanischer Beanspruchung hochfeuerhemmend (hf + M)</td></tr>
<tr><td>3</td><td colspan="2">feuerhemmend (fh); brennbare Baustoffe müssen eine nichtbrennbare Bekleidung in ausreichender Dicke haben (fh + bnb)</td></tr>
<tr><td>1+2</td><td colspan="3">nicht relevant, da kein notwendiger Treppenraum erforderlich</td></tr>
<tr><td>Oberer Abschluss</td><td colspan="4">Der obere Abschluss muss als raumabschließendes Bauteil die Feuerwiderstandsfähigkeit der Decken des Gebäudes haben. Das gilt nicht, wenn der obere Abschluss das Dach ist und die Treppenraumwände bis unter die Dachhaut reichen.</td><td>7</td></tr>
</table>

	Anforderungen		Kapitel in Teil C
Bekleidungen und Einbauten	Bekleidungen, Putze, Dämmstoffe, Unterdecken und Einbauten müssen aus nichtbrennbaren Baustoffen bestehen.		8
Wände und Decken aus brennbaren Baustoffen	Wände und Decken aus brennbaren Baustoffen müssen eine Bekleidung aus nichtbrennbaren Baustoffen in ausreichender Dicke haben.		
Bodenbeläge	Bodenbeläge, ausgenommen Gleitschutzprofile, müssen aus mindestens schwerentflammbaren Baustoffen bestehen.		
Sicherung von Türöffnungen in raum-abschließenden Treppenraum-wänden notwendiger Treppenräume zu …	Kellergeschossen, zu nicht ausgebauten Dachräumen, Werkstätten, Läden, Lager- und ähnlichen Räumen	Abschlüsse: fh + RD + S	9
	sonstigen Räumen und Nutzungseinheiten (NE) mit mehr als 200 m^2, ausgenommen Wohnungen	Abschlüsse: fh + RD + S	
	notwendigen Fluren	Abschlüsse: RD + S	
	sonstigen Räumen und NE $\leq$ 200 m^2, ausgenommen Wohnungen	Abschlüsse: D + S[1])	
	Wohnungen	Abschlüsse: D + S[1])	
Erleichterung für lichtdurchlässige Teile der Abschlüsse	Die Feuerschutz- und Rauchschutzabschlüsse dürfen lichtdurchlässige Seitenteile und Oberlichte enthalten, wenn der Abschluss insgesamt nicht breiter als 2,50 m ist.	gleiche Anforderungen wie die Abschlüsse	
Sicherung von Sichtöffnungen in raum-abschließenden …	Treppenraumwänden der GK 5 (fb + nb + M)	fb VG[2])	
	Treppenraumwänden der GK 4 (hf + M)	hf VG[2])	
	Treppenraumwänden der GK 3 (fh)	fh VG[2])	
Sicherung von Decken-öffnungen in …	feuerbeständigen Treppenraumdecken	fb + RD + S[3])	
	hochfeuerhemmenden Treppenraumdecken	hf + RD + S[3])	
	feuerhemmenden Treppenraumdecken	fh + RD + S[3])	
Beleuchtung/ Sicherheits-beleuchtung	Notwendige Treppenräume müssen zu beleuchten sein. Notwendige Treppenräume ohne Fenster müssen in Gebäuden mit einer Höhe der Fußbodenoberkante des höchst gelegenen Geschosses, in dem ein Aufenthaltsraum möglich ist, von mehr als 13 m (gemessen über der Geländeoberfläche im Mittel) eine Sicherheitsbeleuchtung haben.		10

	Anforderungen		Kapitel in Teil C
Belüftung und Entrauchung	**Grundsätzliche Anforderung**	Notwendige Treppenräume müssen belüftet und zur Unterstützung wirksamer Löscharbeiten entraucht werden können.	11
	Notwendige Treppenräume mit Fenstern in jedem Geschoss	• Müssen in jedem oberirdischen Geschoss unmittelbar ins Freie führende Fenster mit einem freien Querschnitt von mindestens 0,50 m^2 haben, die geöffnet werden können. • In Gebäuden der GK 5 ist an der obersten Stelle eine Öffnung zur Rauchableitung erforderlich.	
	Notwendige Treppenräume ohne Fenster in jedem Geschoss	• Müssen an der obersten Stelle eine Öffnung zur Rauchableitung haben. • In Gebäuden der GK 4 und 5 sind – soweit dies zur Erfüllung des Schutzziels: „Entrauchung zur Unterstützung wirksamer Löscharbeiten" erforderlich ist – besondere Vorkehrungen zu treffen.[4])	
	Öffnungen zur Rauchableitung	• Freier Querschnitt in jedem Treppenraum ≥ 1 m^2. • Sie müssen Vorrichtungen zum Öffnen ihrer Abschlüsse haben, die vom Erdgeschoss sowie vom obersten Treppenabsatz aus bedient werden können.	
Haustechnische Leitungen	Für die Verlegung von brennbaren Leitungsanlagen und Sicherung der Durchführungen von Leitungs- und Lüftungsanlagen siehe MLAR, MLüAR und SysBöR.		13

[1]) Anforderungen teilweise unterschiedlich, z. B. in Bayern vollwandig, dicht und selbstschließend (V + D + S); in Baden-Württemberg und NRW zu Wohnungen: dichtschließend (D); zu sonstigen Räumen und NE ≤ 200 m^2: dicht und selbstschließend (D + S).

[2]) Die MBO (und sinngemäß auch die LBOs) enthalten keine Regelungen für die Sicherung von Sichtöffnungen in raumabschließenden Treppenraumwänden notwendiger Treppenräume. Sie sollten deshalb (ähnlich wie bei Brandwänden und Trennwänden)

auf die für die Nutzung erforderliche Zahl und Größe begrenzt werden. Eine frühzeitige Abstimmung mit der den Brandschutz prüfenden/bescheinigenden Stelle ist empfehlenswert. Bei GK 4 und 5 ist außerdem zu berücksichtigen, dass die Treppenraumwände eine zusätzliche mechanische Beanspruchung erfüllen müssen, die bei Brandschutzverglasungen nicht gegeben ist. I. d. R. (insbesondere bei größeren Brandschutzverglasungen) liegt eine genehmigungs-/bescheinigungspflichtige Abweichung vor.

[3]) Wenn die Abschlüsse nicht selbstschließend sind, liegt eine genehmigungs-/bescheinigungspflichtige Abweichung vor, die entsprechend zu beschreiben und zu begründen ist. Eine frühzeitige Abstimmung mit der den Brandschutz prüfenden/bescheinigenden Stelle ist empfehlenswert.

[4]) In einigen Ländern bestehen hier weitere und teilweise deutlich höhere Anforderungen (z. B. in Sachsen).

Legende siehe Tabelle C.3 in Punkt C.1.3.

C.1.2 Checkliste für die Überprüfung von notwendigen Treppenräumen, Außentreppen und Ausgängen

Anmerkung: Die Checkliste kann auch als Handlungsanweisung bei der Erstellung von Brandschutznachweisen/-konzepten verwendet werden.

Tabelle C.2: Checkliste für die Überprüfung von notwendigen Treppenräumen, Außentreppen und Ausgängen

		Kapitel in Teil C
Check	**Erfordernis, Qualität und Anforderungen an notwendige Treppenräume, Außentreppen und Ausgänge:** • Werden alle bauaufsichtlichen Anforderungen an notwendige Treppenräume, notwendige Außentreppen, Ausgänge und Sicherheitstreppenräume nach jeweiliger LBO erfüllt? • Systematische Bearbeitung und Abfrage der relevanten Punkte 1 bis 13 in diesem Kapitel.	1 – 13
Überprüfung	**Lage, Ausbildung und Erfordernis:**	
	• Ist in Gebäuden mit nicht zu ebener Erde liegenden Geschossen der GK 3 bis 5 und in NE, die keine Maisonette mit NE $\leq$ 2 Geschosse und $\leq$ 200 m^2 sind, mindestens entweder – eine notwendige Treppe, die in einem eigenen, durchgehenden notwendigen Treppenraum liegt oder – eine sichere notwendige Außentreppe oder – eine notwendige Treppe, die in einem Sicherheitstreppenraum liegt vorhanden?	3
	• Werden die maximal zulässigen Entfernungen zu einem Ausgang in einen notwendigen Treppenraum oder zu einer notwendigen Außentreppe oder ins Freie eingehalten?	4.1, 4.2
	• Sind weitere notwendige Treppen in notwendigen Treppenräumen oder notwendige Treppen als notwendige Außentreppen oder Ausgänge ins Freie erforderlich und haben sie die richtige Lage?	4.4
	• Weisen übereinanderliegende KG jeweils mindestens zwei Ausgänge auf?	4.3
	Genehmigungsplanung: Notwendige Treppenräume:	
	• Liegt die notwendige Treppe in einem eigenen, durchgehenden Treppenraum, so dass ihre Nutzung ausreichend lange sicher ist?	3.1, 3.2
	• Bei mehreren Treppenräumen: Wurden sie möglichst entgegengesetzt angeordnet und sind die Rettungsweg möglichst kurz?	4.4
	• Ist ein unmittelbarer Ausgang ins Freie vorhanden? Wenn nicht, erfüllt der Raum zwischen dem notwendigen Treppenraum und dem Ausgang ins Freie die Anforderungen der LBO?	5
	• Haben die Treppenraumwände die erforderliche brandschutztechnische Qualität?	6 6.5
	• Können die Treppenraum**außen**wände im Brandfall beansprucht werden? – wenn **nein:** bestehen sie aus nichtbrennbaren Baustoffen? – wenn **ja:** weisen sie als raumabschließende Bauteile die gleiche brandschutztechnische Qualität wie die Treppenrauminnenwände auf?	
	• Sind alle Öffnungen in den Treppenraumwänden (z.B. Türen, Sichtöffnungen) in der erforderlichen brandschutztechnischen Qualität gesichert?	9

		Kapitel in Teil C
	• Hat der Treppenraum eine ausreichende Beleuchtung?	10
	• Bei notwendigen Treppenräumen, die in jedem oberirdischen Geschoss unmittelbar ins Freie führende Fenster mit einem Querschnitt von mindestens 0,50 m^2 haben, die geöffnet werden können: – hat der notwendige Treppenraum in Gebäuden der GK 5 an der obersten Stelle eine Öffnung zur Rauchableitung?[1])	11.2
	• Bei notwendigen Treppenräumen, die nicht in jedem oberirdischen Geschoss unmittelbar ins Freie führende Fenster mit einem Querschnitt von mindestens 0,50 m^2 haben, die geöffnet werden können: – hat der notwendige Treppenraum an der obersten Stelle eine Öffnung zur Rauchableitung? – sind zur Erfüllung des Schutzziels „Entrauchung zur Unterstützung wirksamer Löscharbeiten" in Gebäuden der GK 4 und 5 besondere Vorkehrungen erforderlich?[2])	11.3
	• Wenn Öffnungen zur Rauchableitung erforderlich sind (siehe die beiden vorstehenden Spiegelpunkte): Haben diese einen freien Querschnitt von ≥ 1 m^2 und haben sie Vorrichtungen zum Öffnen ihrer Abschlüsse, die vom Erdgeschoss und obersten Treppenabsatz bedient werden können?	11.4
	• **Empfehlung:** Wurde bei einem Anschluss von mehr als 4 Wohnungen bzw. NE vergleichbarer Größe in einem Geschoss ein notwendiger Flur angeordnet?[3])	3.3
	Ausführungsplanung: Notwendige Treppenräume:	
	• Entspricht der obere An- bzw. Abschluss des Treppenraums und der Treppenraumwände den Anforderungen der LBO?	7
	• Entsprechen die Bekleidungen, Putze, Dämmstoffe, Unterdecken, Einbauten und Bodenbeläge den Anforderungen der LBO?	8
	• Entspricht die Beleuchtung den Anforderungen der LBO?	10
	• Entspricht die Verlegung von Leitungs- und Lüftungsanlagen in notwendigen Treppenräumen den Anforderungen der LBO, MLAR und MLüAR?	13
	• Entspricht die Sicherung der Durchführungen von Leitungs- und Lüftungsanlagen durch die Wände notwendiger Treppenräume den Anforderungen der LBO, MLAR und MLüAR?	13
	Genehmigungsplanung: Notwendige Außentreppen:	
	• Ist die Anordnung und Lage der notwendigen Außentreppen so, dass ihre Nutzung ausreichend sicher ist und im Brandfall nicht gefährdet werden kann? • Haben die Außenwände einschließlich ihrer Öffnungen, vor denen die notwendige Außentreppe liegt, die erforderliche brandschutztechnische Qualität?	3.6
	• Bei mehreren notwendigen Treppen: Wurden sie möglichst entgegengesetzt angeordnet, so dass die Rettungswege möglichst kurz sind?	4.4
	Genehmigungsplanung: Sicherheitstreppenraum:	
	• Wurde der Sicherheitstreppenraum so angeordnet und ausgeführt, dass er sicher erreichbar ist und Feuer und Rauch nicht eindringen können?	Kap. A.6

			Kapitel in Teil C
Ergebnis	1. Eine notwendige Treppe in einem eigenen notwendigen Treppenraum ist **nicht** erforderlich.	• Bei Gebäuden der GK 1 und 2 und für die Verbindung von höchstens zwei Geschossen innerhalb derselben NE von insgesamt nicht mehr als 200 m², wenn in jedem Geschoss ein anderer Rettungsweg erreicht werden kann (Maisonette-Treppen). – Kurze Beschreibung und Begründung. • Als Außentreppe, wenn ihre Nutzung ausreichend sicher ist und im Brandfall nicht gefährdet werden kann. – Kurze Beschreibung und Begründung.	
	2. Ein notwendiger Treppenraum wird angeordnet. Seine Anordnung/ Ausführung **entspricht** den Anforderungen der jeweiligen LBO	– Kurze Angabe der relevanten bauaufsichtlichen Anforderungen und Beschreibung/Begründung der erforderlichen Maßnahmen. **Visualisierung:** • Maximale zulässige Entfernung von der entferntesten Stelle im KG und den entferntesten Stellen eines jeden AR in jedem Geschoss zu einem Ausgang in einen notwendigen Treppenraum oder zu einer notwendigen Außentreppe oder ins Freie. **Tipp:** Es genügt i.d.R., im KG und jedem Geschoss die jeweils ungünstigste Entfernung anzugeben. • Unmittelbarer Ausgang ins Freie. Falls kein direkter Ausgang ins Freie vorhanden ist: Visualisierung der Anforderungen an den Raum zwischen dem Treppenraum und dem Ausgang ins Freie (Wände, Sicherung der Öffnungen). • Treppenraumwände und Treppenraumflächen gemäß Legende. **Wichtig:** Bei Wänden nur die raumabschließenden Anforderungen visualisieren. • Bei Treppenraumaußenwänden: Anforderungen an die Treppenraumaußenwände und die dort anschließenden Gebäudeteile. • Sicherung der Öffnungen • Belichtungs- und Belüftungsmöglichkeit • Entrauchung zur Unterstützung wirksamer Löscharbeiten • Weitere Anforderungen, soweit sie aus den Plänen erkennbar sind.	
	3. Eine notwendige Außentreppe wird angeordnet. Ihre Anordnung/ Ausführung **entspricht** den Anforderungen der LBO.	– Kurze Angabe der relevanten bauaufsichtlichen Anforderungen und Beschreibung/Begründung der erforderlichen Maßnahmen. **Visualisierung:** • Flächen der notwendigen Außentreppe gemäß Legende. • Anforderungen an die Außenwände im Bereich der Außentreppe. • Anforderungen an die Sicherung von Öffnungen im Bereich der Außentreppe. • Weitere Anforderungen, soweit sie aus den Plänen erkennbar sind.	

			Kapitel in Teil C
	4. Ein **Sicherheitstreppenraum** wird angeordnet. Seine Anordnung/Ausführung **entspricht** den Anforderungen der LBO	→Kurze Angabe der relevanten bauaufsichtlichen Anforderungen und Beschreibung/Begründung der erforderlichen Maßnahmen. **Visualisierung:** • Anforderungen an die Wände, Decken, Sicherung der Öffnungen und aller weiteren, für den Sicherheitstreppenraum relevanten Anforderungen. • Weitere „relevante Anforderungen", soweit sie aus den Plänen erkennbar sind.	
	5. Angeordnet wird: • eine notwendige Treppe in einem notwendigen Treppenraum, • eine notwendige Außentreppe, • ein Sicherheitstreppenraum. Die Anordnung/Ausführung entspricht **nicht bzw. nicht vollständig** den Anforderungen der LBO	**Achtung:** Für jeden Punkt, bei dem die Anforderungen nicht bzw. nicht vollständig eingehalten sind, liegt eine genehmigungs-/bescheinigungspflichtige Abweichung (bei Sonderbauten Erleichterung) vor. →Bearbeitung wie in Nr. 2 bis 4 beschrieben, jedoch mit Beschreibung und Begründung der jeweiligen Abweichung(en) bzw. Erleichterung(en).	
	6. Angeordnet wird eine Nottreppe.	**Achtung:** Es liegt eine genehmigungs-/bescheinigungspflichtige Abweichung (bei Sonderbauten Erleichterung) vor.	A.3.6 Abb. C.15

[1]) Teilweise unterschiedlich geregelt. In einigen Ländern besteht diese Anforderung z.B. bei Gebäuden mit einer Höhe h (Maß der Fußbodenoberkante des höchstgelegenen Geschosses, in dem ein Aufenthaltsraum möglich ist, über der Geländeoberfläche im Mittel) von mehr als 13 m.

[2]) Wichtig: Die in der MBO verlangten besonderen Vorkehrungen beziehen sich ausschließlich auf das Schutzziel: Unterstützung wirksamer Löscharbeiten! Allerdings wurde und wird diese Regelung in verschiedenen Ländern teilweise sehr unterschiedlich umgesetzt und auch bezüglich der im jeweiligen Land erforderlichen „besonderen Vorkehrungen" sehr unterschiedlich interpretiert. Eine möglichst frühzeitige Abstimmung mit der den Brandschutz prüfenden/bescheinigenden Stelle ist empfehlenswert (siehe hierzu auch Punkt 11.3 in diesem Kapitel).

[3]) Gemäß MBO und den meisten LBOs bestehen bezüglich der maximal anschließbaren NE in einem Geschoss keine konkreten Anforderungen. In einzelnen Ländern können jedoch unterschiedliche Regelungen bestehen, siehe Punkt 3.3 in diesem Kapitel.

C.1.3 Zuordnung der bauaufsichtlichen Anforderungen zu nationalen und europäischen Klassen

Tabelle C.3: Zuordnung der bauaufsichtlichen Anforderungen zu nationalen und europäischen Klassen (gemäß MVV TB)

Bauaufsichtliche Anforderungen		Abkürzung	Nationale Klassen nach DIN 4102	Tragfunktion	Europäische Klassen nach DIN EN 13501
Treppenraumwand	Bauart einer Brandwand (BBW)	fb + nb + M	F 90-A + M	tragend	REI 90-M [nb]
				nichttragend	EI 90-M [nb]
	Wand, die auch unter zusätzlicher mechanischer Beanspruchung hochfeuerhemmend ist	hf + M	F 60-AB + M[1]	tragend	REI 60-M [wnb] oder REI 60-M [HolzR/4] oder REI 60-M [HolzR/5]
				nichttragend	EI 60-M [wnb] oder EI 60-M [HolzR/4] oder EI 60-M [HolzR/5]
	feuerhemmend + wesentliche Teile aus nb Baustoffen	fh + [wnb]	F 30-AB	tragend	REI 30 [wnb]
				nichttragend	EI 30 [wnb]
	feuerhemmend + tragende/aussteifende Bauteile brennbar mit Bekleidung aus nb Baustoffen in ausreichender Dicke	fh + [bnb]	F 30-B + [bnb]	tragend	REI 30 [bnb]
				nichttragend	EI 30 [bnb]
Abschlüsse	feuerhemmend, rauchdicht- und selbstschließend	fh + RD + S	T 30-RS		EI2 30-S200C..[2]
	rauchdicht- und selbstschließend	RD + S	RS		S200C..[2]
	dicht- und selbstschließend	D + S	D + S		[D] + C..[2]
	dicht	D	D		[D]
Brandschutzverglasung	feuerbeständig	VG: fb	F 90		EI 90
	hochfeuerhemmend	VG: hf	F 60		EI 60
	feuerhemmend	VG: fh	F 30		EI 30
Baustoffe	nichtbrennbar	nb	A 2		A 2 – s1, d0
Bekleidung	aus nichtbrennbaren Baustoffen in ausreichender Dicke	[bnb]	[bnb]		[bnb] A 2, s1, d0

1) hf mit Tragwerk aus Holz ist mit nationalen Klassen (nach DIN 4102) nicht möglich.

2) Festlegungen zur Prüfzyklenanzahl für die Dauerfunktionsprüfungen:
C5 (200.000 Zyklen) für Feuerschutz-/Rauchschutztüren (Drehflügelabschlüsse).
C2 (10.000 Zyklen) für sonstige Feuerschutz-/Rauchschutzabschlüsse (z. B. Klappen, Tore).

Tabelle C.4: Legende zu den Tabellen 1.1-1 bis 1.3-1

Kurzzeichen	Kriterium/Erläuterung
Begriffe in […]	Abkürzungen, die in diesem Werk zur besseren Handhabung verwendet werden, um Zusatzanforderungen der Bauordnung anzugeben bzw. die europäischen Klassen mit den zusätzlichen Anforderungen der Bauordnung zu verknüpfen. Keine genormten oder offiziellen Abkürzungen.
fh, hf, fb	feuerhemmend, hochfeuerhemmend, feuerbeständig
F 30, F 60, F 90	Feuerwiderstandsklassen nach DIN 4102-2 (30, 60, 90 Minuten). **Achtung:** Zur Erfüllung der Anforderungen hf und fb bestehen noch zusätzliche Anforderungen an das Brandverhalten der Baustoffe (-A und -AB) und/oder an die Ausführung [HolzR]
-A	aus nichtbrennbaren Baustoffen
-AB	Bauteile, deren tragende und aussteifende Teile aus nichtbrennbaren Baustoffen bestehen und die bei raumabschließenden Bauteilen zusätzlich eine in Bauteilebene durchgehende Schicht aus nichtbrennbaren Baustoffen haben (in den **wesentlichen Teilen** aus nichtbrennbaren Baustoffen).
-B	aus brennbaren Baustoffen
[nb]	nichtbrennbar (aus nichtbrennbaren Baustoffen). **Nationale Klasse:** mindestens A 2; **europäische Klasse:** mindestens A 2 – s1, d0.
[wnb]	in den **wesentlichen** Teilen aus **nichtbrennbaren Baustoffen** (gleich Anforderung wie das nationale -AB, siehe oben)
[HolzR/4]	Ausführung nach MHolzBauRL Abschnitt 4 (Holzrahmen- und Holztafelbauweise)
[HolzR/5]	Ausführung nach MHolzBauRL Abschnitt 5 (Massivholzbauweise)
[bnb]	Bekleidung von Wänden und Decken aus brennbaren Baustoffen mit nichtbrennbaren Baustoffen in ausreichender Dicke
D, RD, S	dicht, rauchdicht, selbstschließend
R	(Résistance) Tragfähigkeit
E	(Étanchéité) Raumabschluss
I	(Isolation) Wärmedämmung (unter Brandeinwirkung)
E – d2	Baustoffklasse (entspricht der deutschen Klasse B 2)
A2 – s1, d0	Baustoffklasse (entspricht der deutschen Klasse A 2)
GK, NE, AR	Gebäudeklasse, Nutzungseinheit, Aufenthaltsraum
RW, KG, BW	Rettungsweg, Kellergeschoss, Brandwand

C.2 Bauaufsichtliche Anforderungen und Schutzziel

C.2.1 Bauaufsichtliche Anforderungen

Für die in der MBO (und sinngemäß in den LBOs) behandelten Wohngebäude und mit Wohngebäuden vergleichbaren Gebäude ergeben sich gemäß § 35 MBO die in vorstehendem Punkt 1 zusammengestellten Anforderungen. Diese werden nachfolgend erläutert. Die jeweiligen landesspezifischen Verordnungen und Vorschriften sowie Checklisten zu den Anforderungen der einzelnen LBOs sind im Download-Bereich des Brandschutzatlas enthalten.

Grundlegende Anforderungen an notwendige Treppenräume ergeben sich nach der MBO und sinngemäß auch den LBOs in Abhängigkeit von

- Gebäudehöhe,
- Anzahl der Wohnungen und Nutzungseinheiten (NE) im Gebäude,
- Gebäudeart und -nutzung sowie
- Lage im Gebäude.

Außerdem müssen notwendige Treppenräume folgende grundsätzlichen Anforderungen erfüllen:

- Schutz gegen das Eindringen von Feuer und Rauch aus den Geschossen bzw. von außen
- Behinderung einer Übertragung von Feuer und Rauch von Geschoss zu Geschoss (der notwendige Treppenraum bildet einen vertikalen „Schacht" im Gebäude)
- ausreichend lange Standsicherheit und Begehbarkeit im Brandfall (sicherer Rettungs-/Angriffs-/Rückzugsweg für die Feuerwehr)
- frei von Brandlasten
- sichere Erreichbarkeit von allen NE und Aufenthaltsräumen
- sicherer Ausgang ins Freie
- Möglichkeit, eingedrungenen Rauch zur Unterstützung wirksamer Löscharbeiten schnell abzuführen
- Möglichkeit einer ausreichenden Belichtung und Beleuchtung

Werden notwendige Treppen ohne eigene Treppenräume als **Außentreppen** angeordnet, ist das nach MBO 2002 und entsprechend den LBOs nur zulässig, wenn ihre Nutzung ausreichend sicher ist und im Brandfall nicht gefährdet werden kann.

In Hochhäusern bestehen besondere Anforderungen an die Ausbildung notwendiger Treppenräume, z. B. als Sicherheitstreppenräume. Diese sind i. d. R. in den Sondervorschriften für Hochhäuser geregelt, z. B. in der Muster-Hochhausrichtlinie (MHHR).

C.2.2 Schutzziel

> **§ 35 (1) MBO: Schutzziel**
>
> [2]*Notwendige Treppenräume müssen so angeordnet und ausgebildet sein, dass die Nutzung der notwendigen Treppen im Brandfall ausreichend lang möglich ist.*

Notwendige Treppen in notwendigen Treppenräumen sind für die bauaufsichtlichen Schutzziele **Schutz von Leben und Gesundheit sowie Ermöglichung wirksamer Löscharbeiten** von entscheidender Bedeutung. Sie bilden den **vertikalen Teil** des baulichen Rettungsweges bzw. der baulichen Rettungswege.

Hierzu müssen sie im Brandfall ausreichend lange als **Fluchtweg** für die Selbstrettung der sich im Gebäude aufhaltenden Personen zur Verfügung stehen. Außerdem dienen sie der Feuerwehr und den Hilfskräften als **primärer Angriffsweg für die Rettung und zur Brandbekämpfung**. Schließlich sollen sie im Ernstfall (z. B. wenn der Brand im Gebäude nicht mehr kontrolliert werden kann) auch einen sicheren **Rückzug** der Feuerwehr ermöglichen.

Eine eigenständige **Flucht** (Selbstrettung) ist jedoch nur so lange möglich, wie die Treppenräume **rauchfrei** bleiben. Dringen im Brandfall größere Mengen Rauchgase ein, stehen sie für die Flucht der Gebäudenutzer nicht mehr zur Verfügung. Außerdem wird dann ihre Funktion als **Angriffsweg** (Rettung und Brandbekämpfung) für die Feuerwehr erheblich eingeschränkt. In diesem Fall erfolgt i. d. R. die Rettung der Bewohner über den **zweiten Rettungsweg** und der Treppenraum dient als Angriffsweg für die **Brandbekämpfung** der Feuerwehr.

Damit das bauaufsichtliche Brandschutzkonzept funktioniert, müssen die notwendigen Treppen entsprechend sicher sein. Werden sie innerhalb von Gebäuden angeordnet, benötigen sie deshalb immer eigene, entsprechend geschützte notwendige Treppenräume.

Notwendige Treppen können auch außerhalb von Gebäuden als Außentreppen angeordnet werden. Dies ist jedoch nur zulässig, wenn ihre Nutzung ausreichend sicher ist (Witterungseinflüsse, z. B. Schnee) und im **Brandfall nicht gefährdet** werden kann (keine Brandbeanspruchung durch an diese notwendigen Treppen anschließende Außenwände, Gebäudeteile, ungesicherte Öffnungen).

Wichtig ist in diesem Zusammenhang jedoch auch das **richtige Verhalten** der Personen im Gebäude. Diese sollten sich so verhalten, dass es im Brandfall möglichst nicht zu einer Verrauchung des Treppenraums kommt (Türen geschlossen, keine Brandlasten im Treppenraum). Im Brandfall sollten sie sich gegenseitig warnen. Falls der notwendige Treppenraum noch nicht **verraucht** ist, können sie sich selbst über diesen in Sicherheit bringen. Er wird damit zum **Fluchtweg**.

Ist der notwendige Treppenraum bereits so verraucht, dass er nicht mehr für die Flucht (Selbstrettung) geeignet ist, fällt er als Fluchtweg aus. In diesem

Fall sollten die Personen (Nutzer) entweder (falls vorhanden) den zweiten baulichen Rettungsweg (zweite oder weitere notwendige Treppe) benutzen oder (falls der zweite Rettungsweg über Leitern der Feuerwehr hergestellt wird) ihre Eingangstüren schließen, sich an das für den zweiten Rettungsweg vorgesehene anleiterbare Fenster begeben, dort bemerkbar machen und die Anweisungen der Feuerwehr abwarten und befolgen.

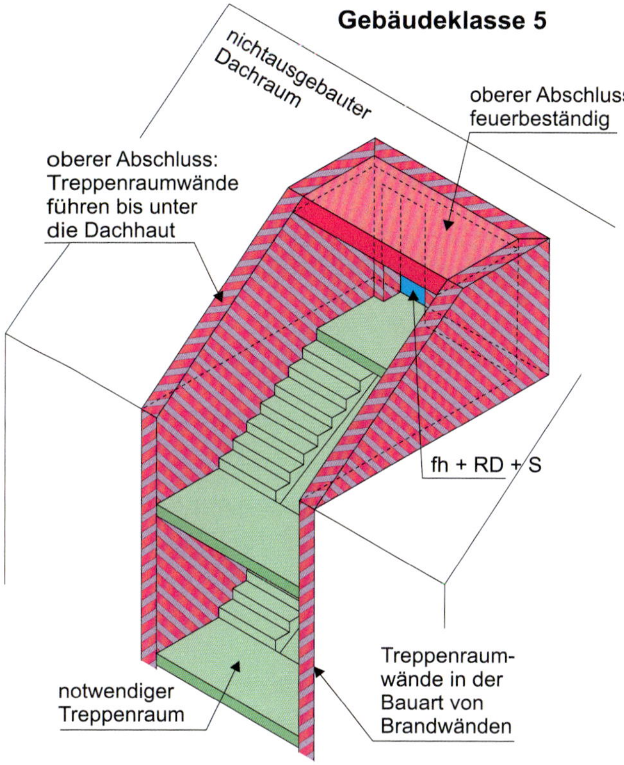

Abb. C.1: Beispiel für die Schutzfunktion des notwendigen Treppenraums

Der notwendige Treppenraum ist gemäß den Schutzzielvorgaben der MBO ein **brandschutztechnisch gesicherter vertikaler Schacht** im Gebäude, der die notwendige Treppe beinhaltet. Er muss im Brandfall ausreichend lange als **Fluchtweg** für die Selbstrettung der sich im Gebäude aufhaltenden Personen zur Verfügung stehen.

Außerdem dient er der Feuerwehr und den Hilfskräften als **Rettungsweg** für die Menschenrettung und als **Angriffsweg** zur Brandbekämpfung. Zudem soll er im Ernstfall auch den sicheren **Rückzug** der Feuerwehr ermöglichen.

Hierzu muss der **Treppenraumschacht** auch im Dachbereich entsprechend sicher an- bzw. abgeschlossen werden. Ein Brand im Dachraum darf ausreichend lang nicht über den Dachanschlussbereich in den Treppenraum eindringen können.

Für Bilder mit Schadenbeispielen siehe Kapitel C.14.3.

C.3 Erfordernis von notwendigen Treppenräumen und notwendige Außentreppen

> **§ 35 (1) MBO: Erfordernis von notwendigen Treppenräumen und notwendige Außentreppen**
>
> [1]*Jede notwendige Treppe muss zur Sicherstellung der Rettungswege aus den Geschossen ins Freie in einem eigenen, durchgehenden Treppenraum liegen (notwendiger Treppenraum) […]*
>
> [3]*Notwendige Treppen sind ohne eigenen Treppenraum zulässig*
>
> *1. in Gebäuden der Gebäudeklassen 1 und 2,*
>
> *2. für die Verbindung von höchstens zwei Geschossen innerhalb derselben Nutzungseinheit von insgesamt nicht mehr als 200 m², wenn in jedem Geschoss ein anderer Rettungsweg erreicht werden kann,*
>
> *3. als Außentreppe, wenn ihre Nutzung ausreichend sicher ist und im Brandfall nicht gefährdet werden kann.*

C.3.1 Durchgehender Treppenraum

Jede notwendige Treppe muss zur Sicherstellung der Rettungswege aus den Geschossen ins Freie in einem eigenen durchgehenden Treppenraum liegen (notwendiger Treppenraum).

Der notwendige Treppenraum muss durch alle Geschosse führen, d. h., er darf nicht durch andere zwischengeschaltete Räume bzw. Nutzungen unterteilt bzw. unterbrochen werden.

Ebenso ist die notwendige Treppe in einem Zug zu allen angeschlossenen Geschossen zu führen (gilt nicht für Gebäude der GK 1 bis 3 und Maisonette-Treppen ≤ 2 Geschosse in NE ≤ 200 m²). Dies ist insbesondere für die Feuerwehr wichtig, wenn diese zur Brandbekämpfung den Dachraum erreichen muss.

Als durchgehend kann ein Treppenraum noch gelten, wenn seine Lage im Gebäude abschnittsweise so versetzt ist, dass der unmittelbare **Raumzusammenhang** beibehalten wird und erkenntlich ist. Voraussetzung ist jedoch, dass keine Flure oder anderen Räume zwischengeschaltet werden und die notwendige Treppe innerhalb des Gesamttreppenraums in einem Zug verläuft.

Wird der notwendige Treppenraum dagegen so versetzt (z. B. im obersten Geschoss zum nutzbaren Dachraum), dass der weiterführende Treppenraum nur über einen notwendigen Flur oder einen sonstigen zwischengeschalteten Raum zu erreichen ist, dann ist der Treppenraum nicht mehr durchgehend. In diesem Fall liegt eine genehmigungs-/bescheinigungspflichtige Abweichung vor, die entsprechend zu beschreiben und zu begründen ist. Eine frühzeitige Abstimmung mit der den Brandschutz prüfenden/bescheinigenden Stelle ist empfehlenswert.

C.3.2 Eigener Treppenraum

Der notwendige Treppenraum dient **ausschließlich der Aufnahme der notwendigen Treppe** und ist von den übrigen Räumen des Gebäudes durch raumabschließende, feuerwiderstandsfähige Wände abzutrennen, die bei GK 4 und 5 zudem noch ihre Feuerwiderstandsdauer unter zusätzlicher mechanischer Beanspruchung erbringen müssen.

Daraus ergibt sich, dass der notwendige Treppenraum nur dann ein Raum im Sinne der MBO ist, wenn er entsprechend seiner **ausschließlichen Funktion**, die sichere Verbindung mit dem Freien herzustellen, tatsächlich auch einen **eigenen Raum** bildet und von anderen Räumen und natürlich auch von notwendigen Fluren entsprechend raumabschließend **abgetrennt** ist.

Wird der Treppenraum einer notwendigen Treppe so aufgeweitet, dass er seinen Charakter als ausschließlicher Raum für die notwendige Treppe verliert, so kann er nicht mehr als notwendiger Treppenraum bewertet werden.

In diesem Fall wird er zu einem offenen (nicht notwendigen) Treppenraum, der dann natürlich auch nicht die Anforderungen der MBO bzw. LBOs an einen notwendigen Treppenraum erfüllen muss. Damit verliert auch die dort angeordnete Treppe ihren Status als notwendige Treppe und wird zu einer bauaufsichtlich nicht erforderlichen (nicht notwendigen) Treppe, die sich **nicht** in einem notwendigen Treppenraum befindet.

Wenn in solchen Fällen Treppe und Treppenraum nicht mehr als „notwendig“ gewertet werden (können), liegt eine entsprechende genehmigungs-/bescheinigungspflichtige Abweichung vor, die zu beschreiben und zu begründen ist. Eine frühzeitige Abstimmung mit der den Brandschutz prüfenden/bescheinigenden Stelle ist empfehlenswert. In der Regel sind dabei Kompensationsmaßnahmen erforderlich.

Eine Möglichkeit für eine Kompensation besteht z. B. darin, dass mindestens eine weitere Treppe als notwendige Treppe angeordnet wird (in einem notwendigen Treppenraum oder als sichere Außentreppe). Diese muss dann selbstverständlich auch von allen sich im jeweiligen Geschoss befindlichen NE und Aufenthaltsräumen entsprechend den jeweiligen bauaufsichtlichen Anforderungen sicher erreichbar sein (z. B. durch notwendige Flure oder die Anordnung von Teilnutzungseinheiten).

Weitere Möglichkeiten der Kompensation sind z. B. die Anordnung von Fluchtbalkonen, die sicher in zwei Richtungen verlassen werden können, oder eine besondere Ausbildung des nicht notwendigen Treppenraums und der daran angeschlossenen NE in Verbindung mit weiteren Maßnahmen, z. B. weiteren notwendigen Treppen.

Liegt die (nicht notwendige) Treppe in einem (nicht notwendigen) Raum, so besteht i. d. R. eine weitere zu berücksichtigende Abweichung darin, dass sich eine oder mehrere ungesicherte Öffnungen in der Geschossdecke bzw. den Geschossdecken befinden.

C.3.3 Anordnung notwendiger Flure

Jede notwendige Treppe muss in einem **eigenen** notwendigen Treppenraum liegen. Dieser bildet den **vertikalen Teil** des ersten baulichen Rettungsweges und muss eine sichere **vertikale Verbindung** der daran angeschlossenen Räume, NE und notwendigen Flure mit dem Freien herstellen.

Demgegenüber bildet der notwendige Flur den **horizontalen Teil** des ersten baulichen Rettungsweges, der eine (relativ) sichere **horizontale Verbindung** der daran angeschlossenen NE und Aufenthaltsräume mit dem notwendigen Treppenraum oder bei erdgeschossigen Gebäuden mit dem Freien herstellt.

Damit sind beide Funktionen klar getrennt. Es kann deshalb nicht Aufgabe des notwendigen Treppenraums sein, als notwendiger Flur zu dienen und umgekehrt (siehe auch Abschnitt C.3.2).

Nach (alter) MBO 1996 mussten in Gebäuden mittlerer Höhe in Geschossen mit mehr als vier Wohnungen oder NE vergleichbarer Größe vor Treppenräumen notwendige Flure angeordnet werden.

In der aktuellen MBO 2002 (zuletzt geändert September 2020) bestehen diesbezüglich keine entsprechenden Regelungen bzw. Anforderungen mehr. Damit ist es bei Gebäuden, die nach der MBO 2002 beurteilt werden, nunmehr grundsätzlich zulässig, in den GK 3 bis 5 auch mehr als vier Wohnungen oder NE vergleichbarer Größe direkt an den notwendigen Treppenraum anzuschließen.

Allerdings ist zu beachten, dass in einzelnen Ländern unterschiedliche Regelungen bestehen. Z. B. müssen nach BauO NRW 2018 (zuletzt geändert Januar 2022) in Geschossen mit mehr als vier Wohnungen notwendige Flure angeordnet sein (§ 35 Absatz 9 BauO NRW). Gemäß LBauO Rheinland-Pfalz besteht die Anforderung, dass in Gebäuden der GK 4 und 5 in Geschossen mit mehr als vier Wohnungen oder NE vergleichbarer Größe vor Treppenräumen notwendige Flure angeordnet werden müssen (§ 34 Abs. 5 LBauO Rheinland-Pfalz).

Allgemein gilt: Die Grundfläche des Treppenraums bemisst sich u. a. nach der erforderlichen nutzbaren Breite der Treppenläufe und -absätze in Abhängigkeit vom größten zu erwartenden Verkehr. Wird danach in einem konventionellen Wohngebäude ein Treppenabsatz bemessen, lassen sich maximal vier Wohnungen direkt erschließen (siehe Abb. C.2).

Sollen mehr als vier Wohnungen bzw. NE angeschlossen werden, ist hierfür eine entsprechende Vergrößerung des Treppenraums notwendig, z. B. durch Anordnung einer größeren Tiefe des Treppenabsatzes (siehe Abb. C.3). Auch eine flurartige Erweiterung ist möglich (siehe Abb. C.4).

Grundsätzlich sollte jedoch darauf geachtet werden, dass der notwendige Treppenraum seinen Charakter als eigener Treppenraum nicht verliert (siehe Kapitel C.3.2). So ist es z. B. in der Regel unzulässig, den notwendigen Treppenraum zum notwendigen Flur aufzuweiten (siehe Abb. C.5) oder es sind hierfür besondere Maßnahmen im Rahmen einer genehmigungs-/bescheinigungspflichtigen Abweichung erforderlich. In solchen Fällen bzw. im Zweifelsfall ist eine frühzeitige Abstimmung mit der den Brandschutz prüfenden/bescheinigenden Stelle empfehlenswert.

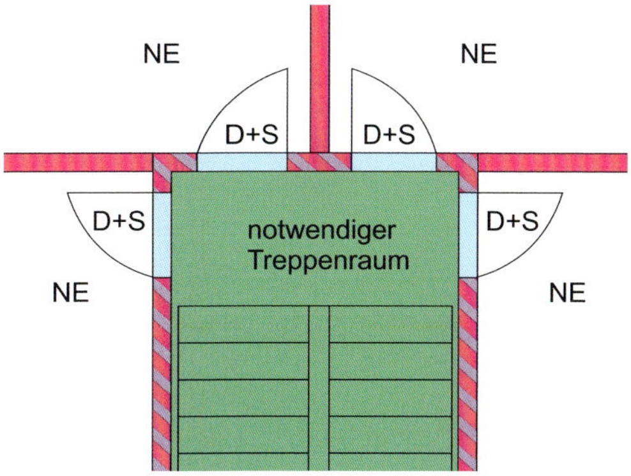

NE = Nutzungseinheit
D+S = dicht- und selbstschließend

Abb. C.2: Beispiel für einen notwendigen Treppenraum mit vier angeschlossenen NE

Bei üblicher Bemessung des Treppenabsatzes ist eine maximale Erschließung von vier Wohnungen bzw. NE möglich.

Wichtig: Bei diesem Beispiel müssen die Eingangstüren zu den NE nach innen aufschlagen, da sonst die erforderliche Breite des notwendigen Treppenabsatzes und Treppenlaufes unzulässig eingeschränkt würde.

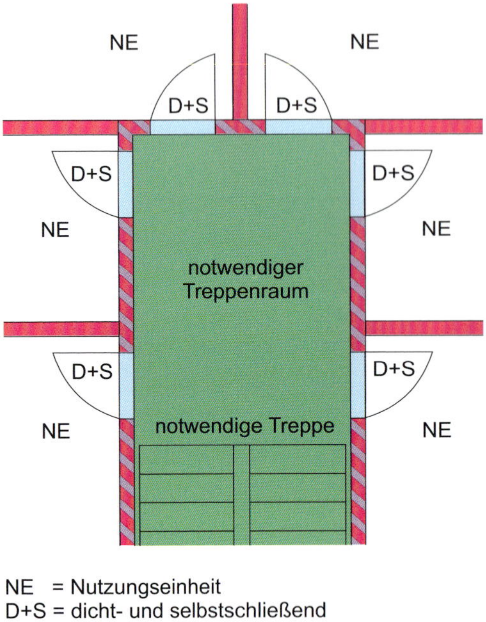

Abb. C.3: Beispiel für einen notwendigen Treppenraum mit einer größeren Tiefe des Treppenabsatzes und sechs angeschlossenen Wohnungen bzw. NE

Da die MBO diesbezüglich keine besonderen Regelungen enthält, kann bei dieser Ausführung evtl. noch davon ausgegangen werden, dass es sich um einen notwendigen Treppenraum mit notwendiger Treppe im Sinne der MBO 2002 handelt. Dabei ist allerdings zu beachten, dass sich aus dem Begriff „notwendiger Treppenraum" eine natürliche Begrenzung ergibt, da der notwendige Treppenraum nicht den Charakter als Raum für die notwendige Treppe verlieren darf.

Wichtig: Die dargestellte Ausführung ist in einigen Ländern (z. B. NRW (bei Wohnungen) und Rheinland-Pfalz (bei GK 4 und 5)) nicht zulässig. In anderen Ländern ist im Zweifelsfall eine möglichst frühzeitige Abstimmung mit der den Brandschutz prüfenden/bescheinigenden Stelle empfehlenswert.

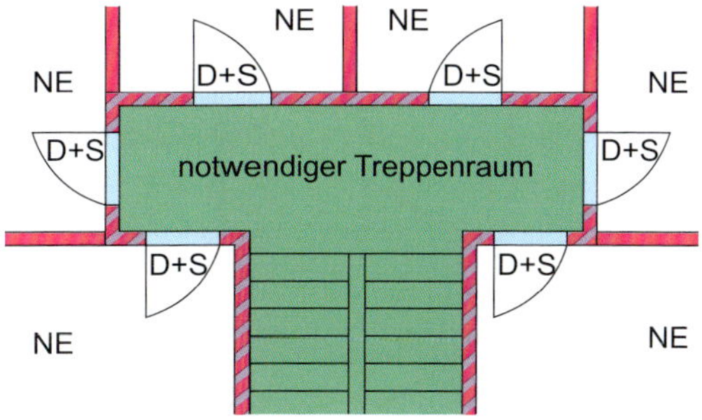

NE = Nutzungseinheit
D+S = dicht- und selbstschließend

Abb. C.4: Beispiel für flurartige Erweiterung des notwendigen Treppenraums mit sechs angeschlossenen NE

Wie bei einer größeren Tiefe des Treppenabsatzes kann auch bei dieser Ausführung evtl. noch davon ausgegangen werden, dass es sich um einen notwendigen Treppenraum mit notwendiger Treppe im Sinne der MBO 2002 handelt. Für weitere Beschreibungen und mögliche Einschränkungen siehe auch Erläuterungen zu Abb. C.3.

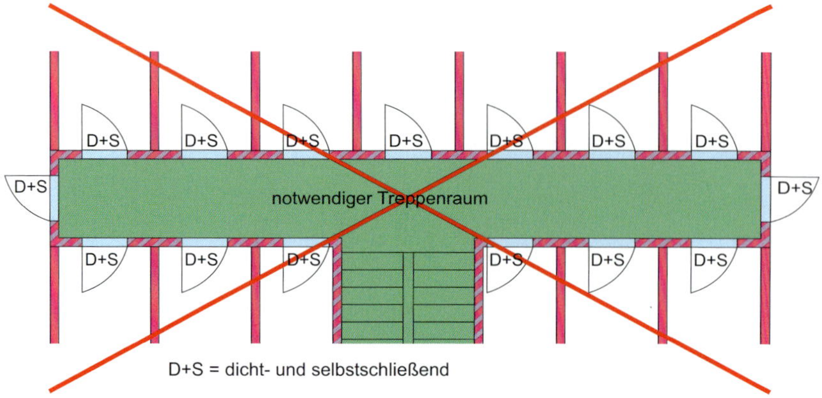

Abb. C.5: Beispiel für eine unzulässige Aufweitung des Treppenraums zum Flur

Die dargestellte Ausführung ist unzulässig, da durch die offene Verbindung des Treppenraums mit dem notwendigen Flur der Treppenraum seinen Charakter als notwendiger Treppenraum verloren hat.

Damit ist die Treppe nicht mehr als notwendige Treppe und der Treppenraum nicht mehr als notwendiger Treppenraum zu bewerten. Da nach den LBOs die notwendige Treppe in einem **eigenen, durchgehenden** Treppenraum liegen muss, ist diese Ausführung unzulässig bzw. ist im Einzelfall eine genehmigungs-/bescheinigungspflichtige Abweichung erforderlich, die entsprechend zu beschreiben und zu begründen ist. Zudem sind i. d. R. Kompensationsmaßnahmen erforderlich. Eine frühzeitige Abstimmung mit der den Brandschutz prüfenden/bescheinigenden Stelle ist empfehlenswert.

Beispiel für unter besonders geprüften Umständen mögliche Kompensationsmaßnahmen in besonders geprüften Einzelfällen: Ausführung der Türen vom „aufgeweiteten Treppenraum" zu den NE bzw. Räumen in rauchdicht und selbstschließend bzw. feuerhemmend, rauchdicht und selbstschließend. Abhängig von der GK bzw. Zahl der betroffenen Geschosse können noch weitere Kompensationsmaßnahmen erforderlich sein. In dem aufgeweiteten Treppenraum sind natürlich keine Brandlasten und keine anderen Nutzungen zulässig.

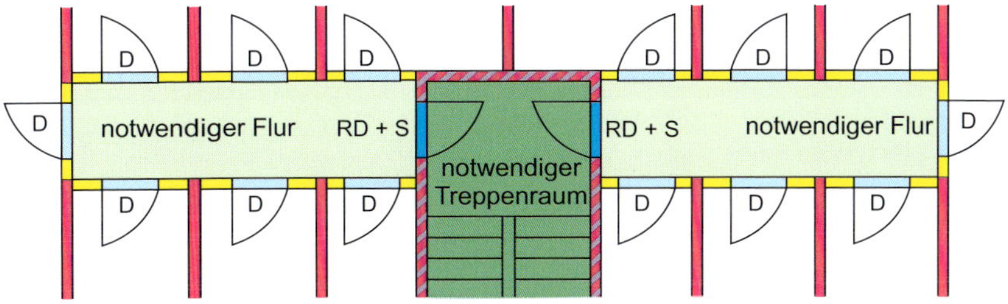

Abb. C.6: Beispiel für eine bauaufsichtlich konforme Ausführung mit zwei notwendigen Fluren

Der notwendige Treppenraum wurde von den notwendigen Fluren durch Anordnung von rauchdichten und selbstschließenden Abschlüssen abgetrennt.

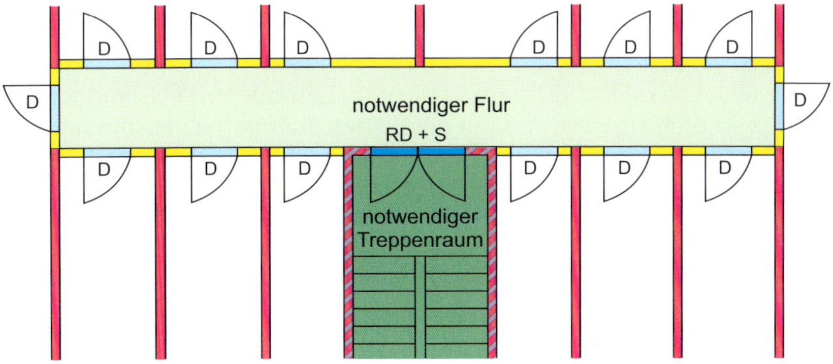

Abb. C.7: Beispiel für eine bauaufsichtlich konforme Ausführung mit einem durchgehenden notwendigen Flur

Der notwendige Treppenraum wurde vom notwendigen Flur durch Anordnung von rauchdichten und selbstschließenden Abschlüssen abgetrennt.

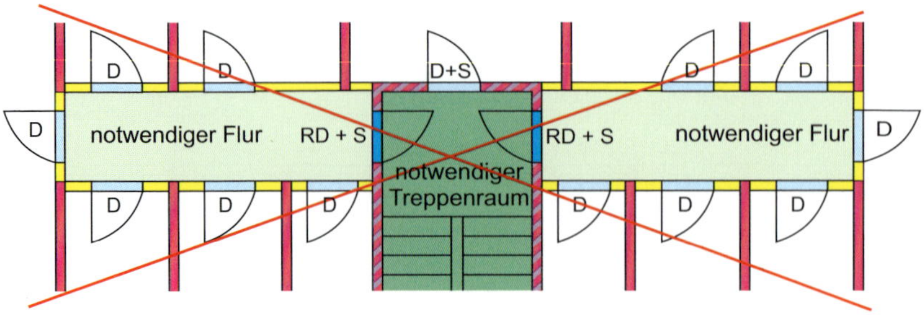

Abb. C.8: Beispiel für eine brandschutztechnisch ungünstige Mischlösung

Die dargestellte Ausführung entspricht zwar formal den Anforderungen der MBO bzw. den LBOs. Allerdings ist die Risikosituation deutlich **ungünstiger**, da in jedem Geschoss jeweils eine NE **direkt** an den notwendigen Treppenraum angeschlossen wurde. Damit ist das Risiko einer Verrauchung des notwendigen Treppenraums deutlich größer.

Deshalb ist diese Ausführung **nicht** empfehlenswert. Soll sie trotzdem angewendet werden (z. B. im Einzelfall unter besonderen Umständen), so ist es empfehlenswert, dies mit der für den Brandschutz zuständigen Stelle vorher abzustimmen und zu ermitteln, welche zusätzlichen Maßnahmen unter Umständen erforderlich sind. So ist z. B. eine Verbesserung der erhöhten Risikosituation des Treppenraums möglich, indem die direkt in den Treppenraum führenden NE mit feuerhemmenden, rauchdichten und selbstschließenden Abschlüssen (fh + RD + S) angeschlossen werden.

C.3.4 Gebäude der GK 1 und 2 ohne notwendigen Treppenraum

In Gebäuden der GK 1 und 2 sind notwendige Treppen ohne eigenen Treppenraum zulässig. Sie benötigen zwar eine notwendige Treppe. Diese muss jedoch nicht in einem eigenen notwendigen Treppenraum liegen.

Deshalb bestehen an den Raum, in dem die notwendige Treppe angeordnet wird, sowie an dessen Wände, Türen und sonstige Ausbildungen **keine** besonderen Anforderungen. Damit kann die notwendige Treppe, z. B. in Einfamilienhäusern und Reihenhäusern der GK 1 und 2, offen vom KG bis zum ausgebauten DG führen.

Anmerkung

Dadurch besteht das Risiko, dass z. B. ein Brand in einem an die Treppe angrenzenden Kellerraum oder im EG in der Küche nach dem Versagen der Türe zur Treppe (falls überhaupt eine solche Türe vorhanden ist) die notwendige Treppe schnell verraucht, so dass der erste (bauliche) Rettungsweg = Fluchtweg aus eigener Kraft nicht mehr benutzbar ist. In diesem Fall muss dann in den oberen Geschossen die Hilfe der Feuerwehr abgewartet werden können, was durch den fehlenden Treppenraum kritisch werden kann.

Empfehlung

Die bauaufsichtlich vorgeschriebenen Rauchwarnmelder befinden sich bei den genannten Gebäuden i. d. R. in den „Treppenfluren", die zu Aufenthaltsräumen führen. Diese melden die Gefahr erst relativ spät bzw. unter ungünstigen Umständen zu spät, nämlich erst dann, nachdem dort die Rauchgase eingedrungen sind.

Deshalb sind hier – obwohl bauaufsichtlich nicht vorgeschrieben – Rauchwarnmelder in allen Räumen **vor der notwendigen Treppe bzw. vor den Treppenfluren empfehlenswert**. Damit kann bei einem evtl. Brand die Warnung rechtzeitig erfolgen, also bevor die Rauchgase in den offenen Treppenraum bzw. Treppenflur eindringen können, so dass dieser für die Selbstrettung = Flucht noch rauchfrei zur Verfügung steht. Bei größeren bzw. ungünstigen Grundrissen könne die Rauchwarnmelder im Bedarfsfall auch über Funk vernetzt werden.

C.3.5 Maisonette-Wohnungen ohne notwendigen Treppenraum

In sogenannten Maisonette-Wohnungen sind Geschosse derselben Wohnung durch eine innere Treppe ohne eigenen (notwendigen) Treppenraum miteinander verbunden. Sinngemäß gilt das natürlich auch für sonstige NE.

Gemäß MBO dürfen höchstens zwei Geschosse innerhalb derselben NE von insgesamt nicht mehr als 200 m^2 offen miteinander verbunden sein, wenn in **jedem Geschoss ein anderer Rettungsweg** erreicht werden kann.

Damit ist die wohnungsinterne offene Verbindungstreppe ohne eigenen notwendigen Treppenraum nur zulässig, wenn für die Aufenthaltsräume, die über sie erschlossen werden, in jedem Maisonette-Geschoss **zwei Rettungswege** vorhanden sind.

Dabei ist zu unterscheiden, ob die Maisonette-Wohnungen bzw. -NE in beiden Ebenen an den notwendigen Treppenraum angeschlossen sind oder nur in einer Ebene.

Die Anforderungen an die Rettungswege von Maisonette-Wohnungen sind in den Normalgeschossen i. d. R. problemlos einzuhalten. Zu Problemen kann es dagegen kommen, wenn die **obere** Maisonette-Ebene in einem ausgebauten Dachgeschoss oder beim zweistufigen Dachgeschossausbau beide Maisonette-Ebenen in ausgebauten Dachgeschossen liegen.

In derartigen Fällen muss besonders darauf geachtet werden, dass insbesondere in der **oberen Ebene** jeweils mindestens ein als zweiter Rettungsweg geeignetes und mit Rettungsgeräten der Feuerwehr erreichbares **Fenster** vorhanden sein muss. Dieses Fenster kann beim zweistufigen Dachausbau z. B. auch ein anleiterbares und geeignetes Giebelfenster sein.

Problematisch wird es beim zweistufigen Dachausbau jedoch, wenn **keine** anleiterbare Giebelwand vorhanden ist, da ein in der Dachfläche liegendes Fenster i. d. R. nicht mit Rettungsgeräten der Feuerwehr erreichbar ist. In diesem Fall ist entweder der Ausbau der oberen Maisonette-Ebene nicht möglich bzw. es sind Sonderlösungen mit einer genehmigungs-/bescheinigungspflichtigen Abweichung erforderlich, die entsprechend zu beschreiben und zu begründen ist. Eine frühzeitige Abstimmung mit der den Brandschutz prüfenden/bescheinigenden Stelle ist empfehlenswert.

Kurzbeschreibung der Rettungswege von Maisonette-Wohnungen bzw. -NE, bei denen die obere Maisonette-Ebene nicht an den notwendigen Treppenraum angeschlossen ist:

- **Obere Maisonette-Ebene**
  - **Erster Rettungsweg:** wohnungsinterne Treppe zur unteren Maisonette-Ebene und von dort zum Ausgang in den notwendigen Treppenraum.
    Anmerkung: Die wohnungsinterne Maisonette-Treppe wird dadurch zur notwendigen Treppe.
  - **Zweiter Rettungsweg:** eine mit Rettungsgeräten der Feuerwehr erreichbare und geeignete Stelle in der oberen Maisonette-Ebene.
    Anmerkung: Liegt diese Stelle in der Dachschräge, so ist darauf zu achten, dass der Abstand der Unterkante bzw. eines davorliegenden Austritts von der Traufkante horizontal gemessen max. 1 m betragen darf. In der Regel sind deshalb bei zweistufig ausgebauten Dächern in der oberen Dachgeschoss-Ebene nur dann Maisonette-Ebenen möglich, wenn an einem Giebelfenster angeleitert werden kann.
- **Untere Maisonette-Ebene**
  - **Erster Rettungsweg:** Ausgang zum notwendigen Treppenraum.
  - **Zweiter Rettungsweg:** eine mit Rettungsgeräten der Feuerwehr erreichbare und geeignete Stelle.

Eine ausführliche Beschreibung der Rettungswege von Maisonette-Wohnungen und -NE enthält Kapitel A.10.5.

C.3.6 Notwendige Außentreppen

Gemäß MBO sind notwendige Außentreppen ohne eigenen Treppenraum zulässig, „*wenn ihre Nutzung ausreichend sicher ist und im Brandfall* nicht gefährdet werden kann" [Herv. d. Verf.].

Außentreppen können geschlossen und offen sein. Bei einer geschlossenen Außentreppe liegen notwendiger Treppenraum und Treppe außerhalb des Gebäudegrundrisses. Üblich war diese Ausführung z. B. bei älteren Hochhäusern als Sicherheitstreppenraum.

Offene Außentreppen ohne Treppenraum sind als notwendige Treppen nur zulässig und auch geeignet, wenn sie ganzjährig sicher begehbar sind. Hierzu müssen sie ausreichend verkehrssicher sein und auch unter winterlichen Witterungseinflüssen (Eis, Schnee) sicher benutzt werden können.

Zudem bestehen für diese Treppen auch Anforderungen aus der Sicht des vorbeugenden baulichen Brandschutzes: Ihre Nutzung darf im Brandfall **nicht gefährdet werden können**.

Damit diese Anforderung eingehalten wird, sind Außentreppen z. B. vor geschlossenen Wandscheiben aus nichtbrennbaren Baustoffen anzuordnen, die als raumabschließende Bauteile die gleiche Feuerwiderstandsdauer wie die Geschossdecken haben. Fenster in diesen Wandscheiben sind unzulässig oder müssen in der gleichen Feuerwiderstandsdauer wie die Wandscheibe mit Brandschutzverglasungen gesichert werden. Die Wandscheiben sind auf beiden Seiten der Außentreppe so weit zu verlängern, dass die Nutzung der Außentreppe im Brandfall nicht gefährdet werden kann.

Wichtig

Die Formulierung der MBO ist hier sehr allgemein. Dies hat den Vorteil, dass bei der Beurteilung, **ob die Außentreppe im Brandfall gefährdet werden kann**, eine flexible Handhabung möglich ist. Sie hat aber insbesondere bei Gebäuden, bei denen der Brandschutz nicht mehr geprüft wird, den **Nachteil**, dass in strittigen Situationen für den Brandschutzfachplaner **keine Rechtssicherheit** besteht, da bestimmte Situationen durchaus unterschiedlich beurteilt werden können. Im Zweifelsfall ist eine frühzeitige Abstimmung mit der den Brandschutz prüfenden/bescheinigenden Stelle empfehlenswert.

Abb. C.8 bis C.15: Beispiele für notwendige Außentreppen mit Anschluss an notwendige Flure

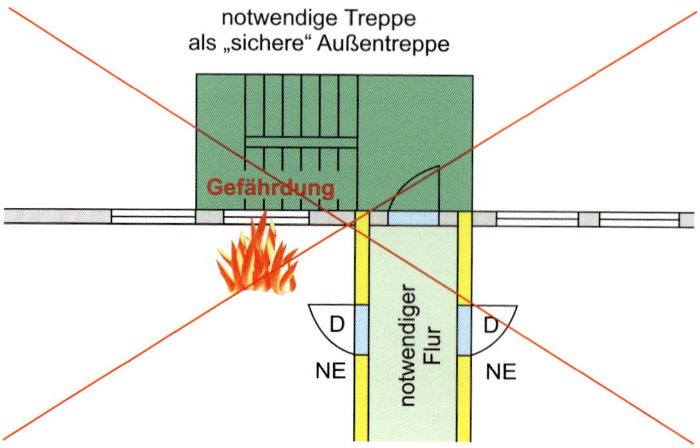

Abb. C.8: Unzulässige Ausführung

Die notwendige Außentreppe steht ungeschützt vor der Außenwand und kann im Brandfall gefährdet werden. Damit ist sie als notwendige Treppe unzulässig.

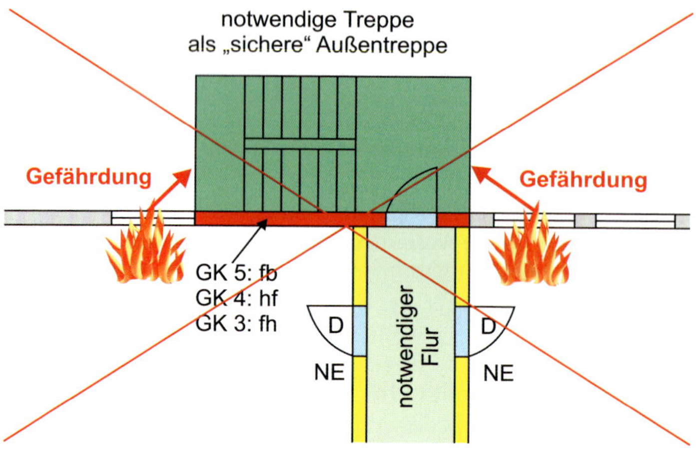

Abb. C.9: Unzulässige Ausführung

Die Ausführung ist zwar besser als die in Abb. C.8 dargestellte. Die Treppe kann jedoch im Brandfall über die direkt anschließenden, ungeschützten Fensteröffnungen immer noch gefährdet werden.

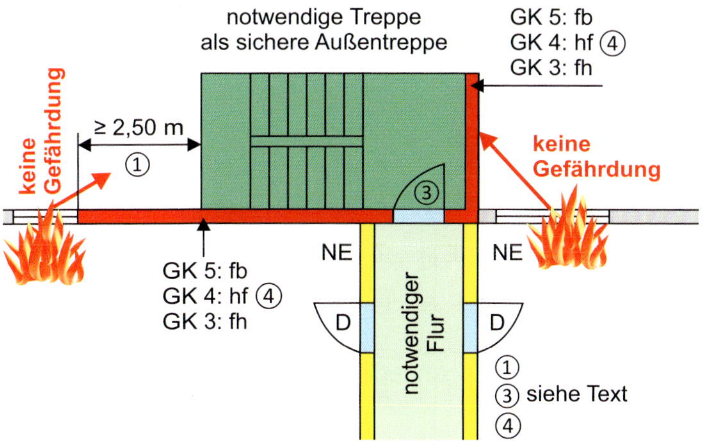

Abb. C.10: Beispiel für notwendige Außentreppe vor feuerwiderstandsfähiger Außenwand

Die Außentreppe wird so geschützt, dass sie im Brandfall nicht mehr gefährdet werden kann.

Wichtig: Die MBO stellt hier keine konkreten Anforderungen. Sie verlangt allerdings, dass die Außentreppe im Brandfall nicht gefährdet werden darf. Die nachfolgenden Angaben sind Vorschläge zur Bewertungshilfe. Im Zweifelsfall sind eine möglichst frühzeitige Abstimmung und Klärung mit der den Brandschutz prüfenden/bescheinigenden Stelle empfehlenswert.

① Der Abstand zwischen ungesicherten Öffnungen und der notwendigen Außentreppe muss ausreichend groß sein, um eine Gefährdung auszuschließen. Es ist davon auszugehen, dass ein Abstand von ca. 2,50 m i. d. R. ausreichend ist und auf der sicheren Seite liegt. Alternative siehe ② in der nächsten Abb. C.11.

③ Anforderungen an die Türe zwischen dem notwendigen Flur und der Außentreppe werden in der MBO nicht genannt. Es ist jedoch davon auszugehen, dass die Risikosituation günstiger ist als bei einer Tür zwischen notwendigem Flur und notwendigem Treppenraum (die rauchdicht und selbstschließend sein muss). Da die Fassadentür ohnehin dicht sein muss, genügt hier i. d. R. eine selbstschließende dichte Außenwandtür.
Achtung: Dämmstoffe in der Tür müssen nichtbrennbar sein.

④ Die angegebenen Anforderungen liegen auf der sicheren Seite (GK 5: fb, GK 4: hf, GK 3: fh).

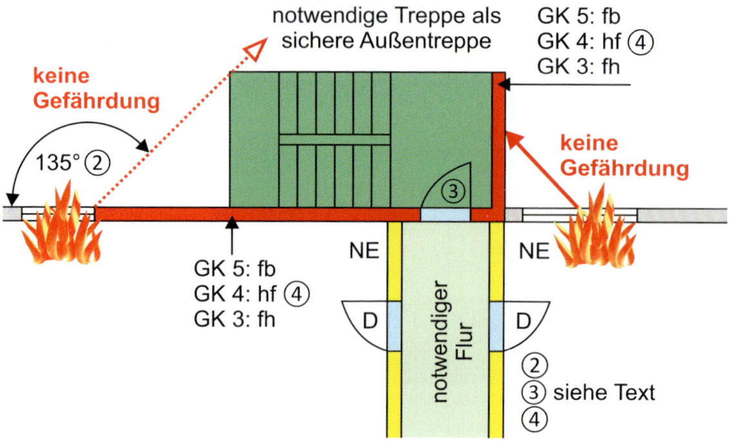

Abb. C.11: Wie Abb. C.10, jedoch mit Alternative bei der Gefährdungsbeurteilung durch eine ungesicherte Sichtöffnung

Für die grundsätzliche Beschreibung siehe Abb. C.10.

② Alternativ zu dem in Abb. C.10 dargestellten Abstand von 2,50 m kann an der Leibung der ungesicherten Fensteröffnung auch ein sogenannter „Strahlungswinkel" von 135° angelegt werden.

Liegt die Außentreppe außerhalb dieses Strahlungswinkels, ist davon auszugehen, dass sie im Brandfall nicht gefährdet werden kann.

Wichtig: Dieser Lösungsansatz ist i. d. R. nicht für Innenecken geeignet.

Anmerkung: Der Strahlungswinkel von 135° liegt auf der sicheren Seite. Unter der Voraussetzung, dass keine Bedenken wegen des Brandschutzes bestehen, kann unter Umständen auch nur ein Winkel von 120° angesetzt werden. Im Zweifelsfall sind eine möglichst frühzeitige Abstimmung und Klärung mit der den Brandschutz prüfenden/bescheinigenden Stelle empfehlenswert.

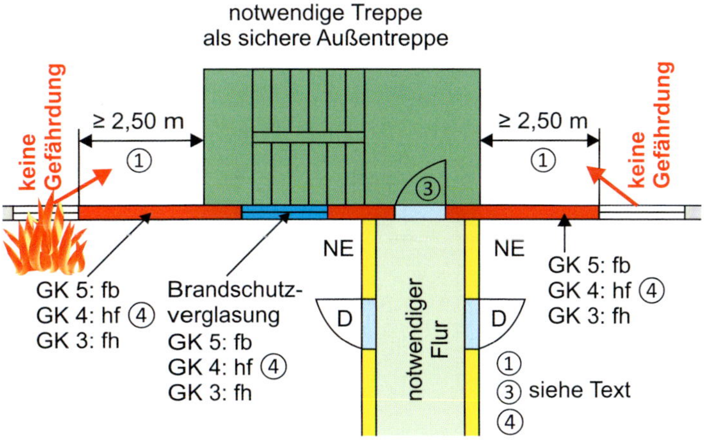

Abb. C.12: Wie Abb. C.10, jedoch Anordnung vor einer feuerwiderstandsfähigen Außenwand mit gesicherter Öffnung

Erläuterungen wie bei Abb. C.10; die Sichtöffnung wurde in der gleichen Feuerwiderstandsdauer wie die raumabschließende, feuerwiderstandsfähige Außenwand gesichert.

Anmerkung: In besonders begründeten und nachgewiesenen Fällen ist es hier unter Umständen auch möglich, die Öffnung mit einer geringeren Feuerwiderstandsdauer und/oder mit einer Brandschutzverglasung, die strahlungsdurchlässig ist, zu sichern, wenn keine Bedenken wegen des Brandschutzes bestehen. Im Zweifelsfall sind eine möglichst frühzeitige Abstimmung und Klärung mit der den Brandschutz prüfenden/bescheinigenden Stelle empfehlenswert.

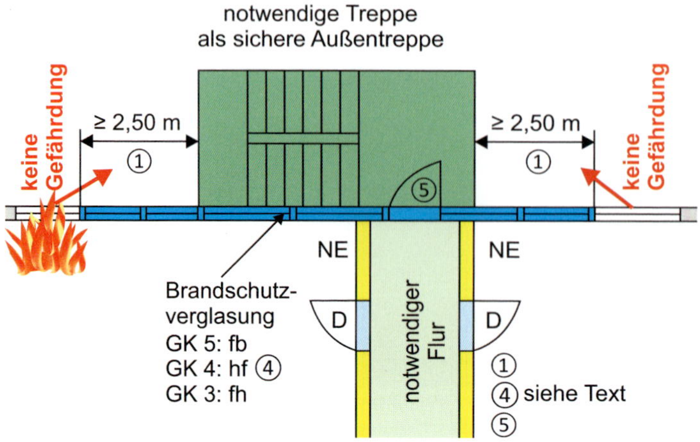

Abb. C.13: Wie Abb. C.10, jedoch Anordnung vor einer feuerwiderstandsfähigen Fassade

Erläuterungen wie bei den Abb. C.10 und C.12; bei dieser Variante ist außerdem zu beachten und zu lösen, wie die feuerwiderstandsfähige Fassade mit Brandschutzverglasungen an die nicht feuerwiderstandsfähige weiterführende Fassade angeschlossen werden kann.

⑤ Gemäß MBO würden an diese Türe (bis auf die selbstschließende Funktion) keine besonderen Anforderungen bestehen (siehe ③ bei Abb. C.10). Allerdings ergeben sich aus dem An-/Verwendbarkeitsnachweis der Brandschutzverglasung und/oder der Einbauanleitungen von Brandschutzverglasung bzw. Feuerschutzabschluss i. d. R. besondere Anforderungen, z. B. dass die Türe die gleiche Feuerwiderstandsdauer wie die Fassade haben muss.

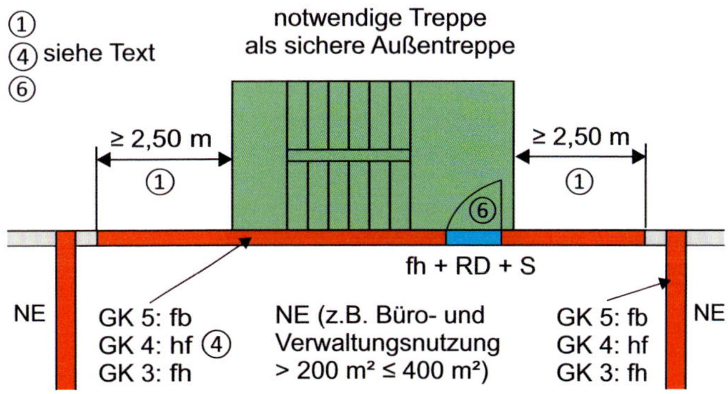

Abb. C.14: Beispiel für eine notwendige Außentreppe vor einer NE

Erläuterungen wie bei Abb. C.10; allerdings schließt in diesem Fall kein notwendiger Flur, sondern ein Raum mit Brandlast direkt an die Außentreppe an. Dies hat Konsequenzen für die Tür zwischen der NE und der Außentreppe.

⑥ Die MBO enthält diesbezüglich keine Regelung. Es ist davon auszugehen, dass diese Öffnung sinngemäß wie die Öffnung einer NE > 200 m^2 zu einem notwendigen Treppenraum mit einer feuerhemmenden, rauchdicht- und selbstschließenden Tür zu sichern ist. Entsprechend ist eine Öffnung zu einer Wohnung bzw. NE ≤ 200 m^2 mit einer dichten und selbstschließenden Tür (D + S) zu schließen.

Dies gilt jedoch i. d. R. nicht in dem obersten Geschoss, in dem die Außentreppe beginnt.

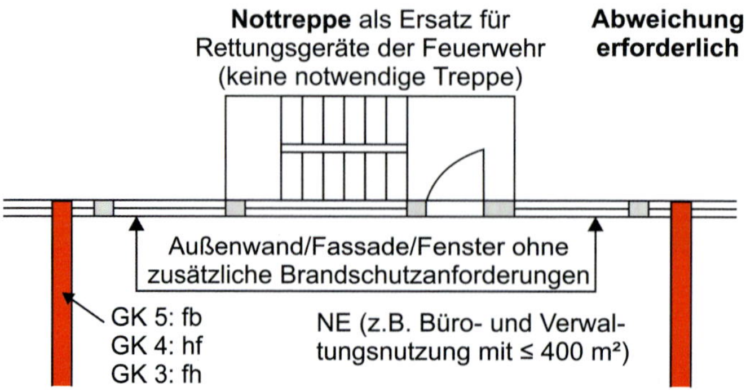

Abb. C.15: Beispiel für eine Nottreppe als Außentreppe vor einer NE

Bei dieser Nottreppe handelt es sich nicht um eine notwendige Treppe als baulicher Rettungsweg, sondern um eine Nottreppe als Ersatz für die Rettungsgeräte der Feuerwehr.

Deshalb kann sie ohne weitere Maßnahmen direkt vor einer nicht raumabschließend feuerwiderstandsfähigen Fassade mit ungesicherten Öffnungen angeordnet werden, denn die Nottreppe muss grundsätzlich nicht besser sein als die Rettungsgeräte der Feuerwehr. Allerdings ist hierfür immer eine Abweichung erforderlich. Eine möglichst frühzeitige Abstimmung und Klärung mit der den Brandschutz prüfenden/bescheinigenden Stelle ist empfehlenswert.

Abb. C.16 bis C.18: Beispiele für eine notwendige Außentreppe vor einem notwendigen Flur

Achtung: Da es zu den in den Abb. C.16 bis C.18 dargestellten Lösungen durchaus unterschiedliche Meinungen und Risikobeurteilungen geben kann, ist eine frühzeitige Abstimmung und Klärung mit der den Brandschutz prüfenden/bescheinigenden Stelle dringend notwendig.

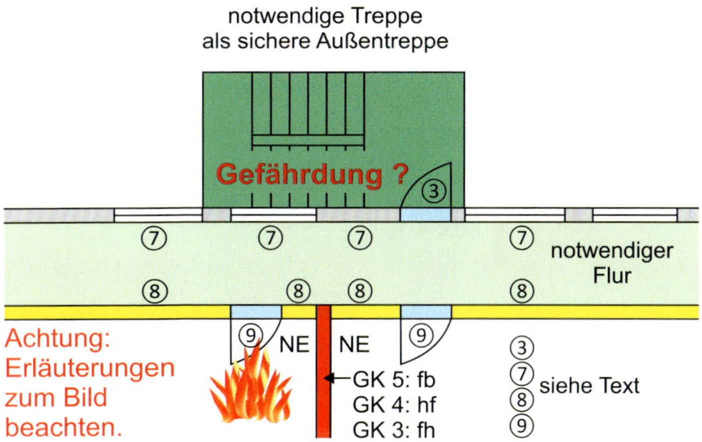

Abb. C.16: Beispiel für „Minimallösung"

Bei diesem Beispiel wird argumentiert, dass die Außentreppe im Brandfall nicht gefährdet werden kann. Begründung: Sie liegt direkt vor einem notwendigen Flur mit nichtbrennbaren Außenwänden, der frei von baulichen Brandlasten ist. Die innere Flurwand ist feuerhemmend und die Flurtüren zu den NE sind dicht und selbstschließend. Das Fenster in der Fluraußenwand im Bereich der Außentreppe wird nicht öffenbar ausgeführt.

Deshalb ist davon auszugehen, dass die notwendige Treppe im Brandfall nicht gefährdet werden kann.

Wichtig: Ob diese Minimallösung möglich ist, hängt von mehreren Faktoren und deren Beurteilungen ab (z. B. Nutzung des Gebäudes, Neubau oder Bestandsgebäude, Flurbreite, Qualität der Flurwände und Flurtüren, Brandlasten in den NE, Personenzahl, Anzahl und Lage von weiteren notwendigen Treppen usw.).

③ siehe Beschreibung zu Abb. C.10

⑦ Fluraußenwand: nichtbrennbar; Sicherung der Fensteröffnungen im Bereich der notwendigen Außentreppe: nicht öffenbar

⑧ Flurinnenwand: feuerhemmend

⑨ Türen zu den NE: dicht und selbstschließend

Anmerkung: Gemäß MBO müssten die Flurtüren im Bereich der notwendigen Außentreppe nicht selbstschließend sein. Sie werden im vorliegenden Beispiel als Minimalanforderung jedoch selbstschließend ausgeführt, um die Wahrscheinlichkeit einer Brandbeanspruchung der Fluraußenwand und damit der davor angeordneten notwendigen Außentreppe zu reduzieren. Für eine Alternative siehe Abb. C.18.

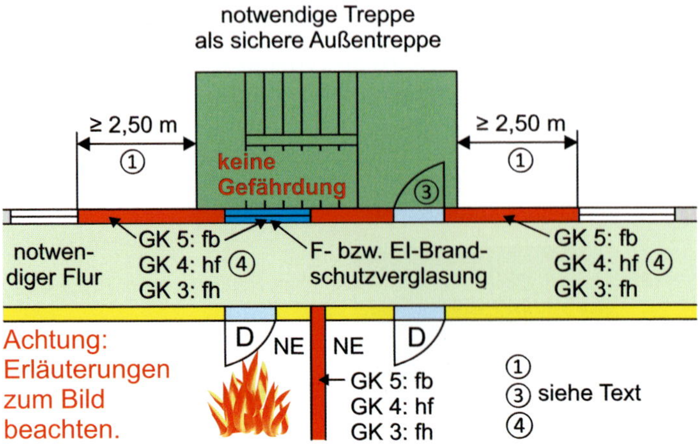

Abb. C.17: Wie Abb. C.16, jedoch mit „Maximallösung" durch Maßnahmen an der Fluraußenwand

Die Fluraußenwand wird so ertüchtigt, dass die notwendige Außentreppe im Brandfall nicht beansprucht werden kann.

Mit dieser Lösung wird zwar ein sicherer Brandschutz erreicht, ihre wirtschaftliche Vertretbarkeit ist aber fraglich, insbesondere, wenn Fenster in der Außenwand vorhanden sind.

Es ist empfehlenswert zu prüfen, ob sie in dieser Form erforderlich ist, um das baurechtliche Schutzziel einzuhalten (siehe auch Beschreibung zu Abb. C.16).

①, ③, ④: siehe Beschreibung zu Abb. C.10.

Besonders bei der Fluraußenwand und deren Verglasungen im Bereich der notwendigen Außentreppe ④ wäre zu prüfen, ob unter der Berücksichtigung, dass ein brandlastfreier notwendiger Flur an die Außentreppe anschließt, die Anforderungen reduziert werden können. In diesem Fall ist eine frühzeitige Abstimmung mit der den Brandschutz prüfenden/bescheinigenden Stelle empfehlenswert.

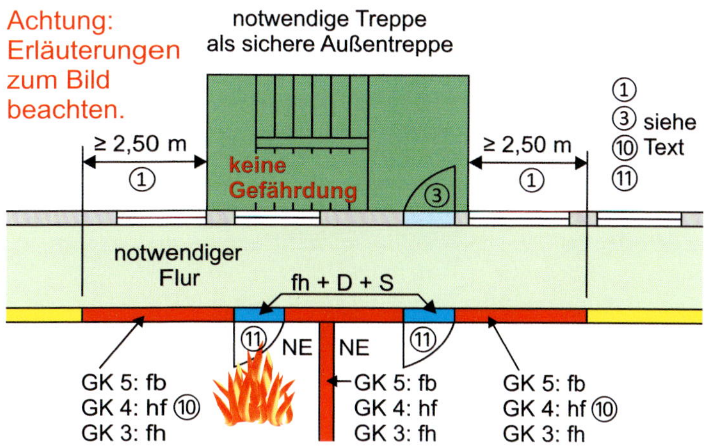

Abb. C.18: Wie Abb. C.16, jedoch mit Maßnahmen an der Flurinnenwand

Die Flurinnenwand wird so ertüchtigt, dass die Fluraußenwand und damit auch die daran anschließende Treppe im Brandfall nicht gefährdet werden können.

①, ③ siehe sinngemäß Beschreibung zu Abb. C.10

⑩ Flurinnenwand: GK 5: fb, GK 4: hf, GK 3: fh

⑪ Türen zum notwendigen Flur: feuerhemmend, dicht- und selbstschließend

Durch die Ertüchtigung der Flurinnenwand und die Anordnung von feuerhemmenden, dicht- und selbstschließenden Türen wird das Risiko einer Gefährdung der Außenwand so reduziert, dass (unter Berücksichtigung der in Abb. C.16 beschriebenen Faktoren) die Außentreppe im Brandfall nicht beansprucht werden kann. Unter Umständen ist auch eine Reduzierung der Anforderungen an die Flurinnenwand ⑩ und die Türen ⑪ möglich, siehe sinngemäß bei Abb. C.16.

C.4 Lage und Anordnung

> **§ 35 (2) MBO: Lage und Anordnung**
>
> [1]*Von jeder Stelle eines Aufenthaltsraums sowie eines Kellergeschosses muss mindestens ein Ausgang in einen notwendigen Treppenraum oder ins Freie in höchstens 35 m Entfernung erreichbar sein.* [2]Übereinanderliegende Kellergeschosse müssen jeweils mindestens zwei Ausgänge in notwendige Treppenräume oder ins Freie haben. [3]*Sind mehrere notwendige Treppenräume erforderlich, müssen sie so verteilt sein, dass sie möglichst entgegengesetzt liegen und dass die Rettungswege möglichst kurz sind.*

C.4.1 Lage des notwendigen Treppenraums

Im Idealfall liegt der notwendige Treppenraum zumindest mit einer Wandseite an einer Außenwand und hat in jedem Geschoss öffenbare Fenster mit einem freien Querschnitt von mindestens 0,50 m^2.

Aber auch Treppenräume, die nicht mit mindestens einer Wandseite an einer Außenwand liegen, sind möglich. Allerdings werden an diese nach den LBOs weitere Anforderungen gestellt. In einigen Ländern können diese **deutlich bzw. extrem höher** sein (z. B. Sachsen) als die in der MBO angegebenen. Weitere Informationen hierzu enthält Kapitel C.11.3.

In früheren Bauordnungen gab es noch die Bezeichnung *„innenliegende Treppenräume"*. In der aktuellen MBO und sinngemäß auch in den LBOs wird nur noch unterschieden zwischen

- Treppenräumen, die in jedem oberirdischen Geschoss öffenbare und unmittelbar ins Freie führende Fenster mit einem freien Querschnitt von mindestens 0,50 m^2 haben, oder
- Treppenräumen, die keine solche Fenster haben (in älteren LBOs als innenliegende Treppenräume bezeichnet).

Bei Treppenräumen, die nicht in jedem oberirdischen Geschoss öffenbare und unmittelbar ins Freie führende Fenster haben (innenliegende Treppenräume) ist darauf zu achten, dass der Ausgang vom Treppenraum ins Freie noch Bestandteil des Treppenraums ist und an einen eventuellen Raum zwischen dem notwendigen Treppenraum und dem Ausgang ins Freie besondere (teilweise weitergehende) Anforderungen gestellt werden (siehe hierzu Kapitel C.5 und C.11.3).

C.4.2 Einhaltung der maximal zulässigen Rettungsweglänge

Der notwendige Treppenraum sollte im Gebäudegrundriss möglichst so angeordnet werden, dass die maximal zulässigen Entfernungen des ersten baulichen (horizontalen) Rettungsweges von 35 m eingehalten werden.

Der erste bauliche Rettungsweg,

- im **Erdgeschoss** der Weg von jeder Stelle eines Aufenthaltsraums bis zum Ausgang in den nächstgelegenen notwendigen Treppenraum oder ins Freie,

- in den **Obergeschossen** der Weg von jeder Stelle eines Aufenthaltsraums bis zum Ausgang in den nächstgelegenen notwendigen Treppenraum oder zur nächstgelegenen notwendigen Außentreppe und
- in den **Kellergeschossen** der Weg von jeder Stelle eines Kellergeschosses bis zum Ausgang in den nächstgelegenen notwendigen Treppenraum oder zur nächstgelegenen notwendigen Kelleraußentreppe,

wird begrenzt durch die maximal zulässige Rettungsweglänge. Diese ist in der MBO für Gebäude, die keine Sonderbauten sind, auf **35 m Entfernung** festgelegt und wird für Sonderbauten in den entsprechenden Sonderbauvorschriften geregelt.

Achtung

Die Begrenzung auf höchstens 35 m gilt auch in Kellergeschossen ohne Aufenthaltsräume.

Wichtig

Aus der maximal zulässigen Rettungsweglänge ergibt sich u. a., ob eine notwendige Treppe (oder im EG ein Ausgang ins Freie) ausreichend ist oder ob davon mehrere (möglichst entgegengesetzt liegende) benötigt werden. In diesem Zusammenhang ist es entsprechend von großer Bedeutung, wie die Rettungsweglänge gemessen wird.

Bei den in der MBO geregelten Gebäuden ist zur Ermittlung der Entfernung die Lauflinie maßgebend. In Sonderbauten wird zum Teil anders gemessen bzw. es bestehen andere Regeln, siehe die jeweiligen Sonderbauvorschriften. Bei der Messung in der Lauflinie wird davon ausgegangen, dass der Weg direkt und ohne Berücksichtigung der Raumausstattung zurückgelegt wird.

Gemessen wird die kürzeste Entfernung, jedoch nicht durch feste Einbauten und Wände.

Die Möblierung braucht dabei nicht berücksichtigt zu werden, da diese im Planungsstadium nicht bekannt ist und auch später jederzeit verändert werden kann. Wände und feste Einbauten müssen jedoch berücksichtigt werden (z. B. Einbauschränke, Labortische, im Boden fest verankerte Bestuhlung).

Anmerkung

Teilweise steht in der Planungsphase, insbesondere bei Büro- und Verwaltungsnutzungen bis 400 m^2 und anderen NE bis 200 m^2, die spätere Grundrisseinteilung noch nicht fest oder sie wird ständig verändert. In diesen Fällen ist es empfehlenswert, beim Nachweis der maximalen Rettungsweglänge von der ungünstigsten Situation auszugehen. Ansonsten besteht die Gefahr, dass bei einer Grundrissänderung die zulässige Rettungsweglänge von $\leq$ 35 m überschritten wird.

Nachdem die endgültige Grundrisseinteilung feststeht, ist eine nochmalige abschließende Überprüfung der 35 m notwendig.

Wichtig

Abweichungen beim Überschreiten der maximal zulässigen Rettungsweglänge sind problematisch und sollten, wenn irgendwie möglich, bei Neubauten vermieden werden.

Beispiel: Kommt es bei einer zu großen Rettungsweglänge im Brandfall zu einem Personenschaden, bei dem auch die Rettungsweglänge mit involviert war, muss bewiesen werden, dass die Kompensation ausreichend war (was gerade in diesem Fall durch den Personenschaden widerlegt wird).

Ausführliche Informationen zur Rettungsweglänge enthält Kapitel A.4.6.

C.4.3 Übereinanderliegende Kellergeschosse

Da Brände in Kellergeschossen wegen der schlechteren Zugänglichkeit sowohl für die Gebäudenutzer als auch für die Feuerwehr besondere Risiken mit sich bringen, werden in übereinanderliegenden Kellergeschossen jeweils mindestens zwei Ausgänge in notwendige Treppenräume oder ins Freie vorgeschrieben.

C.4.4 Anordnung mehrerer notwendiger Treppenräume

Sind mehrere notwendige Treppenräume erforderlich, müssen sie so verteilt sein, dass sie möglichst entgegengesetzt liegen und dass die Rettungswege möglichst kurz sind.

Ob mehrere Ausgänge zu notwendigen Treppenräumen oder notwendigen Außentreppen oder ins Freie erforderlich sind, hängt im Wesentlichen von zwei Faktoren ab:

- Die maximal zulässige Entfernung von 35 m (siehe Kapitel C.4.2) wird überschritten oder/und
- bei NE mit Aufenthaltsräumen, die nicht zu ebener Erde liegen, sind für den zweiten Rettungsweg die Rettungsgeräte der Feuerwehr nicht zulässig bzw. möglich.

Damit werden bei ausgedehnten Gebäuden aufgrund der Begrenzung der maximalen Entfernung von 35 m zwei bzw. mehrere Ausgänge zu notwendigen Treppenräumen oder notwendigen Außentreppen oder ins Freie erforderlich, die im Gebäude so zu verteilen sind, dass die Rettungswege möglichst kurz sind. Sind aus anderen Gründen bauliche Rettungswege erforderlich, gilt das sinngemäß.

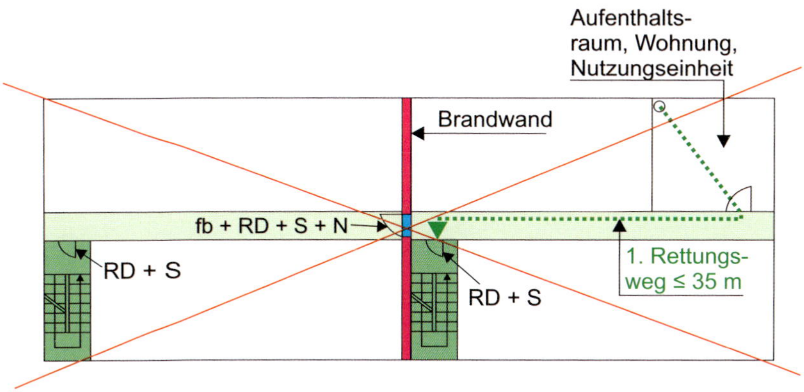

Abb. C.19: Beispiel für eine unzulässige Anordnung der notwendigen Treppenräume

Obwohl die in der LBO vorgeschriebenen 35 m für den ersten baulichen Rettungsweg eingehalten wurden und der zweite Rettungsweg gewährleistet ist, entspricht die Ausführung nicht der MBO, da die beiden notwendigen Treppenräume nicht so verteilt wurden, dass sie möglichst entgegengesetzt liegen und die Rettungswege (RW) möglichst kurz sind.

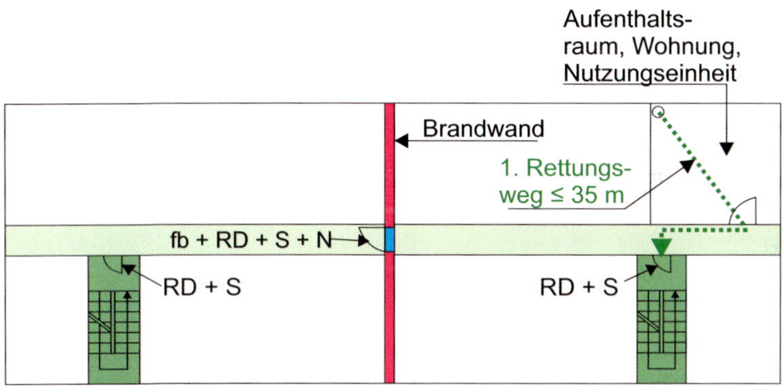

Abb. C.20: Beispiel für eine richtige Anordnung der notwendigen Treppenräume

Hier wurden die Treppenräume zur Erlangung möglichst kurzer Rettungswege gleichmäßig verteilt.

C.5 Unmittelbarer Ausgang ins Freie

§ 35 (3) MBO: Unmittelbarer Ausgang ins Freie

[1]*Jeder notwendige Treppenraum muss einen unmittelbaren Ausgang ins Freie haben.*

[2]*Sofern der Ausgang eines notwendigen Treppenraums nicht unmittelbar ins Freie führt, muss der Raum zwischen dem notwendigen Treppenraum und dem Ausgang ins Freie*
1. *mindestens so breit sein wie die dazugehörigen Treppenläufe,*
2. *Wände haben, die die Anforderungen an die Wände des Treppenraums erfüllen,*
3. *rauchdichte und selbstschließende Abschlüsse zu notwendigen Fluren haben und*
4. *ohne Öffnungen zu anderen Räumen, ausgenommen zu notwendigen Fluren, sein.*

Der unmittelbare bzw. sichere Ausgang ins Freie ist ein wesentliches Element des ersten baulichen Rettungsweges, das jeder notwendige Treppenraum haben muss.

Die Türbreite des Ausgangs muss mindestens so breit sein (lichtes Durchgangsmaß) wie die erforderliche nutzbare Breite der Treppenläufe und -absätze der dazugehörigen Treppe.

Der Ausgang muss deutlich sichtbar und von den Benutzern leicht zu finden sein. In Gebäuden mit Besucherverkehr, Arbeitsstätten und Sonderbauten ist eine entsprechende Beschilderung (Sicherheitskennzeichen, Rettungszeichen) erforderlich.

Ein zwischen dem notwendigen Treppenraum und dem Freien angeordneter brandlastfreier Vorraum (Windfang), der nur zu diesem Zweck genutzt wird, gilt als unbedenklich und damit als unmittelbarer Ausgang.

Der Ausgang muss direkt ins Freie führen, entweder auf eine öffentliche Verkehrsfläche oder eine nicht überbaute Stelle des Grundstücks, die einen sicheren Zugang zur öffentlichen Verkehrsfläche hat. Er muss von der Feuerwehr im Brandfall leicht zu erreichen sein.

Anmerkung

Damit ist z. B. der Ausgang in einen begrenzten Innenhof ohne direkten Anschluss an die öffentliche Verkehrsfläche kein sicherer Ausgang und nur in besonders geprüften Fällen im Zuge einer genehmigungs-/bescheinigungspflichtigen Abweichung möglich.

Die Ausgangstüre muss von innen jederzeit zu öffnen sein und darf deshalb nicht abgesperrt werden, solange sich Personen im Gebäude aufhalten. Soll z. B. in einem Mehrfamilienhaus die Ausgangstüre des notwendigen Treppenraums ins Freie nachts oder auch tagsüber regelmäßig abgesperrt sein, so ist ein entsprechendes Panikschloss erforderlich.

Abb. C.21 bis C.23: Beispiele für sicheren Ausgang aus einem Treppenraum in einem Gebäude der GK 5

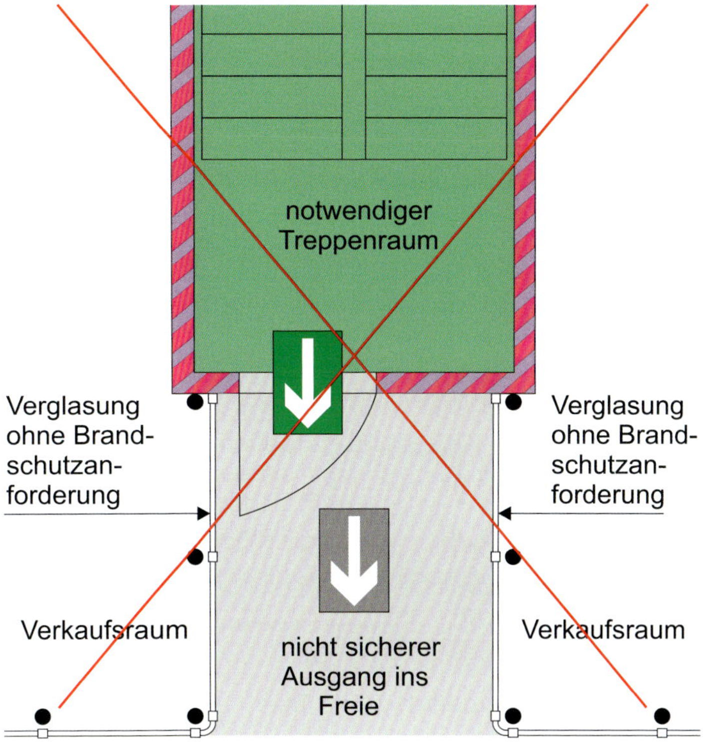

Abb. C.21: Die Anforderung der MBO nach einem sicheren Ausgang ins Freie ist nicht erfüllt, da die Wände der Schaufensterpassage nicht raumabschließend in der Bauart einer Brandwand ausgeführt wurden. Damit ist die Ausführung unzulässig.

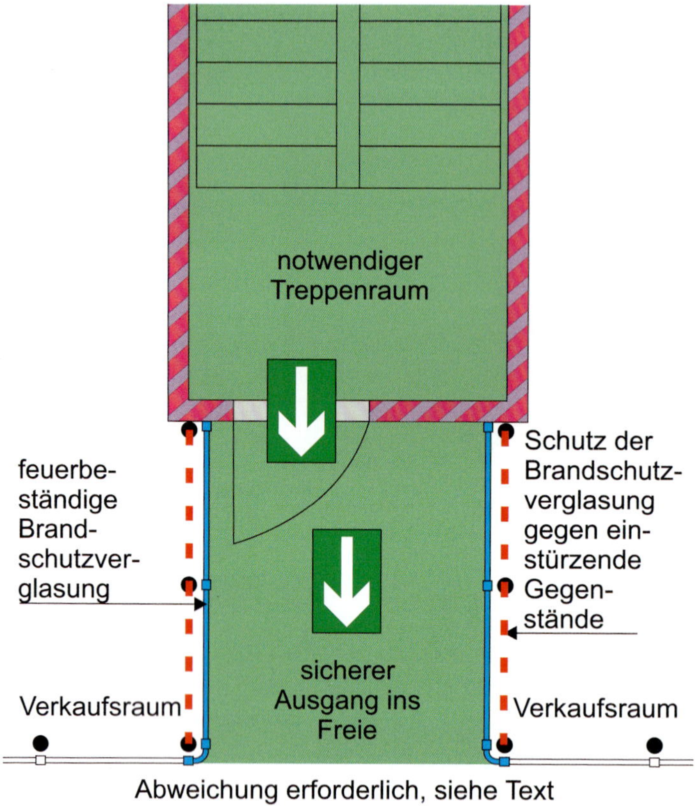

Abb. C.22: Wie Abb. C.20, jedoch mit gesichertem Ausgang

Die Wände der Schaufensterpassage weisen eine feuerbeständige Brandschutzverglasung auf (nationale Klasse F 90 bzw. europäische Klasse EI 90). Damit ist die Ausführung wesentlich besser als die in Abb. C.21 dargestellte.

Allerdings entspricht sie immer noch nicht der MBO, da diese bei GK 5 für die Treppenraumwände die Bauart von Brandwänden verlangt und diese Anforderung von einer Brandschutzverglasung nicht eingehalten wird.

Deshalb ist für die Ausführung eine genehmigungs-/bescheinigungspflichtige Abweichung erforderlich. Dabei ist zu prüfen, ob die großflächigen Brandschutzverglasungen möglich sind oder ob ggf. für die fehlende Bauart von Brandwänden Kompensationsmaßnahmen erforderlich sind (z. B. Verbot des Aufstellens von Gegenständen und Regalen, die im Brandfall einstürzen und die Brandschutzverglasung beschädigen können, oder zusätzlicher Schutz gegen einstürzende Gegenstände und Regale oder Sprinkleranlage).

Eine frühzeitige Abstimmung mit der den Brandschutz prüfenden/bescheinigenden Stelle ist empfehlenswert.

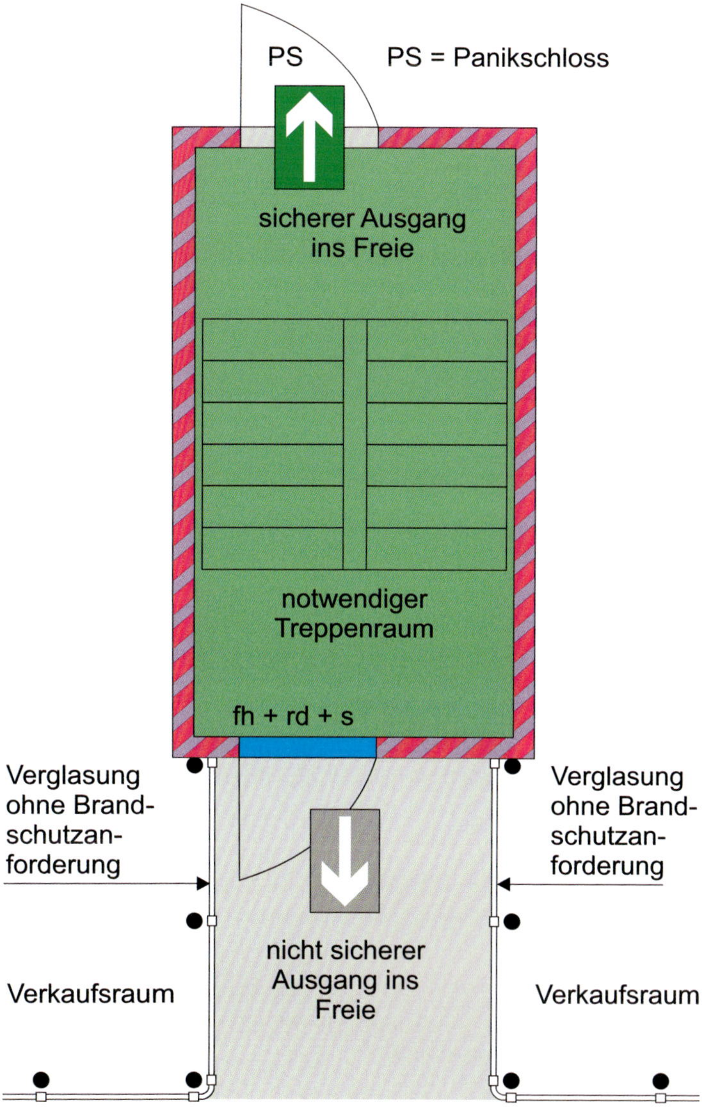

Abb. C.23: Wie Abb. C.20, jedoch mit alternativem Ausgang (Bypass ins Freie)

Die Ausführung ist möglich, da die Öffnung zur Schaufensterpassage mit einer feuerhemmenden, rauchdichten und selbstschließenden Tür gesichert wurde und der Treppenraum einen zusätzlichen sicheren Ausgang ins Freie aufweist. Dieser sollte ein Panikschloss aufweisen, so dass er immer benutzbar ist.

Er kann erforderlichenfalls auch gegen einen evtl. Missbrauch gesichert werden. In diesem Fall sind unter anderem die Richtlinien über elektrische Verriegelungssysteme von Türen in Rettungswegen (M-EltVTR, Fassung Dezember 1997) zu beachten.

Ausgänge aus „innenliegenden“ notwendigen Treppenräumen

Führt der Ausgang eines notwendigen Treppenraums nicht unmittelbar ins Freie, muss der Raum zwischen dem notwendigen Treppenraum und dem Ausgang ins Freie

- mindestens so breit sein wie die dazugehörigen Treppenläufe,
- Wände haben, die die Anforderungen an die Wände des Treppenraums erfüllen,
- rauchdichte und selbstschließende Abschlüsse zu notwendigen Fluren haben und
- ohne Öffnungen zu anderen Räumen, ausgenommen zu notwendigen Fluren, sein.

Abb. C.24 bis C.27: Beispiele für sicheren Ausgang aus einem Treppenraum

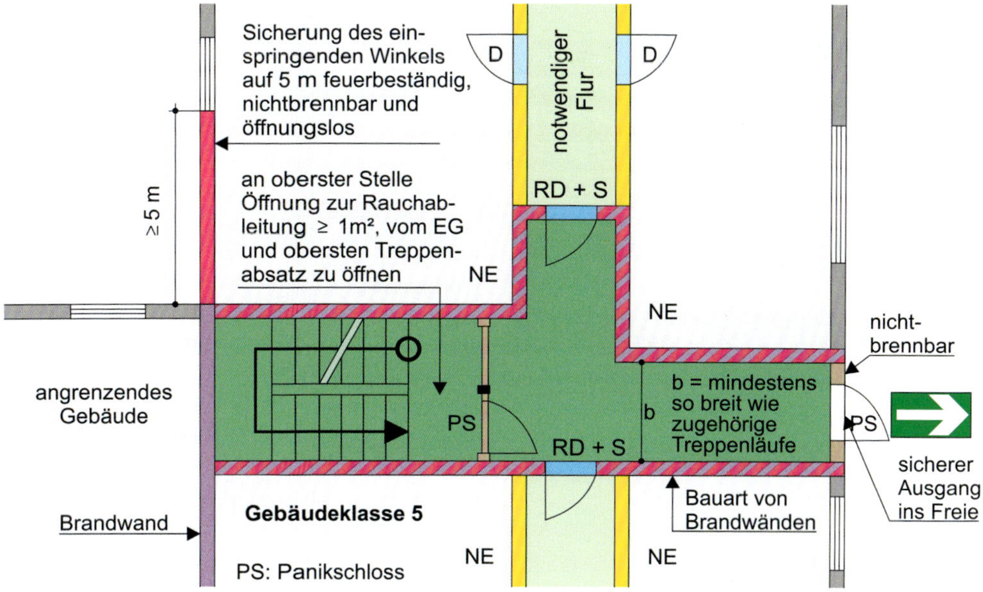

Abb. C.24: Beispiel für sicheren Ausgang aus einem „innenliegenden" Treppenraum

Führt der Ausgang eines notwendigen Treppenraums nicht unmittelbar ins Freie, muss der Raum zwischen dem notwendigen Treppenraum und dem Ausgang ins Freie

- mindestens so breit sein wie die dazugehörigen Treppenläufe,
- Wände haben, die die Anforderungen an die Wände des Treppenraums erfüllen,
- rauchdichte und selbstschließende Abschlüsse zu notwendigen Fluren haben,
- ohne Öffnungen zu anderen Räumen, ausgenommen zu notwendigen Fluren, sein.

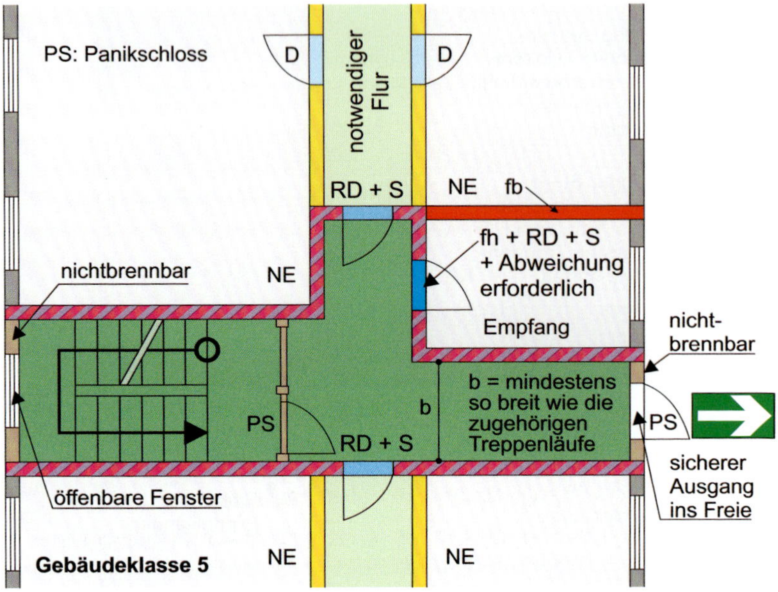

Abb. C.25: Wie Abb. C.23, jedoch mit Türe zu anderen Räumen (Abweichung)

Die Tür vom Treppenraum zum Empfang ist nicht zulässig. Hierfür ist eine genehmigungs-/bescheinigungspflichtige Abweichung erforderlich. Als Kompensationsmaßnahme wurde hier die Tür als feuerhemmende, rauchdichte und selbstschließende Tür angeordnet.

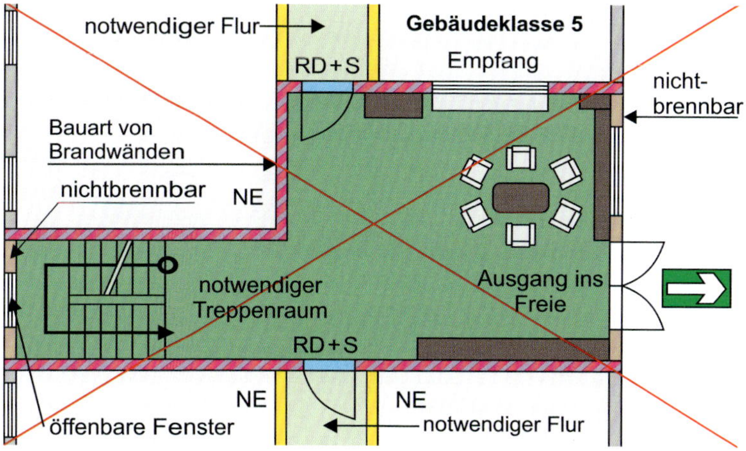

Abb. C.26: Beispiel für unzulässige Ausführung des Treppenraumausgangs

Da der Ausgang des Treppenraums als Empfangs- und Aufenthaltsraum genutzt wird, ist diese Lösung unzulässig. Außerdem besteht eine offene ungesicherte Verbindung zum Empfang. Damit weist der Treppenraum keinen sicheren Ausgang ins Freie auf. Richtige Ausführung siehe nachfolgende Abb. C.27.

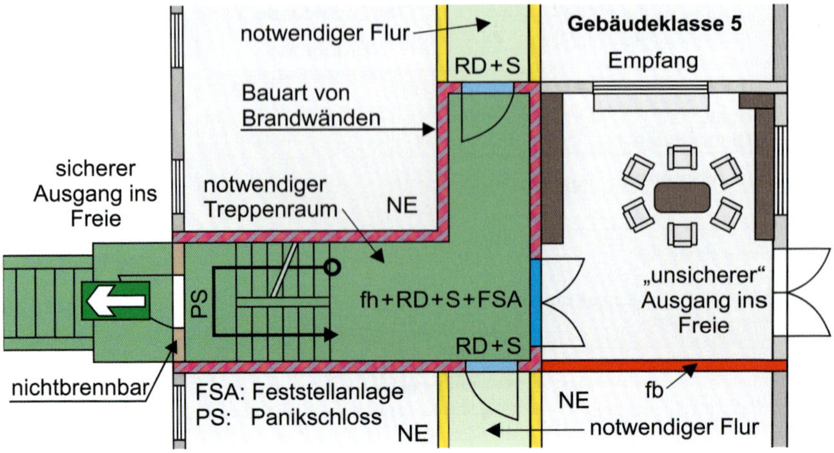

Abb. C.27: Praktische Lösung mit Bypasstür ins Freie

Der Treppenraum wird von der Empfangshalle durch einen feuerhemmenden, rauchdichten und selbstschließenden Abschluss abgetrennt. Dieser erhält eine Feststellanlage. Damit kann die Öffnung für den täglichen Betrieb bauaufsichtlich zulässig offengehalten werden.

Außerdem erhält der notwendige Treppenraum einen direkten und sicheren Ausgang ins Freie (Bypass). Sollte es im Empfangsbereich zu einem Entstehungsbrand kommen, löst die Feststellanlage aus, der Abschluss schließt und es steht ein sicherer notwendiger Treppenraum mit direktem und sicherem Ausgang ins Freie zur Verfügung. Bei dieser Lösung sollte eine entsprechende Kennzeichnung des sicheren Ausgangs erfolgen.

Anmerkung: Genau genommen stellt diese Lösung keine Abweichung dar, da alle Maßnahmen der MBO entsprechen. Bei komplexen Situationen bzw. im Zweifelsfall ist trotzdem eine frühzeitige Abstimmung mit der den Brandschutz prüfenden/bescheinigenden Stelle empfehlenswert (z. B. wenn sich der „Bypass-Ausgang" in einem anderen Geschoss oder nicht unmittelbar im Bereich des „Standard-Ausgangs" befindet.

C.6 Erforderliche Feuerwiderstandsdauer der Wände notwendiger Treppenräume und ihrer Ausgänge

§ 35 (4) MBO: Erforderliche Feuerwiderstandsdauer der Wände notwendiger Treppenräume und ihrer Ausgänge

[1]Die Wände notwendiger Treppenräume müssen als raumabschließende Bauteile

1. *in Gebäuden der Gebäudeklasse 5 die Bauart von Brandwänden haben,*
2. *in Gebäuden der Gebäudeklasse 4 auch unter zusätzlicher mechanischer Beanspruchung hochfeuerhemmend und*
3. *in Gebäuden der Gebäudeklasse 3 feuerhemmend*

sein. [2]Dies ist nicht erforderlich für Außenwände von Treppenräumen, die aus nichtbrennbaren Baustoffen bestehen und durch andere an diese Außenwände anschließende Gebäudeteile im Brandfall nicht gefährdet werden können. [...]

C.6.1 Anforderungen an den feuerwiderstandsfähigen Raumabschluss

Wände notwendiger Treppenräume müssen gemäß MBO als raumabschließende Bauteile die in der Tabelle C.5 genannten Anforderungen erfüllen.

Tabelle C.5: Anforderungen an die Wände notwendiger Treppenräume gemäß MBO 2002

<table>
<tr><th rowspan="2">Gebäude-klasse (GK)</th><th rowspan="2">Innenwände von Treppenräumen</th><th colspan="2">Außenwände von notwendigen Treppenräumen, die durch andere an diese Außenwände anschließende Gebäudeteile im Brandfall ...</th></tr>
<tr><th>... gefährdet werden können</th><th>... nicht gefährdet werden können</th></tr>
<tr><td></td><td colspan="2">raumabschließend</td><td></td></tr>
<tr><td>5</td><td colspan="2">Bauart von Brandwänden (BBW) (fb + nb + M)</td><td rowspan="3">aus nichtbrennbaren Baustoffen (nb)</td></tr>
<tr><td>4</td><td colspan="2">auch unter zusätzlicher mechanischer Beanspruchung hochfeuerhemmend (hf + M)</td></tr>
<tr><td>3</td><td colspan="2">feuerhemmend (fh); brennbare Baustoffe müssen eine nichtbrennbare Bekleidung in ausreichender Dicke haben (fh + bnb)</td></tr>
<tr><td>1 + 2</td><td colspan="3">nicht relevant, da kein Treppenraum erforderlich</td></tr>
</table>

Legende und Zuordnung der bauaufsichtlichen Begriffe zu den nationalen und europäischen Klassen siehe Kapitel C.3.1.

C.6.2 Treppenraumwände in der Bauart von Brandwänden

Die bauaufsichtliche Bezeichnung „Bauart von Brandwänden" bedeutet, dass die Wände in ihrer gesamten Bauart wie Brandwände herzustellen sind. Hierzu müssen sie feuerbeständig und aus nichtbrennbaren Baustoffen ausgeführt werden und so beschaffen sein, dass sie bei einem Brand ihre Standsicherheit nicht verlieren.

Allerdings bestehen im Gegensatz zu „richtigen" Brandwänden bei der Bauart von Brandwänden in Bezug auf die Sicherung von Türöffnungen und den oberen Abschluss teilweise erhebliche Erleichterungen.

In Brandwänden müssen alle Türöffnungen mit feuerbeständigen, dichten und selbstschließenden Abschlüssen gesichert werden. Außerdem sind Brandwände mindestens 30 cm über die Bedachung zu führen oder in Höhe der Dachhaut mit einer beiderseits 0,50 m auskragenden feuerbeständigen Platte aus nichtbrennbaren Baustoffen abzuschließen.

Bei Treppenraumwänden in der Bauart von Brandwänden werden an die Sicherung von Türöffnungen deutlich geringere Anforderungen gestellt (siehe nachfolgenden Punkt 9). Auch im Dachbereich bestehen hier geringere Anforderungen als bei Brandwänden (keine Überdachführung erforderlich, sondern Ausführung bis unter die Dachhaut bzw. bis an eine Decke mit der gleichen Feuerwiderstandsfähigkeit wie die Geschossdecken, siehe Kapitel C.7).

Abgesehen von den genannten Erleichterungen für die Türöffnungen und den oberen Abschluss müssen die Treppenraumwände in der Bauart von Brandwänden jedoch alle anderen Anforderungen an Brandwände voll erfüllen (Mindestdicke, Ausführung aus nichtbrennbaren Baustoffen, Standsicherheit, Sicherung von Leitungsdurchführungen usw.).

Eingreifende Bauteile, Leitungen und Leitungsschlitze

Bauteile, Leitungen und Leitungsschlitze dürfen in Treppenraumwände in der Bauart von Brandwänden nur so weit eingreifen, dass deren Feuerwiderstandsfähigkeit nicht beeinträchtigt wird. Zudem müssen dabei die sonstigen einschlägigen technischen Regeln und Vorschriften eingehalten werden.

Bezüglich des Brandschutzes gilt die Anforderung als eingehalten, wenn durch die eingreifenden Bauteile, Leitungen und Leitungsschlitze die Feuerwiderstandsdauer und Standsicherheit der Treppenraumwände nicht gefährdet werden. Dies ist i. d. R. der Fall, wenn die Bauteile, Leitungen und Leitungsschlitze nur örtlich begrenzt angeordnet werden und dort nur so weit eingreifen, dass der restliche Wandquerschnitt feuerbeständig bleibt.

Bauart von Brandwänden im Holzbau

Die neue Muster-Richtlinie über brandschutztechnische Anforderungen an Bauteile und Außenwandbekleidungen in Holzbauweise (MHolzBauRL, Fassung Oktober 2020) ermöglicht in den Ländern, in denen sie bauaufsichtlich eingeführt wurde, Standardgebäude der GK 4 und 5 mit feuerwiderstandsfähigen Bauteilen in Massivholzbauweise. Allerdings müssen in diesen Ländern und auch nach der MHolzBauRL Wände notwendiger Treppenräume in Gebäuden der GK 5 (Wände in der Bauart von Brandwänden) aus nichtbrennbaren Baustoffen bestehen, so dass sie nicht in Holz ausgeführt werden können.

C.6.3 Treppenraumwände, die auch unter zusätzlicher mechanischer Beanspruchung hochfeuerhemmend sind

Diese Wände müssen hochfeuerhemmend sein und wie bei Brandwänden einer zusätzlichen mechanischen Beanspruchung standhalten (hf + M). Erläuterungen zum oberen An- und Abschluss und zur Sicherung von Türöffnungen enthalten die nachfolgenden Kapitel C.7 und C.9.

Wände, die auch unter zusätzlicher mechanischer Beanspruchung hochfeuerhemmend sind, im Holzbau

Nach der neuen MHolzBauRL sind in den Ländern, in denen sie bauaufsichtlich eingeführt wurde, Treppenraumwände in der GK 4 (Wände, die auch unter zusätzlicher mechanischer Beanspruchung hochfeuerhemmend sind) in Holzbauweise möglich.

Die jeweiligen Anforderungen ergeben sich für

- hf + M-Treppenraumwände in Holzrahmen- und Holztafelbauweise in Abschnitt 4 der MHolzBauRL und
- hf + M-Treppenraumwände in Massivholzbauweise in Abschnitt 5 der MHolzBauRL.

C.6.4 Feuerhemmende Treppenraumwände

In Gebäuden der GK 3 müssen die Treppenraumwände notwendiger Treppen mindestens feuerhemmend hergestellt werden. Damit sind Ausführungen zulässig in

- feuerhemmend und aus nichtbrennbaren Baustoffen (national F 30-A, europäisch EI 30 [nb]),
- feuerhemmend und in den wesentlichen Teilen aus nichtbrennbaren Baustoffen (national F 30-AB, europäisch (R)EI 30 [wnb]),
- feuerhemmend und aus brennbaren Baustoffen (national F 30-B, europäisch (R)EI 30 E-d2).

Werden die Wände vollständig bzw. in den wesentlichen Teilen aus nichtbrennbaren Baustoffen hergestellt, bleibt zu beachten, dass Bekleidungen, Putze, Dämmstoffe, Unterdecken und Einbauten aus nichtbrennbaren Baustoffen bestehen müssen (siehe Kapitel C.8.1).

Bei einer feuerhemmenden Ausführung mit tragenden und aussteifenden Bauteilen aus brennbaren Baustoffen (Holztragwerk) müssen die Wände (und Decken) nichtbrennbare Dämmstoffe und eine Bekleidung aus nichtbrennbaren Baustoffen in ausreichender Dicke haben (siehe Kapitel C.8.1 und C.8.2).

C.6.5 Treppenraumaußenwände

Grundsätzlich müssen die Wände notwendiger Treppenräume die in Kapitel C.6.1 angegebenen Anforderungen erfüllen (z. B. bei GK 5: Bauart von Brandwänden).

Für Außenwände von notwendigen Treppenräumen, die durch andere an diese Außenwände anschließende Gebäudeteile im Brandfall **nicht gefährdet** werden können, gelten jedoch erhebliche Erleichterungen. Für diese besteht nur die Anforderung **aus nichtbrennbaren Baustoffen**.

Damit können sie auch normale Sichtöffnungen (Fenster ohne Brandschutzanforderungen) haben. Ebenso sind dort z. B. geschosshohe, nichtbrennbare vorgehängte Fassaden mit Verglasungen (z. B. Aluminium- bzw. Stahl-Glas) möglich. Öffenbare Fenster sind in diesen Treppenraumaußenwänden nicht nur zulässig, sondern erforderlich bzw. erwünscht.

Wichtig

Das gilt jedoch nur, wenn die Treppenraumaußenwände durch andere, an diese Außenwände anschließende Gebäudeteile im Brandfall nicht gefährdet werden können.

Andernfalls – wenn sie gefährdet werden können – müssen sie die gleichen Anforderungen wie die Innenwände von notwendigen Treppenräumen erfüllen, also z. B. in GK 5 als raumabschließende Bauteile die Bauart von Brandwänden haben.

Die Formulierung des Schutzziels *„im Brandfall nicht gefährdet werden"* entspricht sinngemäß auch der Anforderung an notwendige Außentreppen (Kapitel C.3.6).

Achtung

In diesem Zusammenhang ist es äußerst wichtig, dass bei jedem notwendigen Treppenraum sorgfältig überprüft wird, ob bzw. in welchem Umfang die Treppenraumaußenwände durch andere an diese Außenwände anschließende Gebäudeteile im Brandfall gefährdet werden können.

Es muss also geklärt werden, wann diese Anforderung erfüllt wird und wann nicht. Grundsätzlich muss der Abstand von ungesicherten an die Treppenraumaußenwände anschließenden Öffnungen ausreichend groß sein. Andernfalls sind kompensierende Maßnahmen erforderlich (z. B. Brandschutzverglasung, Feuerschutzvorhang), um eine Gefährdung auszuschließen.

Alternativ kann die Außenwand auch als feuerwiderstandsfähige raumabschließende Treppenraumwand ausgeführt werden. Sichtöffnungen sind in diesem Fall nur zulässig, wenn sie brandschutztechnisch gesichert werden (nicht öffenbare Brandschutzverglasungen). Je nach Situation und Lösung ist hierfür eine genehmigungs-/bescheinigungspflichtige Abweichung erforderlich.

Können die Treppenraumaußenwände durch andere an diese Außenwände anschließenden Gebäudeteile im Brandfall gefährdet werden und erfüllen sie dort **nicht** die Anforderungen an Treppenrauminnenwände oder sind dort **Sichtöffnungen** vorhanden oder bestehen sie dort teilweise oder ganz aus Glas, gibt es unterschiedliche Lösungsansätze, die das Schutzziel erfüllen, bauaufsichtlich jedoch unterschiedlich behandelt werden.

Im Folgenden wird die Thematik durch Prinzipskizzen an drei Fällen beispielhaft erläutert.

Wichtig

Bei den Beispielen handelt es sich um Vorschläge, wie nach Meinung des Autors die bauaufsichtlichen Anforderungen interpretiert und umgesetzt werden können. Es besteht allerdings keine 100-prozentige Sicherheit, dass alle Beispiele von allen am Brandschutz Beteiligten akzeptiert werden.

Deshalb sollte vor jeder Anwendung die brandschutztechnische Eignung überprüft werden. Im Zweifelsfall ist eine entsprechende Abstimmung mit der für den Brandschutz zuständigen Stelle erforderlich. Teilweise sind genehmigungs-/bescheinigungspflichtige Abweichungen erforderlich. Im Zweifelsfall ist eine frühzeitige Abstimmung mit der den Brandschutz prüfenden/bescheinigenden Stelle empfehlenswert.

Fall A: Die Treppenraumaußenwände können im Brandfall nicht gefährdet werden

Die Außenwände des notwendigen Treppenraums können durch andere an diese Außenwände anschließende Gebäudeteile im **Brandfall nicht gefährdet** werden.

In diesem Fall müssen die Treppenraumaußenwände aus **nichtbrennbaren Baustoffen** bestehen. Sichtöffnungen für Fenster sind ohne weitere Maßnahmen zulässig bzw. sogar erforderlich (siehe Kapitel C.11.2). Weitere Anforderungen werden von der MBO und sinngemäß den LBOs nicht gestellt, für Beispiele siehe Abb. C.28 bis C.34.

Bei nichtbrennbaren vorgehängten Fassaden aus Stahl/Aluminium/Glas ist jedoch besonders auf den An-/Abschluss der Treppenraumwandstirnseiten an die Fassade zu achten.

Dieser muss so ausgeführt werden, dass das bauaufsichtliche Schutzziel eingehalten wird. Bei einem Brand in einer an den Treppenraum angrenzenden NE dürfen Feuer und Rauch über eine ausreichend lange Zeit nicht in den Treppenraum eindringen können.

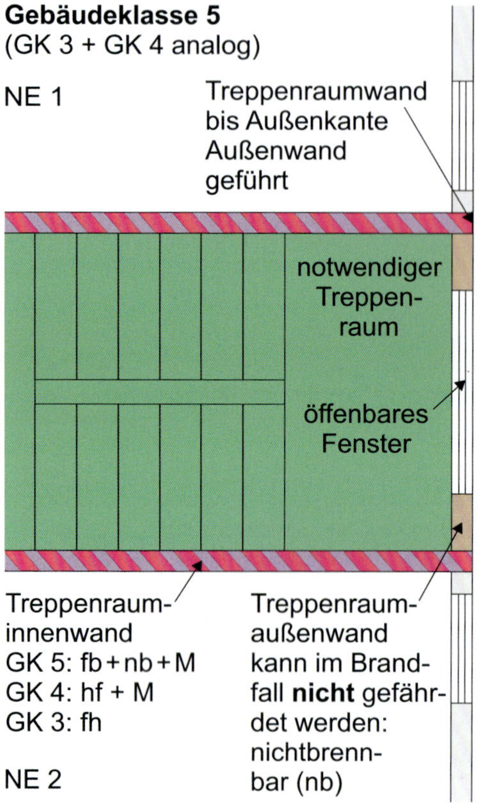

Abb. C.28: Fall A: Die Treppenraumaußenwand kann nicht gefährdet werden.

Beispiel für einen an der Außenwand liegenden notwendigen Treppenraum bei einem Gebäude der GK 5.

Die Treppenraumaußenwand kann im Brandfall nicht durch andere an diese Außenwand anschließende Gebäudeteile gefährdet werden. In diesem Fall muss die Treppenraumaußenwand nicht die Anforderungen an Treppenrauminnenwände erfüllen.

Sie muss jedoch aus nichtbrennbaren Baustoffen bestehen. Es sind normale öffenbare Fenster möglich und auch als Regelfall mit einem freien Querschnitt von mindestens 0,5 m^2 in MBO und LBOs vorgesehen.

Fall B: Die Treppenraumaußenwände könnten im Brandfall gefährdet werden: Maßnahmen an den anschließenden Gebäudeteilen

Die Außenwände des notwendigen Treppenraums könnten durch andere an diese Außenwände anschließende Gebäudeteile im Brandfall gefährdet werden (z. B. durch Öffnungen in den anschließenden Außenwänden). Es werden Maßnahmen an den Außenwänden der an den Treppenraum anschließenden Gebäudeteile getroffen, so dass keine Gefährdung der Treppenraumaußenwände mehr vorliegt.

Für diese Maßnahmen ist entsprechend MBO bzw. LBOs i. d. R. **keine** genehmigungs-/bescheinigungspflichtige **Abweichung** erforderlich, da durch sie erreicht wird, dass die Treppenraumaußenwände im Brandfall eben nicht mehr gefährdet werden können.

Die Akzeptanz dieser Lösung hängt jedoch von der jeweiligen Situation und den jeweils gewählten Maßnahmen ab. Deshalb ist es empfehlenswert, die Maßnahmen so zu wählen, dass sie auch von allen Beteiligten sicher anerkannt werden. Eine frühzeitige Abstimmung mit der den Brandschutz prüfenden/bescheinigenden Stelle ist empfehlenswert.

Wichtig

Durch das Fehlen einer genehmigten/bescheinigten Abweichung birgt diese Lösung jedoch das Risiko, dass später (z. B. bei Abnahme, Feuerbeschau oder Brandschutzbegehung) die dann beurteilenden Personen die getroffenen Maßnahmen als nicht ausreichend erachten.

In diesem Fall wäre dann die Situation der Treppenraumaußenwände plötzlich wieder so, dass sie im Brandfall gefährdet werden können und entsprechende Maßnahmen erforderlich wären. Da diese Feststellungen i. d. R. erst nach Fertigstellung des Gebäudes erfolgen, sind solche Maßnahmen entweder nicht mehr oder nur mit erheblichen Umbaumaßnahmen und Mehrkosten möglich.

Um dieses Risiko möglichst klein zu halten, ist es empfehlenswert, bei den Lösungen die sichere Seite zu wählen. Im Zweifelsfall ist eine entsprechende Abstimmung mit der den Brandschutz prüfenden/bescheinigenden Stelle empfehlenswert.

Wichtig

Eine besonders sorgfältige Handhabung der gewählten Maßnahmen im vorbeschriebenen Zusammenhang ist immer dann empfehlenswert, wenn das Brandschutzkonzept bzw. der Brandschutznachweis nach der jeweiligen LBO nicht mehr geprüft wird (i. d. R. bei Gebäuden der GK 3 und 4, die keine Sonderbauten sind).

Als Lösungsmöglichkeiten bietet es sich an, die Öffnungen in den angrenzenden Außenwänden

- ausreichend weit zu verschieben,
- mit Brandschutzverglasungen zu sichern,
- mit Brandschutzvorhängen zu sichern.

Öffnungen ausreichend weit verschieben

Die einfachste Lösungsmöglichkeit besteht darin, die Außenwände im betroffenen Bereich raumabschließend mit ausreichender Feuerwiderstandsdauer herzustellen und die Öffnungen so weit zu verschieben, dass keine Gefährdung der Treppenraumaußenwände mehr vorliegt (siehe Abb. C.29, C.30 und C.32)

Öffnungen mit Brandschutzverglasungen sichern

Bei der Sicherung von Öffnungen in den raumabschließenden feuerwiderstandsfähigen Außenwänden durch Brandschutzverglasungen sollten diese grundsätzlich die gleiche Feuerwiderstandsdauer wie die Treppenraumwände haben. Abweichungen nach unten sind möglich, wenn keine Bedenken wegen des Brandschutzes und der Strahlungswärme bestehen (siehe Abb. C.31 und C.33).

Es können auch Brandschutz-Lüftungsflügel angeordnet werden, für die dann ein entsprechender An-/Verwendbarkeitsnachweis erforderlich ist (i. d. R. Zustimmung im Einzelfall (ZiE) bzw. vorhabenbezogene Bauartgenehmigung (vBG)). Außerdem ist dabei zu beachten, dass diese eine Feststellanlage benötigen, die **regelmäßig geprüft und gewartet** werden muss.

Öffnungen mit Brandschutzvorhängen sichern

Alternativ zur Brandschutzverglasung ist auch die Anordnung von Brandschutzvorhängen möglich. Diese haben den Vorteil, dass sie unter Umständen auch nachträglich (z. B. bei einer Sanierung) angebracht werden können. Ihre Eignung muss mit einem entsprechenden An-/Verwendbarkeitsnachweis nachgewiesen werden. Für die zur Funktion erforderliche Feststellanlage gilt das gleiche wie bei den Lüftungsflügeln (siehe oben).

Beispiele zeigen C.31 und C.33.

Freihaltung des Schließbereiches bei Brandschutz-Lüftungsflügeln und Brandschutzvorhängen

Sowohl bei den Brandschutz-Lüftungsflügeln als auch den -vorhängen muss gewährleistet sein, dass der Schließbereich immer freigehalten wird. Grundsätzlich besteht hier die Gefahr, dass z. B. Fensterbänke mit Gegenständen vollgestellt werden, so dass das sichere Schließen der Brandschutz-Lüftungsflügel bzw. -vorhänge nicht mehr gewährleistet ist.

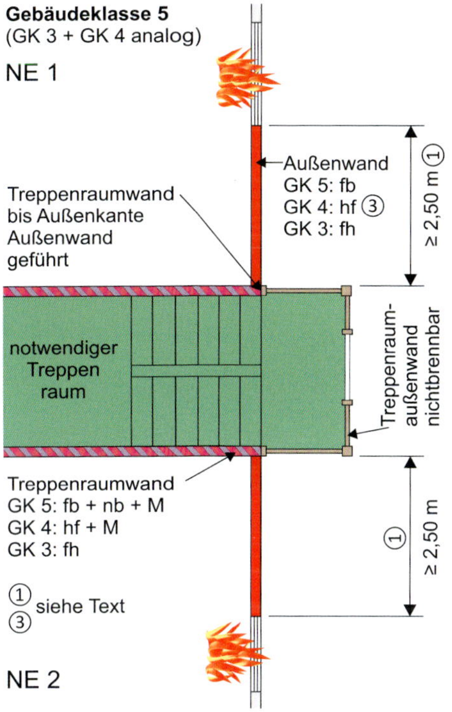

Abb. C.29: Fall B: Die Treppenraumaußenwände könnten gefährdet werden: Maßnahmen an den anschließenden Gebäudeteilen

Beispiel für Ausführung der anschließenden Gebäudeteile in der Art, dass keine Gefährdung der Treppenraumaußenwände mehr vorliegt.

Die Treppenraumaußenwände bestehen aus einer nichtbrennbaren Aluminium-/Stahl-/Glas-Fassade ohne weitere Brandschutzanforderungen. Sie können im Brandfall nicht durch andere an diese Außenwände anschließende Gebäudeteile gefährdet werden, da die Gebäudeaußenwände in diesem Bereich auf eine ausreichende Breite raumabschließend feuerwiderstandsfähig sind und die Fenster der Nutzungseinheiten NE 1 und NE 2 einen ausreichenden Abstand zur Treppenraumaußenwand aufweisen.

Wichtig: Die MBO nennt hier keine konkreten Anforderungen für einen Mindestabstand oder die Berücksichtigung eines bestimmten Strahlungswinkels. Sie verlangt allerdings, dass die Treppenraumaußenwand im Brandfall nicht gefährdet werden darf. Die nachfolgenden Angaben sind Vorschläge zur Bewertungshilfe:

① Der Abstand zwischen ungesicherten Öffnungen und der notwendigen Außentreppe muss ausreichend groß sein, um eine Gefährdung auszuschließen. Es ist davon auszugehen, dass der hier dargestellte Abstand von 2,50 m i. d. R. ausreichend ist und auf der sicheren Seite liegt. Alternative siehe ② im nächsten Bild.

② Die Außenwand muss ausreichend lang raumabschließend und feuerwiderstandsfähig sein. Die angegebenen Anforderungen (GK 5: fb, GK 4: hf, GK 3: fh) liegen auf der sicheren Seite.

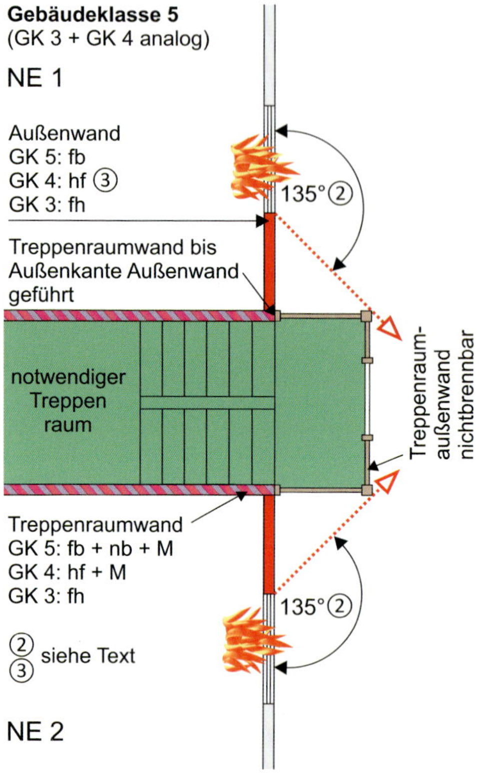

Abb. C.30: Fall B: Wie Abb. C.29, jedoch mit Alternative bei der Gefährdungsbeurteilung durch ungesicherte Sichtöffnungen

Grundsätzliche Beschreibung wie Abb. C.29.

② Alternativ zu dem in Abb. C.29 dargestellten Abstand von 2,50 m kann an der Leibung der ungesicherten Fensteröffnung auch ein Strahlungswinkel von 135° angelegt werden. Liegt die vorspringende, nichtbrennbare Treppenraumaußenwand außerhalb dieses Strahlungswinkels, ist davon auszugehen, dass sie im Brandfall nicht gefährdet werden kann.

Wichtig: Dieser Lösungsansatz ist nicht für Innenecken geeignet (Abb. C.32, C.33, C.36, C.37).

Anmerkung: Der Strahlungswinkel von 135° liegt auf der sicheren Seite. Unter der Voraussetzung, dass keine Bedenken wegen des Brandschutzes bestehen, kann unter Umständen auch ein Winkel von nur 120° angesetzt werden. Eine frühzeitige Abstimmung mit der den Brandschutz prüfenden/bescheinigenden Stelle ist empfehlenswert.

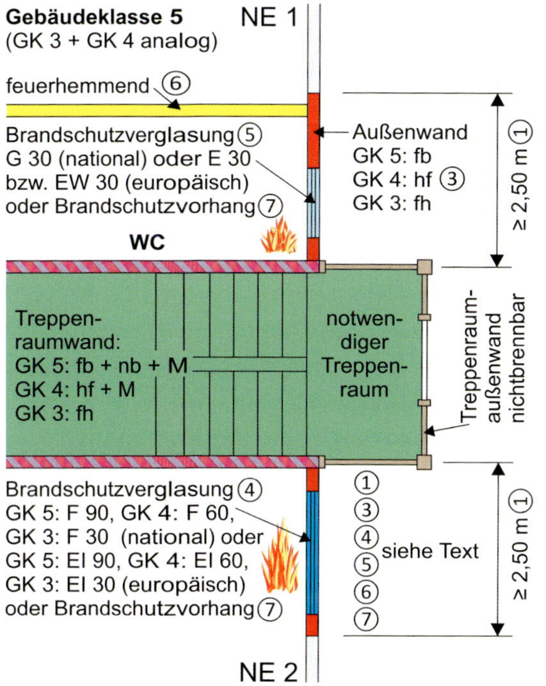

Abb. C.31: Fall B: Die Treppenraumaußenwände könnten gefährdet werden: Maßnahmen an den anschließenden Gebäudeteilen

Beispiel für die Sicherung von Öffnungen in den anschließenden Gebäudeaußenwänden in der Art, dass keine Gefährdung der Treppenraumaußenwände vorliegt. Grundsätzliche Beschreibung wie Abb. C.29.

Vorschläge zur Bewertungshilfe:

①, ③ siehe Abb. C.29.

④ Da in NE 2 Brandlasten vorhanden sind, wird die Sichtöffnung mit Brandschutzverglasung gesichert: GK 5: F 90, GK 4: F 60, GK 3: F 30 (national) bzw. GK 5: EI 90, GK 4: EI 60, GK 3: EI 30 (europäisch).

⑤ Im WC sind nur geringe Brandlasten vorhanden. Außerdem ist das Fenster relativ klein. Damit ist nur (wenn überhaupt) eine geringe Brandgefährdung der Treppenraumaußenwand zu erwarten. Deshalb wird eine Brandschutzverglasung G 30 (national) bzw. E 30/EW 30 (europäisch) als ausreichende Sicherung angesehen.

Tipp: Unter bestimmten Voraussetzungen (sehr geringe Brandlasten und kleines Fenster) kann auf eine Brandschutzverglasung evtl. auch ganz verzichtet werden (siehe hierzu jedoch untenstehende Anmerkung.

Wichtig: Bei den in ⑤ beschriebenen Maßnahmen muss natürlich gewährleistet sein, dass sich die Nutzung und damit auch die geringen Brandlasten nicht ändern.

⑥ Ergänzung zu ⑤: Zur Verbesserung der Situation des brandlastarmen WCs wird das WC von den Räumen mit Brandlasten feuerhemmend abgetrennt. Türe zum WC: D + S. Damit soll gewährleistet werden, dass auch bei einem Brand in einem an das WC angrenzenden Raum für eine definierte Zeit kein Brandübergriff zum WC und damit auch ausreichend lange keine Beanspruchung der Verglasung ⑤ erfolgt.

⑦ Als Alternative zu den Brandschutzverglasungen ④ und ⑤ kann auch ein Brandschutzvorhang angeordnet werden, wobei seine Eignung abhängig von der jeweiligen Situation (Brandlasten, Öffnungsgröße, GK usw.) zu prüfen ist. Dieser muss einen entsprechenden An-/Verwendbarkeitsnachweis haben. Eine frühzeitige Abstimmung mit der den Brandschutz prüfenden/bescheinigenden Stelle ist empfehlenswert.

Anmerkung: Für die in diesem Bild dargestellten Maßnahmen ist i. d. R. keine Abweichung erforderlich, da eben durch diese Maßnahmen gewährleistet werden soll, dass die Treppenraumaußenwand im Brandfall nicht gefährdet wird. Wenn sie nicht gefährdet wird, liegt auch keine Abweichung vor.

Wichtig: Insbesondere bei den für das WC beschriebenen Maßnahmen ⑤, ⑥, ⑦ sollte sorgfältig geprüft werden, ob damit eine Gefährdung des Treppenraums ausgeschlossen werden kann oder nicht. Da es zu den möglichen Lösungen unterschiedliche Meinungen und Risikobeurteilungen geben kann, ist eine frühzeitige Abstimmung und Klärung mit der den Brandschutz prüfenden/bescheinigenden Stelle empfehlenswert.

Außerdem ist zu beachten, dass mit diesen Maßnahmen die Nutzung des Raums als WC verbindlich festgelegt wird. Er darf dann nicht anders genutzt werden bzw. ist bei einer späteren Umnutzung der Brandschutznachweis entsprechend anzupassen. Bei einer Nutzung z. B. als Putzmittellager mit Brandlasten wäre eine F 90-Brandschutzverglasung erforderlich (entsprechend Lösung ④).

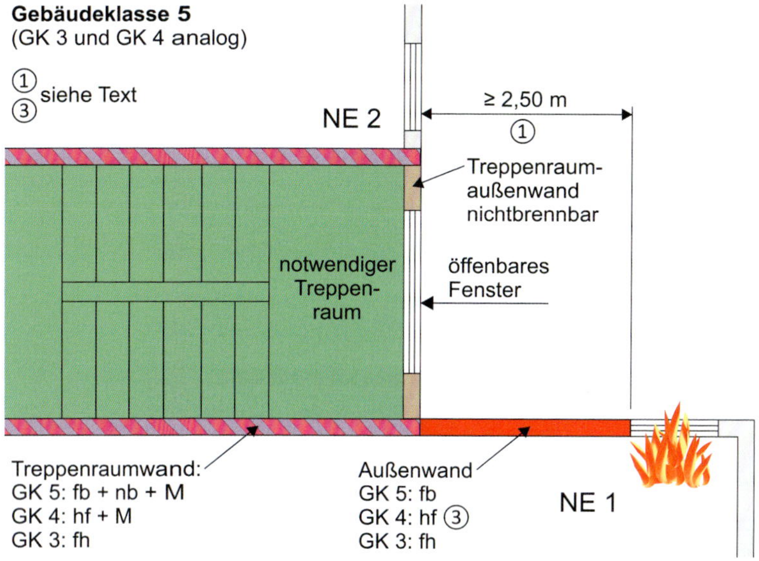

Abb. C.32: Fall B: Die Treppenraumaußenwand könnte im Eckbereich gefährdet werden: Maßnahmen an den anschließenden Gebäudeteilen

In diesem Beispiel kann die Treppenraumaußenwand im Brandfall nicht durch andere an diese Außenwand anschließende Gebäudeteile gefährdet werden, da die Außenwand der NE 1 in diesem Bereich auf eine ausreichende Länge raumabschließend feuerwiderstandsfähig ist und die Öffnung einen ausreichenden Abstand zur Treppenraumaußenwand aufweist.

Für weitere Erläuterungen siehe sinngemäß Abb. C.29.

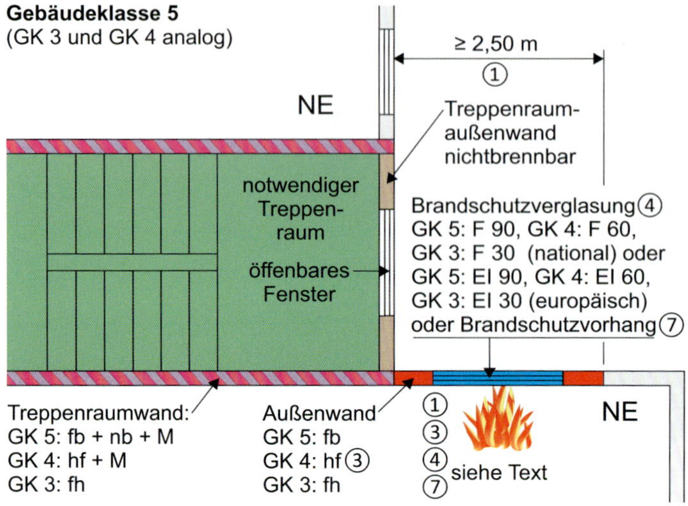

Abb. C.33: Fall B: Die Treppenraumaußenwand könnte im Eckbereich gefährdet werden: Maßnahmen an den anschließenden Gebäudeteilen

Beispiel für die Sicherung einer Öffnung in der anschließenden Gebäudeaußenwand.

Für die Beschreibung siehe sinngemäß Abb. C.29 und C.31. Es ist keine Abweichung erforderlich, da durch die Anordnung der Brandschutzverglasung die Treppenraumaußenwand mit dem dort angeordneten öffenbaren Fenster im Brandfall nicht gefährdet werden kann.

Fall C: Die Treppenraumaußenwände können im Brandfall gefährdet werden: Maßnahmen an den Treppenraumaußenwänden

Die Außenwände des notwendigen Treppenraums können durch andere an diese Außenwände anschließende Gebäudeteile (z. B. durch Öffnungen in den anschließenden Außenwänden) im Brandfall gefährdet werden. In diesem Fall gelten **keine Erleichterungen** und die Treppenraumaußenwände sind in der gleichen Qualität und Brandschutzklasse wie die Treppenraum-innenwände herzustellen, z. B. bei GK 5: Bauart von Brandwänden (siehe Abb. C.34 und C.36).

Eventuell vorhandene Sichtöffnungen sind dann in GK 5 entsprechend mit F 90-Brandschutzverglasungen (Festverglasungen) zu sichern. Je nach Lösung ist hier unter Umständen eine **Abweichung** erforderlich, z. B. in GK 4 und 5 bei der Sicherung von Sichtöffnungen durch Brandschutzverglasungen oder Feuerschutzvorhänge, da diese nicht **zusätzlich mechanisch** beanspruchbar sind. Eine frühzeitige Abstimmung mit der den Brandschutz prüfenden/ bescheinigenden Stelle ist empfehlenswert (siehe Abb. C.35 und C.37).

Anmerkung

Hier kann z. B. folgendes Problem entstehen: Der notwendige Treppenraum liegt an der Außenwand und müsste in jedem oberirdischen Geschoss unmittelbar ins Freie führende Fenster mit einem freien Querschnitt von mindestens 0,50 m^2 haben, die geöffnet werden können. Diese öffenbaren Fenster sind im vorliegenden Fall nicht möglich, da die Treppenraumaußenwand raumabschließend feuerwiderstandsfähig in der gleichen Qualität wie die Treppenrauminnenwände herzustellen ist.

Theoretisch wären zwar öffenbare Fenster mit Brandschutzverglasungen möglich. Praktisch sind solche Brandschutz-Lüftungsflügel an dieser Stelle jedoch unzulässig, da sie kontraproduktiv wären. Die Brandschutzverglasung ist als Festverglasung auszuführen, da sie den Treppenraum bei einem Brand in der angrenzenden NE vor dem Eindringen von Feuer und Rauch schützen muss.

Entsprechend diesem Schutzziel ist es nicht möglich, sie gleichzeitig zum Entrauchen zu öffnen, d. h., dass der so gesicherte Treppenraum praktisch zu einem „innenliegenden" Treppenraum wird, obwohl er an der Außenwand liegt. Er muss dann auch bezüglich der Entrauchung die Anforderungen an innenliegende Treppenräume erfüllen (siehe Kapitel C.11.3).

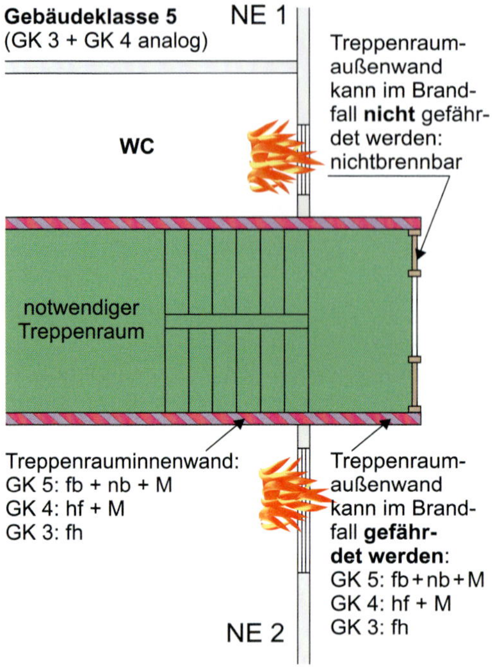

Abb. C.34: Fall C: Die Treppenraumaußenwände können gefährdet werden: Maßnahmen an den Treppenraumaußenwänden

Beispiel für die Ausführung der gefährdeten Treppenraumaußenwände wie die Treppenrauminnenwände.

Da die vor die Gebäudeaußenkante vorspringenden Treppenraumaußenwände im Brandfall durch die dort anschließenden Außenwände mit ihren ungesicherten Öffnungen gefährdet werden können, gelten die Erleichterungen der MBO nicht. An die gefährdeten Treppenraumwände bestehen dann die gleichen Anforderungen wie an Treppenrauminnenwände.

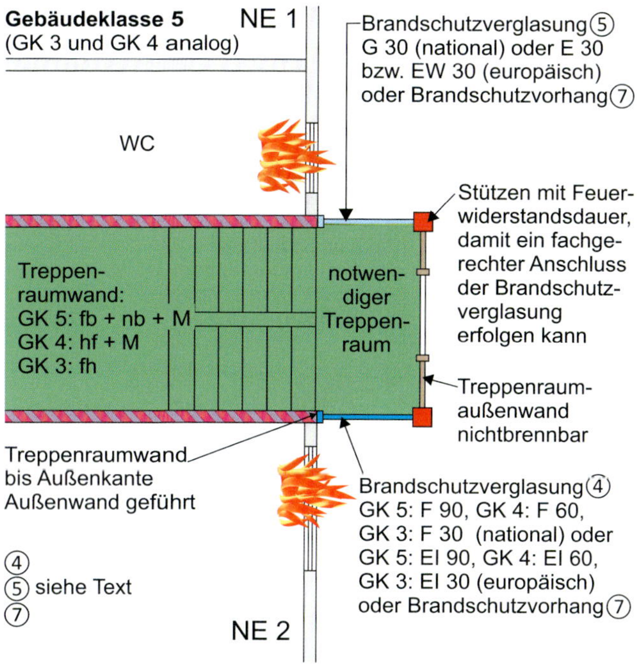

Abb. C.35: Fall C: Die Treppenraumaußenwände können gefährdet werden: Maßnahmen an den Treppenraumaußenwänden

Beispiel für die Sicherung von Öffnungen in den gefährdeten Treppenraumaußenwänden.

Für Erläuterungen siehe sinngemäß bei Abb. C.31 einschließlich Anmerkung, jedoch mit dem Unterschied, dass für diese Ausführung, insbesondere für die Verglasung ⑤ eine genehmigungs-/bescheinigungspflichtige Abweichung erforderlich ist, da diese strahlungsdurchlässig ist und bei GK 4 und 5 nicht die gleiche Klasse wie die Treppenraumwand und auch keine Anforderungen an eine zusätzliche mechanische Beanspruchung erfüllt. Dies gilt sinngemäß auch für einen Brandschutzvorhang ⑦. Für Begründung und Erläuterung der Problematik siehe sinngemäß bei Abb. C.31.

Streng genommen benötigen auch die Verglasung ④ bzw. der Brandschutzvorhang ⑦ in Gebäuden der GK 4 und 5 eine Abweichung, weil sie nicht die Anforderung an eine zusätzliche mechanische Beanspruchung erfüllen. Das dürfte jedoch unproblematisch sein, da hier eine solche Beanspruchung i. d. R. nicht zu erwarten ist.

Anmerkung: Die beiden äußeren Stützen wurden mit Feuerwiderstandsdauer dargestellt. Das gilt auch dann, wenn sie aus statischen Gründen verzichtbar sind. Der Grund liegt darin, dass sie i. d. R. die gleiche Brandschutzklasse haben müssen wie die dort angeschlossenen Brandschutzverglasungen (gemäß An-/Verwendbarkeitsnachweis der Brandschutzverglasungen). Alternativ wäre es möglich, Brandschutzverglasungen anzuordnen, die übereck geführt werden, wenn dies gemäß An-/Verwendbarkeitsnachweis zulässig ist.

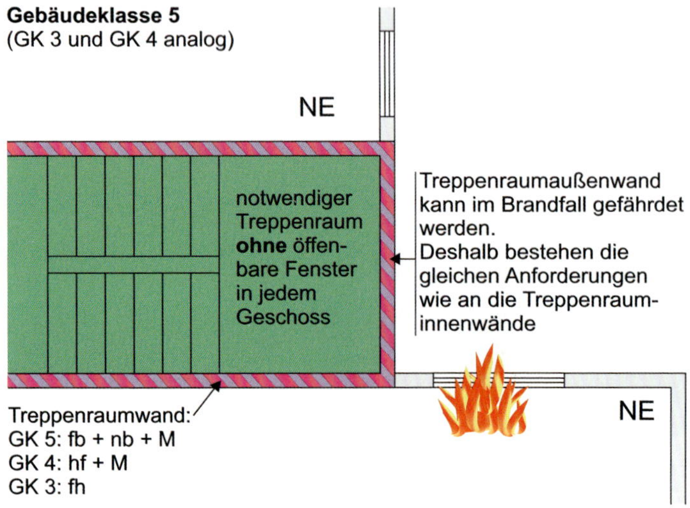

Abb. C.36: Fall C: Die Treppenraumaußenwand kann im Eckbereich gefährdet werden: Maßnahmen an der Treppenraumaußenwand

Für die Beschreibung siehe sinngemäß Abb. C.32.

Wichtig: In diesem Fall weist der Treppenraum, obwohl er an der Außenwand liegt, keine öffenbaren Fenster in jedem Geschoss auf und muss deshalb die entsprechenden Anforderungen für Treppenräume, die nicht in jedem Geschoss ein öffenbares Fenster haben, erfüllen (siehe Kapitel C.11.3).

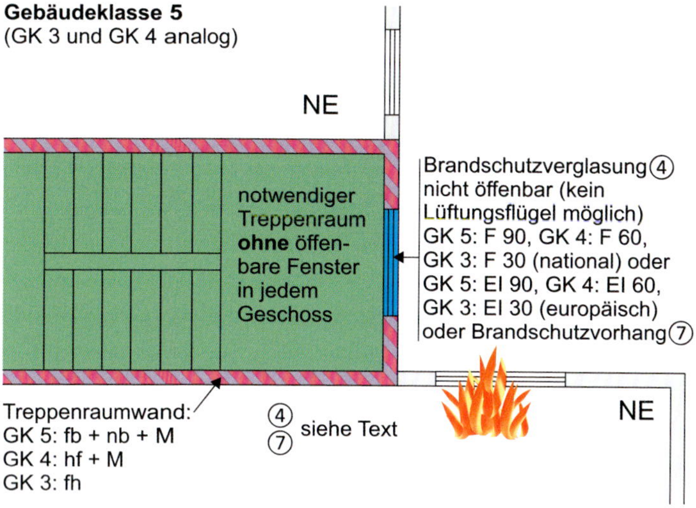

Abb. C.37: Fall C: Die Treppenraumaußenwand kann im Eckbereich gefährdet werden. Maßnahmen an der Treppenraumaußenwand

Für die Beschreibung siehe sinngemäß Abb. C.33.

Wichtig: Die Treppenraumfenster müssen als nicht öffenbare Brandschutzverglasungen ausgeführt werden. Brandschutz-Lüftungsflügel sind nicht möglich, da diese im Brandfall kontraproduktiv wären.

Damit hat der Treppenraum keine in jedem Geschoss öffenbaren Fenster und muss die entsprechenden Anforderungen erfüllen (siehe Kapitel C.11.3).

C.7 Oberer Abschluss des Treppenraums

> **§ 35 (4) MBO: Oberer Abschluss des notwendigen Treppenraums**
>
> [3]*Der obere Abschluss notwendiger Treppenräume muss als raumabschließendes Bauteil die Feuerwiderstandsfähigkeit der Decken des Gebäudes haben; dies gilt nicht, wenn der obere Abschluss das Dach ist und die Treppenraumwände bis unter die Dachhaut reichen.*

C.7.1 Schutzziel

Das Schutzziel besteht darin, dass bei einem Brand außerhalb des notwendigen Treppenraums (in den angrenzenden NE bzw. im Dachraum) Feuer und Rauch für die Dauer der Feuerwiderstandsfähigkeit der Treppenraumwände nicht in den Treppenraum eindringen dürfen.

Deshalb muss der obere Abschluss des Treppenraums vorrangig gegen eine Brandeinwirkung von oben oder der Seite ausreichend widerstandsfähig sein (siehe Abbildungen in Kapitel C.14.3).

C.7.2 Oberer Treppenraumabschluss durch raumabschließende feuerwiderstandsfähige Bauteile

Wird der obere Abschluss des notwendigen Treppenraums durch **raumabschließende feuerwiderstandsfähige Bauteile** hergestellt, so müssen diese bei Gebäuden der

- GK 5: feuerbeständig
- GK 4: hochfeuerhemmend
- GK 3: feuerhemmend

ausgeführt werden.

Bei einer feuerhemmenden Ausführung (in Gebäuden der GK 3) kann diese aus

- nichtbrennbaren Baustoffen,
- in den wesentlichen Teilen aus nichtbrennbaren Baustoffen oder
- aus brennbaren Baustoffen

erfolgen.

Allerdings ist bei einer feuerhemmenden Ausführung aus brennbaren Baustoffen treppenraumseitig eine Bekleidung aus nichtbrennbaren Baustoffen in ausreichender Dicke erforderlich (siehe Kapitel C.8.2). Die Dämmstoffe müssen dann nichtbrennbar sein (siehe Kapitel C.8.1).

Wird der **obere Abschluss durch das Dach** gebildet, gibt es zwei Möglichkeiten, die Brandschutzanforderungen zu erfüllen:

- Der obere Abschluss wird als raumabschließendes feuerwiderstandsfähiges Bauteil mit der Feuerwiderstandsfähigkeit der Decken des Gebäudes gebildet.
- Die Treppenraumwände werden ähnlich wie bei Brandwänden in der GK 3 bis unmittelbar unter die Dachhaut geführt (siehe Kapitel C.7.3).

Wird der obere Treppenraumabschluss im Dach als raumabschließendes feuerwiderstandsfähiges Bauteil ausgeführt, muss er in GK 5 feuerbeständig, also in den wesentlichen Teilen aus nichtbrennbaren Baustoffen sein. Deshalb ist dort kein Holzdachstuhl möglich, da mit Holz als Tragwerk nur die nationale Klasse F 90-B bzw. europäische Klasse (R)EI 90 E-d2 erreicht werden kann, was im bauaufsichtlichen Sinn nicht als feuerbeständig eingestuft wird.

Dies führt insbesondere im Bestand mit Dachstühlen aus Holz häufig zu Problemen, da nachträglich ein raumabschließender feuerbeständiger oberer Treppenraumabschluss nur sehr aufwändig herzustellen ist. In solchen Fällen besteht unter Berücksichtigung des Bestandsschutzes meist die Möglichkeit, über eine entsprechende genehmigungs-/bescheinigungspflichtige Abweichung den oberen Treppenraumabschluss in F 90-B bzw. (R)EI 90 E-d2 herzustellen.

Allerdings ist dabei Folgendes zu beachten und sollte bei den Kompensationsmaßnahmen berücksichtigt werden: Es ist **unzureichend**, nur die Unterseite der Holzsparren mit nichtbrennbaren Brandschutzplatten (entsprechend des jeweiligen An-/Verwendbarkeitsnachweises) zu bekleiden, da das Schutzziel darin besteht, dass bei einem Brand im an den notwendigen Treppenraum angrenzenden Dachraum Feuer und Rauch für eine bestimmte Zeit nicht über den Speicher und die Dachfläche in den Treppenraum eindringen können.

Deshalb ist es bei solchen Abweichungen wichtig, dass die Feuerwiderstandsklasse F 90-B bzw. (R)EI 90 E-d2 von oben **und** von unten erbracht wird.

Außerdem besteht bei F 90-B- bzw. (R)EI 90 E-d2-Decken die Gefahr einer Brandausbreitung innerhalb der Konstruktion. Um dies zu verhindern bzw. weitgehend zu begrenzen, ist es empfehlenswert, sämtliche Hohlräume der Deckenkonstruktion im Treppenraumbereich hohlraumfrei mit nichtbrennbaren raumbeständigen Dämmstoffen (Schmelzpunkt ≥ 1000 °C, nicht glimmend oder schwelend) auszufüllen.

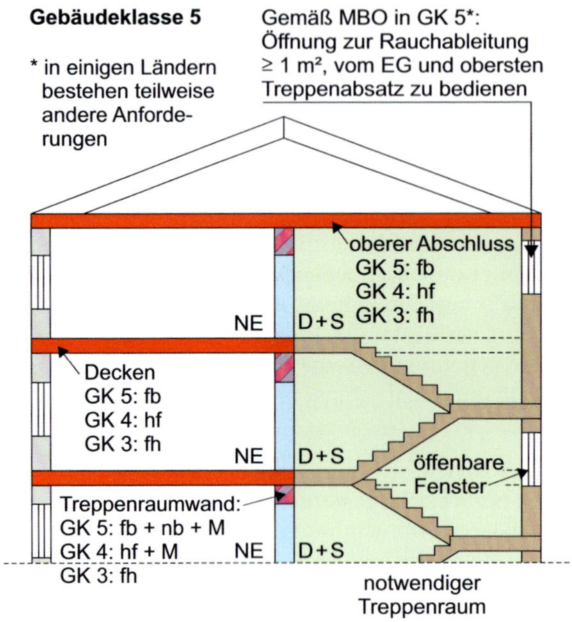

Abb. C.38: Beispiel für oberen Treppenraumabschluss als raumabschließende, feuerwiderstandsfähige Decke

Die feuerbeständige Decke muss den Raumabschluss von beiden Seiten, also von oben und von unten erfüllen.

Anmerkung: Sind z. B. in älteren Bestandsgebäuden in GK 5 nur Holzbalkendecken vorhanden und soll wegen einer Nutzungsänderung eine Ertüchtigung erfolgen, so besteht das hauptsächliche Schutzziel darin, dass bei einem Brand im Dachraum Feuer und Rauch nicht von oben nach unten in den Treppenraum eindringen dürfen.

Dieses Schutzziel kann im Rahmen einer Abweichung z. B. durch eine F 90-B-Beplankung (national) bzw. EI 90-E-d2-Beplankung (europäisch) von oben erreicht werden.

Auf eine nachträgliche entsprechende Beplankung von untern (die grundsätzlich erforderlich wäre) kann in solchen Fällen unter Umständen verzichtet werden, wenn die Risikobewertung es zulässt (wenn keine Bedenken wegen des Brandschutzes bestehen).

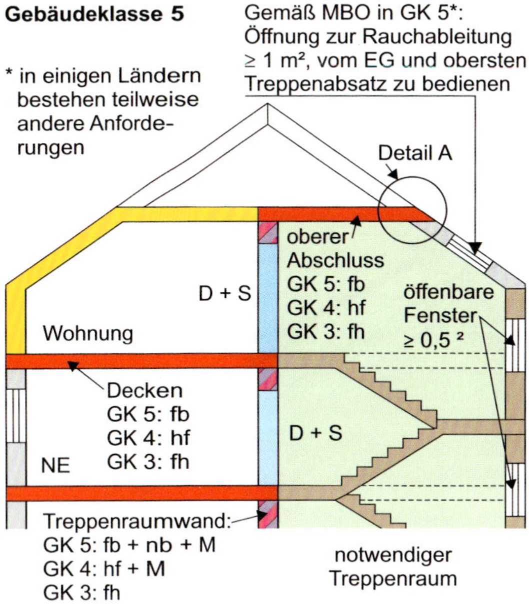

Abb. C.39: Beispiel für Gebäude mit oberem Treppenraumabschluss als raumabschließende feuerbeständige Decke und Dachschrägen aus Holzbalken

Die Lastabtragung der feuerbeständigen Stahlbetondecke muss auf feuerbeständiges Tragwerk (feuerbeständige Treppenraumwände in der Bauart von Brandwänden) erfolgen.

Grundsätzlich würden an die Dachschrägen aus Holz im Treppenraum keine besonderen Anforderungen bestehen, da der obere Treppenraumabschluss das Dach ist. Allerdings ist der Deckenanschluss an die Dachschräge problematisch, siehe Abb. C.40 bis C.42.

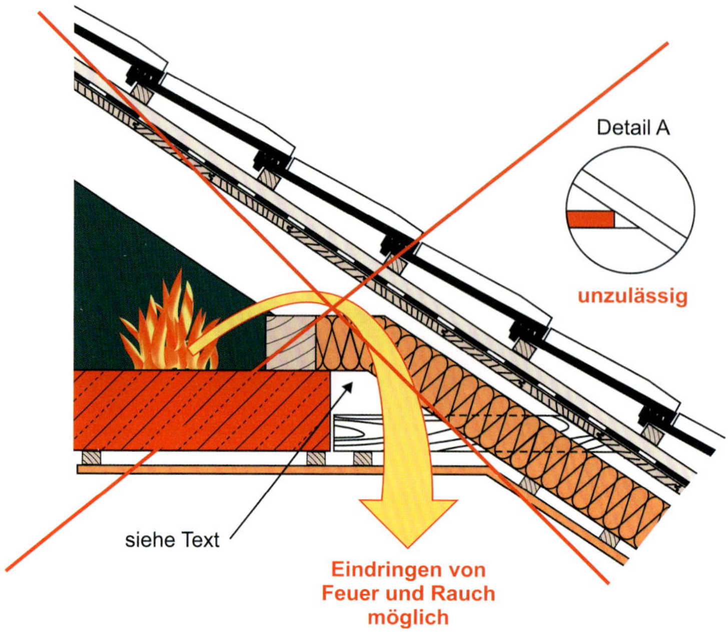

Abb. C.40: Detail A zu Abb. C.39

Diese Ausführung ist unzulässig, da der Anschlussbereich zwischen Stahlbetondecke und Dachschräge nicht raumabschließend feuerwiderstandsfähig ist. Bei einem Brand im Dachraum können hier voraussichtlich nach kurzer Zeit Feuer und Rauch in den Treppenraum eindringen.

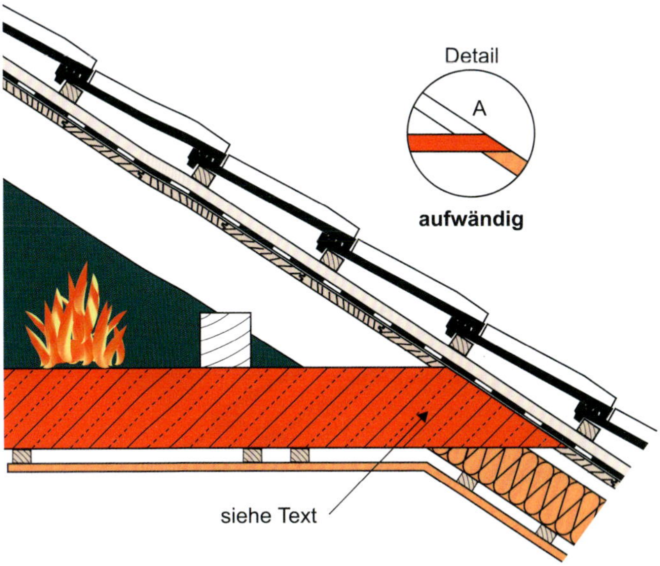

Abb. C.41: Detail A zu Abb. C.39

Diese Ausführung erfüllt zwar die bauaufsichtlichen Brandschutz-Schutzziele. Die handwerkliche Ausführung ist jedoch sehr aufwändig. Außerdem bestehen durch Kältebrücken bauphysikalische Probleme, die (wenn überhaupt) nur schwierig zu lösen sind.

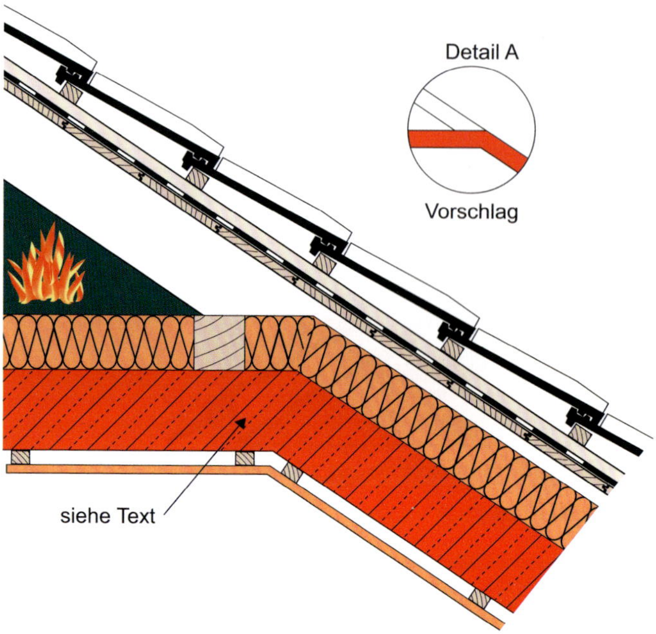

Abb. C.42: Detail A zu Abb. C.39

Vorschlag für eine brandschutztechnisch einwandfreie Ausführung. Der berühmte „Sargdeckel" über dem Treppenraum. Auch bauphysikalische Probleme können damit gut gelöst werden.

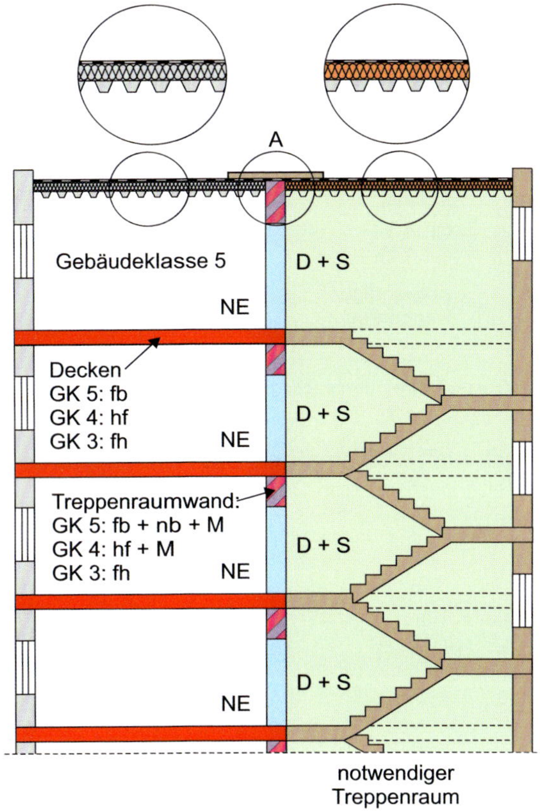

Abb. C.43: Beispiel für Gebäude der GK 5 mit oberem Treppenraumabschluss bei einem Flachdach aus Trapezblechen

Problematisch ist der obere An- bzw. Abschluss der Treppenraumwände (siehe Abb. C.44 und C.45).

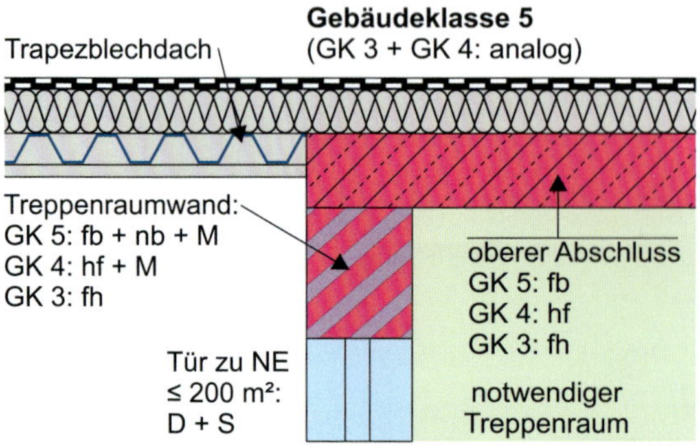

Abb. C.44: Variante 1 zu Abb. C.42: Oberer Treppenraumabschluss mit feuerbeständiger Dachdecke

Trapezblechdächer sind im Brandfall problematisch. Das Problem wurde in diesem Beispiel mit einer feuerbeständigen Decke über dem notwendigen Treppenraum gelöst.

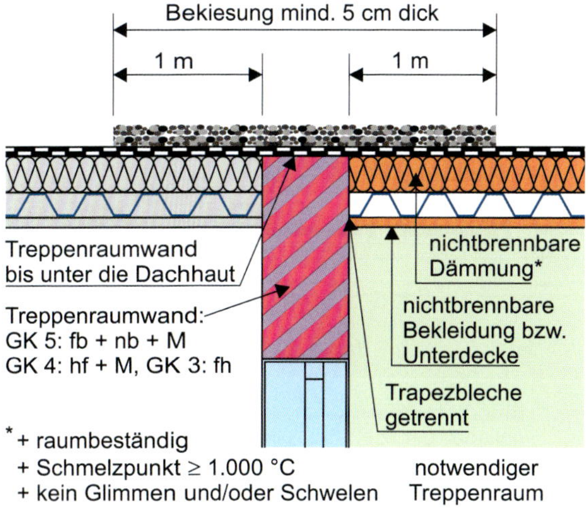

Abb. C.45: Variante 2 zu Abb. C.43: Führung der Treppenraumwand bis unter die Dachhaut

Da die Treppenraumwand bis unter die Dachhaut geführt wurde, bestehen keine besonderen Anforderungen an die Feuerwiderstandsdauer der Treppenraumdachdecke. Es ist jedoch unbedingt darauf zu achten, dass die Trapezbleche im Bereich der Treppenraumwand vollständig getrennt werden und die Treppenraumwand bis unmittelbar unter die Dachhaut geführt wird. Außerdem ist eine Bekiesung notwendig, um eine Brandweiterleitung über die brennbare Dachhaut von der angrenzenden Nutzung auf das Treppenraumdach zu verhindern.

Abb. C.46 und C.47: Beispiele für den oberen Treppenraumabschluss als raumabschließendes Bauteil in Holzbauweise F 90-B bzw. (R)EI 90 E-d2

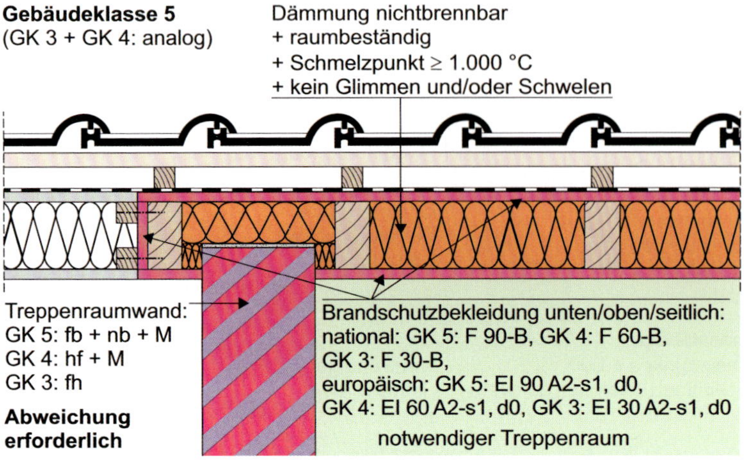

Abb. C.46: Im Bestand kann es erforderlich bzw. sinnvoll sein, in GK 4 und 5 den oberen Treppenraumabschluss mit tragenden und aussteifenden Bauteilen aus Holz auszuführen. Hierfür ist eine genehmigungs-/bescheinigungspflichtige Abweichung erforderlich.

Als Kompensation wird eine entsprechende Brandschutzbekleidung oben, unten und seitlich angebracht.

Wichtig: Außerdem werden sämtliche Hohlräume der Deckenkonstruktion hohlraumfrei mit nichtbrennbaren raumbeständigen Dämmstoffen (Schmelzpunkt ≥ 1000 °C), nicht glimmend oder schwelend, ausgefüllt.

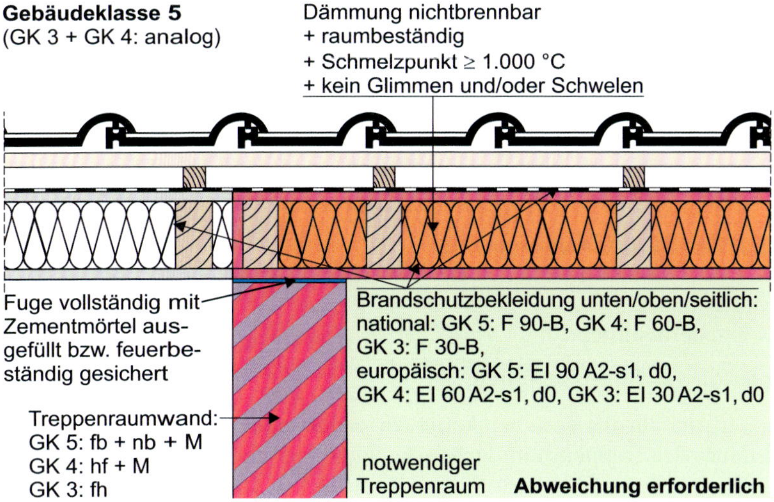

Abb. C.47: Alternative zu Abb. C.46

Für die Beschreibung siehe Abb. C.46.

C.7.3 Oberer Treppenraumabschluss ist das Dach mit Treppenraumwänden bis unter die Dachhaut

Wird der obere Treppenraumabschluss nicht raumabschließend in der Feuerwiderstandsfähigkeit der Decken des Gebäudes ausgeführt, müssen die Treppenraumwände **bis unter die Dachhaut** reichen. Die Treppenraumwände sind in der erforderlichen Bauart

- GK 5: Bauart von Brandwänden,
- GK 4: auch unter zusätzlicher mechanischer Beanspruchung hochfeuerhemmend und
- GK 3: feuerhemmend

bis unter die Dachhaut zu führen.

Bei dieser Ausführung bestehen **keine Anforderungen** an die Feuerwiderstandsdauer der Treppenraumdachdecke. Es ist jedoch zu beachten, dass Bekleidungen, Putze, Dämmstoffe und Unterdecken aus nichtbrennbaren Baustoffen bestehen müssen und in Gebäuden der GK 3 bei einer Ausführung mit tragenden Bauteilen aus Holz die Wände und Decken aus brennbaren Baustoffen eine Bekleidung aus nichtbrennbaren Baustoffen in ausreichender Dicke haben müssen (siehe Kapitel C.8.1 und C.8.2).

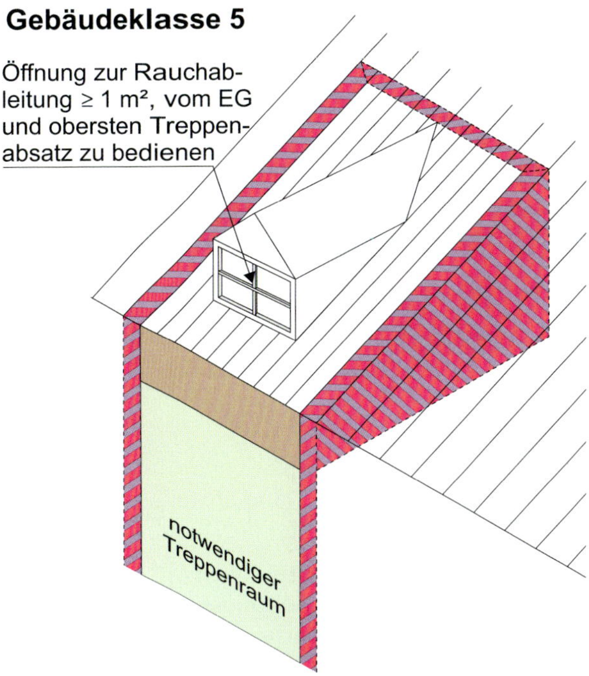

Abb. C.48: Beispiel für notwendigen Treppenraum mit einem Dach als oberen Treppenraumabschluss

Der obere Abschluss der Treppenraumwände hat das vorrangige Schutzziel, dass bei einem Brand im an den Treppenraum angrenzenden Dachraum bzw. in der dortigen Dachkonstruktion Feuer und Rauch ausreichend lang nicht in den notwendigen Treppenraum eindringen können.

Zur Erfüllung dieses Schutzziels müssen die Treppenraumwände bis unter die Dachhaut reichen. Bei der Ausführung der Dachkonstruktion und der Dachgaube ist zu beachten, dass Bekleidungen, Putze, Dämmstoffe, Unterdecken und Einbauten aus nichtbrennbaren Baustoffen bestehen müssen. Wände und Decken aus brennbaren Baustoffen müssen eine Bekleidung aus nichtbrennbaren Baustoffen in ausreichender Dicke haben.

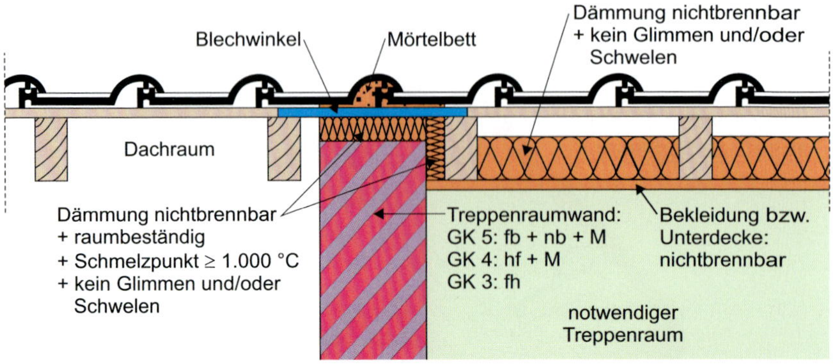

Abb. C.49: Beispiel für die Führung der Treppenraumwände bis unter die Dachhaut bei einem Holzdachstuhl

Die Treppenraumwand ist sinngemäß wie die Wand anstelle einer Brandwand bei einem Gebäude der GK 1 bis 3 bis unter die Dachhaut zu führen.

Anmerkung: Parallel zur Brandwand lässt sich dieses Detail noch relativ gut realisieren. Umso problematischer ist der Anschluss bei Treppenraumwänden, die rechtwinklig zu den Dachsparren verlaufen. Für eine Alternative siehe Kapitel C.7.2, für ein Beispiel für die Führung der Treppenraumwände bis unter die Dachhaut bei einem Trapezblechdach siehe Abb. C.45.

C.8 Bekleidungen, Putze, Dämmstoffe, Unterdecken, Einbauten und Bodenbeläge

§ 35 (5) MBO: Bekleidungen, Putze, Dämmstoffe, Unterdecken, Einbauten und Bodenbeläge

In notwendigen Treppenräumen und in Räumen nach Absatz 3 Satz 2 müssen

1. *Bekleidungen, Putze, Dämmstoffe, Unterdecken und Einbauten aus nichtbrennbaren Baustoffen bestehen,*
2. *Wände und Decken aus brennbaren Baustoffen eine Bekleidung aus nichtbrennbaren Baustoffen in ausreichender Dicke haben,*
3. *Bodenbeläge, ausgenommen Gleitschutzprofile, aus mindestens schwerentflammbaren Baustoffen bestehen.*

C.8.1 Besondere Anforderungen an Bekleidungen, Putze, Dämmstoffe, Unterdecken und Einbauten

Damit notwendige Treppenräume ihr Schutzziel erfüllen können und im Brandfall auch unter ungünstigen Umständen als Flucht-, Rettungs-, Angriffs- und Rückzugswege zur Verfügung stehen, dürfen sie keine Brandlasten enthalten.

Entsprechend müssen gemäß MBO und den LBOs Bekleidungen, Putze, Dämmstoffe, Unterdecken und Einbauten in notwendigen Treppenräumen und in Räumen zwischen notwendigen Treppenräumen und Ausgängen ins Freie aus nichtbrennbaren Baustoffen bestehen.

Damit sind Holz- und Kunststoffbekleidungen aus normal entflammbaren bzw. schwer entflammbaren Baustoffen an Treppenraumwänden und -decken unzulässig. Handläufe und Fenster aus Holz fallen jedoch nicht darunter und sind damit i. d. R. erlaubt. Dies gilt auch für Fenster aus mindestens normal entflammbaren Kunststoffen.

Sämtliche Dämmstoffe müssen aus nichtbrennbaren Baustoffen bestehen

Dies ist besonders zu beachten, wenn z. B. bei offenen notwendigen Treppenräumen, zu denen die Außenluft ständig Zutritt hat (Laubentreppenräume), die Treppenraumwände mit einem Wärmedämmverbundsystem gedämmt werden sollen. Hier sind nur Wärmedämmverbundsysteme mit nichtbrennbaren Baustoffen zulässig.

Einbauten wie Schaukästen, Schlüsselkästen, Blenden und ähnliche Einrichtungen müssen ebenfalls aus nichtbrennbaren Baustoffen hergestellt werden. Dies gilt auch für im begrenzten Umfang vorgesehene Möblierungen, z. B. Stühle, Empfangstheken, Tische und Pflanzen.

Bei Möblierungen (z. B. Empfangstheken, Tische) ist außerdem darauf zu achten, dass bei der späteren Nutzung keinerlei Brandlasten vorhanden sein dürfen (z. B. Computer, Drucker, Faxgeräte, Kopierer, Bücher, Zeitschriften, Bürobedarf, Aktenordner). Außerdem müssen nichtbrennbare

Möblierungen so abseits von den Treppenläufen und ihren Ausgängen ins Freie angeordnet und fixiert werden, dass die sichere Benutzung der notwendigen Treppen und ihrer Ausgänge auch bei einer Verrauchung zuverlässig gewährleistet bleibt.

In diesem Zusammenhang ist das Abstellen von Gebrauchsgegenständen (z. B. Kinderwagen) im notwendigen Treppenraum problematisch. Dies ist unzulässig und gefährlich, da Kinderwagen mit Schaumstoffmatratzen und sonstigen brennbaren Stoffen eine Brandlast darstellen, die z. B. bei einer vorsätzlichen Brandstiftung bereits nach kurzer Zeit zu einer Verrauchung des gesamten Treppenraums führen kann.

C.8.2 Besondere Anforderungen an Wände und Decken aus brennbaren Baustoffen

Wände und Decken aus brennbaren Baustoffen müssen in notwendigen Treppenräumen und in Räumen zwischen notwendigen Treppenräumen und Ausgängen ins Freie eine Bekleidung aus nichtbrennbaren Baustoffen in ausreichender Dicke haben.

Dies ist insbesondere bei folgenden Fällen zu beachten:

- Treppenräume in Gebäuden der GK 3 mit raumabschließenden feuerhemmenden Wänden und Decken mit tragenden Bauteilen aus brennbaren Baustoffen; diese müssen eine Bekleidung aus **nichtbrennbaren Baustoffen in ausreichender Dicke** haben.
- Treppenräume in Gebäuden der GK 4 mit auch unter zusätzlicher Beanspruchung raumabschließenden hochfeuerhemmenden Wänden und Decken in **Massivholzbauweise** (nach MHolzBauRL 2020).

Diese müssen eine **brandschutztechnisch wirksame Bekleidung** aus nichtbrennbaren Baustoffen haben, die eine Entzündung der brennbaren Bauteiloberflächen während eines Zeitraums von mindestens 30 Minuten verhindert. Dies gilt als erfüllt, wenn die Bekleidung aus einer mindestens 18 mm dicken Gipsplatte des Typs GKF nach DIN 18180:2014-09 „Gipsplatten – Arten und Anforderungen“ i. V. m. DIN EN 520:2009-12 „Gipsplatten - Begriffe, Anforderungen und Prüfverfahren“ bzw. aus einer Gipsfaserplatte mit einer Mindestrohdichte von 1000 kg/m^3 nach europäisch technischer Bewertung besteht und die in MHolzBauRL Tabelle 2 aufgeführten Befestigungsmittel und deren Abstände untereinander beachtet werden.

- Treppenräume mit einem Dach als oberen Abschluss und Treppenraumwänden, die bis unter die Dachhaut reichen; an das Treppenraumdach bestehen dann keine Anforderungen an eine klassifizierte raumabschließende feuerwiderstandsfähige Ausführung. Die Wände, Decken, Dachschrägen und evtl. vorhandenen Dachgauben müssen jedoch eine Bekleidung mit **nichtbrennbaren Baustoffen in ausreichender Dicke** haben.

Außerdem besteht bei allen vorgenannten Treppenräumen die Anforderung, dass Bekleidungen, Putze, Dämmstoffe, Unterdecken und Einbauten aus nichtbrennbaren Baustoffen bestehen müssen (siehe Kapitel C.8.1).

Anmerkung

Bei Treppenräumen in Gebäuden der GK 4 mit auch unter zusätzlicher Beanspruchung raumabschließenden hochfeuerhemmenden Wänden und Decken in **Holzrahmen- und Holztafelbauweise** (nach MHolzBauRL) werden die Anforderungen an eine Bekleidung aus nichtbrennbaren Baustoffen in ausreichender Dicke durch die nach MHolzBauRL erforderliche Brandschutzbekleidung praktisch automatisch erfüllt.

Bekleidung aus nichtbrennbaren Baustoffen in ausreichender Dicke

Als ausreichende Dicke kann allgemein eine Schicht aus nichtbrennbaren Baustoffen angesehen werden, die für die Dauer ihrer Feuerwiderstandsfähigkeit (bei einer Prüfung nach DIN 4102-2) nicht zerstört wird.

Welche Bekleidungen die Anforderung einer ausreichenden Dicke erfüllen, wird in der MBO nicht genannt. Es muss jedoch keine Bekleidung mit nachgewiesenem Kapselkriterium sein. Einen Anhaltspunkt liefert z. B. die (alte) Verwaltungsvorschrift zur Landesbauordnung Nordrhein-Westfalen (VV BauO NRW) von 2000. Dort wird erläutert, was bei F 30-B-Flurwänden von notwendigen Fluren unter einer *„beidseitig angeordneten ausreichend widerstandsfähigen Schicht aus nichtbrennbaren Baustoffen"* zu verstehen ist:

- mineralischer Putz auf nichtbrennbarem Putzträger mit einer Dicke von ≥ 15 mm
- Gipskartonplatten nach DIN 18180 mit einer Dicke von ≥ 12,50 mm
- Gipsfaserplatten mit einer Dicke von ≥ 10 mm
- Gipsglasvliesplatten mit einer Dicke von ≥ 10 mm
- Kalziumsilikatplatten mit einer Dicke von ≥ 8 mm

Da genauere Aussagen der MBO fehlen, kann nach Meinung des Autors davon ausgegangen werden, dass die genannten Bekleidungen die Anforderung der MBO nach einer ausreichenden Dicke erfüllen.

Besteht an die Treppenraumwände und -decken die Anforderung „raumabschließend und feuerhemmend", muss neben der nichtbrennbaren Bekleidung natürlich auch nachgewiesen werden, dass die Bauteile insgesamt die Feuerwiderstandsklasse F 30-B (national) bzw. (R)EI 30 E-d2 (europäisch) erfüllen (Ausführung nach DIN 4102-4 oder An-/Verwendbarkeitsnachweis oder CE-Kennzeichnung mit Leistungserklärung (Erklärung der bauaufsichtlich geforderten Leistungen)).

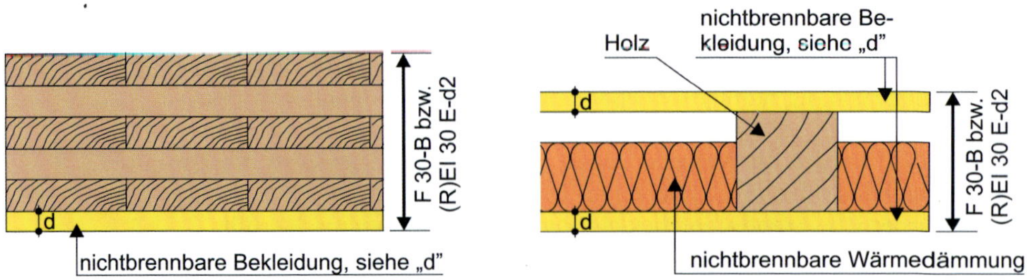

d =
- mineralischer Putz auf nichtbrennbarem Putzträger mit einer Dicke von ≥ 15 mm
- Gipskartonplatten nach DIN 18180 mit d ≥ 12,5 mm
- Gipsfaserplatten mit einer Dicke von ≥ 10 mm
- Gipsglasvliesplatten mit einer Dicke von ≥ 10 mm
- Kalziumsilikatplatten mit einer Dicke von ≥ 8 mm

Abb. C.50: Beispiel für eine feuerhemmende Treppenraumwand mit brennbarem Tragwerk (F 30-B national bzw. (R)EI 30 E-d2 europäisch) in einem Gebäude der GK 3 mit einer Bekleidung aus nichtbrennbaren Baustoffen in ausreichender Dicke

C.8.3 Besondere Anforderungen an Bodenbeläge

Bodenbeläge – ausgenommen Gleitschutzprofile – müssen aus mindestens schwer entflammbaren Baustoffen bestehen. Für Gleitschutzprofile besteht die Mindestanforderung „aus normal entflammbaren Baustoffen".

C.8.4 Unterdecken in notwendigen Treppenräumen und ihren Ausgängen ins Freie

Die Anforderungen an Unterdecken in notwendigen Treppenräumen und ihren Ausgängen ins Freie ergeben sich aus der „Nutzung" des Deckenhohlraums oberhalb der Unterdecke.

Ist der Deckenhohlraum über dem jeweiligen Geschoss des Treppenraums frei von brennbaren Leitungsanlagen (mit Ausnahme der brennbaren Elektrokabel, die ausschließlich der Versorgung des notwendigen Treppenraums bzw. Ausgangs ins Freie dienen), sind keine besonderen Brandschutzmaßnahmen erforderlich.

Aus brandschutztechnischer Sicht wäre es am besten, in solchen Fällen keine Unterdecken einzubauen. Werden Unterdecken angeordnet, müssen diese nichtbrennbar sein. Das gilt auch für etwa vorhandene Dämmungen.

Sind brennbare Leitungsanlagen im Deckenhohlraumbereich (oberhalb der Unterdecke) vorhanden (z. B. in Form von Elektrokabeln und/oder anderen brennbaren Leitungen, die nicht der unmittelbaren Versorgung des notwendigen Treppenraums bzw. Ausgangs ins Freie dienen) sind Brandschutzmaßnahmen notwendig. Diese haben das Ziel, bei einem eventuellen Brand im Deckenhohlraum den notwendigen Treppenraum bzw. Ausgang ins Freie „ausreichend lang" frei von Feuer und Rauch zu halten (siehe auch Kapitel C.13).

C.9 Sicherung von Tür- und Sichtöffnungen

> **§ 35 (6) MBO: Sicherung von Tür- und Sichtöffnungen**
>
> [1]*In notwendigen Treppenräumen müssen Öffnungen*
>
> 1. *zu Kellergeschossen, zu nicht ausgebauten Dachräumen, Werkstätten, Läden, Lager- und ähnlichen Räumen sowie zu sonstigen Räumen und Nutzungseinheiten mit einer Fläche von mehr als 200 m², ausgenommen Wohnungen, mindestens feuerhemmende, rauchdichte und selbstschließende Abschlüsse,*
> 2. *zu notwendigen Fluren rauchdichte und selbstschließende Abschlüsse,*
> 3. *zu sonstigen Räumen und Nutzungseinheiten mindestens dicht- und selbstschließende Abschlüsse*
>
> *haben.* [2]*Die Feuerschutz- und Rauchschutzabschlüsse dürfen lichtdurchlässige Seitenteile und Oberlichte enthalten, wenn der Abschluss insgesamt nicht breiter als 2,50 m ist.*

C.9.1 Grundsätzliche Anforderungen an die Sicherung von Tür- und Sichtöffnungen

Zur Erfüllung des Schutzziels, die sichere Benutzung der Treppenräume als Flucht-, Rettungs-, Angriffs- und Rückzugswege zu gewährleisten, müssen alle Türöffnungen, die nicht ins Freie führen, entsprechend gesichert werden.

Dabei sind die jeweiligen Anforderungen an die Abschlüsse unabhängig von der Gebäudeklasse. Dies bedeutet, dass in GK 3 bei gleicher Situation die gleichen Abschlüsse anzuordnen sind wie in GK 5. Eine Übersicht über die jeweils erforderlichen Abschlüsse enthält Tabelle C.6.

Tabelle C.6: Anforderungen an die Sicherung von Tür- und Sichtöffnungen in notwendigen Treppenräumen nach MBO

Art und Lage der Öffnung		**Anforderungen**	**Abkürzung**
Türöffnungen in raumabschließenden Treppenraumwänden zu …	Kellergeschossen, nicht ausgebauten Dachräumen, Werkstätten, Läden, Lager- und ähnlichen Räumen	feuerhemmende, rauchdichte und selbstschließende Abschlüsse	Abschlüsse: fh + RD + S
	sonstigen Räumen und Nutzungseinheiten mit mehr als 200 m^2, ausgenommen Wohnungen		
	notwendigen Fluren	rauchdichte und selbstschließende Abschlüsse	Abschlüsse: RD + S
	sonstigen Räumen und Nutzungseinheiten bis 200 m^2, ausgenommen Wohnungen	dicht- und selbstschließende Abschlüsse[1])	Abschlüsse: D + S[1])
	Wohnungen	dicht- und selbstschließende Abschlüsse[1])	Abschlüsse: D + S[1])
Erleichterung für lichtdurchlässige Seitenteile	Die Feuerschutz- und Rauchschutzabschlüsse dürfen lichtdurchlässige Seitenteile und Oberlichte enthalten, wenn der Abschluss insgesamt nicht breiter als 2,50 m ist.	Oberlichte und Seitenteile von Feuerschutz- und Rauchschutzabschlüssen bis 2,50 m Breite: gleiche Anforderungen wie an die Abschlüsse	
Sicherung von Sichtöffnungen in raumabschließenden …	*Treppenraumwänden der GK 5 (fb + nb + M)*	*feuerbeständige Brandschutzverglasungen[2])*	*fb VG[2])*
	Treppenraumwänden der GK 4 (hf + M)	*hochfeuerhemmende Brandschutzverglasungen[2])*	*hf VG[2])*
	Treppenraumwänden der GK 3 (fh)	*feuerhemmende Brandschutzverglasungen[2])*	*fh VG[2])*
Sicherung von Deckenöffnungen in raumabschließenden …	*Treppenraumdecken der GK 5 (fb + nb + M)*	*feuerbeständige, rauchdichte und selbstschließende Abschlüsse*	*fb + RD + S[3])*
	Treppenraumdecken der GK 4 (hf + M)	*hochfeuerhemmende, rauchdichte und selbstschließende Abschlüsse*	*hf + RD + S[3])*
	Treppenraumdecken der GK 3 (fh)	*feuerhemmende, rauchdichte und selbstschließende Abschlüsse*	*fh + RD + S[3])*

[1]) Anforderungen teilweise unterschiedlich, z. B. in Bayern: Vollwandig, dicht und selbstschließend (V + D + S); in Baden-Württemberg und NRW: Zu Wohnungen: dichtschließend (D); zu sonstigen Räumen und NE ≤ 200 m^2: dicht und selbstschließend (D + S).

[2]) Die MBO (und sinngemäß auch die LBOs) enthalten keine Regelungen für die Sicherung von Sichtöffnungen in raumabschließenden Treppenraumwänden notwendiger Treppenräume. Sie sollten deshalb (ähnlich wie bei Brandwänden und Trennwänden) auf die für die Nutzung erforderliche Zahl und Größe begrenzt werden. Bei GK 4 und 5 ist außerdem zu berücksichtigen, dass die Treppenraumwände eine zusätzliche mechanische Beanspruchung erfüllen müssen, die bei Brandschutzverglasungen nicht gegeben ist. I. d. R. (insbesondere bei größeren Brandschutzverglasungen) liegt eine genehmigungs-/bescheinigungspflichtige Abweichung vor. Eine frühzeitige Abstimmung mit der den Brandschutz prüfenden/bescheinigenden Stelle ist empfehlenswert.

[3]) Wenn die Abschlüsse nicht selbstschließend sind, liegt eine genehmigungs-/bescheinigungspflichtige Abweichung vor, die entsprechend zu beschreiben und zu begründen ist. Eine frühzeitige Abstimmung mit der den Brandschutz prüfenden/bescheinigenden Stelle ist empfehlenswert.

Tabelle C.7: Zuordnung der bauaufsichtlichen Anforderungen an Feuer- und Rauchschutzabschlüsse zu nationalen und europäischen Klassen sowie Verformungsklassen für Abschlüsse in Außenwänden gemäß MVV TB (Ausgabe 2020/2) Anhang 4

<table>
<tr><th rowspan="2">Bauaufsichtliche Anforderungen an Abschlüsse</th><th rowspan="2">Abkürzung</th><th rowspan="2">Nationale Klassen nach DIN 4102-5, DIN 18085-1 bzw. weitere nationale Merkmale</th><th colspan="2">Europäische Klassen nach DIN EN 13501-2 bzw. DIN EN 16034</th></tr>
<tr><th>Klassen[1])</th><th>Brandverhalten</th></tr>
<tr><td>feuerhemmend, rauchdicht- und selbstschließend</td><td>fh + RD + S</td><td>T 30-RS</td><td>EI_2 30-S_{200}C..[2])</td><td rowspan="4">E – d2</td></tr>
<tr><td>rauchdicht- und selbstschließend</td><td>RD + S</td><td>RS</td><td>S_{200}C..[2])</td></tr>
<tr><td>dicht- und selbstschließend</td><td>D + S</td><td>dicht- und selbstschließend</td><td>[D] + C..[2])</td></tr>
<tr><td>dichtschließend</td><td>D</td><td>dichtschließend</td><td>[D]</td></tr>
<tr><td colspan="5">Mindestens erforderliche Leistungsangaben für die Verwendung der Abschlüsse in Außenwänden</td></tr>
<tr><td></td><td></td><td colspan="3">Verformungsklassen[3])</td></tr>
<tr><td>feuerhemmend, rauchdicht- und selbstschließend</td><td>fh + RD + S</td><td colspan="3">Klasse 2(d) und 2(e)</td></tr>
<tr><td>rauchdicht- und selbstschließend</td><td>RD + S</td><td colspan="3">Klasse 2(d) und 2(e)</td></tr>
<tr><td>dichtschließend</td><td>D</td><td colspan="3">Klasse 2(d) und 2(e)</td></tr>
</table>

[1]) Die mindestens erforderlichen Leistungen müssen für beide Seiten des Abschlusses erklärt sein.

[2]) Festlegungen zur Prüfzyklenanzahl für die Dauerfunktionsprüfungen:
C5 (200.000 Zyklen) für Feuerschutz-/Rauchschutztüren (Drehflügelabschlüsse)
C2 (10.000 Zyklen) für sonstige Feuerschutz-/Rauchschutzabschlüsse (z. B. Klappen, Tore)

[3]) Für die Außenanwendung müssen zusätzlich die Klimaeinflüsse gemäß Klasse 2(d) und 2(e) nach DIN EN 12219:2000-06 nachgewiesen sein.

Tabelle C.8: Legende zu Tabelle C.7

<table>
<tr><th>Kurzzeichen</th><th colspan="2">Kriterium/Erläuterung</th></tr>
<tr><td colspan="3">Bauaufsichtliche Anforderungen und Begriffe</td></tr>
<tr><td>fh, hf, fb</td><td colspan="2">fh = feuerhemmend, hf = hochfeuerhemmend, fb = feuerbeständig</td></tr>
<tr><td>D, RD, S</td><td colspan="2">D = dichtschließend, RD = rauchdicht, S = selbstschließend</td></tr>
<tr><td colspan="3">Deutsche Klassen</td></tr>
<tr><td>T 30, T 60, T 90</td><td colspan="2">Feuerwiderstandsklassen von Feuerschutzabschlüssen nach DIN 4102-5 (30, 60, 90 Minuten)</td></tr>
<tr><td>RS</td><td colspan="2">Rauchschutzabschluss nach DIN 18095-1</td></tr>
<tr><td>D, [D]</td><td colspan="2">Dichtschließend (weiteres Merkmal für die Verwendung)</td></tr>
<tr><td>Klasse 2(d) und 2(e)</td><td colspan="2">Differenzklima und Verformungsklassen für Abschlüsse in Außenwänden</td></tr>
<tr><td colspan="3">Europäische Klassen</td></tr>
<tr><td>EI_2</td><td colspan="2">Étanchéité + Isolation: Raumabschluss und Wärmedämmung unter Brandeinwirkung</td></tr>
<tr><td rowspan="3">S</td><td colspan="2">Smoke: Begrenzung der Rauchdurchlässigkeit (Dichtheit, Leckrate)</td></tr>
<tr><td>S_a</td><td>erfüllt die Anforderungen bei Umgebungstemperatur</td></tr>
<tr><td>S_{200}</td><td>erfüllt die Anforderungen sowohl bei Umgebungstemperatur als auch bei 200 °C</td></tr>
<tr><td>C</td><td colspan="2">Closing: Selbstschließende Eigenschaft (ggf. mit Anzahl der Lastspiele) einschließlich Dauerfunktion.
Festlegungen zur Prüfzyklenanzahl für die Dauerfunktionsprüfungen:
C5 (200.000 Zyklen) für Feuerschutz-/Rauchschutztüren (Drehflügelabschlüsse)
C2 (10.000 Zyklen) für sonstige Feuerschutz-/Rauchschutzabschlüsse (z.B. Klappen, Tore)</td></tr>
</table>

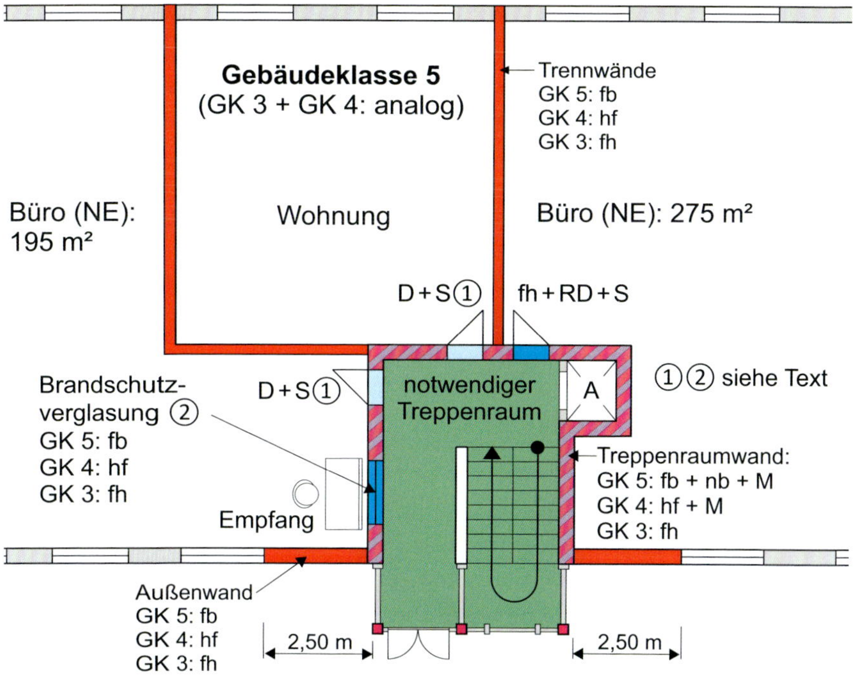

Abb. C.51: Beispiel für die Darstellung von Anforderungen an Tür- und Sichtöffnungen in Brandschutzplänen

Sicherung der Öffnungen:

- zur Wohnung: dicht- und selbstschließend (D + S) ①
- zum Büro mit 195 m^2: dicht- und selbstschließend (D + S) ①
- zum Büro mit 275 m^2: feuerhemmend, rauchdicht und selbstschließend (fh + RD + S)
- Brandschutzverglasung zum Büro: ②
  - bauaufsichtliche Anforderung: GK 5: fb, GK 4: hf, GK 3: fh
  - nationale Klassen: GK 5: F 90, GK 4: F 60, GK 3: F 30
  - europäische Klassen: GK 5: EI 90, GK 4: EI 60, GK 3: EI 30

① Anforderungen teilweise unterschiedlich, z. B. in Bayern: vollwandig, dicht und selbstschließend (V+D+S); in Baden-Württemberg und NRW: zu Wohnungen: dichtschließend (D); zu sonstigen Räumen und NE (≤ 200 m^2): dicht und selbstschließend (D+S)

② Siehe vorstehende Tabelle C.6 Fußnote 2)

C.9.2 Feuerhemmende, rauchdichte und selbstschließende Abschlüsse

Grundsätzlich ist darauf zu achten, dass die Feuerschutz- und Rauchschutzabschlüsse fachgerecht in die sie umgebenden raumabschließenden, feuerwiderstandsfähigen Treppenraumwände eingebaut werden:

- Bei Abschlüssen mit einem nationalen Nachweis: nach dem An-/Verwendbarkeitsnachweis
- Bei Abschlüssen mit CE-Kennzeichnung und Leistungserklärung: nach der Gebrauchsanleitung (Einbau- und Montageanleitung) sowie den „Verwendungs- und Ausführungsbestimmungen für Abschlüsse" nach MVV TB Anhang 4 Abschnitt 5.1.6

Dies gilt besonders für Abschlüsse, die in feuerhemmende und hochfeuerhemmende Treppenraumwände in Holzbauweise eingebaut werden sollen. Diese müssen entsprechend geeignet und nachgewiesen sein für den Einbau in

- feuerhemmende Treppenraumwände in Holzrahmen- und Holztafelbauweise,
- auch unter zusätzlicher mechanischer Beanspruchung hochfeuerhemmende Treppenraumwände in Holzrahmen- und Holztafelbauweise und
- auch unter zusätzlicher mechanischer Beanspruchung hochfeuerhemmende Treppenraumwände in Massivholzbauweise.

Hinweis

Derzeit gibt es z. B. nur wenige (wenn überhaupt) feuerhemmende, rauchdichte und selbstschließende Abschlüsse, die für den Einbau in feuerhemmende Wände in Holzrahmen- und Holztafelbauweise geeignet sind.

C.9.3 Rauchdichte und selbstschließende Abschlüsse

Bezüglich des Einbaus in feuerhemmende und hochfeuerhemmende Treppenraumwände in Holzbauweise (Holzrahmen-, Holztafel-, und Holzmassivbauweise) siehe sinngemäß vorstehendes Kapitel C.9.2.

Rauchschutzabschlüsse sind entsprechend der Schutzzielbetrachtung der MBO nur deshalb möglich, weil bestimmungsgemäß sowohl die notwendigen Treppenräume als auch die notwendigen Flure **besonders geschützte Räume** darstellen, in denen **keine** Brandlasten sein dürfen. Damit wird bei einem eventuellen Brand die Tür zwischen Treppenraum und Flur in erster Linie von Brandrauch beansprucht und es genügt ein Rauchschutzabschluss.

Unter ungünstigen Umständen, wenn sich z. B. der Brand direkt neben der Rauchschutztür ereignet und die Tür zur Nutzung offen steht bzw. vom Brand zerstört wird, kann sie relativ schnell auch durch Feuer und Wärme beansprucht werden. Bei verglasten Rauchschutztüren besteht dann das Problem, dass ein frühzeitiges Versagen zu erwarten ist, da diese nur bis zu einer Temperatur von 200 °C geprüft sind.

Allerdings wird dieses Risiko von der MBO **akzeptiert**, d. h., dass bei „Standardgebäuden", die nach der MBO bzw. jeweiligen LBO zu behandeln sind und bei denen keine außergewöhnliche bzw. besondere Risikosituation besteht, die Anordnung von verglasten Rauchschutztüren **grundsätzlich zulässig** ist.

C.9.4 Dichte und selbstschließende Abschlüsse

Mit der Anforderung, dass in notwendigen Treppenräumen alle Türen zu Wohnungen sowie zu vergleichbaren Räumen und Nutzungseinheiten bis 200 m^2 Größe nicht nur dicht, sondern auch **selbstschließend** sein müssen, wird die Sicherheit in notwendigen Treppenräumen erheblich erhöht. Die Eigenschaft „selbstschließend" bringt eine deutliche Verbesserung der Sicherheit gegen Verrauchung, insbesondere in den ersten 15 bis 20 Minuten eines eventuellen Brandes.

In der Vergangenheit kam es bei Bränden in Wohnungen oder vergleichbaren NE häufig zu folgendem Szenario: Die Bewohner der betroffenen Wohnung flohen, ohne die Türen zum Treppenraum zu schließen. Dies führte i. d. R. bereits zu einem sehr frühen Zeitpunkt zu einer starken Verrauchung des Treppenraums, der dann als Fluchtweg (= erster baulicher Rettungsweg) nicht mehr zur Verfügung stand.

Die Bewohner der angrenzenden Wohnungen und NE, die trotzdem versuchten, über den verrauchten Treppenraum zu fliehen, erlitten Rauchvergiftungen oder starben.

Dichte und selbstschließende Wohnungseingangstüren verbessern die Situation wesentlich, weil davon auszugehen ist, dass beim wie oben beschriebenen Szenario die Türen mindestens ca. 15 bis 20 Minuten standhalten, so dass in dieser Zeit eine Selbstrettung der Bewohner und Nutzer möglich ist.

Ausführung dichter und selbstschließender Türen

Situation vor Einführung der Bauregellisten und der MVV TB

Vor Einführung der Bauregellisten und der ab 2017 darauf folgenden MVV TB mit Anhang 4 wurde mit den beiden Anforderungen dichtschließend und selbstschließend nur ein **bautechnischer Zustand** beschrieben, der nicht auf einer bestandenen Prüfung in einer Versuchsanordnung basierte. Entsprechend gab es damals keine nationalen Klassifizierungen und es wurde hierfür kein bauaufsichtlicher Verwendbarkeitsnachweis benötigt.

Damals verstand man unter dichtschließenden bzw. dichten Abschlüssen allgemein Türen mit stumpf einschlagendem oder gefalztem vollwandigem Türblatt (Mindestdicke ca. 4 cm) und einer mindestens dreiseitig umlaufenden Dichtung. Fußschwellen oder besondere Vorkehrungen im Schwellenbereich waren dabei nicht erforderlich.

Unter dem Begriff „selbstschließend" war zu verstehen, dass die geöffnete Tür ohne menschliches Eingreifen bis in die Zarge und bis zum Einrasten des Verschlusssystems mittels gespeicherter Energie sicher schließen musste. Im

Baurecht wurden damals aber keine Angaben bezüglich der Dauerfunktionstüchtigkeit der selbstschließenden Türen gemacht. Ebenso fehlten Vorgaben zu deren Betrieb und Wartung.

Allerdings bedeutete die bauaufsichtliche Anforderung „selbstschließend", dass die betreffenden Türen immer, also für die gesamte Lebens- bzw. Betriebsdauer des Gebäudes, zuverlässig selbstschließend sein mussten. Deshalb mussten hierfür geeignete Schließmittel verwendet werden, die sicher und dauerhaft an geeigneten Zargen und Türblättern befestigt werden konnten.

Aktuelle Situation (2022)

Türen im nationalen Klassifizierungssystem

Im nationalen Klassifizierungssystem für Abschlüsse sind dichtschließende Abschlüsse **nicht** geregelt. Die MVV TB (Anhang 4 Punkt 5.1.1) bezeichnet den Begriff „dichtschließend" als ein **zusätzliches Merkmal** für die Verwendung, das in Abschnitt 5.4 (MVV TB, Anhang 4) definiert wird (siehe weiter unten).

> Grundsätzlich bestehen nach MVV TB (2020/2) Abschnitt A.2.1.11 „Notwendige Treppenräume" folgende Anforderungen:
>
> *[…] Türöffnungen in Wänden notwendiger Treppenräume zu Wohnungen sowie zu sonstigen Räumen und Nutzungseinheiten mit einer Fläche bis zu 200 m² müssen dicht- und selbstschließende Abschlüsse haben. Diese Anforderung wird mit Bauteilen (Türen) erfüllt, die die Dichtheit bei Vorhandensein von Rauch im Treppenraum gewährleisten, soweit es noch keine über den klimatisch bedingten thermischen Auftrieb hinausgehenden Druckdifferenzen zwischen Treppenraum und dem abzuschließenden Bereich gibt und der Rauch nicht bis zum unteren Rand der Tür abgesunken ist.*
>
> *Eine Tür ist dann dichtschließend, wenn sie die Anforderungen der unter lfd. Nr. A 2.2.1.2 genannten technischen Regel, Abschnitt 5.4, erfüllt.*
>
> *Die Türen sind dann dauerhaft selbstschließend, wenn die Kriterien der Dauerfunktion nach DIN 4102-18:1991-03 erfüllt sind.*

> **Nach MVV TB Anhang 4 Abschnitt 5.4 werden dichtschließende Türen wie folgt definiert:**
>
> *Türen sind dann dichtschließend oder schließen dicht, wenn sie formstabile Türflügel haben und mit dreiseitig umlaufenden dauerelastischen Dichtungen ausgestattet sind, die aufgrund ihrer Form (Lippen-/Schlauchdichtung) und des Dichtungsweges bei geschlossenen Türen nach dem Einbau sowohl an den Zargen als auch an den Türflügeln anliegen. Türflügel sind dann formstabil, wenn sie geschlossen sind und Verformungen ≤ 4 mm, bezogen auf die Türflügelebene in Längsrichtung (im Sinne von RAL-GZ 426/1), aufweisen.*

> *Für die Außenanwendung müssen zusätzlich das Differenzklima nach EN 14351-1:*
>
> *2006+A2:2016-21 und die Verformungsklasse nach DIN EN 12219:2000-06 nachgewiesen sein. […]*
>
> *Für die Außenanwendung von Abschlüssen ist DIN 18055:2014-11 zu beachten.*

Türen im europäischen Klassifizierungssystem

Nach MVV TB (2020/2) Anhang 4 Tabelle 5.1.4 erfüllen Türen (Abschlüsse) die Anforderung dicht- und selbstschließend, wenn sie die die Klasse SaC..2 aufweisen. Für Fußnote 2 und Legende siehe vorstehendes Kapitel C.9.1 Tabellen C.7 und C.8.

C.9.5 Feuer- und Rauchschutzabschlüsse mit lichtdurchlässigen Seitenteilen und Oberlichten

Die Erfüllung der bauaufsichtlichen Anforderung, in den raumabschließenden feuerwiderstandsfähigen Treppenraumwänden Feuer- und Rauchschutzabschlüsse anzuordnen, bereitet in der Praxis keine Probleme – vorausgesetzt, die Öffnungsgröße ist gleich der Türgröße.

In vielen Fällen ist jedoch die Öffnung in der Treppenraumwand größer als die Türgröße, und es sollen Feuer- und Rauchschutzabschlüsse mit feststehenden, verglasten Seiten- und/oder Oberteilen angeordnet werden. Grundsätzlich sind diese verglasten feststehenden Seiten und/oder Oberteile aber keine Tür mehr, sondern sie sind der Treppenraumwand zuzuordnen.

Da die Treppenraumwand, z. B. in GK 5 in der Bauart einer Brandwand ausgeführt werden muss, würde sich daraus als Konsequenz ergeben, dass die lichtdurchlässigen Seitenteile und Oberlichte als Teile der Wand ebenfalls in der Bauart einer Brandwand oder zumindest als feststehende feuerbeständige Brandschutzverglasung (national F 90 bzw. europäisch EI 90) mit einer entsprechenden genehmigungs-/bescheinigungspflichtigen Abweichung auszuführen wären.

Als weitere Konsequenz würde sich dann ergeben, dass zur Sicherung der verbleibenden Türöffnung ein feuerbeständiger, rauchdichter und selbstschließender Feuerschutzabschluss notwendig wäre, da gemäß Ver-/Anwendbarkeitsnachweis (national) bzw. Leistungserklärung und Montageanleitung (europäisch) der Brandschutzverglasungen i. d. R. nur die Kombination „feuerbeständige Brandschutzverglasung – feuerbeständiger, rauchdichter und selbstschließender Feuerschutzabschluss“ möglich ist.

Dies führte in der Vergangenheit häufig zu Problemen und hohen Kosten oder war aus finanziellen Gründen nicht durchführbar. Gemäß MBO 2002 und sinngemäß in den LBOs sind jedoch hier die im nachfolgenden Kapitel C.9.5.1 beschriebenen Erleichterungen möglich.

C.9.5.1 *Feuer- und Rauchschutzabschlüsse mit lichtdurchlässigen Seitenteilen und Oberlichten ≤ 2,50 m Breite*

Die Feuer- und Rauchschutzabschlüsse in den Treppenraumwänden notwendiger Treppen dürfen lichtdurchlässige Seitenteile und Oberlichte enthalten. Voraussetzung hierfür ist jedoch, dass der Abschluss insgesamt nicht breiter als 2,50 m ist.

Die Höhe derartiger Abschlüsse wird in der MBO nicht beschränkt. Es ist jedoch davon auszugehen, dass diese Regelung für übliche Geschosshöhen gilt. Bei deutlich größeren Geschosshöhen bzw. Höhen der Abschlüsse können höhere Anforderungen bestehen, die in jedem Einzelfall zu ermitteln sind.

Die feststehenden Seitenteile und Oberlichte müssen bezüglich ihrer Feuerwiderstandsdauer bzw. Rauchdichtheit lediglich die gleichen Anforderungen erfüllen wie die dazugehörigen Feuer- und Rauchschutzabschlüsse. In der Regel handelt es sich dabei um **komplette Elemente** bestehend aus Seitenteilen, Oberlichten und den dazugehörigen Abschlüssen.

Wichtig

Es ist darauf zu achten, dass der Ver-/Anwendbarkeitsnachweis (national) bzw. die Leistungserklärung und Montageanleitung (europäisch) das gesamte Element betreffen, also lichtdurchlässige Seitenteile, Oberlichte und den darin angeordneten Abschluss. Insbesondere ist darauf zu achten, dass danach der Einbau in die vorhandenen Treppenraumwände möglich bzw. zulässig ist (siehe sinngemäß Kapitel C.9.2).

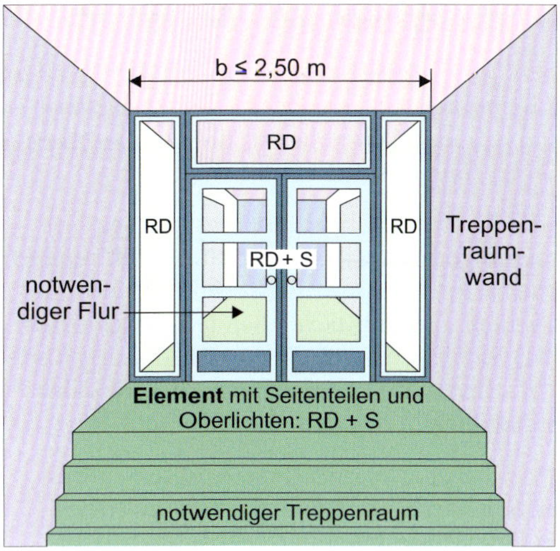

Abb. C.52: Beispiel für einen Rauchschutzabschluss zwischen notwendigem Treppenraum und notwendigem Flur

Da an den Treppenraum ein notwendiger Flur anschließt, der nur sehr geringe Brandlasten aufweist, ist hier nur ein rauchdichter und selbstschließender Abschluss erforderlich. Dieser darf lichtdurchlässige Seitenteile und Oberlichte enthalten, wenn er insgesamt nicht breiter als 2,50 m ist.

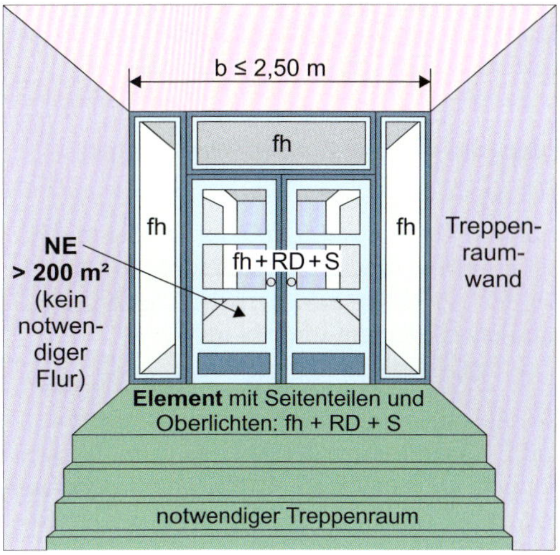

Abb. C.53: Beispiel für einen rauchdichten Feuerschutzabschluss zwischen notwendigem Treppenraum und einer NE > 200 m² ohne notwendigen Flur

Hier schließt an den Treppenraum kein notwendiger Flur, sondern eine NE > 200 m² mit Brandlasten an. Deshalb ist gemäß MBO ein feuerhemmender, rauchdichter und selbstschließender Abschluss vorgeschrieben. Dieser darf lichtdurchlässige Seitenteile und Oberlichte enthalten, wenn er insgesamt nicht breiter als 2,50 m ist.

C.9.5.2 Rauchschutzabschlüsse mit lichtdurchlässigen Seitenteilen und Oberlichten > 2,50 m ≤ 3,50 m Breite

Für Rauchschutzabschlüsse mit lichtdurchlässigen Seitenteilen und Oberlichten, die breiter als 2,50 m sind bzw. deutlich höher als übliche Geschosshöhen, gilt die vorstehende Erleichterung (Kapitel C.9.5.1) nicht.

Bei Gebäuden der GK 5 würde die Anordnung lichtdurchlässiger Seitenteile und Oberlichte als feuerbeständige Brandschutzverglasung (national F 90, europäisch EI 90) mit den dann i. d. R. (ausführungstechnisch) erforderlichen feuerbeständigen, rauchdichten und selbstschließenden Abschlüssen weit über das Schutzziel der MBO hinausgehen, die für die Türöffnung bis zu einer Öffnungsgröße ≤ 2,50 m selbst nur einen rauchdichten und selbstschließenden Abschluss fordert. Analog gilt das auch für GK 3 und 4.

Hier ist es im Rahmen einer Abweichung i. d. R. möglich, ein Element mit feuerhemmenden, feststehenden Seitenteilen und Oberlichten und einem feuerhemmenden, rauchdichten und selbstschließenden Abschluss anzuordnen. Dabei ist zu prüfen, ob bei Breiten größer 2,50 m keine Bedenken wegen des Brandschutzes bestehen. Als mögliche Öffnungsgröße ist eine Breite von bis zu 3,50 m bei üblichen Gebäudehöhen sicher nicht unrealistisch (siehe Abb. C.53).

> **Wichtig**
>
> Sollen solche Elemente angeordnet werden, ist eine prüf-/bescheinigungspflichtige Abweichung erforderlich. Entsprechend ist eine möglichst frühzeitige Abstimmung mit der den Brandschutz prüfenden/bescheinigenden Stelle empfehlenswert.

Beispiel für eine Begründung der Abweichung für Breiten zwischen 2,50 m und 3,50 m

Als Abschluss zwischen notwendigem Treppenraum und notwendigem Flur wäre bis zu einer Breite von 2,50 m nur ein rauchdichtes Element mit einem rauchdichten und selbstschließenden Abschluss erforderlich. Angeordnet wird ein feuerhemmendes, rauchdichtes Element mit einem feuerhemmenden, rauchdichten und selbstschließenden Abschluss.

Damit erfolgt die Ausführung des Abschlusses deutlich besser, als in der MBO verlangt wird. Deshalb sind Erleichterungen bei den lichtdurchlässigen Seitenteilen und Oberlichten möglich, die dann ebenfalls feuerhemmend ausgeführt werden. Mit der Begrenzung auf eine Breite von maximal 3,50 m ist zu erwarten, dass das bauaufsichtliche Schutzziel mit dem vorgesehenen, insgesamt feuerhemmenden und rauchdichten Element mit einem feuerhemmen, rauchdichten und selbstschließenden Abschluss sogar besser erfüllt wird als bei einem bis zu einer Breite von 2,50 m eigentlich nur erforderlichem Rauchschutzelement.

> **Anmerkung**
>
> Natürlich muss bei dieser Abweichung – insbesondere in Gebäuden der GK 4 und 5 – gewährleistet werden, dass bei einem evtl. Brand keine zusätzliche mechanische Beanspruchung des Elements erfolgen kann.

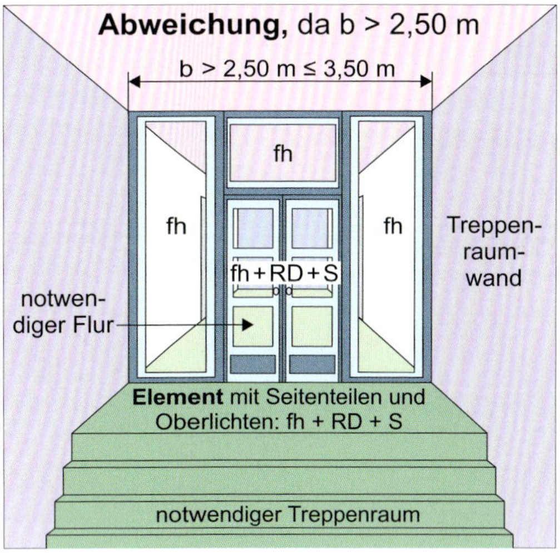

Abb. C.54: Beispiel für einen Abschluss > 2,50 m ≤ 3,50 m zwischen notwendigem Treppenraum und einem notwendigen Flur

Die lichtdurchlässigen Seitenteile und Oberlichte müssten eigentlich in einer Brandschutzverglasung mit der Feuerwiderstandsdauer der Treppenraumwand ausgeführt werden (GK 5: fb, GK 4: hf, GK 3 fh). Als Tür würde dagegen ein rauchdichter und selbstschließender Abschluss genügen.

Hier ist es i. d. R. möglich, im Zuge einer Abweichung insgesamt ein feuerhemmendes, rauchdichtes Element mit einem feuerhemmenden, rauchdichten und selbstschließenden Abschluss anzuordnen.

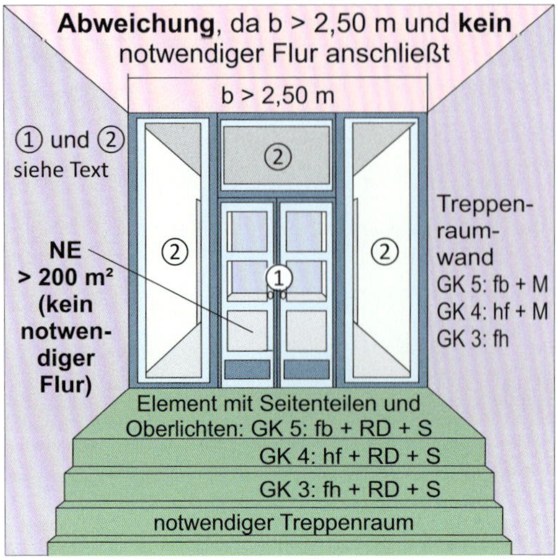

Abb. C.55: Beispiel für einen Abschluss zwischen notwendigem Treppenraum und einer NE > 200 m² mit einer Breite von > 2,50 m

Da die Breite des Abschlusses einschließlich der Seitenteile mehr als 2,50 m beträgt, ist die Erleichterung der MBO nicht mehr möglich. Erschwerend kommt hinzu, dass die Treppenraumöffnung nicht an einen notwendigen Flur (siehe Abb. C.54), sondern direkt an eine NE mit Brandlast anschließt. Eine Abweichung und frühzeitige Abstimmung mit der den Brandschutz prüfenden/bescheinigenden Stelle sind erforderlich.

①, ② Anforderungen an die Seitenteile, Oberlichte und den Abschluss:

- GK 5: Brandschutzverglasung F 90 (national) bzw. EI 90 (europäisch), Abschluss: fb + RD + S
- GK 4: Brandschutzverglasung F 60 (national) bzw. EI 60 (europäisch), Abschluss: hf + RD + S
- GK 3: Brandschutzverglasung F 30 (national) bzw. EI 30 (europäisch), Abschluss: fh + RD + S

C.9.5.3 Feuer- und Rauchschutzabschlüsse mit lichtdurchlässigen Seitenteilen und Oberlichten > 3,50 m Breite

Wenn die Öffnung größer wird als 3,50 m, ist die vorangehende Argumentation (siehe Kapitel C.9.5.2) nicht mehr ohne Weiteres möglich. Grundsätzlich sollte sich die Größe der zu schließenden Öffnungen in einem notwendigen Treppenraum den dazugehörigen Wandflächen unterordnen, so dass die Wand insgesamt nicht ihren Charakter als feuerwiderstandsfähige, raumabschließende Treppenraumwand verliert.

Bei größeren Öffnungen werden die lichtdurchlässigen Seitenteile und Oberlichte praktisch zu Treppenraumwänden, die dann die gleichen Anforderungen wie die Treppenraumwände erfüllen müssten. Dies kann insbesondere bei Gebäuden der GK 4 und 5 problematisch sein, da Brandschutzverglasungen nicht die Anforderungen an eine zusätzliche mechanische Beanspruchung erfüllen.

Sollen größere Öffnungen in Treppenraumwänden der GK 4 und 5 mit Brandschutzverglasungen gesichert werden, ist in jedem Einzelfall zu prüfen, ob Bedenken wegen der fehlenden Widerstandsfähigkeit gegen eine zusätzliche mechanische Beanspruchung bestehen. Es ist eine entsprechende Abweichung erforderlich. Eine frühzeitige Abstimmung mit der den Brandschutz genehmigenden/bescheinigenden Stelle ist empfehlenswert.

Bei Gebäuden der GK 3 bestehen dagegen keine besonderen Anforderungen an eine zusätzliche mechanische Beanspruchung der Treppenraumwände, so dass hier i. d. R. auch größere feuerhemmende Elemente mit Brandschutzverglasungen möglich sind. Da die MBO diesbezüglich keine Regelungen enthält, und feuerhemmende Brandschutzverglasungen nicht die gleiche Festigkeit wie feuerhemmende Treppenraumwände haben, ist auch hier eine frühzeitige Abstimmung mit der den Brandschutz genehmigenden/bescheinigenden Stelle empfehlenswert.

C.9.6 Beispiele für die Sicherung von Sichtöffnungen in Treppenraumwänden

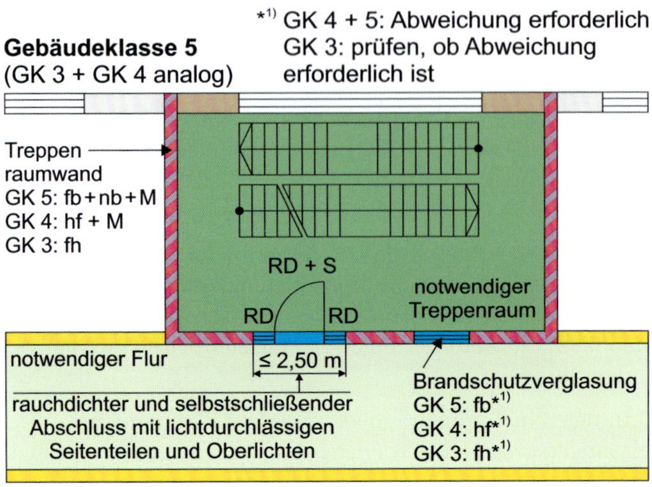

Abb. C.56: Beispiel für Treppenraumwand mit rauchdichtem, selbstschließendem Abschluss bis 2,50 m Breite und Brandschutzverglasung

Gemäß MBO ist zwischen notwendigem Flur und notwendigem Treppenraum ein rauchdichter und selbstschließender Abschluss erforderlich. Dieser darf lichtdurchlässige Seitenteile und Oberlichte enthalten, wenn der Abschluss insgesamt nicht breiter als 2,50 m ist (grundsätzliche Beschreibung siehe Kapitel C.9.5.1).

Die rechts neben der Tür angeordnete Sichtöffnung wurde mit einer Brandschutzverglasung gesichert. Hierfür ist insbesondere bei GK 4 und 5 eine Abweichung erforderlich, da die Verglasung nicht die Anforderungen an eine zusätzliche mechanische Beanspruchung erfüllt.

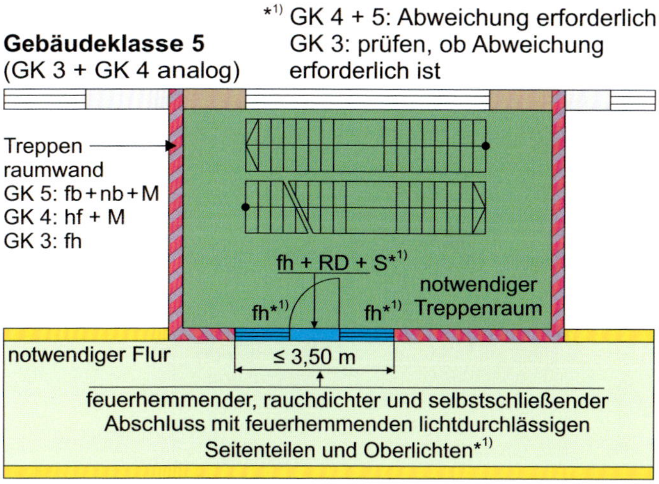

Abb. C.57: Beispiel für Treppenraumwand mit feuerhemmendem, rauchdichtem und selbstschließendem Abschluss bis 3,50 m Breite

Wie Abb. C.56, jedoch mit Abschluss bis 3,50 m Breite (grundsätzliche Beschreibung siehe Kapitel C.9.5.2)

Insbesondere bei GK 4 und 5 ist eine Abweichung erforderlich, da der Abschluss mit seinen lichtdurchlässigen Seitenteilen oder Oberlichten breiter als 2,50 m ist.

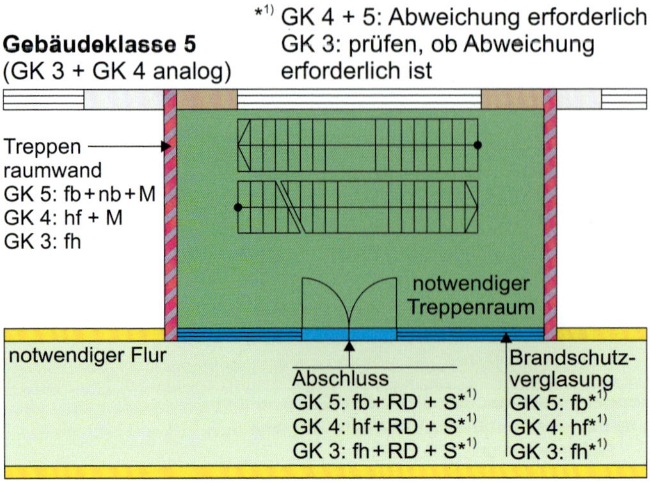

Abb. C.58: Beispiel für Treppenraumwand mit großflächiger Brandschutzverglasung und rauchdichtem, feuerwiderstandsfähigem und selbstschließendem Abschluss

Wie Abb. C.57, jedoch mit Abschluss über 3,50 m Breite (grundsätzliche Beschreibung siehe Kapitel C.9.5.3).

In diesem Beispiel wurde eine komplette Treppenraumwand durch eine Brandschutzverglasung ersetzt. Diese muss die gleiche Feuerwiderstandsdauer wie die Treppenraumwand aufweisen. Insbesondere bei Gebäuden der GK 4 und 5 ist eine entsprechende Abweichung erforderlich, da die Brandschutzverglasung nicht die Anforderungen an eine zusätzliche mechanische Beanspruchung erfüllt.

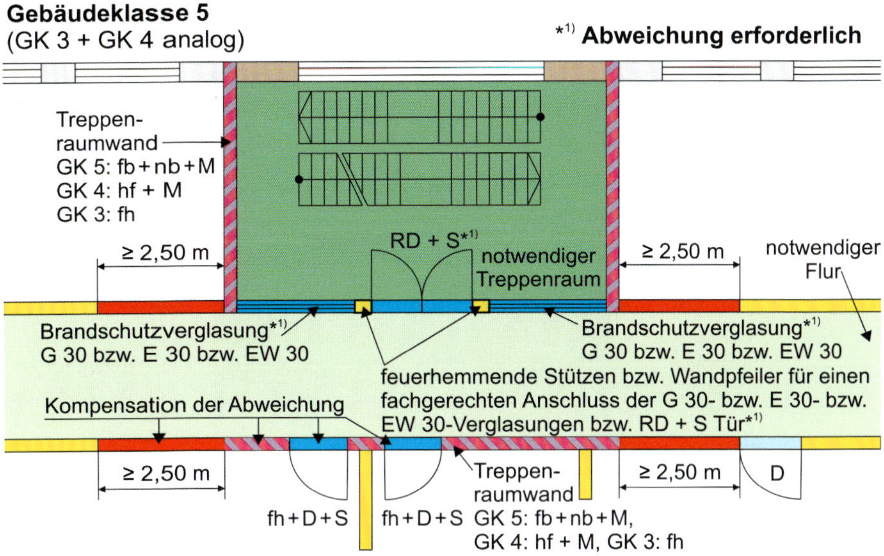

Abb. C.59: Beispiel für Abweichung bei Treppenraumwand mit großflächiger Brandschutzverglasung

Auf den ersten Blick scheint es, dass bei dieser Abweichung die Einhaltung der bauaufsichtlichen Schutzziele für den Treppenraum kritisch zu bewerten ist.

Allerdings wird durch die Anordnung der Treppenraumwand und der feuerbeständigen Wände im notwendigen Flur mit den feuerhemmenden, dichten und selbstschließenden Türen eine brandlastfreie und sichere Zone vor dem Treppenraum geschaffen, so dass die Abweichung für die großflächige Verglasung in begründeten Einzelfällen (z. B. im Bestand) möglich ist.

Wichtig: Im 2,50 m-Bereich vor dem notwendigen Treppenraum dürfen keine Brandlasten im notwendigen Flur vorhanden sein. Dies gilt auch für brennbare Leitungen oberhalb von feuerhemmenden Unterdecken. Es muss auch sonst gewährleistet sein, dass die Treppenraumwand im Brandfall nicht mechanisch beansprucht werden kann. Eine möglichst frühzeitige Abstimmung mit der den Brandschutz prüfenden/bescheinigenden Stelle ist notwendig.

Anmerkung: Die dargestellte Lösung mit der erforderlichen Abweichung ist grundsätzlich nicht unsicherer bzw. teilweise sogar sicherer als die bauordnungskonforme Lösung in Abb. C.60.

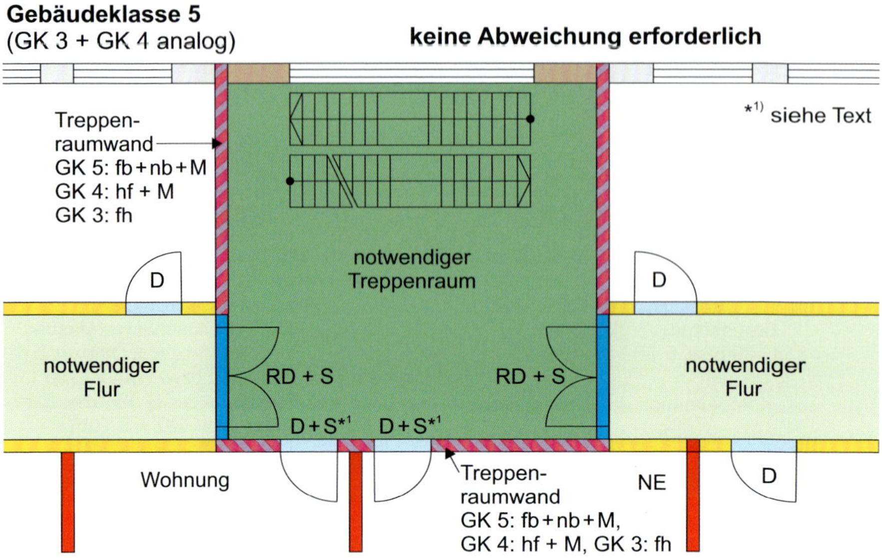

Abb. C.60: Alternative zu Abb. C.59, bei der keine Abweichung erforderlich ist

Bei der dargestellten Ausführung werden alle Anforderungen der MBO formal erfüllt. Trotzdem ist sie nicht so sicher, wie die Lösung in Abb. C.59, für die eine Abweichung erforderlich ist.

Nach einer entsprechenden Vergrößerung des Treppenraums können die beiden notwendigen Flure mit rauchdichten und selbstschließenden Abschlüssen abgeschlossen werden. Die Türen zur Wohnung und zur NE müssen in diesem Fall keine feuerhemmenden, dichten und selbstschließenden Türen sein und die Flurtüren weisen auch nicht 2,50 m „Sicherheitsabstand" zu den Treppenraumtüren auf.

In Abb. C.59 schließen an die Flure immerhin noch G 30- bzw. E 30- bzw. EW 30-Verglasungen an. In Abb. C.60 sind hier nur Rauchschutztüren ohne klassifizierte Feuerwiderstandsdauer vorhanden.

Anmerkung: Das Bild dient lediglich der Erläuterung, dass für die in Abb. C.59 dargestellte Lösung im besonders geprüften Einzelfall (z. B. im denkmalgeschützten Bestand) die beschriebene Abweichung möglich ist, da sie eine gleichwertige Sicherheit bietet. Obwohl die hier dargestellte Lösung von der MBO nicht direkt verboten ist, sind die beiden Türen vom Treppenraum zur Wohnung bzw. NE sehr ungünstig und sollten in der dargestellten Form nicht angeordnet werden (siehe hierzu auch Kapitel C.3.3 Abb. C.8).

C.9.7 Beispiel für Problemlösung bei einer störenden „selbstschließenden Eigenschaft" von Treppenraumtüren zu Wohnungen und Nutzungseinheiten

Eine Alternative zu den gemäß MBO und sinngemäß in den LBOs vorgeschriebenen selbstschließenden Türen von notwendigen Treppenräumen zu Wohnungen bzw. NE wäre z. B. die Anordnung von **Feststellanlagen mit Freilauftürschließern**. Diese Maßnahme ist jedoch relativ teuer und aufwändig. Außerdem ist sie problematisch, da hierfür gemäß Ver-/Anwendbarkeitsnachweis regelmäßige Prüfungen vorgeschrieben sind (z. B. monatlich bzw. alle drei Monate und jährlich). Dies ist insbesondere bei Wohnungen nicht praktikabel. Zusätzlich ist eine intensive Wartung erforderlich.

Eine Abhilfe ist mit dem in Abb. C.61 dargestellten Prinzip möglich.
Vor dem notwendigen Treppenraum wird ein kleiner notwendiger Flur angeordnet. Da die Türen dann vom notwendigen Flur zu den Wohnungen bzw. NE führen, müssen sie nur dichtschließend sein.

Die rauchdichte und selbstschließende Tür zwischen dem notwendigen Treppenraum und dem notwendigen Flur wird mit einer Feststellanlage offengehalten. Damit sind die Türen zu den NE problemlos erreichbar. Im Brandfall löst die Feststellanlage aus und der notwendige Flur wird vom notwendigen Treppenraum durch den Rauchschutzabschluss abgetrennt.

Anmerkung

Diese Lösung führt insgesamt auch zu einem notwendigen Treppenraum, der wesentlich sicherer ist als ein notwendiger Treppenraum, der direkte Türen zu Wohnungen und NE aufweist.

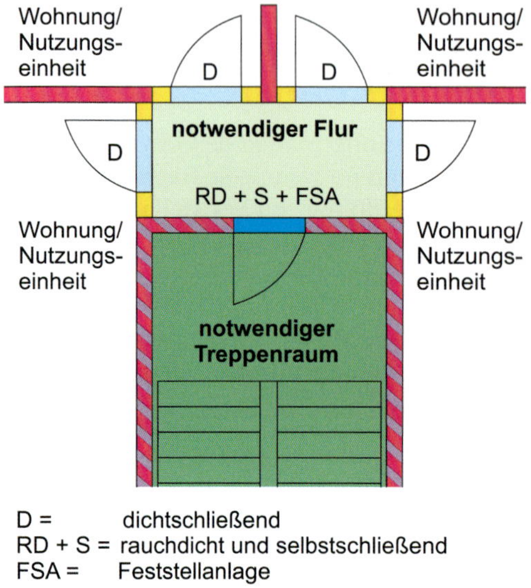

Abb. C.61: Beispiel für Problemlösung bei einer störenden „selbstschließenden Eigenschaft" von Treppenraumtüren zu Wohnungen und NE

Durch Anordnung eines kleinen notwendigen Flurs vor dem Treppenraum müssen die Türen zu den Wohnungen bzw. NE nicht mehr selbstschließend sein. Außerdem wird mit dieser Maßnahme die Sicherheit des notwendigen Treppenraums wesentlich erhöht!

C.9.8 Beispiel für einen „sehr sicheren" notwendigen Treppenraum

Abbildung C.62 zeigt als Diskussionsvorschlag einen „sehr sicheren" notwendigen Treppenraum. Nach Meinung des Autors könnte man durchaus darüber diskutieren, dass der dargestellte notwendige Treppenraum für Standardgebäude unter bestimmten Umständen die Voraussetzungen des § 33 Absatz 2 Satz 2 MBO erfüllt: *„Ein zweiter Rettungsweg ist nicht erforderlich, wenn die Rettung über einen sicher erreichbaren Treppenraum möglich ist, in den Feuer und Rauch nicht eindringen können (Sicherheitstreppenraum)".*

Dem Autor ist bewusst, dass dieser Vorschlag in Deutschland sehr kontrovers diskutiert wird, da der Begriff „Sicherheitstreppenraum" bei vielen mit einer Reihe von genau definierten (unveränderlichen?) Vorstellungen verbunden ist.

Das Argument, dass bei diesem Beispiel der notwendige Treppenraum nicht sicher erreichbar ist, kann entkräftet werden, da die LBO bei zwei baulichen Rettungswegen zulässt, dass bis zu 15 m Fluchtweg in demselben notwendigen Flur zulässig sind. Bei diesem Beispiel sind es sogar nur wenige Meter. Zudem ist gewährleistet, dass im brandbetroffenen Geschoss auch bei einem dort verrauchten notwendigen Flur der Treppenraum rauchfrei ist. Hier besteht sinngemäß die gleiche Situation wie beim Anschluss „desselben notwendigen Flurs" an die notwendigen Treppenräume.

Außerdem wird durch die Anordnung des notwendigen Flurs als **Schleuse** zum notwendigen Treppenraum auch zuverlässig verhindert, dass Feuer und Rauch in den notwendigen Treppenraum eindringen können. Eine Schleuse gilt im vorbeugenden baulichen Brandschutz als **sehr sichere Maßnahme**, eine Übertragung von Feuer und Rauch in einen brandschutztechnisch getrennten Abschnitt zu verhindern.

Sollte im extrem ungünstigen Fall der Treppenraum trotzdem ausfallen, weil im brandbetroffenen Geschoss Feuer und Rauch eindringen, so besteht für alle anderen Geschosse zunächst keine unmittelbare Gefahr, weil diese durch die Schleusen in ihren Geschossen **geschützt** sind. Da es sich um übliche Nutzungseinheiten (i. d. R. Wohnungen und vergleichbare NE) handelt, kann die Feuerwehr den Brand im brandbetroffenen Geschoss schnell löschen. Anschließend kann der Treppenraum von der Feuerwehr entraucht werden und steht dann als Fluchtweg für alle anderen (darüberliegenden) Geschosse zur Verfügung.

Zum Vergleich: Auch bei den in den LBOs geregelten deutlich unsichereren Treppenräumen (ohne Schleusen und mit dicht- und selbstschließenden Türen) entsteht z. B. bei einem sechsgeschossigen Gebäude mit je vier Wohnungen in jedem Geschoss bei einem Ausfall des Treppenraums schnell eine sehr ungünstige Situation. Diese Wohnungen haben zwar anleiterbare Fenster als zweiten Rettungsweg. Allerdings kommt die Feuerwehr mit ihren Rettungsgeräten bei einer so großen Personenzahl in unterschiedlichen Wohnungen schnell an ihre Grenzen, so dass unter ungünstigen Umständen nicht jeder mit den Rettungsgeräten gerettet werden kann. Genau dieser Ausfall wird bei dem im Bild dargestellten Diskussionsvorschlag jedoch extrem unwahrscheinlich!

Hinweis

Der Diskussionsvorschlag entspricht in seinen Grundzügen dem Anhang A Abschnitt 3 der Berliner VV TB Bln vom 10. Juli 2020. Der einzige Unterschied besteht darin, dass im „Berliner Modell des Sicherheitstreppenraums light" die Öffnungen vom notwendigen Flur zu den Wohnungen mit einer Feststellanlage mit Freilauffunktion auszustatten sind.

Diese Anforderung scheint insbesondere für Wohnungen – nach Meinung des Autors – problematisch, da sogenannte „Freilauftürschließer" regelmäßig geprüft und gewartet werden müssen, was in Wohnungen nicht praktikabel ist. Als **Ausgleich** hierfür wurde im Diskussionsvorschlag zwischen notwendigem Flur und notwendigem Treppenraum anstelle eines rauchdichten und selbstschließenden Abschlusses ein feuerhemmender, rauchdichter und selbstschließender Abschluss angeordnet, der zudem noch eine Feststellanlage aufweist. Diese kann dann auch problemlos regelmäßig überprüft und gewartet werden.

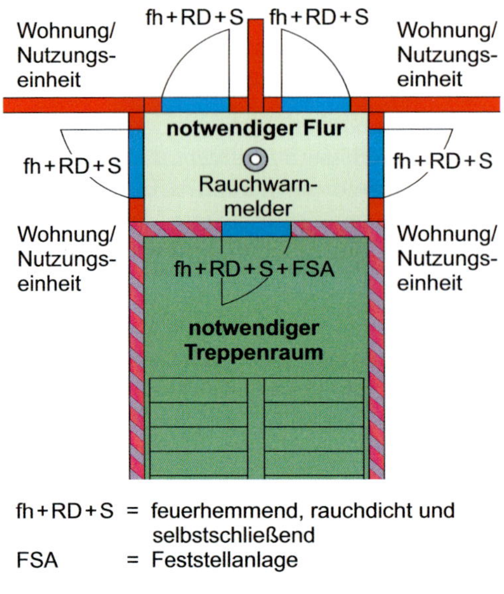

Abb. C.62: Diskussionsvorschlag für einen „sehr sicheren" notwendigen Treppenraum

Für Erläuterungen siehe Kapitel C.9.8.

C.9.9 Beispiele für „besondere Maßnahmen" bei bestimmten Rauchschutztüren zwischen notwendigem Treppenraum und notwendigem Flur

Wie in Kapitel C.9.3 beschrieben, genügend bei Gebäuden, die keine Sonderbauten sind und Gebäuden (auch Sonderbauten), in denen keine außergewöhnliche Risikosituation besteht, von notwendigen Treppenräumen zu notwendigen Fluren die in der MBO vorgeschriebenen **rauchdichten und selbstschließenden Türen**.

Die unter ungünstigen Umständen evtl. mögliche Brandbelastung von verglasten Rauchschutztüren bei nahe angrenzenden ungesicherten Türöffnungen in notwendigen Fluren wird von der MBO als **gesellschaftlich akzeptiertes Risiko** akzeptiert.

Insbesondere in Sonderbauten, in denen eine **außergewöhnliche Risikosituation** besteht, ist im Einzelfall eine Überprüfung empfehlenswert, ob das Risiko einer evtl. im Brandfall möglichen frühzeitigen Zerstörung von verglasten Rauchschutztüren besteht und welche Maßnahmen ggf. notwendig sind. Im Zweifelsfall ist eine Abstimmung mit der für den Brandschutz prüfenden/bescheinigenden Stelle empfehlenswert.

Im Folgenden wird die Thematik anhand von Beispielen mit Bildern (Lösungen A bis D) erläutert. Grundsätzlich bestehen unterschiedliche Lösungsmöglichkeiten, wenn in unmittelbarer Nähe der rauchdichten und selbstschließenden Treppenraumtüren notwendige Flure mit ungesicherten Öffnungen vorhanden sind.

Lösung A: Ertüchtigung der angrenzenden Flurwände auf 2,50 m Länge und Anordnung von Abständen zu Öffnungen in den Flurwänden

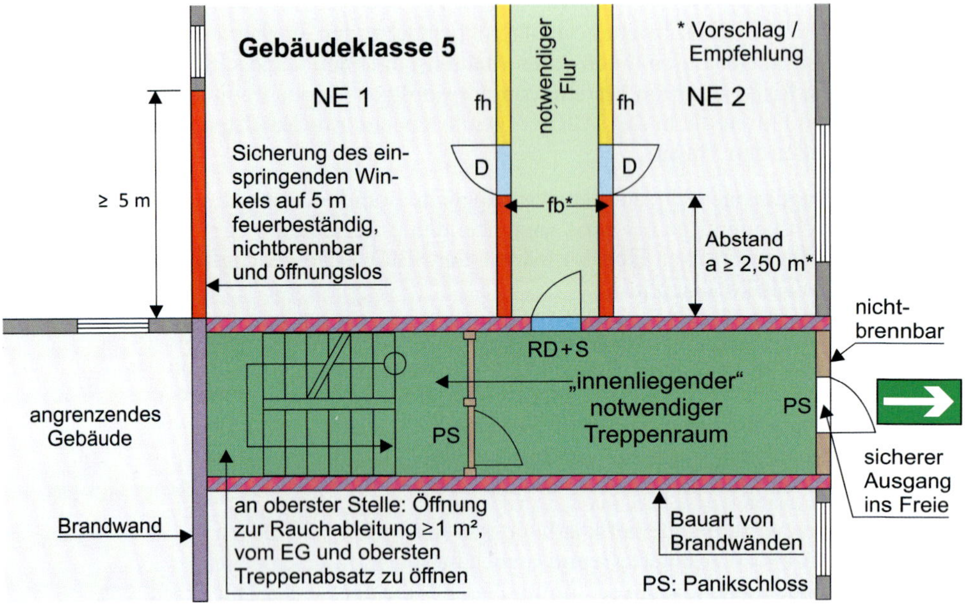

Abb. C.63: Beispiel für eine verglaste Rauchschutztür in einem notwendigen Treppenraum mit besonderer Risikosituation: Verbesserung des Brandschutzes durch Ertüchtigung der angrenzenden Flurwände auf 2,50 m Länge und Anordnung von Abständen zu Öffnungen in den Flurwänden

Problem: Bei einem Brand in NE 1 oder NE 2 und offenstehender Tür zum Flur bzw. nach Versagen dieser Tür kann bei unzureichendem Abstand a die verglaste rauchdichte und selbstschließende Tür direkt vom Brand beaufschlagt werden, so dass ihr frühzeitiges Versagen zu befürchten ist, da verglaste Rauschutztüren nur bis zu einer Temperatur von 200 °C geprüft sind.

Lösung: Da es sich um einen notwendigen Treppenraum mit besonderer Risikosituation handelt (z. B. „innenliegender Treppenraum"), werden die angrenzenden Flurwände auf eine Länge von 2,50 m feuerbeständig und öffnungslos ertüchtigt. Der Abstand der ersten Öffnungen in den Flurwänden beträgt damit mindestens 2,50 m (Alternativen siehe Abb. C.64 bis C.66).

Wichtig: Diese Maßnahme ist in der MBO und sinngemäß auch in den LBOs nicht vorgeschrieben. Sie kann jedoch in besonders nachgewiesenen Einzelfällen bei besonderen Risikosituationen zur Verbesserung des Brandschutzes dienen.

Lösung B: Ertüchtigung von Öffnungen in den angrenzenden Flurwänden, die einen Abstand von weniger als 2,50 m haben

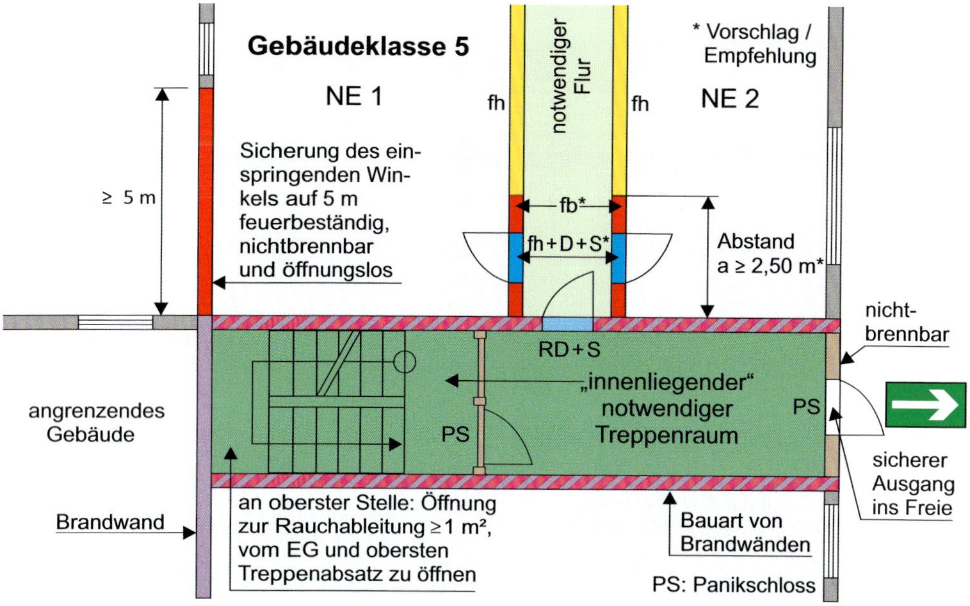

Abb. C.64: Wie Abb. C.63, jedoch mit gesicherten Öffnungen in einem Abstand von weniger als 2,50 m

Da in diesem Beispiel der in Abb. C.63 dargestellte Abstand a von mindestens 2,50 m zu den Türöffnungen im angrenzenden notwendigen Flur nicht möglich ist, wurden die Türen mit geringerem Abstand angeordnet. Sie müssen dann feuerhemmend, dicht- und selbstschließend sein. Eine weitere Alternative wird in Abb. C.65 dargestellt.

Lösung C: Ausführung der rauchdichten und selbstschließenden Tür als feuerhemmende, rauchdichte und selbstschließende Tür

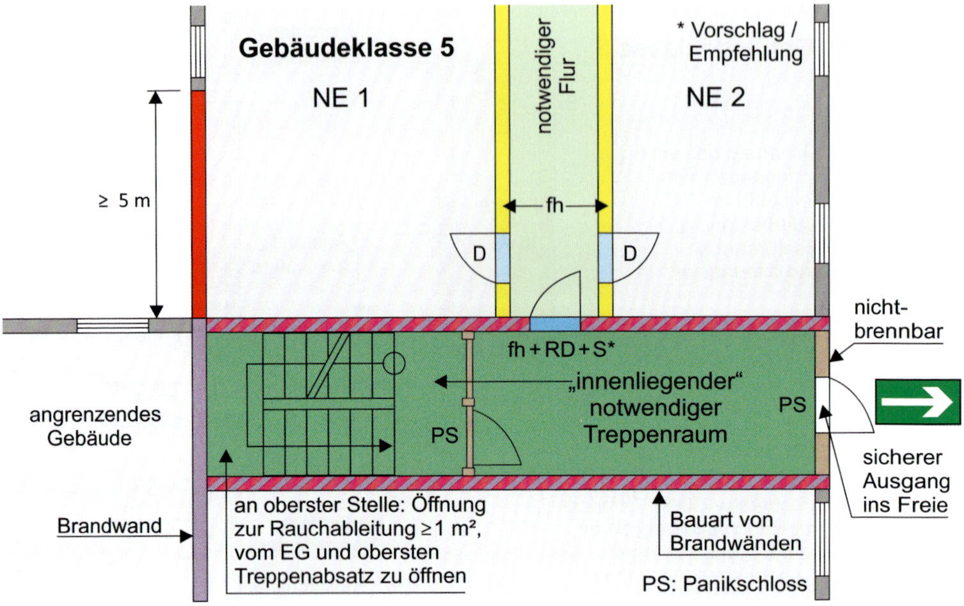

Abb. C.65: Beispiel für eine Verbesserung des Brandschutzes durch Anordnung einer feuerhemmenden, rauchdichten und selbstschließenden Tür

Alternativ zur Anordnung eines brandschutztechnisch gesicherten Abstandes a von 2,50 m (siehe Abb. C.63 und C.64) kann die Tür zwischen dem notwendigen Treppenraum und notwendigem Flur anstelle der in der LBO geforderten rauchdichten und selbstschließenden Tür als feuerhemmende, rauchdichte und selbstschließende Tür ausgeführt werden.

Lösung D: Gewährleistung, dass im direkt angrenzenden notwendigen Flur nur Räume mit sehr geringer baulicher und betrieblicher Brandlast anschließen

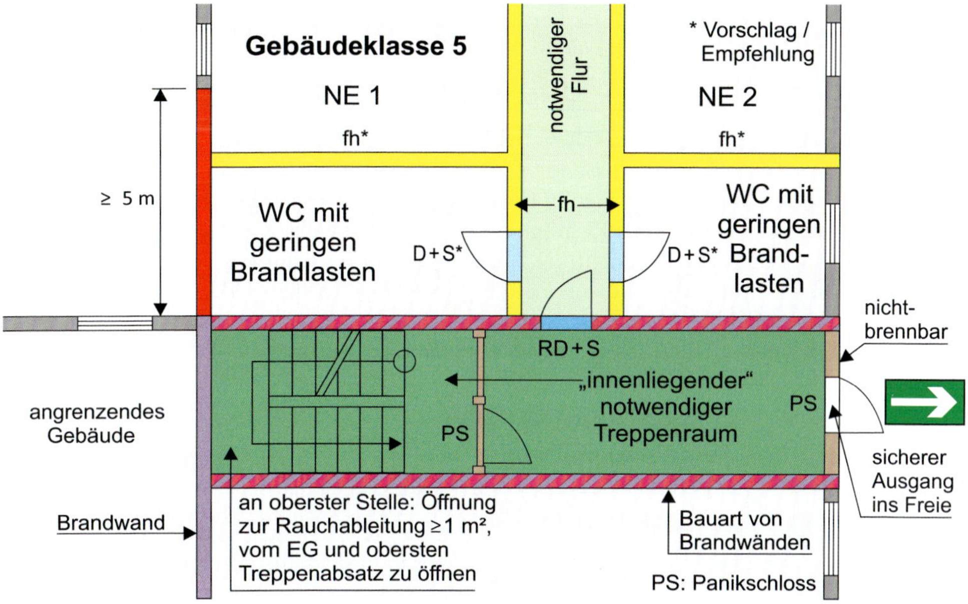

Abb. C.66: Beispiel für eine Verbesserung des Brandschutzes, indem im Bereich der rauchdichten und selbstschließenden Tür im angrenzenden notwendigen Flur nur Räume mit sehr geringer baulicher und betrieblicher Brandlast anschließen

Obwohl die beiden Türen zu den WCs weniger als 2,50 m von der rauchdichten und selbstschließenden Tür entfernt sind, besteht bei diesem Bild eine ausreichende Sicherheit, da im 2,50 m Bereich der rauchdichten und selbstschließenden Tür im notwendigen Flur nur Räume mit sehr geringer baulicher und betrieblicher Brandlast (z. B. WCs) anschließen. Bei einem Brand in diesen Räumen ist davon auszugehen, dass keine besondere Beanspruchung der Treppenraumtür erfolgt.

Die Risikosituation kann definiert und verbessert werden, indem die Wände der WC-Räume zu den angrenzenden Räumen feuerhemmend und die Türen von den WCs zum notwendigen Flur dicht- und selbstschließend ausgeführt werden.

C.10 Beleuchtung

> **§ 35 (7) MBO: Beleuchtung**
>
> [1]*Notwendige Treppenräume müssen zu beleuchten sein.* [2]*Notwendige Treppenräume ohne Fenster müssen in Gebäuden mit einer Höhe nach § 2 Absatz 3 Satz 2 von mehr als 13 m eine Sicherheitsbeleuchtung haben.*

Notwendige Treppenräume müssen zu beleuchten sein. Notwendige Treppenräume ohne Fenster müssen in Gebäuden mit einer Höhe der Fußbodenoberkante des höchst gelegenen Geschosses, in dem ein Aufenthaltsraum möglich ist, von mehr als 13 m (gemessen über der Geländeoberfläche im Mittel) eine Sicherheitsbeleuchtung haben. Für Anforderungen an die Sicherheitsbeleuchtung siehe Muster-Leitungsanlagen-Richtlinie (MLAR).

C.11 Belüftung und Entrauchung von notwendigen Treppenräumen

> **§ 35 (8) MBO: Belüftung und Entrauchung**
>
> [1]*Notwendige Treppenräume müssen belüftet und zur Unterstützung wirksamer Löscharbeiten entraucht werden können.* [2]*Sie müssen*
>
> 1. *in jedem oberirdischen Geschoss unmittelbar ins Freie führende Fenster mit einem freien Querschnitt von mindestens 0,50 m² haben, die geöffnet werden können, oder*
> 2. *an der obersten Stelle eine Öffnung zur Rauchableitung haben.*
>
> [3]*In den Fällen des Satzes 2 Nr. 1 ist in Gebäuden der Gebäudeklasse 5 an der obersten Stelle eine Öffnung zur Rauchableitung erforderlich; in den Fällen des Satzes 2 Nr. 2 sind in Gebäuden der Gebäudeklassen 4 und 5, soweit dies zur Erfüllung der Anforderungen nach Satz 1 erforderlich ist, besondere Vorkehrungen zu treffen.* [4]*Öffnungen zur Rauchableitung nach Satz 2 und 3 müssen in jedem Treppenraum einen freien Querschnitt von mindestens 1 m² und Vorrichtungen zum Öffnen ihrer Abschlüsse haben, die vom Erdgeschoss sowie vom obersten Treppenabsatz aus bedient werden können.*

Für Erläuterungen zu notwendigen Treppenräumen, die in jedem oberirdischen Geschoss öffenbare unmittelbar ins Freie führende Fenster haben und zu Treppenräumen, die solche Fenster nicht haben, siehe auch Kapitel C.4.1.

C.11.1 Schutzziele und grundsätzliche Anforderungen an die Belüftung und Entrauchung

C.11.1.1 Grundsätzliches Schutzziel des notwendigen Treppenraums

Der notwendige Treppenraum ist in erster Linie für alle Gebäudenutzer (Bewohner) ein Fluchtweg, der im Brandfall natürlich möglichst lange zur Verfügung stehen sollte. Wird er im Brandfall unter ungünstigen Umständen **verraucht**, so fällt die Möglichkeit der sicheren Flucht für die Benutzer ohne Wenn und Aber **sofort** aus. Seine weitere Benutzung als Fluchtweg ist dann (abhängig vom jeweiligen Brandszenario) i. d. R. mit einem großen, oft sogar tödlichen Risiko verbunden.

Genau für diesen Fall, wenn der notwendige Treppenraum bei einem Brand ausfällt, verlangt die MBO einen **zweiten Rettungsweg**, der von dem ausgefallenen Treppenraum **unabhängig** sein muss. Dieser wird bei Gebäuden, die keine Sonderbauten sind, i. d. R. über Rettungsgeräte der Feuerwehr hergestellt, kann aber auch ein weiterer baulicher Rettungsweg (zweiter unabhängiger Fluchtweg) sein.

Wichtig ist in diesem Zusammenhang auch das **richtige Verhalten** der betroffenen Gebäudenutzer im Brandfall bei einem Ausfall ihres Fluchtweges (= notwendigen Treppenraums).

Tatsache ist jedoch: Ist ein notweniger Treppenraum im Brandfall durch eindringenden Rauch ausgefallen, fällt seine Funktion als Fluchtweg für die Selbstrettung der Gebäudenutzer sofort aus und kann, solange der Brandrauch ungehindert eindringt, auch durch keine Maßnahmen wie öffenbare Fenster, Entrauchung, Lüftung usw. so entraucht werden, dass eine Flucht möglich ist.

Soll der Treppenraum auch im Brandfall zur Verfügung stehen, dann müssen alle Maßnahmen darauf abzielen, dass Feuer und Rauch erst gar nicht in den Treppenraum eindringen können (= Sicherheitstreppenraum).

Das Risiko, dass Feuer und Rauch in den Treppenraum eindringen können, wird von der MBO im Rahmen des **gesellschaftlich akzeptierten Risikos** in Kauf genommen, da bei seinem Ausfall ein zweiter Rettungsweg zur Verfügung steht. Deutlich wird das z. B. daran, dass bei einem Gebäude der GK 5 zwar die Treppenraumwände in der Bauart einer Brandwand ausgeführt werden müssen, an die Wohnungseingangstüren aber nur die Anforderung „dicht- und selbstschließend“ besteht.

Die hohen Anforderungen an die Treppenraumwände und auch andere bauaufsichtliche Anforderungen an die notwendigen Treppenräume haben also nicht nur das Ziel, die Flucht möglichst lange zu ermöglichen, sondern den Treppenraum als möglichst sicheren Rettungsweg, Angriffsweg und Rückzugsweg für die Feuerwehr auszubilden.

Wichtig

Die bezüglich der Belüftung und Entrauchung des Treppenraums in der MBO vorgeschriebenen Maßnahmen dienen **nicht** zur Verbesserung der Fluchtmöglichkeiten der Gebäudenutzer, sondern **ausschließlich** zur Unterstützung wirksamer Löscharbeiten. Die Entrauchung eines verrauchten Treppenraums zur Ermöglichung der Selbstrettung der Gebäudenutzer ergibt erst Sinn (und ist erst dann möglich), nachdem das Feuer weitgehend gelöscht wurde.

C.11.1.2 Schutzziel der Belüftung und Entrauchung des notwendigen Treppenraums

Aus dem in Kapitel C.11.1.1 beschriebenen Schutzziel des notwendigen Treppenraums ergibt sich, dass die MBO für die Personenrettung **keine** Maßnahmen zur Rauchableitung im notwendigen Treppenraum vorsieht. Damit lautet das Schutzziel in Bezug auf die Entrauchung des notwendigen Treppenraums, dass die genannten Öffnungen zur Rauchableitung nicht zur Rauchfreihaltung, sondern **ausschließlich** der Entrauchung zur Unterstützung wirksamer Löscharbeiten durch die Feuerwehr dienen.

Das Schutzziel der Öffnungen zur Rauchableitung bezieht sich also nicht darauf, den Rauch so abzuleiten, dass eine Flucht (Selbstrettung) der Bewohner bzw. Gebäudenutzer über den Treppenraum stattfinden kann. Das ist in verrauchten Treppenräumen i. d. R. auch gar nicht möglich, weil diese wie **Kamine** wirken, so dass die für die Selbstrettung erforderliche raucharme Schicht in den oberen Geschossen mit Rauchabzügen nicht herzustellen ist.

Deshalb sind die Öffnungen zur Rauchableitung erst für den Zeitpunkt vorgesehen, an dem die Selbstrettung bereits abgeschlossen ist bzw. bei einem verrauchten Treppenraum der zweite Rettungsweg durch die Feuerwehr hergestellt wird. Die Öffnungen zur Rauchableitung **unterstützen** dann die Feuerwehr, den Treppenraum im Zuge der Brandbekämpfung bzw. danach mit ihren Hilfsmitteln (z. B. Druckbelüfter) zu entrauchen.

Bei Treppenräumen, die in jedem oberirdischen Geschoss öffenbare Fenster haben, wird dies durch die in jedem Geschoss erforderlichen unmittelbar ins Freie führenden öffenbaren Fenster und bei Treppenräumen ohne öffenbare Fenster sowie Treppenräumen in Gebäuden der GK 5[4] durch eine an der obersten Stelle angeordnete Öffnung zur Rauchableitung ermöglicht.

Können die Treppenraumfenster nicht oder nur durch Benutzung von Werkzeugen geöffnet werden, wird das genannte Schutzziel nicht mehr ohne Weiteres erreicht. Solche Treppenräume benötigen an der obersten Stelle eine Öffnung zur Rauchableitung, und bei Gebäuden der GK 4 und 5 können weitergehende Anforderungen bestehen (siehe Kapitel C.11.3).

Das Gleiche gilt auch für Treppenräume, die im oberen Bereich keine zu öffnenden Fenster haben. Die Schadenerfahrung zeigt, dass sich in diesem Fall im Treppenraum ein Rauchsack bildet, wobei die untere Zone der Verrauchung etwa die Höhe des höchsten zu öffnenden Fensters hat (siehe Kapitel C.11.2 und Abb. C.67 sowie Kapitel C.14).

Eine bloße mechanische Entrauchung des Treppenraums (ohne weitere Maßnahmen) ist i. d. R. nicht zielführend, da durch den dabei entstehenden Unterdruck zusätzlicher Rauch in den Treppenraum hineintransportiert wird. Lüftungsanlagen sind deshalb als ingenieurgemäß bemessene und geplante Überdruck-Lüftungsanlagen auszuführen und i. d. R. für Sicherheitstreppenräume relevant. Sie müssen dann so bemessen sein, dass

4 Teilweise auch unterschiedlich geregelt. In einigen Ländern besteht diese Anforderung z. B. bei Gebäuden mit einer Höhe h (Maß der Fußbodenoberkante des höchstgelegenen Geschosses, in dem ein Aufenthaltsraum möglich ist, über der Geländeoberfläche im Mittel) von mehr als 13 m.

Brandrauch im Brandfall gar nicht erst in den notwendigen Treppenraum eindringen kann.

C.11.2 Notwendige Treppenräume, die in jedem oberirdischen Geschoss öffenbare Fenster haben

Die notwendigen Treppenräume liegen i. d. R. mit mindestens einer Seite an einer Außenwand und haben dort unmittelbar ins Freie führende Fenster mit einem Querschnitt von mindestens 0,50 m², die geöffnet werden können.

Wichtig in diesem Zusammenhang ist, dass die Treppenraumaußenwände mit ihren öffenbaren Fenstern durch an diese Außenwände anschließenden Gebäudeteile im Brandfall nicht gefährdet werden können (siehe hierzu auch Abb. C.33 und C.37 in Kapitel C.6.5).

Gibt es in einem Dachgeschoss Aufenthaltsräume, müssen auch dort ins Freie führende Fenster angeordnet werden. Diese Fenster sollten etwa in der oberen Hälfte des Dachgeschosses liegen und müssen jederzeit geöffnet werden können.

Zusätzlich ist in Gebäuden der GK 5 an der obersten Stelle eine Öffnung zur Rauchableitung erforderlich (siehe Kapitel C.11.4)[5].

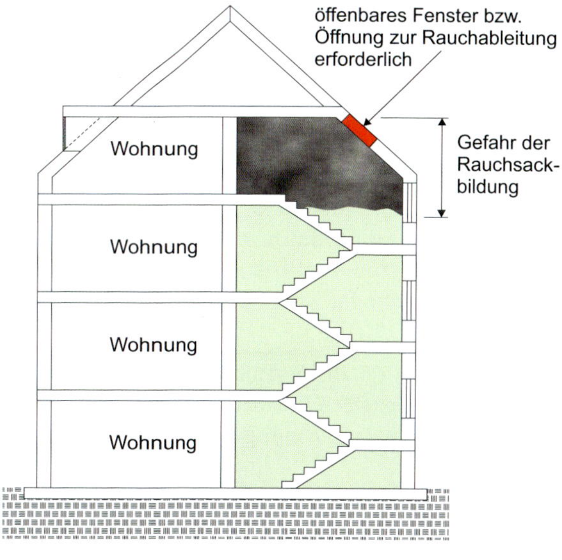

Abb. C.67: Beispiel für eine Rauchsackbildung im Treppenraum

Wenn im oberen Bereich kein zu öffnendes Fenster und keine Einrichtung zur Rauchableitung vorhanden sind, ist im Brandfall eine Rauchsackbildung vorprogrammiert. Für Schadenbilder siehe Kapitel C.14.2.

5 Teilweise ist dies auch unterschiedlich geregelt: In einigen Ländern besteht diese Anforderung z. B. bei Gebäuden mit einer Höhe h (Maß der Fußbodenoberkante des höchstgelegenen Geschosses, in dem ein Aufenthaltsraum möglich ist, über der Geländeoberfläche im Mittel) von mehr als 13 m.

C.11.3 Notwendige Treppenräume, die nicht in jedem oberirdischen Geschoss öffenbare Fenster haben

Die ursprüngliche Bezeichnung dieser Treppenräume in der MBO 2002 lautete „*innenliegende notwendige Treppenräume*". Mit Änderung der MBO 2002 vom September 2012 ist die Differenzierung zwischen außenliegenden und innenliegenden Treppenräumen entfallen. Damit werden diese Treppenräume nach der aktuellen MBO definiert als „*notwendige Treppenräume, die nicht in jedem oberirdischen Geschoss unmittelbar ins Freie führende Fenster mit einem Querschnitt von mindestens 0,50 m² haben, die geöffnet werden können*".

Die Treppenräume müssen an der obersten Stelle eine Öffnung zur Rauchableitung haben (siehe dazu Kapitel C.11.4). Außerdem sind nach MBO in Gebäuden der GK 4 und 5 **besondere Vorkehrungen** zu treffen, soweit dies zur Erfüllung der Anforderung „notwendige Treppenräume müssen belüftet und zur Unterstützung wirksamer Löscharbeiten entraucht werden können" erforderlich ist.

Ob und welche besonderen Vorkehrungen bei diesen Gebäuden jeweils erforderlich sind, wird in der MBO (und sinngemäß in den LBOs) nicht aufgeführt. Hier bestehen in Deutschland teilweise sehr unterschiedliche Anforderungen und Meinungen. In diesem Zusammenhang ist jedoch Folgendes zu beachten:

- Die Vorkehrungen dienen **ausschließlich** dem Schutzziel „*Entrauchung zur Unterstützung wirksamer Löscharbeiten*" (siehe auch Kapitel C.11.1).
- Bezüglich dieses Schutzziels sind die Risikoprofile notwendiger Treppenräume mit oder ohne Fenster in jedem Geschoss grundsätzlich vergleichbar: Nur weil ein Treppenraum nicht in jedem Geschoss öffenbare Fenster hat, sondern stattdessen eine Öffnung zur Rauchableitung an oberster Stelle, besteht **kein** deutlich größeres Risiko bezüglich der „*Entrauchung zur Unterstützung wirksamer Löscharbeiten*" als bei Treppenräumen, die solche Fenster haben.

Die für notwendige Treppenräume grundsätzliche Anforderung der Entrauchung kann sowohl mit öffenbaren Fenstern in jedem Geschoss als auch mit einer an der obersten Stelle angeordneten Öffnung zur Rauchableitung erfüllt werden.

Dass die Öffnung zur Rauchableitung im Brandfall erst später, also in Verbindung mit den Geräten der Feuerwehr (z. B. Druckbelüfter), wirksam wird, spielt in diesem Zusammenhang keine Rolle, da die Entrauchung gemäß MBO **ausschließlich** zur Unterstützung wirksamer Löscharbeiten dienen soll.

Deshalb müssen solche besonderen Vorkehrungen **begründet und verhältnismäßig** sein. Sie können sich z. B. durch die besondere Lage und Situation der Treppenräume ergeben.

Für Treppenräume, die im Inneren des Gebäudes liegen, können z. B. besondere Maßnahmen für die Zuluftzuführung erforderlich sein. In diesem

Zusammenhang muss es möglich sein, dass die Feuerwehr ihre Geräte (z. B. Druckbelüfter) einsetzen kann.

Außerdem ist es bei solchen Treppenräumen besonders wichtig, dass die Öffnung zur Rauchableitung sicher, also auch bei Stromausfall geöffnet werden kann.

Wichtig

Die in der MBO verlangten besonderen Vorkehrungen beziehen sich ausschließlich auf das Schutzziel Unterstützung wirksamer Löscharbeiten. Allerdings wurde und wird diese Regelung in verschiedenen Ländern teilweise sehr unterschiedlich behandelt und auch bezüglich der im jeweiligen Land erforderlichen „besonderen Vorkehrungen" sehr unterschiedlich interpretiert (z. B. über Verwaltungsvorschriften).

Beispiele

In **Bayern** werden nach BayBO bei Gebäuden der GK 4 und 5 **keine** besonderen Vorkehrungen verlangt. Es genügt hier die Öffnung zur Rauchableitung.

Anmerkung

Natürlich muss diese dann sicher funktionieren und auch die Zuluftzuführung muss gewährleistet sein.

In **Sachsen** bestehen über die „Verwaltungsvorschrift des Sächsischen Staatsministeriums des Innern zur Sächsischen Bauordnung" (VwVSächsBO, vom 18. März 2005, Stand 1. Juni 2019) für Gebäude der GK 4 und 5 extrem hohe zusätzliche Anforderungen.

In **Thüringen** enthält die „Bekanntmachung des Ministeriums für Infrastruktur und Landwirtschaft zum Vollzug der Thüringer Bauordnung" (VollzBekThürBO, vom 30. Juli 2018) zwar eine moderate und den oben genannten Schutzzielen entsprechende Risikobeschreibung. Allerdings werden daran anschließend für Gebäude der GK 4 und 5 zusätzliche Maßnahmen vorgeschlagen, die ebenfalls relativ hohe Anforderungen enthalten.

Wichtig

Im Zweifelsfall ist eine möglichst frühzeitige Abstimmung mit der den Brandschutz prüfenden/bescheinigenden Stelle empfehlenswert.

C.11.4 Anforderungen an die Öffnung zur Rauchableitung

Gemäß MBO müssen die Öffnungen zur Rauchableitung in jedem Treppenraum einen freien Querschnitt von mindestens 1 m^2 und Vorrichtungen zum Öffnen ihrer Abschlüsse haben, die vom Erdgeschoss sowie vom obersten Treppenabsatz aus bedient werden können.

Die MBO spricht bewusst von **Öffnungen zur Rauchableitung** und nicht von Rauchabzügen bzw. RWA. Sie enthält zwar Anforderungen zur

Mindestgröße und Bedienbarkeit, jedoch keine weiteren Angaben über technische Level wie Qualität, Ausführung, sichere Bedienbarkeit und regelmäßige Prüfung und Wartung.

Daraus ergibt sich grundsätzlich, dass die in der MBO geforderten Öffnungen **keine** automatischen Rauchabzugsanlagen nach der Normenreihe DIN 18232 „Rauch- und Wärmefreihaltung" bzw. DIN EN 12101-2:2017-08 „Rauch- und Wärmefreihaltung – Teil 2: Natürliche Rauch- und Wärmeabzugsgeräte" mit aerodynamisch wirksamer Öffnungsfläche sein müssen.

Hierfür ist lediglich als Mindestanforderung an der obersten Stelle eine manuell auslösbare Öffnung mit einer lichten Größe von 1 m^2 herzustellen, die vom Erdgeschoss und obersten Treppenabsatz aus geöffnet werden kann.

In diesem Zusammenhang ist interessant, dass in der MVV TB (2020/2) unter D 2.2 Bauprodukte und Verwendungen aufgelistet sind, an die **keine** weitergehenden Brandschutzanforderungen gestellt werden – und in Abschnitt D 2.2.3.9 folgende Bauprodukte aufgeführt sind: *„Abschlüsse von Öffnungen zur Rauchableitung in notwendigen Treppenräumen, die nicht zur Rauchfreihaltung, sondern der Entrauchung nach Evakuierung dienen, sowie deren Vorrichtungen zum Öffnen".*

Daraus geht hervor, dass an diese Öffnungen zur Rauchableitung **keine** weitergehenden Brandschutzanforderungen bestehen. Allerdings genügt es auch nicht, nur die vorgeschriebene 1 m^2 große Öffnung mit Auslöseeinrichtungen im Erdgeschoss und am obersten Treppenabsatz herzustellen, ohne sich darüber Gedanken zu machen, dass sichergestellt sein muss, dass die Auslöseeinrichtung im Brandfall zuverlässig ausgelöst werden kann.

Im Brandfall muss bei Betätigung der Auslösevorrichtung das sichere Öffnen der Rauchableitung gewährleistet sein. Dies kann z. B. folgendermaßen geschehen:

- Aktivierung über mechanische Bauteile, z. B. ein Gestänge, das im Treppenraum so verlegt wird, dass ohne Hilfsmittel jederzeit eine Öffnung möglich ist.
- Aktivierung über Gaspatronen (CO_2) mit Leitungsverlegung im geschützten Treppenraum.
- Aktivierung über elektrische Bauteile, z. B. elektromagnetisch bzw. elektromotorisch.

In diesem Fall muss jedoch gewährleistet sein, dass auch bei einem **Ausfall** der Stromversorgung die Auslöseeinrichtungen für eine bestimmte (ausreichende) Zeit funktionsfähig bleiben.
Anmerkung: Hierzu müssen sie jedoch nicht mit Funktionserhalt ausgeführt werden. Als mögliche Lösung wäre z. B. ein sicher (direkt) angeschlossener eigener Stromkreis nur für die Öffnungsvorrichtung und Verlegung der Leitungen unter Putz denkbar.

- Ausführung der Öffnung zur Rauchableitung mit einem Rauchmelder, so dass ein Ansprechen des Rauchmelders durch Rauch ein sicheres und selbsttätiges Öffnen der Anlage bewirkt.

Da es sich bei der Öffnung zur Rauchableitung nach MVV TB um ein Bauprodukt bzw. eine Verwendung handelt, an die **keine** weitergehenden

Brandschutzanforderungen gestellt werden, bestehen grundsätzlich auch noch andere Ausführungsmöglichkeiten. Allerdings sollten sich alle am Bau Beteiligten ihrer Verantwortung (und auch Haftung) bewusst sein und eine Lösung wählen, die ein sicheres Öffnen zur Rauchableitung für eine ausreichend lange Zeit **gewährleistet**.

Kennzeichnung der Bedienungsstellen

Die Bedienungsstellen sind so auszuführen, dass sie deutlich erkennbar und leicht zu bedienen sind, z. B. mit der Aufschrift „Rauchabzug". Auch sollte die Stellung der Rauchabzugsöffnung – offen oder geschlossen – an der Bedienungsstelle erkennbar sein. Sie sind in der Nähe des Hauseingangs (im EG) und am obersten Treppenabsatz anzubringen.

Zuluft

Da es sich bei den Öffnungen zur Rauchableitung um keine Rauch- und Wärmeabzugsanlagen (RWA) nach DIN 18232 bzw. DIN EN 12101-2 handelt, ist auch **keine** automatische Regelung der Zuluft erforderlich. In der Regel genügt als Zuluftöffnung die Hauseingangstür, die dann manuell von der Feuerwehr geöffnet und offen gestellt werden kann. Auch öffenbare Fenster sind als Zuluftöffnung möglich.

Wichtig

Bei sogenannten „innenliegenden" notwendigen Treppenräumen ohne öffenbare Fenster ist besonders darauf zu achten, dass eine ausreichende Zuluftführung erfolgt. Im einfachsten Fall ist aber auch hier eine Hauseingangstür, die von der Feuerwehr zu öffnen und offenzustellen ist, möglich.

Prüfung und Wartung

Eine regelmäßige Prüfung und Wartung für die Öffnungen zur Rauchableitung ist in der MBO bzw. der jeweiligen LBO nicht vorgeschrieben. Sie fallen bei den in den LBOs geregelten Gebäuden dann i. d. R. auch nicht in den Geltungsbereich von technischen Prüfverordnungen.

Allerdings ist der Bauherr bzw. Betreiber des Gebäudes dafür verantwortlich, dass die Öffnungen zur Rauchableitung im Brandfall bei einer Betätigung der Auslöseeinrichtung sicher öffnen. Deshalb sind eine regelmäßige Prüfung und Wartung notwendig, wobei Umfang und Häufigkeit von der jeweiligen Anlage und ihrer sonstigen Betätigung abhängig sind.

Beispiel: Öffnungen, die auch ansonsten regelmäßig betätigt werden (z. B. zur Lüftung), müssen unter Umständen anders bzw. nicht so häufig geprüft werden wie Öffnungen, die nur im Brandfall geöffnet werden.

C.12 Treppenauge für die Verlegung von Schlauchleitungen und Steigleitung trocken

Treppenauge für die Verlegung von Schlauchleitungen und Steigleitung trocken

Hierzu sind in der aktuellen MBO (2002, zuletzt geändert September 2020) keine Anforderungen genannt.

Die Thematik wird im derzeit aktuellen Anhörungsentwurf der MBO (Dezember 2021) wie folgt behandelt:

„*Neuer Absatz 9:*

Notwendige Treppenräume in Gebäuden mit einer Höhe nach § 2 Absatz 3 Satz 2 von mehr als 13 m müssen eine trockene Löschwasserleitung mit Entnahmeeinrichtungen haben."

Anmerkung

Ob und in welchem Umfang diese vorgeschlagene Änderung in die neue MBO übernommen wird, ist nach Meinung des Autors fraglich und bleibt abzuwarten. Falls sie übernommen wird, ist sie natürlich in den betreffenden Ländern zu beachten.

Aktuelle Situation

Gemäß MBO 2002 (zuletzt geändert September 2020) und den LBOs, die diesbezüglich der MBO entsprechen, bestehen auch bei höheren Gebäuden (z. B. ab einer Höhe h von mehr als 13 m) keine Anforderungen an die Ausbildung des Treppenraums mit einem Treppenauge von mindestens 15 cm lichter Breite, um eine schnelle Verlegung der Schlauchleitungen im Brandfall zu ermöglichen.

Es bestehen auch keine Anforderungen an die Anordnung einer Steigleitung trocken.

Daraus kann abgeleitet werden, dass in Gebäuden, die keine Sonderbauten sind, und in geregelten Sonderbauten, in denen dies nicht ausdrücklich in der entsprechenden Sonderbauvorschrift verlangt wird, grundsätzlich keine Steigleitungen trocken zur Gewährleistung einer wirksamen Brandbekämpfung erforderlich sind. Wären sie notwendig, dann würde das in den entsprechenden Vorschriften gefordert werden.

Weiter kann daraus abgeleitet werden, dass eine Steigleitung trocken für die vorgenannten Gebäude im Einzelfall nur dann gefordert werden kann, wenn dies aufgrund von besonderen Umständen (z. B. in Verbindung mit der Genehmigung/Bescheinigung von Abweichungen) erforderlich ist. In diesem Fall sollte diese zusätzliche Anforderung dann auch ausreichend erläutert und begründet werden (genauso, wie auch eine Abweichung vom Bauherrn bzw. Brandschutzfachplaner erläutert und begründet werden muss).

Grundsätzlich ist es empfehlenswert (und gehört auch zu einer brandschutztechnisch guten Planung), dass in höheren Gebäuden (z. B. ab einer Höhe h von mehr als 13 m)[6] ein ausreichend großes Treppenauge (mit mindestens 15 cm lichter Breite) angeordnet wird. Vorgeschrieben wird diese Maßnahme jedoch in der MBO nicht. Im Zweifelsfall ist eine Abstimmung mit der den Brandschutz prüfenden/bescheinigenden Stelle empfehlenswert.

Wichtig

Die vorstehende Interpretation kann sich jederzeit ändern, wenn eine entsprechende Änderung in der neuen MBO erfolgt und diese von den Ländern übernommen wird, siehe oben.

C.13 Haustechnische Leitungsanlagen in notwendigen Treppenräumen

C.13.1 Grundsätzliches

In Bezug auf haustechnische Leitungsanlagen in notwendigen Treppenräumen und Räumen zwischen notwendigen Treppenräumen und Ausgängen ins Freie bestehen gemäß MLAR 2015 (zuletzt geändert September 2020) folgende voneinander unabhängige Schutzziele:

- Sicherung der Rettungswege
- Gewährleistung des Abschottungsprinzips

Diese Schutzziele gelten grundsätzlich für alle Gebäude, die nach den LBOs zu behandeln sind, sowie für alle Sonderbauten.

Für bestimmte Sonderbauten bzw. Anlagen, Gebäudebereiche und Räume besonderer Art oder Nutzung können für haustechnische Leitungsanlagen oder den Brandschutz in der Gebäudetechnik noch weitere Schutzziele bzw. Anforderungen bestehen. Diese müssen dann im jeweiligen Brandschutznachweis bzw. Brandschutzkonzept entsprechend berücksichtigt werden.

C.13.2 Sicherung der Rettungswege

Leitungsanlagen sind in notwendigen Treppenräumen und Räumen zwischen notwendigen Treppenräumen und Ausgängen ins Freie nur zulässig, wenn eine Nutzung als Rettungsweg im Brandfall ausreichend lange möglich ist.

Diese Voraussetzung ist erfüllt, wenn die Leitungsanlagen den folgenden Anforderungen der Muster-Leitungsanlagen-Richtlinie (MLAR, Fassung 2015, zuletzt geändert September 2020) entsprechen.

6 Höhe der Fußbodenoberkante des höchst gelegenen Geschosses, in dem ein Aufenthaltsraum möglich ist, von mehr als 13 m (gemessen über der Geländeoberfläche im Mittel).

Wichtig

Im folgenden Kapitel C.13.3 wird angegeben, welche Leitungen unter bestimmten Voraussetzungen in notwendigen Treppenräumen und Räumen zwischen notwendigen Treppenräumen und Ausgängen ins Freie offen verlegt werden dürfen.

Für alle anderen Leitungen sind in Kapitel C.13.4 ff. jeweils Maßnahmen angegeben, mit denen die bauaufsichtlichen Anforderungen erfüllt werden können.

C.13.3 Offene Verlegung von Leitungen

Für Beispiele siehe Teil D.

C.13.3.1 Offene Verlegung von elektrischen Leitungen

Elektrische Leitungen dürfen in notwendigen Treppenräumen und Räumen zwischen notwendigen Treppenräumen und ihren Ausgängen ins Freie offen verlegt werden, wenn sie

a) nichtbrennbar sind,
b) ausschließlich der Versorgung der notwendigen Treppenräume und Räume zwischen notwendigen Treppenräumen und den Ausgängen ins Freie dienen oder
c) Leitungen mit verbessertem Brandverhalten in notwendigen Fluren von Gebäuden der GK 1 bis 3 sind, deren NE eine Fläche von jeweils 200 m^2 nicht überschreiten und die keine Sonderbauten sind.

Außerdem dürfen in notwendigen Fluren einzelne kurze Stichleitungen offen verlegt werden.

Werden für diese offene Verlegung Elektro-Installationskanäle oder -rohre (siehe DIN EN 50085-1:2014-05 „Elektroinstallationskanalsysteme für elektrische Installationen - Teil 1: Allgemeine Anforderungen“) verwendet, so müssen diese aus nichtbrennbaren Baustoffen bestehen.

C.13.3.2 Verlegung von nichtbrennbaren Rohrleitungen für nichtbrennbare Medien

Rohrleitungsanlagen einschließlich der Dämmstoffe aus nichtbrennbaren Baustoffen für nichtbrennbare Medien – auch mit brennbaren Dichtungs- und Verbindungsmitteln und mit brennbaren Rohrbeschichtungen bis 0,5 mm Dicke – dürfen in notwendigen Treppenräumen und Räumen zwischen notwendigen Treppenräumen und Ausgängen ins Freie offen verlegt werden.

C.13.4 Verlegung von Leitungen unter Putz oder in Schlitzen

Für Beispiele siehe Teil D.

Leitungsanlagen dürfen in tragende, aussteifende oder raumabschließende Bauteile sowie in Bauteile von Installationsschächten und -kanälen nur so weit eingreifen, dass die erforderliche Feuerwiderstandsfähigkeit erhalten bleibt.

C.13.4.1 Verlegung unter Putz

Elektrische Leitungen in notwendigen Treppenräumen und Räumen zwischen notwendigen Treppenräumen und Ausgängen ins Freie müssen einzeln oder nebeneinander angeordnet, voll eingeputzt verlegt werden.

Hinweis

Bei Rohrleitungsanlagen aus brennbaren Baustoffen oder mit brennbaren Dämmstoffen ist eine Verlegung unter Putz in der MLAR nicht vorgesehen.

C.13.4.2 Verlegung in Schlitzen

Elektrische Leitungen und Rohrleitungsanlagen aus brennbaren Baustoffen oder mit brennbaren Dämmstoffen für nichtbrennbare Medien in notwendigen Treppenräumen und Räumen zwischen notwendigen Treppenräumen und Ausgängen ins Freie müssen wie folgt verlegt werden: in Schlitzen von massiven Wänden, die mit mindestens 15 mm dickem mineralischem Putz auf nichtbrennbarem Putzträger oder mit mindestens 15 mm dicken Platten aus mineralischen Baustoffen verschlossen werden.

C.13.5 Verlegung von elektrischen Leitungen innerhalb von leichten Trennwänden

In notwendigen Treppenräumen und Räumen zwischen notwendigen Treppenräumen und Ausgängen ins Freie dürfen innerhalb von mindestens feuerhemmenden Wänden in Leichtbauweise nur elektrische Leitungen verlegt werden, die ausschließlich der Versorgung der in und an der Wand befindlichen elektrischen Betriebsmitteln dienen.

Bei Treppenraumwänden, die auch unter zusätzlicher mechanischer Beanspruchung hochfeuerhemmend sind, dürfen Leitungen nur gemäß den Vorgaben der MHolzBauRL bzw. des An-/Verwendbarkeitsnachweises verlegt werden.

C.13.6 Leitungsverlegung in Installationsschächten und -kanälen

Elektrische Leitungen und Rohrleitungsanlagen aus brennbaren Baustoffen oder mit brennbaren Dämmstoffen für nichtbrennbare Medien in notwendigen Treppenräumen und Räumen zwischen notwendigen Treppenräumen und Ausgängen ins Freie sind in Installationsschächten und -kanälen zu verlegen. Diese müssen die nachfolgend genannten Anforderungen erfüllen (nach MLAR).

MLAR Abschnitt 3.5.1

Installationsschächte und -kanäle müssen – einschließlich der Abschlüsse von Öffnungen – aus nichtbrennbaren Baustoffen bestehen und eine Feuerwiderstandsfähigkeit haben, die der höchsten notwendigen Feuerwiderstandsfähigkeit der von ihnen durchdrungenen raumabschließenden Bauteile entspricht.

Die Abschlüsse müssen umlaufend dicht schließen.

Die Befestigung der Installationsschächte und -kanäle ist mit nichtbrennbaren Befestigungsmitteln auszuführen.

Für ein Beispiel für die Ausführung in notwendigen Treppenräumen siehe Abb. C.68. Weitere Informationen zur Installationsschächten und -kanälen in geschützten Rettungswegen enthält Teil D in diesem Werk.

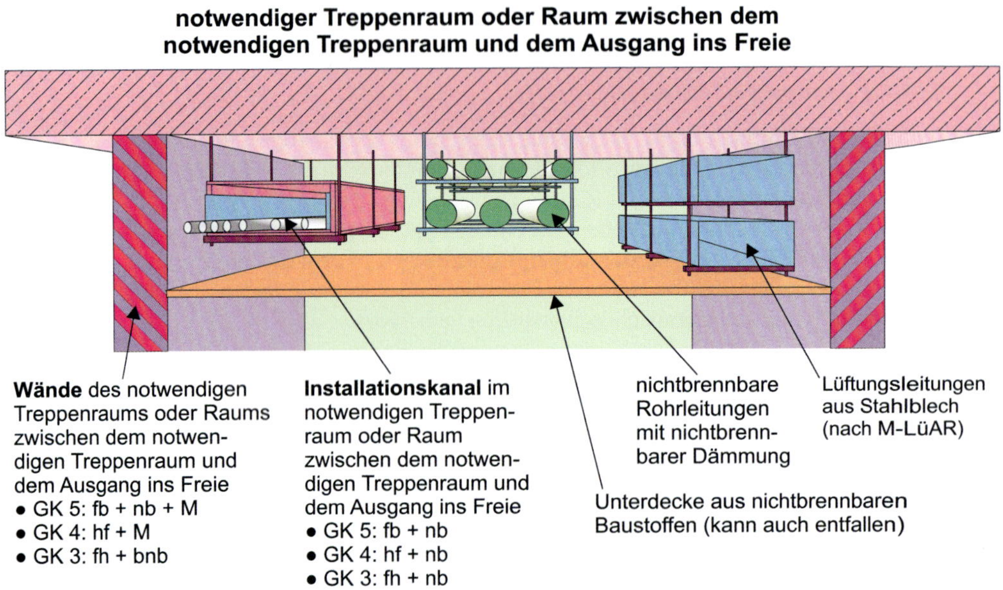

Abb. C.68: Beispiel für notwendigen Treppenraum mit elektrischen Leitungen und Leitungsanlagen aus nichtbrennbaren Baustoffen mit nichtbrennbaren Dämmstoffen für nichtbrennbare Medien

Brandschutz durch Verlegung der elektrischen Leitungen in einem feuerwiderstandsfähigen, nichtbrennbaren Installationskanal

Die Feuerwiderstandsklasse des Installationskanals muss der höchsten notwendigen Feuerwiderstandsfähigkeit der von ihm durchdrungenen raumabschließenden Bauteile entsprechen.

Die Abkapselungsmaßnahmen für die elektrischen Leitungen sind unabhängig von der Brandlast erforderlich. Davon ausgenommen sind nur elektrische Leitungen, die ausschließlich der Versorgung des notwendigen Treppenraums dienen (siehe Kapitel C.13.3.1).

Die Unterdecke ist aus brandschutztechnischer Sicht nicht notwendig. Falls sie angeordnet wird, muss sie aus nichtbrennbaren Baustoffen bestehen.

Anmerkung: Sind im Unterdeckenbereich ausschließlich Leitungsanlagen aus nichtbrennbaren Baustoffen mit nichtbrennbaren Dämmstoffen für nichtbrennbare Medien vorhanden, so bestehen keine besonderen Anforderungen.

C.13.7 Leitungsverlegung über raumabschließenden feuerwiderstandsfähigen Unterdecken

Elektrische Leitungen und Rohrleitungsanlagen aus brennbaren Baustoffen oder mit brennbaren Dämmstoffen für nichtbrennbare Medien in notwendigen Treppenräumen und Räumen zwischen notwendigen Treppenräumen und Ausgängen ins Freie sind über Unterdecken zu verlegen. Diese müssen nach MLAR die nachfolgend genannten Anforderungen erfüllen.

MLAR Abschnitt 3.5.3

Unterdecken müssen – einschließlich der Abschlüsse von Öffnungen – aus nichtbrennbaren Baustoffen bestehen und bei einer Brandbeanspruchung sowohl von oben als auch von unten in [...] notwendigen Treppenräumen und in Räumen zwischen notwendigen Treppenräumen und Ausgängen ins Freie mindestens der notwendigen Feuerwiderstandsfähigkeit der Decken entsprechen.

Die Abschlüsse müssen umlaufend dicht schließen.

Die besonderen Anforderungen hinsichtlich der brandsicheren Befestigung der im Bereich zwischen den Geschossdecken und Unterdecken verlegten Leitungen sind zu beachten.

Für ein Beispiel für die Ausführung in notwendigen Treppenräumen siehe Abb. C.69. Weitere Informationen zu Unterdecken in geschützten Rettungswegen enthält Teil D.

Wichtig

Die Anforderung an die brandsichere Befestigung der im Bereich zwischen den Geschossdecken und Unterdecken verlegten Leitungen bedeutet, dass alle Leitungen und Leitungsanlagen einschließlich evtl. vorhandener Lüftungsleitungen oberhalb der Unterdecke in der gleichen Feuerwiderstandsdauer wie die Unterdecke befestigt werden müssen. In diesem Zusammenhang ist besonders darauf zu achten, dass die Unterdecke für die Dauer ihrer Feuerwiderstandsfähigkeit bei einem Brand im Deckenhohlraumbereich nicht durch herabfallende Installationen bzw. Bauteile belastet werden darf.

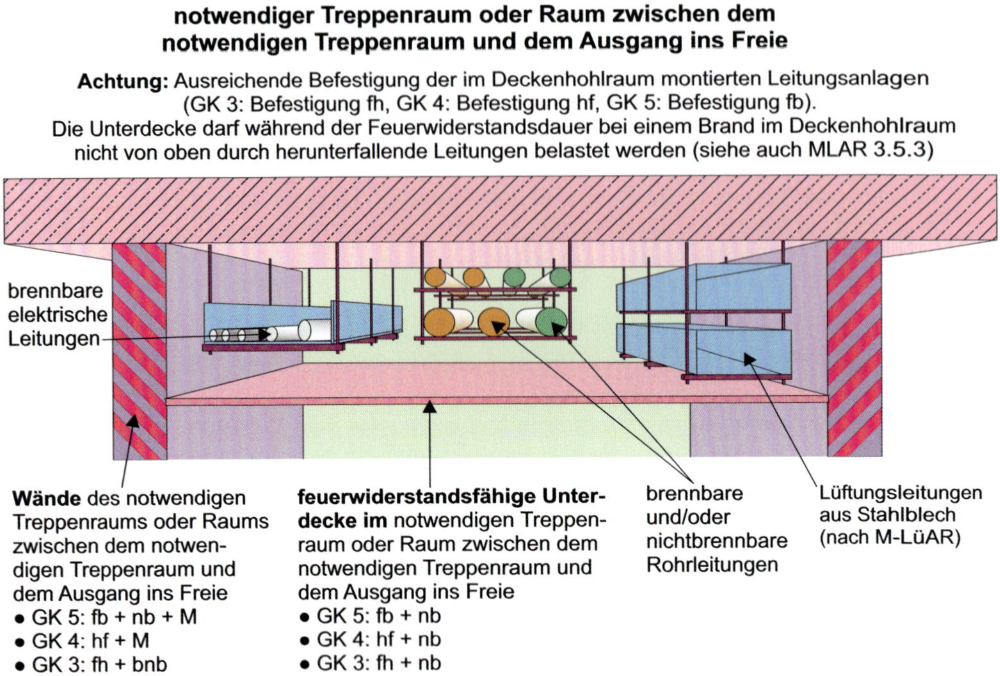

Abb. C.69: Beispiel für notwendigen Treppenraum mit elektrischen Leitungen und Rohrleitungsanlagen aus brennbaren Baustoffen oder mit brennbaren Dämmstoffen für nichtbrennbare Medien

Brandschutz durch Verlegung über einer raumabschließenden feuerwiderstandsfähigen Unterdecke:

Die Unterdecke muss – einschließlich der Abschlüsse von Öffnungen – aus nichtbrennbaren Baustoffen bestehen und bei einer Brandbeanspruchung sowohl von oben als auch von unten als raumabschließendes Bauteil mindestens der notwendigen Feuerwiderstandsfähigkeit der Geschossdecken entsprechen.

Sie ist unabhängig von der Brandlast der brennbaren Leitungen erforderlich, ausgenommen elektrische Leitungen, die ausschließlich der Versorgung des notwendigen Treppenraums oder Raums zwischen dem notwendigen Treppenraum und dem Ausgang ins Freie dienen (siehe Kapitel C.13.3.1). Ein besonderes Augenmerk ist auf die brandsichere Befestigung der über der Unterdecke verlegten Leitungen zu legen.

C.13.8 Leitungsverlegung in Unterflurkanälen

Elektrische Leitungen und Rohrleitungsanlagen aus brennbaren Baustoffen oder mit brennbaren Dämmstoffen für nichtbrennbare Medien in notwendigen Treppenräumen und Räumen zwischen notwendigen Treppenräumen und Ausgängen ins Freie sind in Unterflurkanälen zu verlegen. Diese müssen nach MLAR die nachfolgend genannten Anforderungen erfüllen.

MLAR Abschnitt 3.5.6

Estrichbündig oder -überdeckt angeordnete Unterflurkanäle für die Verlegung von Leitungen müssen in notwendigen Treppenräumen, in Räumen zwischen notwendigen Treppenräumen und Ausgängen ins Freie sowie in notwendigen Fluren eine obere Abdeckung aus nichtbrennbaren Baustoffen haben.

Sie dürfen keine Öffnungen haben, ausgenommen in notwendigen Fluren Revisions- oder Nachbelegungsöffnungen. Diese Öffnungen müssen Abschlüsse haben, die umlaufend dicht schließen und aus nichtbrennbaren Baustoffen bestehen.

C.13.9 Leitungsverlegung in Systemböden

Elektrische Leitungen und Rohrleitungsanlagen aus brennbaren Baustoffen oder mit brennbaren Dämmstoffen für nichtbrennbare Medien in notwendigen Treppenräumen und Räumen zwischen notwendigen Treppenräumen und Ausgängen ins Freie sind in Systemböden zu verlegen. Diese müssen die Anforderungen der Richtlinie über brandschutztechnische Anforderungen an Systemböden (MSysBöR), die in den meisten Ländern über die jeweiligen landesspezifischen VV TBs eingeführt ist, erfüllen.

C.13.10 Rohrleitungsanlagen für brennbare oder brandfördernde Medien

Gemäß MLAR Abschnitt 3.4 und 3.5.5 bestehen folgende Anforderungen:

Die Rohrleitungsanlagen müssen einschließlich ihrer Dämmstoffe aus nichtbrennbaren Baustoffen bestehen.

Dies gilt nicht

a) für deren Dichtungs- und Verbindungsmittel,
b) für Rohrbeschichtungen bis 0,5 mm Dicke,
c) für Rohrbeschichtungen bis 2 mm Dicke bei Rohrleitungsanlagen, die einzeln mit mindestens 15 mm Putzüberdeckung voll eingeputzt verlegt sind.

Die Rohrleitungsanlagen müssen

a) einzeln mit mindestens 15 mm Putzüberdeckung voll eingeputzt oder
b) in Installationsschächten oder -kanälen nach vorstehendem Punkt 13.6 verlegt werden. Die Installationsschächte und -kanäle sind mit nichtbrennbaren Baustoffen formbeständig und dicht zu verfüllen oder müssen abschnittsweise oder im Ganzen be- und entlüftet werden.

Die Be- und Entlüftungsöffnungen müssen mindestens 10 cm² groß sein. Sie dürfen nicht in notwendigen Treppenräumen und nicht in Räumen zwischen notwendigen Treppenräumen und Ausgängen ins Freie angeordnet werden.

Dichtungen von Rohrverbindungen müssen wärmebeständig sein.

Gaszähler sind in notwendigen Treppenräumen und in Räumen zwischen notwendigen Treppenräumen und Ausgängen ins Freie nicht zulässig.

C.13.11 Messeinrichtungen und Verteiler von elektrischen Leitungsanlagen

Nach MLAR Abschnitt 3.2.2 bestehen folgende Anforderungen:

Messeinrichtungen und Verteiler sind abzutrennen gegenüber

a) *notwendigen Treppenräumen und Räumen zwischen notwendigen Treppenräumen und Ausgängen ins Freie durch mindestens feuerhemmende Bauteile aus nichtbrennbaren Baustoffen; Öffnungen in diesen Bauteilen sind durch mindestens feuerhemmende Abschlüsse aus nichtbrennbaren Baustoffen mit umlaufender Dichtung zu verschließen […]*

C.14 Schadenerfahrung

C.14.1 Erfordernis von Treppenräumen

Abb. C.70: Totalschaden eines Wohngebäudes mit nicht mehr als zwei Wohnungen und Treppe ohne Treppenraum

Abb. C.71: Wohngebäude mittlerer Höhe mit offenem, innenliegendem Treppenraum und umlaufenden Galerien als Flure. Durch die starke Verrauchung des offenen Treppenraums stand dieser für die Bewohner als erster Rettungsweg nicht mehr zur Verfügung.

Erkenntnisse: Das Bild zeigt deutlich, welche Gefahren sich ergeben können. Deshalb sind bei Ausführung von derartigen Treppenräumen zusätzliche vorbeugende Brandschutzmaßnahmen erforderlich, die im jeweiligen Einzelfall gemäß den Schutzzielen auf die örtliche Situation abgestimmt werden müssen.

Abb. C.72: Brand in einem Hotel. Links das Foyer, rechts die Treppe zu den oberen Geschossen. Da eine feuerwiderstandsfähige Tür fehlte, konnte sich das Schadenfeuer ungehindert über den Treppenraum in die oberen Geschosse ausbreiten.

Erkenntnisse: Eine Sicherung der Treppenraumöffnung z. B. mit einer verglasten T 30-Feuerschutztür hätte hier eine Brandausbreitung in die oberen Geschosse mit hoher Wahrscheinlichkeit verhindern können.

C.14.2 Entrauchung von Treppenräumen

Abb. C.73: Funktion von Treppenraumfenstern an Außenwänden als Rauchabzugsvorrichtungen. Es wurde nur der Treppenraum oberhalb des geöffneten Treppenraumfensters verraucht. Der Bereich darunter blieb rauchfrei und stand damit als Flucht- und Rettungsweg zur Verfügung.

Abb. C.74: Da an der Treppenraumaußenwand kein zu öffnendes Fenster angeordnet war (fest eingebaute Glasbausteine), bildete sich im obersten Geschoß des Treppenraums ein „Rauchsack", der zur vollständigen Verrußung führte. Der Treppenraum stand damit für die Bewohner dieses Geschosses nicht mehr als Fluchtweg zur Verfügung. (Das Bild wurde aufgenommen, nachdem bereits erste Reinigungsarbeiten durchgeführt worden waren.)

Erkenntnisse: Die Abb. C.73 bis C.74 sprechen für sich und demonstrieren eindeutig, wie wichtig Rauchabzugsvorrichtungen in Treppenräumen sind.

C.14.3 Oberer Abschluss des Treppenraums

Abb. C.75: Da der Treppenraum im Dachgeschoss seine Schutzfunktion zuverlässig erfüllte, war er auch während eines Vollbrandes des Speichers als Flucht- und Rettungsweg ohne Einschränkungen benutzbar. Zusammen mit der feuerbeständigen Decke zum Dachraum konnte der Brandschaden auf das Dachgeschoß begrenzt werden.

Abb. C.76: Auch die T 30-Feuerschutzabschlüsse erfüllten ihre Schutzfunktion in hervorragender Weise. Dass schließlich doch noch geringe Mengen Rauch in den Treppenraum eindringen konnten, liegt daran, dass die Beanspruchung wesentlich länger und vermutlich auch größer war als bei einer Prüfung nach DIN 4102-5.

Erkenntnisse: Ausführung der Treppenraumtrennwand bis dicht unter die Dachdeckung, feuerbeständige Treppenraum-Dachdecke zum Speicher, Feuerschutzabschlüsse T 30; damit konnten die bauaufsichtlichen Schutzziele zuverlässig erfüllt werden.

Abb. C.77: Hier war die Ausführung des oberen Treppenraumabschlusses nicht so optimal ausgeführt, wie auf den Abb. C.75 und C.76 dargestellt. Durch Brandbrücken im Dachbereich konnte sich der Brand auch auf das Dach über dem Treppenraum ausbreiten.

Abb. C.78: Bei der dargestellten Treppe handelt es sich um einen zweiten baulichen Rettungsweg. Allerdings war dieser bereits kurze Zeit nach Brandausbruch nur noch eingeschränkt benutzbar, da das Dach von oben durchbrannte.

Abb. C.79: Detail zu Abb. C.78. Die hölzerne Dachkonstruktion ohne Feuerwiderstandsdauer brannte von oben durch.

D. Notwendige Flure

D.1 Übersicht, Kurzinformationen und Checkliste

Die Übersicht mit Kurzinformationen zeigt die wichtigsten Anforderungen der MBO, die bis auf wenige Ausnahmen in den meisten Bundesländern übernommen wurden. Die rechte Spalte enthält Verweise auf die entsprechenden Punkte in diesem Kapitel.

D.1.1 Übersicht und Kurzinformationen

Tabelle D.1: Anforderungen an notwendige Flure und Laubengänge (gemäß MBO 2002, zuletzt geändert 25.09.2020)

Grundsätzliche Anforderungen an notwendige Flure und offene Gänge		**Kapitel in Teil D**
Schutzziel	Flure, über die Rettungswege (RW) aus Aufenthaltsräumen (AR) oder aus Nutzungseinheiten (NE) mit AR zu Ausgängen in notwendige Treppenräume oder ins Freie führen (notwendige Flure), müssen so angeordnet und ausgebildet sein, dass die Nutzung im Brandfall ausreichend lang möglich ist.	2.2
Erfordernis	• Notwendige Flure sind in folgenden Fällen **nicht erforderlich:** – in Wohngebäuden der GK 1 und 2 – in sonstigen Gebäuden der GK 1 und 2, ausgenommen KG – innerhalb von NE ≤ 200 m² sowie innerhalb von Wohnungen (ohne Größenbegrenzung) – innerhalb von NE mit Büro- oder Verwaltungsnutzung ≤ 400 m²; das gilt auch für Teil-NE ≤ 400 m², mit Trennwänden (nach Kapitel 6.2.1 in diesem Werk) und je Teil-NE mit zwei **voneinander unabhängigen** RW (nach Kapitel 7.3 in diesem Werk).	3.1
	• Führen in **anderen Fällen** die Rettungswege aus AR oder aus NE mit AR **über Flure,** so bestehen an diese grundsätzlich die Anforderungen an notwendige Flure (siehe jedoch folgenden Aspekt).	3.2 3.4
	• Ist in **anderen Fällen** die Anordnung von notwendigen Fluren nicht möglich bzw. sinnvoll, sind auch **konzeptionelle Lösungen ohne notwendige Flure** möglich. Dann bestehen jedoch in der Regel weitere Anforderungen (z.B. zweiter Ausgang, weitere Ausgänge, Anpassung der RW bzw. des Rettungswegsystems). Je nach Lösung und Situation ist hierfür eine Abweichung erforderlich. • ***Empfehlung:*** *Werden in einem Geschoss mehr als vier Wohnungen bzw. NE an den notwendigen Treppenraum angeschlossen, ist es empfehlenswert zu prüfen, ob ein notwendiger Flur erforderlich ist (siehe Kapitel 7.5/3.3 in diesem Werk).*	3.3

<table>
<tr><th colspan="3">Grundsätzliche Anforderungen an notwendige Flure und offene Gänge (Fortsetzung)</th><th>Kapitel in Teil D</th></tr>
<tr><td>Mindestbreite</td><td colspan="2">Die Mindestbreite muss für den größten zu erwartenden Verkehr ausreichen. Eine Folge von weniger als drei Stufen ist unzulässig.</td><td>4</td></tr>
<tr><td>Haustechnische Leitungen</td><td colspan="2">Für die Verlegung von brennbaren Leitungsanlagen und Sicherung der Durchführungen von Leitungs- und Lüftungsanlagen siehe MLAR, M-LüAR und MSysBöR.</td><td>10</td></tr>
<tr><th colspan="3">Grundsätzliche Anforderungen an notwendige Flure sowie an Laubengänge mit nur einer Flurrichtung</th><th>Kapitel in Teil D</th></tr>
<tr><td>Brandverhalten von Baustoffen</td><td colspan="2">• Bekleidungen, Putze, Unterdecken und Dämmstoffe müssen aus nichtbrennbaren Baustoffen bestehen.
• Wände und Decken aus brennbaren Baustoffen müssen eine Bekleidung aus nichtbrennbaren Baustoffen in ausreichender Dicke haben.</td><td>9</td></tr>
<tr><th colspan="3">Anforderungen an notwendige Flure</th><th>Kapitel in Teil D</th></tr>
<tr><td>Unterteilung in Rauchabschnitte</td><td colspan="2">• Notwendige Flure sind durch nichtabschließbare, rauchdichte und selbstschließende Abschlüsse in Rauchabschnitte zu unterteilen.
• Die Rauchabschnitte sollen nicht länger als 30 m sein.
• Die Abschlüsse sind bis an die Rohdecke zu führen; sie dürfen bis an die Unterdecke der Flure geführt werden, wenn die Unterdecke feuerhemmend ist.</td><td>5</td></tr>
<tr><td>Stichflure zum Sicherheitstreppenraum</td><td colspan="2">Notwendige Flure mit nur einer Fluchtrichtung, die zu einem Sicherheitstreppenraum führen, dürfen nicht länger als 15 m sein.</td><td>5.6</td></tr>
<tr><td rowspan="2">Anforderungen an die Flurwände als raumabschließende Bauteile</td><td>In Normalgeschossen:</td><td>feuerhemmend (fh)</td><td rowspan="2">6.1</td></tr>
<tr><td>In Kellergeschossen, deren tragende und aussteifende Bauteile feuerbeständig sein müssen:</td><td>feuerbeständig (fb)</td></tr>
<tr><td>Oberer An-/ Abschluss der Flurwände</td><td colspan="2">• Die Flurwände sind bis an die Rohdecke zu führen.
• Sie dürfen bis an die Unterdecke der Flure geführt werden, wenn die Unterdecke feuerhemmend und ein demjenigen nach vorstehenden genannten Anforderungen vergleichbarer Raumabschluss sichergestellt ist.</td><td>6.3</td></tr>
<tr><td rowspan="4">Sicherung von Öffnungen in den Flurwänden</td><td>Türöffnungen in Normalgeschossen:</td><td>dichtschließende Abschlüsse (D)</td><td rowspan="4">6.6</td></tr>
<tr><td>Türöffnungen zu Lagerbereichen im Kellergeschoss:</td><td>feuerhemmende, dicht- und selbstschließende Abschlüsse (fh + D + S)</td></tr>
<tr><td>Sichtöffnungen in Normalgeschossen:</td><td>fh VG[1][2]</td></tr>
<tr><td>Sichtöffnungen zu Lagerbereichen im Kellergeschoss:</td><td>fb VG[1]</td></tr>
</table>

Anforderungen an notwendige Flure mit nur einer Fluchtrichtung, die als offene Gänge vor den Außenwänden angeordnet sind (Laubengänge mit nur einer Fluchtrichtung)			**Kapitel in Teil D**
Unterteilung in Rauchabschnitte	Keine besonderen Anforderungen		5.7
Stichflure zum Sicherheitstreppen-raum	Keine besonderen Anforderungen		
Anforderungen an Wände und Brüs-tungen als raum-abschließende Bauteile	In Normalgeschossen:	feuerhemmend (fh)	7.1 7.2
	In Kellergeschossen, deren tragende und aussteifende Bauteile feuer-beständig sein müssen:	feuerbeständig (fb)	
Oberer An-/Abschluss der Außenwände	• Die Laubengangwände sind bis an die Rohdecke zu führen. • Sie dürfen bis an die Unterdecke der Laubengänge geführt werden, wenn die Unterdecke feuerhemmend und ein demjenigen nach vorstehenden genannten Anforderungen vergleichbarer Raum-abschluss sichergestellt ist.		
Sicherung von Öffnungen in den Außenwänden der Laubengänge	Türöffnungen in Normalgeschossen:	dichtschließende Abschlüsse (D)	7.3 7.4
	Türöffnungen zu Lagerbereichen im Kellergeschoss:	feuerhemmende, dicht- und selbstschließende Abschlüsse (fh + D + S)	
	*Sichtöffnungen in Normalgeschossen **bis zu einer** Brüstungshöhe von 0,90 m:*	*fh VG*[1])	7.5
	*Sichtöffnungen in Normalgeschossen **ab einer** Brüstungshöhe von 0,90 m:*	Fenster sind in diesen Außen-wänden zulässig	
	Sichtöffnungen zu Lagerbereichen im Kellergeschoss:	*fb VG*[1])	
Anforderungen an notwendige Flure mit zwei Fluchtrichtungen, die als offene Gänge vor den Außenwänden angeordnet sind (Laubengänge mit zwei Fluchtrichtungen)			**Kapitel in Teil D**
	Keine besonderen Anforderungen		8

1) Die MBO (und sinngemäß auch die LBOs) enthalten keine Regelungen für die Sicherung von Sichtöffnungen in notwendigen Fluren. Grundsätzlich ist davon auszugehen, dass mit den in kursiv angegebenen Anforderungen die bauaufsichtlichen Schutzziele eingehalten werden. In besonderen Fällen und im Zweifelsfall ist eine frühzeitige Abstimmung mit der den Brandschutz prüfenden/bescheinigenden Stelle empfehlenswert.

2) Ab einer Höhe von 1,80 m (z. B. für Oberlichten) ist in der Regel eine genehmigungs-/bescheinigungspflichtige Abweichung für eine G-30- (national) bzw. E-30-Brandschutzverglasung möglich, wenn keine Bedenken wegen der Strahlungshitze bestehen. Eine frühzeitige Abstimmung mit der den Brandschutz prüfenden/bescheinigenden Stelle ist empfehlenswert.

Für die Legende siehe nachfolgendes Kapitel D.1.3.

D.1.2 Checkliste für die Überprüfung von notwendigen Fluren und Laubengängen

> **Hinweis**
>
> Die Checkliste kann auch als Handlungsanweisung bei der Erstellung von Brandschutznachweisen/-konzepten verwendet werden.

Tabelle D.2: Checkliste für die Überprüfung von notwendigen Fluren und Laubengängen

		Kapitel in Teil D
Check	**Erfordernis, Qualität und Anforderungen an notwendige Flure und notwendige Laubengänge mit nur einer Fluchtrichtung:** • Werden alle bauaufsichtlichen Anforderungen an notwendige Flure und notwendige Laubengänge mit nur einer Fluchtrichtung nach jeweiliger LBO erfüllt? • Systematische Bearbeitung und Abfrage der relevanten Punkte 1 bis 11 in diesem Kapitel.	
Überprüfung	**Lage, Ausbildung und Erfordernis:**	
	• Wenn notwendige Flure bzw. notwendige Laubengänge mit nur einer Fluchtrichtung **konzeptionell vorgesehen** sind: Wie und wo werden sie angeordnet?	3.2
	• Wenn notwendige Flure bzw. notwendige Laubengänge mit nur einer Fluchtrichtung **konzeptionell nicht vorgesehen bzw. möglich** sind: Besteht eine gleichwertige (ausreichende) Sicherheit der **horizontalen RW** und durch welche Maßnahmen wird diese erreicht?	3.3
	Genehmigungsplanung:	
	• Haben die notwendigen Flure und notwendigen Laubengänge die erforderliche Mindestbreite?	4.1
	• Ist eine Folge von weniger als drei Stufen vorhanden?	4.2
	• Wurden die notwendigen Flure durch nichtabschließbare, rauchdichte und selbstschließende Abschlüsse in Rauchabschnitte unterteilt und sind die Rauchabschnitte nicht länger als 30 m?	5.1
	• Sind notwendige Flure mit nur einer Fluchtrichtung (Stichflure), die zu einem Sicherheitstreppenraum führen, nicht länger als 15 m?	5.6
	• Welche brandschutztechnische Qualität müssen die Wände der notwendigen Flure bzw. Wände und Brüstungen der notwendigen Laubengänge mit nur einer Fluchtrichtung haben?	6.1
	• Wie sind die Öffnungen in diesen Wänden zu sichern?	6.6
	• Sind gefangene Räume vorhanden?	3.6
	Ausführungsplanung:	
	• Oberer An- bzw. Abschluss der Abschlüsse, die Rauchabschnitte in notwendigen Fluren trennen?	5.3, 5.4
	• Oberer An- bzw. Abschluss der Wände notwendiger Flure bzw. Wände und Brüstungen von notwendigen Laubengängen mit nur einer Fluchtrichtung?	6.3
	• Anforderungen an Bekleidungen, Putze, Unterdecken und Dämmstoffe?	9
	• Verlegung von Leitungs- und Lüftungsanlagen in notwendigen Fluren und notwendigen Laubengängen?	10
	• Sicherung der Durchführungen von Leitungs- und Lüftungsanlagen durch die Wände notwendiger Flure und notwendiger Laubengänge?	10

			Kapitel in Teil D
Ergebnis	1. Notwendige Flure und notwendige Laubengänge sind **nicht erforderlich** und werden nicht angeordnet, weil • innerhalb von NE die **Ausnahmeregel** des § 36 (1) Satz 2 Nr. 1 bis 4 MBO (bzw. LBO) **zutrifft.**	→Kurze Beschreibung und Begründung	3.1
	2. Notwendige Flure und notwendige Laubengänge **sind erforderlich** und werden angeordnet, weil • innerhalb von NE die **Ausnahmeregel** des § 36 (1) Satz 2 Nr. 1 bis 4 MBO (bzw. LBO) **nicht zutrifft** und die RW über Flure (die dann notwendige Flure sind) führen. Ihre Anordnung/Ausführung **entspricht** den Anforderungen der MBO bzw. jeweiligen LBO.	→Kurze Angabe der relevanten bauaufsichtlichen Anforderungen und Beschreibung/Begründung der erforderlichen Maßnahmen **Visualisierung:** • Flur- und Laubengangwände und -flächen in den Brandschutzplänen gemäß Legende. **Wichtig:** Bei Wänden nur den Raumabschluss visualisieren! • Unterteilung von notwendigen Fluren in Rauchabschnitte mit Angabe der max. Rauchabschnittslängen • Bei notwendigen Fluren als Stichflure zu Sicherheitstreppenräumen: Angabe der maximalen Stichflurlänge • Sicherung der Öffnungen • Gefangene Räume • Weitere Anforderungen, soweit sie auf den Plänen erkennbar sind	3.2, 3.4

<table>
<tr><th></th><th colspan="2"></th><th>Kapitel in Teil D</th></tr>
<tr><td></td><td>3. Notwendige Flure und notwendige Laubengänge sind erforderlich und werden angeordnet, weil
• innerhalb von NE die Ausnahmeregel des § 36 (1) Satz 2 Nr. 1 bis 4 MBO (bzw. LBO) nicht zutrifft und die RW über Flure führen.
Ihre Anordnung/Ausführung entspricht nicht bzw. nicht vollständig den Anforderungen der MBO bzw. jeweiligen LBO.</td><td>Achtung: Für jeden Punkt, bei dem die Anforderungen an notwendige Flure bzw. notwendige Laubengänge nicht bzw. nicht vollständig eingehalten sind, liegt eine genehmigungs-/bescheinigungspflichtige Abweichung vor.
→Bearbeitung wie in Nr. 2 beschrieben, jedoch mit Beschreibung und Begründung der jeweiligen Abweichung(en) mit Angabe und Begründung der evtl. erforderlichen Kompensationsmaßnahmen
→Visualisierung der Lösung
→Eine möglichst frühzeitige Abstimmung mit der den Brandschutz prüfenden/ bescheinigenden Stelle ist empfehlenswert.</td><td>3.2, 3.4</td></tr>
<tr><td></td><td>4. Es werden keine notwendigen Flure bzw. notwendige Laubengänge angeordnet, obwohl die Ausnahmeregel des § 36 (1) Satz 2 Nr. 1 bis 4 MBO (bzw. LBO) nicht zutrifft.
Erläuterung: In diesen Fällen führen die horizontalen RW aus AR konzeptionell nicht über notwendige Flure. Sie müssen jedoch grundsätzlich eine gleichwertige Sicherheit haben, wie RW, die über notwendige Flure führen.</td><td>Achtung: Je nach Situation und konzeptioneller Lösung liegt unter Umständen eine genehmigungs-/bescheinigungspflichtige Abweichung vor.
→Kurze Angabe der relevanten bauaufsichtlichen Anforderungen und Beschreibung/ Begründung der konzeptionellen Lösung ohne notwendige Flure mit den hierfür erforderlichen Maßnahmen
→Visualisierung der konzeptionellen Lösung
→Eine möglichst frühzeitige Abstimmung mit der den Brandschutz prüfenden/ bescheinigenden Stelle ist empfehlenswert.</td><td>3.3</td></tr>
<tr><td></td><td>5. Es werden keine notwendigen Flure angeordnet, obwohl je Geschoss mehr als vier Wohnungen/NE an den notwendigen Treppenraum angeschlossen sind.</td><td>Hinweis: In der MBO und den meisten LBOs wird die Zahl der in einem Geschoss an den notwendigen Treppenraum anschließbaren Wohnungen/NE nicht geregelt bzw. begrenzt.
→Es ist empfehlenswert, bei einem Anschluss von mehr als vier Wohnungen/NE in einem Geschoss an den notwendigen Treppenraum zu prüfen, ob bzw. unter welchen Voraussetzungen die damit einhergehende Aufweitung des notwendigen Treppenraums noch akzeptabel ist.
→Eine möglichst frühzeitige Abstimmung mit der den Brandschutz prüfenden/bescheinigenden Stelle ist empfehlenswert. In einigen Ländern ist hierfür eine Abweichung erforderlich.</td><td>Kap. 7.5/3.3</td></tr>
</table>

D.1.3 Zuordnung der bauaufsichtlichen Anforderungen zu nationalen und europäischen Klassen

Tabelle D.3: Zuordnung der bauaufsichtlichen Anforderungen zu nationalen und europäischen Klassen (gemäß MVV TB)

<table>
<tr><th colspan="3">Bauaufsichtliche Anforderungen</th><th>Abkürzung</th><th>Nationale Klassen nach DIN 4102</th><th>Europäische Klassen nach DIN EN 13501</th></tr>
<tr><td rowspan="5">Wände notwendiger Flure sowie Wände und Brüstungen notwendiger Laubengänge mit nur einer Fluchtrichtung als raumabschließende Bauteile1):</td><td rowspan="2">In KG, deren tragende und aussteifende Bauteile fb sein müssen:</td><td>feuerbeständig + nichtbrennbar</td><td>fb + nb</td><td>F 90-A</td><td>EI 90 [nb]</td></tr>
<tr><td>feuerbeständig + wesentliche Teile aus nb Baustoffen</td><td>fb</td><td>F 90-AB</td><td>EI 90 [wnb]</td></tr>
<tr><td rowspan="3">In Normalgeschossen:</td><td>feuerhemmend + nichtbrennbar</td><td>fh + nb</td><td>F 30-A</td><td>EI 30 [nb]</td></tr>
<tr><td>feuerhemmend + wesentliche Teile aus nb Baustoffen</td><td>fh [wnb]</td><td>F 30-AB</td><td>EI 30 [wnb]</td></tr>
<tr><td>feuerhemmend + tragende/aussteifende Bauteile brennbar mit Bekleidung aus nb Baustoffen in ausreichender Dicke</td><td>fh [bnb]</td><td>F 30-B [bnb]</td><td>EI 30 E – d2 [bnb]</td></tr>
<tr><td rowspan="3">Abschlüsse</td><td colspan="2">feuerhemmend, rauchdicht, selbstschließend, nichtabsperrbar</td><td>fh + RD + S + N</td><td>T 30-RS + N</td><td>EI_2 30 S_{200}C..[2]) [N]</td></tr>
<tr><td colspan="2">rauchdicht, selbstschließend, nichtabsperrbar</td><td>RD + S + N</td><td>RS + N</td><td>S_{200}C..[2]) [N]</td></tr>
<tr><td colspan="2">dicht</td><td>D</td><td>D</td><td>[D]</td></tr>
<tr><td rowspan="3">Brandschutzverglasungen</td><td colspan="2">feuerbeständig</td><td>VG: fb</td><td>F 90</td><td>EI 90</td></tr>
<tr><td colspan="2">feuerhemmend (ohne Wärmestrahlungsdurchtritt)</td><td>VG: fh</td><td>F 30</td><td>EI 30</td></tr>
<tr><td colspan="2">30 Minuten (mit Wärmestrahlungsdurchtritt)</td><td>VG: 30 Minuten mit Wärmestrahlungsdurchtritt</td><td>G 30</td><td>E 30</td></tr>
</table>

Bauaufsichtliche Anforderungen		Abkürzung	Nationale Klassen nach DIN 4102	Europäische Klassen nach DIN EN 13501
Baustoffe	nichtbrennbar	nb	A 2	A 2 – s1, d0
Bekleidung	aus nichtbrennbaren Baustoffen in ausreichender Dicke	[bnb]	[bnb]	[bnb] A 2 – s1, d0

[1]) Genannt und dargestellt sind nur die Anforderungen an den Raumabschluss. Falls Anforderungen an das Tragwerk bestehen, sind diese zusätzlich zu berücksichtigen.

Beispiel: In GK 5 haben die Wände notwendiger Flure folgende Anforderungen: Tragende feuerbeständig und raumabschließend feuerhemmend.
Nationale Klassen: Tragwerk F 90-A, Raumabschluss F 30-AB oder F 30-B [bnb].
Europäische Klassen: R 90 [nb], EI 30 [wnb] oder EI 30 [bnb].

[2]) Festlegungen zur Prüfzyklenanzahl für die Dauerfunktionsprüfungen:

C5 (200.000 Zyklen) für Feuerschutz-/Rauchschutztüren (Drehflügelabschlüsse)

C2 (10.000 Zyklen) für sonstige Feuerschutz-/Rauchschutzabschlüsse (z. B. Klappen, Tore)

Tabelle D.4: Legende zu den Tabellen 1-1 und 1-3

Kurzzeichen	Kriterium/Erläuterung
Begriffe in [...]	Abkürzungen, die in diesem Werk zur besseren Handhabung verwendet werden, um Zusatzanforderungen der Bauordnung anzugeben bzw. die europäischen Klassen mit den zusätzlichen Anforderungen der Bauordnung zu verknüpfen; keine genormten oder offiziellen Abkürzungen
fh, hf, fb	feuerhemmend, hochfeuerhemmend, feuerbeständig
F 30, F 60, F 90	Feuerwiderstandsklassen nach DIN 4102-2 (30, 60, 90 Minuten). **Achtung:** Zur Erfüllung der Anforderungen hf und fb bestehen noch zusätzliche Anforderungen an das Brandverhalten der Baustoffe (-A und -AB) und/oder an die Ausführung (nach Muster-Holzbaurichtlinie (MHolzBauRL))
G 30	Klassen von G-Brandschutzverglasungen (Sonderbauteilen); begrenzen nur den Raumabschluss, erfüllen jedoch nicht die Anforderungen an eine Begrenzung des Wärmestrahlungsdurchtritts (F 30) und benötigen deshalb in der Regel eine **Abweichung**
-A	aus nichtbrennbaren Baustoffen
-AB	Bauteile, deren tragende und aussteifende Teile aus nichtbrennbaren Baustoffen bestehen und die bei raumabschließenden Bauteilen zusätzlich eine in Bauteilebene durchgehende Schicht aus nichtbrennbaren Baustoffen haben (in den **wesentlichen Teilen** aus nichtbrennbaren Baustoffen)
-B	aus brennbaren Baustoffen
[nb]	nichtbrennbar (aus nb Baustoffen); **nationale Klasse:** mindestens A 2; **europäische Klasse:** mindestens A 2 – s1, d0
[wnb]	in den **wesentlichen** Teilen aus **nichtbrennbaren Baustoffen** (gleiche Anforderung wie das nationale -AB, siehe oben)
[bnb]	Bekleidung von Wänden und Decken aus brennbaren Baustoffen mit nichtbrennbaren Baustoffen in ausreichender Dicke. Nach MHolzBauRL können weitergehende Anforderungen bestehen.
D, RD, S	dicht, rauchdicht, selbstschließend
N, [N]	nichtabsperrbar
R	(Résistance) Tragfähigkeit
E	(Étanchéité) Raumabschluss
I	(Isolation) Wärmedämmung (unter Brandeinwirkung)
E – d2	Baustoffklasse (entspricht der deutschen Klasse B 2)
A 2 – s1, d0	Baustoffklasse (entspricht der deutschen Klasse A 2)
GK, NE, AR	Gebäudeklasse, Nutzungseinheit, Aufenthaltsraum
RW, KG, BW	Rettungsweg, Kellergeschoss, Brandwand

D.2 Bauaufsichtliche Anforderungen und Schutzziel

D.2.1 Bauaufsichtliche Anforderungen

Für die in der MBO (und sinngemäß in den LBOs) behandelten Wohngebäude und mit Wohngebäuden vergleichbaren Gebäude ergeben sich gemäß § 36 MBO die in vorstehendem Punkt 1 zusammengestellten Anforderungen. Diese werden nachfolgend erläutert. Die jeweiligen landesspezifischen Verordnungen und Vorschriften sowie Checklisten zu den Anforderungen der einzelnen LBOs sind im Download-Bereich des Brandschutzatlas enthalten.

Grundsätzlich müssen notwendige Flure und notwendige Laubengänge mit nur einer Fluchtrichtung folgende Anforderungen erfüllen:

- Schutz gegen Eindringen von Feuer und Rauch aus den angrenzenden Wohnungen, NE und sonstigen Räumen
- Behinderung einer Übertragung von Feuer und Rauch von den angeschlossenen Wohnungen, NE und sonstigen Räumen untereinander
- ausreichend lange Standsicherheit und Begehbarkeit im Brandfall
- frei von Brandlasten
- sichere (horizontale) Erreichbarkeit aller NE und AR
- sicherer Ausgang in einen notwendigen Treppenraum bzw. zu einer notwendigen Außentreppe (bei nicht ebenerdiger Lage) oder ins Freie (bei ebenerdiger Lage)
- Möglichkeit ausreichender Belichtung und Beleuchtung

Bezüglich der materiellen Anforderungen an die feuerwiderstandsfähige raumabschließende Funktion der Flurwände notwendiger Flure und Sicherung ihrer Öffnungen bestehen in KG höhere Anforderungen als in den Normalgeschossen.

Da die notwendigen Flure den horizontalen Teil des ersten baulichen Flucht- und Rettungsweges bilden, müssen die Wände notwendiger Flure und die Wände und Brüstungen notwendiger Laubengänge mit nur einer Fluchtrichtung in den Normalgeschossen unabhängig von der Gebäudeklasse als raumabschließende Bauteile nur feuerhemmend sein. Dies gilt sinngemäß für notwendige Flure in Hochhäusern (nach Muster-Hochhausrichtlinie (MHHR) 2008, zuletzt geändert Februar 2012).

D.2.2 Schutzziel von notwendigen Fluren

> **§ 36 Abs. 1 MBO: Schutzziel**
>
> *Flure, über die Rettungswege aus Aufenthaltsräumen oder aus Nutzungseinheiten mit Aufenthaltsräumen zu Ausgängen in notwendige Treppenräume oder ins Freie führen (notwendige Flure), müssen so angeordnet und ausgebildet sein, dass die Nutzung im Brandfall ausreichend lang möglich ist. […]*

Notwendige Flure sind als horizontaler Teil des baulichen Flucht- und Rettungsweges das besonders geschützte Bindeglied zwischen Aufenthaltsräumen oder NE und

- bei nicht ebenerdiger Lage dem vertikalen Teil des Flucht- und Rettungsweges (Ausgang zur notwendigen Treppe) oder
- bei ebenerdiger Lage dem Ausgang ins Freie.

Sie dienen im Brandfall nicht nur der Flucht (Selbstrettung) der sich im Gebäude aufhaltenden Personen, sondern auch als primärer Rettungs- und Angriffsweg für die Feuerwehr.

Damit erfüllen notwendige Flure grundsätzlich zwei bauaufsichtliche Schutzziele. Sie sollen es bei größeren NE im Brandfall

- den Nutzern ermöglichen, „einigermaßen sicher“ die Türen zu ihrem vertikalen baulichen RW zu erreichen und
- der Feuerwehr ermöglichen, „einigermaßen sicher“ Menschen zu retten und wirksame Löscharbeiten durchzuführen.

Es wurde bewusst der Ausdruck „einigermaßen sicher“ gewählt, weil es nicht leichtfällt, den notwendigen Flur (den es in dieser Form nur in Deutschland gibt) zu verstehen. An ihn werden von der Bauordnung sehr unterschiedliche Anforderungen gestellt, die in der Anwendung nicht immer leicht bzw. einfach nachvollziehbar sind.

Grundsätzlich müssen notwendige Flure von anderen Räumen feuerwiderstandsfähig und raumabschließend getrennt sein und weiteren Brandschutzanforderungen genügen. Die allgemein definierte Schutzzielvorgabe der Bauordnung, *„notwendige Flure müssen so angeordnet und ausgebildet sein, dass die Nutzung im Brandfall ausreichend lang möglich ist“*, gilt als erfüllt, wenn die in der Bauordnung angegebenen Anforderungen für notwendige Flure eingehalten werden.

Aus der Bezeichnung notwendige Flure ist ersichtlich, dass es auch „nicht notwendige Flure“ gibt. Letztere sind unter bestimmten Voraussetzungen (abhängig von der Größe und Nutzung der NE sowie der Ausbildung der RW) zulässig und müssen dann aus baurechtlicher Sicht keine besonderen Brandschutzanforderungen erfüllen.

Grundsätzlich wäre es (sowohl bezogen auf die Risikobewertung als auch auf die jeweiligen Sicherheitsanforderungen) sinnvoll, zu unterscheiden, ob der notwendige Flur als baulicher Rettungsweg dient

- innerhalb von größeren NE oder
- für mehrere unterschiedliche NE innerhalb eines Geschosses (praktisch als horizontale Verlängerung des Treppenraums in einem Geschoss) oder
- für beide baulichen RW innerhalb einer NE, die über denselben notwendigen Flur führen dürfen oder
- für beide baulichen RW von mehreren daran angeschlossenen NE oder Aufenthaltsräume, die über denselben notwendigen Flur führen dürfen.

Eine solche Unterscheidung wäre durchaus wünschenswert, da sich daraus deutlich unterschiedliche Risikobewertungen und damit auch unterschiedliche Bewertungen der jeweils erforderlichen Maßnahmen ergeben können. Allerdings ist eine solche Unterscheidung in der MBO und sinngemäß in den LBOs nicht vorgesehen.

D.3 Erfordernis von notwendigen Fluren

§ 36 Abs. 1 Satz 2 MBO: Erfordernis von notwendigen Fluren

[...] Notwendige Flure sind nicht erforderlich

1. *in Wohngebäuden der Gebäudeklassen 1 und 2,*
2. *in sonstigen Gebäuden der Gebäudeklassen 1 und 2, ausgenommen in Kellergeschossen,*
3. *innerhalb von Nutzungseinheiten mit nicht mehr als 200 m² und innerhalb von Wohnungen,*
4. *innerhalb von Nutzungseinheiten, die einer Büro- oder Verwaltungsnutzung dienen, mit nicht mehr als 400 m²; das gilt auch für Teile größerer Nutzungseinheiten, wenn diese Teile nicht größer als 400 m² sind, Trennwände nach § 29 Abs. 2 Nr. 1 MBO haben und jeder Teil unabhängig von anderen Teilen Rettungswege nach § 33 Abs. 1 MBO hat.*

Das Erfordernis von notwendigen Fluren wird in der MBO und sinngemäß in den LBOs teilweise nicht abschließend behandelt. Es werden dort keine konkreten Anforderungen genannt, wann bzw. unter welchen Voraussetzungen notwendige Flure erforderlich sind und welche alternativen konzeptionellen Lösungsmöglichkeiten es gibt, wenn in bestimmten Situationen notwendige Flure nicht möglich bzw. nicht gewünscht sind.

Die MBO und auch die LBOs gehen den Weg, dass sie bestimmte Voraussetzungen (Ausnahmeregeln) nennen, bei denen keine notwendigen Flure erforderlich sind. Führen in allen anderen Fällen die horizontalen RW über Flure, so können die bauaufsichtlichen Schutzzielvorgaben mit der Anordnung von notwendigen Fluren standardmäßig erfüllt werden.

Es sind jedoch je nach Situation und Rettungswegführung auch andere konzeptionelle Lösungen möglich. In diesen Fällen ist eine möglichst frühzeitige Abstimmung mit der den Brandschutz prüfenden/bescheinigenden Stelle empfehlenswert. Teilweise (je nach Situation und Lösung) ist hierfür eine genehmigungs-/bescheinigungspflichtige Abweichung erforderlich.

D.3.1 Ausnahmeregel für Wohnungen, GK 1 und 2 und bestimmte NE ohne notwendige Flure innerhalb der NE

D.3.1.1 Grundsätzliche bauaufsichtliche Regelung

Als notwendige Flure gelten grundsätzlich Flure, über die Rettungswege aus Aufenthaltsräumen oder aus NE mit Aufenthaltsräumen zu Ausgängen in notwendige Treppenräume, zu notwendigen Außentreppen oder ins Freie führen. Sie müssen so angeordnet und ausgebildet sein, dass die Nutzung im Brandfall ausreichend lange möglich ist.

Die notwendigen Flure können auch als offene Gänge vor den Außenwänden als Laubengänge angeordnet werden. Für Laubengänge mit nur einer Fluchtrichtung gelten bis auf einige Ausnahmen grundsätzlich die gleichen Anforderungen wie an innen liegende notwendige Flure.

Horizontale RW innerhalb von Wohnungen, bestimmten Gebäuden der GK 1 und 2 und bestimmten NE müssen gemäß MBO bzw. den LBOs nicht zwangsläufig über notwendige Flure führen (siehe § 36 Abs. 1 Satz 2 MBO oben).

Für Wohnungen sowie die genannten Gebäude und bestimmte (Standard-)NE sind innerhalb der Wohnung/NE keine notwendigen Flure erforderlich. Dies gilt auch für Teilnutzungseinheiten von größeren Büro- oder Verwaltungsnutzungen, wenn diese Teile ≤ 400 m² sind und weitere Anforderungen erfüllen.

In allen anderen Fällen sind grundsätzlich notwendige Flure erforderlich, wenn die Rettungswege aus AR oder NE mit Aufenthaltsräumen über Flure zu Ausgängen in notwendige Treppenräume, zu notwendigen Außentreppen oder ins Freie führen.

Sind in solchen Fällen notwendige Flure nicht sinnvoll bzw. möglich, kann konzeptionell auch eine andere Rettungswegführung erfolgen. In diesem Fällen sollte geprüft werden, ob hierfür eine entsprechende Abweichung erforderlich ist.

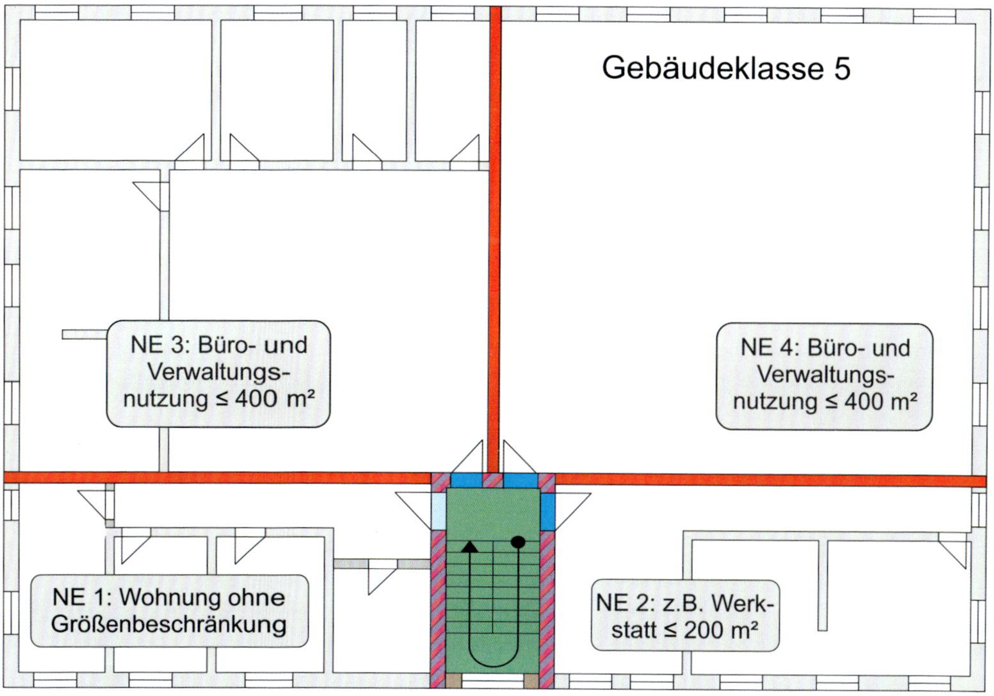

Abb. D.1: Beispiel für Wohnungen und bestimmte (Standard-)NE ohne notwendigen Flur

Für die Wohnung ist – unabhängig ihrer Größe – kein notwendiger Flur erforderlich. Auch für die Werkstatt (≤ 200 m² Brutto-Grundfläche) bzw. die beiden Büro- und Verwaltungsnutzungen (≤ 400 m² Brutto-Grundfläche) verlangt die Bauordnung keinen notwendigen Flur.

D.3.1.2 Wohngebäude der GK 1 und 2 sowie sonstige Gebäude der GK 1 und 2, ausgenommen KG, ohne notwendige Flure

In Wohngebäuden der GK 1 und 2 sowie sonstigen Gebäuden der GK 1 und 2, mit Ausnahme der Kellergeschosse, sind notwendige Flure nicht erforderlich.

Werden in KG von sonstigen Gebäuden der GK 1 und 2 Aufenthaltsräume angeordnet und führen die Rettungswege aus den AR über Flure, so sind diese als notwendige Flure auszubilden.

D.3.1.3 Wohnungen sowie NE ≤ 200 m² ohne notwendige Flure

Wohnungen benötigen unabhängig von ihrer Größe keinen notwendigen Flur. Sie dürfen auch wesentlich größer als 200 m² sein, ohne dass ein notwendiger Flur erforderlich wird. An die Ausführung und Sicherheit der horizontalen RW werden keine besonderen Anforderungen gestellt. Sie müssen jedoch immer möglich sein, also auch dann, wenn keine notwendigen Flure vorhanden sind.

In Wohnungen bereitet dies grundsätzlich keine Probleme, da der Flur ohne Anforderungen (= Wohnungsflur) in der Regel ohnehin zur Erschließung benötigt wird. Sinngemäß gilt dies auch für NE bis 200 m². Für sogenannte „verschachtelte Räume“ siehe Anmerkung in nachfolgendes Kapitel C.3.1.4.

Bei sonstigen NE (ausgenommen Büro- oder Verwaltungsnutzungen ≤ 400 m²) ist die Größe, bis zu der kein notwendiger Flur benötigt wird, auf 200 m² begrenzt. Sind solche NE größer und führen die Rettungswege aus AR zu Ausgängen in notwendige Treppenräume oder zu notwendigen Außentreppen oder ins Freie, ist in der Regel ein notwendiger Flur erforderlich. Alternativen enthalten Kapitel C.3.1.5 und C.3.1.6.

D.3.1.4 Büro- oder Verwaltungsnutzungen ≤ 400 m² ohne notwendige Flure

Für NE mit nicht mehr als 400 m², die einer Büro- oder Verwaltungsnutzung dienen, gelten bezüglich des notwendigen Flurs besondere Erleichterungen: Sie benötigen keinen. Flure in solchen Nutzungen sind somit keine notwendigen Flure und müssen bezüglich des Brandschutzes auch keine besonderen Anforderungen erfüllen = Flure ohne Anforderungen (siehe Abb. D.2).

In diesen Fällen darf der Flur ohne Anforderungen auch zu Zwecken genutzt werden, zu denen ein bauaufsichtlich erforderlicher notwendiger Flur nicht genutzt werden darf (z. B. als Empfangsraum oder für das Aufstellen von Fotokopiergeräten, Schränken, Regalen usw.).

In einem solchen Flur dürfen auch brennbare Leitungsanlagen, die nicht zur Versorgung des Flurs dienen, verlegt werden. Seine Wände benötigen keine Feuerwiderstandsdauer und dürfen z. B. auch aus Glas bestehen.

Natürlich muss aber auch bei Nutzungen ohne notwendigen Flur der horizontale bauliche Flucht- und Rettungsweg innerhalb der jeweiligen NE einwandfrei gewährleistet sein.

Hinweis

Werden verschachtelte Räume angeordnet (z. B. gefangene Räume), so stellt das Baurecht keine besonderen Anforderungen an die Rettungswegführung. Bei Arbeitsstätten sind jedoch die diesbezüglichen Anforderungen des Arbeitsstättenrechts zu beachten, siehe auch Kapitel D.3.6.

Durch die relativ großzügige Behandlung der bis zu 400 m² großen Büro- und Verwaltungsnutzungen kommt den Türen zum notwendigen Treppenraum eine besondere Bedeutung zu, da ein Flur ohne Anforderungen oder ein bis zu 400 m² großer Raum direkt anschließt. Deshalb fordert die MBO ab einer Fläche der NE > 200 m² (ausgenommen Wohnungen) feuerhemmende, rauchdichte und selbstschließende Abschlüsse.

Sind die Büro- oder Verwaltungsnutzungseinheiten größer als 400 m², und führen die Rettungswege aus AR zu Ausgängen in notwendige Treppenräume oder zu notwendigen Außentreppen oder ins Freie über Flure, sind diese in der Regel als notwendige Flure auszubilden.

Alternativen sind z. B. möglich durch die Bildung von Teilnutzungseinheiten ohne notwendigen Flur (siehe nachfolgende Kapitel D.3.1.5 und D.3.1.6) oder auch durch andere konzeptionelle Lösungen (siehe nachfolgenden Kapitel D.3.3).

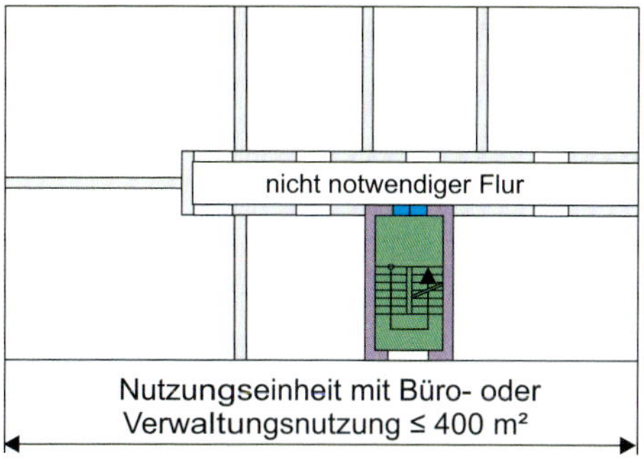

Abb. D.2: Beispiel für Büro- oder Verwaltungsnutzungseinheit ≤ 400 m² ohne notwendigen Flur

Ein notwendiger Flur ist nicht erforderlich, da die Brutto-Grundfläche der Büro- oder Verwaltungsnutzungseinheit nicht mehr als 400 m² beträgt.

D.3.1.5 Büro- oder Verwaltungsnutzungen > 400 m² aus Teilnutzungseinheiten ≤ 400 m² ohne notwendige Flure

Ein notwendiger Flur ist nicht erforderlich für Teile größerer NE (Teilnutzungseinheiten) ≤ 400 m², wenn diese einer Büro- oder Verwaltungsnutzung dienen. Dabei ist jedoch besonders auf eine ausreichende brandschutztechnische Unterteilung und die Rettungswegführung zu achten.

Die Teilnutzungseinheiten

- müssen einer Büro- oder Verwaltungsnutzung dienen,
- dürfen nicht größer als 400 m² sein (Brutto-Grundfläche),
- müssen Trennwände mit einer Feuerwiderstandsdauer entsprechend ihrer GK und Nutzung haben und
- müssen jeweils eigene RW haben, die unabhängig von den RW der anderen Teilnutzungseinheiten sind (siehe Teil A).

Für diese Teilnutzungseinheiten ≤ 400 m² gelten sinngemäß die gleichen Anforderungen wie für Büro- oder Verwaltungsnutzungen ≤ 400 m².

Tipp

Die Möglichkeit, Teilnutzungseinheiten zu bilden, ist gemäß Bauordnung nur für Büro- oder Verwaltungsnutzungen vorgesehen. Grundsätzlich sollte es in besonders geprüften Einzelfällen möglich sein, diese Regelung im Rahmen einer Abweichung analog auch für andere NE bis 200 m² anzuwenden, siehe nachfolgenden Kapitel D.3.1.6.

Wichtig

Bei der Einstufung von Gebäuden in GK nach MBO 2002 besteht ein wichtiges Kriterium für die GK 4 darin, dass die Größe der einzelnen NE jeweils nicht mehr als 400 m² betragen darf. NE bezieht sich dabei auf die Größe der von einem Nutzer genutzten Einheit. Besteht diese z. B. aus zwei Teilnutzungseinheiten von je 400 m², beträgt die Größe der Nutzungseinheit insgesamt 800 m², so dass auch bei einer Höhe des obersten möglichen Aufenthaltsraums (AR) unter 13 m keine Einstufung in GK 4 möglich ist.

In einigen Ländern können jedoch diesbezüglich auch abweichende Regelungen bestehen.

Grundsätzlich ist es empfehlenswert, bei der Einstufung eines Gebäudes in GK 4 zu prüfen, ob die Bildung von (Teil-)Nutzungseinheiten > 400 m² später geplant ist bzw. möglich sein soll, da diese dann zu einer Einstufung in die GK 5 führen würden. In diesem Fall empfiehlt es sich, das Gebäude (auch wenn die Höhe des obersten möglichen AR unter 13 m liegt) in GK 5 einzustufen, so dass später bei einer entsprechenden Nutzungsänderung keine Schwierigkeiten zu erwarten sind.

Abb. D.3 bis D.6: Beispiele für die Bildung von Teilnutzungseinheiten ≤ 400 m² bei größeren Büro- oder Verwaltungsnutzungen

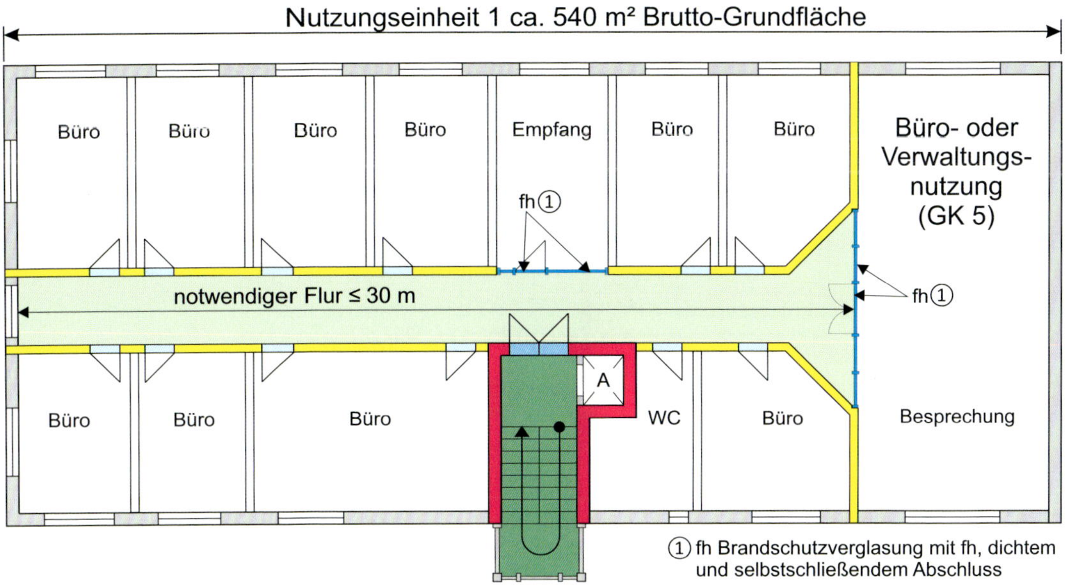

Abb. D.3: Ausgangssituation ist eine Büro- oder Verwaltungsnutzung > 400 m² (im Beispiel 540 m² Brutto-Grundfläche)

Weil die horizontalen RW über den Flur führen, muss dieser als notwendiger Flur ausgebildet werden. Für weitere Erläuterungen und wichtige Anmerkung zum zweiten RW siehe sinngemäß Abb. D.4 und D.12.

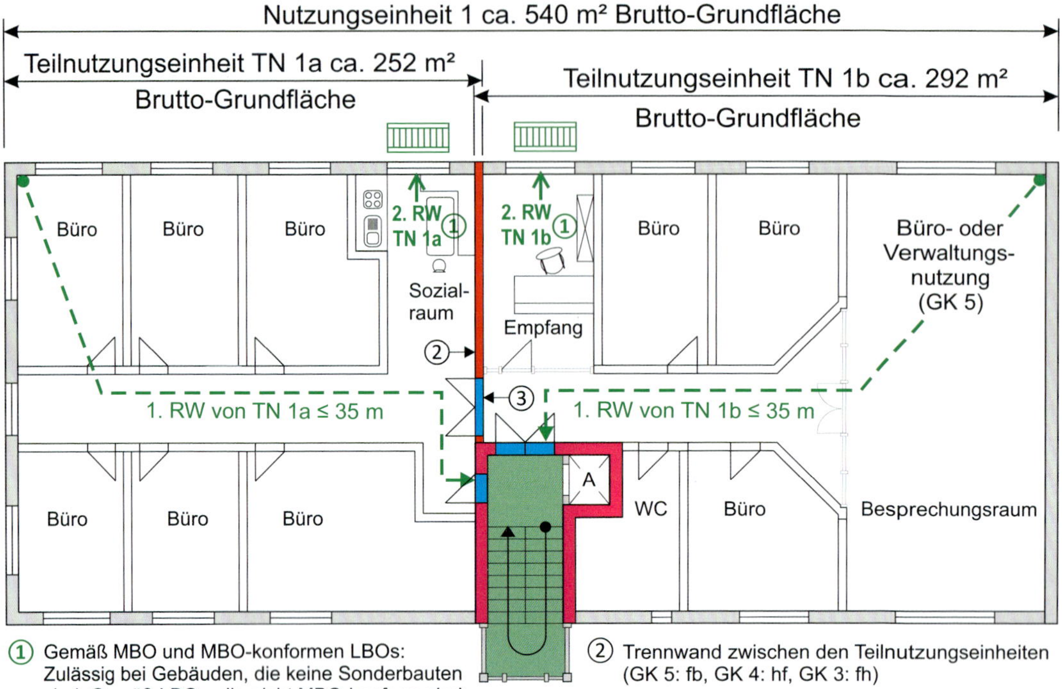

① Gemäß MBO und MBO-konformen LBOs: Zulässig bei Gebäuden, die keine Sonderbauten sind. Gemäß LBOs, die nicht MBO-konform sind sowie bei Sonderbauten: Nur zulässig, wenn keine Bedenken wegen der Personenrettung bestehen.

② Trennwand zwischen den Teilnutzungseinheiten (GK 5: fb, GK 4: hf, GK 3: fh)

③ feuerhemmender, dichter und selbstschließender Abschluss. Empfehlung: mit Feststellanlage.

Brüstungshöhe ≤ 8 m: Feuerwehrzugang und Aufstellmöglichkeit für die 4-teilige Steckleiter
Brüstungshöhe ≤ 23 m: Feuerwehrzufahrt und Aufstellfläche für Hubrettungsfahrzeug

Abb. D.4: Beispiel für Aufteilung der in Abb. D3 dargestellten Büro- oder Verwaltungsnutzung in zwei Teilnutzungseinheiten ≤ 400 m²

Für die beiden Teil-NE ≤ 400 m² ist kein notwendiger Flur erforderlich. Diese Lösung ist für den Bauherrn (Nutzer) wesentlich flexibler und meist auch deutlich günstiger. Für den feuerhemmenden, dichten und selbstschließenden Abschluss in der Trennwand ist eine Feststellanlage dringend empfehlenswert, da ansonsten die Gefahr besteht, dass er unzulässig offengehalten wird.

Voraussetzung für diese Lösung ist eine feuerwiderstandsfähige Trennwand zwischen den beiden Teil-NE (GK 5: fb; GK 4: hf; GK 3: fh).

Wichtig: Jede Teil-NE muss unabhängig von anderen Teilen zwei voneinander unabhängige RW haben, die nicht durch andere Teil-NE führen dürfen.

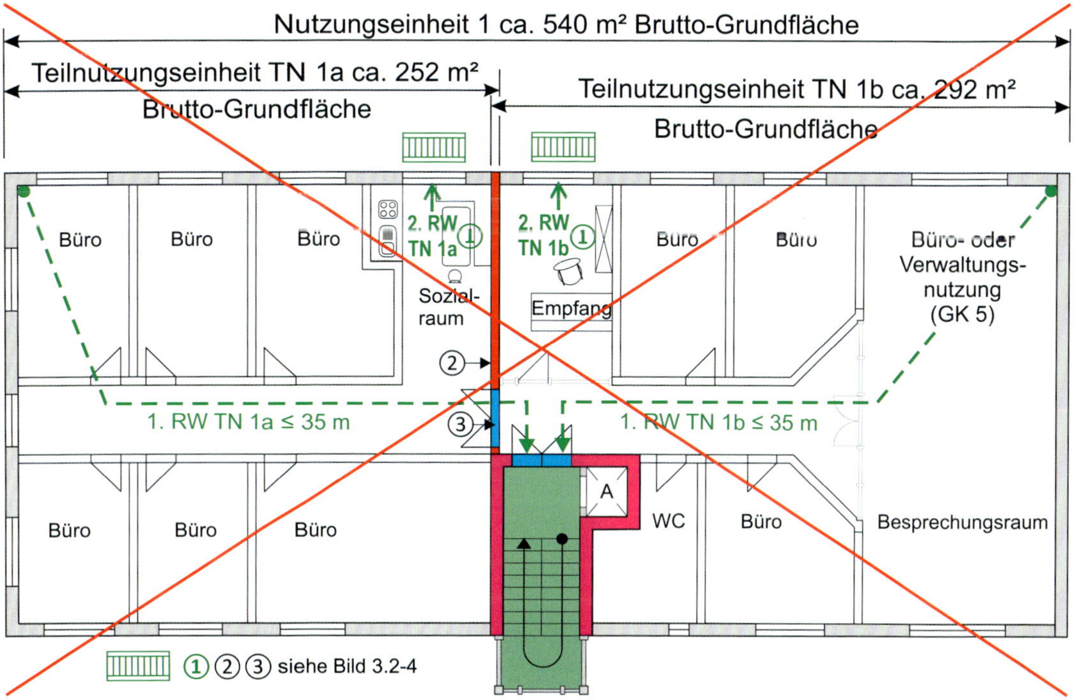

Abb. D.5: Beispiel für unzulässige Anordnung der Teilnutzungseinheiten

Eine wesentliche Anforderung für die Lösung mit Teil-NE besteht darin, dass jede Teil-NE eigene RW haben muss, die unabhängig von anderen Teil-NE sind.

Im Beispiel führt der erste (bauliche) RW von Teil-NE TN 1a zunächst nach TN 1b und dann erst in den notwendigen Treppenraum. Dies ist unzulässig.

Wichtig: Voraussetzung für Teil-NE-Lösungen ist immer, dass jede Teil-NE einen ersten baulichen RW hat, der nicht über andere Teil-NE führen darf. Davon ist in der Regel keine Abweichung möglich.

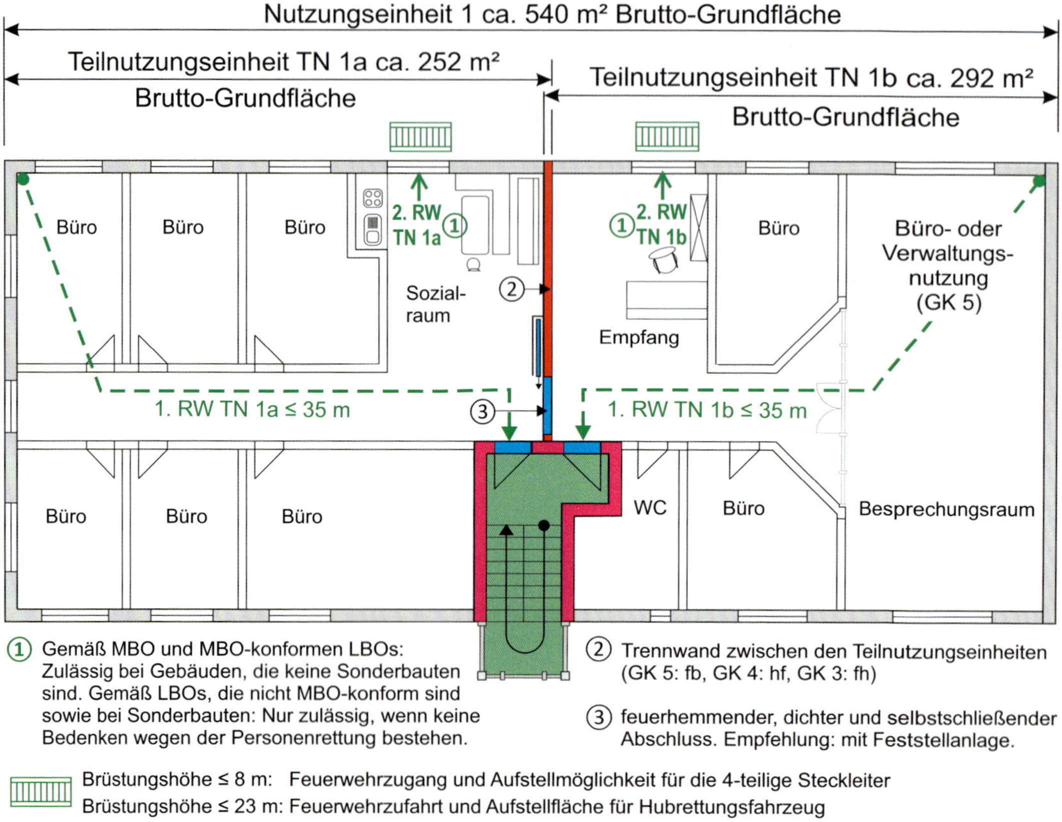

Abb. D.6: Beispiel für optimale Lösung mit Teilnutzungseinheiten

Für Erläuterungen siehe Abb. D.4. Bei diesem Lösungsansatz können praktisch beliebig viele Teil-NE aneinandergereiht werden.

Vorteil: Der Nutzer (Bauherr) ist sehr flexibel. Werden z. B. vier Teil-NE à 400 m² aneinandergereiht, hat er eine einzige große NE mit 1600 m² ohne notwendigen Flur. Durch einfaches Verschließen der Trennwandtüren kann er aber auch zwei mittelgroße oder vier kleine NE herstellen.

Wichtig: Anforderungen an die Rettungswegführung und den zweiten RW sind zu beachten, siehe Beschreibung zu Abb. D.4.

D.3.1.6 Sonstige Nutzungseinheiten > 200 m² aus Teilnutzungseinheiten ≤ 200 m² ohne notwendige Flure

In der MBO und auch in den LBOs wird die Anordnung von Teilnutzungseinheiten nur für größere Büro- oder Verwaltungsnutzungen behandelt. Für sonstige Nutzungen, die keine Wohnungen und keine Büro- oder Verwaltungsnutzungen sind, ist die sinngemäße Anordnung von Teilnutzungseinheiten ≤ 200 m² nicht geregelt.

Grundsätzlich spricht nach Meinung des Autors jedoch nichts dagegen, in besonders geprüften Einzelfällen sinngemäß auch für sonstige größere Nutzungen > 200 m² Teilnutzungseinheiten ≤ 200 m² anzuordnen und damit auf notwendige Flure zu verzichten. Allerdings ist hierfür immer eine Abweichung erforderlich. Eine möglichst frühzeitige Abstimmung mit der den Brandschutz genehmigenden/bescheinigenden Stelle ist empfehlenswert.

Hinweis

Sinngemäß gibt es solche Lösungen ohne notwendige Flure bereits bei Schulen. Dabei bestehen jedoch (je nach Größe und Bundesland) noch weitere Anforderungen. Für weitere Details siehe Abb. D.17.

Abb. D.7 bis D.10: Beispiele für die Bildung von Teilnutzungseinheiten ≤ 200 m² bei größeren sonstigen Nutzungseinheiten

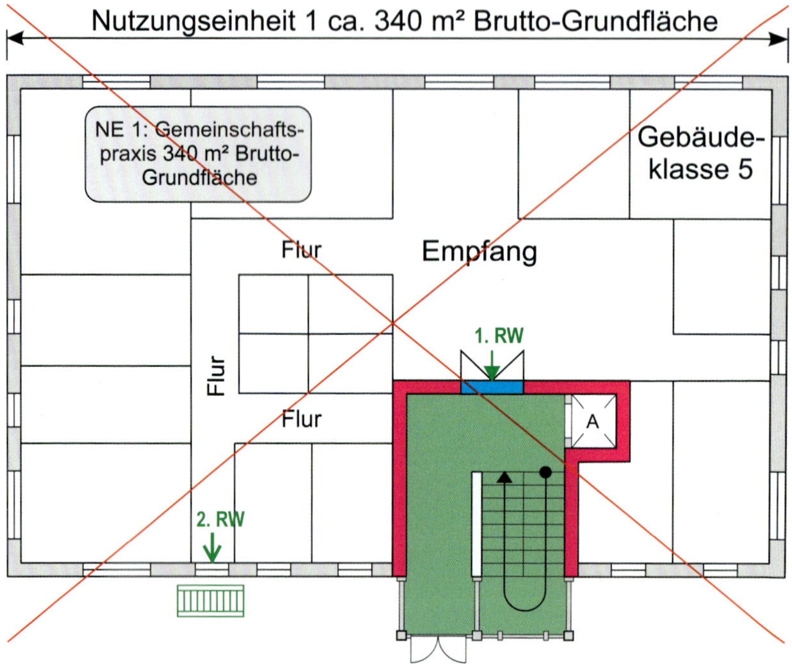

Abb. D.7: Beispiel einer Arzt-Gemeinschaftspraxis mit 340 m² ohne notwendigen Flur

Da die NE größer als 200 m² ist und die horizontalen RW aus den AR über Flure führen, sind grundsätzlich notwendige Flure erforderlich, die hier nicht vorhanden sind. Die Ausführung ist damit unzulässig. Lösungsbeispiele enthalten nachfolgende Abb. D.9, D.10, D.20 und D.21.

Hinweis: Die Unzulässigkeit ergibt sich in diesem Beispiel durch die Einstufung als Arztpraxis: Würde man die NE als Büro- oder Verwaltungsnutzung einstufen, so wären bis zu einer Größe von 400 m² keine notwendigen Flure erforderlich und die Ausführung wäre zulässig. Dies wäre unter Umständen im besonders geprüften Einzelfall über eine entsprechende genehmigungs-/bescheinigungspflichtige Abweichung möglich. In diesem Fall ist eine möglichst frühzeitige Abstimmung mit der den Brandschutz prüfenden/bescheinigenden Stelle empfehlenswert.

Grundsätzlich ist jedoch eine Arztpraxis mit 340 m² nicht direkt mit einer Büro- oder Verwaltungsnutzung vergleichbar (Nutzung, Personenzahl, viele Personen ohne Ortskenntnis). Demgegenüber steht allerdings relativ viel ortskundiges Personal, das im Brandfall für eine schnelle Evakuierung sorgen kann.

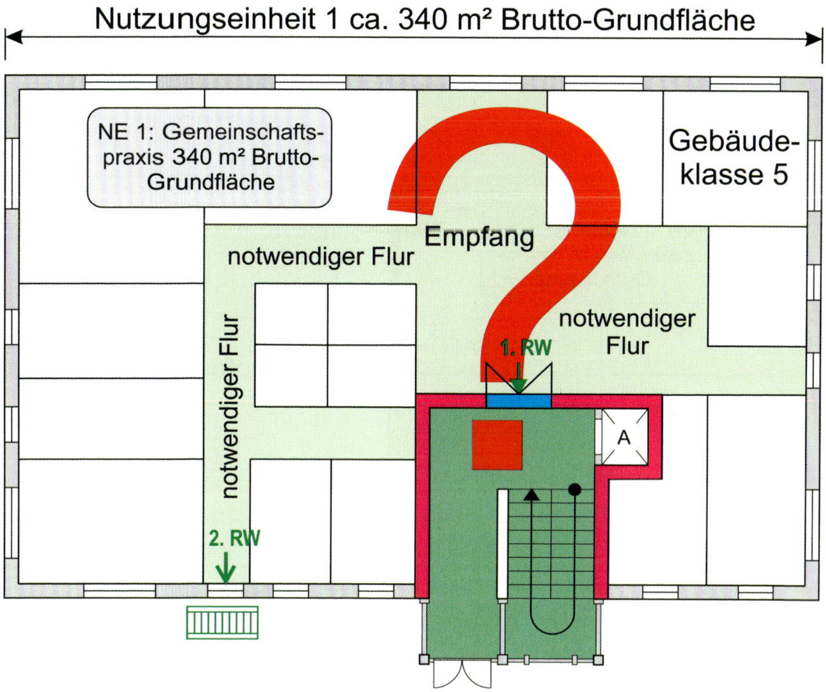

Abb. D.8: Beispiel einer Arzt-Gemeinschaftspraxis mit 340 m^2 mit notwendigem Flur

Die dargestellte Ausführung ist zwar theoretisch möglich, in der Regel jedoch nicht praktikabel, da sich bei solchen Nutzungen ein baurechtlich konformer notwendiger Flur mit vertretbarem Aufwand nicht herstellen lässt (offener Empfangs-, Organisations- und Wartebereich mit Brandlasten).

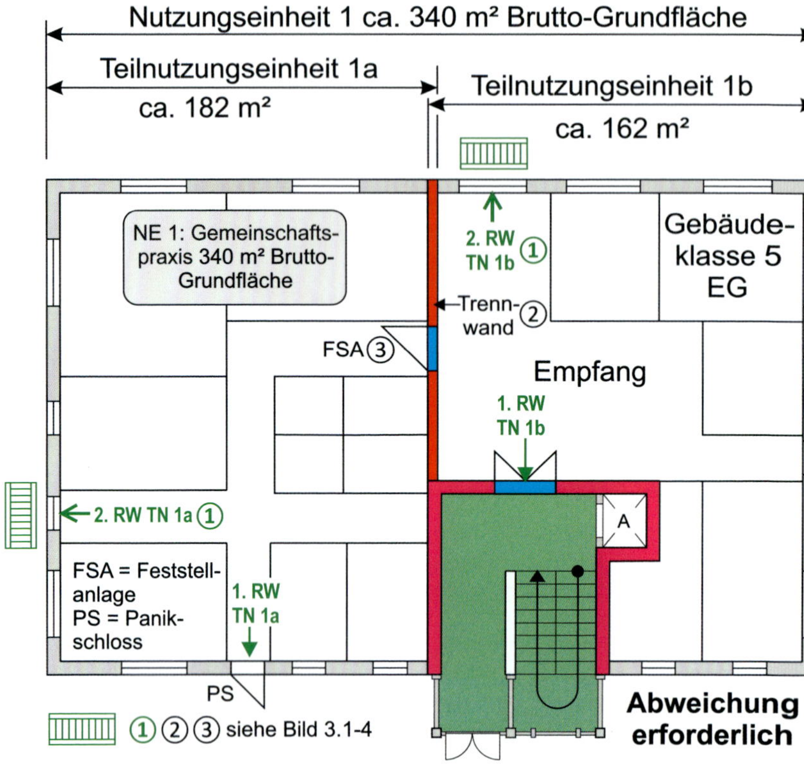

Abb. D.9: Beispiel für Lösung mit zwei Teilnutzungseinheiten und einem zweiten Ausgang im EG

Im Beispiel werden (sinngemäß, wie dies bei Büro- oder Verwaltungsnutzungen möglich ist) zwei Teil-NE ≤ 200 m² gebildet. Damit hat jede für sich betrachtete NE unter 200 m² und es sind keine notwendigen Flure mehr erforderlich.

Wichtig: Jede Teil-NE muss – wie in Teil A beschrieben – unabhängig von anderen Teilen RW haben, die nicht durch andere Teil-NE führen dürfen.

Für diese Lösung ist eine genehmigungs-/bescheinigungspflichtige Abweichung erforderlich, da Teil-NE in der Bauordnung nur für Büro- oder Verwaltungsnutzungen vorgesehen sind. Eine frühzeitige Abstimmung mit der den Brandschutz prüfenden/bescheinigenden Stelle ist empfehlenswert.

Dargestellt ist hier GK 5, die Zeichnung gilt für andere GK analog.

Die Feststellanlage bei Abschluss ③ ist notwendig, da ansonsten die Gefahr besteht, dass er unzulässig offengehalten wird. Das Panikschloss wird von der Bauordnung nicht gefordert. Es ist jedoch empfehlenswert, da diese Türe während der Betriebszeiten sicher benutzbar sein muss.

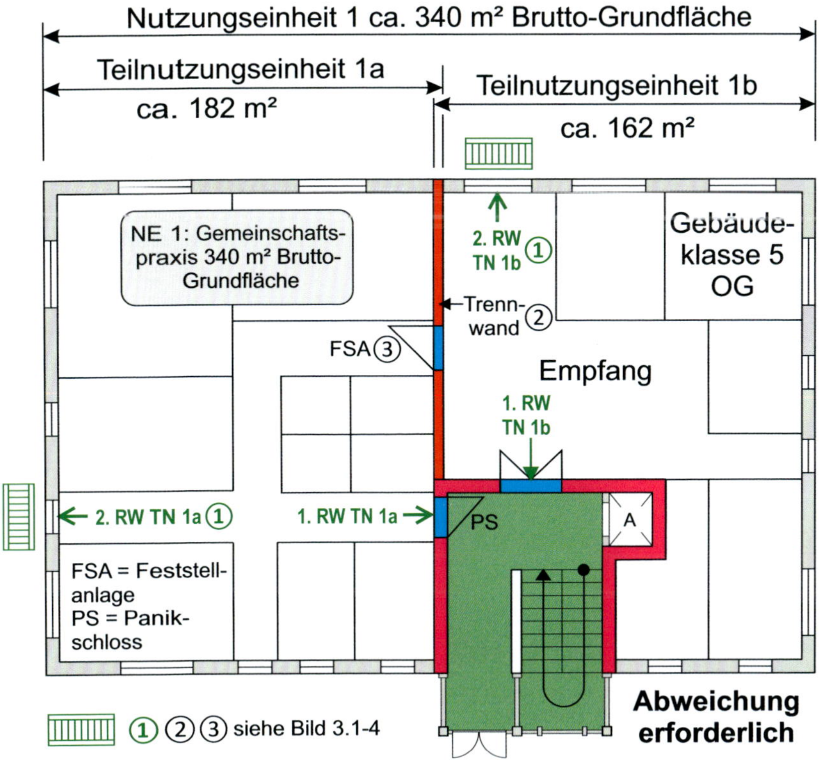

Abb. D.10: Beispiel für Lösung mit zwei Teilnutzungseinheiten und einem zweiten Ausgang in den OGs

Erläuterungen finden sich sinngemäß bei Abb. D.9.

D.3.2 Größere Nutzungseinheiten mit notwendigem Flur innerhalb der Nutzungseinheiten

Führen in größeren NE, die nicht der in Punkt 3.1 beschriebenen Ausnahmeregelung entsprechen (z. B. Büro- oder Verwaltungsnutzungseinheiten > 400 m² und sonstige NE > 200 m²), die Rettungswege über Flure, so sind diese grundsätzlich als notwendige Flure auszubilden.

Falls dies nutzungsbedingt nicht möglich bzw. gewünscht ist, sind auch konzeptionelle Lösungen ohne notwendigen Flur möglich. Teilweise (je nach Situation und Lösung) ist hierfür eine genehmigungs-/bescheinigungspflichtige Abweichung erforderlich. Alternative Lösungsmöglichkeiten sind z. B.:

- Lösungen mit Teilnutzungseinheiten (siehe Kapitel D.3.1.5 und D.3.1.6)
- Lösungen ohne notwendigen Flur (siehe Kapitel D.3.3)

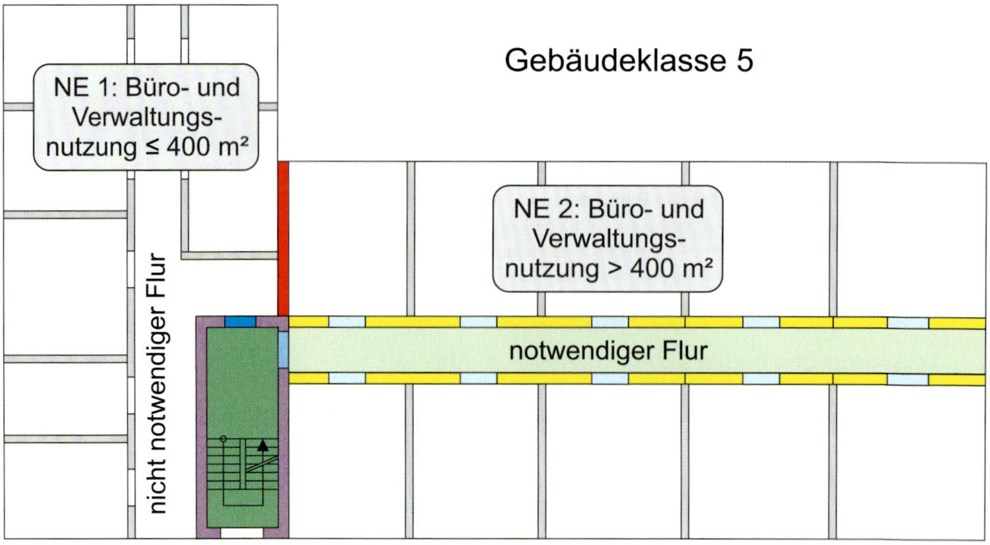

Abb. D.11: Beispiel für Gebäude mit zwei unterschiedlich großen NE

NE 1 (Büro- und Verwaltungsnutzung ≤ 400 m²) benötigt keinen notwendigen Flur. Es wäre auch ein einziger großer Raum zulässig, der direkt an den notwendigen Treppenraum anschließt.

NE 2 benötigt dagegen einen notwendigen Flur, da sie größer als 400 m² (Brutto-Grundfläche) ist.

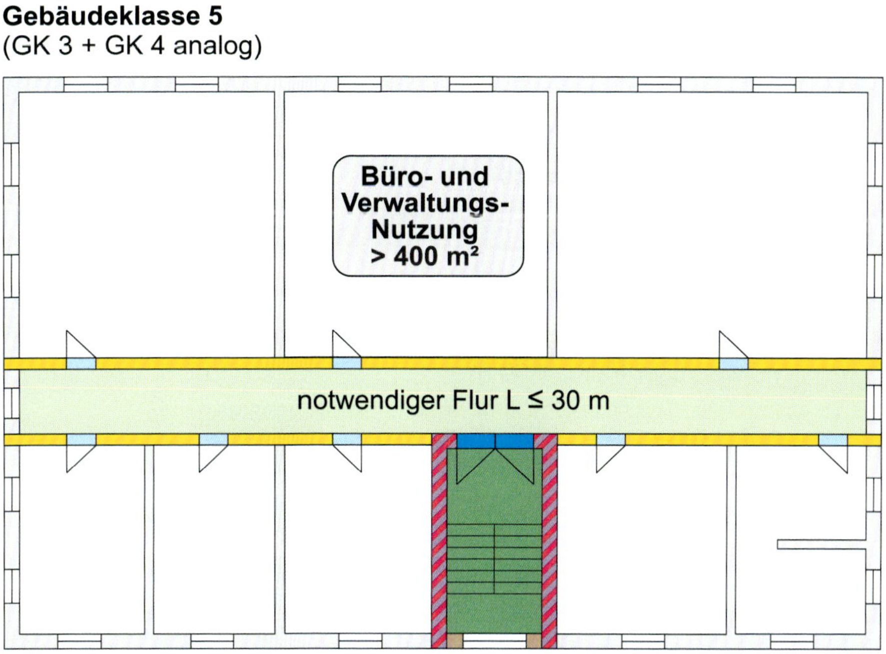

Abb. D.12: Beispiel für größere NE mit mittig angeordnetem notwendigem Treppenraum und notwendigem Flur

Die Büro- und Verwaltungsnutzung ist größer als 400 m^2. Da die RW über einen Flur führen, muss dieser als notwendiger Flur ausgeführt werden. Damit beginnt der bauaufsichtlich geschützte Bereich ab jeder Ausgangstür eines jeden AR zum notwendigen Flur.

Wichtiger Hinweis zum zweiten RW: In diesem Beispiel führt der zweite RW über mindestens eine mit Rettungsgeräten der Feuerwehr erreichbare Stelle. Dies ist gemäß MBO und MBO-konformen LBOs bei Gebäuden, die keine Sonderbauten sind, grundsätzlich zulässig. Bei Sonderbauten sowie gemäß einigen LBOs, die diesbezüglich nicht MBO-konform sind, ist dies nur zulässig, wenn keine Bedenken wegen der Personenrettung bestehen (für Erläuterungen siehe Kapitel A.10.8).

Gebäudeklasse 5 (GK 3 + GK 4 analog)

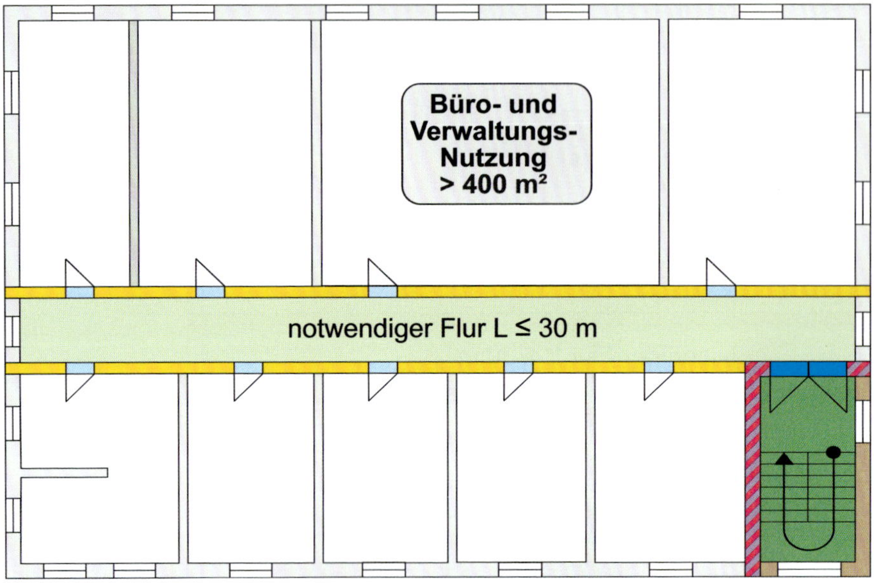

Abb. D.13: Beispiel für größere NE mit endständig angeordnetem notwendigem Treppenraum und notwendigem Flur

Für Erläuterungen siehe sinngemäß Abb. D12. Der notwendige Flur bildet hier einen Stichflur. An diesen bestehen jedoch keine besonderen Anforderungen an die Längenbegrenzung, da der zweite RW über eine mit Rettungsgeräten der Feuerwehr erreichbare Stelle führt.

Hinweis: Anforderungen an die maximale Flurlänge ergeben sich im vorliegenden Fall praktisch automatisch, da von jedem Punkt eines AR in höchstens 35 m Entfernung ein Ausgang in einen notwendigen Treppenraum, zu einer notwendigen Außentreppe oder ins Freie vorhanden sein muss (für RW siehe Abb. D.12).

Gebäudeklasse 5 (GK 3 + GK 4 analog)

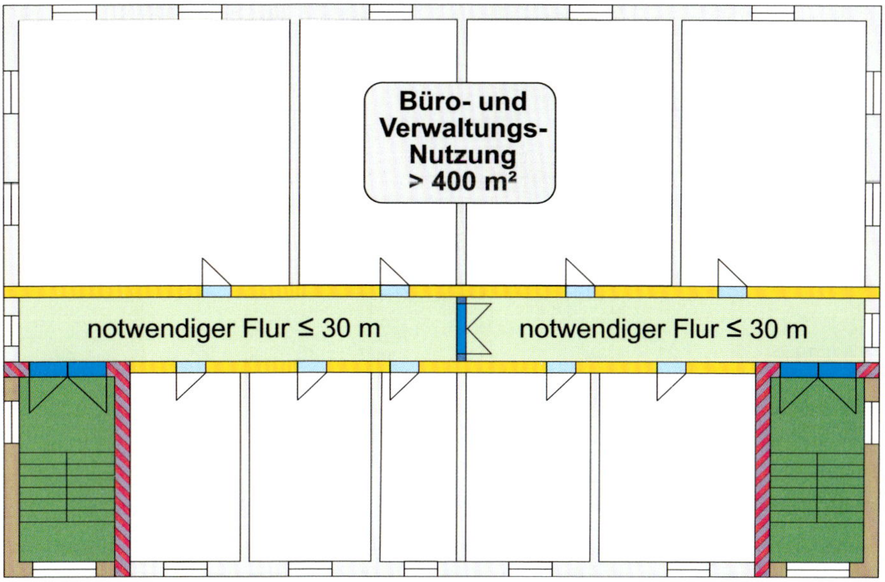

Abb. D.14: Beispiel für größere NE mit baulichen Rettungswegen

In diesem Beispiel werden die RW baulich hergestellt. Beide RW führen damit innerhalb der jeweiligen NE über denselben notwendigen Flur.

Durch die mittige Unterteilung des notwendigen Flurs durch nichtabschließbare, rauchdichte und selbstschließende Abschlüsse in zwei Rauchabschnitte wird die Rettungswegsituation deutlich verbessert.

Hinweis: Bei ausgedehnten Gebäuden > 40 m ist nach MBO und den meisten LBOs eine Brandwand erforderlich. Für Erläuterungen der RW siehe Kapitel A.10.8.

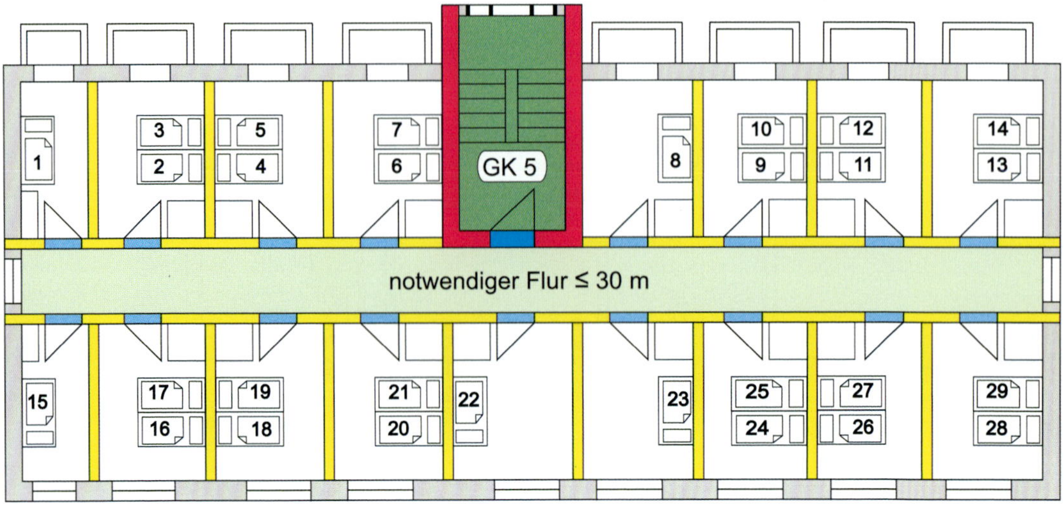

Abb. D.15: Beispiel für Hotelgebäude mit notwendigem Flur zu einem baulichen Rettungsweg

Das Hotel ist ein Sonderbau und eine NE. Bezüglich der Abtrennung untereinander und der RW sind die einzelnen Hotelzimmer jedoch als separate NE zu sehen. Der erste (bauliche) RW erfolgt über den notwendigen Flur.

Der zweite RW darf nach Muster-Beherbergungsstättenverordnung (MBeVO) mit Rettungsgeräten der Feuerwehr hergestellt werden, wenn in einem Geschoss nicht mehr als 30 und insgesamt nicht mehr als 60 Gastbetten vorhanden sind.

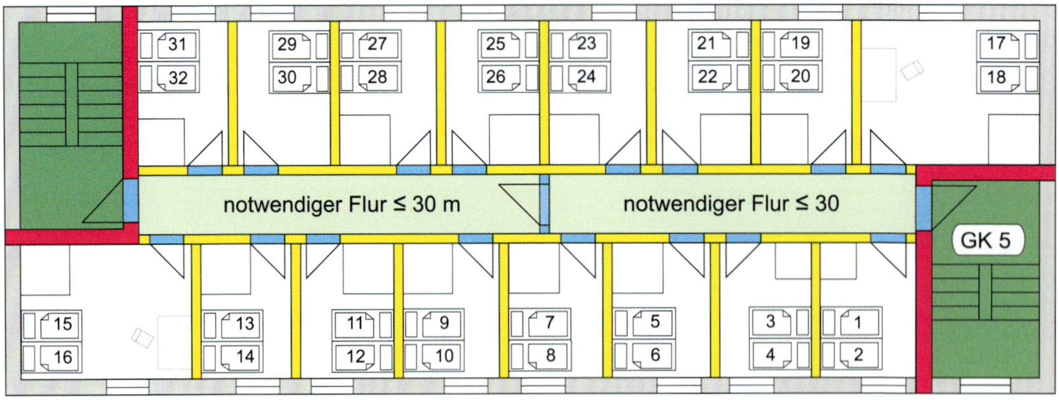

Abb. D.16: Beispiel für Hotelgebäude mit notwendigem Flur zu zwei baulichen Rettungswegen

Das Hotel weist zwei bauliche RW (notwendige Treppen in notwendigen Treppenräumen) auf. Beide dürfen innerhalb des Geschosses über denselben notwendigen Flur führen. Durch die rauchdichte, selbstschließende und nichtabsperrbare Türe wird der notwendige Flur in zwei Rauchabschnitte unterteilt.

Hinweis: Bei ausgedehnten Gebäuden > 40 m ist nach MBO und den meisten LBOs eine Brandwand erforderlich.

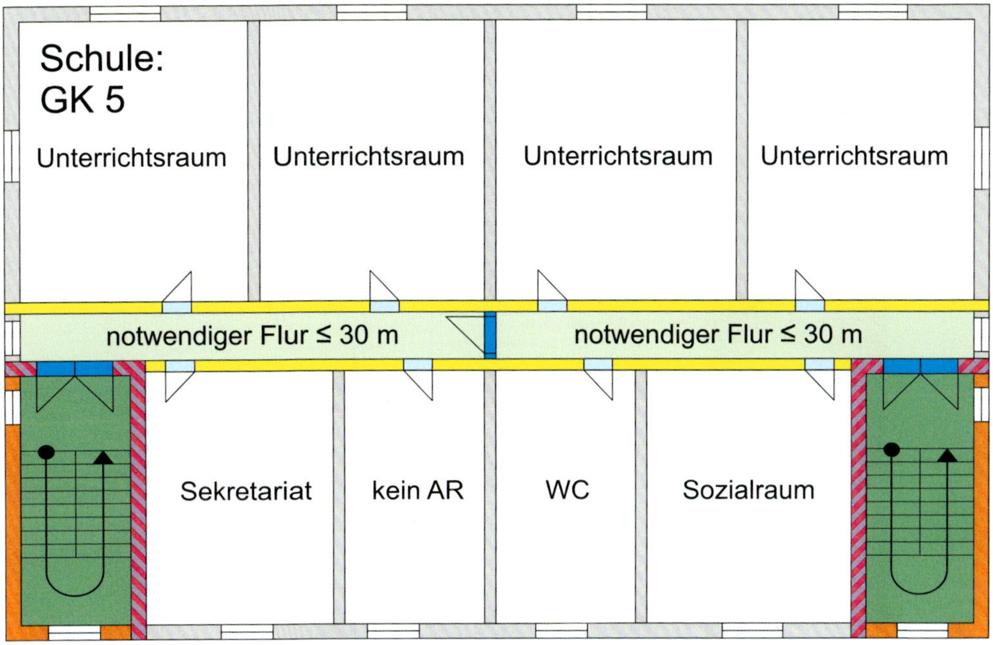

Abb. D.17: Beispiel für Schule mit notwendigem Flur zu zwei baulichen Rettungswegen

Die Schule ist eine NE. Eine brandschutztechnische Abtrennung der Unterrichtsräume untereinander ist nicht erforderlich. Jeder Unterrichtsraum muss zwei bauliche RW haben, wobei ihre horizontalen Teile über denselben notwendigen Flur führen dürfen.

Hinweis: Die dargestellte „strenge" Lösung mit notwendigen Fluren gilt teilweise als nicht mehr zeitgemäß. Gewünscht werden häufig offene Lösungen ohne notwendige Flure, z. B. mit Lernfluren. Solche Lösungen (z. B. mit Kompartments (Hamburg), Cluster (Berlin), Lernbereiche (Nordrhein-Westfalen), erfordern auch besondere Maßnahmen (z. B. Brandmeldeanlagen, bauliche Trennungen, betriebliche und organisatorische Maßnahmen), um die horizontalen RW zu gewährleisten. In der Regel ist hierfür eine Erleichterung (Abweichung) erforderlich. Eine frühzeitige Abstimmung mit der den Brandschutz prüfenden/bescheinigenden Stelle ist empfehlenswert.

Bei ausgedehnten Gebäuden > 60 m ist nach Muster-Schulbaurichtlinie (MSchulbauR) eine Brandwand erforderlich.

Abb. D.18 und D.19: Beispiele für Kellergeschoss mit einem Aufenthaltsraum und notwendigem Flur

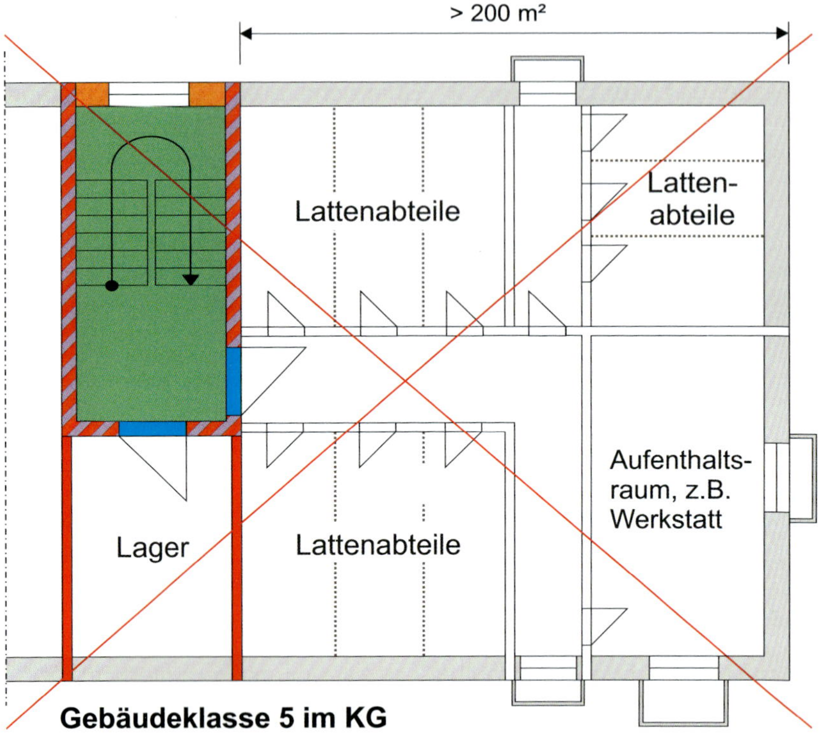

Abb. D.18: „Worst Case" im KG

Die Ausführung ist nicht zulässig, da die NE größer als 200 m² ist und der Flur, über den der horizontale Teil des ersten (baulichen) RW aus dem AR zum Ausgang in den notwendigen Treppenraum führt, nicht als notwendiger Flur ausgebildet wurde.

Hinweis: Auch bei einer Kellergröße von insgesamt nicht mehr als 200 m² wäre ein notwendiger Flur erforderlich, wenn der Keller von mehreren unterschiedlichen Nutzern genutzt wird.

Die richtige Ausführung enthält Abb. D.19.

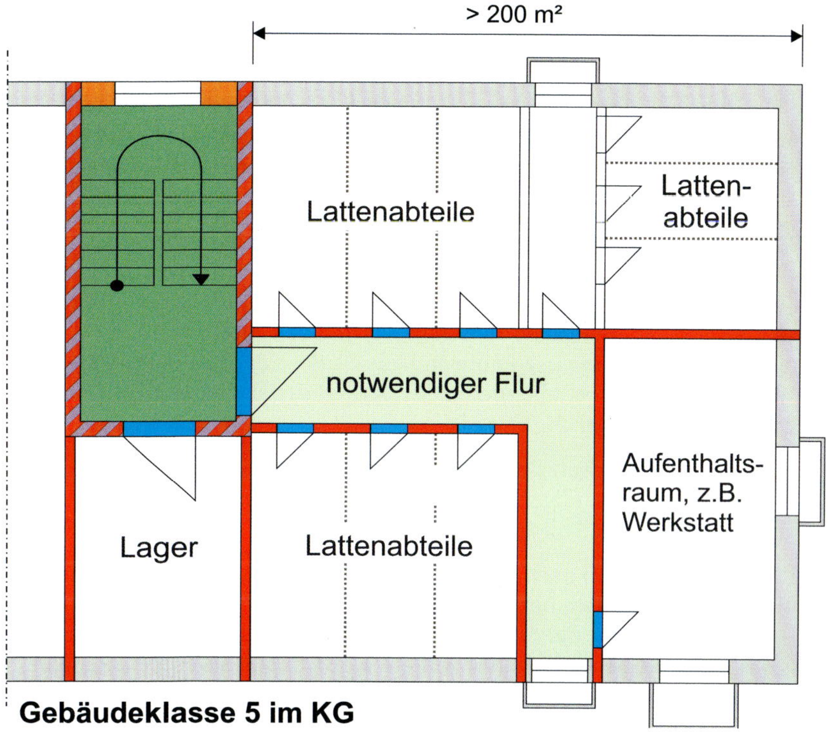

Abb. D.19: Richtige Ausführung mit notwendigem Flur

Der erste horizontale RW führt aus dem AR über einen notwendigen Flur zum Ausgang in den Treppenraum.

Hinweis: Da ein notwendiger Flur im KG in der Regel nur mit einem relativ großen Aufwand realisierbar ist (insbesondere nachträglich im Bestand), ist evtl. auch eine Lösung ohne notwendigen Flur mit folgenden Alternativen möglich:

- Änderung der Lage des AR; Anordnung im Bereich des Treppenraums mit direktem Zugang zum Treppenraum
- Anordnung eines direkten Ausgangs ins Freie, z. B. mit einer Kelleraußentreppe.

Weitere Beispiele und Erläuterungen der RW enthält Kapitel A.10.3.2.

D.3.3 Größere Nutzungseinheiten ohne notwendigen Flur innerhalb der Nutzungseinheiten

Die Formulierung der Ausnahmeregel (MBO § 36 Abs. 1 Satz 2 Nr. 1 bis 4, siehe Kapitel D.3.1) sagt nur aus, unter welchen Voraussetzungen keine notwendigen Flure notwendig sind. Sie fordert jedoch nicht automatisch im Umkehrschluss, dass in allen anderen Fällen immer notwendige Flure angeordnet werden müssen.

Nach der MBO und sinngemäß den LBOs sind in allen anderen Fällen dann notwendige Flure erforderlich, wenn RW darüber geführt werden: Immer dann, wenn in anderen Fällen zwischen AR und den Ausgängen zu notwendigen Treppenräumen, zu notwendigen Außentreppen oder ins Freie ein Raum vorhanden ist, über den dieser RW führt, ist dort auch ein notwendiger Flur erforderlich.

Das grundsätzliche Schutzziel besteht darin, dass von diesem AR aus der Ausgang in den notwendigen Treppenraum, zur notwendigen Außentreppe oder ins Freie im Brandfall ausreichend lange möglich sein muss.

In den Fällen, in denen nach MBO bzw. den LBOs notwendige Flure nicht erforderlich sind, besteht bezüglich der Flucht, Rettung und wirksamer Brandbekämpfung aus der Sicht der Bauordnung eine so günstige Situation, dass das genannte Schutzziel ohne weitere Maßnahmen als eingehalten gilt.

In allen anderen Fällen ist zunächst davon auszugehen, dass das bauaufsichtliche Schutzziel eingehalten werden kann, wenn notwendige Flure angeordnet werden. Über diese führen dann die Flucht- und Rettungswege zu Ausgängen in notwendige Treppenräume, notwendige Außentreppen oder ins Freie. Sie müssen deshalb so angeordnet und ausgebildet sein, dass sie ausreichend lange genutzt werden können.

Ist dagegen die Anordnung von notwendigen Fluren nutzungsbedingt nicht möglich bzw. sinnvoll (z. B. Großraumbüros, Kombibüros, selbstständige Betriebsstätten, Werkstätten, Ausstellungsräume, kleinere Verkaufsstätten, die keine Sonderbauten sind) und werden die RW konzeptionell anders geführt (also nicht über Flure), so sind auch Lösungen ohne notwendige Flure möglich. Allerdings ist dann besonderes Augenmerk auf die Führung der horizontalen (baulichen) RW bzw. Anordnung von Ausgängen zu legen.

Hinweis

Falls innerhalb großer Räume einzelne AR abgetrennt sind, ist die Rettungswegführung aus diesen Räumen besonders zu prüfen und auf den jeweiligen Einzelfall abzustimmen. Wenn diese AR nicht in einem unmittelbaren funktionellen Zusammenhang zum großen Raum stehen, sind in der Regel besondere Maßnahmen erforderlich (z. B. notwendiger Flur, zweiter Ausgang, zweiter baulicher RW, Brandmeldeanlage bzw. Brandwarnanlage mit Räumungsalarm).

Achtung

Da konzeptionelle Lösungen ohne notwendige Flure weder in der MBO noch in den LBOs behandelt werden, ist es wichtig, dass sie ausreichend beschrieben und begründet werden. Es ist dringend empfehlenswert, diese Lösungen möglichst frühzeitig mit der den Brandschutz prüfenden/bescheinigenden Stelle abzustimmen. Teilweise (je nach Situation und Lösung) ist eine genehmigungs-/bescheinigungspflichtige Abweichung erforderlich, die entsprechend zu beschreiben und zu begründen ist.

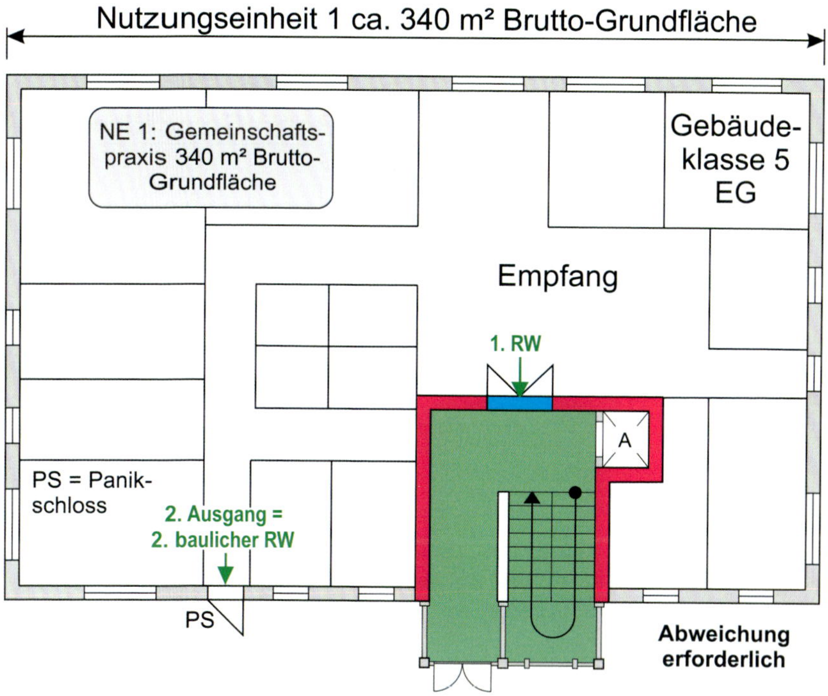

Abb. D.20: Beispiel für sonstige NE > 200 m² mit zweitem Ausgang ohne notwendigen Flur im EG

Ergänzung zu den vorstehenden Abb. D.7 bis D.10; Alternative zu der in Abb. D.9 dargestellten Lösung mit Teil-NE durch Anordnung eines zweiten Ausgangs.

Zur Kompensation der fehlenden notwendigen Flure wurde ein zweiter Ausgang angeordnet, der in diesem Fall zugleich auch als zweiter (baulicher) RW dient. Um die Situation deutlich zu verbessern, sollte dieser möglichst entgegengesetzt zum Ausgang in den notwendigen Treppenraum liegen.

Das Panikschloss wird von der Bauordnung nicht gefordert. Es ist jedoch empfehlenswert, da diese Türe während der Betriebszeiten sicher benutzbar sein muss.

Für den Verzicht auf den notwendigen Flur und die Kompensation mit dem zweiten Ausgang ist eine genehmigungs-/bescheinigungspflichtige Abweichung erforderlich. Eine frühzeitige Abstimmung mit der den Brandschutz prüfenden/bescheinigenden Stelle ist empfehlenswert.

Begründung der Abweichung: Die Anordnung eines notwendigen Flurs hat das Schutzziel, dass bei einem Brand in der NE der Ausgang in den notwendigen Treppenraum ausreichend lange möglich sein muss. Durch die Anordnung des zweiten Ausgangs werden die horizontalen RW deutlich verkürzt und es besteht eine zweite bauliche Möglichkeit, die NE im Brandfall schnell zu verlassen. Diese Lösung ist mindestens gleichwertig (wenn nicht sogar besser), als das Verlassen der NE durch den relativ langen notwendigen Flur.

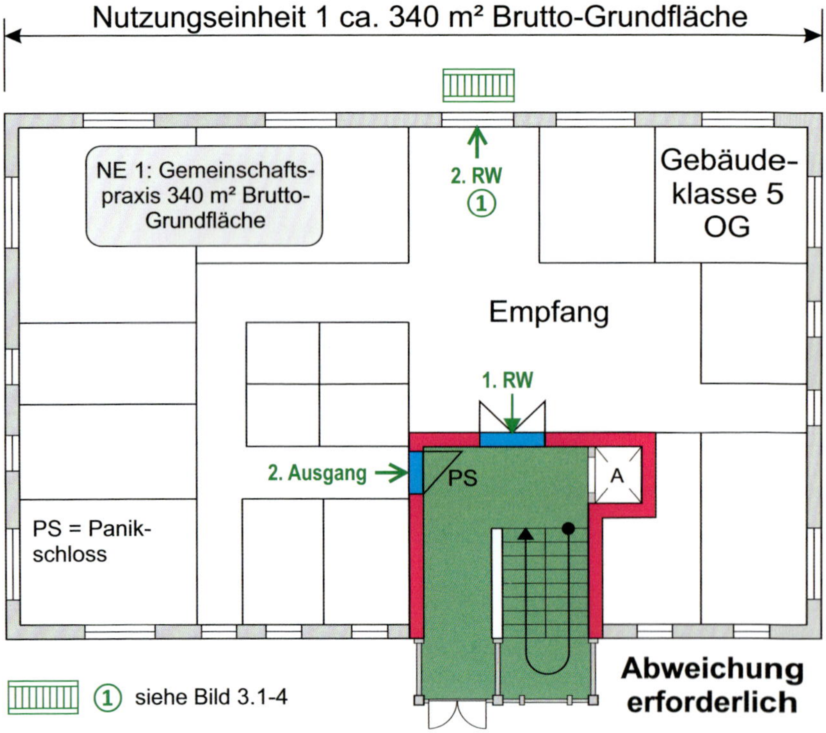

Abb. D.21: Beispiel für sonstige NE > 200 m² mit zweitem Ausgang ohne notwendigen Flur in den OGs

Der zweite Ausgang in den notwendigen Treppenraum dient zur Kompensation des fehlenden notwendigen Flurs (siehe sinngemäß Erläuterungen zu Abb. D.20). Er ist jedoch kein zweiter RW, da dieser bei einem Ausfall des notwendigen Treppenraums erforderlich ist.

Der zweite RW wird in diesem Beispiel über Rettungsgeräte der Feuerwehr hergestellt, siehe hierzu auch die Erläuterungen ① in Abb. D.4 und „Wichtiger Hinweis" zu Abb. D.12.

Abb. D.22 und D.23: Beispiele für sonstige NE > 200 m^2 und Büro-/Verwaltungsnutzungen > 400 m^2 ohne notwendigen Flur

Bei den dargestellten NE ist ein notwendiger Flur nutzungsbedingt nicht möglich bzw. vorgesehen. Mit ihrer Größe (NE > 200 m^2 bzw. Büro- und Verwaltungs-NE > 400 m^2) fallen sie nicht mehr unter die Ausnahmeregeln (siehe Kapitel D.3.1), bei denen notwendige Flure nicht erforderlich sind. In solchen Fällen kann der horizontale RW aus der jeweiligen NE konzeptionell auch anders gelöst werden.

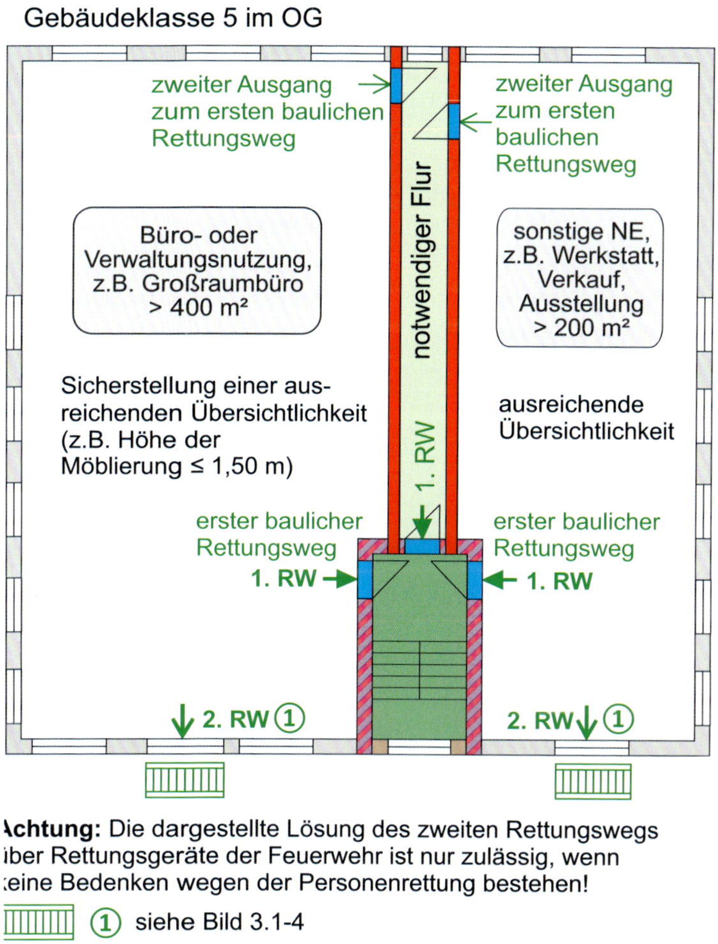

Abb. D.22: Beispiel für konzeptionelle Lösung des horizontalen RW mit zweitem Ausgang zum ersten baulichen RW

Es wird ein möglichst entgegengesetzt zum Eingang liegender zweiter Ausgang angeordnet. Dieser muss nicht zwingend zu einem zweiten baulichen RW führen. Er kann auch über einen notwendigen Flur außerhalb der NE in den Treppenraum (= erster baulicher RW) geführt werden.

Achtung: In diesem Fall muss der zweite RW über Rettungsgeräte der Feuerwehr möglich sein! Da es sich um einen Sonderbau handelt (Raum mit Büro-/Verwaltungsnutzung > 400 m²), ist die dargestellte Lösung nur möglich, wenn keine Bedenken wegen der Personenrettung bestehen.

Wichtig: Es ist davon auszugehen, dass bei solchen Situationen (abhängig von der Größe der NE und der Personenzahl) in der Regel Bedenken bestehen (siehe auch Kapitel A.5.2). Wenn diese wegen der Personenrettung bestehen, ist ein zweiter baulicher RW erforderlich (siehe Abb. D.23).

Hinweis: Die dargestellte Situation wird nicht von den Regelungen der MBO bzw. LBOs erfasst. Deshalb wird auch unterschiedlich diskutiert, ob hierfür eine Abweichung erforderlich ist. Dies gilt insbesondere für die rechten NE (Werkstatt, Verkauf, Ausstellung), wenn diese kein Sonderbau sind und Räume haben, die einzeln > 200 m², aber kleiner als 400 m² sind. Im Zweifelsfall ist eine frühzeitige Abstimmung mit der den Brandschutz prüfenden/bescheinigenden Stelle empfehlenswert.

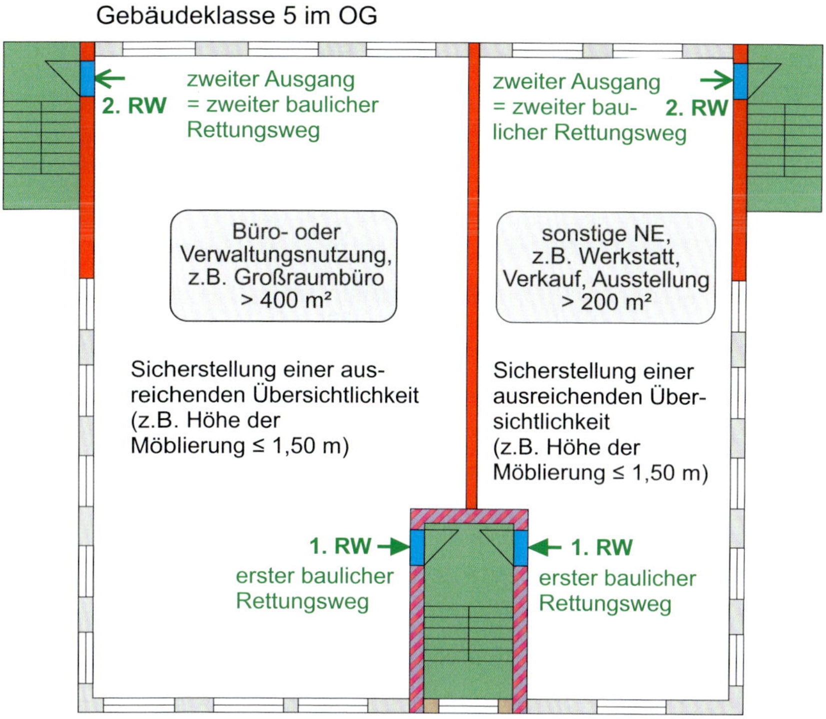

Abb. D.23: Beispiel für konzeptionelle Lösung des horizontalen Rettungsweges mit zweitem Ausgang zum zweiten baulichen Rettungsweg

Für die grundsätzliche Beschreibung siehe Abb. D.22. Die dargestellte Lösung dürfte für Großraumbüros > 400 m^2 der Regelfall sein. Durch die Größe der NE und Zahl der Nutzer ist ein zweiter baulicher RW erforderlich.

Der zweite, möglichst entgegengesetzt liegende Ausgang führt zu einem zweiten baulichen RW (notwendige Treppe). Der Nachteil des fehlenden notwendigen Flurs wird durch eine bessere Übersichtlichkeit ausgeglichen. Je nach Größe und Personenzahl können weitere Maßnahmen erforderlich sein (z. B. Möblierung nur bis zu einer Höhe von 1,50 m, Brandmelde- bzw. Brandwarnanlage mit Evakuierungsalarm).

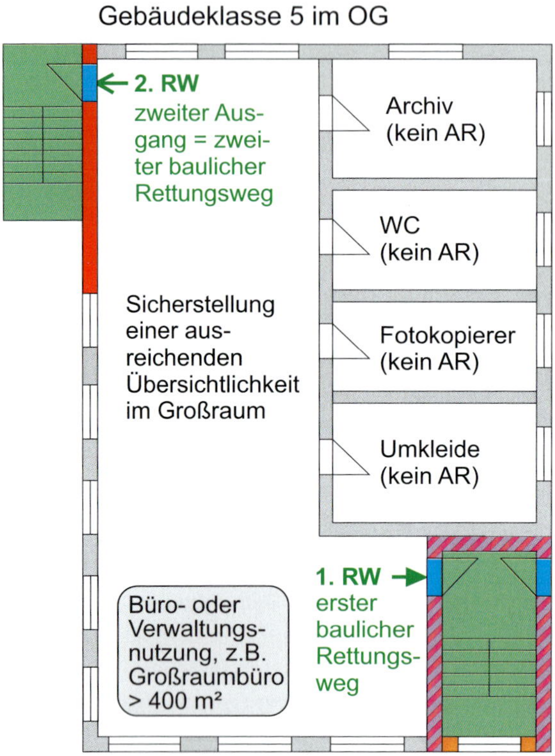

Abb. D.24: Beispiel für Großraumbüro > 400 m^2 ohne notwendigen Flur mit abgetrennten Räumen, die keine Aufenthaltsräume sind

Da die abgetrennten Räume keine AR sind, gelten sinngemäß die Erläuterungen zu vorstehender Abb. D.23.

Wichtig: Die abgetrennten Räume dürfen nicht als AR genutzt werden, andernfalls siehe nachfolgende Abb. D.25.

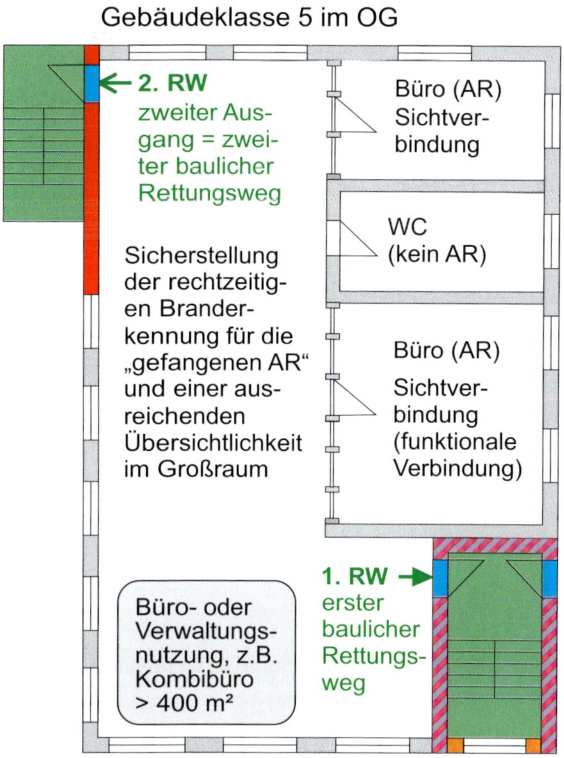

Abb. D.25: Beispiel für Kombibüro > 400 m² ohne notwendigen Flur mit abgetrennten Aufenthaltsräumen

Für die grundsätzliche Beschreibung siehe Abb. D.22. Beim Kombibüro sind um eine zentrale Gruppenzone Einzelbüros angeordnet. Ein notwendiger Flur passt nicht in dieses Konzept. Der horizontale RW kann wie folgt gelöst werden:

- Anordnung eines zweiten Ausgangs bzw. je nach Größe, Übersichtlichkeit und Personenzahl von mehreren Ausgängen, die in der Regel zu einem zweiten bzw. weiteren (baulichen) RW führen
- möglichst großflächige Verglasung (Sichtverbindung) der Einzelbüros zum Großraum
- Begrenzung der Möblierung in der Höhe (z. B. max. 1,50 m)
- Überschaubarer Grundriss mit Sichtverbindung zu den RW
- Ist keine ausreichende funktionale und überschaubare Verbindung zu den Einzelbüros vorhanden, kann die gesamte Büroeinheit (Einzelbüros und Großraumbüro) mit einer Brandmeldeanlage bzw. Brandwarnanlage mit Evakuierungsalarm ausgestattet werden.

Eine frühzeitige Abstimmung mit der den Brandschutz prüfenden/bescheinigenden Stelle ist empfehlenswert.

Abb. D.26 bis D.28: Beispiele für horizontale Rettungswege von Kindergärten

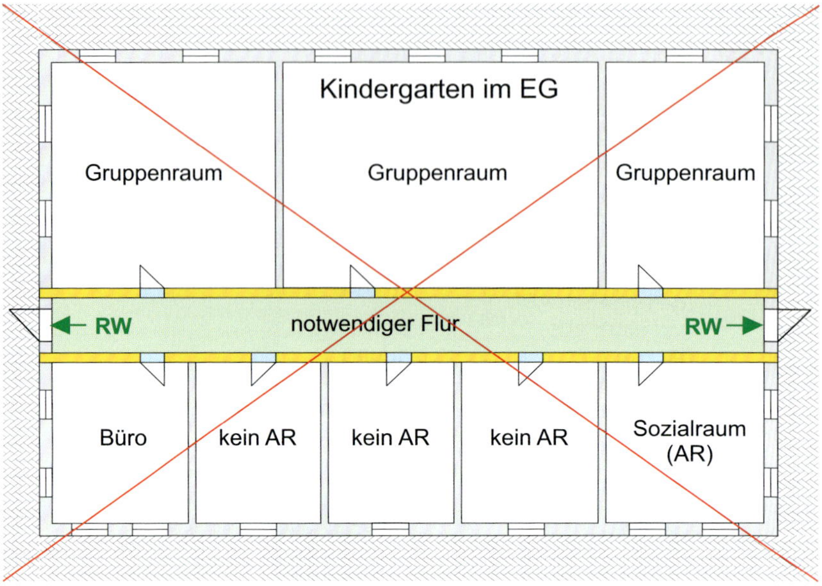

Die Lösung entspricht zwar den LBOs, ist für Kindergärten jedoch nicht praktikabel, siehe Bildbeschreibung

Abb. D.26: Beispiel für ungeeignete Lösung für Kindergarten

Obwohl die Rettungswegführung den Anforderungen der Bauordnung entspricht, ist die dargestellte Lösung aus zwei Gründen für Kindergärten ungeeignet:

- Rettungswegkonzepte mit notwendigen Fluren sind für Kindergärten nicht praktikabel. Im täglichen Betrieb wird der Flur auch als Spielflur genutzt – es ist kaum möglich, die bauaufsichtlichen Anforderungen an einen solchen notwendigen Flur auf Dauer zu gewährleisten (Spielflur).

- Die Bauordnung lässt zwar zu, dass beide RW über einen gemeinsamen notwendigen Flur führen dürfen – bei Kindergärten ist eine solche Lösung jedoch nicht sinnvoll.

Alternativen enthalten Abb. D.27 und D.28.

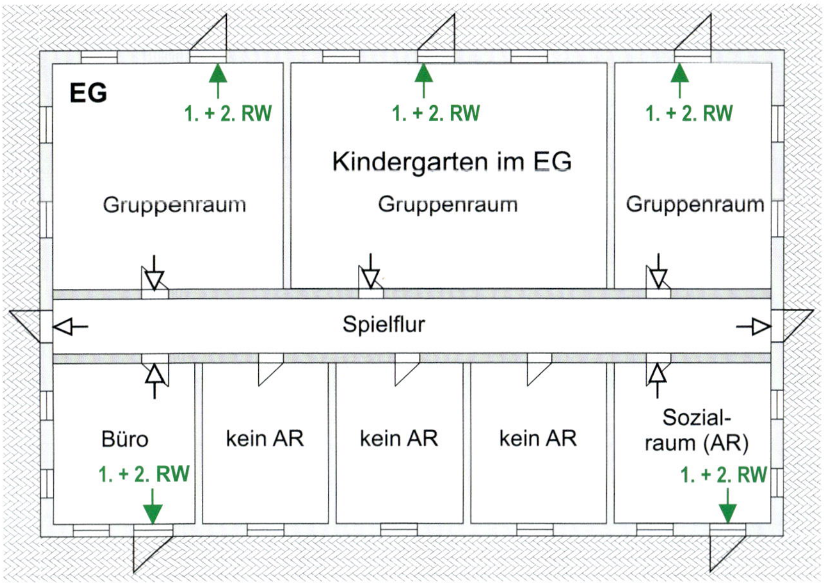

In einigen Ländern ist eine Abweichung erforderlich, siehe Text.

→ 1. und 2. RW
Beide Rettungswege führen über einen gemeinsamen Ausgang ins Freie.

▷ zweiter Ausgang aus den Räumen (kein zweiter Rettungsweg, siehe Text)

Abb. D.27: Beispiel für optimale Lösung im EG mit direkten Ausgängen ins Freie für KIndergarten

Beide RW führen aus jedem Aufenthalts- oder Gruppenraum über denselben Ausgang direkt ins Freie. Damit ist kein notwendiger Flur erforderlich, da über diesen kein baulicher RW führt.

Eine Abweichung ist hierfür in den Ländern erforderlich, in denen die dieser Lösung entsprechenden Rettungsweganforderungen in erdgeschossigen Räumen bzw. NE noch nicht in der LBO geregelt ist.
Eine frühzeitige Abstimmung mit der den Brandschutz prüfenden/bescheinigenden Stelle ist empfehlenswert.

Die anderen Türen zum Spielflur (schwarze Pfeile) dienen aus funktionalen Gründen der Erschließung und Nutzung. Sie sind für die baulichen RW nicht erforderlich, es sei denn, es wird konzeptionell für die horizontalen RW jeweils ein zweiter Ausgang aus den Räumen benötigt. In diesem Fall handelt es sich dann um zweite Ausgänge aus den Räumen und nicht um zweite RW.

Da alle RW direkt ins Freie und keine baulichen RW über den Flur führen, ist kein notwendiger Flur erforderlich. Er ist auch für die Feuerwehr zur Rettung und wirksamen Brandbekämpfung nicht notwendig, da sie alle Räume von außen einfach erreichen kann.

Achtung: Voraussetzung für dies Lösung ist, dass alle AR einen direkten Ausgang ins Freie haben (auch die Büros). Weist ein AR (z. B. ein Büro) keinen direkten Ausgang auf, entsteht bei NE > 200 m² wieder die Problematik des notwendigen Flurs.

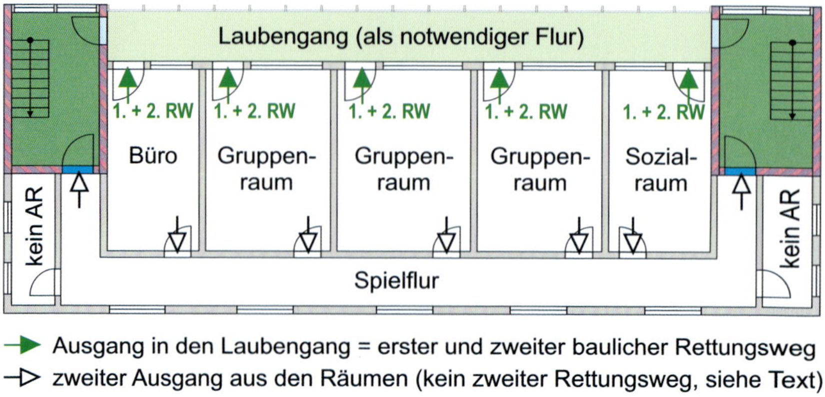

Abb. D.28: Beispiel für optimale Lösung für Kindergarten in OGs mit Laubengang, der in zwei Fluchtrichtungen verlassen werden kann

Für eine Beschreibung siehe sinngemäß Abb. D.27. Beide baulichen RW führen über den Laubengang (als notwendiger Flur). Dieser ist an beiden Seiten an notwendige Treppenräume angeschlossen und kann damit in beide Richtungen verlassen werden. Die Lösung entspricht damit in allen Punkten der MBO bzw. den LBOs. Eine Abweichung ist hierfür nicht erforderlich.

D.3.4 Notwendige Flure außerhalb von Nutzungseinheiten

Führen die Rettungswege aus Wohnungen oder NE mit AR nicht direkt zu Ausgängen in notwendige Treppenräume, zu notwendigen Außentreppen oder ins Freie, so sind die Flure, die außerhalb der jeweiligen Wohnung oder NE mit AR liegen und von dort zu den vorgenannten Ausgängen führen, als notwendige Flure auszubilden. Mit anderen Worten: Der Flur zwischen der Wohnung oder NE mit AR und dem Ausgang (in den notwendigen Treppenraum, zur notwendige Außentreppe oder ins Freie) muss ein notwendiger Flur sein.

Werden in einem Geschoss mehr als vier Wohnungen bzw. NE an den notwendigen Treppenraum angeschlossen, so ist es empfehlenswert zu prüfen, ob ein notwendiger Flur erforderlich ist (siehe auch Kapitel A.3.3).

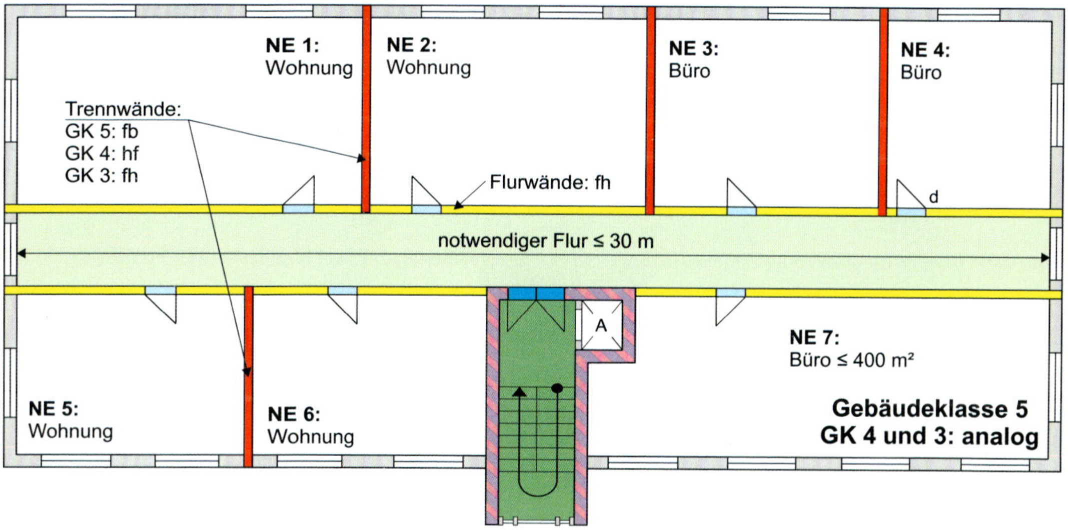

Abb. D.29: Beispiel für notwendige Flure außerhalb von Nutzungseinheiten mit einem baulichen Rettungsweg

Der erste (bauliche) RW führt von jeder NE über den notwendigen Flur zum Treppenraum. Der zweite RW wird in diesem Beispiel über Rettungsgeräte der Feuerwehr hergestellt.

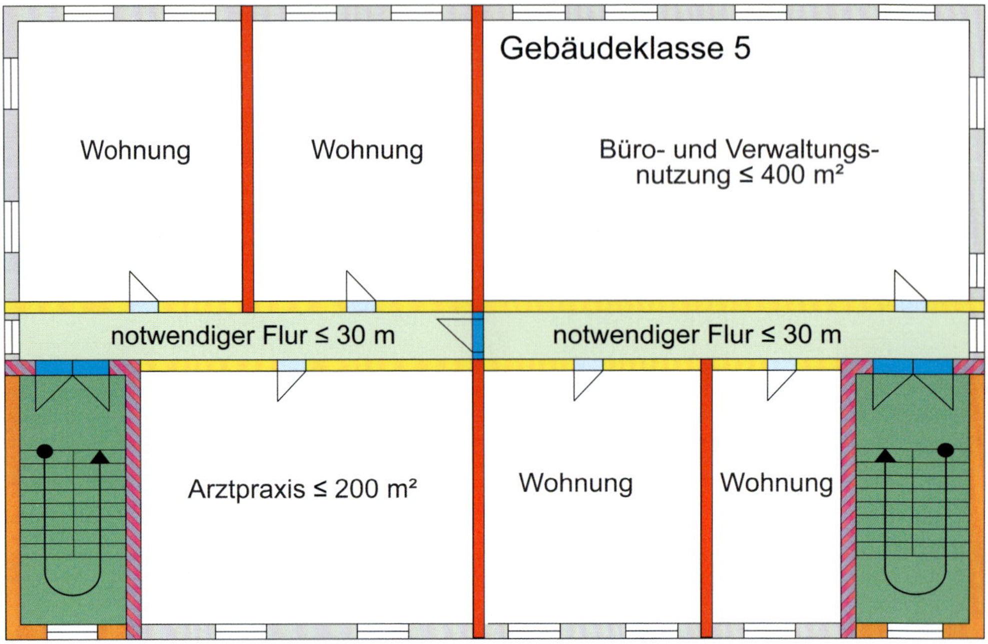

Abb. D.30: Beispiel für notwendige Flure außerhalb von Nutzungseinheiten mit zwei baulichen Rettungswegen

Der erste (bauliche) RW führt von jeder NE über den notwendigen Flur zum einen Treppenraum. Der zweite (bauliche) RW führt über denselben notwendigen Flur zum anderen Treppenraum.

Bei der im Beispiel dargestellten Situation wird nicht mehr zwischen erstem und zweitem RW unterschieden. Hier sind zwei bauliche RW vorhanden, von denen einer die maximale Entfernung von 35 m nicht überschreiten darf.

Durch die rauchdichte, selbstschließende und nichtabsperrbare Tür wird der notwendige Flur in zwei Rauchabschnitte unterteilt. Bei ausgedehnten Gebäuden > 40 m ist nach MBO und den meisten LBOs eine Brandwand erforderlich.

D.3.5 Nicht notwendige Flure in Nutzungen ohne Aufenthaltsräume

In Nutzungen und Geschossen ohne Aufenthaltsräume (z. B. benutzbarer Dachraum oder Keller) ist kein notwendiger Flur erforderlich.

Dabei ist zu beachten, dass auch in Nutzungen ohne Aufenthaltsräume immer ein baulicher (erster) Rettungsweg notwendig ist. Dieser muss in der Regel keine besonderen Anforderungen an seine Sicherheit erfüllen und darf innerhalb der jeweiligen Nutzung in Fluren ohne Anforderungen oder ganz ohne Flure verlaufen.

Es muss jedoch gewährleistet sein, dass von jeder Stelle eines KG in höchstens 35 m Entfernung mindestens ein Ausgang in einen notwendigen Treppenraum oder ins Freie erreichbar ist.

In Sonderbauten oder bei besonderen Nutzungen können weitergehende Anforderungen bestehen (siehe Kapitel A.10.3).

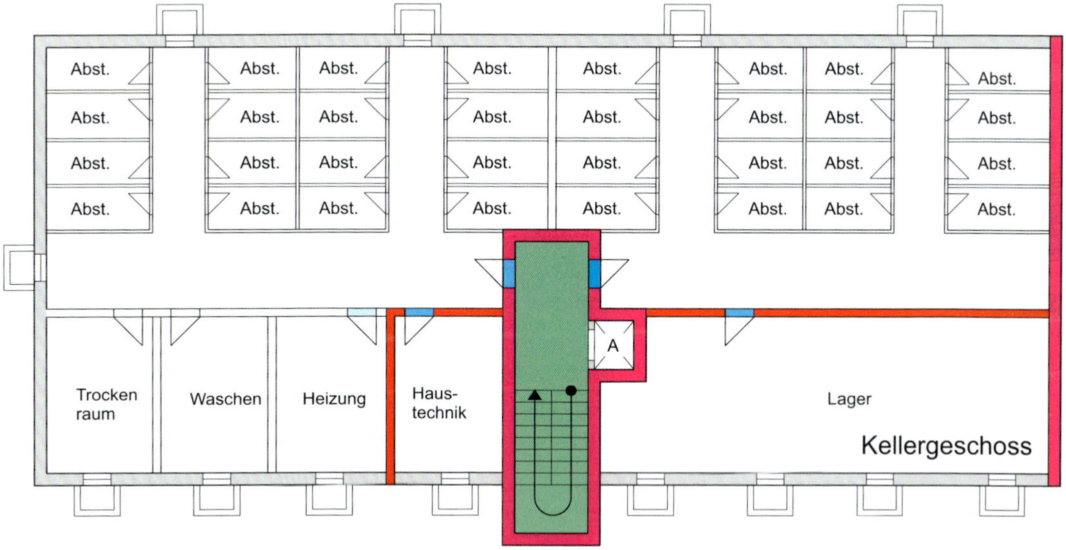

Abb. D.31: Beispiel für Kellergeschoss ohne Aufenthaltsräume

Da im KG keine AR vorhanden sind, ist dort auch kein notwendiger Flur erforderlich (Beispiele für KG mit AR in Abb. D.18 und D.19 sowie Kapitel A.10.3.2).

D.3.6 Gefangene Räume

D.3.6.1 Grundsätzliches

Bei sogenannten „gefangenen Räumen" (hintereinander angeordnete oder verschachtelte Räume) führt der erste (bauliche) RW aus dem Raum nicht direkt in

- einen notwendigen Flur oder
- in einen notwendigen Treppenraum oder
- zu einer notwendigen Außentreppe oder
- ins Freie.

Stattdessen liegen andere (im baurechtlichen Sinn nicht sichere) Räume dazwischen. Gemäß Schutzzielvorgabe der MBO und sinngemäß der LBOs soll die Verbindung zwischen AR und den Zugängen zu den baulichen RW über einen notwendigen Flur erfolgen.

Bei gefangenen Räumen ist das nicht der Fall. Damit stellen sie eine genehmigungs-/bescheinigungspflichtige Abweichung von der Bauordnung dar. Außerdem wird der Begriff auch vom Arbeitsstättenrecht geprägt (siehe weiter unten).

Gefangene Räume sind aus folgenden Gründen ungünstig:

- Die Flucht ist im Brandfall nur über fremde (andere) Räume mit Brandlasten möglich.
- Personen, die sich in einem gefangenen Raum aufhalten, haben keinen unmittelbaren Kontakt zum davor liegenden „fremden" Raum. Ein eventuell ausbrechender Brand im anderen Raum oder in einem anderen Bereich wird deshalb unter Umständen zu spät entdeckt und der (erste) bauliche Flucht- und Rettungsweg ist nicht mehr gewährleistet.

Dabei spielt es keine Rolle, ob der gefangene Raum einen zweiten RW über Rettungsgeräte der Feuerwehr hat. Zunächst muss nach Baurecht jede NE und bei größeren NE jeder AR einen fachgerechten ersten (baulichen) RW haben.

Die baurechtlichen Anforderungen an gefangene Räume hängen im Wesentlichen von der Art und Größe der jeweiligen NE und der Nutzung ab.

D.3.6.2 Gefangene Räume in Nutzungseinheiten, die keinen notwendigen Flur benötigen

Bei Nutzungseinheiten, die keinen notwendigen Flur benötigen, stellt die Bauordnung keine besonderen Anforderungen an gefangene Räume. Beispiele solcher NE sind:

- Wohnungen ohne Größenbegrenzung
- NE bis 200 m²
- Büro- und Verwaltungsnutzungen bis 400 m² (gilt auch für Teilnutzungseinheiten)

Obwohl innerhalb dieser NE kein notwendiger Flur vorgeschrieben wird, ist in der Regel ein nicht notwendiger Flur (= Flur ohne Anforderungen) zur Erschließung vorhanden.

Gefangene Räume sind in diesen NE nach Baurecht grundsätzlich zulässig. Da über die nicht notwendigen Flure und auch die eventuell vorhandenen gefangenen Räume der erste (bauliche) RW führt, sollten sie möglichst übersichtlich angeordnet werden.

In ungünstigen Fällen kann die Situation durch die Anordnung von Rauchwarnmeldern deutlich verbessert werden, wobei darauf zu achten ist, dass diese regelmäßig überprüft und gewartet werden.

Wichtig

Obwohl für die genannten NE keine besonderen baurechtlichen Anforderungen bestehen, ist bei Arbeitsstätten das Arbeitsstättenrecht zu beachten, das diesbezüglich Anforderungen stellt (siehe Kapitel D.3.6.4 unten).

D.3.6.3 Gefangene Räume in Nutzungseinheiten, die einen notwendigen Flur haben

Bei gefangenen Räumen in NE, deren Rettungswege über einen notwendigen Flur führen, ist zu klären, welche Maßnahmen zur Gewährleistung der Flucht- und Rettungswege jeweils erforderlich sind.

Dabei muss ein Brand im davor geschalteten Raum oder Bereich auch im gefangenen Raum so rechtzeitig bemerkt werden können, dass der bauliche Fluchtweg aus diesem Raum gewährleistet ist.

D.3.6.4 Anforderungen des Arbeitsrechts

Unabhängig vom Baurecht sind für Gebäude, die dem Arbeitsrecht unterliegen, bei gefangenen Räumen besondere Anforderungen zu beachten. In der ASR A2.3 „Fluchtwege und Notausgänge“ (März 2022) heißt es hierzu:

ASR A2.3 Abschnitt 4.12

Gefangene Räume dürfen als Arbeits-, Bereitschafts-, Liege-, Erste-Hilfe-, Pausenräume und Kantinen nur genutzt werden, wenn folgende Maßgaben beachtet wurden:

1. *Sicherstellung der Alarmierung im Gefahrenfall. Beispiele hierzu finden sich in der ASR A2.2. „Maßnahmen gegen Brände“ oder*
2. *Gewährleistung einer Sichtverbindung zum vorgelagerten Raum, sofern der gefangene Raum nicht zum Schlafen genutzt wird und im vorgelagerten Raum nicht mehr als eine normale Brandgefährdung vorhanden ist.*

Hinweis: Diese Regelungen für gefangene Räume in Arbeitsstätten gelten unabhängig von der Größe der in Landesbauordnungen genannten „Nutzungseinheiten“.

Sind in NE, die auch dem Arbeitsstättenrecht unterliegen, gefangene Räume vorhanden, ist es empfehlenswert, die hierfür erforderlichen Maßnahmen mit der für das Arbeitsstättenrecht zuständigen Stelle zu klären.

D.3.6.5 Lösungsmöglichkeiten

Im Folgenden werden als Beispiele für NE mit einem notwendigen Flur innerhalb der NE die Voraussetzungen angegeben, unter denen gefangene Räume grundsätzlich zulässig sind (Fälle A bis E). In der Regel ist hierfür eine genehmigungs-/bescheinigungspflichtige Abweichung erforderlich. Im Zweifelsfall ist eine frühzeitige Abstimmung mit der den Brandschutz prüfenden/bescheinigenden Stelle empfehlenswert.

Fall A: Bypass-Lösung

Der gefangene Raum hat zwei Ausgänge durch verschiedene Räume (Bypass-Lösung). Da ein gleichzeitiger Brand in beiden Räumen unwahrscheinlich ist, kann er im Ernstfall durch den zweiten Ausgang verlassen werden (Abb. D.32).

> **Wichtig**
>
> In diesem Fall bestehen auch Anforderungen an die Schließung der beiden Türen: Sie müssen vom gefangenen Raum aus jederzeit zu öffnen sein. Das gilt auch für den weiteren Verlauf des Fluchtweges bis zum notwendigen Flur. Hier sind Türen mit einer Panikschließung möglich, da sie im Brandfall nur von einer Richtung aus begehbar sein müssen.

Fall B: Zweiter baulicher Rettungsweg

Der gefangene Raum hat einen zweiten baulichen RW, z. B. durch einen Fluchtbalkon.

Fall C: Alarmierung/Warneinrichtung

Eine Alarmierung im Gefahrenfall wird sichergestellt, z. B. durch eine automatische Brandmeldeanlage bzw. Brandwarnanlage mit Evakuierungsalarm (Abb. D.33).

Fall D: Sichtverbindung

Der gefangene Raum weist einen funktionellen Zusammenhang zum vorgelagerten Raum auf (z. B. durch eine Sichtverbindung) und der vorgelagerte Raum hat keine besondere Brandgefährdung. In diesem Fall geht man davon aus, dass ein eventueller Brand im vorgelagerten Raum durch die Sichtverbindung rechtzeitig bemerkt wird, so dass der gefangene Raum rechtzeitig verlassen werden kann. Diese Lösung ist nur möglich, wenn der gefangene Raum lediglich von einer geringen Personenzahl und nicht zum Schlafen genutzt wird (Abb. D.34).

Fall E: Kein Aufenthaltsraum

Der gefangene Raum wird nicht als Aufenthaltsraum genutzt (Abb. D.35).

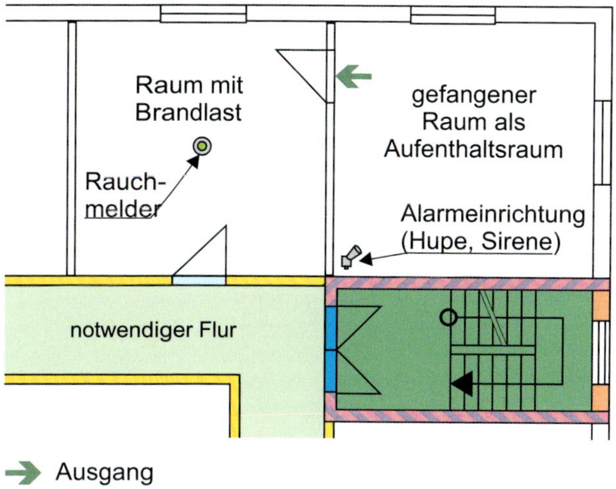

Abb. D.32: Gefangener Raum – Fall A: Bypass-Lösung

Im Ernstfall kann der gefangene Raum durch einen zweiten Ausgang verlassen werden.

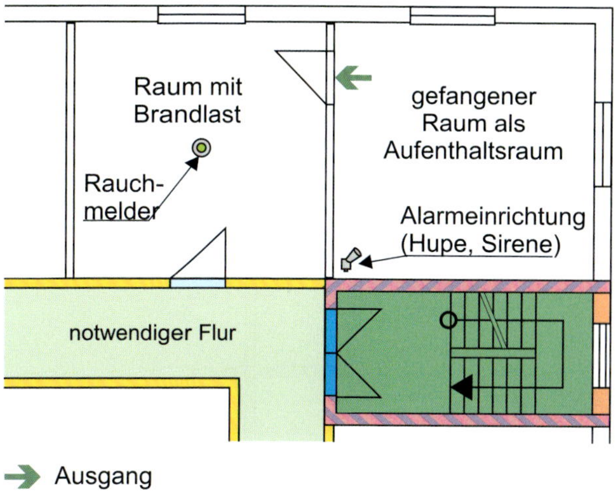

Abb. D.33: Gefangener Raum – Fall C: Alarmierung/Warneinrichtung

Durch die Warneinrichtung (z. B. automatische Brandmeldeanlage mit Evakuierungsalarm) werden die Personen im gefangenen Raum frühzeitig gewarnt und können den gefangenen Raum im Ernstfall über den vorgelagerten Raum verlassen.

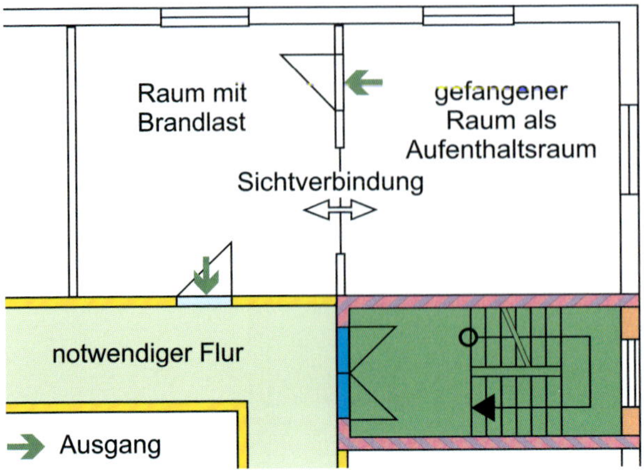

Abb. D.34: Gefangener Raum – Fall D: Sichtverbindung

Durch die Sichtverbindung wird ein eventueller Brand im vorgelagerten Raum rechtzeitig bemerkt, so dass der gefangene Raum rechtzeitig verlassen werden kann.

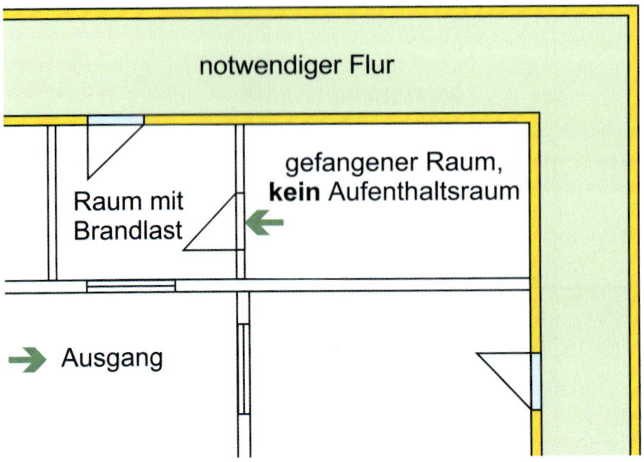

Abb. D.35: Gefangener Raum – Fall E: Kein Aufenthaltsraum

Es bestehen keine besonderen Anforderungen, da der gefangene Raum kein AR ist. Bei dieser Lösung ist darauf zu achten, dass der gefangene Raum auch später nicht als AR genutzt wird.

D.4 Mindestbreite, Stufen und sichere Begehbarkeit

> **§ 36 Abs. 2 MBO: Mindestbreite und Stufen**
>
> [1]*Notwendige Flure müssen so breit sein, dass sie für den größten zu erwartenden Verkehr ausreichen.* [2]*In den Fluren ist eine Folge von weniger als drei Stufen unzulässig.*

D.4.1 Mindestbreite notwendiger Flure

§ 36 Abs. 2 Satz 1 fordert, dass alle Personen, die sich in den angeschlossenen Wohnungen und NE aufhalten, das Gebäude bei Gefahr leicht und sicher verlassen können.

Da in den meisten LBOs keine festen Breiten genannt sind, kann als Anhaltswert DIN 18065:2020-08 „Gebäudetreppen – Begriffe, Messregeln, Hauptmaße" herangezogen werden. Danach beträgt die Mindestbreite 1 m (soweit in der jeweiligen LBO kein anderer Wert vorgeschrieben ist).

Bei Sonderbauten ergibt sich die Mindestbreite aus der jeweiligen Sonderbauvorschrift. Einen allgemeinen Anhaltswert liefert die in der Muster-Versammlungsstättenverordnung (MVStättVO) geforderte lichte Rettungswegbreite von mindestens 1,20 m je 200 darauf angewiesener Personen, wobei ab 1,20 m Breite Zwischenwerte zulässig sind (in einigen VStättVO sind Staffelungen nur in Schritten von 0,60 m zulässig).

Für Gebäude, die dem Arbeitsstättenrecht unterliegen, sind zusätzlich zu den bauaufsichtlichen Anforderungen die Regeln des Arbeitsstättenrechts zu beachten. Hier wird nach ASR A2.3 neu zwischen Hauptfluchtwegen und Nebenfluchtwegen unterschieden. Die Mindestbreiten für die Hauptfluchtwege entsprechen in ihren Grundzügen der MVStättVO, wurden jedoch insbesondere bei weniger als 200 Personen umfangreich konkretisiert (z. B. ASR A2.3 Tabelle 1).

D.4.2 Sichere Begehbarkeit

Der notwendige Flur muss auch unter erschwerten Bedingungen sicher begehbar sein (z. B. bei Panik, Verrauchung) und insbesondere als Fluchtweg, aber auch als Rettungs- und Angriffsweg für die Feuerwehr benutzt werden können. Er darf deshalb nicht durch Mobiliar, Einrichtungen, Einbauten usw. eingeengt werden.

Zudem sind Stolperstufen unzulässig (einzelne oder zwei Stufen), um die sichere Begehbarkeit des Flurs zu gewährleisten. Es müssen mindestens drei Stufen zusammenhängend (wie eine kleine Treppe) angeordnet werden. Zur Stufenhöhe und -breite gelten sinngemäß die Vorschriften für Treppen.

Hinweis

Sind im Bestand nur eine oder zwei Stufen im notwendigen Flur vorhanden und ist eine Änderung (z. B. durch Anordnung einer Rampe) mit vertretbarem Aufwand nicht möglich, so kann die Situation z. B. durch eine deutliche optische Kenntlichmachung erfolgen, ggf. auch mit Beleuchtung. Die jeweils erforderlichen Maßnahmen können in Abhängigkeit der Nutzung und des Risikos im Einzelfall mit den für den Brandschutz zuständigen Stellen abgestimmt werden.

D.5 Unterteilung in Rauchabschnitte und Flurlänge

§ 36 Abs. 3 MBO: Unterteilung in Rauchabschnitte und Flurlänge

[1]*Notwendige Flure sind durch nichtabschließbare, rauchdichte und selbstschließende Abschlüsse in Rauchabschnitte zu unterteilen.* [2]*Die Rauchabschnitte sollen nicht länger als 30 m sein.* [3]*Die Abschlüsse sind bis an die Rohdecke zu führen; sie dürfen bis an die Unterdecke der Flure geführt werden, wenn die Unterdecke feuerhemmend ist.* [4]*Notwendige Flure mit nur einer Fluchtrichtung, die zu einem Sicherheitstreppenraum führen, dürfen nicht länger als 15 m sein.* [5]*Die Sätze 1 bis 4 gelten nicht für offene Gänge [Laubengänge, Anm. d. Verf.] nach Absatz 5.*

D.5.1 Unterteilung von notwendigen Fluren in Rauchabschnitte

Notwendige Flure sollen als horizontales Element des ersten (baulichen) Rettungsweges oder der baulichen Rettungswege im Brandfall möglichst lange rauchfrei bleiben. Dies ist besonders wichtig bei notwendigen Fluren, über die beide (horizontalen) RW geführt werden.

Unter ungünstigen Umständen (z. B. offen stehende Türen zu den angrenzenden Räumen, schnelle Brandausbreitung, späte Alarmierung der Feuerwehr) kann aber auch ein notwendiger Flur rasch verraucht werden.

Aus diesen Gründen ist es bei längeren Fluren erforderlich, die mögliche Verrauchung durch die Anordnung von Rauchabschnitten zu begrenzen. In der Bauordnung wird deshalb verlangt, dass notwendige Flure „durch nichtabschließbare, rauchdichte und selbstschließende Abschlüsse in Rauchabschnitte" zu unterteilen sind. Die Rauchabschnitte sollen nicht länger als 30 m sein.

Wichtig

Da durch diese rauchabschnittsbildenden Abschlüsse bauliche RW in beide Richtungen führen, dürfen sie nicht abschließbar sein. Es darf in diesen Türen also kein Schloss angeordnet werden. Dies ist z. B. mit einem Blindzylinder möglich, siehe hierzu auch Kapitel D.5.3.

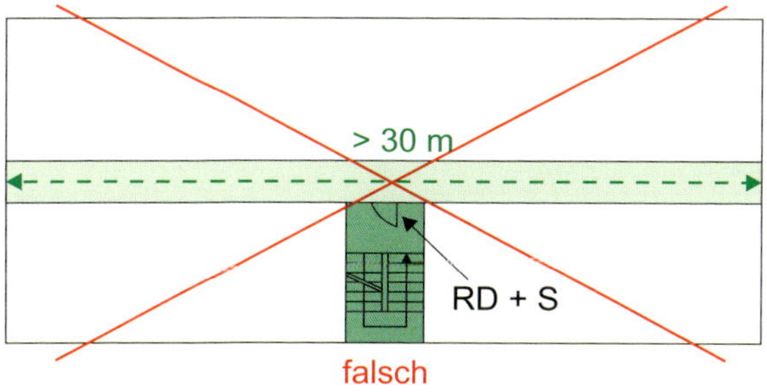

Abb. D.36: Beispiel für fehlende Unterteilung eines notwendigen Flurs

Unzulässige Ausführung, da die Flurlänge und damit die Länge des Rauchabschnitts mehr als 30 m beträgt. Damit entspricht die Ausführung nicht den Anforderungen der Bauordnung.

Hinweis: Bei ausgedehnten Gebäuden > 40 m ist nach MBO und den meisten LBOs eine Brandwand erforderlich.

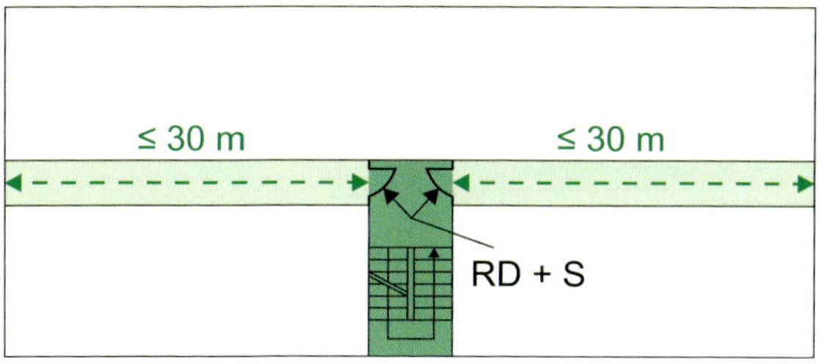

Abb. D.37: Beispiel für Unterteilung eines längeren notwendigen Flurs durch den notwendigen Treppenraum

Der (ursprünglich längere) notwendige Flur wird durch den notwendigen Treppenraum in zwei Rauchabschnitte unterteilt, die beide nicht länger als 30 m sind.

Hinweis: Bei ausgedehnten Gebäuden > 40 m ist nach MBO und den meisten LBOs eine Brandwand erforderlich.

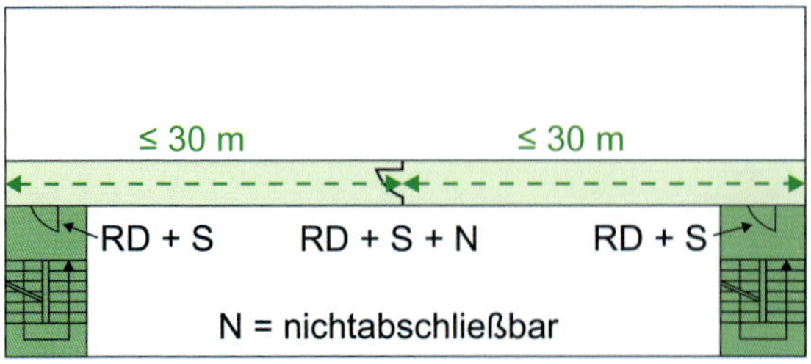

Abb. D.38: Beispiel für Unterteilung eines notwendigen Flurs > 30 m, über den beide (baulichen) Rettungswege führen, in Rauchabschnitte

Der notwendige Flur ist länger als 30 m. Er wird durch einen rauchdichten, selbstschließenden und nichtabsperrbaren Abschluss in zwei Rauchabschnitte ≤ 30 m unterteilt.

Hinweis: Bei ausgedehnten Gebäuden > 40 m ist nach MBO und den meisten LBOs eine Brandwand erforderlich.

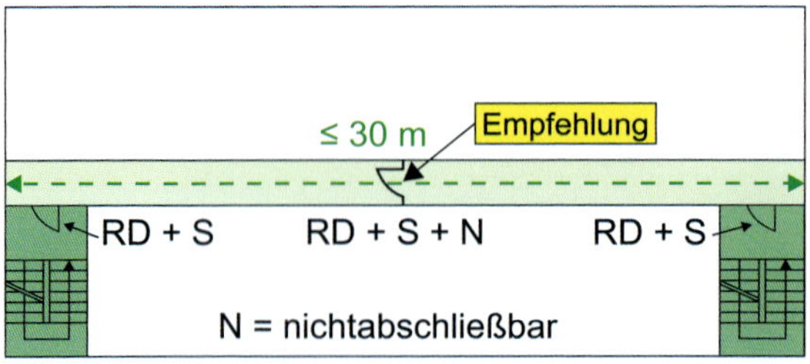

Abb. D.39: Empfehlung für die Unterteilung eines notwendigen Flurs ≤ 30 m, über den beide (baulichen) Rettungswege führen, in Rauchabschnitte

Nach allgemein üblicher Interpretation der Bauordnung müsste hier der notwendige Flur nicht unterteilt werden, da er nicht länger als 30 m ist. Bei genauer Lesart der Bauordnung ergibt sich durch den ersten Satz, dass notwendige Flure zu unterteilen sind. Erst der zweite Satz gibt an, dass die Rauchabschnitte nicht länger als 30 m sein sollen.

Dies ergibt bei der in Abb. D.37 dargestellten Situation keinen Sinn. Allerdings kann es bei dem in Abb. D.39 dargestellten Beispiel (z. B. bei Sonderbauten) sehr wohl sinnvoll und auch empfehlenswert sein, den dort dargestellten notwendigen Flur auch bei einer Flurlänge von unter 30 m zu unterteilen, wenn beide baulichen RW über diesen Flur geführt werden.

Durch die (nach Bauordnung zulässige) Führung von beiden RW über denselben notwendigen Flur besteht im brandbetroffenen Geschoss eine relativ ungünstige Situation, die durch den rauchdichten, selbstschließenden und nichtabsperrbaren Abschluss auch bei Flurlängen unter 30 m deutlich (um 100 %) verbessert werden kann.

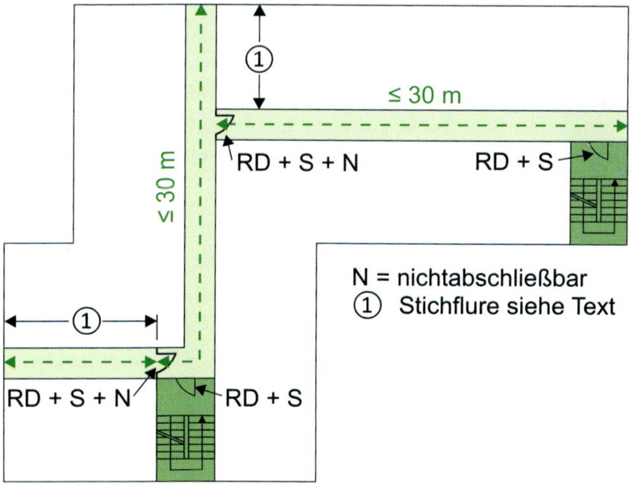

Abb. D.40: Beispiel für Unterteilung eines notwendigen Flurs in Rauchabschnitte

① Bei Stichfluren ist zu prüfen, ob besondere Anforderungen bestehen. An Stichflure in Gebäuden, die nach der Bauordnung behandelt werden können, bestehen nur Anforderungen, wenn sie zu einem Sicherheitstreppenraum führen. In diesem Fall dürfen sie dann nicht länger als 15 m sein. In verschiedenen Sonderbauten werden jedoch auch Anforderungen an die maximale Länge von Stichfluren gestellt.

Hinweis: Bei ausgedehnten Gebäuden > 40 m ist nach MBO und den meisten LBOs eine Brandwand erforderlich.

D.5.2 Zusammenfallen von Rauchabschnitten mit Brandabschnitten

Bei ausgedehnten Gebäuden, die durch Brandwände bzw. Wände anstelle von Brandwänden (WaBW) in Brandabschnitte unterteilt werden, ist es empfehlenswert, die Rauchabschnitte in notwendigen Fluren möglichst so zu planen, dass sie mit den Brandabschnitten zusammenfallen. Damit übernehmen die Feuerschutzabschlüsse in den Brandwänden bzw. WaBW zugleich auch die Unterteilung in Rauchabschnitte.

Grundsätzlich müssen die Abschlüsse dann selbstschließend sein und die gleiche Feuerwiderstandsdauer wie die Brandwand bzw. WaBW aufweisen. Außerdem müssen sie zusätzlich noch die Anforderungen an die Rauchdichtigkeit und Nichtabschließbarkeit erfüllen (siehe Abb. D.41 bis Abb. D.43).

Die Anforderungen der dort erforderlichen Abschlüsse lauten:

- GK 5: feuerbeständig, rauchdicht, selbstschließend und nichtabsperrbar
- GK 1 bis 4: hochfeuerhemmend, rauchdicht, selbstschließend und nichtabsperrbar

Unter bestimmten Voraussetzungen ist es z. B. bei Büro- oder Verwaltungsgebäuden und bestimmten Sonderbauten möglich, anstelle feuerbeständiger bzw. hochfeuerhemmender Abschlüsse feuerhemmende Rauchschutzabschlüsse anzuordnen. Hierfür ist eine genehmigungs-/bescheinigungspflichtige Abweichung erforderlich (siehe Abb. D.44 und D.45).

Voraussetzung dazu ist die Gewährleistung des Schutzzieles der Brandwand bzw. WaBW, dass für mindestens 90 Minuten (bei WaBW 60 Minuten) keine Gefahr einer Brandweiterleitung in den angrenzenden Brandabschnitt besteht.

In Fachkreisen geht man grundsätzlich davon aus, dass eine Gefahr der Brandweiterleitung nicht besteht, wenn die Wände und Decken der an die Brandwandöffnung anschließenden brandlastfreien Flure feuerbeständig (bei WaBW hochfeuerhemmend) und die Öffnungen zu anderen Räumen mindestens 2,50 m von der Brandwandöffnung entfernt sind.

In diesen 2,50-m-Bereichen sollten möglichst keine Öffnungen sein. Falls Öffnungen näher an der Brandwand bzw. WaBW liegen, müssen diese mit feuerhemmenden, dicht- und selbstschließenden Abschlüssen gesichert werden (siehe Abb. D.45).

Hinweis

Bei dieser Lösung ist insbesondere bei Sonderbauten eine Rücksprache mit dem Feuerversicherer empfehlenswert, da Brandwände von der Feuerversicherung in der Regel nur anerkannt werden, wenn auch alle Öffnungen mit mindestens 90 Minuten gesichert sind.

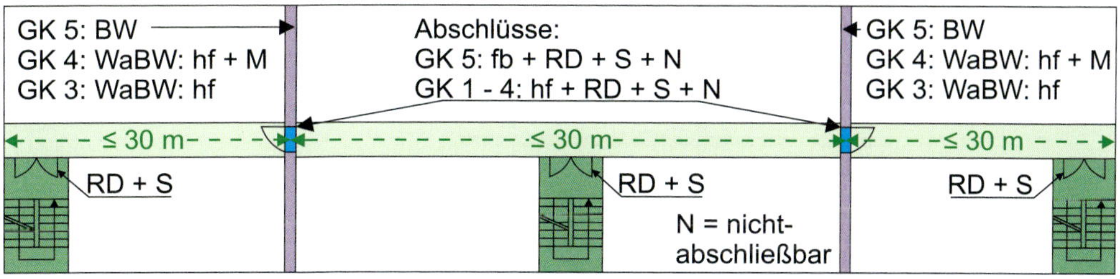

Abb. D.41: Beispiel für ausgedehntes Gebäude mit Brand- und Rauchabschnitten

Führen bei ausgedehnten Gebäuden die notwendigen Flure durch Brandabschnitte, ist es empfehlenswert, die Brand- und Rauchabschnitte so anzuordnen, dass sie zusammenfallen. In diesen Fällen müssen die Abschlüsse dann sowohl die Anforderungen an die Brandabschnittsbildung als auch an die Rauchabschnittsbildung erfüllen und nichtabsperrbar sein.

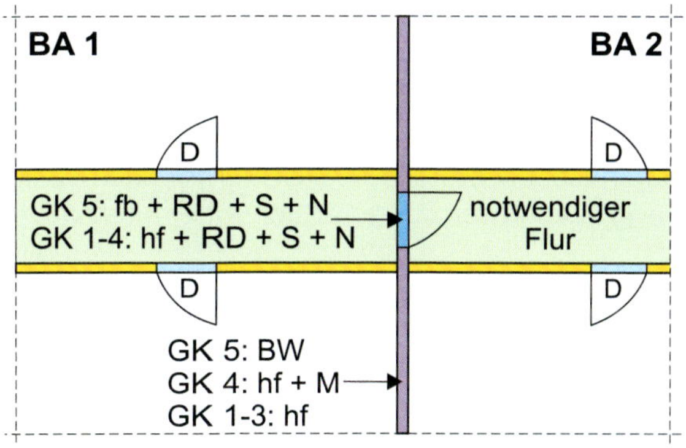

Abb. D.42: Rauchabschnittsbildung des notwendigen Flurs und Brandwand fallen zusammen

Die Öffnung in der Brandwand bzw. WaBW ist für die Nutzung erforderlich und deshalb zulässig. Sie ist wie folgt zu sichern:

- GK 5: Brandwand: feuerbeständig, rauchdicht, selbstschließend und nichtabsperrbar (fb + RD + S + N)
- GK 1–4: WaBW: hochfeuerhemmend, rauchdicht, selbstschließend und nichtabsperrbar (hf + RD + S + N)

Die Anforderung nichtabsperrbar (= N) kann z. B. mit einem Blindzylinder erfüllt werden.

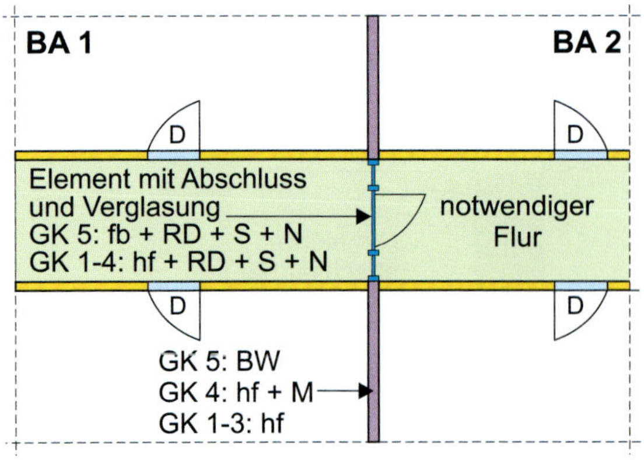

Abb. D.43: Wie Abb. D.42, jedoch Abschluss mit feststehenden verglasten Seitenteilen und Oberlichten

Häufig wird in solchen Fällen ein Element mit feststehenden verglasten Seitenteilen, Oberlichten und Feuerschutzabschluss angeordnet. Die Verglasung der Seitenteile und Oberlichten muss dann die Feuerwiderstandsdauer der Tür aufweisen.

Bei GK 4 und 5 ist zu prüfen, ob die feststehenden und verglasten Seitenteile und Oberlichten in der jeweils vorgesehenen Größe möglich sind (zusätzliche mechanische Beanspruchung). Eine frühzeitige Abstimmung mit der den Brandschutz prüfenden/bescheinigenden Stelle ist empfehlenswert. Evtl. mögliche Abweichung mit sinnvoller Alternative siehe Abb. D.44.

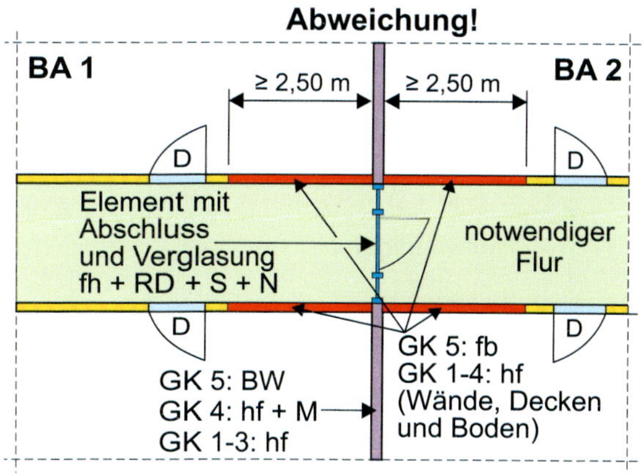

Abb. D.44: Wie Abb. D.42 und D.43, jedoch Abschluss mit abweichender Feuerwiderstandsdauer und genehmigungs-/bescheinigungspflichtiger Abweichung

Bei dieser Ausführung werden die Wände, Decken und Böden der an die Brandwandöffnung anschließenden brandlastfreien Flure beidseits der Brandwand (bzw. WaBW) auf mindestens 2,50 m Länge feuerbeständig (bei WaBW hochfeuerhemmend) gesichert. Auf diese Weise wird ein 5 m langer, brandlastfreier und feuerbeständig (bei WaBW hochfeuerhemmend) gesicherter Korridor gebildet, der zusammen mit dem feuerhemmenden Element das bauaufsichtliche Schutzziel der Brandwand (WaBW) so erfüllt, dass keine Bedenken wegen des Brandschutzes bestehen. Es ist eine entsprechende Abweichung erforderlich.

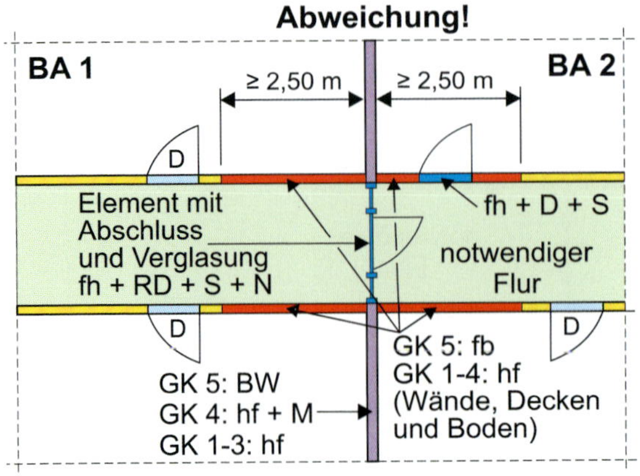

Abb. D.45: Wie Abb. D.44, jedoch mit gesicherter Öffnung im 5 m langen Brandschutzkorridor

Der Brandschutzkorridor hat das Schutzziel, eine Brandausbreitung über den notwendigen Flur von einem Brandabschnitt in den anderen ausreichend lang zu verhindern. Er sollte deshalb möglichst sicher und damit auch möglichst öffnungslos sein.

Deshalb ist die dargestellte Türöffnung innerhalb des 5-m-Korridors keine optimale Lösung, auch wenn sie feuerhemmend, dicht- und selbstschließend gesichert wird. Besser wäre es, die Tür, wie in Abb. D.44 dargestellt, zu verschieben.

Falls dies jedoch nicht möglich ist, stellt auch die hier dargestellte Situation im besonders geprüften Einzelfall eine mögliche Lösung dar, bei der keine Bedenken wegen des Brandschutzes bestehen.

Auch hier ist eine genehmigungs-/bescheinigungspflichtige Abweichung erforderlich und eine frühzeitige Abstimmung mit der den Brandschutz prüfenden/bescheinigenden Stelle empfehlenswert.

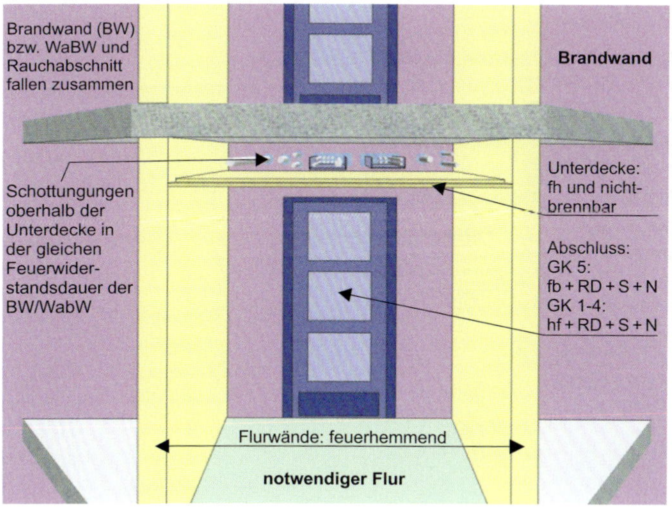

Abb. D.46: Brand- und Rauchabschnittsbildung fallen zusammen – Beispiel für die Sicherung von Leitungsdurchführungen im Deckenhohlraum des notwendigen Flurs

Fällt die Rauchabschnittstrennung mit einer Brandwand bzw. WaBW zusammen, müssen die Leitungsdurchführungen im Deckenhohlraum oberhalb des feuerwiderstandsfähigen, rauchdichten, selbstschließenden und nichtabsperrbaren Abschlusses in der gleichen Feuerwiderstandsdauer der Brandwand bzw. WaBW abgeschottet bzw. gegen eine Übertragung von Feuer und Rauch gesichert werden.

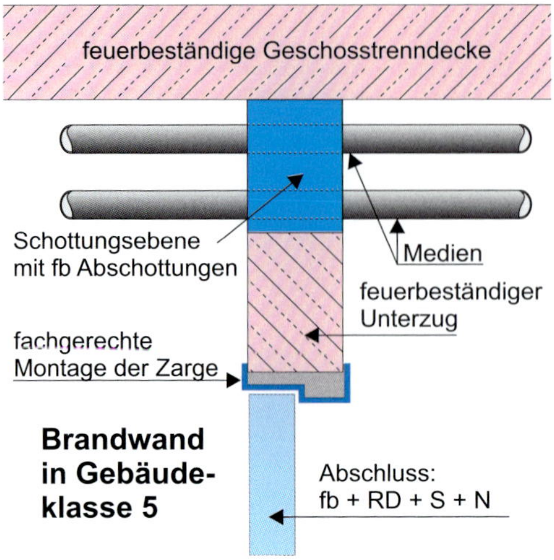

Abb. D.47: Brand- und Rauchabschnittsbildung fallen zusammen – Beispiel für die fachgerechte Montage des Abschlusses und Abschottung von Leitungsdurchführungen

Wenn vorgesehen ist, im Deckenhohlraumbereich des notwendigen Flurs Leitungen zu verlegen, wird häufig die Brandwand (bzw. WaBW) im Flurbereich geschosshoch ausgespart. In diesen Fällen ist besonders darauf zu achten, dass die obere horizontale Zarge des Feuer- und Rauchschutzabschlusses gemäß dem Anwendbarkeits-/Verwendbarkeitsnachweis bzw. der Montage- und Einbauanleitung des Herstellers eingebaut wird.

Das bedeutet z. B., dass oberhalb des Abschlusses eine Wandschürze oder ein Unterzug vorhanden sein muss, die bzw. der die gleiche Feuerwiderstandsdauer wie die Brandwand bzw. WaBW hat und an der bzw. dem eine fachgerechte Montage und Befestigung möglich ist.

Natürlich müssen auch alle Leitungsdurchführungen oberhalb der Abschlüsse in der gleichen Feuerwiderstandsdauer wie die Brandwand bzw. WaBW fachgerecht geschottet bzw. gesichert werden.

D.5.3 Anforderungen an die Eigenschaften der Abschlüsse von Rauchabschnitten

D.5.3.1 Nichtabschließbarkeit der Abschlüsse von Rauchabschnitten

Damit in längeren notwendigen Fluren, die durch rauchdichte und selbstschließende Abschlüsse in Rauchabschnitte unterteilt sind, jeweils eine Flucht und Rettung nach beiden Richtungen möglich ist, dürfen die Türen im Brandfall nicht abgeschlossen sein.

Deshalb wird von der Bauordnung gefordert, dass diese Türen zur Bildung von Rauchabschnitten nichtabschließbar ausgeführt werden müssen, d. h., die Türen müssen in ihrer Bauart so ausgeführt werden, dass sie nicht abgeschlossen werden können und der Einbau von Türschlössern nicht ohne Weiteres möglich ist, z. B. durch Anordnung von Blindzylindern.

Außerdem sollte der Bauherr bzw. Betreiber des Gebäudes (z. B. im Rahmen des Brandschutznachweises) besonders darauf hingewiesen werden, dass diese Türen nichtabschließbar sind und es bleiben müssen.

D.5.3.2 Selbstschließende Abschlüsse

So banal es auch klingen mag: Die rauchabschnittsbildenden Abschlüsse können ihre Aufgabe, die Rauchausbreitung auf einen maximal 30 m langen Flurabschnitt zu begrenzen, nur erfüllen, wenn sie geschlossen sind. Deshalb wird in den LBOs die selbstschließende Eigenschaft ausdrücklich gefordert.

Wichtig

Abschlüsse, die selbstschließend sein müssen, dürfen auch später während des Betriebs nicht durch Keile, Verstellen oder ähnliche Maßnahmen unzulässig offen gehalten werden.

Dieser Umstand sollte bereits bei der Planung berücksichtigt werden. Ist z. B. bereits während der Planung abzusehen, dass die Abschlüsse häufig frequentiert werden, sollten von vornherein Feststellanlagen eingeplant werden. Diese gewährleisten in fachgerechter Weise im Brandfall die Eigenschaft selbstschließend und somit den rechtlich einwandfreien Betrieb. An den richtigen Stellen angeordnete Feststellanlagen ersparen dem Nutzer des Gebäudes eine Menge Ärger, Zeit und Geld.

Hinzu kommt, dass bei rechtzeitiger Einplanung von Feststellanlagen auch ästhetisch ansprechende Lösungen möglich sind (z. B. Feststellanlagen in Kompaktbauweise), wogegen der nachträgliche Einbau häufig einige Schwierigkeiten und Mehrkosten mit sich bringt.

D.5.3.3 Rauchdichtigkeit der Abschlüsse

Die Abschlüsse müssen rauchdicht sein. Dies bedeutet, sie müssen als Rauchschutzabschlüsse mit einer definierten Rauchdichtigkeit ausgeführt werden.

D.5.4 Fachgerechter Einbau der Abschlüsse von Rauchabschnitten

Die nichtabsperrbaren, rauchdichten und selbstschließenden Abschlüsse müssen natürlich fachgerecht eingebaut werden, entweder gemäß den Vorgaben ihres Anwendbarkeits-/Verwendbarkeitsnachweises oder bei Türen mit CE-Kennzeichnung und den über die Leistungserklärung nachgewiesenen erforderlichen Klassen gemäß ihrer Gebrauchsanleitung (Einbauanleitung) sowie den Anforderungen der jeweiligen VV TB (Anhang 4 Abschnitt 5).

Dabei ist besonders auf die seitlichen und oberen An- und Abschlüsse an die angrenzenden Bauteile zu achten. Diese müssen gemäß Anwendbarkeits-/Verwendbarkeitsnachweis bzw. Einbauanleitung möglich sein und auch entsprechend ausgeführt werden.

In diesem Zusammenhang kommt den oberen An- und Abschlüssen eine besondere Bedeutung zu. Entweder sind sie bis an die Rohdecke zu führen oder sie dürfen bis an die Unterdecke der Flure geführt werden, wenn diese feuerhemmend ist.

> **Wichtig**
>
> Bei einem Anschluss an eine feuerhemmende Unterdecke ist unbedingt darauf zu achten, dass dieser Anschluss gemäß Anwendbarkeits-/Verwendbarkeitsnachweis bzw. Einbauanleitung des Abschlusses möglich ist bzw. welche besonderen Anforderungen diesbezüglich bestehen.

Einbau in massive Wände aus Mauerwerk oder Beton

Bei massiven Wänden aus Mauerwerk oder Beton ist der Einbau in der Regel ohne besondere Maßnahmen möglich, da die Wände eine ausreichende Stabilität aufweisen.

Einbau in leichte Trennwände

Bei einem Einbau von Abschlüssen in leichte Trennwände ist darauf zu achten, dass eine ausreichende (den statischen Erfordernissen entsprechende) Montage und Befestigung der Zarge erfolgt. Hierzu sind in der Regel (abhängig von der Trennwandbauart und der Bauart des Rauchschutzabschlusses) besondere Maßnahmen erforderlich, z. B. der Einbau bestimmter verstärkender Profile.

Einbaubeispiele

Nachfolgend werden anhand von Prinzip-Beispielen typische Einbausituationen dargestellt und erläutert. Die im konkreten Einzelfall erforderlichen Maßnahmen ergeben sich aus dem Anwendbarkeits-/Verwendbarkeitsnachweis der Abschluss-Bauart und der Montage-/Einbauanleitung des Herstellers.

D.5.4.1 Abschlüsse ohne Wandschürze in Parallelmontage

Bei der Parallelmontage werden die Rauchschutzabschlüsse direkt an die beiden Flurtrennwände angeschlossen. Ausführungsbeispiele zu Abschlüssen ohne Wandschürze enthalten die Abbildungen D.48 bis D.50.

Seitlicher Türanschluss an die Flurtrennwände

Ist die Flurbreite identisch mit der Türbreite, wird der Rauchschutzabschluss direkt in den Flur eingebaut und an die bestehenden Flurtrennwände angeschlossen = Parallelmontage. Bei leichten Trennwänden bzw. Leichtbauwänden ist besonders darauf zu beachten, dass die Befestigung und der Anschluss der Zargen an die Flurtrennwände fachgerecht erfolgt.

Hierzu muss die leichte Trennwand bzw. Leichtbauwand im Bereich der seitlichen Zargenanschlüsse so verstärkt und ausgebildet werden, dass eine ausreichende mechanische Festigkeit gewährleistet ist. Dies kann bei einigen Bauarten z. B. durch den Einbau eines Stahlhohlprofils mit den Mindestmaßen 50 mm × 50 mm × 4 mm erfolgen, das ausreichend (nach statischen Erfordernissen) an Boden und Decke verankert wird.

Oberer Türanschluss an die Geschosstrenndecke

Bei einem Einbau ohne Wandschürze (Höhe des Abschlusses = Flurhöhe) gilt für den oberen Zargenanschluss sinngemäß das Gleiche wie für den seitlichen Wandanschluss. Massive Rohdecken weisen eine ausreichende Stabilität auf und erfüllen damit problemlos alle Anforderungen.

Eine andere Situation besteht jedoch bei nicht massiven Geschosstrenndecken, z. B. feuerhemmenden bzw. hochfeuerhemmenden Holzbalkendecken in Gebäuden der GK 3 und 4. In diesen Fällen ist besonders darauf zu achten, dass der obere Zargenanschluss so erfolgt, dass eine ausreichende mechanische Festigkeit gewährleistet ist. Maßgebend sind der Anwendbarkeits-/Verwendbarkeitsnachweis und die Montage-/Einbauanleitung des Türherstellers.

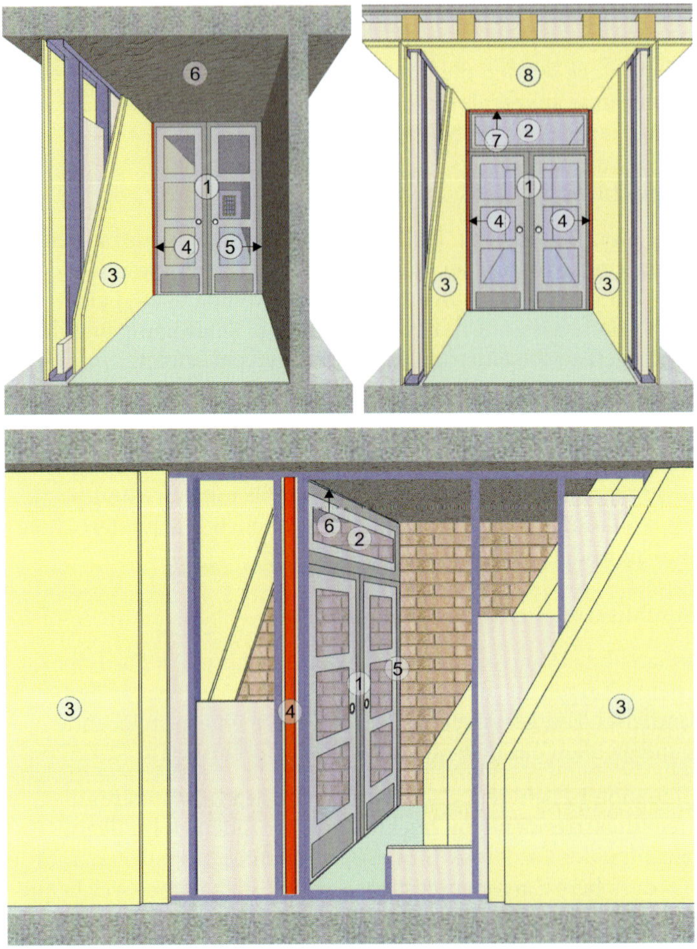

Abb. D.48: Beispiele für den Einbau von Rauchschutzabschlüssen in Parallelmontage ohne Wandschürzen

① Geschosshoher zweiflügeliger Rauchschutzabschluss bzw. geschosshohes zweiflügeliges Rauchschutz-Element mit Anwendbarkeits-/Verwendbarkeitsnachweis bzw. Leistungserklärung

② Oberlicht (Rauchschutzabschluss mit Oberlicht)

③ Montagewand (z. B. leichte Trenn- bzw. Leichtbauwand)

④ Verstärkung in der Montagewand im Bereich des Zargenanschlusses gemäß Anwendbarkeits-/Verwendbarkeitsnachweis bzw. Einbau-/Montageanleitung des Herstellers, z. B. bei einigen Bauarten mit Stahlprofil 50 mm × 50 mm × 4 mm

⑤ Zargenanschluss an massive Trennwand aus Mauerwerk oder Beton; bei Sichtmauerwerk einwandfreie (rauchdichte) Abdichtung des Wandanschlusses nötig

⑥ Rohdecke: Zarge des geschosshohen Rauchschutzabschlusses bzw. des geschosshohen Rauchschutzelements (Abb. D.48) problemlos anzuschließen und zu befestigen

⑦ Beim Einbau von Rauchschutzabschlüssen in Gebäuden mit Holzbalkendecken ist besonders darauf zu achten, dass der obere Anschluss fachgerecht (entsprechend den Vorgaben des Anwendbarkeits-/Verwendbarkeitsnachweis und der Einbau-/Montageanleitung des Herstellers) erfolgt.

⑧ Decke (Holzbalkendecke) in Gebäuden der GK 3: mindestens feuerhemmend und mit einer Bekleidung aus nichtbrennbaren Baustoffen in ausreichender Dicke; in Gebäuden der GK 4: hochfeuerhemmend

⑨ Holzbalkendecke

⑩ Nicht fachgerechte Befestigung bzw. Montage des Abschlusses an die feuerhemmende Decke

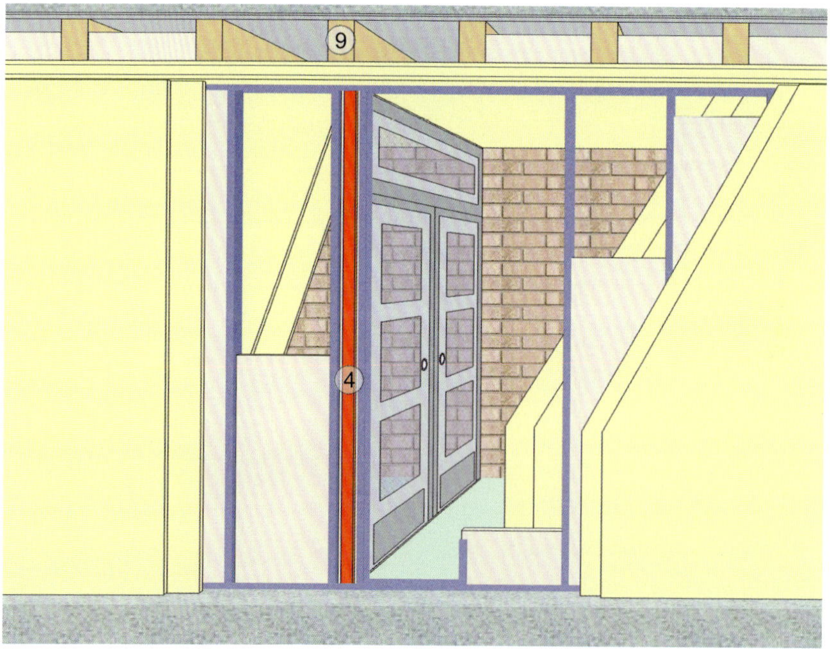

Abb. D.49: Beispiel für einen oberen Anschluss des Rauchschutzabschlusses ⑨ an eine Holzbalkendecke in einem Gebäude der GK 3

Der obere Anschluss muss so ausgeführt werden, dass eine ausreichende mechanische Festigkeit gewährleistet ist. Außerdem muss die Verstärkung der Montagewand ④ fachgerecht an der Holzbalkendecke befestigt werden. Ausführung gemäß Anwendbarkeits-/Verwendbarkeitsnachweis und Einbau-/Montageanleitung des Türherstellers.

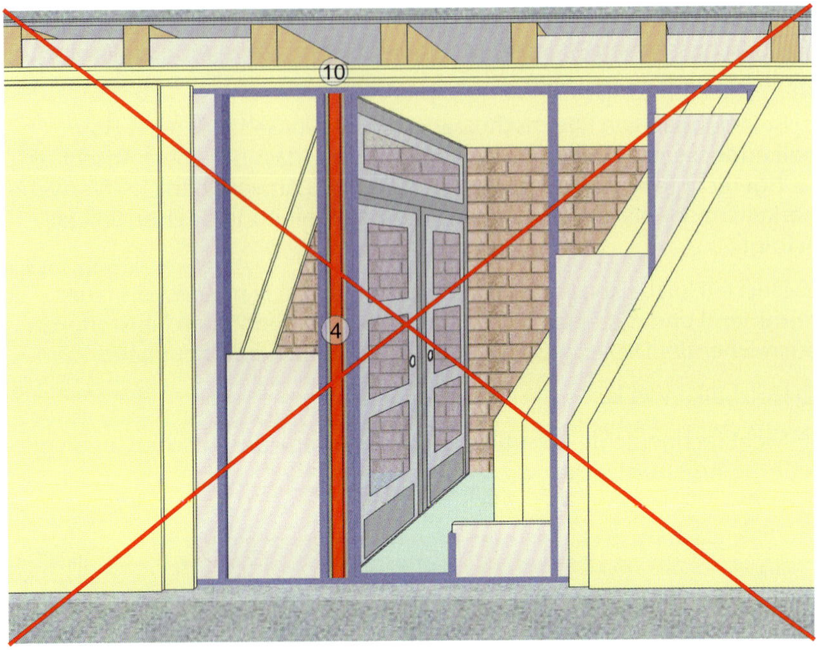

Abb. D.50: Unzulässige Ausführung im oberen Anschlussbereich ⑩

Es fehlt eine fachgerechte obere Montage (Befestigung) der Zarge mit ausreichender mechanischer Festigkeit.

D.5.4.2 Abschlüsse mit Wandschürze in Parallelmontage

Bei dieser Einbausituation wird oberhalb des Abschlusses eine Wandschürze eingebaut. Bauaufsichtliche Anforderungen an die Wandschürze sind in der MBO und sinngemäß in den LBOs nicht genannt. Deshalb ist davon auszugehen, dass (entsprechend dem Schutzziel, Rauchabschnitte zu bilden) die Mindestanforderung rauchdicht lautet.

Wird die Wandschürze als leichte Trennwand ausgeführt, ist diese im Bereich des Zargenanschlusses so zu verstärken, dass eine ausreichende mechanische Festigkeit für die Montage der Zarge gewährleistet ist.

Die Ausführung erfolgt entsprechend dem Anwendbarkeits-/Verwendbarkeitsnachweis und der Einbau-/Montageanleitung des Herstellers des Rauchschutzabschlusses.

Ein Ausführungsbeispiel enthält Abb. D.51.

D.5.4.3 Abschlüsse mit Oberteil in Parallelmontage

Die Mindestanforderung an das Oberteil lautet rauchdicht (siehe Kapitel D.5.4.2). In diesem Fall handelt es sich in der Regel um ein komplettes Element, für das die Anwendbarkeit/Verwendbarkeit der Bauteilkombination Rauchschutzabschluss + Oberteil nachgewiesen sein muss.

Einbau des gesamten Elements (Abschluss und Oberteil) gemäß dem Anwendbarkeits-/Verwendbarkeitsnachweis und der Einbau-/Montageanleitung des Herstellers. Das Oberteil kann verglast sein, wenn dies gemäß dem Abschlussnachweis möglich ist. Die Verglasung muss zusammen mit dem Rauchschutzabschluss geprüft sein.

Ein Ausführungsbeispiel enthält Abb. D.52.

D.5.4.4 Abschlüsse mit Seiten- und Oberteil(en) in Parallelmontage

Ein Ausführungsbeispiel enthält Abb. D.53; Erläuterungen enthält sinngemäß Kapitel D.5.4.3.

D.5.4.5 Abschlüsse in notwendigen Fluren ohne Unterdecke in Leibungsmontage

Ist die Flurbreite größer als die Türbreite, wird der Rauchschutzabschluss in eine Querwand in Leibungsmontage eingebaut.

An die Querwand besteht die grundsätzliche Anforderung rauchdicht. Abhängig von der Bauart der Trennwand und der Bauart des Rauchschutzabschlusses sind für eine ausreichende mechanische Befestigung der Türzarge beim Anschluss an die Querwand in der Regel verstärkende Maßnahmen erforderlich.

Für bestimmte Bauarten ist z. B. der Einbau eines Türgewänderahmens notwendig, bestehend aus U-Stahlprofilen mit den Mindestabmessungen 50 mm × 40 mm × 2 mm.

Dabei ist darauf zu achten, dass die vertikalen Stahlprofile vom Rohboden bis zur Rohdecke durchgehen und dort fachgerecht befestigt werden. Ebenso ist eine ausreichende Befestigung (Verschraubung) des horizontalen

Stahlprofils erforderlich. Außerdem müssen ergänzende Maßnahmen durchgeführt werden, z. B. die Abdichtung der Anschlussfugen.

Maßgebend sind der Anwendbarkeits-/Verwendbarkeitsnachweis und die Einbau-/Montageanleitung des Herstellers.

Ein Ausführungsbeispiel enthält Abb. D.54.

Abb. D.51 bis D.54: Legende für den Einbau von Abschlüssen in Parallelmontage (Abb. D.51 bis D.53) und Leibungsmontage (Abb. D.54)

① Rauchschutzabschluss bzw. Rauchschutzelement

② Oberlicht/Seitenteil des Rauchschutzelements

③ Querwand als Montagewand (z. B. leichte Trenn- bzw. Leichtbauwand)

④ Verstärkung in der Flurtrennwand (z. B. leichte Trenn- bzw. Leichtbauwand) im Bereich des Zargenanschlusses gemäß Anwendbarkeits-/Verwendbarkeitsnachweis bzw. Einbau-/Montageanleitung des Herstellers, z. B. bei einigen Bauarten mit Stahlprofil 50 mm × 50 mm × 4 mm

⑤ Zargenanschluss an massive Trennwand aus Mauerwerk oder Beton

⑥ Verstärkung der Querwand bzw. der Wandschürze im Bereich des Zargenanschlusses gemäß Anwendbarkeits-/Verwendbarkeitsnachweis bzw. Einbau-/Montageanleitung des Herstellers, z. B. bei einigen Bauarten mit Türgewänderahmen, bestehend aus U-Stahlprofilen mit Mindestabmessungen 50 mm × 40 mm × 2 mm

⑦ Wandschürze; Mindestanforderung: rauchdicht

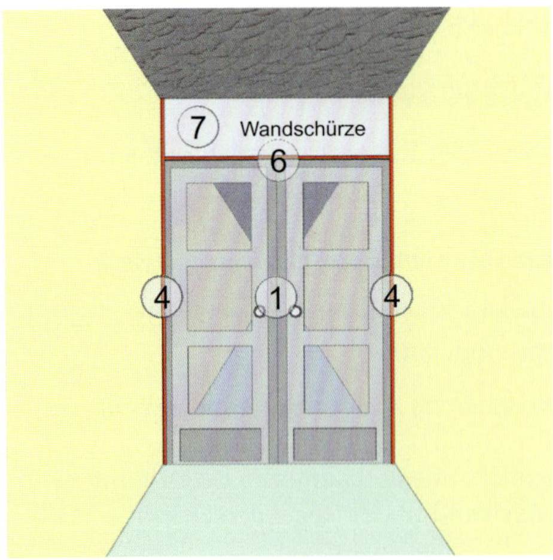

Abb. D.51: Beispiel für den Einbau einer Rauchschutztür in Parallelmontage mit Wandschürze

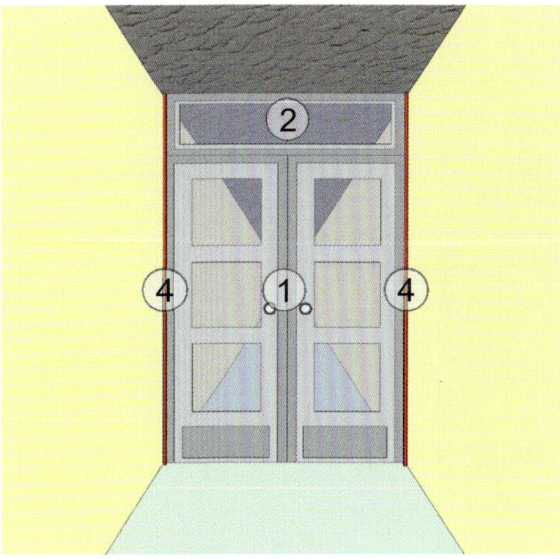

Abb. D.52: Beispiel für den Einbau einer Rauchschutztür in Parallelmontage mit Oberteil. Für die Kombination „Rauchschutztüre + Oberteil" muss ein gültiger Verwendbarkeitsnachweis vorliegen.

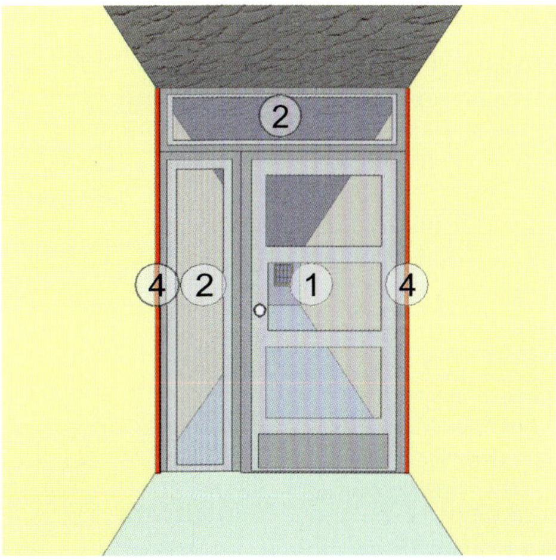

Abb. D.53: Beispiel für den Einbau einer Rauchschutztür in Parallelmontage mit Seiten- und Oberteil

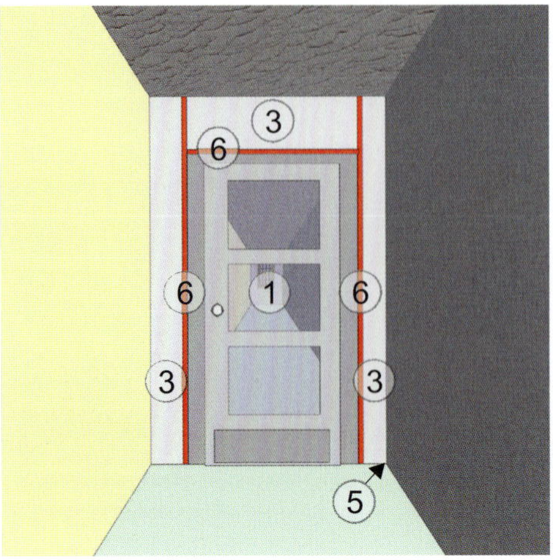

Abb. D.54: Beispiel für den Einbau einer Rauchschutztür in Leibungsmontage in Flur-Querwand

D.5.5 Notwendige Flure mit Unterdecke

Die erforderliche brandschutztechnische Qualität von Unterdecken in notwendigen Fluren hängt im Wesentlichen von den im Deckenhohlraumbereich vorhandenen Brandlasten ab (i. d. R. brennbare Leitungsanlagen; siehe Kapitel D.9.4 und D.10).

Die Rauchschutzabschlüsse sind entweder bis an die Rohdecke zu führen – oder bis an die Unterdecke des Flurs, wenn diese feuerhemmend und nichtbrennbar ist.

In diesem Fall ist darauf zu achten, dass insbesondere der obere Anschluss der Zarge an die feuerhemmende Flurdecke entsprechend dem Anwendbarkeits-/Verwendbarkeitsnachweis (Prüfzeugnis) und der Einbau-/Montageanleitung des Herstellers möglich ist und auch so ausgeführt wird.

In der Regel verlaufen hier brennbare Leitungsanlagen, die nicht zur unmittelbaren Versorgung des notwendigen Flurs dienen. Dient der Abschluss nur zur Unterteilung des notwendigen Flurs in Rauchabschnitte, müssen die Leitungsdurchführungen oberhalb des Abschlusses nicht abgeschottet bzw. abgedichtet werden, da das bauaufsichtliche Schutzziel durch die nichtbrennbare und feuerhemmende Unterdecke des Flurs für 30 Minuten gewährleistet wird.

Allerdings ist es empfehlenswert (sinngemäß wie im notwendigen Flur selbst), auch im Deckenhohlraumbereich oberhalb des notwendigen Flurs Rauchabschnitte zu bilden, da sich ansonsten Feuer und Rauch bei einem Brand im Deckenhohlraumbereich oberhalb der durch die Rauchschutzabschlüsse gebildeten Rauchabschnitte ungehindert ausbreiten können.

Fällt die Rauchabschnittsbildung des notwendigen Flurs mit einer Brandwand bzw. einer raumabschließenden feuerwiderstandsfähigen Trennwand zusammen, ist besonders darauf zu achten, dass diese auch im Bereich oberhalb der Unterdecke fachgerecht ausgeführt wird.

Alle Leitungsdurchführungen müssen in der gleichen Feuerwiderstandsdauer der Trennwand abgeschottet werden, siehe Abb. D.46 und D.47.

Hinweis

Dieser Punkt ist besonders kritisch, da die Schottungen nach Montage der Unterdecke nicht mehr ohne Weiteres eingesehen werden können und oft (wenn überhaupt) nur schwer zugänglich sind. Damit bleiben Schwachstellen und Mängel in diesem Bereich meist unbemerkt und können im Brandfall schnell zu einer ebenfalls zunächst unbemerkten Brandweiterleitung im Bereich des Deckenhohlraums führen. Erschwerend kommt dazu, dass diese Deckenhohlräume auch für die Brandbekämpfung durch die Feuerwehr (wenn überhaupt) nur schwer zugänglich sind.

Nachinstallationen von Leitungsanlagen

Die vorbeschriebene Problematik ist insbesondere bei Nachinstallationen kritisch und deshalb besonders zu beachten. Hier besteht die Gefahr, dass nach Ausführung der Nachinstallationen die Durchführungen in den raumabschließenden feuerwiderstandsfähigen Trennwänden im Deckenhohlraumbereich nicht wieder fachgerecht abgeschottet bzw. gesichert werden.

Das gilt besonders für Elektroinstallationen, die erfahrungsgemäß häufig nachgerüstet werden. Alle Kabelabschottungen müssen nach jeder Nachinstallation wieder fachgerecht abgeschottet werden (entsprechend der jeweiligen Anwendbarkeits-/Verwendbarkeitsnachweise).

Abb. D.55: Brand- und Rauchabschnittsbildung fallen zusammen

Häufiges Problem: Oberhalb des Feuer- und Rauchschutzabschlusses ist keine ausreichende feuerbeständige Abschottung vorhanden. Dies kann im Brandfall zu einer unkontrollierbaren Brandausbreitung im Deckenhohlraumbereich des notwendigen Flurs in den anderen Brandabschnitt führen. Eine fachgerechte Sanierung ist erforderlich.

D.5.6 Stichflure zu einem Sicherheitstreppenraum

Stichflure sind aus der Sicht des vorbeugenden Brandschutzes ungünstig, da sie die Flucht nur in eine Richtung erlauben. Sie sollten deshalb insbesondere in Sonderbauten möglichst vermieden oder zumindest in ihrer Länge begrenzt werden.

Bei den in der MBO 2002 geregelten Gebäuden bestehen keine besonderen Längenbegrenzungen und Anforderungen an Stichflure mit einer Ausnahme: Flure mit nur einer Fluchtrichtung (Stichflure), die zu einem Sicherheitstreppenraum führen, dürfen nicht länger als 15 m sein.

Bei einigen Sonderbauten wird die Stichflurlange begrenzt, z. B. in Beherbergungsstätten und Hochhäusern auf 15 m, in Schulen auf 10 m (gemäß MBeVO, MHHR, MSchulbauR).

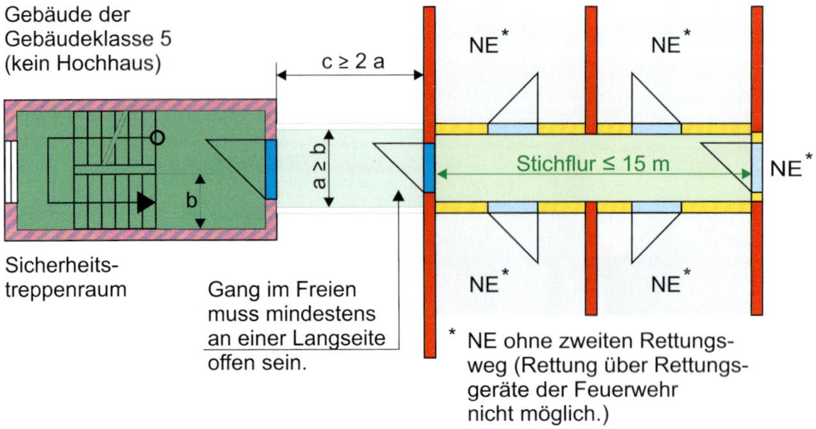

Abb. D.56: Beispiel für ein Gebäude der GK 5 (kein Hochhaus) mit einem Sicherheitstreppenraum und einem Stichflur

Der Sicherheitstreppenraum wurde angeordnet, weil für die NE der zweite RW über Rettungsgeräte der Feuerwehr nicht möglich ist.

Der Stichflur darf gemäß Bauordnung nicht länger als 15 m sein. Weitere Anforderungen an den notwendigen Flur bestehen gemäß Bauordnung nicht, da es sich um keinen Sonderbau handelt. Bei Sonderbauten können weitere Anforderungen bestehen.

D.5.7 Unterteilung von notwendigen Laubengängen

Da offene Gänge vor den Außenwänden (Laubengänge) nicht verrauchen können, ist eine Unterteilung in Rauchabschnitte nicht erforderlich. Eventuell eindringender Rauch kann sofort ins Freie entweichen. Damit ist eine großflächige Verrauchung von Laubengängen nicht zu erwarten.

Auch die im vorstehenden Kapitel D.5.6 beschriebene Längenbegrenzung von 15 m für notwendige Flure mit nur einer Fluchtrichtung zu einem Sicherheitstreppenraum ist für Laubengänge nicht relevant. Dies gilt für alle Laubengänge, d. h. mit einer Fluchtrichtung sowie mit zweien.

D.6 Wände notwendiger Flure

> § 36 Abs. 4 MBO: Wände notwendiger Flure
>
> [1]*Die Wände notwendiger Flure müssen als raumabschließende Bauteile feuerhemmend, in Kellergeschossen, deren tragende und aussteifende Bauteile feuerbeständig sein müssen, feuerbeständig sein.* [2]*Die Wände sind bis an die Rohdecke zu führen.* [3]*Sie dürfen bis an die Unterdecke der Flure geführt werden, wenn die Unterdecke feuerhemmend und ein demjenigen nach Satz 1 vergleichbarer Raumabschluss sichergestellt ist.* [4]*Türen in diesen Wänden müssen dicht schließen; Öffnungen zu Lagerbereichen im Kellergeschoss müssen feuerhemmende, dicht- und selbstschließende Abschlüsse haben.*

Notwendige Flure müssen aus der Sicht des Brandschutzes folgende Anforderungen erfüllen:

- Fluchtweg für die Flucht der Nutzer = Selbstrettung
- RW für die Feuerwehr, wenn eine Flucht ohne fremde Hilfe nicht mehr möglich ist = RW
- Angriffsweg für die Feuerwehr zur Brandbekämpfung
- Unter sehr ungünstigen Umständen bei großen NE auch Rückzugsweg für die Feuerwehr, wenn eine Brandbekämpfung innerhalb der NE nicht mehr möglich ist

Deshalb haben die Flurtrennwände die Aufgabe, den notwendigen Flur für eine bestimmte (ausreichend lange) Zeit gegen das Eindringen von Feuer und Rauch zu schützen.

Da die Flurtrennwände der Sicherung der horizontalen Rettungswege innerhalb eines Geschosses dienen, müssen sie gemäß den LBOs unabhängig von der Gebäudeklasse als raumabschließende Bauteile nur feuerhemmend sein. In Kellergeschossen und zu Räumen mit Explosions- oder erhöhter Brandgefahr besteht an sie jedoch die Anforderung feuerbeständig.

Tabelle D.5: Anforderungen an die Wände notwendiger Flure und Sicherung ihrer Öffnungen gemäß MBO 2002

Anforderungen an die Wände notwendiger Flure und Sicherung ihrer Öffnungen			
Anforderungen der MBO (§ 36 Abs. 4)	**Kurzinformation**		**Anforderung**
„[1]Die Wände notwendiger Flure müssen als raumabschließende Bauteile feuerhemmend, in Kellergeschossen, deren tragende und aussteifende Bauteile feuerbeständig sein müssen, feuerbeständig sein."	**Wände (als raumabschließendes Bauteil) in:**	Normalgeschossen und DG sowie KG mit fh Tragwerk	fh
		KG mit fb Tragwerk	fb
„[2]Die Wände sind bis an die Rohdecke zu führen. [3]Sie dürfen bis an die Unterdecke der Flure geführt werden, wenn die Unterdecke feuerhemmend und ein demjenigen nach Satz 1 vergleichbarer Raumabschluss sichergestellt ist."	**Oberer An- bzw. Abschluss der Wände:**	• Anschluss an die Rohdecke oder • Anschluss an eine fh Unterdecke. Der Raumabschluss muss dabei den Anforderungen der ersten Tabellenzeile entsprechen.	
„[4]Türen in diesen Wänden müssen dicht schließen. [5]Öffnungen zu Lagerbereichen im Kellergeschoss müssen feuerhemmende, dicht- und selbstschließende Abschlüsse haben."	**Türöffnungen in:**	fh Flurwänden	D
		fb Flurwänden zu Lagerbereichen im KG	fh + D + S
Sichtöffnungen: MBO und LBOs behandeln Sichtöffnungen in Flurtrennwänden nicht. **Tipp:** Sicherung mit Brandschutzverglasungen (VG) in der gleichen Feuerwiderstandsdauer der Flurwände; ab 1,80 m Höhe ist in der Regel eine G-Verglasung (nationale Klasse) bzw. E-Verglasung (europäische Klasse) möglich[1]).	**Sichtöffnungen in:**	fh Flurwänden: UK VG < 1,80 m über Boden	VG: fh
		fh Flurwänden: UK VG ≥ 1,80 m über Boden	VG[1]): G 30 national bzw. E 30 (europäisch)

[1]) Hierfür ist eine genehmigungs-/bescheinigungspflichtige Abweichung erforderlich, die entsprechend zu beschreiben und zu begründen ist. Im Zweifelsfall ist eine frühzeitige Abstimmung mit der den Brandschutz prüfenden/bescheinigenden Stelle empfehlenswert.

D.6.1 Erforderliche Feuerwiderstandsdauer der Wände notwendiger Flure und Sicherung ihrer Öffnungen

Für Anforderungen an die Wände und Brüstungen notwendiger Laubengänge und Sicherung ihrer Öffnungen siehe Kapitel D.6.7.

Wände notwendiger Flure müssen gemäß MBO als raumabschließende Bauteile die in der Tabelle D.5 genannten Anforderungen erfüllen.

Legende und Zuordnung der bauaufsichtlichen Begriffe zu den nationalen und europäischen Klassen siehe Kapitel D.1.3.

Anforderungen an das Tragwerk von Wänden notwendiger Flure

Die LBOs regeln bei den Wänden notwendiger Flure nur die brandschutztechnischen Anforderungen an den Raumabschluss. Je nach Situation im Gebäude können die Flurtrennwände tragend oder nichttragend sein.

Bei tragenden Flurtrennwänden ergeben sich die zusätzlichen Anforderungen an das Tragwerk aus dem sogenannten „Tragwerksparagrafen".

> **Wichtig**
>
> Bei einer Visualisierung des Brandschutzkonzeptes sollten konsequent und ausschließlich die raumabschließenden Anforderungen der Wände notwendiger Flure in die Brandschutzpläne farblich eingetragen werden. Eine gleichzeitige farbliche Eintragung des Tragwerks in diese Pläne ergibt keinen Sinn und ist teilweise auch gar nicht möglich, siehe nachfolgendes Beispiel.

Beispiel: Anforderungen an tragende Flurtrennwände in Gebäuden der GK 5

Die Anforderungen an das Tragwerk der Flurtrennwände lautet feuerbeständig, an den Raumabschluss dagegen nur feuerhemmend (Bezeichnung nach der LBO: Wände, die tragend feuerbeständig und raumabschließend feuerhemmend sind).

- **Nationale Klasse:**
  Tragwerk F 90-A, Raumabschluss F 30-B (bei einer Ausführung aus brennbaren Baustoffen mit einer Bekleidung aus nichtbrennbaren Baustoffen in ausreichender Dicke)
- **Europäische Klasse:**
  R 90 A2 – s1, d0 + EI 30 E – d2 (bei einer Ausführung aus brennbaren Baustoffen mit einer Bekleidung aus nichtbrennbaren Baustoffen in ausreichender Dicke)

Würde bei dieser Flurtrennwand im Brandschutzplan auch das Tragwerk visualisiert, ergäbe sich bezüglich der Anforderungen an den Raumabschluss ein falsches Bild (z. B. Sicherungen von Öffnungen und Leitungsdurchführungen).

D.6.2 Wände notwendiger Flure als Außenwände

Bilden die Wände notwendiger Flure zugleich die Außenwand, gelten für die Flurwand, die dann eine Außenwand ist, zunächst die in Kapitel D.6.1 genannten Anforderungen: Es wäre grundsätzlich eine raumabschließende (= öffnungslose) Flurwand erforderlich.

Sinngemäß wie bei Außenwänden notwendiger Treppenräume kann jedoch davon ausgegangen werden, dass eine raumabschließende öffnungslose Ausführung der Fluraußenwand nicht erforderlich ist (siehe sinngemäß Kapitel A.6).

Damit bestehen an Flurwände die gleichen Anforderungen wie an Außenwände. Fenster zum Öffnen sind zulässig, sogar erwünscht, weil damit eine Entrauchungsmöglichkeit besteht und der Brandschutz des Flurs deutlich verbessert wird.

Allerdings ist dabei zu beachten, dass Bekleidungen, Putze, Unterdecken und Dämmstoffe aus nichtbrennbaren Baustoffen bestehen müssen und bei Flurwänden und -decken aus brennbaren Baustoffen eine Bekleidung aus nichtbrennbaren Baustoffen in ausreichender Dicke erforderlich ist (siehe Kapitel D.9).

Die Abb. C.16 bis C.18 in Teil C zeigen ein Beispiel einer an die Fluraußenwand anschließenden Außentreppe.

D.6.3 An- und Abschlüsse von Wänden notwendiger Flure

Die raumabschließenden Wände notwendiger Flure sind bis an die Rohdecke zu führen. Sie dürfen bis an die Unterdecke der Flure geführt werden, wenn die Unterdecke feuerhemmend und ein der Feuerwiderstandsdauer der Flurwand vergleichbarer Raumabschluss sichergestellt ist.

D.6.3.1 Anschlüsse an Rohdecken

Der notwendige Flur kann seine Funktion als Rettungsweg nur erfüllen, wenn zwischen den angrenzenden NE und dem Flur ein Raumabschluss in der Feuerwiderstandsdauer der Flurwand besteht. Um dies zu gewährleisten, müssen die Flurwände von Rohdecke zu Rohdecke reichen (für Ausnahmen siehe die nachfolgenden Punkte).

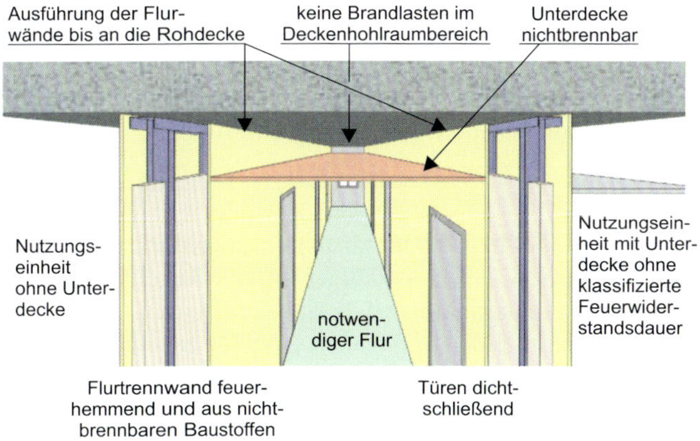

Abb. D.57: Beispiel für Gebäude der GK 3 bis 5 ohne Brandlasten im Deckenhohlraum

Ausführung der Flurtrennwände erfolgt bis an die Rohdecke. Der Anschluss erfolgt gemäß technischer Regel (z. B. DIN 4102-4), nach der die Flurtrennwand ausgeführt wird bzw. Anwendbarkeits-/Verwendbarkeitsnachweis und Montage-/Einbauanleitung bzw. Gebrauchsanleitung des Herstellers.

Wichtig: Bei allen Anschlüssen, die nicht an Massivdecken, sondern an feuerwiderstandsfähige Unterdecken (z. B. Holzbalkendecken, Trockenbaudecken) erfolgen, sollte unbedingt frühzeitig geprüft werden, ob die Ausführung gemäß der technischen Regel, nach der die Flurtrennwand ausgeführt wird, bzw. dem Anwendbarkeits-/Verwendbarkeitsnachweis und der Montage-/Einbauanleitung bzw. Gebrauchsanleitung des Herstellers überhaupt bzw. unter welchen Voraussetzungen möglich ist.

Im Deckenhohlraum sind nur die brennbaren Leitungen, die ausschließlich zur Versorgung des notwendigen Flurs dienen, zulässig. Die Flurwände müssen grundsätzlich von Rohdecke zu Rohdecke reichen. Die nichtbrennbare Unterdecke kann auch entfallen.

D.6.3.2 Anschlüsse an feuerhemmende Unterdecken

Es ist zudem zulässig, die Flurwände bis an eine feuerhemmende Unterdecke des Flurs zu führen. In diesem Fall muss ein der Feuerwiderstandsdauer der Flurwand vergleichbarer Raumabschluss sichergestellt werden.

> **Wichtig**
>
> Bei dieser Ausführung ist unbedingt darauf zu achten, dass der Anschluss der raumabschließenden feuerwiderstandsfähigen (in der Regel feuerhemmenden) Flurwände an die raumabschließende feuerwiderstandsfähige (in der Regel feuerhemmende) Unterdecke gemäß der technischen Regel oder nach dem Anwendbarkeits-/Verwendbarkeitsnachweis und der Montage-/Einbauanleitung bzw. Gebrauchsanleitung des Herstellers von Flurwand und Unterdecke möglich ist.

Beispiel

Werden die Flurwände als feuerhemmende leichte Trennwände nach einer technischen Regel (z. B. DIN 4102-4) hergestellt, sind bei einer Ausführung nach dieser Vorschrift nur obere Wandanschlüsse an Massivdecken möglich. Anschlüsse an feuerhemmende Unterdecken sind dort nicht geregelt!

In diesen Fällen bieten sich als Lösungsmöglichkeit feuerhemmende leichte Trennwände mit einem eigenen Anwendbarkeits-/Verwendbarkeitsnachweis (national) bzw. einer CE-Kennzeichnung mit Leistungserklärung (europäisch) an. Dabei ist zu beachten, dass die Anschlüsse an die feuerhemmende Unterdecke gemäß den Vorgaben dieser Nachweise, insbesondere der Montage-/Einbauanleitung bzw. Gebrauchsanleitung des Herstellers möglich sind und auch so ausgeführt werden.

Falls solche Anschlüsse in den vorbeschriebenen Nachweisen nicht enthalten bzw. geregelt sind, ist die Ausführung nicht zulässig. Soll die Ausführung trotzdem erfolgen, ist eine Zustimmung im Einzelfall (ZiE, bei Bauprodukten) bzw. vorhabenbezogene Bauartgenehmigung (vBG, bei Bauarten) erforderlich.

> **Tipp**
>
> Bei Bauprodukten und Bauarten mit geringfügigen Abweichungen von einem nationalen Nachweis besteht unter Umständen noch der Weg über eine nicht wesentliche Abweichung nach MBO bzw. LBO. Hierbei ist in der Regel eine schriftliche Bestätigung des Herstellers bzw. der Materialprüfanstalt, die die Wand bzw. Decke geprüft hat, dringend empfehlenswert.

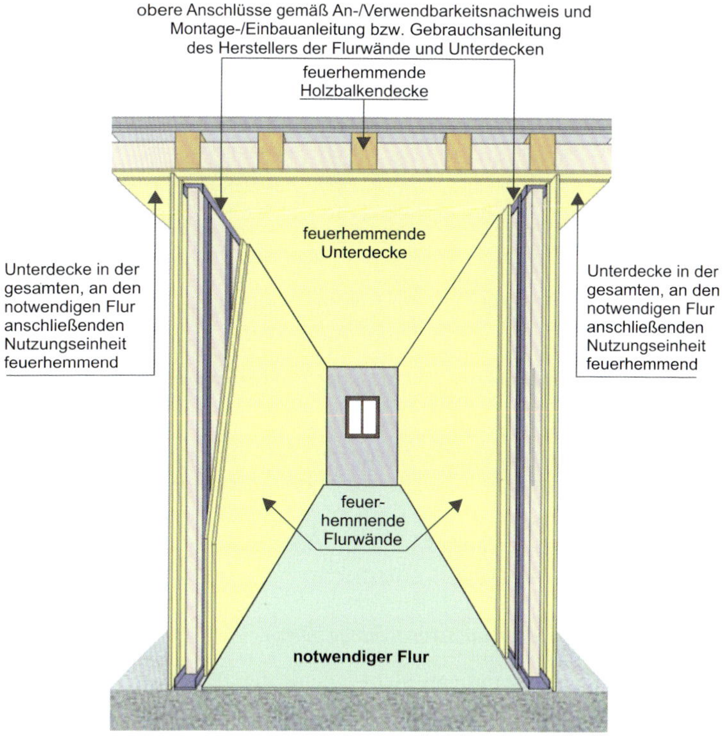

Abb. D.58: Beispiel für einen Anschluss der feuerhemmenden Flurwände an eine feuerhemmende Unterdecke

Die Ausführung des Anschlusses muss gemäß Anwendbarkeits-/Verwendbarkeitsnachweis und Montage-/Einbauanleitung bzw. Gebrauchsanleitung des Herstellers von Flurwand und Unterdecke möglich sein.

Entsprechend dem Schutzziel, das Eindringen von Feuer und Rauch in den notwendigen Flur für 30 Minuten zu verhindern, müssen in diesem Beispiel auch die Unterdecken der an die Flurwände angrenzenden NE feuerhemmend sein.

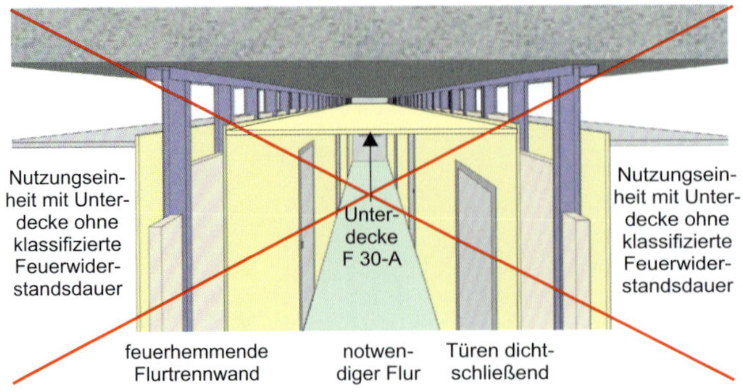

Abb. D.59: Beispiel für einen unzulässigen Anschluss der feuerhemmenden Flurwände an eine feuerhemmende Unterdecke

Die Ausführung ist nicht zulässig, da weder der Anschluss der Flurwände an die feuerhemmende Unterdecke noch der obere Anschluss der Flurwände an die Geschossdecke dem jeweiligen Anwendbarkeits-/Verwendbarkeitsnachweis und der Montage-/Einbauanleitung bzw. Gebrauchsanleitung des Herstellers entspricht.

D.6.3.3 Anschlüsse an nicht feuerwiderstandsfähige Dächer

Sollen feuerhemmende Flurwände an nicht feuerwiderstandsfähige Dächer angeschlossen werden, besteht das Problem, die oberen An- bzw. Abschlüsse so auszuführen, dass sie die Regelungen der jeweiligen Anwendbarkeits-/Verwendbarkeitsnachweise und Montage-/Einbauanleitungen bzw. Gebrauchsanleitungen des Herstellers einhalten.

Bei An- bzw. Abschlüssen an tragende Dachschalen massiver Dächer aus mineralischen Baustoffen (wie Beton und Porenbeton) ist dies in der Regel problemlos möglich.

Problematisch bzw. schwierig wird es jedoch bei Dachkonstruktionen aus Holz bzw. Trapezblechdächern oder sonstigen nicht raumabschließend feuerwiderstandsfähigen Dächern. Zur Problemlösung bestehen u. a. folgende Möglichkeiten:

Möglichkeit 1:

Das gesamte Dach wird mit einer feuerhemmenden Unterdecke bzw. Bekleidung (fh von unten) versehen. Bei dieser Ausführung muss der Anschluss der feuerhemmenden Flurwände an die feuerhemmende Unterdecke bzw. Bekleidung gemäß den Anwendbarkeits-/Verwendbarkeitsnachweisen und Montage-/Einbauanleitungen bzw. Gebrauchsanleitungen des Herstellers möglich sein (siehe sinngemäß Kapitel D.6.3.2). Beispiele zeigen Abb. D.60 bis D.62.

Außerdem sind in den Deckenhohlräumen mit Ausnahme der zur unmittelbaren Versorgung dienenden Elektroinstallation keine fremden Brandlasten (Elektroleitungen) zulässig.

Möglichkeit 2:

Die feuerhemmenden Flurwände werden bis unter die Dachhaut geführt. In diesem Fall ist jedoch unbedingt darauf zu achten, dass der obere An- bzw. Abschluss an eine nicht feuerwiderstandsfähige Dachkonstruktion gemäß Anwendbarkeits-/Verwendbarkeitsnachweis und Montage-/Einbauanleitungen bzw. Gebrauchsanleitungen des Herstellers möglich ist.

Zudem ist dabei auch noch zu beachten, dass die Flurtrennwände oben feuerhemmend gehalten (ausgesteift) werden müssen.

Dies ist z. B. bei leichten Trennwänden in der Regel nicht bzw. nur mit besonderen Maßnahmen realisierbar. Der obere An- und Abschluss muss so ausgeführt werden, dass das Schutzziel der feuerhemmenden Flurwände – das Eindringen von Feuer und Rauch ausreichend lange zu verhindern – bei einem Brand im angrenzenden Dach bzw. in den angrenzenden Dachräumen gewährleistet wird.

Anschluss an Trapezblechdächer

Besonders problematisch sind in diesem Zusammenhang Flurtrennwände, die an nicht feuerwiderstandsfähige Trapezblechdächer anschließen. Hierbei ist ein fachgerechter oberer Anschluss der feuerhemmenden Flurwände an die Trapezbleche – wenn überhaupt – nur mit besonderen Maßnahmen ausführbar.

Möglichkeit 3:

So banal es auch klingen mag. Die mit Abstand beste Lösung besteht bei nicht feuerwiderstandsfähigen Dächern darin, keine notwendigen Flure anzuordnen. Dies ist insbesondere in erdgeschossigen Gebäuden oft verblüffend einfach. Lösungsbeispiele und Ansätze zeigen Kapitel D.3.1.5, D.3.1.6 und D.3.3.

> **Wichtig**
>
> Bei diesen Lösungen werden die horizontalen Rettungswege konzeptionell ohne notwendige Flure ausgebildet. Deshalb ist eine möglichst frühzeitige Berücksichtigung bei der Planung (in der Vorplanungsphase) und eine entsprechende Abstimmung mit der den Brandschutz prüfenden/bescheinigenden Stelle erforderlich.

Möglichkeit 4:

Als Alternative kann in besonderen Fällen auch ein Fluchttunnel möglich bzw. sinnvoll sein. Dieser muss so ausgeführt werden, dass er bei einem eventuellen Brand in den angrenzenden NE und einem Einsturz der nicht feuerwiderstandsfähigen Dachkonstruktion das Schutzziel für 30 Minuten gewährleistet (siehe Kapitel D.6.4 und Abb. D.63). Ausführung erfolgt gemäß technischer Regel bzw. Anwendbarkeits-/Verwendbarkeitsnachweis und Montage-/Einbauanleitung bzw. Gebrauchsanleitung des Herstellers.

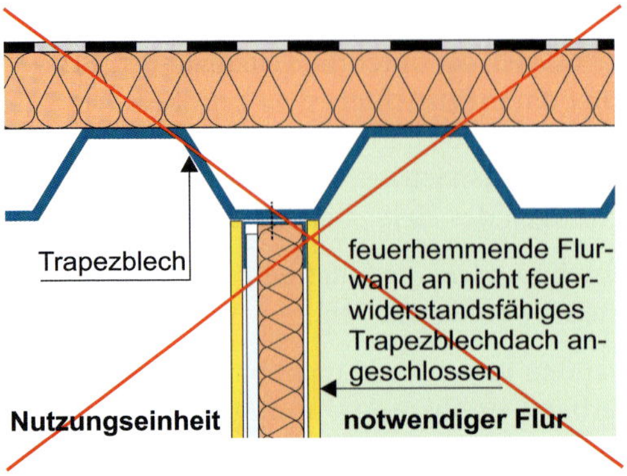

Abb. D.60: Beispiel für einen unzulässigen Anschluss einer feuerhemmenden Flurtrennwand an ein nicht feuerwiderstandsfähiges Trapezblechdach

Der obere An- bzw. Abschluss entspricht nicht den Vorgaben der technischen Regel, nach der die Flurtrennwand ausgeführt wurde bzw. des Anwendbarkeits-/Verwendbarkeitsnachweises und der Montage-/Einbauanleitung bzw. Gebrauchsanleitung des Herstellers.

Hinweis: Es ist praktisch nicht möglich, eine feuerhemmende Flurtrennwand bzw. feuerwiderstandsfähige Trennwand an ein nicht feuerwiderstandsfähiges Trapezblechdach so anzuschließen, dass das Schutzziel der Flurtrennwand bzw. Trennwand im oberen An- bzw. Abschlussbereich erfüllt wird. Im Brandfall ist ein frühzeitiges Versagen des nicht feuerwiderstandsfähigen Trapezblechdachs und damit auch ein Versagen des Trennwandanschlusses zu erwarten.

Abb. D.61 und D.62: Beispiele für mögliche Anschlüsse von feuerhemmenden Flurtrennwänden an feuerhemmende Unterdecken eines Trapezblechdachs

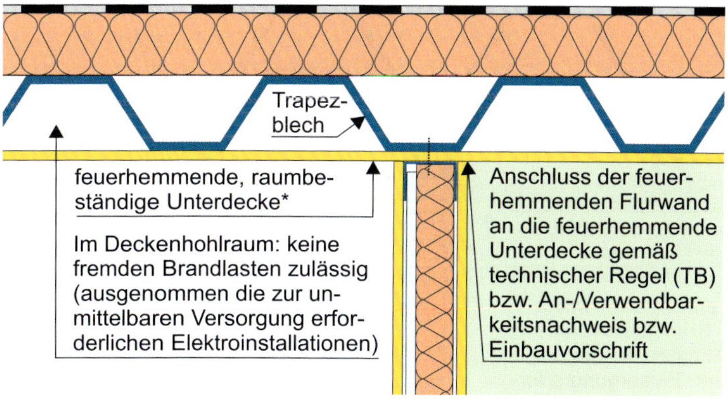

* Öffnungen, z.B. für Lichtkuppeln, sind ausreichend gegen eine Brandausbreitung in die Dachkonstruktion bzw. auf das Dach zu sichern, z.B. Sicherung nach DIN 18234.

Abb. D.61: Wie in Abb. D.60 und in diesem Punkt erläutert, ist darauf zu achten, dass die An- bzw. Abschlüsse gemäß der technischen Regel, nach der die Flurtrennwand ausgeführt wird bzw. des Anwendbarkeits-/Verwendbarkeitsnachweis und der Montage-/Einbauanleitung bzw. Gebrauchsanleitung des Herstellers ausgeführt werden.

Außerdem dürfen in den Deckenhohlräumen mit Ausnahme der zur unmittelbaren Versorgung erforderlichen elektrischen Installationen keine fremden Brandlasten angeordnet werden.

Wichtig ist, dass das gesamte Trapezblechdach mit einer feuerhemmenden Unterdecke ausgestattet wird, da bei einem Brand in einer NE nur so verhindert wird, dass Feuer und Rauch ausreichend lange nicht in den notwendigen Flur eindringen können.

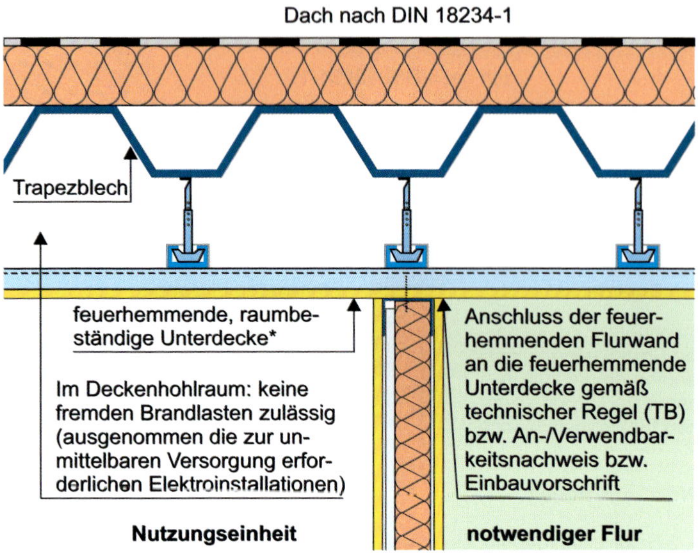

* Öffnungen, z.B. für Lichtkuppeln, sind ausreichend gegen eine Brandausbreitung in die Dachkonstruktion bzw. auf das Dach zu sichern, z.B. Sicherung nach DIN 18234.

Abb. D.62: Alternative Ausführung zu Abb. D.61

Hinweis: Aus den Abb. D.61 und D.62 ergibt sich, dass die Lösung einen relativ hohen Kostenaufwand erfordert, da das gesamte Dach eine feuerhemmende Unterdecke erhalten muss.

Eine Alternative wäre unter Umständen (wenn dies aus nutzungs- und planerischen Gründen möglich ist), auf den notwendigen Flur zu verzichten bzw. den Flur nicht als notwendigen Flur auszubilden.

In diesem Fall muss das horizontale Rettungswegsystem der Situation angepasst werden, siehe z. B. Abb. D.26 und D.27. Dort ist zwar ein Kindergarten dargestellt, die Lösung ist aber z. B. bei erdgeschossigen Hallen mit Trapezblechdach sinngemäß ebenfalls möglich.

Wenn jeder AR einen direkten Ausgang ins Freie hat, wird in der Regel ein notwendiger Flur als RW nicht mehr benötigt. Eine frühzeitige Abstimmung mit der den Brandschutz prüfenden/bescheinigenden Stelle ist empfehlenswert.

D.6.3.4 Anschluss an Außenwände und Fassaden

Der Anschluss raumabschließender feuerwiderstandsfähiger Flurwände an massive Außenwände (z. B. aus Mauerwerk) ist in der Regel problemlos möglich, da diese Anschlüsse gemäß den technischen Regeln, nach der die Flurtrennwand ausgeführt wird bzw. des Anwendbarkeits-/Verwendbarkeitsnachweis und der Montage-/Einbauanleitung bzw. Gebrauchsanleitung des Herstellers geregelt sind.

Besonderes Augenmerk ist jedoch auf die Anschlüsse an Fassaden (z. B. aus Aluminium-Stahl-Glas) zu legen. Anschlüsse an nicht massive und nicht feuerwiderstandsfähige Außenwände bzw. vorgehängte Fassaden in Pfosten-Riegel-Konstruktion sind nach den vorgenannten Regeln bzw. Nachweisen in der Regel nicht möglich bzw. nicht vorgesehen.

In diesen Fällen sind besondere An- und Abschlusskonstruktionen erforderlich, mit denen die bauaufsichtlichen Schutzziele und die Anforderungen der vorgenannten Regeln und Nachweise eingehalten werden können.

Grundsätzlich besteht das gleiche Problem wie beim Anschluss der Deckenstirnseiten von feuerwiderstandsfähigen Geschossdecken an die genannten Fassaden.

Eine frühzeitige Planung dieser Anschlüsse und im Zweifelsfall rechtzeitige Abstimmung mit der den Brandschutz prüfenden/bescheinigenden Stelle sind empfehlenswert.

D.6.4 Fluchttunnel

Bei der Fluchttunnellösung reichen die raumabschließenden feuerwiderstandsfähigen Flurtrennwände nur bis zur Unterdecke des notwendigen Flurs. Dadurch steht der Deckenhohlraum oberhalb des notwendigen Flurs mit dem Deckenhohlraum der beidseitig angrenzenden Räume in offener Verbindung und der Flur bildet den Fluchttunnel.

Wenn die beidseitig angrenzenden Räume keine feuerhemmenden Unterdecken aufweisen, wird der Hohlraum oberhalb der Flurdecke im Brandfall durch die in den Räumen vorhandenen Brandlasten beansprucht. Außerdem befinden sich oberhalb der Flurdecke meist Brandlasten durch elektrische Kabel, brennbare Leitungen bzw. mit brennbaren Dämmstoffen gedämmte Leitungen.

Damit der Fluchttunnel im Brandfall den erforderlichen Schutz bietet, müssen die Flurtrennwände mit der Flurdecke für die Zeit ihrer Feuerwiderstandsdauer ausreichend standsicher und entsprechend miteinander verbunden sein. Flurdecke und Flurwand bilden damit eine Konstruktionseinheit. Die Flurdecke muss die gleiche Feuerwiderstandsdauer wie die Flurwände aufweisen (Brandbeanspruchung von oben und unten). Außerdem muss der Fluchttunnel auch bei einem Einsturz der nicht feuerwiderstandsfähigen Dachkonstruktion ausreichend lange standhalten.

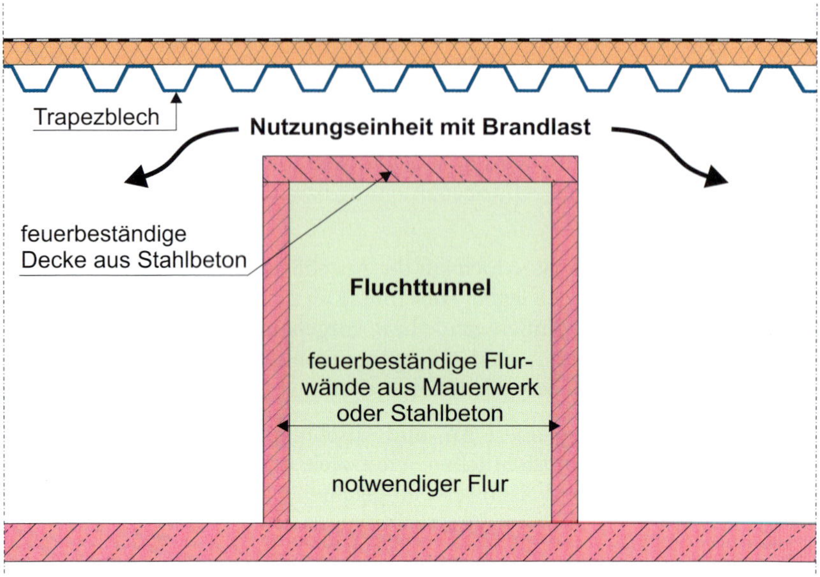

Abb. D.63: Beispiel für die Lösung mit Fluchttunnel

Der Fluchttunnel wurde aus feuerbeständigen Massivbauteilen (Mauerwerkswände und Stahlbetondecke) ausgeführt, da damit ohne größere Probleme eine ausreichend sichere Verbindung der Wände zur Flurdecke und eine ausreichende Standsicherheit des Fluchttunnels (auch bei einer einstürzenden Dachkonstruktion) gewährleistet werden können.

D.6.5 Ausführung der Wände notwendiger Flure bei Systemböden

Auch bei Systemböden (Hohl- und Doppelböden) gilt grundsätzlich, dass die raumabschließenden feuerwiderstandsfähigen Flurwände von Rohdecke zu Rohdecke reichen müssen.

Die brandschutztechnischen Anforderungen sind in der Muster-Systembödenrichtlinie (MSysBöR, September 2005) geregelt. Diese Richtlinie ist über die jeweiligen VV TB in den meisten Bundesländern eingeführt. Aber auch in den Ländern, in denen sie nicht eingeführt wurde, kann die Richtlinie zur Orientierung und Beurteilung des Brandschutzes dienen.

Gemäß MSysBöR wird unterschieden zwischen notwendigen Fluren, die NE trennen, und notwendigen Fluren innerhalb einer (größeren) NE.

Bei notwendigen Fluren, die NE trennen, dürfen die feuerwiderstandsfähigen raumabschließenden Flurwände nicht von Systemböden aus hochgeführt werden, d. h., sie müssen immer bis an die Rohdecke führen.

Bei notwendigen Fluren innerhalb von NE ist es zulässig, die feuerwiderstandsfähigen raumabschließenden Flurwände von Hohlböden hochzuführen.

Sie dürfen auch von Doppelböden hochgeführt werden, wenn diese einen lichten Hohlraum bis maximal 200 mm haben und bei Brandbeanspruchung von unten mindestens feuerhemmend sind.

Wichtig

In diesem Fall muss der Anschluss der Flurwände an den Doppelboden gemäß Anwendbarkeits-/Verwendbarkeitsnachweis und Montage-/Einbauanleitung bzw. Gebrauchsanleitung des Herstellers möglich sein.

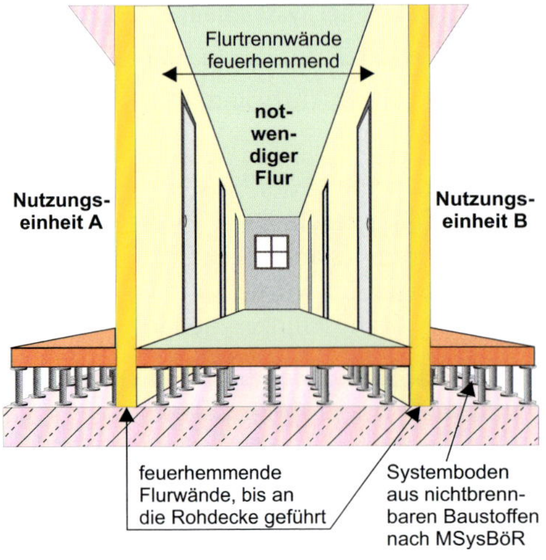

Abb. D.64: Beispiel für einen notwendigen Flur, der verschiedene Nutzungseinheiten trennt

In diesem Fall sind die raumabschließenden feuerhemmenden Flurwände bis an die Rohdecke zu führen. Der Systemboden ist entsprechend der MSysBöR auszuführen.

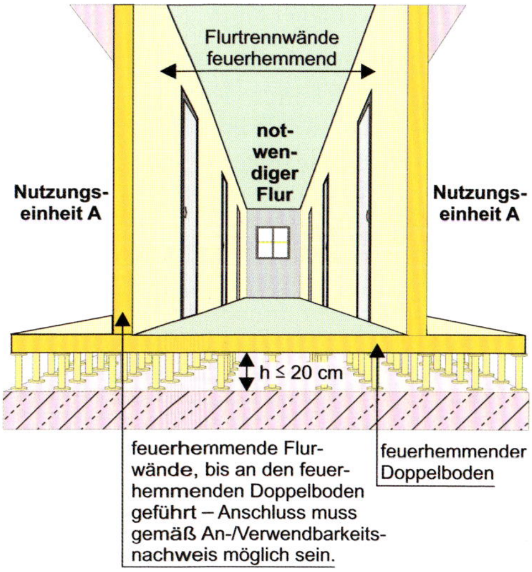

Abb. D.65: Beispiel für einen notwendigen Flur innerhalb einer größeren Nutzungseinheit

Gemäß MSysBöR ist es zulässig, die feuerwiderstandsfähigen raumabschließenden Flurwände von Hohlböden hochzuführen. Sie dürfen auch von Doppelböden hochgeführt werden, wenn diese einen lichten Hohlraum bis maximal 200 mm haben und bei Brandbeanspruchung von unten mindestens feuerhemmend sind.

Wichtig: Der Anschluss der Flurwände an die Hohl- bzw. Doppelböden muss gemäß Anwendbarkeits-/Verwendbarkeitsnachweis und Montage-/Einbauanleitung bzw. Gebrauchsanleitung des Herstellers ausgeführt werden.

D.6.6 Sicherung von Öffnungen in Wänden notwendiger Flure

Türen in feuerwiderstandsfähigen und raumabschließenden Flurwänden müssen dicht schließen. Öffnungen zu Lagerbereichen im Kellergeschoss und zu Räumen mit Explosions- oder erhöhter Brandgefahr müssen feuerhemmende, dicht- und selbstschließende Abschlüsse haben.

D.6.6.1 Dichte Türen in feuerhemmenden Wänden notwendiger Flure

Falls es in einem an den notwendigen Flur angrenzenden Aufenthaltsraum bzw. in einer angrenzenden NE brennt, müssen die raumabschließenden feuerwiderstandsfähigen Flurwände den notwendigen Flur ausreichend lange vor dem Eindringen von Feuer und Rauch schützen.

Die Flurtrennwände selbst können dieses Schutzziel in der Regel problemlos erfüllen. Ganz anders sieht es jedoch mit den Türöffnungen aus. Die einzige Anforderung der MBO und sinngemäß der LBOs lautet hier: „Türen müssen dicht schließen."

Die Anforderung dicht ist eine sogenannte verbale Begriffsbestimmung. „Dicht" im bauaufsichtlichen Sinn bedeutet, dass an die Türen zwar bestimmte Anforderungen hinsichtlich des Brandschutzes und auch der Dichtigkeit gestellt werden, diese Anforderungen jedoch keine bestimmte Klasse erfüllen müssen.

Es handelt sich aber durchaus um eine Brandschutzanforderung. Die Türen müssen, vereinfacht ausgedrückt, „etwas" Brandschutz und „etwas" Dichtigkeit aufweisen, jedoch keine bestimmte Klasse erfüllen. Allerdings ist bei dichten Türen nicht gewährleistet, dass sie im Brandfall geschlossen sind (da bei Flurtüren keine Anforderung an die selbstschließende Eigenschaft besteht). Dies wird jedoch von den LBOs innerhalb des gesellschaftlich akzeptierten Risikos hingenommen.

Eine einfache Zimmertür, die nicht vollwandig ist bzw. die keine mindestens dreiseitig umlaufende Dichtung hat, erfüllt diese Anforderung nicht. Ebenso würde eine Tür mit einem Türblatt, das zur Ermöglichung einer Nachströmöffnung für die Lüftung im Fußbodenbereich um ca. 2 bis 4 cm gekürzt wird, nicht die Anforderung an eine „dichte" Türe erfüllen: Solch eine Nachströmöffnung stellt genau das Gegenteil der bauaufsichtlich geforderten Dichtigkeit dar.

Versagen die dichtschließenden Türen, kann der notwendige Flur im Brandfall durch die Einwirkung von Feuer und Rauch nicht mehr als Fluchtweg dienen. Für diesen Fall steht Personen, die sich in anderen Geschossen oder auch angrenzenden NE aufhalten, der zweite Rettungsweg (z. B. ein anleiterbares Fenster) zur Verfügung.

Relativ ungünstig ist die Situation jedoch im brandbetroffenen Geschoss, wenn der zweite RW baulich hergestellt wird, also durch einen zweiten notwendigen Treppenraum. In diesem Fall führen beide RW über denselben notwendigen Flur, der unter den beschriebenen ungünstigen Umständen durch Feuer und Rauch unpassierbar wird (siehe hierzu auch Kapitel A.3.2 und A.5.2).

Deshalb ist es wichtig, dass die Türen in den notwendigen Fluren möglichst bis zum Eintreffen der Feuerwehr standhalten. Damit sie zumindest in geschlossenem Zustand einen gewissen Mindestschutz bieten, sollten sie nicht nur dicht, sondern möglichst auch formstabile Türblätter haben.

Gemäß MVV TB Anhang 4 Abschnitt 5.4 (Ausgabe 2021/1) sind dichtschließende Türen geregelt.

MVV TB Anhang 4 Abschnitt 5.4

Türen sind dann dichtschließend oder schließen dicht, wenn sie formstabile Türflügel haben und mit dreiseitig umlaufenden dauerelastischen Dichtungen ausgestattet sind, die aufgrund ihrer Form (Lippen-/Schlauchdichtung) und des Dichtungsweges bei geschlossenen Türen nach dem Einbau sowohl an den Zargen als auch an den Türflügeln anliegen. Türflügel sind dann formstabil, wenn sie geschlossen sind und Verformungen ≤ 4 mm, bezogen auf die Türflügelebene in Längsrichtung (im Sinne von RAL-GZ 426/1), aufweisen.

Für die Außenanwendung müssen zusätzlich das Differenzklima nach EN 14351-1:2006+A2:2016[21] und die Verformungsklasse nach DIN EN 12219:2000-06 nachgewiesen sein.

[21] *In Deutschland umgesetzt durch DIN EN 14351:2016-12.*

D.6.6.2 Abschlüsse in feuerbeständigen Wänden notwendiger Flure

In Kellergeschossen bestehen höhere Anforderungen an die raumabschließenden Wände notwendiger Flure, siehe Kapitel D.6.1.

Auch bei Sonderbauten können besondere Anforderungen an raumabschließende Wände notwendiger Flure und damit an die Sicherung der Türöffnungen bestehen.

Räume mit Explosions- oder erhöhter Brandgefahr erfordern eine feuerbeständige Abtrennung zum notwendigen Flur. Türöffnungen in diesen Wänden sind durch mindestens feuerhemmende, dicht- und selbstschließende Abschlüsse zu sichern.

D.6.6.3 Türen mit Oberlichten

An den Einbau bzw. die Montage von dichtschließenden Türen in raumabschließende, feuerhemmende Flurwände bestehen keine besonderen Anforderungen. Dies gilt jedoch nur für die Türen selbst.

Eventuell vorhandene feststehende Oberteile wie Oberlichte werden nicht als Tür, sondern als Teil der Flurtrennwand angesehen – und müssen dementsprechend grundsätzlich die gleichen Anforderungen wie die Flurwand erfüllen.

Aus diesen Gründen ist z. B. bei verglasten Oberlichten vom Grundsatz her eine Brandschutzverglasung in der gleichen Feuerwiderstandsdauer wie die Flurtrennwände erforderlich (i. d. R. 30 Minuten).

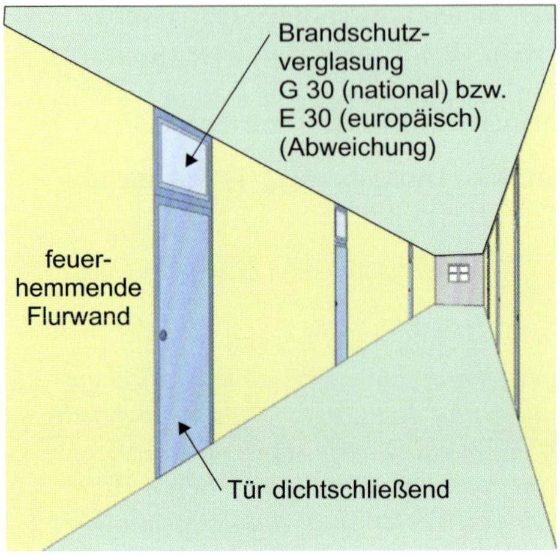

Abweichung erforderlich für die G 30 bzw. E 30 Brandschutzverglasung (VG) und den Anschluss der VG an die dichtschließende Türe, der nicht dem An-/Verwendbarkeitsnachweis und der Einbauvorschrift entspricht.

Abb. D.66: Beispiel für ein Oberlicht über einer dichten Tür

Für die Ausführung ist eine Abweichung erforderlich. Zum einen für die Anordnung einer Brandschutzverglasung, die über mindestens 30 Minuten den Raumabschluss gewährleistet, den Durchtritt der Wärmestrahlung jedoch nicht verhindert, und zum anderen für den gemäß Anwendbarkeits-/Verwendbarkeitsnachweis bzw. Einbau-/Montageanleitung nicht möglichen Einbau der Verglasung mit Anschluss an eine dichte Tür. Für Letzteres ist unter Umständen auch der Nachweis über eine ZiE bzw. vBG möglich.

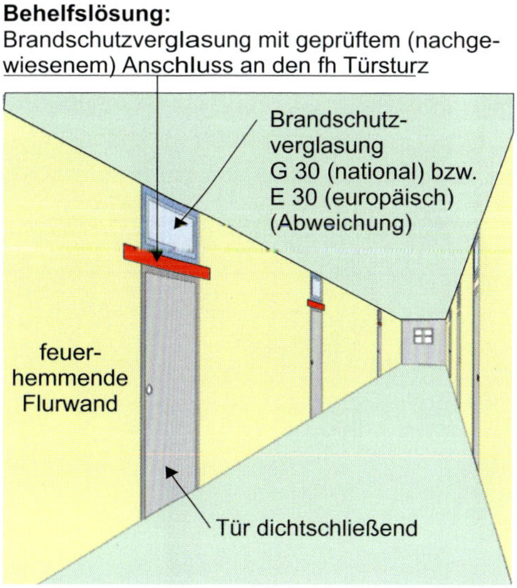

Abb. D.67: Beispiel einer Behelfslösung für den Einbau eines Oberlichtes über einer dichten Tür

Als Behelfslösung wurde oberhalb der Türzarge der dichten Tür ein feuerhemmender Türsturz angeordnet, an den die Brandschutzverglasung gemäß Anwendbarkeits-/Verwendbarkeitsnachweis bzw. Einbauvorschrift angeschlossen werden kann.

Abb. D.68: Beispiele für brandbeanspruchte Türen mit Oberlichten

Die Oberlichten werden am meisten vom Schadenfeuer beansprucht. Bei Sonderlösungen sollte berücksichtigt werden, dass sich die Oberlichten bzw. feststehenden Oberteile in der am meisten von der Brandhitze beanspruchten Zone befinden. Dies ist auf den Bildern deutlich zu erkennen.

Ab einer Höhe von 1,80 m darf die Verglasung in der Regel im Rahmen einer genehmigungs-/bescheinigungspflichtigen Abweichung als Brandschutzverglasung ausgeführt werden, welche nur den Durchtritt von Feuer und Rauch verhindert (nationale Klasse G 30, europäische Klasse E 30).

Allerdings bereitet der fachgerechte Einbau von solchen Brandschutzverglasungen in Oberlichten über Türen Probleme, da es für diese Kombinationen von einfachen, dichtschließenden Türen mit G 30- bzw. E 30-Oberlichten keine Bauprodukte mit entsprechendem Anwendbarkeits-/Verwendbarkeitsnachweis gibt. Damit ist hierfür in der Regel eine Abweichung oder eventuell auch ZiE bzw. vBG erforderlich. Alternativ ist bei dieser Problemstellung auch die in Abb. D.67 dargestellte Behelfslösung möglich.

Bei der Beurteilung der Risikosituation ist Folgendes zu bedenken: Theoretisch könnte die Tür mit Türblatt auch geschosshoch sein. In diesem Fall wäre im oberen Bereich nur ein einfaches formstabiles Türblatt vorhanden (siehe weiter oben). Andererseits steigt bei einem eventuellen Brand die thermische Beanspruchung mit der Türhöhe an und ist im Bereich des Oberlichtes am größten (siehe z. B. Abb. D.68).

D.6.6.4 Abschlüsse zum notwendigen Treppenraum

Siehe Kapitel A.9.

D.6.6.5 Lichtdurchlässige Flächen in Wänden notwendiger Flure

Bei Türen in den Wänden notwendiger Flure sind die bauaufsichtlichen Anforderungen sehr niedrig, da hier in der Regel nur dichtschließend gefordert wird, obwohl die Flurwände mindestens raumabschließend und feuerhemmend sein müssen.

Die geringen Anforderungen an Türen in Flurtrennwänden sind nicht auf andere Öffnungsverschlüsse wie lichtdurchlässige Öffnungen übertragbar. Allerdings werden in den LBOs lichtdurchlässige Flächen (Sichtöffnungen) in feuerwiderstandsfähigen Flurtrennwänden nicht behandelt. Sind sie erforderlich, kann jedoch davon ausgegangen werden, dass sie zulässig sind, wenn sie mit Brandschutzverglasungen in der gleichen Feuerwiderstandsdauer der Flurtrennwand gesichert werden.

Eine Besonderheit besteht, wenn in großflächigen Brandschutzverglasungen Türen angeordnet werden. Diese müssten nach den LBOs eigentlich nur die Anforderung dichtschließend erfüllen. Allerdings ergibt sich aus den Anwendbarkeits-/Verwendbarkeitsnachweis und Einbau-/Montagevorschriften der Hersteller in der Regel, dass die Türen in Brandschutzverglasungen die gleiche Feuerwiderstandsdauer wie die Verglasungen aufweisen müssen.

Lediglich bei Öffnungen ab 1,80 m Höhe (Oberlichte) kann anstelle einer feuerhemmenden Brandschutzverglasung eine Verglasung angeordnet werden, die nur einen Durchtritt von Feuer und Rauch, nicht aber der Strahlungswärme für 30 Minuten verhindert (nationale Klasse: G 30, europäische Klasse: E 30).

In den meisten Ländern ist hierfür eine genehmigungs-/bescheinigungspflichtige Abweichung erforderlich. Im Zweifelsfall ist eine Abstimmung mit der für den Brandschutz prüfenden/bescheinigenden Stelle empfehlenswert.

Beim Einbau dieser Brandschutzverglasung ist besonders auf eine fachgerechte Ausführung zu achten, da sie in der am meisten vom Brand beanspruchten Zone liegt. Eine Verglasung aus Normalglas würde hier bereits nach wenigen Minuten zerspringen – und der notwendige Flur wäre als Fluchtweg nicht mehr benutzbar. Entsprechend hoch ist auch das Risiko eines vorzeitigen Versagens bei einer nicht fachgerecht eingebauten Brandschutzverglasung.

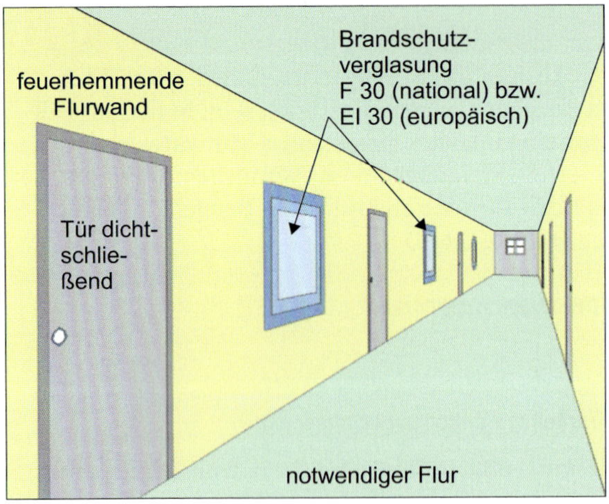

Abb. D.69: Beispiel für eine feuerhemmende Brandschutzverglasung in einer feuerhemmenden Flurwand

Die Brandschutzverglasung muss grundsätzlich die gleiche Feuerwiderstandsklasse wie die Flurtrennwand aufweisen.

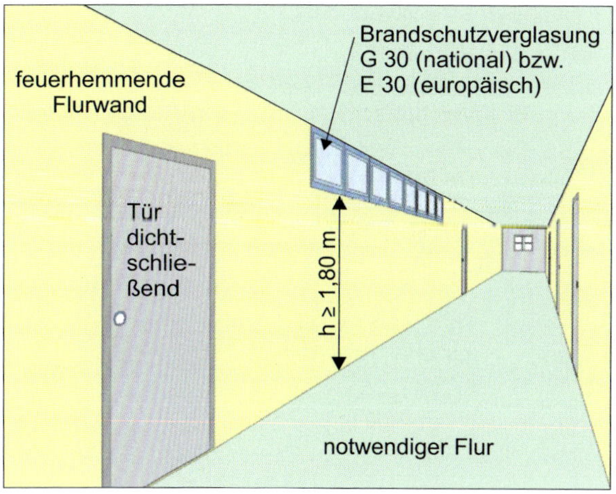

Abb. D.70: Beispiel für eine Brandschutzverglasung, die über mindestens 30 Minuten den Raumabschluss gewährleistet, den Durchtritt der Wärmestrahlung jedoch nicht verhindert

Da die Brandschutzverglasung in einer Höhe von über 1,80 m angeordnet ist, bestehen in der Regel keine Bedenken wegen der Strahlungswärme. Deshalb kann eine G 30 (national) bzw. E 30 (europäisch) Brandschutzverglasung angeordnet werden. Hierfür ist eine bescheinigungs-/genehmigungspflichtige Abweichung erforderlich.

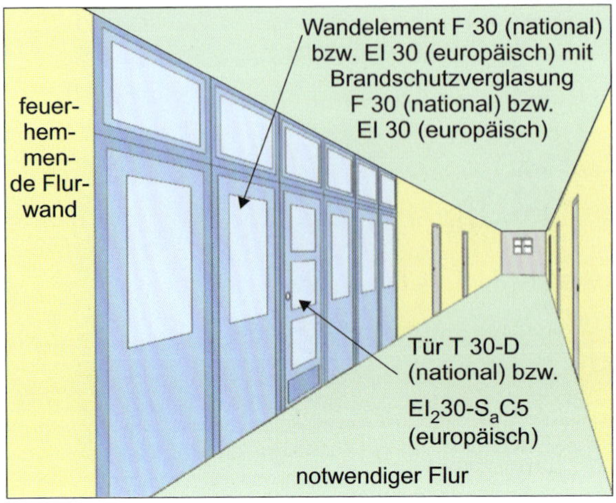

Abb. D.71: Beispiel für eine feuerhemmende Brandschutzverglasung (national F 30, europäisch EI 30) mit feuerhemmender, dicht- und selbstschließender Tür

Wandelemente müssen grundsätzlich die gleiche Feuerwiderstandsdauer wie die Flurtrennwände aufweisen. Verglasungen sind als feuerhemmende Brandschutzverglasungen auszubilden.

Gemäß Anwendbarkeits-/Verwendbarkeitsnachweis bzw. Einbauanleitung des Herstellers sind in solchen Wandelementen nur Türen in der gleichen Feuerwiderstandsdauer wie die der Wand zulässig, also feuerhemmende, selbstschließende und dichte Türen.

Abb. D.72: Beispiel einer Brandbeanspruchung von Oberlichten im Ernstfall

Im oberen Bereich ist die Belastung mit Strahlungshitze am größten, so dass besonders auf den fachgerechten Einbau der Brandschutzverglasungen geachtet werden muss.

D.7 Wände und Brüstungen notwendiger Laubengänge mit nur einer Fluchtrichtung

§ 36 Abs. 5 MBO: Wände und Brüstungen notwendiger Laubengänge mit nur einer Fluchtrichtung

[1]*Für Wände und Brüstungen notwendiger Flure mit nur einer Fluchtrichtung, die als offene Gänge vor den Außenwänden angeordnet sind [not wendige Laubengänge; Anm. d. Verf.], gilt Absatz 4 entsprechend.* [2]*Fenster sind in diesen Außenwänden ab einer Brüstungshöhe von 0,90 m zulässig.*

Notwendige Laubengänge sind auf einer Längsseite offene, seitlich von Gebäudeaußenwänden und Brüstungen begrenzte Gänge, die als bauliche Rettungswege zu einem notwendigen Treppenraum (notwendige Außentreppe), zu zwei notwendigen Treppenräumen (notwendigen Außentreppen) oder zu einem Sicherheitstreppenraum führen.

Damit ist der notwendige Laubengang eine Sonderform des horizontalen baulichen RW. Er ist ein notwendiger Flur, der an der Außenwand liegt und dort nicht verschließbare Öffnungen ins Freie hat.

Sein großer Vorteil besteht darin, dass man auch in den oberen Geschossen aus der Ausgangstür der Wohnung bzw. NE praktisch ins Freie gelangt. Allerdings wird dann noch die vertikale Fortsetzung des baulichen Rettungsweges in Form einer notwendigen Treppe benötigt, um das sichere Freie zu erreichen.

Notwendige Laubengänge unterscheiden sich damit wesentlich von notwendigen Fluren, da diese zwar einen Außenwandanteil haben können, aber von Wänden und Decken mit einem definierten Feuerwiderstand umschlossen, also nicht offen sind.

Brandschutztechnisch sind Laubengänge grundsätzlich positiv zu bewerten, da sie gerade wegen ihrer Offenheit, also der einseitigen direkten Verbindung mit dem Freien, nicht verrauchen können.

Abb. D.73: Laubengang mit nur einer Fluchtrichtung zu einem notwendigen Treppenraum

Die Sturzunterkante liegt in Höhe der Deckenunterkante, so dass keine Gefahr einer Verrauchung besteht. Die äußere Brüstung wurde feuerhemmend und nichtbrennbar hergestellt. Bei einer Brüstungshöhe der Laubengangwand ab 0,90 m sind normale Fenster zulässig.

D.7.1 Erforderliche Feuerwiderstandsdauer der Wände und Brüstungen notwendiger Laubengänge mit nur einer Fluchtrichtung und Sicherung ihrer Öffnungen

Für Wände und Brüstungen notwendiger Laubengänge mit nur einer Fluchtrichtung gelten sinngemäß die gleichen Anforderungen wie an die Wände notwendiger Flure. Dabei ist zu beachten, dass dies sowohl für die Außenwand des Laubengangs (= Trennwand zur angrenzenden NE) als auch für die Brüstung der äußeren Laubengangbegrenzung (= Geländer) gilt. Eine Erleichterung ist nur für Fenster ab einer Brüstungshöhe von 0,90 m vorgesehen.

Die Wände und Brüstungen von notwendigen Laubengängen mit nur einer Fluchtrichtung müssen gemäß MBO als raumabschließende Bauteile die in der Tabelle D.6 genannten Anforderungen erfüllen.

Legende und Zuordnung der bauaufsichtlichen Begriffe zu den nationalen und europäischen Klassen enthält Kapitel D.1.3.

Anforderungen an das Tragwerk von notwendigen Laubengängen

Siehe hierfür Kapitel D.6.1.

In diesem Zusammenhang ist bei notwendigen Laubengängen zu beachten, dass im Tragwerksparagrafen § 27 Abs. 1 Nr. 2 MBO und den LBOs ausdrücklich genannt wird, dass die Anforderungen an das Tragwerk auch für „offene Gänge, die als notwendige Flure dienen" und somit auch für notwendige Laubengänge gelten, auch für solche mit zwei Fluchtrichtungen.

Tabelle D.6: Anforderungen an die Wände und Brüstungen notwendiger Laubengänge mit nur einer Fluchtrichtung und Sicherung ihrer Öffnungen gemäß MBO 2002

Anforderungen der MBO (§ 36 Abs. 5 in Verbindung mit Abs. 4)	Kurzinformation		Anforderung
(5)[1], „(4)[1]*Die Wände notwendiger Flure* [hier: Laubengänge mit nur einer Fluchtrichtung; Anm. d. Verf.] *müssen als raumabschließende Bauteile feuerhemmend, in Kellergeschossen, deren tragende und aussteifende Bauteile feuerbeständig sein müssen, feuerbeständig sein.*"	**Wände und Brüstungen (als raumabschließende Bauteile) in:**	Normalgeschossen und DG sowie KG mit fh Tragwerk	fh
		KG mit fb Tragwerk	fb
(5)[1], (4) „*[…]* [2]*Die Wände sind bis an die Rohdecke zu führen. 3Sie dürfen bis an die Unterdecke der Flure* [hier: Laubengänge mit nur einer Fluchtrichtung; Anm. d. Verf.] *geführt werden, wenn die Unterdecke feuerhemmend und ein demjenigen nach Satz 1 vergleichbarer Raumabschluss sichergestellt ist.*"	**Oberer An- bzw. Abschluss der Wände**	• Anschluss an die Rohdecke oder • Anschluss an eine fh Unterdecke. Der Raumabschluss muss dabei den Anforderungen der ersten Tabellenzeile entsprechen.	
(5)1, (4) „*[…]* [4]*Türen in diesen Wänden müssen dicht schließen; Öffnungen zu Lagerbereichen im Kellergeschoss müssen feuerhemmende, dicht- und selbstschließende Abschlüsse haben.*"	**Türöffnungen in**	fh Laubengangwänden[1])	D
		fb Laubengangwänden[1]) zu Lagerbereichen im KG	fh + D + S
(5) „*[…]* [2]*Fenster sind in diesen Außenwänden ab einer Brüstungshöhe von 0,90 m zulässig.*"	**Sichtöffnungen in**	fh Laubengangwänden[1]): UK VG < 0,90 m über Boden	VG: fh
		fh Laubengangwänden[1]): UK VG ≥ 0,90 m über Boden	zulässig

[1]) mit nur einer Fluchtrichtung

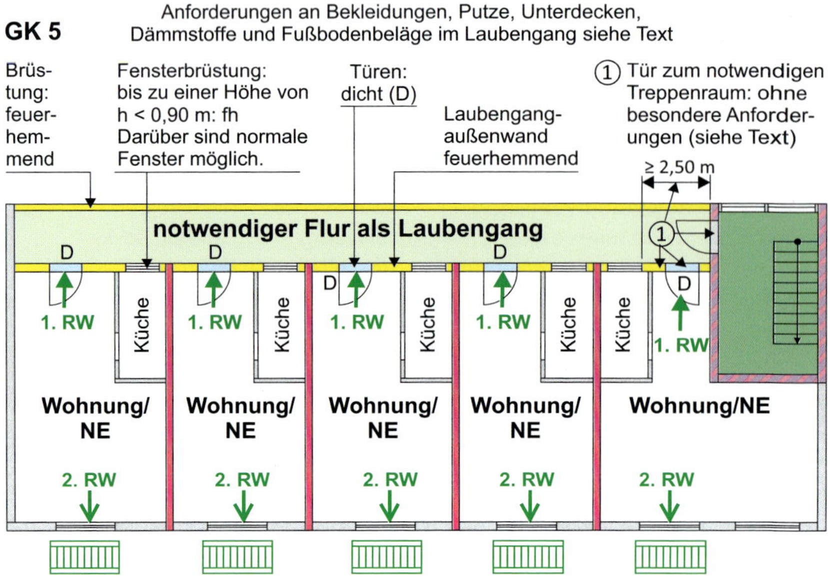

Abb. D.74: Beispiel für Laubengang mit nur einer Fluchtrichtung in GK 5

① Laubengangaußenwand im Bereich von 2,50 m (Anhaltswert): feuerhemmend und ohne Fenster. Die dichtschließende Tür zur angrenzenden Wohnung/NE darf innerhalb dieses 2,50-m-Bereichs liegen, da sie auch im Inneren von Gebäuden in vergleichbaren Situationen zulässig wäre.

Für die Tür zum notwendigen Treppenraum sind in der MBO und den LBOs keine Anforderungen genannt. Unter den in ① genannten Voraussetzungen kann davon ausgegangen werden, dass ihre eventuell mögliche Gefährdung im Brandfall innerhalb des den LBOs zugrundeliegenden gesellschaftlich akzeptierten Risikos liegt. Deshalb ist hier i.d.R. eine Tür ohne besondere Anforderungen möglich (siehe auch Erläuterungen in Kapitel D.7.4).

Brennbare Dämmstoffe (z.B. WDVS) sind in Laubengängen mit nur einer Fluchtrichtung unzulässig. Anforderungen an die Bekleidungen, Putze, Unterdecken, Dämmstoffe und Fußbodenbeläge siehe Kapitel D.9.

Jede Wohnung bzw. NE benötigt zwei RW. Der erste RW führt in diesem Beispiel über den notwendigen Laubengang zum notwendigen Treppenraum. Für den zweiten RW ist für jede Wohnung bzw. NE ein anleiterbares Fenster erforderlich.

D.7.2 Ausbildung der Brüstungen

Die Brüstungen von Laubengängen mit nur einer Fluchtrichtung müssen als raumabschließende Bauteile feuerhemmend ausgeführt werden. Falls auf diese raumabschließende, feuerhemmende Ausbildung verzichtet werden soll, ist eine genehmigungs-/bescheinigungspflichtige Abweichung erforderlich.

Solche Abweichungen sind in der Regel nur möglich, wenn über entsprechende Kompensationsmaßnahmen das gleiche Schutzziel erreicht wird.

Das Risiko besteht darin, dass bei einem Brand in einer Nutzungseinheit der unteren Laubengangebene die Flammen so zum Fenster bzw. zur Tür auf den Gang herausschlagen, dass davon die obere Laubengangebene unzulässig beeinträchtigt wird und nicht mehr ausreichend lang als Flucht- und Rettungsweg zur Verfügung steht.

Damit bieten sich bei einer fehlenden feuerhemmenden Ausbildung der Laubengangbrüstungen die nachfolgend aufgeführten Lösungsansätze an. Im Zweifelsfall ist eine frühzeitige Abstimmung mit der den Brandschutz prüfenden/bescheinigenden Stelle empfehlenswert.

Lösungsansatz 1: Feuerhemmende Ausbildung der Brüstung

Dies ist der Regelfall: Fenster ohne Brandschutzanforderungen sind in den Außenwänden des Laubengangs ab einer Brüstungshöhe von 0,90 m zulässig (siehe Abb. D.75).

Lösungsansatz 2: Vergrößerung der Laubengangbreite

Je breiter der Laubengang wird, umso geringer wird das Risiko eines Brandüberschlags bzw. einer Beeinträchtigung der oberen Laubengangebene bei einem eventuellen Brand in der unteren NE.

Je nach Risikosituation kann davon ausgegangen werden, dass es bei einer auskragenden Breite des Laubengangs von mindestens 1,50 m nicht mehr erforderlich ist, die Brüstungen feuerhemmend auszubilden. Allerdings sollten sie dann zumindest geschlossen sein und aus nichtbrennbaren Baustoffen bestehen (siehe Abb. D.76).

Für diese Lösung ist eine genehmigungs-/bescheinigungspflichtige Abweichung erforderlich.

Lösungsansatz 3: Sicherung der Tür- und Fensteröffnungen

Je besser die Öffnungen in der Laubengangaußenwand gesichert werden, umso geringer wird das Risiko einer Beeinträchtigung der oberen Laubengangebene bei einem eventuellen Brand in der unteren NE.

Bei Anordnung von dichten und selbstschließenden Türen zu den NE und Sicherung der Sichtöffnungen mit nicht öffenbaren Brandschutzverglasungen in der nationalen Klasse G 30 bzw. europäischen Klasse E 30 kann davon ausgegangen werden, dass das beschriebene Risiko ausreichend reduziert wird, so dass die Brüstungen des Laubengangs nicht mehr feuerhemmend ausgeführt werden müssen. In diesem Fall ist es auch möglich, offene Brüstungen aus nichtbrennbaren Baustoffen zu verwenden (siehe Abb. D.77).

Für diese Lösung ist eine genehmigungs-/bescheinigungspflichtige Abweichung erforderlich.

Lösungsansatz 4: Anordnung von zwei entgegengesetzt liegenden Treppen

Kann der notwendige Laubengang über zwei entgegengesetzt liegende notwendige Treppen verlassen werden, so bestehen keine besonderen Anforderungen an die Brüstungen des Laubengangs (siehe Kapitel D.8).

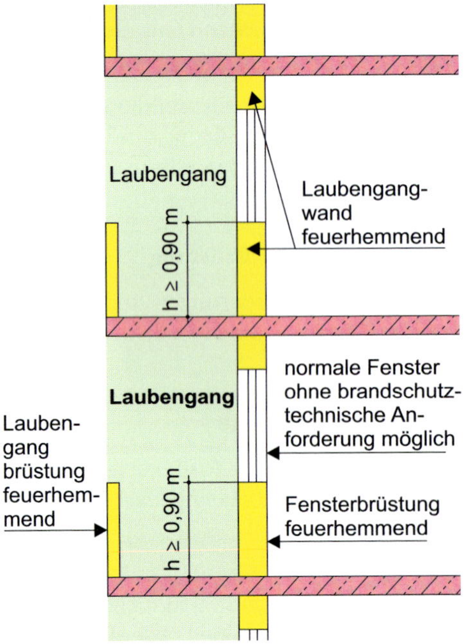

Abb. D.75: Lösungsansatz 1: Beispiel für einen Laubengang mit feuerhemmender Brüstung

Ab einer Brüstungshöhe von 0,90 m sind normale öffenbare Fenster ohne Brandschutzanforderungen möglich. Die äußere Laubengangbrüstung muss die gleichen Anforderungen erfüllen wie die Wände von notwendigen Fluren, also feuerhemmend sein.

Das Beispiel zeigt ein Gebäude der GK 5. Es gilt analog auch für die GK 3 und 4 (mit Ausnahme der Decken, die bei GK 4 hochfeuerhemmend und GK 3 feuerhemmend sein müssen).

Abb. D.76 und D.77: Beispiele für Laubengänge mit Abweichung

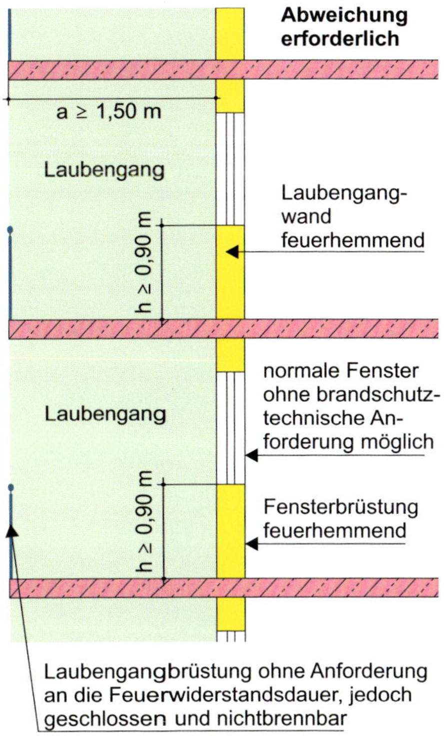

Abb. D.76: Lösungsansatz 2: Beispiel für Vergrößerung des Feuerüberschlagsweges

Die Laubengangbrüstung kann ohne Anforderungen an die Feuerwiderstandsdauer ausgeführt werden. Sie sollte jedoch geschlossen und nichtbrennbar sein. Zur Kompensation wird das Risiko eines Feuerüberschlags von Geschoss zu Geschoss verringert, indem der Laubengang mindestens 1,50 m breit ausgeführt wird.

Hierfür ist eine Abweichung erforderlich. Eine frühzeitige Abstimmung mit der den Brandschutz prüfenden/bescheinigenden Stelle ist empfehlenswert.

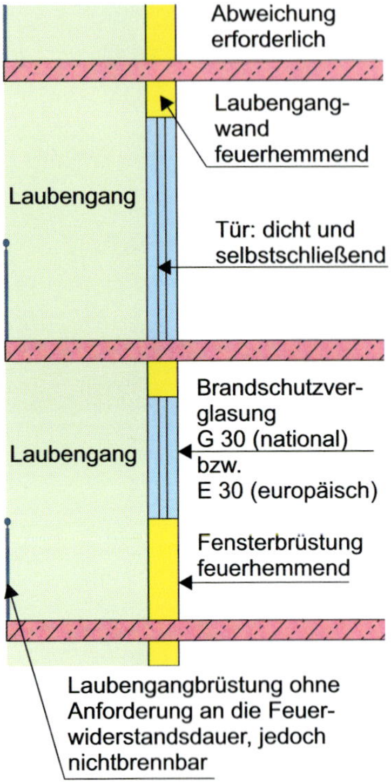

Abb. D.77: Lösungsansatz 3:Beispiel für Sicherung der Öffnungen in der Laubengang-außenwand

Die Laubengangbrüstung kann ohne Anforderungen an die Feuerwiderstandsdauer aus nichtbrennbaren Baustoffen ausgeführt werden. Als Kompensation werden alle Sichtöffnungen mit einer Brandschutzverglasung mit der nationalen Klasse G 30 bzw. europäischen Klasse E 30 gesichert und die Türen zu den NE dicht und selbstschließend ausgeführt.

Hierfür ist eine Abweichung erforderlich und die frühzeitige Abstimmung mit der den Brandschutz prüfenden/bescheinigenden Stelle empfehlenswert.

D.7.3 Türen in feuerhemmenden Außenwänden von Laubengängen

Die Türen von notwendigen Laubengängen mit nur einer Fluchtrichtung zu den Wohnungen bzw. NE müssen dicht schließen und damit die gleichen Anforderungen erfüllen wie die Türen in notwendigen Fluren (siehe Kapitel D.6.6.1)

D.7.4 Abschlüsse zum notwendigen Treppenraum

Grundlage der nachfolgenden Erläuterungen sind die Situationen ①, ②, und ③ in den Abb. D.74 und D.78.

Für die Abschlüsse zwischen notwendigen Laubengängen und notwendigen Treppenräumen sind in MBO und LBOs keine Anforderungen genannt. Entsprechend schwierig ist die Bestimmung bzw. Ermittlung des hier erforderlichen Abschlusses.

Grundsätzlich kann bei den von der MBO bzw. den LBOs geregelten Standardanforderungen an Standardgebäude davon ausgegangen werden, dass immer dann, wenn in der Bauordnung keine besonderen Anforderungen genannt werden, auch keine solchen bestehen. Danach würden an die Tür zwischen notwendigem Laubengang und notwendigem Treppenraum keine besonderen Brandschutzanforderungen bestehen.

Hinweis

Das grundsätzliche bauaufsichtliche Schutzziel des notwendigen Treppenraums besteht darin, dass seine Nutzung im Brandfall ausreichend lang möglich sein muss. Dieses Schutzziel gilt im Inneren von Gebäuden beim Anschluss von notwendigen Treppenräumen an notwendige Flure durch die Anordnung von rauchdichten und selbstschließenden Abschlüssen (die bis zu 2,50 m breit sein dürfen) als eingehalten. Die anschließenden Flurwände müssen dabei lediglich feuerhemmend sein (auch bei GK 5) und dürfen mit dichtschließenden Türen gesicherte Öffnungen haben.

Dabei geht die Bauordnung in ihrer Risikobetrachtung davon aus, dass die Abschlüsse zwischen notwendigem Treppenraum und notwendigem Flur lediglich durch Rauch und nicht auch durch Feuer beansprucht werden. Deshalb müssen sie nur klassifizierte Anforderungen an den Rauchschutz (und nicht auch an den Feuerschutz) erfüllen.

Bei Laubengängen ist die Situation jedoch deutlich günstiger als bei notwendigen Fluren, da sie nicht verraucht werden können. Deshalb kann argumentiert werden, dass die Abschlüsse von notwendigen Laubengängen mit nur einer Fluchtrichtung zu notwendigen Treppenräumen keine klassifizierten Rauchschutzanforderungen erfüllen müssen, da bei ihnen keine Beanspruchung durch Rauch zu erwarten ist. Klassifizierte Anforderungen an den Feuerschutz müssen sie ebenfalls nicht erfüllen (sinngemäß wie die Abschlüsse zwischen notwendigen Treppenräumen und notwendigen Fluren).

Daraus kann interpretiert werden, dass immer dann, wenn die vorstehenden Rahmenbedingungen eingehalten sind, aus bauaufsichtlicher Sicht keine besonderen Anforderungen an die Türen zwischen notwendigen Treppenräumen und notwendigen Laubengängen mit nur einer Fluchtrichtung bestehen.

Allerdings haben notwendige Laubengänge mit nur einer Fluchtrichtung die Besonderheit, dass in ihren Außenwänden ab einer Brüstungshöhe von 0,90 m normale öffenbare Fenster zulässig sind. Weisen diese einen zu geringen Abstand zur Treppenraumaußenwand und insbesondere zur Tür zwischen Laubengang und Treppenraum auf, so kann diese Tür im Brandfall gefährdet werden. In diesem Fall sind Maßnahmen erforderlich, die eine solche Gefährdung ausschließen, z. B. die Anordnung eines feuerhemmenden und selbstschließenden Abschlusses. Anforderungen an eine klassifizierte Rauchdichtigkeit bestehen dagegen nicht (siehe oben).

Zur grundsätzlichen Risikobeurteilung dieser Situation können die bauaufsichtlichen Regelungen über Treppenraumaußenwände herangezogen werden. Die Treppenraumwand ist im Bereich des Laubengangs eine Außenwand. Nach dem sogenannten „Treppenraumparagrafen" ist sie nur dann als nichtbrennbare Wand mit ungesicherten Öffnungen zulässig, wenn sie durch andere, an diese Außenwand anschließende Gebäudeteile im Brandfall nicht gefährdet werden kann.

Kann sie hingegen im Brandfall gefährdet werden, ist sie so zu sichern, dass keine Gefährdung des Treppenraums mehr vorliegt (z. B. durch einen klassifizierten Feuerschutzabschluss). Aus dieser Überlegung ergeben sich immer dann bestimmte Anforderungen an den Abschluss zwischen Laubengang und Treppenraum, wenn dieser im Brandfall durch andere, dort anschließende Gebäudeteile gefährdet werden kann. Eine solche Gefährdung besteht z. B., wenn die in Laubengängen ab einer Brüstungshöhe von 0,90 m zulässigen Fenster zu nahe an der Treppenraumaußenwand und damit an der Tür zum notwendigen Treppenraum liegen.

Wichtig

Die vorstehende Risikobetrachtung gilt insbesondere auch für notwendige Laubengänge mit zwei Fluchtrichtungen. Bei diesen kann die Risikosituation noch ungünstiger sein, wenn sie keine feuerhemmenden Außenwände haben.

Zusammenfassung und Lösungsvorschlag

Besteht keine Gefahr einer Gefährdung (siehe oben), so bestehen auch keine besonderen Anforderungen an die Tür zwischen notwendigem Laubengang und notwendigem Treppenraum.

Es muss gewährleistet sein, dass die Tür nicht durch andere dort anschließende Gebäudeteile im Brandfall gefährdet werden kann. Liegt eine solche Gefährdung, z. B. durch eine ungesicherte Sichtöffnung, vor, gibt es folgende Lösungsmöglichkeiten:

- Ausführung der feuerhemmenden Laubengangaußenwand so, dass keine Gefährdung mehr vorliegt, z. B. durch Anordnung eines ausreichenden Abstands der Sichtöffnung zur Treppenraumtür, siehe ① in Abb. D.74

- brandschutztechnische Sicherung der zu nahe liegenden Sichtöffnung, z. B. mit einer nicht öffenbaren feuerhemmenden Brandschutzverglasung, siehe ② in Abb. D.78
- Anordnung einer feuerhemmenden und selbstschließenden Tür zum notwendigen Treppenraum, siehe ③ in Abb. D.78

Hinweis

Die in ① in Abb. D.74 dargestellte dichtschließende Tür im 2,50-m-Bereich zur angrenzenden Wohnung/NE ist zulässig, da sie auch in einer vergleichbaren Situation im inneren von Gebäuden zulässig wäre (Anschluss eines notwendigen Flurs an einen notwendigen Treppenraum).

Empfehlung

Liegt die Treppenraumtür sehr nahe (weniger als 2,50 m) an der Tür zur angrenzenden Wohnung/NE, so kann bei einem eventuellen Brand in der angrenzenden Wohnung/NE das Risiko einer Rauchübertragung in den Treppenraum durch Anordnung einer selbstschließenden Treppenraumtür deutlich verringert werden.

Im Zweifelsfall ist eine möglichst frühzeitige Abstimmung mit der den Brandschutz prüfenden/bescheinigenden Stelle empfehlenswert.

D.7.5 Sicherung von Sichtöffnungen

Notwendige Flure weisen in der Regel nur Türen zu den Nutzungseinheiten und zum notwendigen Treppenraum auf. In notwendigen Laubengängen münden zusätzlich meist auch Fenster. Damit stellt sich grundsätzlich die Frage, wie diese Fenster zu sichern sind.

Nach MBO 2002 und LBOs sind ab einer Brüstungshöhe von 0,90 m Fenster ohne brandschutztechnische Anforderungen zulässig. Diese relativ geringe Anforderung ist möglich und nachvollziehbar, da der Laubengang auf einer Seite offen ist.

Damit besteht im Brandfall die günstige Situation, dass Feuer und Rauch, die aus dem Fenster auf den Laubengang herausschlagen, weitgehend nach außen ins Freie entweichen können.

Allerdings müssen sowohl die Brüstungen im Bereich der Fenster als auch die äußeren Brüstungen der Laubengänge raumabschließend und feuerhemmend ausgebildet werden. Alternativen mit entsprechenden Abweichungen enthalten Kapitel D.7.2 und die Abb. D.76 und D.77.

Sichtöffnungen mit einer Brüstungshöhe unter 0,90 m sind wie bei notwendigen Fluren in der Regel als nicht öffenbare feuerhemmende Brandschutzverglasungen auszuführen.

Wichtig

Weisen die Laubengangaußenwände im Anschlussbereich an den notwendigen Treppenraum Fenster auf, so ist zu prüfen, ob durch diese ungesicherten Öffnungen die Treppenraumaußenwand und insbesondere die Tür zwischen dem notwendigen Laubengang und dem notwendigen Treppenraum gefährdet werden kann. Kann sie gefährdet werden, sind Maßnahmen erforderlich (siehe Kapitel D.7.4).

D.7.6 Weitere Anforderungen an Wände und Brüstungen notwendiger Laubengänge mit nur einer Fluchtrichtung und Sicherung ihrer Öffnungen

Für weitere Anforderungen an die Wände und Brüstungen notwendiger Laubengänge mit nur einer Fluchtrichtung und Sicherung ihrer Öffnungen gelten – soweit sie in Kapitel D.7 nicht behandelt wurden – sinngemäß die gleichen Anforderungen wie an notwendige Flure (siehe Kapitel D.6).

D.8 Notwendige Laubengänge mit zwei Fluchtrichtungen

Bei notwendigen Laubengängen mit zwei Fluchtrichtungen werden beide Rettungswege baulich hergestellt. Damit sind auch in den einzelnen NE keine mit Rettungsgeräten der Feuerwehr erreichbaren Stellen mehr notwendig.

Besonders günstig sind endständig angeordnete notwendige Treppen. Damit ist immer eine Flucht in zwei Richtungen möglich. Ist der Weg in die eine Richtung (zu einer notwendigen Treppe) versperrt, kann problemlos und ohne Gefahr die zweite, in der entgegengesetzten Richtung liegende notwendige Treppe erreicht werden.

Da der Laubengang nicht verraucht werden kann, bestehen in diesem Fall sichere Flucht- und Rettungswege. Somit bilden Laubengänge, die an zwei endständige notwendige Treppen (in notwendigen Treppenräumen oder als notwendige Außentreppen) angeschlossen sind, die sichersten und bestmöglichen baulichen Rettungswege aus Wohnungen bzw. NE.

Allerdings ist dabei zu beachten, dass in diesem Fall beide RW der jeweiligen Wohnung bzw. NE ($\leq 200\ m^2$, bei Büro-/Verwaltungsnutzung $\leq 400\ m^2$) aus demselben Ausgang in den Laubengang führen. An die sichere Erreichbarkeit dieses Ausgangs im Brandfall werden von der Bauordnung keine Anforderungen gestellt. Eine wesentliche Verbesserung der Rettungswegsituation ist mit Rauchwarnmeldern möglich, die von den LBOs in Wohnungen ohnehin vorgeschrieben werden.

Aufgrund der sehr günstigen Rettungswegsituation bei Laubengängen mit zwei entgegengesetzt möglichen Fluchtrichtungen sind in den LBOs keine besonderen Brandschutzanforderungen an solche Laubengänge enthalten.

D.8.1 Erforderliche Feuerwiderstandsdauer der Wände notwendiger Laubengänge mit zwei Fluchtrichtungen und Sicherung ihrer Öffnungen

An die Wände und Brüstungen notwendiger Laubengänge mit zwei Fluchtrichtungen werden in der MBO und den LBOs keine besonderen Anforderungen gestellt. Deshalb kann davon ausgegangen werden, dass diese hier auch nicht bestehen. Dies gilt auch für ihre Öffnungen.

Das ist nachvollziehbar, da solche Laubengänge jeweils in zwei Richtungen verlassen werden können. Droht in einer Richtung eine Gefahr, z. B. durch einen Brand, steht die andere Richtung gefahrlos zur Verfügung (siehe Abb. D.78).

Allerdings bestehen auch an Laubengänge mit zwei Fluchtrichtungen die grundsätzlichen Anforderungen der LBOs an das Tragwerk (siehe letzten Absatz in Kapitel D.7.1).

D.8.2 Ausbildung der Brüstungen

Siehe Kapitel D.8.1; es bestehen keine besonderen Anforderungen. Damit sind auch offene Geländer möglich.

D.8.3 Türen in den Außenwänden, Abschlüsse zum notwendigen Treppenraum und Sicherung von Sichtöffnungen

Siehe sinngemäß Kapitel D.8.1; es bestehen grundsätzlich keine besonderen Anforderungen.

> **Achtung**
>
> Besonderes Augenmerk ist jedoch auf die brandschutztechnische Situation vor den Türen zu notwendigen Treppenräumen zu legen. Hier muss unbedingt geprüft werden, ob die Treppenraumwände und insbesondere die Türen zum notwendigen Treppenraum im Brandfall gefährdet werden können oder nicht. Wenn sie gefährdet werden können, sind besondere Brandschutzmaßnahmen erforderlich (siehe Kapitel D.7.4).

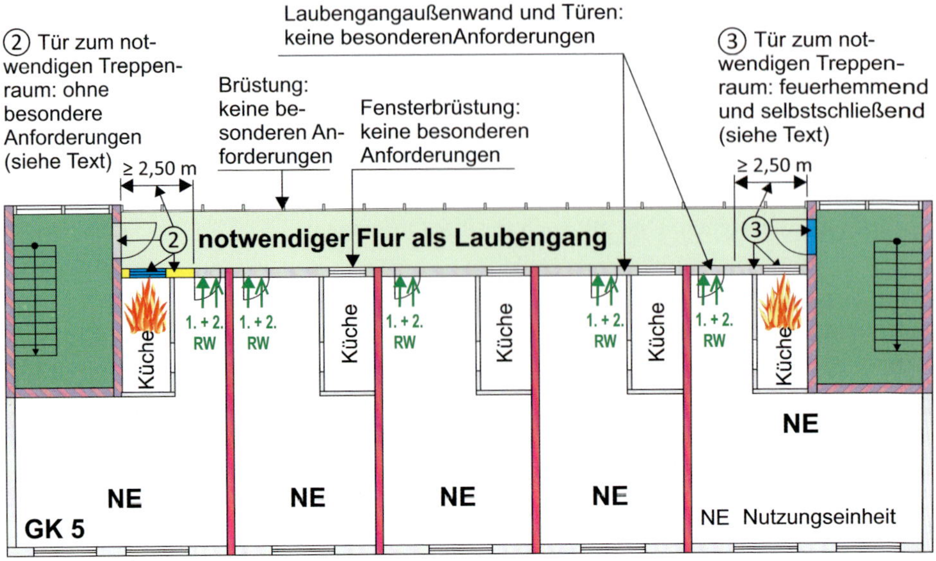

Abb. D.78: Beispiel für einen notwendigen Laubengang mit zwei Fluchtrichtungen in GK 5

② Laubengangaußenwand im Bereich von 2,50 m (Anhaltswert): feuerhemmend; Sicherung des in diesem Bereich vorhandenen Fensters mit feuerhemmender, nicht öffenbarer Brandschutzverglasung

Für die Tür zum notwendigen Treppenraum sind in MBO und LBOs keine Anforderungen genannt. Unter den in ② genannten Voraussetzungen kann davon ausgegangen werden, dass sie im Brandfall nicht gefährdet werden kann. Deshalb ist hier in der Regel eine Tür ohne besondere Anforderungen möglich (siehe auch Erläuterungen in Kapitel D.7.4).

③ Laubengangaußenwand im Bereich von 2,50 m (Anhaltswert): Wand und Fenster ohne klassifizierte Feuerwiderstandsdauer

Unter den in ③ genannten Voraussetzungen kann davon ausgegangen werden, dass die Tür zum notwendigen Treppenraum im Brandfall gefährdet werden kann. Sie wird deshalb mit einem feuerhemmenden und selbstschließenden Abschluss gesichert (siehe Kapitel D.7.4).

Da eine Flucht in beide Richtungen möglich ist, stellt die Bauordnung keine besonderen Brandschutzanforderungen an die Laubengangaußenwände und Brüstungen. Eine oder beide notwendigen Treppen können auch als sichere notwendige Außentreppen ausgeführt werden. Beide RW führen aus jeder Wohnung bzw. NE aus demselben Ausgang.

D.9 Bekleidungen, Putze, Unterdecken, Dämmstoffe und Bodenbeläge

§ 36 Abs. 6 MBO: Bekleidungen, Putze, Unterdecken, Dämmstoffe und Bodenbeläge

In notwendigen Fluren sowie in offenen Gängen nach Absatz 5 [hier: Laubengänge mit nur einer Fluchtrichtung; Anm. d. Verf.] müssen

1. *Bekleidungen, Putze, Unterdecken und Dämmstoffe aus nichtbrennbaren Baustoffen bestehen,*
2. *Wände und Decken aus brennbaren Baustoffen eine Bekleidung aus nichtbrennbaren Baustoffen in ausreichender Dicke haben.*

D.9.1 Flur- und Laubengangdecken als Geschossdecken

Für Decken von notwendigen Fluren und notwendigen Laubengängen gelten die gleichen Anforderungen wie an Geschossdecken (siehe auch letzten Absatz in Kapitel D.6.1).

D.9.2 Bekleidungen, Putze, Unterdecken, Dämmstoffe

In notwendigen Fluren und notwendigen Laubengängen mit nur einer Fluchtrichtung müssen Bekleidungen, Putze, Unterdecken und Dämmstoffe aus nichtbrennbaren Baustoffen bestehen.

Wichtig

In diesem Zusammenhang ist besonders auf Laubengänge mit nur einer Fluchtrichtung zu achten. Soll dort z. B. ein Wärmedämmverbundsystem (WDVS) angeordnet werden (z. B. an den Laubengangaußenwänden), so muss dieses nichtbrennbare Dämmstoffe haben.

Abb. D.79: Die brennbare Deckenverkleidung aus Holz wirkte wie eine Zündschnur und ermöglichte eine schnelle Brandausbreitung in Längsrichtung des notwendigen Flurs, der damit nicht mehr als Flucht- und Rettungsweg benutzbar war.

Abb. D.80: Bei diesem Schaden waren sowohl die Flurwände als auch die Flurdecke mit Holzbrettern verkleidet. Diese ungünstige Situation ermöglichte eine schnelle Ausbreitung und Vergrößerung des Schadenfeuers. Für Flucht und Rettung war der notwendige Flur bereits kurze Zeit nach Brandausbruch nicht mehr benutzbar.

Abb. D.81: Die brennbaren Flurtrennwände trugen erheblich zur Brandlast und damit auch zur Brandausbreitung bei. Außerdem breiteten sich Feuer und Rauch über brennbare Installationsleitungen aus, die im Deckenhohlraum des Flurs verlegt waren.

D.9.3 Besondere Anforderungen an Wände und Decken aus brennbaren Baustoffen

Wände und Decken aus brennbaren Baustoffen müssen in notwendigen Fluren und in notwendigen Laubengängen mit nur einer Fluchtrichtung eine Bekleidung aus nichtbrennbaren Baustoffen in ausreichender Dicke haben. Das betrifft z. B. feuerhemmende Wände und Decken mit tragenden Bauteilen aus brennbaren Baustoffen und auch Massivholzwände und -decken (z. B. aus Brettsperrholz).

Welche Bekleidungen die Anforderung der ausreichenden Dicke erfüllen, wird in der Bauordnung nicht genannt. Es muss jedoch keine Bekleidung mit nachgewiesenem Kapselkriterium (wie bei der MHolzBauRL) sein. Als Anhaltspunkt kann davon ausgegangen werden, dass die nachfolgend genannten Bekleidungen dieses Kriterium erfüllen (für Bildbeispiel siehe Kapitel C.8.2):

- mineralischer Putz auf nichtbrennbarem Putzträger mit einer Dicke von ≥ 15 mm
- Gipskartonplatten mit einer Dicke von ≥ 12,5 mm
- Gipsfaserplatten mit einer Dicke von ≥ 10 mm
- Gipsglasvliesplatten mit einer Dicke von ≥ 10 mm
- Kalziumsilikatplatten mit einer Dicke von ≥ 8 mm

Natürlich muss insbesondere bei Trockenbauwänden und -decken mit Holztragwerken und nichtbrennbarer Bekleidung auch nachgewiesen werden, dass die Wände bzw. Decken insgesamt die Anforderung feuerhemmend erfüllen.

D.9.4 Unterdecken

Die Anforderungen an Unterdecken in notwendigen Fluren ergeben sich aus der Nutzung des Deckenhohlraums oberhalb der Unterdecke.

Reichen die Flurtrennwände bis zur Rohdecke und ist der Deckenhohlraum frei von Brandlasten (mit Ausnahme der brennbaren Elektrokabel, die ausschließlich zur Versorgung des notwendigen Flurs dienen), sind keine besonderen Brandschutzmaßnahmen erforderlich.

Aus brandschutztechnischer Sicht wäre es am besten, hier keine Unterdecken einzubauen. Es können auch Unterdecken angeordnet werden. Diese müssen dann nichtbrennbar sein – das gilt auch für etwa vorhandene Dämmungen.

Sind Brandlasten im Deckenhohlraumbereich (oberhalb der Unterdecken) vorhanden, z. B. in Form von brennbaren Elektrokabeln, die nicht ausschließlich der Versorgung des notwendigen Flurs dienen, und/oder anderen brennbaren Leitungen, sind Brandschutzmaßnahmen notwendig.

Diese haben das Ziel, bei einem eventuellen Brand im Deckenhohlraum den notwendigen Flur für mindestens 30 Minuten als Flucht- und Rettungsweg frei von Feuer und Rauch zu halten. Die Decken müssen in diesem Fall bei einer Brandbeanspruchung von oben und unten feuerhemmend und nichtbrennbar sein.

Da die Brandschutzanforderungen und -maßnahmen im Unterdeckenbereich notwendiger Flure in engem Zusammenhang mit den dort verlegten Leitungsanlagen stehen, wird das Thema noch in den Kapitel D.5.5 und D.10 behandelt.

Abb. D.82: Unkontrollierbare Brandausbreitung im Deckenhohlraum

Im Deckenhohlraum befand sich an der Deckenunterseite eine Wärmedämmung aus Polystyrol-Hartschaumplatten (nationale Baustoffklasse B 1, europäische Klasse E – d2).

Durch diese brennenden Schaumkunststoffplatten konnten sich Feuer und Rauch unkontrollierbar im Deckenhohlraum ausbreiten und einen katastrophalen Schaden verursachen, bei dem leider auch Menschenleben zu beklagen waren.

Nachteilig wirkt sich bei solchen Situationen auch aus, dass die Feuerwehr einen eventuellen Brand in Deckenhohlräumen nicht bzw. nur mit großem Aufwand löschen kann, da diese für die Brandbekämpfung nicht bzw. nur sehr schwierig zugänglich sind. Als Konsequenz ist in der Regel ein Totalschaden in der Größe der zusammenhängenden Deckenhohlräume, die Brandlasten enthalten, zu erwarten.

D.9.5 Fußbodenbeläge

Die MBO enthält keine besonderen Anforderungen bezüglich der Baustoffklassen von Fußbodenbelägen, d. h., die Fußbodenbeläge müssen mindestens aus normalentflammbaren Baustoffen bestehen müssen.

In einigen LBOs wird jedoch verlangt, dass Fußbodenbeläge mindestens aus schwerentflammbaren Baustoffen bestehen müssen.

In Sonderbauten und besonderen Situationen können von der Bauordnung abweichende bzw. höhere Anforderungen bestehen, z. B. für Fußbodenbeläge in Sicherheitsschleusen und Vorräumen von Feuerwehraufzügen: nichtbrennbar.

D.9.6 Brandlasten

Da es durch die geringen Anforderungen an die Flurtüren (nur dichtschließend) ohne Weiteres möglich ist, dass unmittelbar nach Brandbeginn (bei offen stehenden Türen) oder bereits kurze Zeit später (nach dem Versagen der Türen) Feuer und Rauch in den notwendigen Flur eindringen können, muss der notwendige Flur frei von Brandlasten sein.

Ein brandlastfreier notwendiger Flur ist zudem erforderlich, weil ausgeschlossen werden soll, dass im Flur selbst ein Brand entstehen und sich ausbreiten kann. Deshalb dürfen z. B. Fotokopiergeräte nicht in notwendigen Fluren aufgestellt werden, da sie in brandschutztechnischer Hinsicht gleich dreifach ungünstig sein können (Zündquelle, Brandlast und Hindernis).

Auch andere Brandlasten und Hindernisse (z. B. Schränke aus brennbaren Baustoffen oder mit brennbarem Inhalt) können die Situation im notwendigen Flur (= horizontaler Flucht- und Rettungsweg sowie Angriffsweg für die Feuerwehr) im Brandfall wesentlich verschlechtern und dürfen deshalb grundsätzlich nicht dort aufgestellt werden.

Hinweis

Da Brandlasten in notwendigen Fluren, insbesondere in Bestandsgebäuden, häufig zu „Ärger" führen, besteht bei Büro- oder Verwaltungsgebäuden, aber auch bei anderen Gebäuden, in denen notwendige Flure nicht erwünscht sind, die ideale Lösung darin, sie gar nicht erst anzuordnen! In vielen Fällen sind konzeptionelle Lösungen ohne notwendige Flure möglich und meist sogar deutlich praktikabler und günstiger – siehe z. B. die Kapitel D.3.1.5, D.3.1.6 und D.3.3.

D.10 Haustechnische Leitungsanlagen in notwendigen Fluren

D.10.1 Schutzziele

In Bezug auf haustechnische Leitungsanlagen in notwendigen Fluren bestehen gemäß Muster-Leitungsanlagen-Richtlinie (MLAR, Fassung 2015, zuletzt geändert 2020) folgende voneinander unabhängige Schutzziele:

- Sicherung der RW
- Gewährleistung des Abschottungsprinzips

Diese Schutzziele gelten grundsätzlich für alle Gebäude, die nach den LBOs zu behandeln sind, und für alle Sonderbauten.

Für bestimmte Sonderbauten bzw. Anlagen, Gebäudebereiche und Räume besonderer Art oder Nutzung können bei haustechnischen Leitungsanlagen oder dem Brandschutz in der Gebäudetechnik noch weitere Schutzziele bzw. Anforderungen bestehen. Diese müssen dann im jeweiligen Brandschutznachweis/-konzept entsprechend berücksichtigt werden.

D.10.2 Sicherung der Rettungswege

Leitungsanlagen sind in notwendigen Fluren nur zulässig, wenn eine Nutzung als Rettungsweg im Brandfall ausreichend lange möglich ist. Diese Voraussetzung ist erfüllt, wenn die Leitungsanlagen den folgenden Anforderungen der MLAR entsprechen.

D.10.3 Offene Verlegung von Leitungen

D.10.3.1 Offene Verlegung von elektrischen Leitungen

Elektrische Leitungen dürfen in notwendigen Fluren offen verlegt werden, wenn sie

a) nichtbrennbar sind,
b) ausschließlich der Versorgung der notwendigen Flure dienen oder
c) Leitungen mit verbessertem Brandverhalten in notwendigen Fluren von Gebäuden der GK 1 bis 3 sind, deren NE eine Fläche von jeweils 200 m^2 nicht überschreiten und die keine Sonderbauten sind.

Außerdem dürfen in notwendigen Fluren einzelne kurze Stichleitungen offen verlegt werden. Werden für diese offene Verlegung Elektro-Installationskanäle oder -rohre verwendet (siehe DIN EN 50085-1:2014-05), so müssen sie aus nichtbrennbaren Baustoffen bestehen.

D.10.3.2 Offene Verlegung von nichtbrennbaren Rohrleitungen für nichtbrennbare Medien

Rohrleitungsanlagen einschließlich Dämmstoffe aus nichtbrennbaren Baustoffen für nichtbrennbare Medien – auch mit brennbaren Dichtungs- und Verbindungsmitteln und mit brennbaren Rohrbeschichtungen bis 0,5 mm Dicke – dürfen in notwendigen Fluren offen verlegt werden.

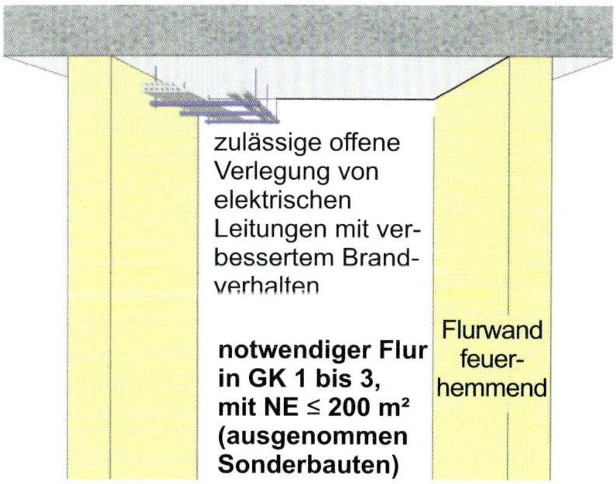

Abb. D.83: Beispiel für eine zulässige offene Verlegung elektrischer Leitungen mit verbessertem Brandverhalten in notwendigen Fluren von Gebäuden der GK 1 bis 3, deren NE eine Fläche von jeweils 200 m^2 nicht überschreiten und die keine Sonderbauten sind (nach MLAR Abschnitt 3.2.1)

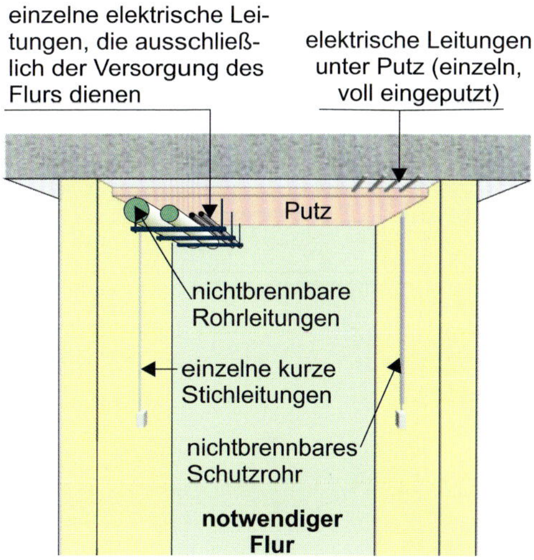

Abb. D.84: Beispiel für eine zulässige offene Verlegung elektrischer Leitungen, die ausschließlich der Versorgung des notwendigen Flurs dienen und von nichtbrennbaren Rohrleitungen (Leitungsanlagen) in notwendigen Fluren (nach MLAR Abschnitt 3.2.1 und 3.3.1)

Die nichtbrennbaren Rohrleitungsanlagen dürfen brennbare Dichtungs- und Verbindungsmittel und brennbare Rohrbeschichtungen bis 0,5 mm Dicke haben.

D.10.4 Verlegung von Leitungen unter Putz oder in Schlitzen

Leitungsanlagen dürfen in tragende, aussteifende oder raumabschließende Bauteile sowie in Bauteile von Installationsschächten und -kanälen nur so weit eingreifen, dass die erforderliche Feuerwiderstandsfähigkeit erhalten bleibt.

D.10.4.1 Verlegung unter Putz

Elektrische Leitungen in notwendigen Fluren müssen – einzeln oder nebeneinander angeordnet – voll eingeputzt verlegt werden.

D.10.4.2 Verlegung in Schlitzen

Elektrische Leitungen und Rohrleitungsanlagen aus brennbaren Baustoffen oder mit brennbaren Dämmstoffen für nichtbrennbare Medien in notwendigen Fluren müssen wie folgt verlegt werden: in Schlitzen von massiven Bauteilen (Elektroleitungen) bzw. Wänden (Rohrleitungen), die mit mindestens 15 mm dickem mineralischem Putz auf nichtbrennbarem Putzträger oder mit mindestens 15 mm dicken Platten aus mineralischen Baustoffen verschlossen werden.

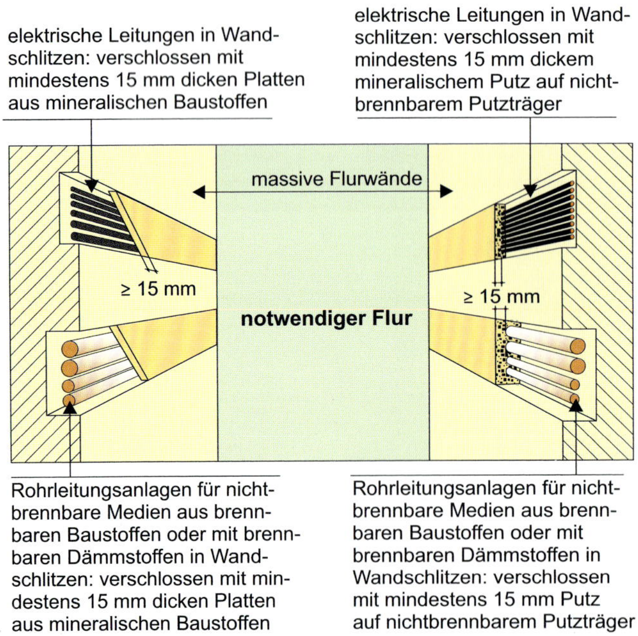

Abb. D.85: Beispiel für die Verlegung elektrischer Leitungen bzw. Rohrleitungsanlagen aus brennbaren Baustoffen oder mit brennbaren Dämmstoffen in notwendigen Fluren in Wandschlitzen (nach MLAR Abschnitte 3.2.1 und 3.3.2).

Die Leitungsanlagen dürfen in tragende, aussteifende oder raumabschließende Bauteile sowie in Bauteile von Installationsschächten und -kanälen nur so weit eingreifen, dass die erforderliche Feuerwiderstandsfähigkeit erhalten bleibt.

D.10.5 Verlegung von elektrischen Leitungen innerhalb von leichten Trennwänden

In notwendigen Fluren dürfen innerhalb von mindestens feuerhemmenden Wänden in Leichtbauweise nur elektrische Leitungen verlegt werden, die ausschließlich der Versorgung der in und an der Wand befindlichen elektrischen Betriebsmitteln dienen.

D.10.6 Leitungsverlegung in Installationsschächten und -kanälen

D.10.6.1 Unterschiedliche Schutzziele

Installationsschächte und -kanäle werden meist zusammen (in einem Zusammenhang) genannt. Dabei ist jedoch zu beachten, dass es sich um unterschiedliche Bauteile handelt, die in der Regel auch zur Erfüllung von unterschiedlichen Schutzzielen Anwendung finden.

Installationsschächte

Installationsschächte sind vertikale Bauteile, die Decken überbrücken. Ihr Schutzziel besteht meist darin, in Zusammenhang mit den darin verlegten Leitungsanlagen das Abschottungsprinzip des baulichen Brandschutzes zu gewährleisten.

Installationskanäle

Installationskanäle können als horizontale Bauteile in bestimmten Fällen auch für das gleiche Schutzziel wie Installationsschächte verwendet werden (siehe oben). In der Regel besteht ihre Hauptaufgabe jedoch darin, brennbare Leitungsanlagen, die in geschützten Rettungswegen (notwendigen Fluren, notwendigen Treppenräumen und Räumen zwischen notwendigen Treppenräumen und ihren Ausgängen ins Freie) verlegt werden, von diesen so abzukapseln, dass ihre Nutzung als RW im Brandfall ausreichend sicher ist.

Ihr Schutzziel besteht in diesen Fällen darin, dass bei einem Brand im Installationskanal Feuer und Rauch während einer bestimmten Feuerwiderstandsdauer nicht in die geschützten RW (z. B. notwendige Flure) eindringen können. Es geht dabei also um den Schutz des geschützten RW (z. B. notwendigen Flurs) vor einem Brand im Installationskanal.

Installationskanäle mit Funktionserhalt

Daneben gibt es noch Installationskanäle, die dem Funktionserhalt dienen. Diese haben das Schutzziel, dass bei einem Brand außerhalb des Kanals Feuer und Rauch während der Feuerwiderstandsdauer nicht in den Kanal eindringen können.

D.10.6.2 Anforderungen der MLAR

Elektrische Leitungen und Rohrleitungsanlagen aus brennbaren Baustoffen oder mit brennbaren Dämmstoffen für nichtbrennbare Medien in notwendigen Fluren sind in Installationsschächten und -kanälen zu verlegen. Diese müssen nach MLAR bestimmte Anforderungen erfüllen.

MLAR Abschnitte 3.5.1 und 3.5.2

3.5.1 [1]Installationsschächte und -kanäle [die Geschossdecken überbrücken; Anm. d. Verf.] müssen – einschließlich der Abschlüsse von Öffnungen – aus nichtbrennbaren Baustoffen bestehen und eine Feuerwiderstandsfähigkeit haben, die der höchsten notwendigen Feuerwiderstandsfähigkeit der von ihnen durchdrungenen raumabschließenden Bauteile entspricht.

[2]Die Abschlüsse müssen umlaufend dicht schließen.

[3]Die Befestigung der Installationsschächte und -kanäle ist mit nichtbrennbaren Befestigungsmitteln auszuführen.

3.5.2 [1]Abweichend von Abschnitt 3.5.1 Satz 1 genügen in notwendigen Fluren Installationsschächte, die keine Geschossdecken überbrücken, und Installationskanäle [Hervorhebung d. Verf.] einschließlich der Abschlüsse von Öffnungen, die mindestens feuerhemmend sind und aus nichtbrennbaren Baustoffen bestehen.

D.10.6.3 Erleichterungen für bestimmten Gebäudeklassen und Nutzungseinheiten

Siehe sinngemäß das nachfolgende Kapitel D.10.7.3 sowie die Abb. D.87 und D.89.

D.10.6.4 Nachinstallationen

Da insbesondere bei den Elektroinstallationen nach Fertigstellung des Gebäudes häufig nachinstalliert wird, ist es empfehlenswert, bei der Planung und Auswahl des geeigneten Installationskanals darauf zu achten, dass Nachinstallationen problemlos möglich sind.

Für Alternativen zu Installationskanälen siehe sinngemäß nachfolgenden Kapitel D.10.7.6.

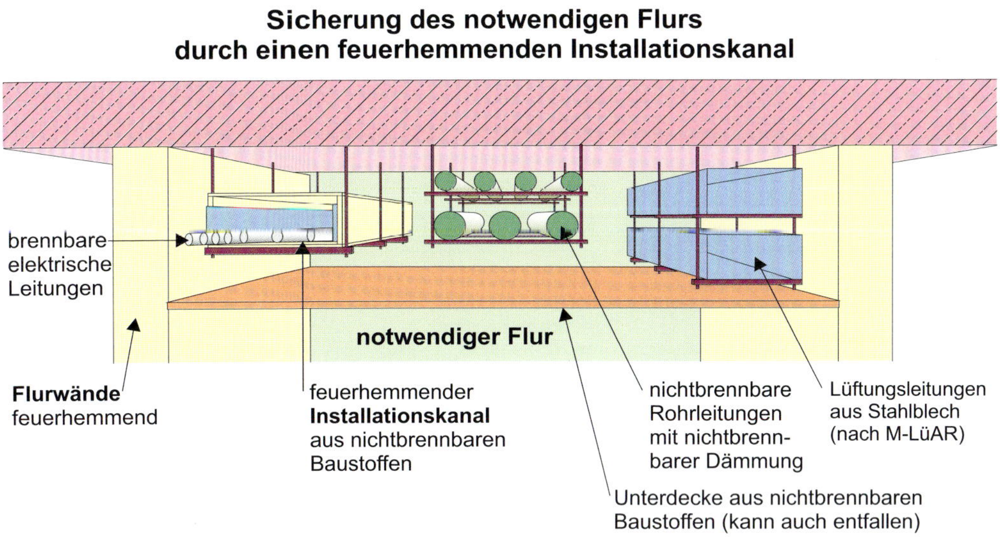

Abb. D.86: Beispiel für feuerwiderstandsfähigen, nichtbrennbaren Installationskanal

Die Abtrennung (Abkapselung) der brennbaren elektrischen Leitungen erfolgt mit einem feuerhemmenden, nichtbrennbaren Installationskanal.

Wichtig: In diesem Fall müssen alle anderen Leitungsanlagen im notwendigen Flur nichtbrennbar sein (Ausführung nach MLAR Abschnitt 3.5.1 und 3.5.2).

Der feuerhemmende, nichtbrennbare Installationskanal ist erforderlich, unabhängig von der Brandlast der elektrischen Leitungen. Davon ausgenommen sind elektrische Leitungen, die ausschließlich der Versorgung des notwendigen Flurs dienen.

Die Unterdecke ist aus brandschutztechnischer Sicht nicht notwendig und kann deshalb auch entfallen. Falls sie angeordnet wird, muss sie aus nichtbrennbaren Baustoffen bestehen.

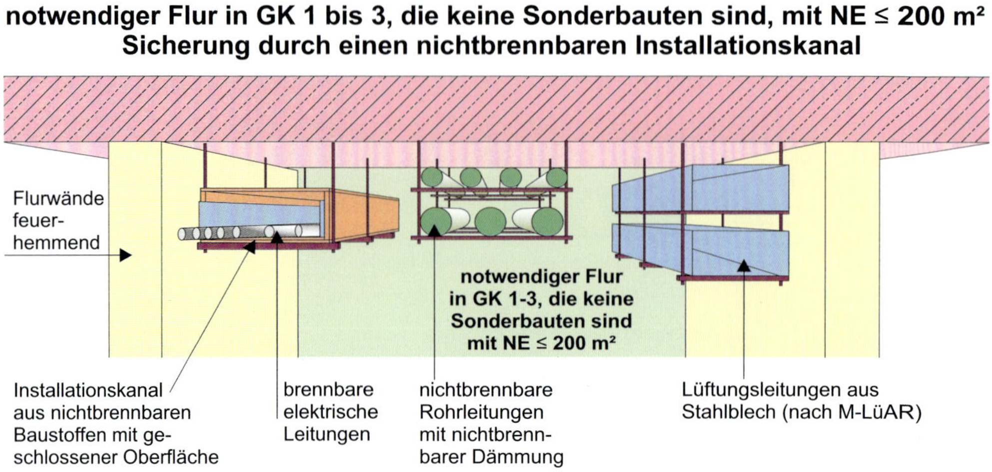

Abb. D.87: Beispiel für notwendigen Flur von Gebäuden der GK 1 bis 3, die keine Sonderbauten sind, mit NE ≤ 200 m²

Für die brennbaren Elektroleitungen ist ein Installationskanal aus nichtbrennbaren Baustoffen mit geschlossener Oberfläche zulässig. Alle anderen Leitungsanlagen bestehen aus nichtbrennbaren Baustoffen (Ausführung nach MLAR Abschnitt 3.5.4).

D.10.7 Leitungsverlegung über raumabschließenden feuerwiderstandsfähigen Unterdecken

D.10.7.1 Schutzziel

Das Schutzziel einer nichtbrennbaren, raumabschließenden, feuerhemmenden Unterdecke besteht vorrangig darin, dass bei einem Brand im Deckenhohlraum Feuer und Rauch während ihrer Feuerwiderstandsdauer nicht in den notwendigen Flur eindringen können.

Es geht dabei in erster Linie um den Schutz der Rettungswege (des notwendigen Flurs) vor einem Brand im Deckenhohlraum. Allerdings muss nach MLAR die Unterdecke bei einer Brandbeanspruchung sowohl von oben als auch von unten mindestens feuerhemmend sein.

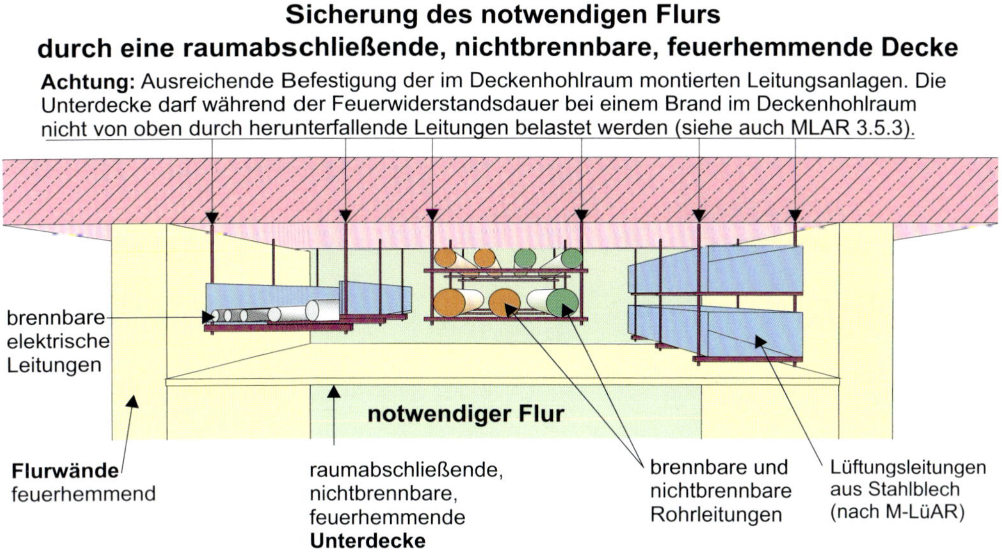

Abb. D.88: Beispiel für feuerwiderstandsfähige, nichtbrennbare Unterdecke

Die Abtrennung (Abkapselung) der brennbaren elektrischen Leitungen und brennbaren Rohrleitungen erfolgt mit einer feuerwiderstandsfähigen, nichtbrennbaren Unterdecke (Ausführung nach MLAR Abschnitt 3.5.3).

Wichtig: Die besonderen Anforderungen hinsichtlich der brandsicheren Befestigung der oberhalb der Unterdecke verlegten Leitungsanlagen sind zu beachten (siehe auch Kapitel D.10.7.4).

D.10.7.2 Anforderungen der MLAR

Elektrische Leitungen und Rohrleitungsanlagen aus brennbaren Baustoffen oder mit brennbaren Dämmstoffen für nichtbrennbare Medien in notwendigen Fluren sind über Unterdecken zu verlegen und müssen die nachfolgend genannten Anforderungen nach MLAR erfüllen.

> **MLAR Abschnitt 3.5.3**
>
> [1]*Unterdecken müssen – einschließlich der Abschlüsse von Öffnungen – aus nichtbrennbaren Baustoffen bestehen und bei einer Brandbeanspruchung sowohl von oben als auch von unten in notwendigen Fluren mindestens feuerhemmend sein […]*
>
> [2]*Die Abschlüsse müssen umlaufend dicht schließen.*
>
> [3]*Die besonderen Anforderungen hinsichtlich der brandsicheren Befestigung der im Bereich zwischen den Geschossdecken und Unterdecken verlegten Leitungen sind zu beachten.*

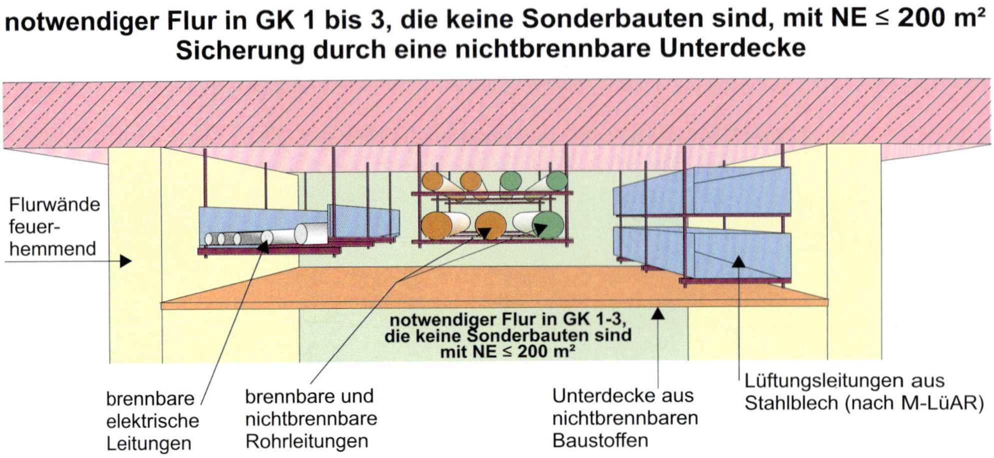

Abb. D.89: Beispiel für notwendigen Flur von Gebäuden der GK 1 bis 3, die keine Sonderbauten sind, mit NE ≤ 200 m²

Die im Deckenhohlraum vorhandenen brennbaren Elektroleitungen und Rohrleitungen können mit einer Unterdecke aus nichtbrennbaren Baustoffen vom notwendigen Flur abgetrennt werden. Einbauten, wie Leuchten und Lautsprecher, bleiben unberücksichtigt (Ausführung nach MLAR Abschnitt 3.5.4).

D.10.7.3 Erleichterungen für bestimmte Gebäudeklassen und Nutzungseinheiten

> **MLAR Abschnitt 3.5.4**
>
> [1]*In notwendigen Fluren von Gebäuden der Gebäudeklassen 1 bis 3, deren Nutzungseinheiten eine Fläche von jeweils 200 m² nicht überschreiten und die keine Sonderbauten sind, brauchen Installationsschächte, die keine Geschossdecken überbrücken, Installationskanäle und Unterdecken (einschließlich der Abschlüsse von Öffnungen) nur aus nichtbrennbaren Baustoffen mit geschlossenen Oberflächen zu bestehen.*
>
> [2]*Einbauten, wie Leuchten und Lautsprecher, bleiben unberücksichtigt.*

D.10.7.4 Brandsichere Befestigung der Leitungsanlagen oberhalb der untergehängten Decke

Wird der erforderliche Brandschutz im notwendigen Flur durch eine nichtbrennbare, raumabschließende feuerhemmende Unterdecke gewährleistet, so ist darauf zu achten, dass die Unterdecke im Brandfall nicht durch herabfallende Leitungen von oben beansprucht werden darf.

Diese Forderung hat weitreichende Folgen bezüglich der Abhängungen bzw. Befestigungen aller im Deckenhohlraum montierten Leitungsanlagen (elektrische Leitungen, Rohrleitungs- und Lüftungsleitungen). Ihre Montage muss in der gleichen Feuerwiderstandsdauer der Unterdecke, bei notwendigen Fluren also feuerhemmend erfolgen.

Sofern keine speziell für den Brandfall geprüften Trag- und Befestigungssysteme mit entsprechenden Anwendbarkeits-/Verwendbarkeitsnachweisen eingesetzt werden (z. B. für Installationskanäle mit Funktionserhalt), kann als Alternative eine Ausführung wie bei Lüftungsleitungen nach DIN 4102-4 Abschnitt 11.2 erfolgen.

> **Wichtig**
>
> In diesem Zusammenhang ist es empfehlenswert, besonders darauf zu achten, dass alle Befestigungen von allen Leitungsanlagen fachgerecht erfolgen und dies von den ausführenden Firmen auch entsprechend nachgewiesen und bestätigt wird.

D.10.7.5 Anschluss an Flurtrennwände in Trockenbauweise

Es ist darauf zu achten, dass die F 30-A-Unterdecke gemäß dem Anwendbarkeits-/Verwendbarkeitsnachweis und der Einbau-/Montageanleitung bzw. Gebrauchsanleitung des Herstellers zwischen die vorhandenen Flurtrennwände eingebaut wird und die Anschlusssituation entsprechend möglich ist. Bei Massivwänden sind diese Anschlüsse in der Regel problemlos möglich. Bei Trockenbauwänden ist es empfehlenswert, bereits im Vorfeld zu prüfen, ob und wie diese Anschlüsse möglich sind bzw. welche Voraussetzungen hierfür erfüllt werden müssen.

D.10.7.6 Alternativen zu feuerhemmenden Unterdecken

Die Anordnung feuerhemmender Unterdecken aus nichtbrennbaren Baustoffen ist eine Möglichkeit, den Brandschutz in notwendigen Fluren so zu gewährleisten, dass die bauaufsichtlichen Anforderungen erfüllt werden.

Je nach Gebäudenutzung und brandschutztechnischen Schutzzielen gibt es jedoch auch andere Möglichkeiten, den bauaufsichtlich erforderlichen und sicherheitstechnisch gewünschten Brandschutz zu realisieren.

Allerdings ist es dringend empfehlenswert, diese Möglichkeiten bereits zu einem frühen Zeitpunkt abzuklären, da nachträgliche Änderungen bzw. Verbesserungen meist nicht bzw. oft nur mit erheblichem Aufwand und entsprechenden Mehrkosten durchgeführt werden können.

> **Wichtig**
>
> Eine Voraussetzung für eine wirtschaftliche, fachgerechte und fehlerfreie Planung besteht darin, dass aussagekräftige Brandschutzpläne vorliegen.

Maßnahmen an der Installationsführung

Eine feuerhemmende und nichtbrennbare Unterdecke ist oft nicht die optimale und auch häufig nicht die kostengünstigste Lösung, da in diesem Fall der gesamte Deckenhohlraum in den notwendigen Fluren brandschutztechnisch geschützt werden muss.

Es kann z. B. besser (und auch kostengünstiger) sein, die Installationen nicht im notwendigen Flur, sondern neben dem Flur (in den Räumen) unterzubringen. In diesem Fall sind (innerhalb des gleichen Geschosses und der jeweiligen Nutzungseinheit) keine Brandschutzmaßnahmen erforderlich, siehe z. B. Abb. D.90.

Eine weitere Möglichkeit besteht darin, im Deckenhohlraum des notwendigen Flurs nur nichtbrennbare Leitungen anzuordnen und alle brennbaren Leitungen – wie beschrieben – neben dem Flur (in den Räumen) zu verlegen.

Falls es für die Unterbringung der haustechnischen Installationen keine Alternative zum notwendigen Flur gibt, bietet sich an, im Deckenhohlraum des notwendigen Flurs (soweit möglich) nur nichtbrennbare Leitungen zu verlegen, und alle brennbaren Leitungen (Elektrokabel) in einem feuerhemmenden nichtbrennbaren Installationskanal zu verlegen, siehe z. B. Abb. D.86.

Der Vorteil liegt darin, dass nicht der gesamte Deckenhohlraum, sondern nur noch vergleichsweise kleine Installationskanäle brandschutztechnisch geschützt werden müssen. An die nichtbrennbare untergehängte Flurdecke werden dann keine besonderen Brandschutzanforderungen gestellt – sie kann auch entfallen.

Verzicht auf notwendige Flure

Eine sehr reizvolle Lösungsmöglichkeit besteht darin, auf notwendige Flure zu verzichten. Das ist natürlich nicht immer möglich, z. B. bei größeren Beherbergungsstätten. In vielen anderen Fällen sind dagegen konzeptionelle Lösungen ohne notwendige Flure möglich und meist sogar deutlich günstiger, siehe z. B. Kapitel D.3.1.5, D.3.1.6 und D.3.3.

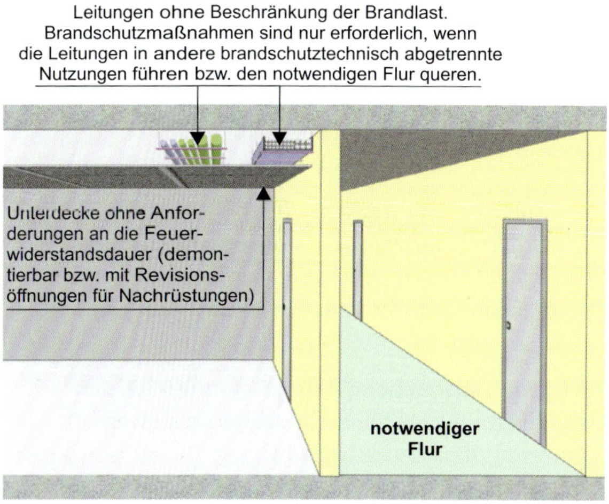

Abb. D.90 und D.91: Beispiele für alternative Installationsführungen außerhalb eines notwendigen Flurs

Da die brennbaren Leitungen in den Räumen der größeren Büro- oder Verwaltungsnutzung geführt werden, bleibt der notwendige Flur frei von Brandlasten und damit auch frei von besonderen Brandschutzanforderungen.

Die Unterdecke in Abb. D.90 bzw. die Brüstungsverkleidung in Abb. D.91 müssen keine besonderen Brandschutzanforderungen erfüllen. Sie sollten jedoch so ausgeführt werden, dass die Leitungen (z. B. für Nachinstallationen) auch später noch leicht zugänglich sind.

D.10.7.7 Überwachung des Deckenhohlraums mit einer automatischen Brandmeldeanlage

Die Frage nach einer automatischen Brandmeldeanlage mit Evakuierungsalarm im Deckenhohlraum oberhalb von feuerhemmenden Decken notwendiger Flure ist berechtigt.

Die Anordnung der nichtbrennbaren, raumabschließenden, feuerhemmenden Unterdecke dient dem Schutzziel, dass bei einem Brand im Deckenhohlraum Feuer und Rauch ausreichend lang (entsprechend ihrer klassifizierten Feuerwiderstandsdauer) nicht in den notwendigen Flur eindringen können.

Damit besteht grundsätzlich eine „ausreichend lange Sicherheit". Doch wer teilt den auf den notwendigen Flur als Flucht- und Rettungsweg angewiesenen Personen mit, wann diese Frist beginnt?

Unter günstigen Umständen wird ein Brand im Deckenhohlraum auch ohne Brandmeldeanlage frühzeitig bemerkt, und alle sich in diesem Bereich aufhaltenden Personen können rechtzeitig fliehen. Was ist, wenn die Umstände weniger günstig sind, wenn sich z. B. die Personen überwiegend in den an den notwendigen Flur angrenzenden Aufenthaltsräumen aufhalten (z. B. bei Büronutzung oder in Besprechungs- bzw. Schulungsräumen)?

Unter ungünstigen Umständen kann ein Brand im Deckenhohlraum des notwendigen Flurs erst bemerkt werden, nachdem durch Schwachstellen in der Unterdecke (z. B. durch Versagen von Wandanschlüssen oder Beschädigungen der Unterdecke infolge der Brandeinwirkung) plötzlich Feuer und vor allem Rauch in den Flur eindringen.

Dann ist die Sicherheitszeit bereits abgelaufen und es wird trotz der theoretisch vorhandenen 30-minütigen Sicherheit für die betroffenen Menschen kritisch, da niemand rechtzeitig bemerkt hat, wann diese Zeit zu laufen anfing.

Dieses Risiko wird von der MBO und den LBOs bei Standardgebäuden, die nach der Bauordnung behandelt werden können, im Rahmen des „gesellschaftlich akzeptierten Risikos" akzeptiert. Ersichtlich wird das auch in der Bauordnung und MLAR, die diesbezüglich keine Anforderungen stellen. Das bedeutet: mit der Anordnung einer fachgerecht ausgeführten feuerhemmenden Unterdecke gilt das bauaufsichtliche Schutzziel als erfüllt. Weitere Maßnahmen wie eine Brandmeldeanlage sind nicht erforderlich.

Das gilt sinngemäß auch für geregelte Sonderbauten, in denen die jeweiligen Sonderbauvorschriften keine weiteren Maßnahmen, also auch keine Überwachung des Deckenhohlraums von notwendigen Fluren vorschreiben.

Allerdings können bei bestimmten Sonderbauten zur Verwirklichung der allgemeinen Anforderungen (zur Einhaltung der bauaufsichtlichen Schutzziele) besondere Anforderungen gestellt werden. In diesen Fällen ist es empfehlenswert, zu prüfen, ob durch eine besondere Risikosituation im Einzelfall eine Überwachung des Deckenhohlraums notwendig ist.

Dies ergibt sich bei bestimmten Sonderbauten praktisch automatisch, wenn bei ihnen ohnehin eine Brandmeldeanlage erforderlich bzw. sinnvoll ist.

D.10.8 Leitungsverlegung in Unterflurkanälen

Elektrische Leitungen und Rohrleitungsanlagen aus brennbaren Baustoffen oder mit brennbaren Dämmstoffen für nichtbrennbare Medien in notwendigen Fluren sind in Unterflurkanälen zu verlegen. Diese müssen die Anforderungen nach MLAR erfüllen.

MLAR Abschnitt 3.5.6

[1]*Estrichbündig oder -überdeckt angeordnete Unterflurkanäle für die Verlegung von Leitungen müssen [...] in notwendigen Fluren eine obere Abdeckung aus nichtbrennbaren Baustoffen haben.*

[2]*Sie dürfen keine Öffnungen haben, ausgenommen in notwendigen Fluren Revisions- oder Nachbelegungsöffnungen.*

[3]*Diese Öffnungen müssen Abschlüsse haben, die umlaufend dicht schließen und aus nichtbrennbaren Baustoffen bestehen."*

D.10.9 Leitungsverlegung in Systemböden

Elektrische Leitungen und Rohrleitungsanlagen aus brennbaren Baustoffen oder mit brennbaren Dämmstoffen für nichtbrennbare Medien in notwendigen Fluren sind in Systemböden zu verlegen. Diese müssen die Anforderungen der MSysBöR, die in den meisten Ländern über die jeweiligen landesspezifischen VV TB eingeführt ist, erfüllen (siehe auch Kapitel D.6.5).

D.10.10 Rohrleitungsanlagen für brennbare oder brandfördernde Medien

MLAR Abschnitt 3.4

3.4.1 [1]*Die Rohrleitungsanlagen müssen einschließlich ihrer Dämmstoffe aus nichtbrennbaren Baustoffen bestehen.*

[2]*Dies gilt nicht*

a) für deren Dichtungs- und Verbindungsmittel,
b) für Rohrbeschichtungen bis 0,5 mm Dicke,
c) für Rohrbeschichtungen bis 2 mm Dicke bei Rohrleitungsanlagen, die einzeln mit mindestens 15 mm Putzüberdeckung voll eingeputzt verlegt sind.

3.4.2 [1]*Die Rohrleitungsanlagen müssen*

a) einzeln mit mindestens 15 mm Putzüberdeckung voll eingeputzt oder
b) in Installationsschächten oder -kanälen nach Abschnitt 3.5.1 i. V. m. 3.5.5 [der MLAR, Anm. d. Verf.]

verlegt werden.

[2]*Sie dürfen in notwendigen Fluren auch offen verlegt werden. 3Dichtungen von Rohrverbindungen müssen wärmebeständig sein.*

3.4.3 [1]*Gaszähler sind in notwendigen Treppenräumen und in Räumen zwischen notwendigen Treppenräumen und Ausgängen ins Freie nicht zulässig.*

²Gaszähler müssen in notwendigen Fluren

a) thermisch erhöht belastbar sein,
b) durch eine thermisch auslösende Absperreinrichtung geschützt sein oder
c) durch mindestens feuerbeständige Bauteile aus nichtbrennbaren Baustoffen abgetrennt sein; Öffnungen in diesen Bauteilen sind mit mindestens feuerbeständigen Abschlüssen zu verschließen; die Abschlüsse müssen mit umlaufenden Dichtungen versehen sein.

D.10.11 Messeinrichtungen und Verteiler von elektrischen Leitungsanlagen

MLAR Abschnitt 3.2.2

Messeinrichtungen und Verteiler sind abzutrennen gegenüber

[...]

b) notwendigen Fluren durch Bauteile aus nichtbrennbaren Baustoffen mit geschlossenen Oberflächen; Öffnungen in diesen Bauteilen sind mit Abschlüssen aus nichtbrennbaren Baustoffen mit geschlossenen Oberflächen zu verschließen.

D.10.12 Gewährleistung des Abschottungsprinzips

Neben den Anforderungen an die Sicherung der Rettungswege müssen die haustechnischen Installationen und Leitungsanlagen natürlich auch insgesamt so ausgeführt werden, dass das bauaufsichtlich vorgeschriebene Abschottungsprinzip für das gesamte Gebäude gewährleistet ist.

Bei einer Verlegung von Leitungsanlagen im Deckenhohlraum eines notwendigen Flurs wird der gesamte Deckenhohlraum oberhalb des notwendigen Flurs praktisch selbst zu einem Installationskanal, der so groß ist wie der Deckenhohlraum selbst.

Zur Ermittlung der erforderlichen Brandschutzmaßnahmen für einen deckenhohlraumgroßen Installationskanal ist zu unterscheiden, ob dieser innerhalb einer größeren Nutzung (z. B. größeren Büro- oder Verwaltungsgebäuden oder Sonderbauten) verläuft oder ob er der horizontalen Erschließung von mehreren NE dient und diese damit auch brandschutztechnisch untereinander trennt.

D.11 Entrauchung notwendiger Flure

Der notwendige Flur soll es in erster Linie ermöglichen, dass im Brandfall die Flucht (= Selbstrettung) von Personen möglich ist. Außerdem dient er als Rettungs- und Angriffsweg für die Feuerwehr. Insbesondere für die Flucht ist es wichtig, dass er im Brandfall möglichst lange rauchfrei bleibt. Dies soll mit den in diesem Kapitel beschriebenen Maßnahmen erreicht werden.

Erfahrungsgemäß können, auch bei bauaufsichtlich konformer Ausführung, im Brandfall relativ häufig Feuer und insbesondere Rauch in den notwendigen Flur eindringen (in der Regel durch offen stehende Türen oder nachdem die Türen unter Brandeinwirkung versagt haben). In diesen Fällen wäre es wünschenswert, den eindringenden Rauch so schnell abzuführen, dass seine Funktion möglichst lange erhalten bleibt.

Allerdings ist dies im Baurecht nicht vorgesehen und wird bei Gebäuden, die keine Sonderbauten sind, auch nicht verlangt. Gemäß Baurecht wird es innerhalb des gesellschaftlich akzeptierten Risikos akzeptiert, dass der notwendige Flur im Brandfall unter ungünstigen Umständen verraucht werden kann. Dabei wird davon ausgegangen, dass er anfangs nur so schwach verraucht wird, dass noch eine Flucht (= Selbstrettung) möglich ist.

Wird er unter sehr ungünstigen Umständen sehr stark verraucht, dann steht er für die Flucht nicht mehr zur Verfügung.

Die Rettung und Brandbekämpfung erfolgt dann durch die Feuerwehr, die entsprechend ausgerüstet ist und in der Regel auch einen Weg findet, um notwendige Flure während oder nach Abschluss der Brandbekämpfungsmaßnahmen zu entrauchen (z. B. über Fenster der daran angrenzenden Räume bzw. NE).

E. Flächen für die Feuerwehr

E.1 Allgemeines

Gemäß den grundsätzlichen Brandschutzparagraphen der LBOs (z. B. MBO § 14) sind bauliche Anlagen so anzuordnen, zu errichten, zu ändern und instand zu halten, dass neben den Schutzzielen *Vorbeugung einer Brandentstehung und -ausbreitung* **bei einem Brand die Rettung von Menschen und Tieren sowie wirksame Löscharbeiten möglich sind.**

Zur Erfüllung dieser beiden Schutzziele muss das Gebäude auf dem Grundstück im Brandfall für die Feuerwehr ausreichend zugänglich sein bzw. von ihr erreicht werden können. Hierzu sind (abhängig von Lage und Brandschutzkonzept) entsprechende Flächen für die Feuerwehr erforderlich, also Feuerwehrzufahrten und -zugänge sowie Aufstellflächen und Bewegungsflächen.

Die Anforderungen an die Zugänglichkeit von Gebäuden für die Feuerwehr sind in der jeweiligen LBO geregelt. Allerdings enthalten die LBOs neben konkreten Anforderungen teilweise nur grundsätzliche Schutzzielvorgaben. Für die Umsetzung dieser Schutzziele wird in den meisten Ländern auf entsprechend eingeführte Technische Baubestimmungen verwiesen. Einzelne Länder regeln dies auch über entsprechende Verwaltungs-/Ausführungsvorschriften bzw. technische Regelwerke.

Zur Erfüllung der vorgenannten Schutzziele enthalten die LBOs folgende Regelungen:

- Grundsätzliche Anforderungen an Zugänge und Zufahrten auf dem Grundstück (Kapitel E.3).
- Ausführung der Flächen für die Feuerwehr (Kapitel E.4).

E.2 Begriffe

Flächen für die Feuerwehr sind Zu oder Durchgänge, Feuerwehrzufahrten oder durchfahrten sowie Aufstell und Bewegungsflächen. Die Begriffe werden in Abschnitt 3 der E DIN 14090:2022-11 „Flächen für die Feuerwehr auf Grundstücken“ wie folgt definiert.

Zugang

Zugänge sind Flächen auf dem Grundstück, die Grundstücksteile mit der öffentlichen Verkehrsfläche verbinden, die auch überbaut sein können (Durchgang), und zum Erreichen von Gebäudezugängen und Standflächen zum Aufstellen von tragbaren Leitern, auch mit Rettungs- und Löschgeräten dienen. Zugänge können auch überbaut sein. Dann werden sie als Durchgänge bezeichnet.

Zufahrt

Zufahrten sind befestigte Flächen auf dem Grundstück, die mit der öffentlichen Verkehrsfläche direkt in Verbindung stehen, auch überbaut sein können (Durchfahrten) und zum Erreichen von Aufstell- und Bewegungsflächen mit Feuerwehrfahrzeugen dienen.

Feuerwehrzu- und durchfahrten bilden das Bindeglied zwischen der öffentlichen Verkehrsfläche und den Aufstell und Bewegungsflächen.

Aufstellfläche

Aufstellflächen sind nicht überbaute befestigte Flächen auf dem Grundstück, die mit der öffentlichen Verkehrsfläche direkt oder über Zufahrten in Verbindung stehen und dem Einsatz von Hubrettungsfahrzeugen dienen.

Aufstellflächen dienen vorrangig dem Einsatz von Hubrettungsfahrzeugen (z. B. Drehleitern). Grundsätzlich sind Aufstellflächen so anzuordnen, dass alle zur Personenrettung erforderlichen anleiterbaren Stellen (z. B. Fenster oder sonstige Anleiterstellen) vom Hubrettungssatz, z. B. vom Leiterpark der Drehleiter, erreicht werden können.

Bewegungsfläche

Bewegungsflächen sind befestigte Flächen auf dem Grundstück, die mit der öffentlichen Verkehrsfläche direkt oder über Zufahrten in Verbindung stehen und dem Aufstellen von Feuerwehrfahrzeugen, der Entnahme und Bereitstellung von Geräten sowie der Entwicklung von Rettungs- und Löscheinsätzen dienen.

Bewegungsflächen können gleichzeitig als Aufstellflächen genutzt werden. Zufahrten sind keine Bewegungsflächen.

Auf den Bewegungsflächen können Feuerwehrfahrzeuge aufgestellt, Geräte bereitgestellt sowie Rettungs und Löscheinsätze vorbereitet werden.

E.3 Grundsätzliche Anforderungen an Zugänge und Zufahrten auf dem Grundstück

Wichtig

Nachfolgend werden die grundsätzlichen Anforderungen der MBO dargestellt und erläutert. Diese wurden in den meisten Ländern im Wesentlichen übernommen, wobei in einigen Ländern jedoch auch deutliche Abweichungen bestehen können. Die konkreten Anforderungen ergeben sich immer aus der im jeweiligen Bundesland geltenden Bauordnung mit ihren ergänzenden Vorschriften, Verordnungen und Technischen Baubestimmungen.

E.3.1 Bauaufsichtliche Anforderungen

§ 5 MBO: Zugänge und Zufahrten auf den Grundstücken

(1) [1]Von öffentlichen Verkehrsflächen ist insbesondere für die Feuerwehr ein geradliniger Zu- oder Durchgang zu rückwärtigen Gebäuden zu schaffen; zu anderen Gebäuden ist er zu schaffen, wenn der zweite Rettungsweg dieser Gebäude über Rettungsgeräte der Feuerwehr führt.

[2]Zu Gebäuden, bei denen die Oberkante der Brüstung von zum Anleitern bestimmten Fenstern oder Stellen mehr als 8 m über Gelände liegt, ist in den Fällen des Satzes 1 anstelle eines Zu- oder Durchgangs eine Zu- oder Durchfahrt zu schaffen.

[3]Ist für die Personenrettung der Einsatz von Hubrettungsfahrzeugen erforderlich, sind die dafür erforderlichen Aufstell- und Bewegungsflächen vorzusehen.

[4]Bei Gebäuden, die ganz oder mit Teilen mehr als 50 m von einer öffentlichen Verkehrsfläche entfernt sind, sind Zufahrten oder Durchfahrten nach Satz 2 zu den vor und hinter den Gebäuden gelegenen Grundstücksteilen und Bewegungsflächen herzustellen, wenn sie aus Gründen des Feuerwehreinsatzes erforderlich sind.

(2) [1]Zu- und Durchfahrten, Aufstellflächen und Bewegungsflächen müssen für Feuerwehrfahrzeuge ausreichend befestigt und tragfähig sein; sie sind als solche zu kennzeichnen und ständig frei zu halten; die Kennzeichnung von Zufahrten muss von der öffentlichen Verkehrsfläche aus sichtbar sein.

[2]Fahrzeuge dürfen auf den Flächen nach Satz 1 nicht abgestellt werden.

Diese grundsätzlichen Anforderungen der LBOs werden meist ergänzt bzw. konkretisiert mit der jeweiligen landesspezifischen VV TB.

MVV TB Abschnitt A 2.1.1: Anforderungen an die Zugänglichkeit baulicher Anlagen

Zur Durchführung von Lösch- und Rettungsmaßnahmen müssen gemäß § 5 MBO1 für die Feuerwehr Zugänge und Zufahrten sowie Aufstell- und Bewegungsflächen auf den Grundstücken vorgesehen werden; es sind die Konkretisierungen der unter der laufenden Nummer A 2.2.1.1 genannten technischen Regel zu beachten.

In offenen Durchfahrten bzw. Durchgängen, durch die der einzige Rettungsweg zur öffentlichen Verkehrsfläche führt oder die Zugänglichkeit für die Feuerwehr gewährleistet wird, sind an Stützen, Wänden und Decken nur nichtbrennbare Dämmschichten zulässig.

Anmerkung: Bei der technischen Regel unter der laufenden Nummer A 2.2.1.1 handelt es sich um die Muster-Richtlinie über Flächen für die Feuerwehr (Fassung Oktober 2009, siehe Kapitel E.4).

E.3.2 Ausgewählte Fallbeispiele

Tabelle E.1: Ausgewählte Beispiele

Fall	Gebäude	Erforderliche Feuerwehrflächen
1	Rückwärtige Gebäude, die ganz oder mit Teilen nicht mehr als 50 m zu einer öffentlichen Verkehrsfläche entfernt sind.	Für die Feuerwehr ist ein geradliniger Zu- oder Durchgang zu schaffen. (Rettungswege siehe Fallbeispiele 3 bis 6)
2	Gebäude, die ganz oder mit Teilen mehr als 50 m zu einer öffentlichen Verkehrsfläche entfernt sind.	Für die Feuerwehr sind Zufahrten oder Durchfahrten zu den vor und hinter den Gebäuden gelegenen Grundstücksteilen und Bewegungsflächen herzustellen, wenn sie aus Gründen des Feuerwehreinsatzes erforderlich sind. (Rettungswege siehe Fallbeispiele 3 bis 6).
3	Gebäude, deren 2.RW über Rettungsgeräte der Feuerwehr führt und bei denen die Oberkante der Brüstung von zum Anleitern bestimmten Fenstern oder Stellen **nicht mehr als 8 m** über Gelände liegt.	Für die Feuerwehr ist ein geradliniger Zu- oder Durchgang zu schaffen. Jede **zum Anleitern bestimmte Stelle** muss mit dem Rettungsgerät der Feuerwehr (4-teilige Steckleiter) erreicht werden können.
4	Gebäude, deren 2.RW über Rettungsgeräte der Feuerwehr führt und bei denen die Oberkante der Brüstung von zum Anleitern bestimmten Fenstern oder Stellen **mehr als 8 m** über Gelände liegt.	Für die Feuerwehr ist eine Zu- oder Durchfahrt zu schaffen. Jede **zum Anleitern bestimmte Stelle** muss mit dem Rettungsgerät (wie Hubrettungsfahrzeug) der Feuerwehr erreicht werden können. Hierzu sind die dafür erforderlichen Aufstell- und Bewegungsflächen vorzusehen.
5	Gebäude mit **baulichen Rettungswegen,** die **nicht mehr** als 50 m zu einer öffentlichen Verkehrsfläche entfernt sind.	Für die Feuerwehr ist ein Zu- oder Durchgang wie in Fall 1 angegeben zu jedem baulichen Rettungsweg zu schaffen.
6	Gebäude mit **baulichen Rettungswegen,** die mehr als 50 m zu einer öffentlichen Verkehrsfläche entfernt sind.	Für die Feuerwehr sind Zufahrten oder Durchfahrten wie in Fall 2 angegeben zu schaffen. Außerdem ist ein Zu- oder Durchgang zu jedem baulichen Rettungsweg notwendig.
7	**Sonderfall** Gebäude der GK 4 und 5 mit Außenwandbekleidungen aus Holz und Holzwerkstoffen (nach MHolzBauRL Abschnitt 6.3).	Jede Gebäudeseite mit einer Außenwandbekleidung aus Holz oder Holzwerkstoffen muss für wirksame Löscharbeiten erreicht werden können. Im Einvernehmen mit der Brandschutzdienststelle sind auf dem Grundstück ggf. Zu- oder Durchfahrten und Bewegungsflächen herzustellen.

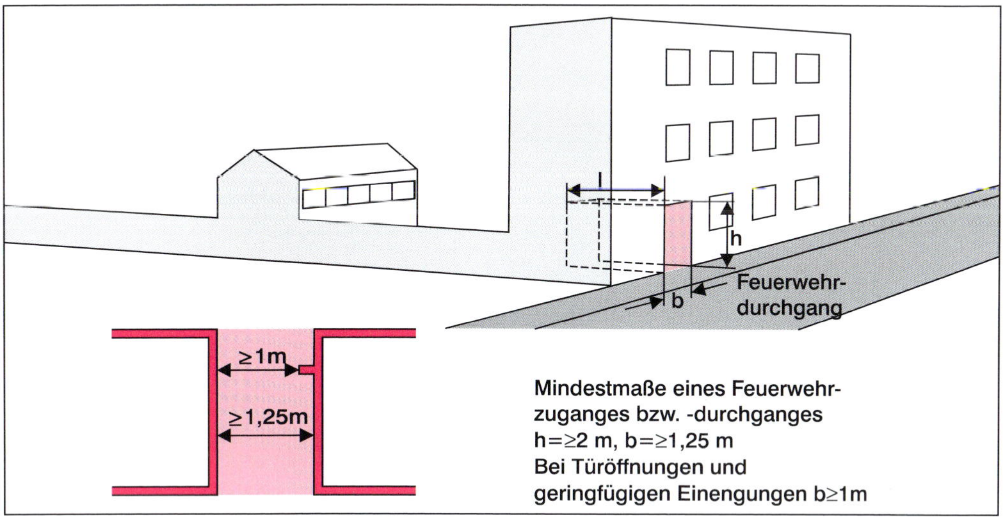

Abb. E.1: Beispiel für Feuerwehrzugang

Da das rückwärtige Gebäude ganz oder mit Teilen nicht mehr als 50 m zu einer öffentlichen Verkehrsfläche entfernt liegt, und die Rettung mit tragbaren Leitern möglich ist, genügt ein Feuerwehrzugang

Abb. E.2 und E.3: Beispiel für Nutzung des Feuerwehrzugangs bei einem Brand

Abb. E.2: Der rückwärtige Gebäudeteil dieses gemischt genutzten Büro- und Wohngebäudes konnte über einen Feuerwehrzugang erreicht werden. Dies war sowohl zur Menschenrettung über tragbare Leitern als auch zur Brandbekämpfung notwendig.

Abb. E.3: Feuerwehrdurchgang in entgegengesetzter Blickrichtung zu Abb. E.2

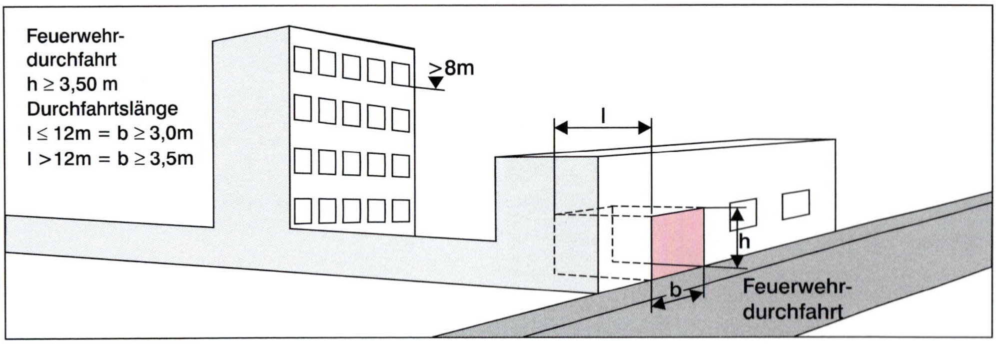

Abb. E.4: Beispiel für Feuerwehrdurchfahrt

Da beim rückwärtigen Gebäude der zweite Rettungsweg über Rettungsgeräte der Feuerwehr und die Oberkante der Brüstung von zum Anleitern bestimmten Fenstern oder Stellen mehr als 8 m über Gelände liegt, ist eine Feuerwehrdurchfahrt erforderlich.

Abb. E.5: Beispiel für Nutzung der Feuerwehrzufahrt: Diese wurde bei einem Brand im Dachgeschoß für die Rettungs- und Brandbekämpfungsmaßnahen der Feuerwehr dringend gebraucht.

Abb. E.6: Beispiel für fehlende Markierung der Feuerwehrzufahrt bei einem Brand

Fehlt eine ausreichende Markierung der Feuerwehrzufahrt, kann dies bei Schnee zu schlimmen Folgen führen. Hier waren die befestigten Flächen nicht so gekennzeichnet, dass ein sicheres Auffinden bei geschlossener Schneedecke möglich war (siehe oben). Durch die fehlende Kennzeichnung sank ein Feuerwehrfahrzeug bis zur Achse im weichen Boden ein. Damit ging wertvolle Zeit verloren, denn bei diesem Brand waren Menschen in Gefahr, die mit der Drehleiter gerettet werden mussten.

E.3.3 Befestigung, Kennzeichnung und Freihaltung von Feuerwehrflächen

> **§ 5 Abs. 2 MBO**
>
> [1]*Zu- und Durchfahrten, Aufstellflächen und Bewegungsflächen müssen für Feuerwehrfahrzeuge ausreichend befestigt und tragfähig sein; sie sind als solche zu kennzeichnen und ständig frei zu halten; die Kennzeichnung von Zufahrten muss von der öffentlichen Verkehrsfläche aus sichtbar sein.* [2]*Fahrzeuge dürfen auf den Flächen nach Satz 1 nicht abgestellt werden.*

Diese grundsätzlichen Anforderungen werden in den meisten Ländern durch die landesspezifische VV TB bzw. in einzelnen Ländern durch entsprechende Verwaltungs-/Ausführungsvorschriften bzw. technischen Regelwerke konkretisiert.

In der MVV TB wird diesbezüglich in Abschnitt A 2.2.1.1 auf die Muster-Richtlinie über Flächen für die Feuerwehr verwiesen. Wichtig ist hierbei, dass in Abschnitt A 2.2.1.1 als weitere Maßgabe gemäß § 85a Abs. 2 MBO auf die Anlage A 2.2.1.1/1 verwiesen wird. Dort heißt es:

> **MVV TB Anlage A 2.2.1.1/1**
>
> ***Zur Richtlinie über Flächen für die Feuerwehr***
>
> *Bei Anwendung der technischen Regel gilt Folgendes:*
>
> *1 Zu Abschnitt 1*
>
> *Zufahrten, Aufstell- und Bewegungsflächen sind mindestens entsprechend der Straßen-Bauklasse VI (Richtlinie für Standardisierung des Oberbaues von Verkehrsflächen – RStO 01) zu befestigen. Anstelle von DIN 1055-3:2006-03 ist DIN EN 1991-1-1:2010-12 in Verbindung mit DIN EN 1991-1-1/NA:2010-12 anzuwenden.*
>
> *2 Hinweisschilder*
>
> *2.1 Hinweisschilder für Zu- oder Durchfahrten haben die Aufschrift „Feuerwehrzufahrt“, die Schilder für Aufstell- oder Bewegungsflächen die Aufschrift „Flächen für die Feuerwehr“.*
>
> *Die Hinweisschilder für Flächen für die Feuerwehr müssen der DIN 4066:1997-07 entsprechen; die Hinweisschilder „Feuerwehrzufahrt“ müssen eine Größe von mindestens B/H = 594/210 mm haben und von der öffentlichen Verkehrsfläche aus erkennbar sein. Flächen für die Feuerwehr müssen eine jederzeit deutlich sichtbare Randbegrenzung haben.*
>
> *2.2 Nach § 12 Abs. 1 Nr. 5 StVO ist das Halten vor und in Feuerwehrzufahrten unzulässig, wenn diese Zufahrten amtlich gekennzeichnet sind.*
>
> *Ist die Anordnung eines Halteverbots nach StVO im öffentlichen Verkehrsraum im Bereich der Feuerwehrzufahrt notwendig, so muss das Hinweisschild „Feuerwehrzufahrt“ von der zuständigen Behörde gekennzeichnet sein (amtliches Hinweisschild).*
>
> *Anstelle des amtlichen Hinweisschildes „Feuerwehrzufahrt“ kann die zuständige Behörde die Aufstellung des Verkehrszeichens 283 (Halteverbot)*

nach StVO mit dem Zusatzschild „Feuerwehrzufahrt" anordnen (Schutzzone im Sinne von § 45 Abs. 1 Satz 2 Nr. 5 StVO).

2.3 Bei Anordnung von Außenwandbekleidungen aus Holz oder Holzwerkstoffen an Gebäuden der Gebäudeklassen 4 und 5 sind die Anforderungen gemäß Abschnitt 6.3 der unter der lfd. Nr. A 2.2.1.4 bekannt gemachten technischen Regel zu beachten.

Außerdem ist bezüglich der Befestigung und Tragfähigkeit in der Muster-Richtlinie über Flächen für die Feuerwehr unter Punkt 1 folgendes enthalten:

Muster-Richtlinie über Flächen für die Feuerwehr

1 Befestigung und Tragfähigkeit

Zu- oder Durchfahrten für die Feuerwehr, Aufstellflächen und Bewegungsflächen sind so zu befestigen, daß sie von Feuerwehrfahrzeugen mit einer Achslast bis zu 10 t und einem zulässigen Gesamtgewicht bis zu 16 t befahren werden können. Zur Tragfähigkeit von Decken, die im Brandfall von Feuerwehrfahrzeugen befahren werden, wird auf DIN 1055-3:2006-03 verwiesen.

Erläuterungen zu Muster-Richtlinie über Flächen für die Feuerwehr

zu 1:

Nachdem in diesem Absatz auch Aussagen über die Tragfähigkeit von Decken, die von Feuerwehrfahrzeugen befahren werden, enthalten sind, lautet die Überschrift „Befestigung und Tragfähigkeit".

Das zulässige Gesamtgewicht, auf das die Befestigung von Zu- oder Durchfahrten, Aufstellflächen und Bewegungsflächen abzustellen ist, wurde von 12 t auf 16 t erhöht und somit an das Gewicht heute üblicherweise eingesetzter Feuerwehrfahrzeuge angepasst.

Wichtig

In einigen Ländern können durchaus andere bzw. abweichende Regelungen bestehen, siehe die jeweiligen landesspezifischen VV TBs bzw. in einzelnen Ländern auch andere bzw. davon abweichende Ausführungs-/Verwaltungsvorschriften bzw. technischen Regelwerke.

E.4 Ausführung nach den Muster-Richtlinien über Flächen für die Feuerwehr (Fassung Oktober 2009)

Wie in Kapitel E.1 beschrieben, enthalten die LBOs bezüglich der Ausführung der Flächen für die Feuerwehr nur grundsätzliche Vorgaben, die einer Konkretisierung bedürfen.

Hierfür gibt es in Deutschland folgende Regelwerke:

- Muster-Richtlinien über Flächen für die Feuerwehr (Fassung Oktober 2009)
- DIN 14090:2003-05 „Flächen für die Feuerwehr auf Grundstücken" (Entwurf November 2022 liegt vor)
- In einzelnen Ländern bestehen auch „eigene" Verwaltungs-/Ausführungsvorschriften

Da in den meisten Ländern über die jeweilige landesspezifischen VV TB diesbezüglich auf die Muster-Richtlinien über Flächen für die Feuerwehr verwiesen wird (in Abschnitt A 2.2.1.1 der jeweiligen VV TB), werden diese nachfolgend aufgeführt. In den Ländern, in denen andere bzw. davon abweichende Regelungen bestehen, sind diese natürlich entsprechend zu beachten.

Beispiele:

- Baden-Württemberg: „Verwaltungsvorschrift des Ministeriums für Wirtschaft, Arbeit und Wohnungsbau über Flächen für Rettungsgeräte der Feuerwehr auf Grundstücken und Zufahrten (VwV Feuerwehrflächen) vom 16. Dezember 2020
- Rheinland-Pfalz: Richtlinien über Flächen für die Feuerwehr Fassung Mai 2021, Rheinland-Pfalz (Grundlage der Richtlinie ist die Muster-Richtlinien über Flächen für die Feuerwehr Stand: Oktober 2009)

Hinweis: Die grau markierten Kästen enthalten die Vorschriften der Muster-Richtlinie über Flächen für die Feuerwehr und die dazugehörigen „offiziellen" Erläuterungen.

1 Befestigung und Tragfähigkeit

Siehe vorstehenden Kapitel E.3.3.

2 Zu- oder Durchfahrten

Die lichte Breite der Zu- oder Durchfahrten muss mindestens 3 m, die lichte Höhe mindestens 3,50 m betragen. Die lichte Höhe der Zu- oder Durchfahrten ist senkrecht zur Fahrbahn zu messen. Wird eine Zu- oder Durchfahrt auf eine Länge von mehr als 12 m beidseitig durch Bauteile, wie Wände oder Pfeiler, begrenzt, so muss die lichte Breite mindestens 3,50 m betragen. Wände und Decken von Durchfahrten müssen feuerbeständig sein.

Erläuterungen zu 2:

Die Anforderungen an die Feuerwiderstandsdauer von Wänden und Decken von Durchfahrten wird aus § 5 MBO herausgenommen und in die Richtlinien übernommen. Demnach wird die ursprüngliche Überschrift „Lichte Breite und Höhe der Zu- und Durchfahrten" mit dem neuen Wortlaut „Zu- und Durchfahrten" allgemeiner gehalten.

Die Zusatzanforderung von 3,50 m Breite für beidseitig auf eine Länge von mehr als 12 m begrenzte Zu- oder Durchfahrten wurde aus DIN 14090 übernommen.

3 Kurven in Zu- oder Durchfahrten

Der Einsatz der Feuerwehrfahrzeuge wird durch Kurven in Zu- oder Durchfahrten nicht behindert, wenn die in der Tabelle den Außenradien der Gruppen zugeordneten Mindestbreiten nicht unterschritten werden. Dabei müssen vor oder hinter Kurven auf einer Länge von mindestens 11 m Übergangsbereiche vorhanden sein

Tabelle E.2: (nach Muster-Richtlinien über Flächen für die Feuerwehr (Fassung Februar 2007, zuletzt geändert Oktober 2009))

Außenradius der Kurve (in m)	Breite mindestes (in m)
10,5 bis 12	5,0
über 12 bis 15	4,5
über 15 bis 20	4,0
über 20 bis 40	3,5
über 40 bis 70	3,2
über 70	3,0

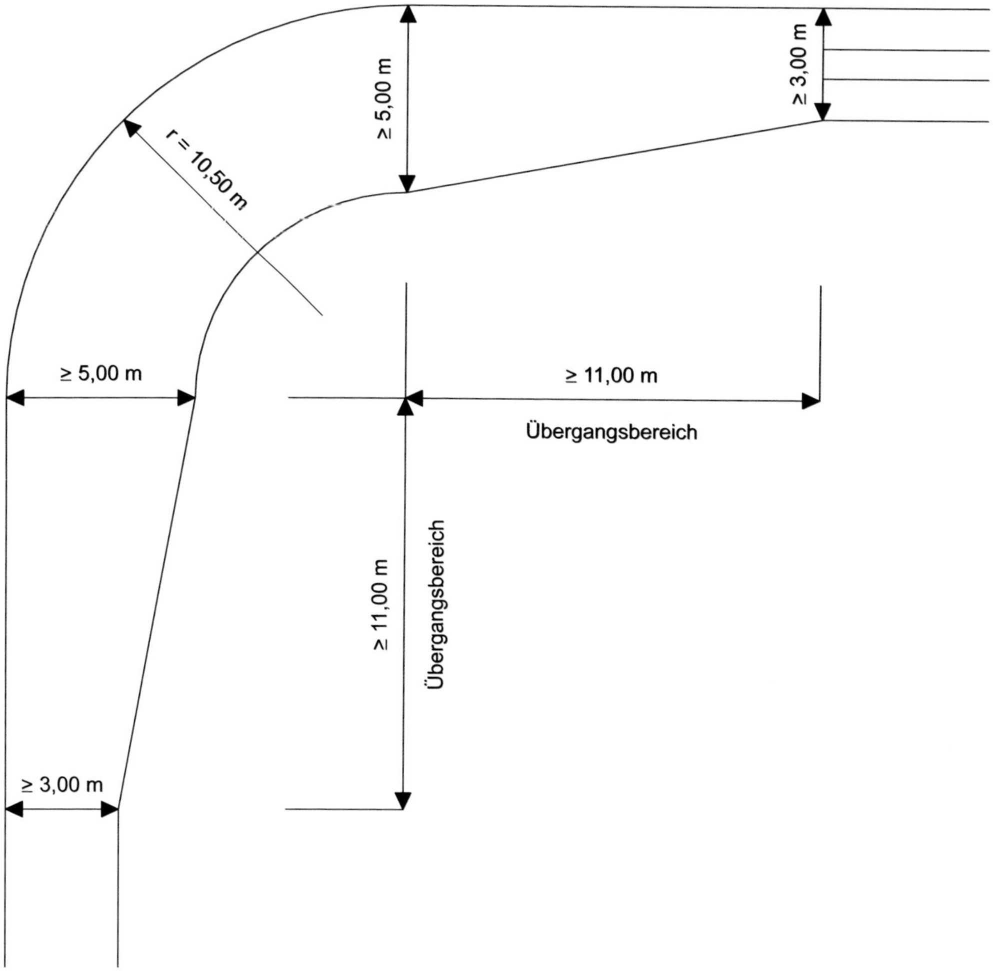

Abb. E.7: Kurve mit Übergangsbereich (Beispiel für Radius 10,5 m) (nach Muster-Richtlinien über Flächen für die Feuerwehr (Fassung Februar 2007, zuletzt geändert Oktober 2009))

4 Fahrspuren

Geradlinig geführte Zu- oder Durchfahrten können außerhalb der Übergangsbereiche (Abschnitte 2 und 13) als Fahrspuren ausgebildet werden. Die beiden befestigten Streifen müssen voneinander einen Abstand von 0,80 m haben und mindestens je 1,10 m breit sein.

Abb. E.8: : Beispiel für geradlinig ausgeführte Feuerwehrzufahrt mit Fahrspuren

5 Neigungen in Zu- oder Durchfahrten

Zu- oder Durchfahrten dürfen längs geneigt sein. Jede Änderung der Fahrbahnneigung ist in Durchfahrten sowie innerhalb eines Abstandes von 8 m vor und hinter Durchfahrten unzulässig. Im übrigen sind die Übergänge mit einem Radius von mindestens 15 m auszurunden.

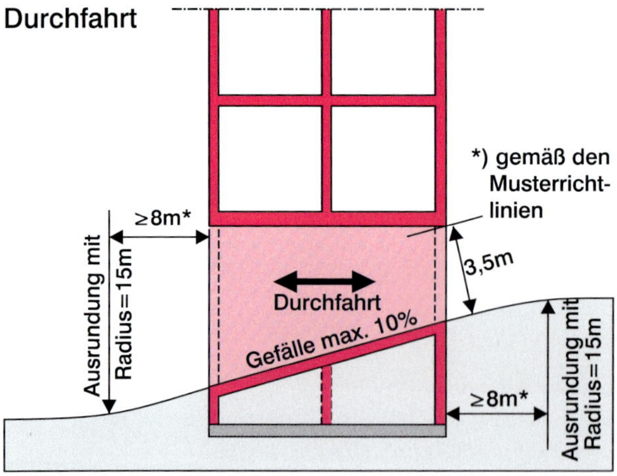

Abb. E.9: Beispiel für zulässige Neigungen von Feuerwehrdurchfahrten

6 Stufen und Schwellen

Stufen und Schwellen im Zuge von Zu- oder Durchfahrten dürfen nicht höher als 8 cm sein. Eine Folge von Stufen oder Schwellen im Abstand von weniger als 10 m ist unzulässig. Im Bereich von Übergängen nach Nr. 5 dürfen keine Stufen sein.

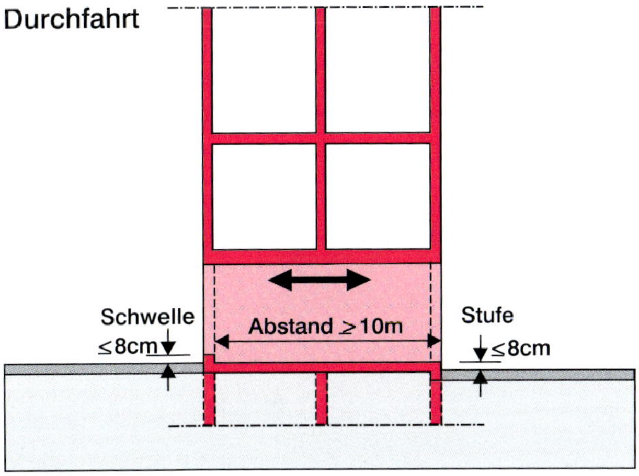

Abb. E.10: Beispiel für zulässige Stufen von Feuerwehrdurchfahrten

7 Sperrvorrichtungen

Sperrvorrichtungen (Sperrbalken, Ketten, Sperrpfosten) sind in Zu- oder Durchfahrten zulässig, wenn sie von der Feuerwehr geöffnet werden können.

Erläuterungen zu 7:

Sperrvorrichtungen für Verschlüsse, Hydrantenschlüssel und Feuerwehrbeile sind in der Norm DIN 14925 erläutert.

8 Aufstellflächen auf dem Grundstück

Aufstellflächen müssen mindestens 3,50 m breit und so angeordnet sein, dass alle zum Anleitern bestimmten Stellen von Hubrettungsfahrzeugen erreicht werden können.

Erläuterungen zu 8:

Für die Breite der Aufstellflächen werden anstelle der bisher geforderten 3 m mindestens 3,50 m (gemäß DIN 14090) verlangt, um unter Berücksichtigung der größeren Abmessungen heutiger Feuerwehrfahrzeuge eine optimale Standfläche und damit einen sicheren Rettungseinsatz zu gewährleisten.

Da nicht nur Fenster, sondern auch andere Stellen von Rettungsgeräten der Feuerwehr angeleitert werden können, beispielsweise auch Balkone, wurde eine entsprechende allgemeine Formulierung aufgenommen.

9 Aufstellflächen entlang von Außenwänden

Für Aufstellflächen entlang von Außenwänden muss zusätzlich zur Mindestbreite von 3,50 m auf der gebäudeabgewandten Seite ein mindestens 2 m breiter hindernisfreier Geländestreifen vorhanden sein. Die Aufstellflächen müssen mit ihrer der anzuleiternden Außenwand zugekehrten Seite einen Abstand von mindestens 3 m zur Außenwand haben. Der Abstand darf höchstens 9 m und bei Brüstungshöhen von mehr als 18 m höchstens 6 m betragen. Die Aufstellfläche muss mindestens 8 m über die letzte Anleiterstelle hinausreichen.

Erläuterungen zu 9 und 10:

Auch hier wurde die Breite von Aufstellfläche und Geländestreifen von DIN 14090 übernommen.

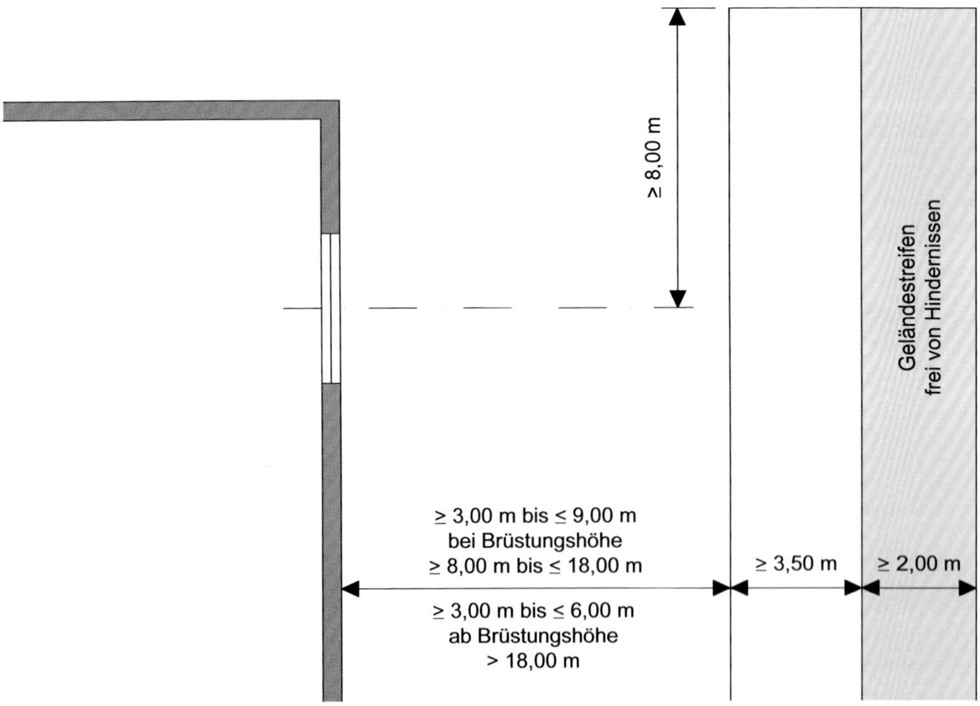

Abb. E.11: Aufstellflächen entlang von Außenwänden (nach Muster-Richtlinien über Flächen für die Feuerwehr (Fassung Februar 2007, zuletzt geändert Oktober 2009))

10 Aufstellflächen rechtwinklig zu Außenwänden

Für rechtwinklig oder annähernd im rechten Winkel auf die anzuleiternde Außenwand zugeführte Aufstellflächen muss zusätzlich zur Mindestbreite von 3,50 m beidseitig ein mindestens 1,25 m breiter hindernisfreier Geländestreifen vorhanden sein; die Geländestreifen müssen mindestens 11 m lang sein. Die Aufstellflächen dürfen keinen größeren Abstand als 1 m zur Außenwand haben. Die Entfernung zwischen der Außenseite der Aufstellflächen und der entferntesten seitlichen Begrenzung der zum Anleitern bestimmten Stellen darf 9 m und bei Brüstungshöhe von mehr als 18 m 6 m nicht überschreiten.

11 Freihalten des Anleiterbereiches

Zwischen der anzuleiternden Außenwand und den Aufstellflächen dürfen sich keine den Einsatz von Hubrettungsfahrzeugen erschwerenden Hindernisse wie bauliche Anlagen oder Bäume befinden.

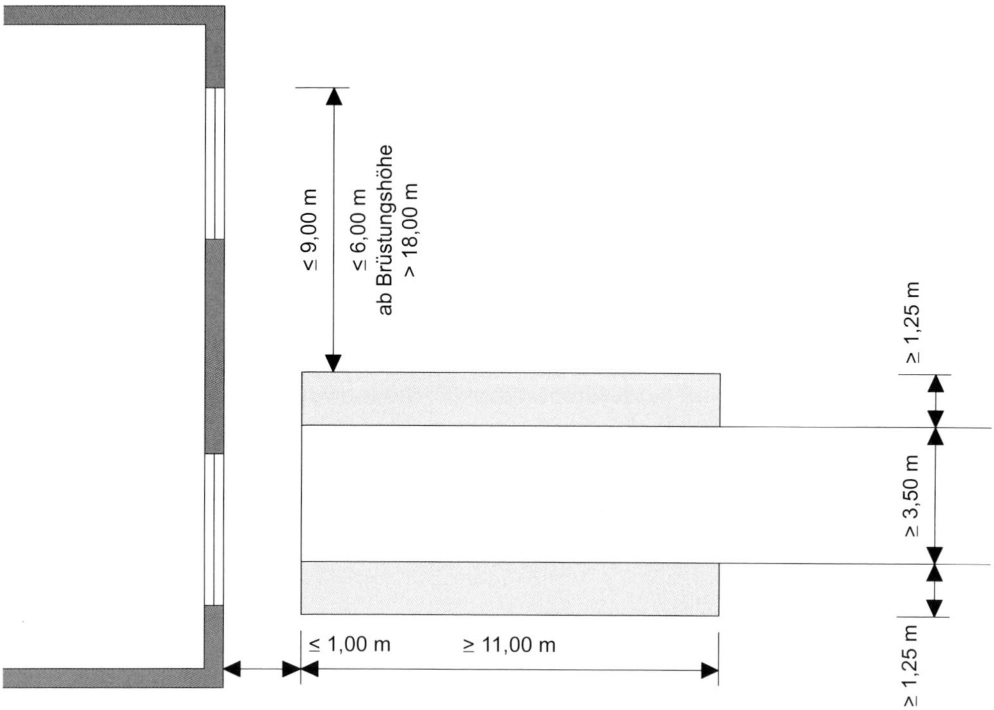

Abb. E.12: Aufstellflächen rechtwinklig zu Außenwänden (nach Muster-Richtlinien über Flächen für die Feuerwehr (Fassung Februar 2007, zuletzt geändert Oktober 2009))

12 Neigung von Aufstellflächen

Aufstellflächen dürfen nicht mehr als 5 v. H. geneigt sein.

13 Bewegungsflächen

Bewegungsflächen müssen für jedes Fahrzeug mindestens 7 x 12 m groß sein. Zufahrten sind keine Bewegungsflächen. Vor und hinter Bewegungsflächen an weiterführenden Zufahrten sind mindestens 4 m lange Übergangsbereiche anzuordnen.

Erläuterungen zu M13:

Bewegungsflächen können sowohl auf dem Grundstück als auch auf der öffentlichen Verkehrsfläche vorgesehen werden. Die erforderlichen Maße für Bewegungsflächen sind aus der Richtlinie – Fassung April 1979 – übernommen.

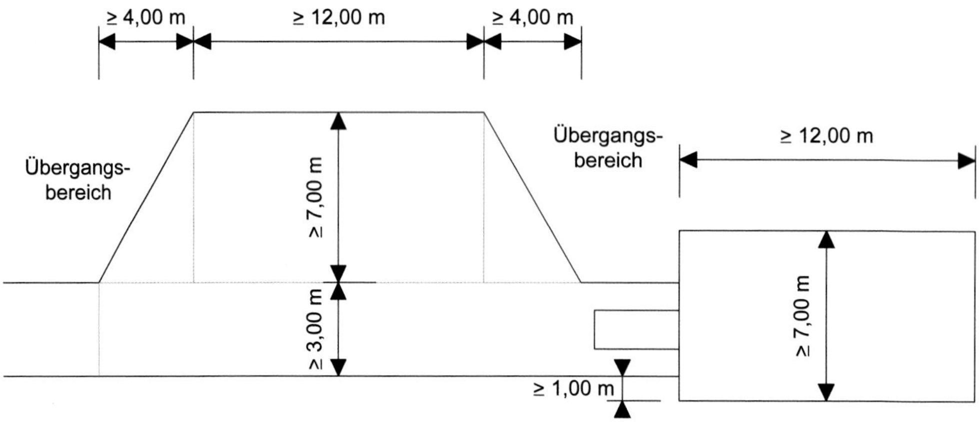

Abb. E.13: Bewegungsflächen (nach Muster-Richtlinien über Flächen für die Feuerwehr (Fassung Februar 2007, zuletzt geändert Oktober 2009))

14 Zu- oder Durchgänge

Zu- oder Durchgänge für die Feuerwehr sind geradlinig und mindestens 1,25 m breit auszubilden. Für Türöffnungen und andere geringfügige Einengungen in diesen Zu- oder Durchgängen genügt eine lichte Breite von 1 m.

Erläuterungen zu 14:

Die Regelung der Breite von Zugängen, die von der Feuerwehr genutzt werden, wurde neu aufgenommen und entspricht den bisherigen Forderungen der MBO.

E.5 DIN 14090: Flächen für die Feuerwehr auf Grundstücken

Die DIN 14090 liegt in der Ausgabe Mai 2003 vor. Aktuell wurde der Entwurf November 2022 veröffentlicht. Im neuen Entwurf wurde sie auf den aktuellen technischen Stand gebracht. Insgesamt soll sie dabei auch an die baurechtlichen Vorgaben und die bestehende Muster-Richtlinie über Flächen für die Feuerwehr angeglichen werden.

E.6 Kennzeichnung und Zugänglichkeit

Eine wesentliche Voraussetzung dafür, dass die Flächen für die Feuerwehr im Ernstfall auch benutzbar sind, ist die Freihaltung von parkenden Kraftfahrzeugen und anderen Gegenständen (z. B. Müllcontainer usw.). Hierzu ist es erforderlich, dass die Flächen entsprechend gekennzeichnet sind. Außerdem sollte die Wirksamkeit der Kennzeichnungsschilder durch regelmäßige Kontrollen überprüft werden.

Feuerwehrzufahrten müssen mit Hinweisschildern gekennzeichnet werden, siehe hierzu Kapitel E.3.3.

E.7 Empfehlungen der Feuerwehr

Die „Empfehlungen zur Ausführung der Flächen für die Feuerwehr", zuletzt aktualisiert im April 2013 enthalten zahlreiche, teilweise ergänzende Informationen zu den Feuerwehrflächen. Insbesondere sind dort unter anderem auch Empfehlungen zu den Themen Kennzeichnung und Zugänglichkeit, Nutzbarkeit und Erreichbarkeit, Befestigung und Tragfähigkeit, Straßenbäume sowie Oberleitungen und Straßenbeleuchtung enthalten.

E.8 Flächen für die Feuerwehr bei begrünten Dachflächenbefestigungen

Informationen hierzu siehe: FLL-Richtlinien für Planung, Bau und Instandhaltung von begrünbaren Flächenbefestigungen, Forschungsgesellschaft Landschaftsentwicklung Landschaftsbau e. V. (FLL) (Hrsg.), Stand Juli 2018.

E.9 Flächen für die Feuerwehr auf Baustellen

Auch auf Baustellen, insbesondere bei größeren Baustellen, ist es wichtig, dass Personenrettung und Brandbekämpfung jederzeit möglich sind. Hierzu müssen im Ernstfall die erforderlichen Flächen für die Feuerwehr zur Verfügung stehen und auch benutzt werden können. Dies ergibt sich auch aus § 11 der Musterbauordnung, der sinngemäß in den meisten LBOs enthalten ist. Hier heißt es in Absatz 1: *„Baustellen sind so einzurichten, dass bauliche Anlagen ordnungsgemäß errichtet, geändert oder beseitigt werden können und Gefahren oder vermeidbare Belästigungen nicht entstehen."*

Ein Problem bei Baustellen ist, dass die Außenanlagen üblicherweise zuletzt fertiggestellt werden und demgemäß die Feuerwehrzufahrten und Aufstellflächen nicht frei, befestigt oder gar gekennzeichnet sind. Wenn es aber brennt, ist gerade hier wegen der besonderen Umstände mit wesentlich erschwerten Bedingungen zu rechnen.

Deshalb ist auch auf Baustellen darauf zu achten, dass entsprechend der Größe und Gefährdung der Baustelle die erforderlichen Zufahrten und

Aufstellflächen frei zugänglich sowie provisorisch befestigt und gekennzeichnet sind. Ebenso müssen die Löschwasserentnahmestellen jederzeit zugänglich sein. Besonders zu behandeln sind Großbaustellen mit Baubaracken. Diese können oft das Ausmaß kleiner Siedlungen annehmen, in denen die Brandgefahr besonders groß ist.

Eine wichtige Bedeutung kommt in diesem Zusammenhang auch dem organisatorischen Brandschutz zu.

Abb. E.17: Großbrand auf einer Baustelle

Das Schadenfeuer brach nachts aus. Die Bilder zeigen eine Situation, die im Brandfall zu erheblichen Schwierigkeiten und Gefahren bei der Durchführung von Rettungs und Brandbekämpfungsmaßnahmen führen kann. Besondere Probleme ergeben sich aus der schwierigen Zugänglichkeit und Erreichbarkeit mit Rettungsgeräten der Feuerwehr. Aber auch der nicht aufgeräumte „Lagerplatz" birgt erhebliche Verletzungsgefahren für alle Beteiligten und macht eine schnelle und direkte Anfahrt der Baustelle unmöglich.

F Visualisierung

F.1 Beispiel für die Visualisierung eines Brandschutznachweises in den Brandschutzplänen

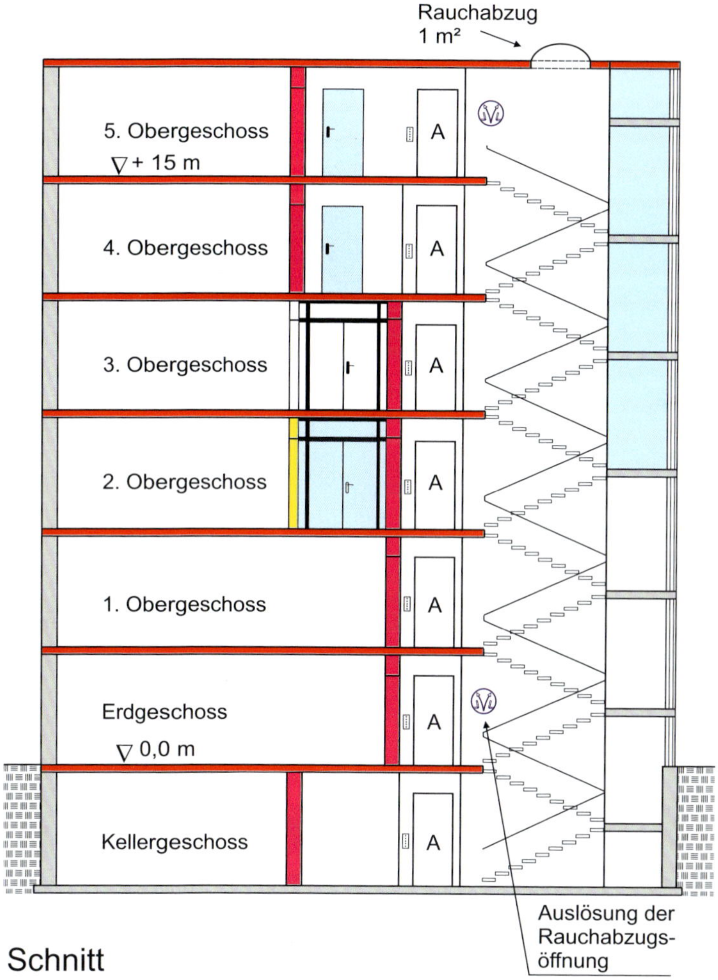

Schnitt

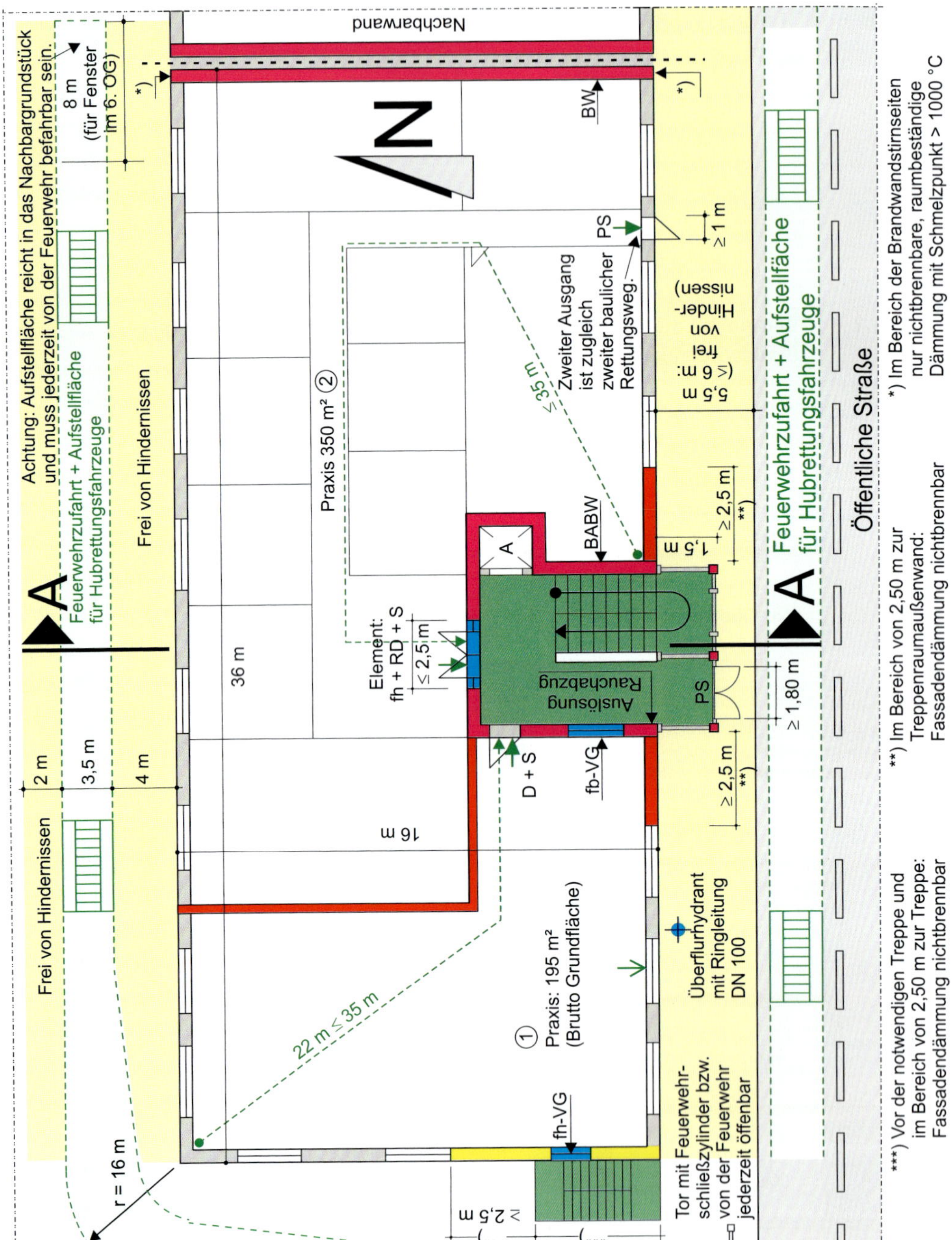

Erdgeschoss

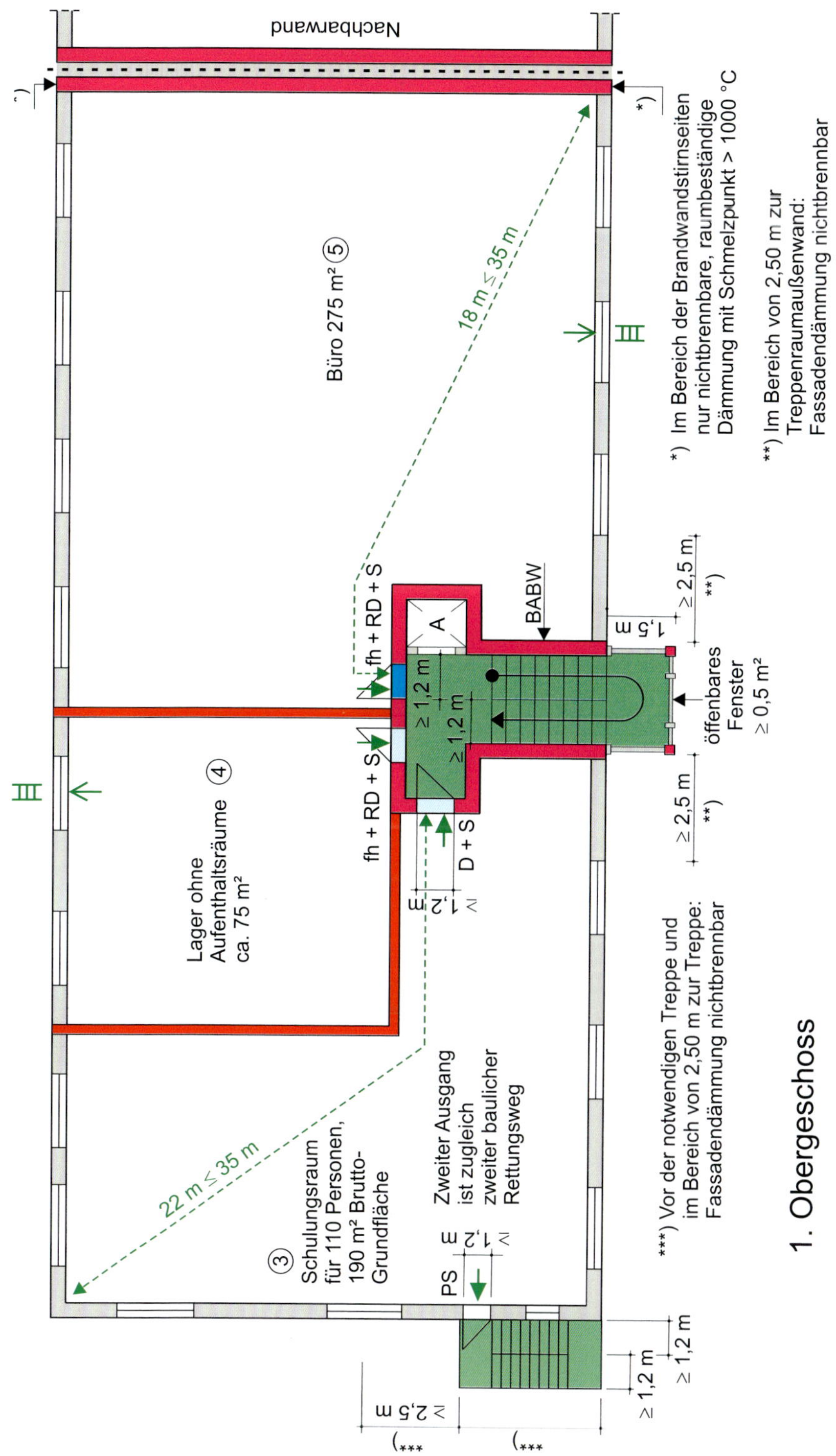
Nachbarwand
Büro 275 m² ⑤
18 m ≤ 35 m
*) Im Bereich der Brandwandstirnseiten nur nichtbrennbare, raumbeständige Dämmung mit Schmelzpunkt > 1000 °C
**) Im Bereich von 2,50 m zur Treppenraumaußenwand: Fassadendämmung nichtbrennbar
fh + RD + S
BABW
A
≥ 1,2 m
1,5 m
≥ 2,5 m
öffenbares Fenster ≥ 0,5 m²
Lager ohne Aufenthaltsräume ca. 75 m² ④
fh + RD + S
D + S
≥ 1,2 m
③ Schulungsraum für 110 Personen, 190 m² Brutto-Grundfläche
Zweiter Ausgang ist zugleich zweiter baulicher Rettungsweg
22 m ≤ 35 m
PS
***) Vor der notwendigen Treppe und im Bereich von 2,50 m zur Treppe: Fassadendämmung nichtbrennbar
1. Obergeschoss

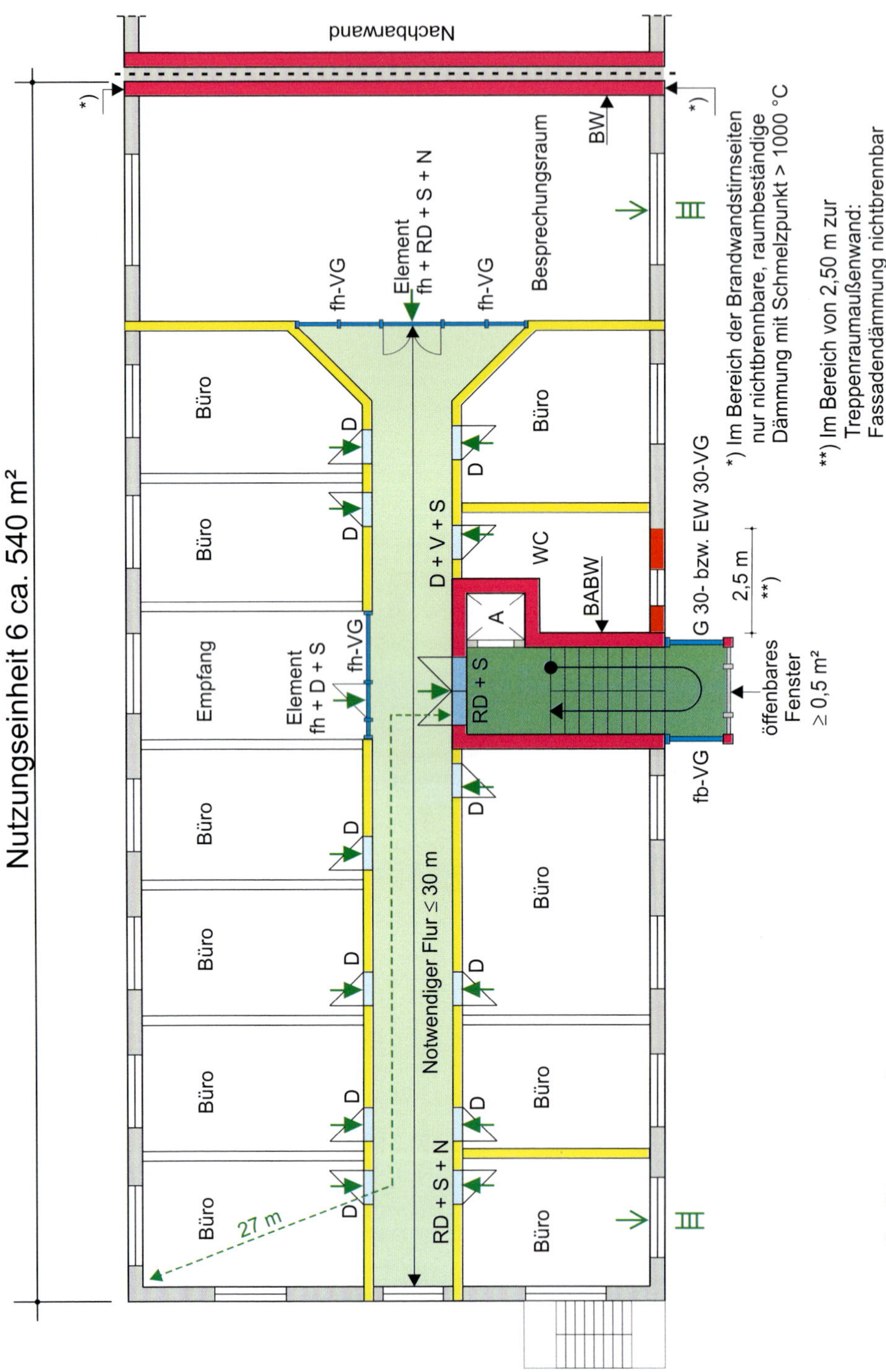

2. Obergeschoss

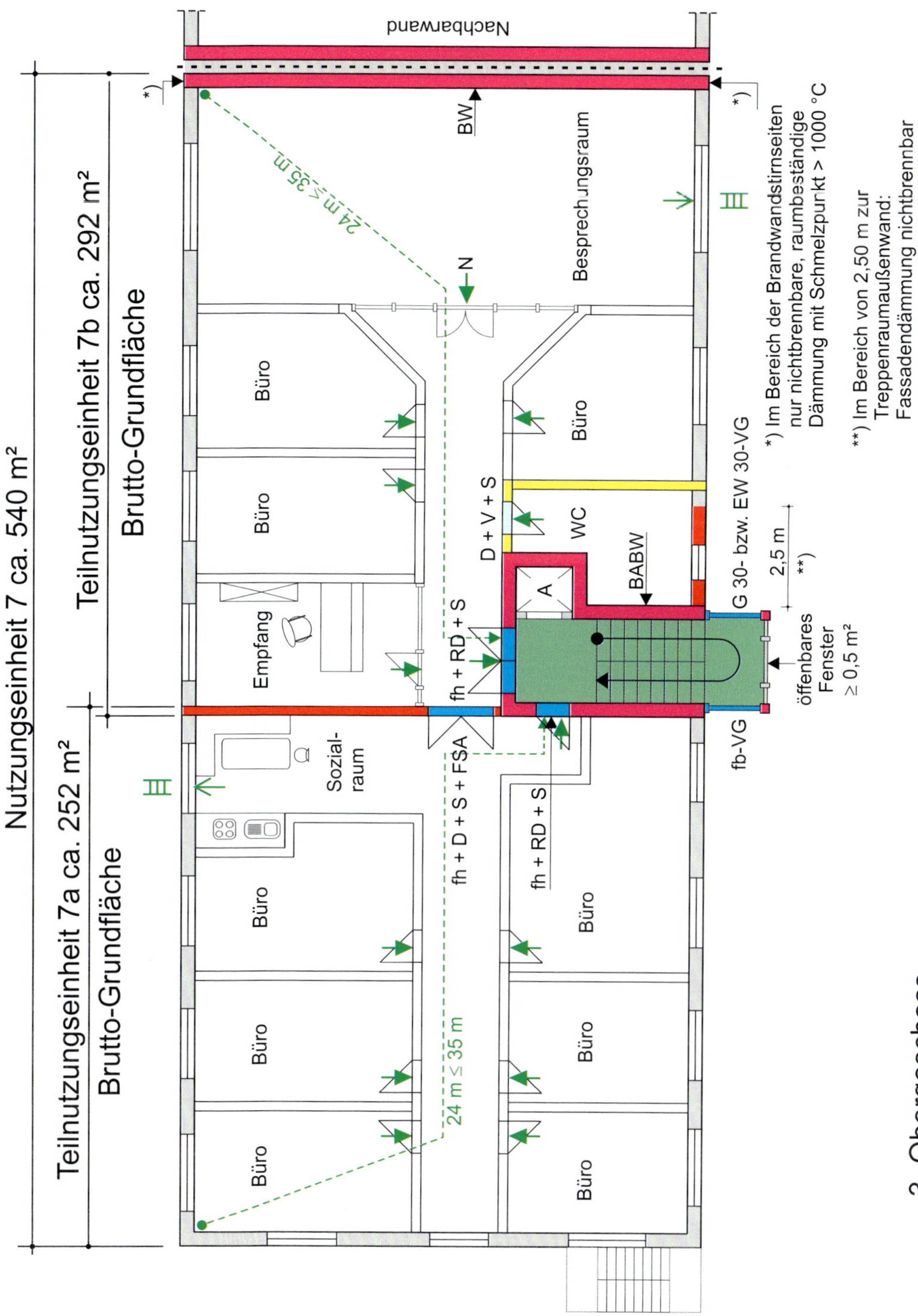

3. Obergeschoss

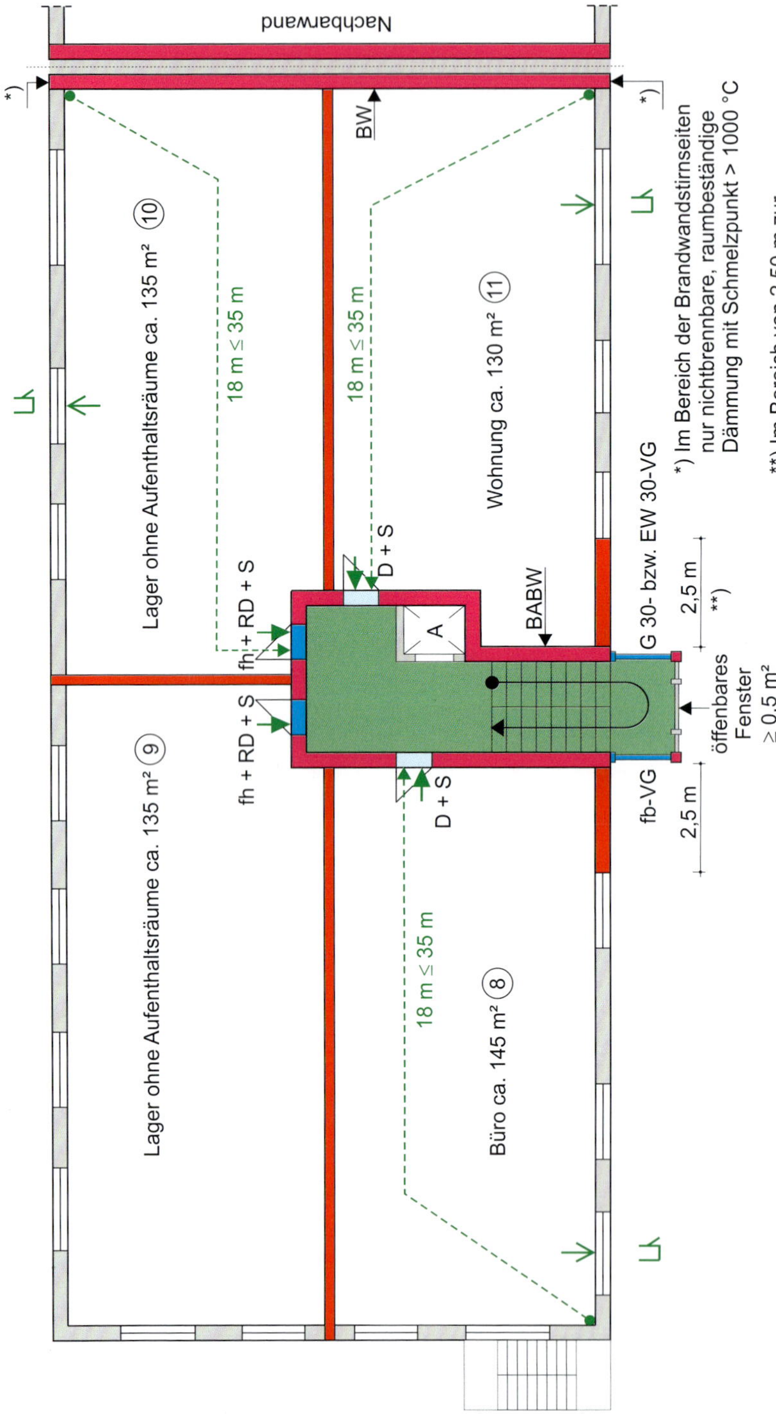

*) Im Bereich der Brandwandstirnseiten nur nichtbrennbare, raumbeständige Dämmung mit Schmelzpunkt > 1000 °C

**) Im Bereich von 2,50 m zur Treppenraumaußenwand: Fassadendämmung nichtbrennbar

4. Obergeschoss

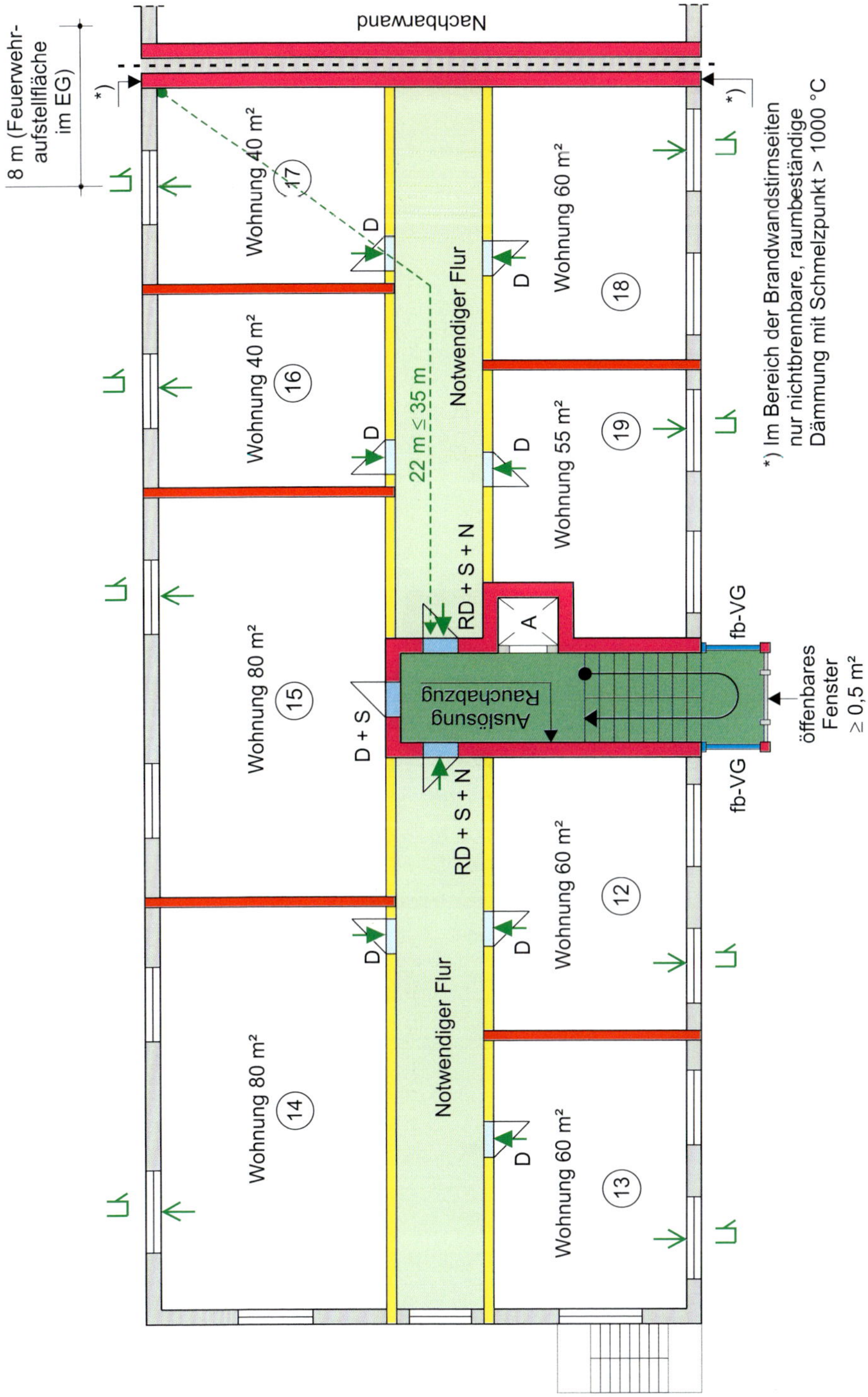

5. Obergeschoss

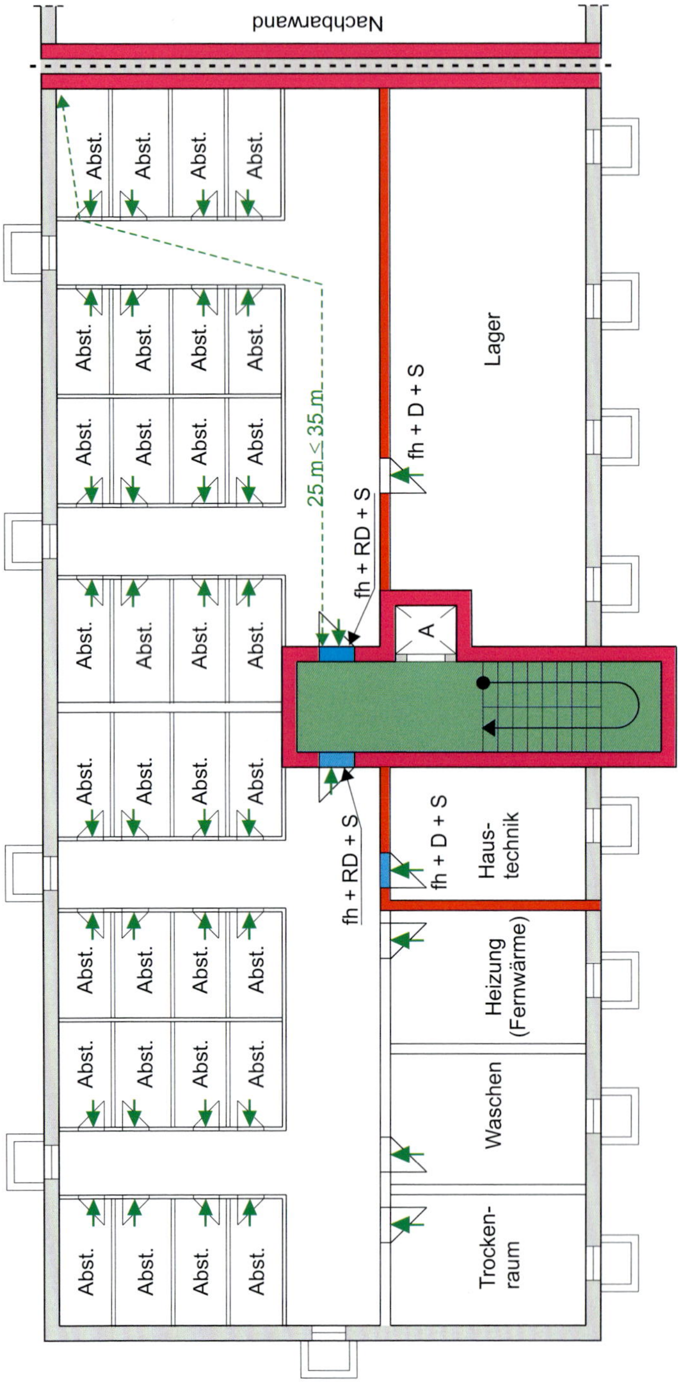

Kellergeschoss

F.2 Zuordnung der im bauaufsichtlichen Verfahren verwendeten verbalen Anforderungen zu den entsprechenden nationalen und europäischen Klassen (Legenden Punkte 3 und 4)

Es ist empfehlenswert, im Brandschutznachweis bis zur Baugenehmigungsphase lediglich die verbalen bauaufsichtlichen Begriffe und nicht die Klassen nach DIN 4102 bzw. DIN EN 13501 zu verwenden (z.B. fh statt F 30, hf statt F 60-AB bzw. (R)EI 60 [HolzR], fb statt F 90-AB, Tür fb + S statt T 90, Tür fh + S + RD statt T 30-RS usw..

In der Bauplanungsphase erfolgt dann die Umsetzung der verbalen bauaufsichtlichen Begriffe in die entsprechenden Klassen auf nationaler Ebene (DIN 4102) bzw. europäischer Ebene (DIN EN 13501). Hierzu sollte im Brandschutznachweis auf die entsprechenden „Übersetzungstabellen“ in der Bauregelliste A Teil 1 Anlagen 01 bis 06 hingewiesen werden. Zur Vereinfachung sind die wichtigsten Klassen nachfolgend angegeben.

Baustoffe

	Verbale bauaufsichtliche Anforderung	Abkürzung	Nationale Klassen nach DIN 4102	Europäische Klassen nach DIN EN 13501			Zusatzanforderungen
3 Baustoffe	nichtbrennbar	nb	A 1/A 2	A 1	A 2 - s1, d0		kein Rauch und kein brennendes Abfallen/Abtropfen
	schwer entflammbar	se	B 1	B - s1, d0	C - s1, d0		kein Rauch und kein brennendes Abfallen/Abtropfen
				A 2 - s2, d0 B - s3, d0	A 2 - s3, d0 C - s2, d0	B - s2, d0 C - s3, d0	kein brennendes Abfallen/Abtropfen
				A 2 - s1, d1 B - s1, d2	A 2 - s1, d2 C - s1, d1	B - s1, d1 C - s1, d2	kein Rauch
				A 2 - s3, d2	B - s3, d2	C - s3, d2	–
	normal entflammbar	ne	B 2	D - s1, d0 E	D - s2, d0	D - s3, d0	kein brennendes Abfallen/Abtropfen
				D - s1, d1 D - s1, d2 E - d2	D - s2, d1 D - s2, d2	D - s3, d1 D - s3, d2	–
	leicht entflammbar	le	B 3*	F*			–

* Leicht entflammbare Baustoffe dürfen nicht verwendet werden.

Bauteile

	Verbale bauaufsichtliche Anforderung	Abkürzung	Nationale Klassen nach DIN 4102	Tragfunktion	Europäische Klassen nach DIN EN 13501
4 Brandwand	Brandwand	BW	F 90-A + M	tragend	REI 90-M [nb]
				nichttragend	EI 90-M [nb]
	Wand anstelle einer Brandwand, die auch unter zusätzlicher mechanischer Beanspruchung hochfeuerhemmend ist	WaBW: hf + M	F 60-AB + M*	tragend	REI 60-M [wnb] oder REI 60-M [HolzR]
				nichttragend	EI 60-M [wnb] oder EI 60-M [HolzR]
	Wand anstelle einer Brandwand: hf	WaBW: hf	F 60-AB + M*	tragend	REI 60 [wnb]
				nichttragend	EI 60- [wnb]
	Wand anstelle einer Brandwand: F 30-B innen – F 90-B außen	WaBW: F 30-B innen – F 90-B außen	F 30-B [i→a] – F 90-B [i←a]	tragend	REI 30(i→o) – REI 90(i←o)
				nichttragend	REI 30(i→o) – REI 90(i←o)
	Abschluss: feuerbeständig, dicht- und selbstschließend	Türe: fb + D + S	T 90-D		EI_2 90-S_aC5**
	Abschluss: hochfeuerhemmend, dicht- und selbstschließend	Türe: fb + D + S	T 60-D		EI_2 60-S_aC5**
	Brandschutzverglasung: feuerbeständig	VG: fb	F 90		EI 90
	Brandschutzverglasung: hochfeuerhemmend	VG: hf	F 60		EI 60

5 Trennwand	Trennwand: feuerbeständig	fb	F 90-AB	tragend	REI 90 [wnb]
				nichttragend	EI 90 [wnb]
	Trennwand: hochfeuerhemmend	hf	F 60-AB*	tragend	REI 60 [wnb] oder REI 60 [HolzR]
				nichttragend	EI 60 [wnb] oder EI 60 [HolzR]
	Trennwand: feuerhemmend	fh	F 30-B	tragend	REI 30
				nichttragend	EI 30
	Abschluss: feuerhemmend, dicht- und selbstschließend	Türe: fh + D + S	T 30-D		EI_2 30-S_aC5**
	Brandschutzverglasung: fb/hf/fh	VG: fb/hf/fh	F 90/F 60/F 30		EI 90/EI 60/EI 30
6 Notwendiger Flur	Flurtrennwand: feuerbeständig	fb	F 90-AB	tragend	REI 90 [wnb]
				nichttragend	EI 90 [wnb]
	Flur-/Laubengangtrennwand: feuerhemmend und in den wesentlichen Teilen aus nichtbrennbaren Baustoffen	fh + AB	F 30-AB	tragend	REI 30 [wnb]
				nichttragend	EI 30 [wnb]
	Flur-/Laubengangtrennwand: feuerhemmend und aus brennbaren Baustoffen mit einer Bekleidung aus nichtbrennbaren Baustoffen in ausreichender Dicke	fh + bnb	F 30-B + bnb	tragend	REI 30 + [bnb]
				nichttragend	EI 30 + [bnb]
	Abschluss: nichtabschließbar, rauchdicht und selbstschließend	Türe: RD + S + N	RS + N		S_{200}C5** + [N]
	Türe: dichtschließend	D	D		S_a
	Brandschutzverglasung: fh	VG: fh	F 30		EI 30
	nichtbrennbare Baustoffe	nb	A 1, A 2		A 1, A 2 - s1, d0
	Bekleidung aus nichtbrennbaren Baustoffe in ausreichender Dicke	bnb	bnb		[bnb]
7 Notwendige Treppe	Tragwerk: feuerhemmend und nichtbrennbar	fh + nb	F 30-A	tragend	R 30 [nb]
	Tragwerk: nichtbrennbar	nb	A 1, A 2	tragend	A 1, A 2 - s1, d0
	Tragwerk: feuerhemmend oder nichtbrennbar	fh oder nb	F 30-B oder A 1, A 2	tragend	R 30 oder A 1, A 2 - s1, d0
8 Notwendiger Treppenraum	Treppenraumtrennwand: Bauart einer Brandwand	BBW	F 90-A + M	tragend	REI 90-M [nb]
				nichttragend	EI 90-M [nb]
	Treppenraumwand: Wand, die auch unter zusätzlicher mechanischer Beanspruchung hochfeuerhemmend ist	BBW: hf + M	F 60-AB + M*	tragend	REI 60-M [wnb] oder REI 60-M [HolzR]
				nichttragend	EI 60-M [wnb] oder EI 60-M [HolzR]
	Treppenraumwand: feuerhemmend und in den wesentlichen Teilen aus nichtbrennbaren Baustoffen	fh + AB	F 30-AB	tragend	REI 30 [wnb]
				nichttragend	EI 30 [wnb]
	Treppenraumwand: feuerhemmend und aus brennbaren Baustoffen mit einer Bekleidung aus nichtbrennbaren Baustoffen in ausreichender Dicke	fh + bnb	F 30-B + bnb	tragend	REI 30 + [bnb]
				nichttragend	EI 30 + [bnb]
	Abschluss: feuerhemmend, rauchdicht und selbstschließend	Türe: fh + RD + S	T 30-RS		EI_2 30-S_{200}C5**
	Abschluss: rauchdicht und selbstschließend	Türe: RD + S	RS + N		S_{200}C5**
	Abschluss: dicht und selbstschließend	Türe: D + S	RS + N		S_aC5**

	nichtbrennbare Baustoffe	nb	A 1, A 2		A 1, A 2 - s1, d0
	Bekleidung aus nichtbrennbaren Baustoffe in ausreichender Dicke	bnb	bnb		[bnb]
11 Tagwerk	Tragwerk: feuerbeständig	fb	F 90-AB	tragend	R 90 [wnb]
	Tragwerk: hochfeuerhemmend	hf	F 60-AB*	tragend	R 60 [wnb] oder R 60 [HolzR]
	Tragwerk: feuerhemmend	fh	F 30-B	tragend	R 30
12 Außenwand und Fassade	Nichttragende Außenwand: feuerhemmend und aus brennbaren Baustoffen	fh	F 30-B	nichttragend	E 30 (i→o) und EI 3-ef (i←o)
	Baustoffe: nichtbrennbar	nb	A 1, A 2		A 1, A 2 - s1, d0
	Baustoffe: schwer entflammbar	se	B 1		siehe Punkt 3 (weiter oben)
	Baustoffe: normal entflammbar	ne	B 2		siehe Punkt 3 (weiter oben)
13 Decken	Decken: feuerbeständig	fb	F 90-AB		REI 90 [wnb]
	Decken: hochfeuerhemmend	hf	F 60-AB		REI 60 [wnb] oder REI 60 [HolzR]
	Decken: feuerhemmend	fh	F 30-B		REI 30

* hf mit Tragwerk aus Holz ist mit nationalen Klassen nicht möglich

** Die „Closingklasse" C ... ist entsprechend den Anforderungen festzulegen. In der Regel kann von folgenden Klassen ausgegangen werden: C5 (200.000 Zyklen) für Feuerschutz/Rauchschutztüren (Drehflügelabschlüsse) sowie planmäßig geschlossene Förderanlagenabschlüsse, C2 (10.000 Zyklen) für sonstige Feuerschutz/Rauchschutzabschlüsse (z.B. Klappen, Tore) sowie planmäßig offene Förderanlagenabschlüsse.

F.3 Legende für die in den Brandschutzplänen verwendeten Abkürzungen einschließlich nationaler Klassifizierungen

Begriffe in […]	Bei den in […] stehenden Abkürzungen handelt es sich nicht um genormte oder offizielle Abkürzungen, sondern um ein Abkürzungssystem zur Verknüpfung der europäischen Bauteilklassen mit den zusätzlichen Anforderungen der LBOs, das in der Checkliste zur besseren Handhabbarkeit verwendet wird.
kursiv	Interpretationen, Kommentare, Hinweise und Ergänzungen
Tipp	Ausführungsvorschläge, Kommentare und Empfehlungen, da in den LBOs hierzu keine Aussagen getroffen sind
LBO/Atlas	Angabe der jeweiligen Fundstellen in der LBO und im Brandschutzatlas
A 1, A 2, B 1, B 2, B 3	Baustoffklassen nach DIN 4102-1. A 1 = nichtbrennbar, A 2 = nichtbrennbar mit geringen organischen Bestandteilen, B 1 = schwer entflammbar, B 2 = normal entflammbar, B 3 = leicht entflammbar (darf in Deutschland nicht verwendet werden)
fb, hf, fh	fb = feuerbeständig, hf = hochfeuerhemmend, fh = feuerhemmend
nb, se, ne	nb = nichtbrennbar, se = schwer entflammbar, ne = normal entflammbar
F 30, F 60, F 90	Feuerwiderstandsklassen nach DIN 4102-2 (30, 60, 90 Minuten) Achtung: Zur Erfüllung der bauaufsichtlichen Anforderungen hf und fb bestehen noch zusätzliche Anforderungen an das Brandverhalten der Baustoffe, siehe -A und -AB.
-A	und aus nichtbrennbaren Baustoffen
-AB	und in den wesentlichen Teilen aus nichtbrennbaren Baustoffen. Zu den wesentlichen Teilen gehören: • bei tragenden Bauteilen alle tragenden oder aussteifenden Bauteile • bei nichttragenden Bauteilen auch die Bauteile, die deren Standsicherheit bewirken (z.B. Rahmenkonstruktionen von nichttragenden Wänden) • bei raumabschließenden Bauteilen (Bauteilen mit raumabschließender Funktion) eine in Bauteilebene durchgehende Schicht aus nichtbrennbaren Baustoffen; bei Decken muss diese Schicht eine Gesamtdicke von mindestens 50 mm haben. Hohlräume im Inneren dieser Schicht sind zulässig. Bei der Beurteilung des Brandverhaltens der Baustoffe können Oberflächendeckschichten oder andere Oberflächenbehandlungen außer Betracht bleiben.
-B	und aus brennbaren Baustoffen (ohne besondere Anforderung an die Baustoffklasse)
BD	Bekleidung und Dämmstoffe
W 90, T 90, L 90, K 90, I 90, R 90, G 90, E 90	Feuerwiderstandsklassen von Sonderbauteilen nach DIN 4102: W = nichttragend Außenwände, T = Feuerschutzabschlüsse, L = Lüftungsleitungen, K = Brandschutzklappen, I = Installationsschacht,

		G = Brandschutzverglasung ohne Strahlungsbegrenzung, E = Funktionserhalt
BW, BBW, WaBW		BW = Brandwand, BBW = Bauart einer Brandwand, WaBW = Wand anstelle einer Brandwand
[nb]		nichtbrennbar (aus nichtbrennbaren Baustoffen = Baustoffklasse A)
[wnb]		und in den wesentlichen Teilen nichtbrennbar (gleiche Anforderungen wie -AB)
[bnb]		Bekleidung nichtbrennbar: Wände und Decken aus brennbaren Baustoffen mit einer Bekleidung aus nichtbrennbaren Baustoffen in ausreichender Dicke
[HolzR]		hochfeuerhemmenden Bauteile, deren tragende und aussteifende Teile aus brennbaren Baustoffen bestehen, müssen gemäß den LBOs • allseitig eine brandschutztechnisch wirksame Bekleidung aus nichtbrennbaren Baustoffen (Brandschutzbekleidung $K_2$60) und • Dämmstoffe aus nichtbrennbaren Baustoffen haben. Diese bauaufsichtliche Anforderung wird erreicht, indem die Ausführung nach der „Richtlinie über brandschutztechnische Anforderungen an hochfeuerhemmende Bauteile in Holzbauweise – HFHHolzR" erfolgt. Damit bedeutet der Zusatz [HolzR], dass bei hochfeuerhemmenden Bauteilen mit tragenden und aussteifenden Teilen aus brennbaren Baustoffen zusätzliche Anforderungen bestehen an: ► die brandschutztechnische Wirksamkeit der Bekleidungen ($K_2$60) ► die Baustoffklasse der Bekleidungen und Dämmstoffe (nichtbrennbar) ► den Einbau der Dämmstoffe und der Bekleidungen sowie die sonstige Ausführung (gemäß HFHHolzR – Holzbaurichtlinie).
[T]		Tragwerk (tragende Bauteile ohne raumabschließender Funktion)
[R]		Raumabschluss (Bauteil mit raumabschließender Funktion)
[TR]		Tragwerk und Raumabschluss (tragendes Bauteil mit Raumabschluss)
P		Allgemeines bauaufsichtliches Prüfzeugnis einer amtlich anerkannten Materialprüfanstalt
Z		Allgemeine bauaufsichtliche Zulassung des Deutschen Instituts für Bautechnik in Berlin (DIBt)
ZiE		Zustimmung im Einzelfall von der Obersten Baubehörde
ÜH		Übereinstimmungserklärung des Herstellers
ÜHP		Übereinstimmungserklärung des Herstellers nach vorheriger Prüfung des Bauprodukts durch eine anerkannte Prüfstelle
ÜA		Übereinstimmungserklärung des Anwenders
ÜZ		Übereinstimmungszertifikat durch eine anerkannte Zertifizierungsstelle
BRL		Bauregelliste
LTB		Liste der Technischen Baubestimmungen
Türen	D	dichtschließend (verbale bauaufsichtliche Anforderung)
	S	selbstschließend (verbale bauaufsichtliche Anforderung)
	D + S	dicht- und selbstschließend (verbale bauaufsichtliche Anforderung)
	V	vollwandig (verbale bauaufsichtliche Anforderung)
	V + D + S	vollwandig, dicht und selbstschließend (verbale bauaufsichtliche Anforderung)
	RD	Rauchdicht (verbale bauaufsichtliche Anforderung)
	RD + S	rauchdicht und selbstschließend (verbale bauaufsichtliche Anforderung)
	N	nichtabsperrbar
	FSA	Feststellanlage
	PS	Panikschloss
AR		Aufenthaltsraum
VG		Brandschutzverglasung
NE		Nutzungseinheit
RW		Rettungsweg
Whg		Wohnung

F.4 Legende für europäische Klassifizierungskriterien nach DIN 13501

Baustoffe	
Kurzzeichen	**Kriterium/Anforderung**
A	Kein Beitrag zum Brand
B	Sehr begrenzter Beitrag zum Brand
C	Begrenzter Beitrag zum Brand
D	Hinnehmbarer Beitrag zum Brand
E	Hinnehmbares Brandverhalten
F	Keine Leistung festgestellt
s	Smoke (Rauchentwicklung) s1 = geringe Rauchentwicklung s2 = mittlere Rauchentwicklung s3 = hohe Rauchentwicklung bzw. Rauchentwicklung nicht geprüft
d	Droplets (brennendes Abtropfen) d0 = kein brennendes Abtropfen/Abfallen innerhalb von 600 Sekunden d1 = kein brennendes Abtropfen/Abfallen mit einer Nachbrennzeit länger als 10 Sekunden innerhalb von 600 Sekunden d2 = keine Leistung festgestellt
fl	Brandverhaltensklasse für Bodenbeläge

Bauteile		
Kurzzeichen	**Kriterium**	**Anwendungsbereich**
Begriffe in […]	siehe in der vorstehenden Anlage B	
R (Résistance)	Tragfähigkeit	zur Beschreibung der Feuerwiderstandsfähigkeit
E (Étanchéité)	Raumabschluss	
I (Isolation)	Wärmedämmung (unter Brandeinwirkung)	
W (Radiation)	Begrenzung des Strahlungsdurchtritts	
M (Mechanical)	mechanische Einwirkung auf Wände (Stoßbeanspruchung)	
S_{200} (Smoke$_{max...\ leakage\ rate}$)	Begrenzung der Rauchdurchlässigkeit (Dichtheit, Leckrate), erfüllt die Anforderungen sowohl bei Umgebungstemperatur als auch bei 200 °C	Rauchschutztüren (als Zusatzanforderung auch bei Feuerschutzabschlüssen), Lüftungsanlagen einschließlich Klappen
S_a (Smoke)	Begrenzung der Rauchdurchlässigkeit (Dichtheit, Leckrate), erfüllt die Anforderungen bei Umgebungstemperatur	dichtschließende Abschlüsse
C… (Closing)	selbstschließende Eigenschaft (ggf. mit Anzahl der Lastspiele) einschl. Dauerfunktion *Beispiele:* *Türen: C 5 = 200.000 Lastspiele* *Tore: C 2 = 10.000 Lastspiele*	Rauchschutztüren, Feuerschutzabschlüsse (einschließlich Abschlüsse für Förderanlagen)
P	Aufrechterhaltung der Energieversorgung und/oder Signalübermittlung	elektrische Kabelanlagen allgemein
G	Rußbrandbeständigkeit	Schornsteine
K_1, K_2	Brandschutzvermögen	Wand- und Deckenbekleidungen (Brandschutzbekleidungen)
I_1, I_2	unterschiedliche Wärmedämmungskriterien	Feuerschutzabschlüsse (einschließlich Abschlüsse für Förderanlagen)
i→o i←o i↔o (in – out)	Richtung der klassifizierten Feuerwiderstandsdauer	nichttragende Außenwände, Installationsschächte/-kanäle, Lüftungsanlagen/-klappen
a↔b (above – below)	Richtung der klassifizierten Feuerwiderstandsdauer	Unterdecken
v_e, h_o (vertical, horizontal)	für vertikalen/horizontalen Einbau klassifiziert	Lüftungsleitungen/-klappen
U/U (uncapped/uncapped)	Rohrende offen innerhalb des Prüfofens / Rohrende offen außerhalb des Prüfofens	Rohrabschottungen
C/U (capped/uncapped)	Rohrende geschlossen innerhalb des Prüfofens / Rohrende offen außerhalb des Prüfofens	Rohrabschottungen
U/C (uncapped/capped)	Rohrende offen innerhalb des Prüfofens / Rohrende geschlossen außerhalb des Prüfofens	Rohrabschottungen

F.5 Legende für die Visualisierung des Brandschutznachweises in Brandschutzplänen

Anlage D Legende für Brandschutzpläne*

Farbe/Zeichen	in Worten	Bauteil
	violett	BW = Brandwand = fb + nb + M (M = mechanische Beanspruchung)
	violett	BBW = Bauart einer Brandwand = fb + nb + M (Treppenraumwand GK 5)
	dunkel-orange	WaBW = Wand anstelle einer Brandwand = hf + M
	dunkel-orange	BBW = Bauart Brandwand = hf + M
	rot/gelb	WaBW = Wand anstelle einer Brandwand = F 30 innen → F 90 außen
	rot	fb = feuerbeständig
	orange	hf = hochfeuerhemmend
	gelb	fh = feuerhemmend
	blau	Sicherung von Türen/Öffnungen mit klassifizierten Abschlüssen mit Angabe der bauaufsichtlichen Anforderungen, z.B. fb+S, fb+RD+S, RD+S usw.
	hellblau	Sicherung von Türöffnungen mit nicht klassifizierten Abschlüssen mit Angabe der bauaufsichtlichen Anforderungen, z.B. D, D+S, V+D+S usw.
	dunkelgrün	notwendige Treppe, notwendiger Treppenraum und zugehöriger Ausgang ins Freie
	hellgrün	notwendiger Flur
	grün	erster Rettungsweg bzw. baulicher Rettungsweg
	grün	zweiter Rettungsweg durch Rettungsgeräte der Feuerwehr
	grün	Rettungsweglänge
	grün	anleiterbare Stelle bzw. geeignetes Fenster für zweiten Rettungsweg mit tragbarer Leiter
	grün	anleiterbare Stelle bzw. geeignetes Fenster für zweiten Rettungsweg mit Hubrettungsgerät der Feuerwehr
	grün	Feuerwehrzu-/-durchgang für tragbare Leiter oder zweiten baulichen Rettungsweg
	grün	Feuerwehrzu-/-durchfahrt + Aufstellflächen für Hubrettungsgeräte der Feuerwehr + Bewegungsflächen

* **Wichtig:** Für eine gute Lesbarkeit und Übersichtlichkeit der Brandschutzpläne ist es empfehlenswert, im Wesentlichen nur die raumabschließenden feuerwiderstandsfähigen Wände und Decken, die Sicherung aller Öffnungen und die Rettungswege zu visualisieren. Außerdem sollten brandschutztechnisch wichtige Bereiche bzw. Punkte in die Pläne eingetragen werden. Die Visualisierung des Tragwerkes macht dagegen keinen Sinn. Wird diese erwünscht, so sollte hierfür ein zweiter Satz Brandschutzpläne angelegt werden.

G Normen, Rechtsvorschriften und Literatur

Normen

DIN 4066:1997-07 Hinweisschilder für die Feuerwehr

DIN 4102-1:1998-05 Brandverhalten von Baustoffen und Bauteilen – Teil 1: Baustoffe; Begriffe, Anforderungen und Prüfungen

DIN 4102-2:1977-09 Brandverhalten von Baustoffen und Bauteilen; Bauteile, Begriffe, Anforderungen und Prüfungen

DIN 4102-4:2016-05 Brandverhalten von Baustoffen und Bauteilen – Teil 4: Zusammenstellung und Anwendung klassifizierter Baustoffe, Bauteile und Sonderbauteile

DIN 4102-5:1977-09 Brandverhalten von Baustoffen und Bauteilen; Feuerschutzabschlüsse, Abschlüsse in Fahrschachtwänden und gegen Feuer widerstandsfähige Verglasungen, Begriffe, Anforderungen und Prüfungen

DIN 4102-18:1991-03 Brandverhalten von Baustoffen und Bauteilen; Feuerschutzabschlüsse; Nachweis der Eigenschaft „selbstschließend" (Dauerfunktionsprüfung)

DIN 14090:2003-05 Flächen für die Feuerwehr auf Grundstücken (Entwurf November 2022 liegt vor: E DIN 14090:2022-11 „Flächen für die Feuerwehr auf Grundstücken")

DIN 14094-1:2017-04 Feuerwehrwesen – Notleiteranlagen – Teil 1: Ortsfeste Notsteigleitern mit Rückenschutz, Haltevorrichtung, Podeste

DIN 14925:2020-11 Feuerwehrwesen – Verschlusseinrichtung

DIN 18055:2014-11 Kriterien für die Anwendung von Fenstern und Außentüren nach DIN EN 14351-1

DIN 18065:2000-01 Gebäudetreppen; Definitionen, Messregeln, Hauptmaße

DIN 18095-1:1988-10 Türen; Rauchschutztüren; Begriffe und Anforderungen

DIN 18180:2014-09 Gipsplatten – Arten und Anforderungen

DIN 18232 Rauch- und Wärmefreihaltung

DIN 1055-3:2006-03 Einwirkungen auf Tragwerke – Teil 3: Eigen- und Nutzlasten für Hochbauten [zurückgezogen]

DIN 4102-22:2004-11 Brandverhalten von Baustoffen und Bauteilen – Teil 22: Anwendungsnorm zu DIN 4102-4 auf der Bemessungsbasis von Teilsicherheitsbeiwerten [zurückgezogen]

DIN EN 520:2009-12 Gipsplatten – Begriffe, Anforderungen und Prüfverfahren

DIN EN 1991-1-1:2010-12 Eurocode 1: Einwirkungen auf Tragwerke – Teil 1-1: Allgemeine Einwirkungen auf Tragwerke – Wichten, Eigengewicht und Nutzlasten im Hochbau (Entwurf April 2023 liegt vor)

DIN EN 12101-2:2017-08 Rauch- und Wärmefreihaltung – Teil 2: Natürliche Rauch- und Wärmeabzugsgeräte (mit Warnvermerk)

DIN EN 12219:2000-06 Türen – Klimaeinflüsse – Anforderungen und Klassifizierung

DIN EN 13501-1:2019-05 Klassifizierung von Bauprodukten und Bauarten zu ihrem Brandverhalten – Teil 1: Klassifizierung mit den Ergebnissen aus den Prüfungen zum Brandverhalten von Bauprodukten

DIN EN 13501-2:2016-12 Klassifizierung von Bauprodukten und Bauarten zu ihrem Brandverhalten – Teil 2: Klassifizierung mit den Ergebnissen aus den Feuerwiderstandsprüfungen, mit Ausnahme von Lüftungsanlagen (Entwurf August 2021 liegt vor)

DIN EN 14351:2016-12 Fenster und Türen – Produktnorm, Leistungseigenschaften – Teil 1: Fenster und Außentüren

DIN EN 16034:2014-12 Türen, Tore und Fenster – Produktnorm, Leistungseigenschaften – Feuer- und/oder Rauchschutzeigenschaften

DIN EN 50085-1:2014-05 Elektroinstallationskanalsysteme für elektrische Installationen – Teil 1: Allgemeine Anforderungen (VDE 0604-1:2014-05)

ASR A2.3 Fluchtwege und Notausgänge, Flucht- und Rettungsplan, Technische Regeln für Arbeitsstätten, Fassung vom August 2007, zuletzt geändert 2017

Rechtsvorschriften

BPD Schulen – Bauprüfdienst 6/2011: Anforderungen an den Bau und Betrieb von Schulen, Hamburg, Fassung vom 01. Juni 2011

Empfehlungen zur Ausführung der Flächen für die Feuerwehr, Arbeitskreis Vorbeugender Brand- u. Gefahrenschutz der AGBF (Hrsg.), zuletzt geändert 17.04.2013

Entscheidungshilfen der Berliner Bauaufsicht zu § 52 – Schulen, Zusammenfassung von Unterrichtsräumen zu „Clustern", Senatsverwaltung für Stadtentwicklung, Fassung vom 03.11.2016

FLL-Richtlinien für Planung, Bau und Instandhaltung von begrünbaren Flächenbefestigungen, Forschungsgesellschaft Landschaftsentwicklung Landschaftsbau e.V. (FLL) (Hrsg.), Stand Juli 2018

Grundsätze zur Auslegung des § 14 MBO der Fachkommission Bauaufsicht der Bauministerkonferenz (ARGEBAU), abgestimmt mit dem AK Grundsatzfragen und dem AK VB/G der AGBF, DIBt Mitteilungen 1/2009

Handlungsempfehlungen zum Vollzug der HBO 2011 (HE-HBO), Hessisches Ministerium für Wirtschaft, Energie, Verkehr und Landesentwicklung, Fassung vom 22. Januar 2004, aktualisierter Stand vom 01. Oktober 2014

Merkblatt: Kompartments in Schulen, Hinweise und Anforderungen, Behörde für Städteentwicklung und Umwelt, Hamburg, Fassung vom Juni 2015

Muster einer Verordnung über den Bau und Betrieb von Garagen (Muster-Garagenverordnung – M-GarVO), Fassung Mai 1993, zuletzt geändert Mai 2008

Muster einer Verordnung über den Bau und Betrieb von Krankenhäusern (Krankenhausbauverordnung – KhBauVO), Fassung Dezember 1976 (weitgehend überholt)

Muster einer Verordnung über den Bau von Betriebsräumen für elektrische Anlagen (M-EltBauVO), Fassung Januar 2009, zuletzt geändert Februar 2022

Musterbauordnung (MBO), Fassung 2002, zuletzt geändert September 2020

Muster-Richtlinien über Flächen für die Feuerwehr, Fassung vom Februar 2007, zuletzt geändert Oktober 2009

Muster-Richtlinie über bauaufsichtliche Anforderungen an Schulen ¬(Muster-Schulbau-Richtlinie – MSchulbauR), Fassung April 2009

Muster-Richtlinie über brandschutztechnische Anforderungen an Bauteile und Außenwandbekleidungen in Holzbauweise (Muster-Holzbaurichtlinie – MHolzBauRL), zum Zeitpunkt der Erstellung dieses Artikels als Entwurf mit Stand 28. Oktober 2020

Muster-Richtlinie über brandschutztechnische Anforderungen an Lüftungsanlagen (Muster-Lüftungsanlagen-Richtlinie – M-LüAR), Fassung September 2005, zuletzt geändert September 2020

Muster-Richtlinie über den baulichen Brandschutz im Industriebau (Muster-Industriebau-Richtlinie – MIndBauRL), Stand Mai 2019

Muster-Richtlinie über den Bau und Betrieb von Hochhäusern (Muster-¬Hochhaus-Richtlinie – MHHR), Fassung April 2008, zuletzt geändert Februar 2012

Muster-Verordnung über den Bau und Betrieb von Beherbergungsstätten (Muster-Beherbergungsstättenverordnung – MBeVO), Fassung Dezember 2000, zuletzt geändert Mai 2014

Musterverordnung über den Bau und Betrieb von Verkaufsstätten (Muster-Verkaufsstättenverordnung – MVKVO), Fassung September 1995, zuletzt geändert Juli 2014

Musterverordnung über den Bau und Betrieb von Versammlungsstätten (Muster-Versammlungsstättenverordnung – MVStättVO), Fassung Juni 2005, zuletzt geändert Juli 2014

Muster-Verwaltungsvorschrift Technische Baubestimmungen (MVV TB), Ausgabe 2019/1 mit Druckfehlerberichtigung vom 07. August 2020

Muster-Verwaltungsvorschrift Technische Baubestimmungen (MVV TB), Ausgabe August 2021/1, mit Druckfehlerberichtigung vom 4. März 2022

OIB-Richtlinie 2: Brandschutz, Ausgabe April 2019, Österreichisches Institut für Bautechnik

Verordnung über bauaufsichtliche Anforderungen an Krankenhäuser und Pflegeheime im Land Brandenburg (Brandenburgische Krankenhaus- und Pflegeheim-Bauverordnung – BbgKPBauV), Fassung Februar 2003, zuletzt geändert 2006

Verordnung über die Evakuierung von Rollstuhlbenutzern (EvakVO), Fassung vom 15. Juni 2000, außer Kraft seit 28. Oktober 2007 aufgrund § 41 BetrVO (Berlin)

Verwaltungsvorschrift Technische Baubestimmungen Berlin (VV TB Bln), Fassung 10.07.2020; Anlage A: Anforderungen an Sicherheitstreppenräume (SiTrR Bln)

Vollzug des Bayerischen Feuerwehrgesetzes (VollzBekBayFwG), Bekanntmachung des Bayerischen Staatsministeriums des Innern, für Sport und Integration, Fassung September 2020, Punkt 1.2

Vollzug der Thüringer Bauordnung (VollzBekThürBO), Bekanntmachung des Ministeriums für Infrastruktur und Landwirtschaft zum Vollzug der Thüringer Bauordnung vom 30. Juli 2018

Literatur

Dietrich, M.: Wann wird ein Raum zum Aufenthaltsraum? FeuerTrutz Magazin 6.2015

Famers, G., Messerer, J.: „Rettung von Personen“ und „wirksame Löscharbeiten“ – bauordnungsrechtliche Schutzziele mit Blick auf die Entrauchung. Ein Grundsatzpapier der Fachkommission Bauaufsicht

Stichwortverzeichnis

A

B

C

D

E

K

L

M

N

O

P

R

S

T

U

V

W

Z